Interaktiv Naturwissenschaften 5|6

Rheinland-Pfalz
Gesamtband

Cornelsen

Inhalt

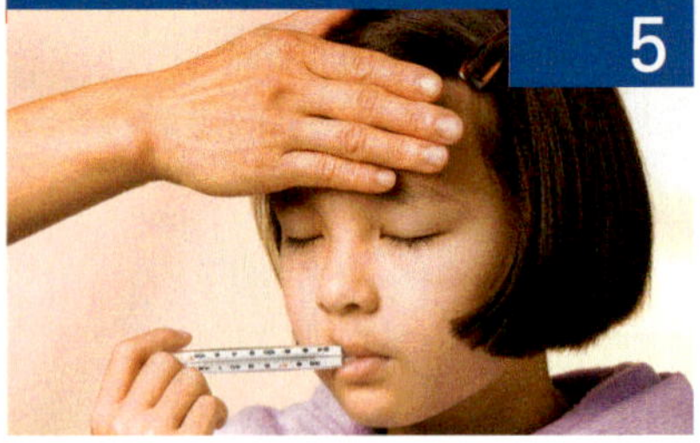

Z Zusatzstoff
W Auswahlthemen

Pflanzen – Tiere – Lebensräume

155

Sonne – Wetter – Jahreszeiten

229

Geräte und Maschinen im Alltag 275

Stoffe im Alltag 313

Körper und Gesundheit 353

Von den Sinnen zum Messen

Themenkreis 1

Von den Sinnen zum Messen

Von den Sinnen zum Messen
Wir Menschen haben verschiedene Sinnesorgane. Mit ihnen nehmen wir die Welt um uns herum wahr. Sie sind unser „Fenster zur Welt“ und bestimmen mit, wie wir sie erleben. Mit ihrer Hilfe bewegen wir uns sicher im Straßenverkehr und verbrennen uns nicht an heißen Gegenständen die Finger. Wir benutzen sie, um mit anderen Menschen in Kontakt zu treten. Auge und Ohr sind unsere wichtigsten Sinnesorgane. Beim Sehen und Hören, aber auch beim Tasten, Schmecken und Riechen spielt unser Gehirn eine wichtige Rolle. Mit den Sinnen können wir abschätzen: nah und fern, groß und klein, warm und kalt, leicht und schwer, laut und leise. Genaue Angaben zu Entfernungen und Längen, Temperaturen, Gewichten und Lautstärken liefern unsere Sinne nicht. Dazu brauchen wir Messgeräte.

In diesem Kapitel kannst du
- das Zusammenspiel deiner Sinne ausprobieren,
- deinen Temperatursinn erproben und mit Thermometern messen,
- untersuchen, wie wir sehen,
- untersuchen, was wir hören und wie sich Schall ausbreitet,
- Aufbau und Funktionsweise des Ohrs kennenlernen,
- dich mit dem Thema *Lärm und Gesundheit* beschäftigen.

Verschiedene Arbeitsweisen

Du wirst
- in Lernstationen deine Sinne testen,
- mithilfe von Experimenten Fragen beantworten,
- mit Messgeräten arbeiten,
- Messgeräte wie Thermometer und Waage bauen,
- Diagramme zeichnen und Protokolle anfertigen.

Wahrnehmung mit allen Sinnen

Mit deinen Sinnen kannst du Schritt für Schritt die verschiedenen Eigenschaften der Flaschen und schließlich ihren Inhalt herausfinden. 1–6
Was tust du jeweils und welche Sinne setzt du dabei ein?
Welche Eigenschaften der Flaschen und Getränke kannst du dabei wahrnehmen?

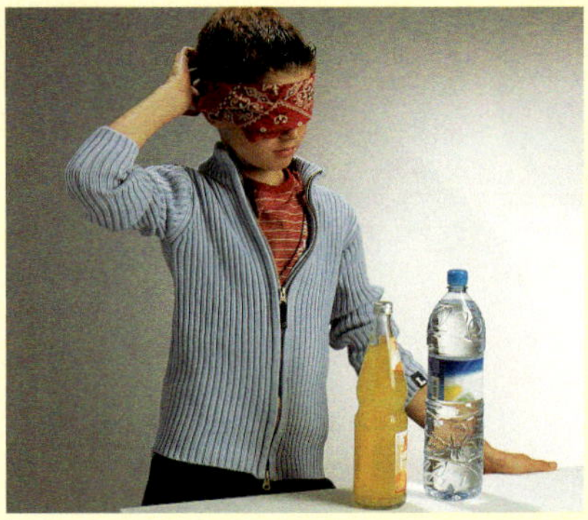

1

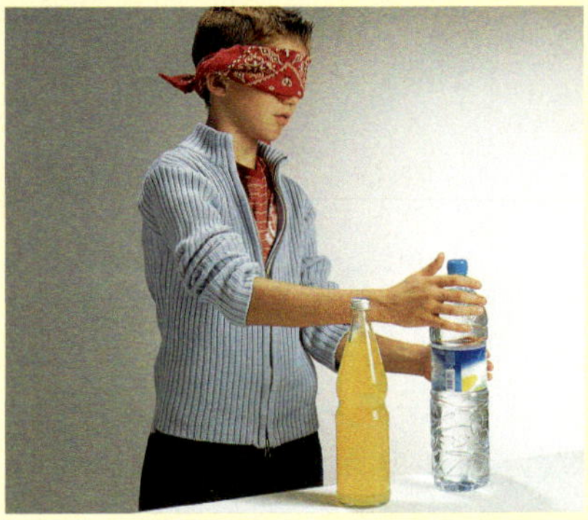

2

3

4

5

6

Arbeitsweise **Lernen an Stationen**

Wenn ihr eure Sinne testen wollt, solltet ihr zu zweit oder in kleinen Gruppen arbeiten. Als Arbeitsform eignet sich das Stationenlernen.

- Für jeden Versuch ist ein eigener Aufbau (Station) vorgesehen.
- Jede Gruppe fängt an einer beliebigen Station an. Wenn ihr an einer Station fertig seid, wechselt ihr selbstständig zur nächsten freien Station.
- Lest die Arbeitsanweisungen vor Versuchsbeginn vollständig und gründlich durch.
- Beachtet unbedingt die Sicherheitshinweise.
- Haltet eure Beobachtungen auf einem Laufzettel (Ergebnisblatt) fest.
- Räumt und reinigt die bearbeiteten Stationen, damit die nächste Gruppe gleich weiterarbeiten kann.

Station	Was nehmen wir wahr?	Womit nehmen wir wahr?	Was machen wir damit?	Beispiele
Schnupperbox	Geruch	Nase	Riechen	fruchtig, nach Wald
Fühlbox				

7 Muster für einen Laufzettel

1 Fühlbox

Material:
Augenbinde, verschlossene Schachtel mit verschiedenen Gegenständen

Versuchsdurchführung:
Der Versuchsperson werden die Augen verbunden. Sie darf die Gegenstände vorher nicht sehen.

a Die Versuchsperson nimmt jeweils einen Gegenstand aus der Schachtel und versucht ihn möglichst genau zu beschreiben.

b Welche Gegenstände werden schnell erkannt? Woran?

c Füllt die Zeile „Fühlbox" auf dem Laufzettel aus.

4 Fühlen wir überall gleich gut?

Material:
Kämme, Zahnspachtel oder Pappschablonen mit unterschiedlichem Zackenabstand, Augenbinde, Lineal

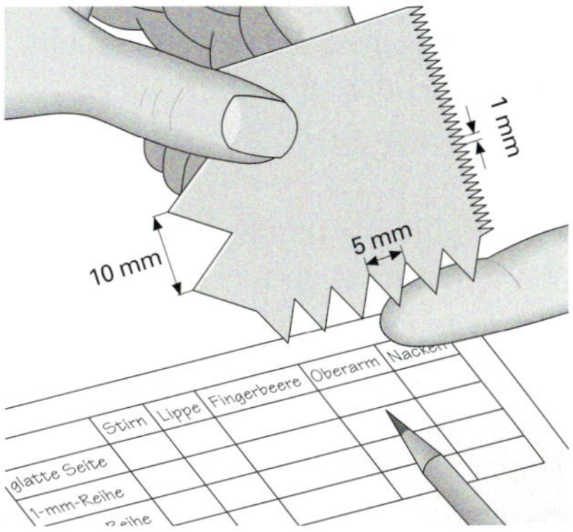

Versuchsdurchführung:

a Messt den Zackenabstand. Notiert ihn in einer Tabelle auf einem Blatt Papier.

b Verbindet einem Mitglied eurer Gruppe die Augen. Berührt Stirn, Lippe, Fingerbeere, Oberarm und Nacken von der Versuchsperson mit einem Kamm bzw. Zahnspachtel in unregelmäßiger Reihenfolge. Wenn die Versuchsperson die Spitzen einzeln spürt, notiert ihr ein „+", sonst ein „–".

c Wiederholt den Versuch mit anderen Versuchspersonen.

d Füllt die Zeile „Fühlen wir überall gleich gut?" auf dem Laufzettel aus.

2 Schüttelbox

Material:
undurchsichtige Filmdöschen mit verschiedenen Materialien (z. B. Sand, Kies, Nägel, Glasmurmeln, Reis, Mehl)

Versuchsdurchführung:

a Schüttelt die Döschen und versucht anhand des Geräuschs herauszufinden, was in ihnen enthalten ist.

b Füllt die Zeile „Schüttelbox" aus.

5 Immer geradeaus

Material:
Strich auf dem Boden (z. B. mit Kreide gezeichnet), Augenbinde

Versuchsdurchführung:
Versucht unter verschiedenen Bedingungen möglichst geradeaus über den Strich zu laufen.
Achtet darauf, dass ihr notfalls die Versuchsperson auffangen könnt.

a Lauft zuerst vorwärts und dann rückwärts über den Kreidestrich.

b Wiederholt den Versuch auf einem Bein hüpfend.

c Dreht euch jetzt fünfmal um die eigene Achse und lauft dann.

d Führt die Versuche a–c mit verbundenen Augen durch.

e Füllt die Zeile „Immer geradeaus" auf dem Laufzettel aus.

3 Schnupperbox

Material:
Filmdosen mit Geruchsproben, Augenbinde

Versuchsdurchführung:
Verbindet einem Mitglied eurer Gruppe die Augen. *Achtung: Fragt die Versuchsperson, ob sie eine Lebensmittelallergie hat!*

a Haltet ihr die geöffneten Filmdosen an die Nase. Welche Materialien erkennt sie schnell, welche nur schwer?

b Bei Nahrungsmitteln könnt ihr die Versuchsperson auch probieren lassen. Achtet dabei auf Reinlichkeit.

c Füllt die Zeile „Schnupperbox" aus.

6 Wir prüfen unseren Wärmesinn

Material:
3 Thermoskannen mit Wasser unterschiedlicher Temperatur, elektronisches Thermometer

Versuchsdurchführung:

a Unsere Körpertemperatur beträgt 37 °C. Überprüft die Temperatur an den Fingerspitzen mit dem Thermometer.

b Öffnet die Thermoskannen und prüft mit dem Mittelfinger: In welchem Behälter ist das Wasser nach eurem Empfinden am kältesten, in welchem am wärmsten? Tragt euren Eindruck in eine Tabelle auf einem Blatt Papier ein.

c Schätzt die Temperaturen und notiert eure Schätzungen. Messt erst dann mit dem Thermometer.

d Füllt die Zeile „Wir prüfen unseren Wärmesinn" auf dem Laufzettel aus.

	Behälter 1	*Behälter 2*	*Behälter 3*
Temperatureindruck			
Geschätzte Temperatur	*°C*	*°C*	*°C*
Gemessene Temperatur	*°C*	*°C*	*°C*

Blinde Menschen

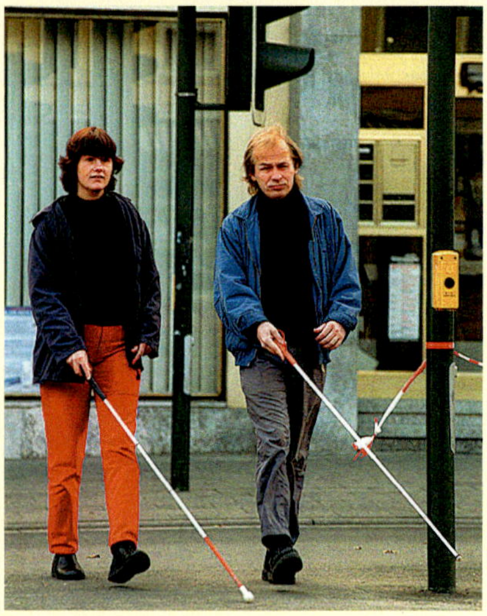

1 Tasten statt sehen

1 Bedeutung der Sinnesorgane

a Kennst du jemanden, der blind ist oder eine andere Beeinträchtigung der Sinne hat?
Befrage ihn, wie er sich in seiner Umwelt zurechtfindet. Wie verhalten sich andere Menschen ihm gegenüber? Berichte in der Klasse darüber.

b Nenne und erläutere Beispiele dafür, wie sich Gehörlose in ihrer Umgebung zurechtfinden.

2 Blind in einer sehenden Welt

a Lasst euch mit verbundenen Augen und/oder mit Ohrstöpseln von einem Mitschüler über den Pausenhof oder durch die Fußgängerzone führen. Berichtet über eure Erfahrungen.

b Probiert unter den gleichen Bedingungen, euch mithilfe eines (Blinden-)Stocks zu orientieren. Auch hier müssen stets Mitschüler in der Nähe sein, falls Hilfe notwendig ist. Welche Erfahrungen macht ihr?

3* Blindenschrift

Stich mit einer Nadel Lochmuster in Rechenkästchenpapier. Drehe das Papier um. Ertaste die kleinen Erhebungen um die Löcher. Kannst du mit geschlossenen Augen die Muster erfühlen?

Wissenswertes **Blinde in unserer Welt**

Manchmal kannst du Blinde in Begleitung eines Blindenhundes sehen, der sie sicher durch den Straßenverkehr führt.
Wie jeden fremden Hund darfst du besonders einen Blindenhund nicht streicheln oder auf andere Weise von seiner Aufgabe ablenken.

Viele Bahnhöfe und S-Bahn-Stationen sind mit einem Leitsystem für Blinde ausgestattet: Geriffelte Bodenplatten verlaufen entlang des Bahnsteigs und führen zu den Treppenaufgängen. Sie ermöglichen es Blinden, sich auch ohne fremde Hilfe auf dem Bahnsteig sicher zu bewegen. 2

Für blinde oder stark sehbehinderte Fußgänger sind die Lichtsignale einer Ampel nicht zu erkennen. Damit sie dennoch wissen, wann sie ungefährdet die Straße überqueren können, ertönt ein Summton. Er signalisiert ihnen „Grün". 3
Bei der Blindenschrift handelt es sich um punktförmige Erhöhungen. Blinde „lesen" die Buchstaben tastend mit den Fingern. 4
Die kräftige Farbgebung und die mit dem Geldwert zunehmende Größe soll Sehbehinderten die Unterscheidung der Geldscheine erleichtern. Für Blinde wurden die Banknoten zudem mit verschiedenen Tastmerkmalen versehen. 5

2 Wegweiser für Blinde

3 Die hörbare Ampel

4 Blindenschrift

5 Ertastbare Markierungen

Wahrnehmung
Über unsere Sinne nehmen wir die Umwelt wahr. Informationen über die Umgebung erhalten wir über die Sinnesorgane. Mit diesen können wir ganz unterschiedliche Informationen aufnehmen. Ein Duft, der über die Nase aufgenommen wird, stellt einen ganz anderen Sinneseindruck dar als eine glatte und kalte Oberfläche, die über die Haut wahrgenommen wird. 6

Zusammenspiel der Sinne
Die verschiedenen Sinnesorgane ergänzen einander. Ein weiches Fell kannst du fühlen, aber ob es sich dabei um das Fell einer Katze handelt, kannst du nur sehen.
Wenn ein Sinnesorgan ausfällt oder beeinträchtigt ist, können andere Sinne besonders empfindlich sein. Sie ersetzen so den geschädigten Sinn zum Teil. Viele Sinnesleistungen von Tieren sind beim Menschen nicht so stark ausgeprägt oder gar nicht vorhanden. Umgekehrt hat aber auch der Mensch Sinnesleistungen, die bei Tieren nicht oder schwächer vorhanden sind.

A Erläutere die Abbildung. Verwende die Begriffe aus der Abbildung.
B* Wähle aus der Abbildung ein dargestelltes Sinnesorgan mit dem dazugehörigen Sinn aus und erstelle dazu eine Mindmap in deinem Heft. Achte darauf, dass du die Begriffe sinnvoll ordnest.
C Für Lebewesen haben ihre Sinnesorgane Bedeutung für Orientierung, Nahrungsaufnahme, Überleben und Fortpflanzung.
Nenne für jede Aufgabe mehrere Lebewesen, die unterschiedliche Sinnesorgane benutzen.

6 Die Sinne des Menschen

Wissenswertes **Die Sinneswelt von Tieren und Pflanzen**

1 *Sehen im Dunkeln:* Katzen sehen auch bei wenig Licht noch gut. Sie können daher in der Dämmerung auf die Jagd nach Beute gehen.

2 *Meister im Scharfsehen:* Greifvögel erspähen ihre Beute schon aus großer Höhe. Sprichwörtlich sind daher die „Adleraugen“ der Greifvögel.

3 *Mit dem „inneren Kompass“ nach Hause:* Tauben haben einen Magnetsinn. Durch ihn finden sie auch bei großen Entfernungen wieder in den heimischen Schlag zurück.

4 *Ein Geruchsspezialist:* Hunde können Düfte riechen, die für unsere Nase viel zu „dünn“ sind. Es genügen geringste Mengen von Duftstoffen vom Schuh eines Menschen, um seine Fährte aufzunehmen.

5 *Stumme Welt der Schlangen:* Schlangen sind taub. Sie spüren aber die geringsten Erschütterungen des Bodens. Außerdem können sie feinste Temperaturunterschiede wahrnehmen.

6 *Pflanzen auf Beutefang:* Pflanzen haben keine Sinnesorgane wie Tiere, reagieren aber auf Reize. Bei der Venusfliegenfalle klappen die Fangblätter sofort zusammen, wenn eine Fliege sie berührt.

7 *Pflanzen reagieren auf Licht:* Manche Pflanzen richten ihre Blüten oder Blätter nach der Sonne aus. Beim Gänseblümchen sind die Blüten je nach Sonnenstand geöffnet oder geschlossen.

A Kennst du außer der „Spürnase Hund“ noch weitere Tiere mit besonderen Sinnesleistungen? Beschreibe.

B Welche Vorteile bringen ausgeprägte Sinneswahrnehmungen dem jeweiligen Tier? Nenne Beispiele.

C Gibt es Sinnesleistungen von Tieren, die beim Menschen nicht zu finden sind? Erläutere.

D Kennst du weitere Beispiele für Pflanzen, die auf Licht oder Berührung reagieren? Beschreibe.

E Worauf könnten Pflanzen noch reagieren außer auf Licht oder Berührung? Suche Beispiele.

Wissenswertes **Technische Geräte erweitern die Sinneswelt des Menschen**

8 *Sehen im Dunkeln:* Mit einem Nachtsichtgerät können Rettungskräfte auch bei Dunkelheit sehen. Tierforscher benutzen Nachtsichtgeräte, um Tiere zu beobachten, die nachts aktiv sind.

9 *Sicher unterwegs in unbekanntem Gebiet:* Die Kompassnadel zeigt stets nach Norden. Sie richtet sich am Magnetfeld der Erde aus. Bei Wanderungen leisten eine Karte und ein Kompass gute Dienste.

10 *In die Ferne schweifen:* Weit entfernte Objekte werden mit Fernrohren „herangeholt". Das Fernglas ist ein nützlicher Begleiter für Ausflüge. Mit einem Teleskop kannst du z. B. den Mond betrachten.

11 *Kostbare Schätze vor Verfall geschützt:* Mit einem Hygrometer wird die Luftfeuchtigkeit gemessen. In Museen müssen z. B. alte Bücher und Gemälde vor zu hoher Luftfeuchtigkeit geschützt werden.

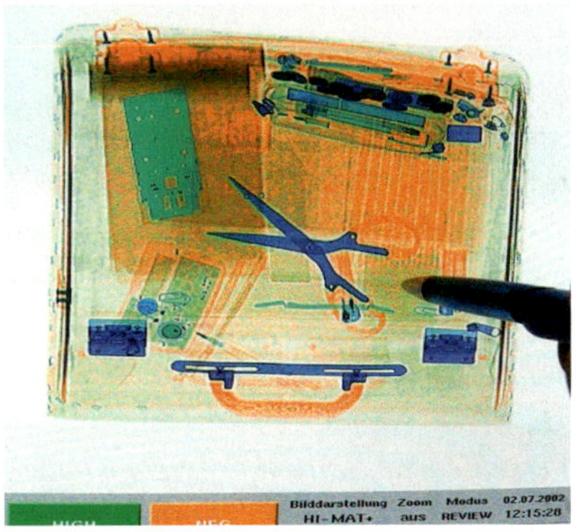

12 *Röntgenblick in geschlossene Koffer:* Mit Röntgenstrahlung können Metallgegenstände in Koffern sichtbar gemacht werden. Dies geschieht bei den Sicherheitskontrollen auf Flughäfen.

13 *Lauschen mit gespitzten Ohren:* Richtmikrofone verstärken entfernte und sehr leise Geräusche (Stimmen, Tierlaute ...). Sie werden bei der Personenüberwachung und in der Forschung eingesetzt.

14 *Ist da jemand?* Bewegungsmelder reagieren auf Personen, die sich bewegen. Sie schalten z. B. Lampen, automatische Türen oder die Sirenen von Alarmanlagen ein.

15 *Temperaturen sichtbar machen:* Jeder Gegenstand sendet Wärmestrahlung (Infrarotstrahlung) aus. Die Wärmebidkamera stellt die Temperaturen durch verschiedene Farben dar.

F Im Text Wissenswertes auf der linken Seiten sind Sinnesleistungen von Tieren beschrieben. Ordne den Sinnesleistungen jeweils ein technisches Gerät zu. Für welche Sinnesleistungen gibt es keine Entsprechungen?

G Nenne weitere Beispiele für technische Geräte, die die Sinneswelt des Menschen erweitern.
Bereite zur Erläuterung der Geräte und ihrer Funktion einen Kurzvortrag vor.

Die Haut als Sinnesorgan

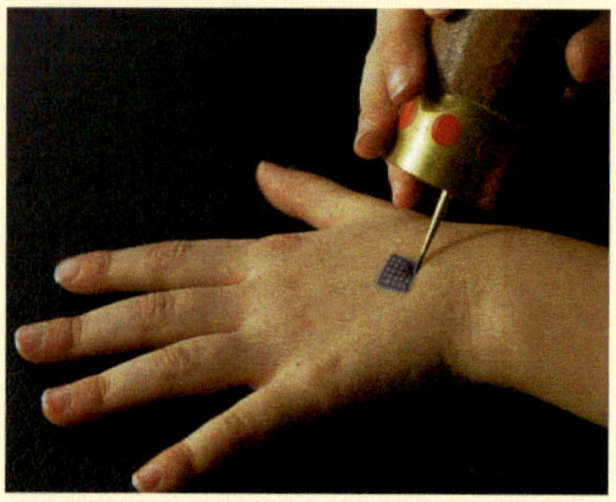

1 Wo liegen Wärmepunkte?

Mit einer angewärmten Stricknadel von 60 °C (aus dem Trockenschrank oder einem Wasserbad) lassen sich die „Wärmepunkte" finden. Die Nadel wird ohne Druck auf die Haut aufgesetzt. Die Stellen, an denen die Versuchsperson statt eines Druckreizes einen Wärmereiz empfindet, werden mit einem roten Filzstift markiert.

„Kältepunkte" der Haut lassen sich mit Nadeln aus dem Eisschrank finden. Sie werden blau markiert.
Sind für Wärme und Kälte verschiedene Sinneseinrichtungen zuständig?
Wenn ja, welche sind häufiger?

Grundlagen **Die Haut – ein vielseitiges Sinnesorgan**

Die Haut ist überaus vielseitig. Mit ihr nehmen wir Druck, Wärme, Kälte und Verletzungen wahr. 2 *Tastkörperchen* in der Haut sprechen auf leichteste Berührungen an. Bei stärkerem Druck reagieren die tiefer liegende *Lamellenkörperchen*. „Warm" und „kalt" erkennen wir mit besonderen *Kalt- und Warmsinneskörperchen*. Sie melden dem Gehirn Temperaturunterschiede. Freie *Nervenenden* sind gleichmäßig über die Haut verteilt. Sie sorgen für die Schmerzempfindung bei Verletzungen, die durch Stiche, Druck, Schläge oder Chemikalien hervorgerufen werden.
Die verschiedenen Sinneskörperchen sind unregelmäßig über die Haut verteilt. Je mehr vorhanden sind, desto empfindlicher ist ein Körperteil.

Verschiedene Sinneskörperchen in der Haut schicken bei Berührung, Druck, Wärme, Kälte oder Verletzung über die Nerven Signale zum Gehirn. Dort werden die Signale verarbeitet: Wir fühlen Druck, Wärme, Kälte oder Schmerz. 3

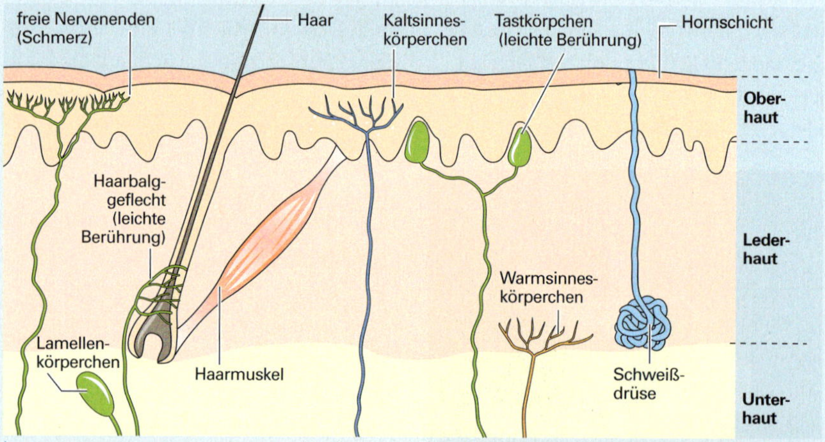

2 Sinnesorgan Haut

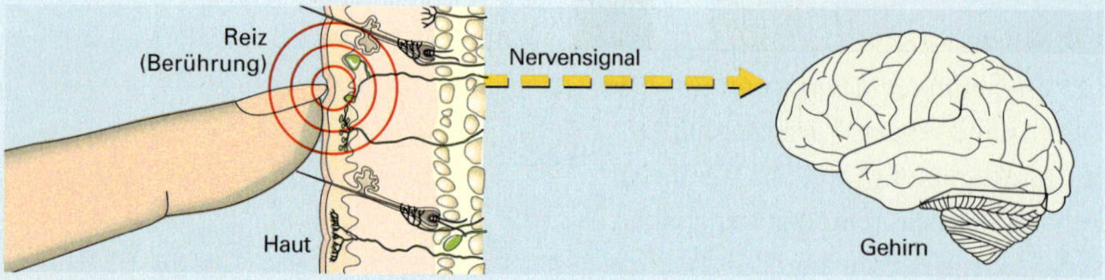

3 Wahrnehmung eines Berührungsreizes

A Fasse in einer Tabelle die Sinneskörperchen der Haut zusammen. Gib auch an, was du mit den Sinneskörperchen wahrnimmst.

B Die verschiedenen Körperteile des Menschen sind unterschiedlich reizempfindlich.

1 Gib dafür eine Erklärung.

2 Aus der Tabelle kannst du ablesen, in welchem Abstand zwei gleich starke Druckreize noch getrennt wahrgenommen werden:

Hautstelle	Abstand
Zungenspitze	1 mm
Fingerkuppe	2 mm
Lippen	4 mm
Unterarm	40 mm
Rücken	70 mm

Welchen Vorteil hat es, dass die Tastkörperchen an bestimmten Stellen besonders dicht liegen?

C Die Nervenenden für die Schmerzempfindung sind besonders dicht und gleichmäßig über den Körper verteilt. Warum ist das wichtig?

D Bei Bewegung der Körperhaare fühlst du eine Berührung. Erkläre!

Wissenswertes **Schütze deine Haut vor der Sonne!**

Gefährliche Sonnenstrahlung
Durch die Strahlung der Sonne gelangen nicht nur Wärme und Licht zu uns. Wir werden durch sie auch einer ultravioletten Strahlung (UV-Strahlung) ausgesetzt. Diese ist für unsere Augen unsichtbar.
UV-Strahlung kann in unsere Haut eindringen und dort Schäden anrichten. Es entstehen z. B. Runzeln und Falten. In manchen Fällen verursacht eine zu starke UV-Strahlung sogar Hautkrebs. Zunächst entstehen dunkle Flecken, die allmählich größer werden. Hautkrebs muss sofort behandelt werden. Bei hellhäutigen Europäern nimmt Hautkrebs von Jahr zu Jahr zu.

Die Haut schützt sich selbst
Gegen die schädlichen UV-Strahlen schützt sich unser Körper selbst: In der Oberhaut bilden sich dunkle Farbstoffe (Pigmente). Sie hindern die UV-Strahlung daran, in tiefere Schichten der Haut einzudringen.
Wenn die Haut von der Sonne beschienen wird, erzeugt sie mehr Pigmente als gewöhnlich. Sie wird dadurch braun.
Wir haben nicht alle gleich viele Pigmente in der Haut. Nach deren Menge unterscheidet man vier unterschiedliche Hauttypen. |4–7
Je nachdem, zu welchem Hauttyp du gehörst, verträgst du die Sonne besser oder schlechter.
Ein Maß dafür ist die Eigenschutzzeit. Sie sagt dir, wie lange du dich ungeschützt in der starken Mittagssonne aufhalten kannst, ohne dabei Schaden zu nehmen.

Vorbeugungsmaßnahmen
Mit Sonnenschutzmitteln kann man seine Eigenschutzzeit verlängern. Es werden Mittel mit Lichtschutzfaktoren von 2 bis 30 angeboten.
Wie viele Minuten du geschützt bist, berechnest du so:
Eigenschutzzeit · Lichtschutzfaktor = Schutzzeit.
Nutze aber die errechnete Zeit nie voll aus! Wenn du im Wasser warst oder geschwitzt hast, kann sie sich nämlich verkürzen. Das sicherste Mittel gegen Hautschäden ist das einfachste: Bei starker Sonnenstrahlung im Schatten bleiben.

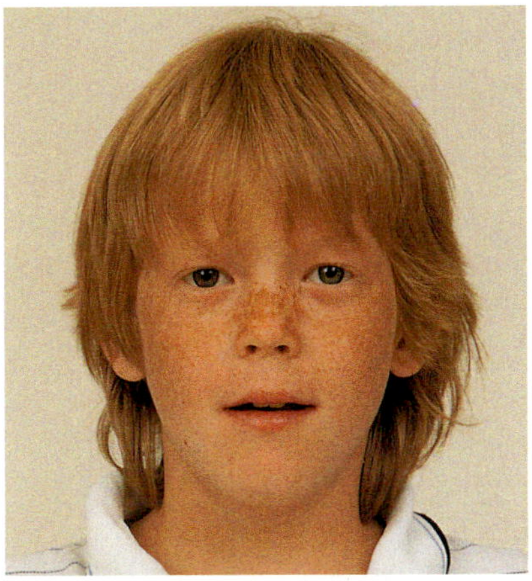

|4 Hauttyp 1

sehr helle Haut; zahlreiche Sommersprossen; blaue, selten auch braune Augen; rötliche Haare; Gefahr eines schmerzhaften Sonnenbrands
Eigenschutzzeit:
5–10 Minuten

|5 Hauttyp 2

helle Haut; nur wenige Sommersprossen; grüne oder graue Augen; blonde oder braune Haare; Gefahr eines schmerzhaften Sonnenbrands
Eigenschutzzeit:
10–20 Minuten

|6 Hauttyp 3

helle bis hellbraune Haut; keine Sommersprossen; graue oder braune Augen; dunkelblonde bis braune Haare; nur geringe Gefahr eines Sonnenbrands
Eigenschutzzeit:
20–30 Minuten

|7 Hauttyp 4

hellbraune bis olivfarbene Haut; keine Sommersprossen; braune Augen; braune bis schwarze Haare; kaum Sonnenbrandgefahr
Eigenschutzzeit:
40 Minuten

Vom Schätzen zum Messen

Länge, Gewicht und Volumen können wir aus Erfahrung gut abschätzen.
Wie gut das klappt, kannst du in einigen Versuchen überprüfen.
Die Versuche eignen sich als Lernstationen.
Führe bei allen Versuchen eine Tabelle, in der du Schätz- und Messwerte protokollierst.

|1

1 Wie groß bist du?

Schätze, wie groß dein Experimentierpartner ist. Trage die Körpergröße in cm in die Tabelle ein. Überprüfe deine Schätzung. |2

a Miss mit dem Geodreieck nach.
b Miss mit einem Zollstock.
c Überprüfe mit einem Bandmaß.
d Erfinde eine weitere Überprüfungsmöglichkeit.
e Schätze und überprüfe ebenso die Länge von Bleistiften, Stecknadeln und Schulfluren.
Welches Längenmessgerät liefert jeweils den genauesten Wert?

	Geschätzter Wert	Messwert
Körpergröße	145 cm	142 cm
Fußlänge	22 cm	23 cm
...	...	...

|2 Mustertabelle

2 Elle ist nicht gleich Elle

Noch vor 200 Jahren wurden Längen in Ellen gemessen. Eine Elle war die Entfernung vom Ellenbogen zur Spitze des Mittelfingers. Der jeweilige Herrscher legte den Maßstab mit seinem Körpermaß fest. So konnte es sein, dass die Elle in Braunschweig und die Elle im Rheinland nicht gleich lang waren. |3

a Schätze die Länge der Elle deines Partners und miss nach.
b Auch der Fuß galt lange Zeit als Längenmaß. Schätze die Fußlänge und überprüfe sie.
c In England benutzt man auch die Daumenbreite als Maßstab. Sie wird als 1 Inch oder 1 Zoll bezeichnet und entspricht 25 mm. Wäre dein Daumen zum Messen in Zoll geeignet? Prüfe nach.

|3

3* Kreise haben eine Länge

Wenn der Reifen des Rades eine Umdrehung gemacht hat, bist du ein Stück vorangekommen. Diese Strecke bezeichnet man *Umfang* des Rades.

a Schätze den Umfang eines Fahrradreifens, einer Garnrolle und eines Trinkglases am oberen Rand.
b Miss die tatsächliche Länge. |4
c Erfinde eine andere Messmethode zur Überprüfung der Schätzwerte.

|4

4 Gewichte vergleichen

Versuche deine beiden Hände als Waage zu benutzen: |5 In eine Hand legst du eine Tafel Schokolade (100 g) oder eine Milchtüte (1 kg). Mit der anderen hältst du einen Gegenstand, dessen Gewicht du nicht kennst: Schulranzen, Etui, Schwamm, Schuh, gefülltes Wasserglas …

a Schätze das Gewicht durch Vergleichen. Überlege, welchen Vergleichsgegenstand du benutzt.
b Überprüfe deine Schätzung mit einer Personenwaage oder Küchenwaage.

|5

5 Wie viel Saft ist im Glas?

Flüssigkeitsmengen werden in Litern oder Millilitern (ml) angegeben:
1 l = 1000 ml.
In ein Trinkglas passen meist 0,2 l = 200 ml. In eine PET-Flasche 1,0 l oder 1,5 l.

a Fülle in ein Glas oder eine Flasche folgende Flüssigkeitsmengen: 100 ml; 0,5 l; 1,2 l; 50 ml. |6

b Überprüfe die eingeschenkten Mengen mit einem Messzylinder. Du musst ihn in einigen Fällen mehrfach benutzen.

c Überprüfe mit einem Messzylinder die Angaben auf Getränkedosen und Flaschen für Haarwaschmittel.

|6

6 Tickt deine innere Uhr richtig?

Ein Vier-Minuten-Ei nach Gefühl kochen, geht das? |7
Auf ein Zeichen hin startet dein Partner die Stoppuhr. Jetzt müssten die Eier ins siedende Wasser gelegt werden …

a Du schätzt die Zeit von 4 Minuten und gibst wieder ein Zeichen.

b Wiederholt die Zeitschätzungen für 5 Sekunden und 1 Minute.

c Vergleicht jeweils den Schätz- und Messwert. Funktioniert deine innere Uhr besser bei kurzen oder langen Zeiten?

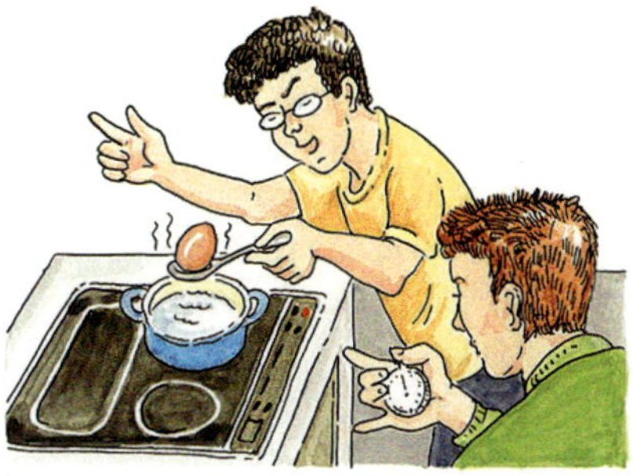

|7

Grundlagen **Messen mit einem Messgerät**

Mit unseren Sinnen können wir Entfernungen, Gewichte und Zeiten abschätzen. Zum Nachmessen bietet unserer Körper einige Hilfen: Mit unserer Arm- oder Fußlänge können wir Längen überprüfen. Unsere Arme dienen als Hilfswaage. Unser Herzschlag gibt den Takt für die Zeitmessung. Auch Temperaturen können wir gut unterscheiden.

Um unsere Messungen mit anderen zu vergleichen, müssen wir eine festgelegte, allgemeingültige Einheit benutzen. Längen messen wir mit einem Maßband oder Maßstab in Metern, Zeiten mit einer Uhr in Sekunden. Eine Waage gibt uns das Gewicht in Kilogramm oder in Gramm an. (Statt Gewicht sagt man in der Fachsprache Masse). Das Volumen bestimmen wir mit einem Messzylinder. Seine Skala gibt den Inhalt in Millilitern an. |8

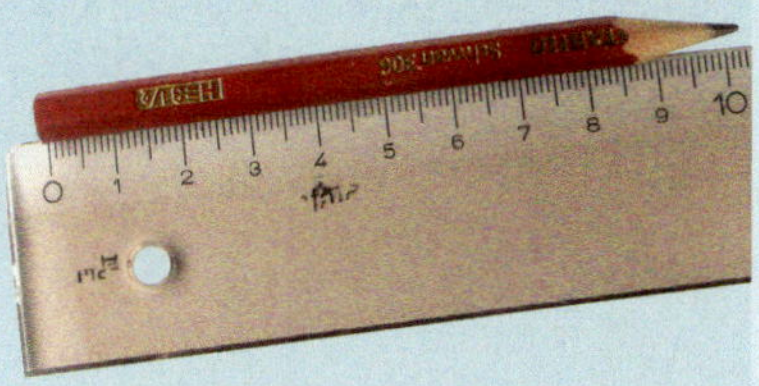

Wenn du genau abliest, kannst du auch Zwischenwerte abschätzen.

In Augenhöhe ablesen!

|8

Hinweise zum richtigen Messen
Du musst darauf achten, dass du immer gerade auf die Skala schaust, wenn du einen Wert abliest. Den abgelesene Messwert musst du mit der richtigen Einheit aufschreiben. Achte darauf, in welcher Einheit dein Messgerät misst. Auf einem Lineal kannst du Werte in Millimetern oder Zentimetern ablesen, auf einer Uhr die Zeit in Sekunden oder Minuten.

Für genaue Messungen ist neben dem richtigen Ablesen auch die richtige Wahl des Messgeräts wichtig.

Was wird gemessen?	Angabe in	Beziehung
Länge	Meter (m), Zentimeter (cm), Millimeter (mm)	1 m = 100 cm 100 cm = 1000 mm
Zeit	Sekunde (s), Stunden (h)	1 h = 60 Minuten 1 h = 3600 s
Gewicht (Masse)	Kilogramm (kg), Gramm (g)	1 kg = 1000 g
Volumen	Liter (l), Milliliter (ml), Kubikzentimeter (cm^3)	1 l = 1000 ml 1 cm^3 = 1 ml
Temperatur	Grad Celsius (°C)	

Wer baut die genaueste Waage?

1

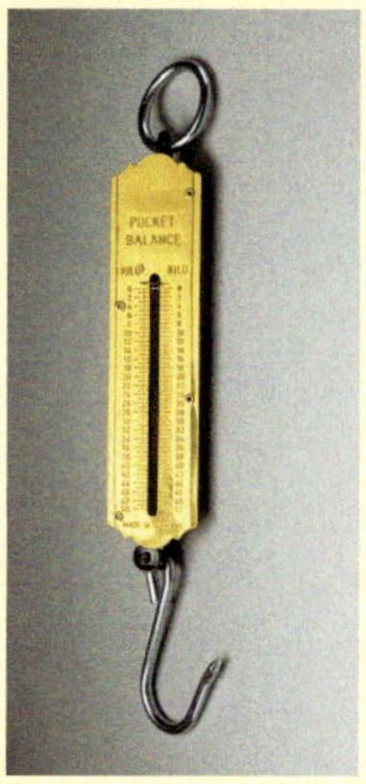

2

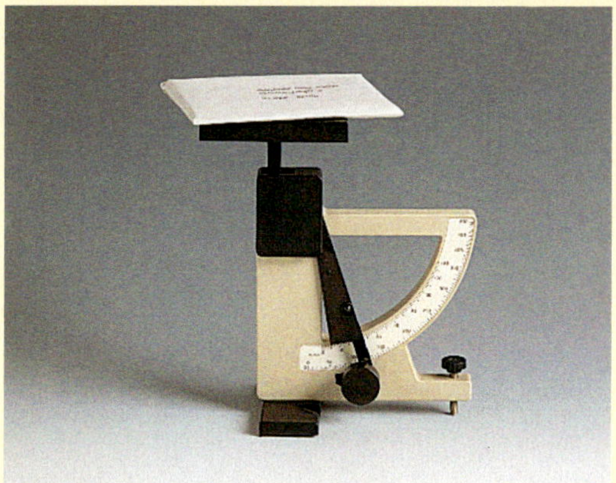

3

Beim Wiegen mit beiden Händen kannst du das unbekannte Gewicht eines Gegenstands mit Milchtüten oder Schokoladentafeln vergleichen. Eure Aufgabe ist es nun, Waagen zu bauen. Ihr sollt direkt ablesen können, wie schwer etwas ist. Hier sind einige Anregungen für einen Erfinderwettbewerb. Bestimmt habt ihr noch weitere Ideen.
Wer baut die beste Waage?

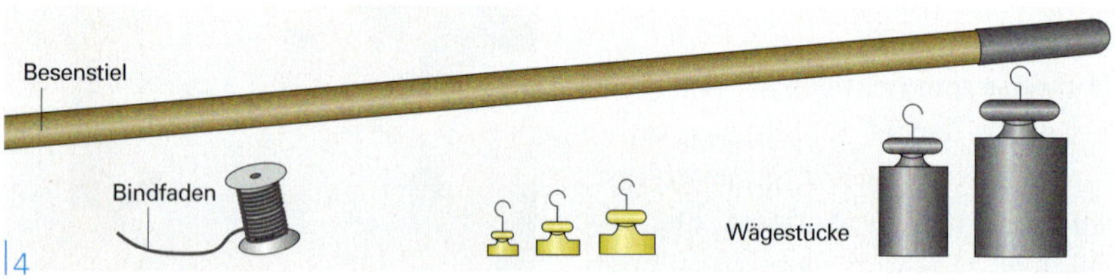

4

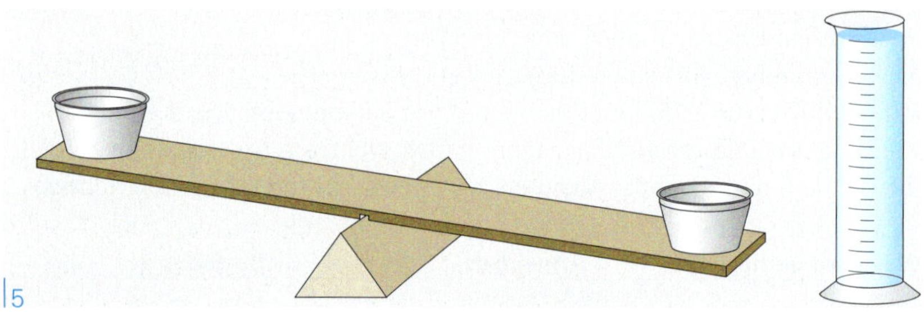

5

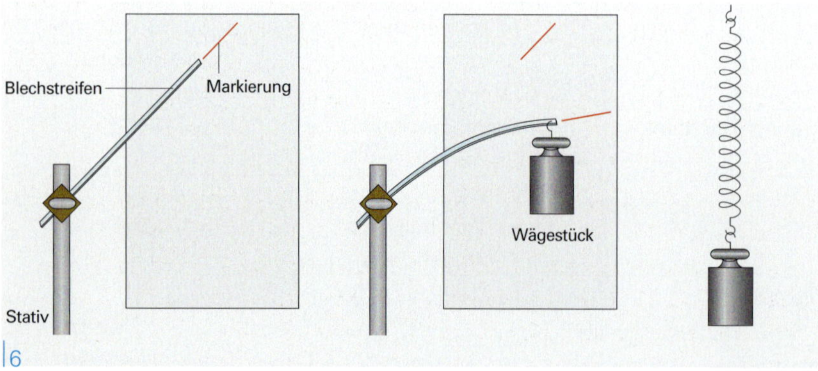

6

1 Besenstiel-Waage

Gelingt es dir, mit einem Besenstiel und einigen bekannten Wägestücken eine funktionierende Waage zu bauen? 4

2 Eine Wippe als Waage

Diese Waage 5 funktioniert mit Wasser und den zu wiegenden Gegenständen. Du musst wissen, dass 10 ml Wasser 10 g wiegen … Wie kommst du zu genauen Messergebnissen?

3 Die Blechstreifen- und Sackwaage

a Mit einem Blechstreifen und Stativmaterial kannst du eine Waage bauen, an der sich das Messergebnis direkt ablesen lässt. 6 Wie kannst du die Skala für das Messgerät anfertigen?

b Wenn du anstatt des Blechstreifens eine stabile Schraubenfeder benutzt, kannst du eine Sackwaage wie in Bild 2 bauen. Wie kommst du hier zu einer Gewichtsskala?

4 Waagen-Ausstellung

Präsentiert eure Erfindungen im Klassenraum. Jede Gruppe darf die Waagen der anderen testen. Sieger ist die Gruppe, mit deren Waage man am genauesten messen kann. Kann man mit eurer Waage das Gewicht eines 2-Cent-Stücks bestimmen? Wie viel wiegt ein Radiergummi oder ein Bleistift?

Genaues Messen

5 Mengen und Gewicht

Überprüfe die Angaben eines Küchenmessbechers.

a Bestimme mit einer elektronischen Waage, wie schwer der leere Messbecher ist. Du musst das Leergewicht später von den Messwerten abziehen.

b Fülle 100 g Zucker, Reis und Mehl ab und vergleiche die Füllhöhen. |7

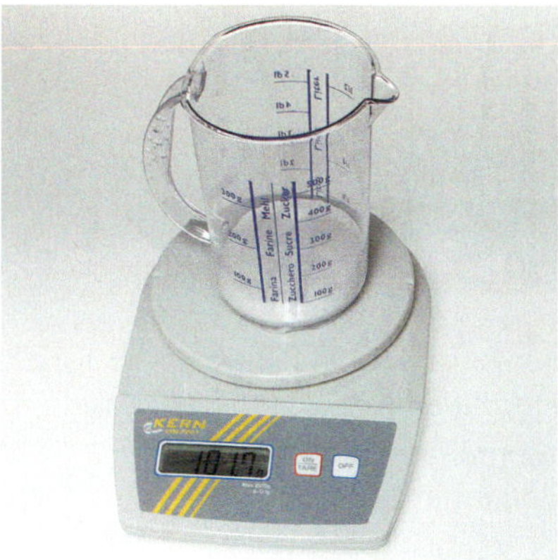

|7

c Überprüfe die abgefüllten Mengen mit einer elektronischen Waage. Bewerte die Genauigkeit des Messbechers.

d 100 ml Wasser wiegen 100 g. Überprüfe es. Vergleiche die Füllhöhen bei 100 g Zucker (Reis, Mehl) mit der von 100 ml Wasser. Erkläre die Unterschiede.

6 Messbecher oder Messzylinder

Zum Abmessen von Flüssigkeiten kannst du den Messbecher aus der Küche, ein Becherglas oder einen Messzylinder benutzen. |8 Welche der drei Möglichkeiten liefert die genauesten Ergebnisse?

a Bestimme zunächst die Gewichte der leeren Messgeräte.

b Fülle dann in jeden der drei Behältnisse 100 ml, 70 ml und 20 ml Wasser. Überprüfe mit der elektronischen Waage (10 ml entsprechen 10 g). Gibt es Unterschiede?

c Bewerte die Genauigkeit der drei Messgeräte.

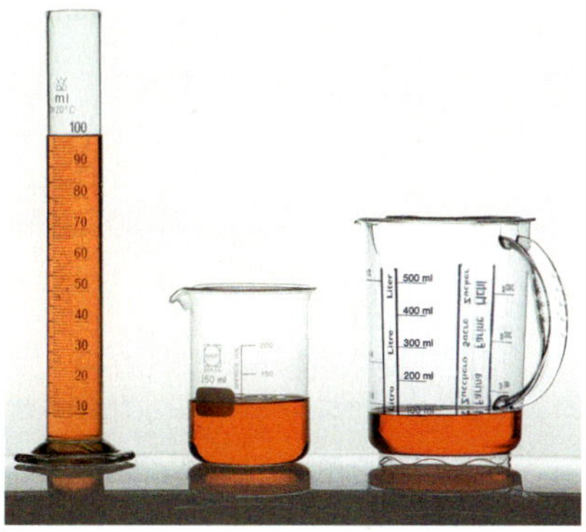

|8

d* Kleine Flüssigkeitsmengen kann man sehr genau mit einer Pipette messen. |9 Übe das Arbeiten mit einer Messpipette und überprüfe deine Ergebnisse.

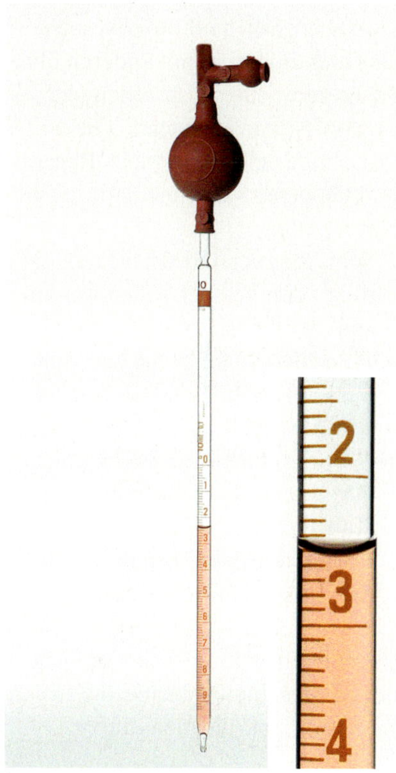

|9 Messpipette

Grundlagen **Messgeräte**

Zur Bestimmung von Gewichten (Massen) benutzen wir Waagen. Sie geben das Gewicht in Kilogramm (kg) oder Gramm (g) an. Das Gewicht wird durch Vergleich mit Wägestücken oder durch Verformung von Federblechen oder Stahlfedern ermittelt.

Es gibt Briefwaagen, Küchenwaagen, Labor- und Personenwaagen, Lkw-Waagen … Damit du genaue Messwerte erhältst, musst du die richtige Waage auswählen. Dein Körpergewicht kannst du nicht mit der Briefwaage ermitteln und das Gewicht der Büroklammer zeigt die Lkw-Waage nicht an.

Genauso ist es beim Abfüllen von Flüssigkeitsmengen, die wir in Millilitern (ml) oder Litern (l) angeben: Genaue Messwerte kannst du nur mit speziellen Messzylindern oder Pipetten mit genauer Skala erhalten. Für den Hausgebrauch reicht aber auch ein einfacher Messbecher. Das Kuchenrezept wird damit gelingen.

A Die Wahl des richtigen Messgeräts ist wichtig, damit du genaue Werte erhältst. Gib zu dieser Regel zwei Beispiele an.

Arbeitsweise **Versuchsprotokoll**

Bei Versuchen und Beobachtungen solltest du immer ein Protokoll anfertigen. Auch Wissenschaftler in Laboren schreiben auf, was sie getan und was sie beobachtet und gemessen haben. Solche Protokolle sind die Grundlage, um mit anderen über die Experimente zu sprechen und Ergebnisse zu vergleichen. Die Protokolle helfen uns dabei, Regeln und Gesetze zu erkennen, die in der Natur gelten.

- Schreibe zuerst die Frage auf, die durch den Versuch gelöst werden soll.
- Plane den Versuch: Skizziere den Versuchsaufbau und beschreibe, wie du vorgehst.
- Notiere deine Beobachtungen. Messwerte trägst du in eine Tabelle ein.
- Formuliere das Ergebnis – z. B. die Antwort auf die Versuchsfrage.

Oft entstehen durch einen Versuch neue Frage und Probleme, die zu weiteren Experimenten führen.

1 Versuche werden protokolliert.

Anne Müller / 25. 5. 2009 / 8.00 Uhr

Wie gut kann ich Längen schätzen?

Versuchsskizze:

Durchführung:
Wir haben geschätzt, wie groß alle Mitschüler sind. Dann haben wir die Größen mit einem Bandmaß nachgemessen.

Beobachtung:
Messreihe

	Schätzwert	Messwert
Michael	140 cm	145 cm
Anna	135 cm	138 cm
Magdalena	140 cm	135 cm
Jan	150 cm	148 cm

Auswertung:
Die Abweichungen zwischen Schätz- und Messwerten liegen bis zu 5 cm über oder unter den Messwerten. Zum genauen Angeben der Körpergröße reicht unser Schätzwert nicht aus, besser ist es, mit einem Bandmaß zu messen.

2 Beispielprotokoll 1

Frank Saß / 6. Juli 2009 / 9.45 Uhr

Wie viel Saft ist im Glas?

Versuchsskizze:

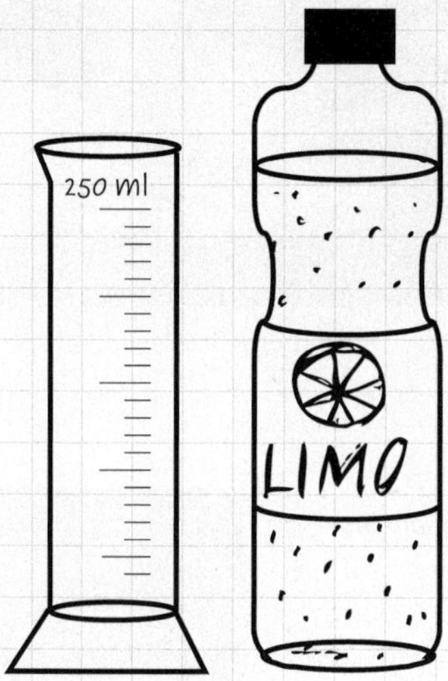

Durchführung:
Wir haben den Inhalt von Getränkeflaschen und Dosengetränken mit einem Standzylinder nachgemessen.

Beobachtung:
Messreihe

	Angegebener Wert	Messwert
Mineralwasser	750 ml	745 ml
Orangensaft	1000 ml	980 ml
Cola	330 ml	315 ml
Apfelschorle	500 ml	495 ml

Auswertung:
In den Dosen und Flaschen war weniger Inhalt als angegeben.
Die Messwerte lagen zwischen 5 und 20 ml unter den angegebenen Werten.

3 Beispielprotokoll 2

Name (Namen)/Datum/Uhrzeit

Thema oder Frage des Versuchs

Versuchsskizze:
Skizziere die Versuchsgeräte und den Versuchsaufbau.

Durchführung:
Beschreibe, was du gemacht hast.

Beobachtung:
Beschreibe genau, was du gesehen, gehört, gerochen, gefühlt oder gemessen hast.
Manchmal hilft es, den Versuch mehrmals durchzuführen, um möglichst genau beobachten zu können.

Auswertung:
Beantworte die Versuchsfrage.
Zeichne Diagramme oder formuliere eine Regel

4 Allgemeine Form eines Protokolls

Warm oder kalt?

1 Hat hier jemand falsch geduscht?

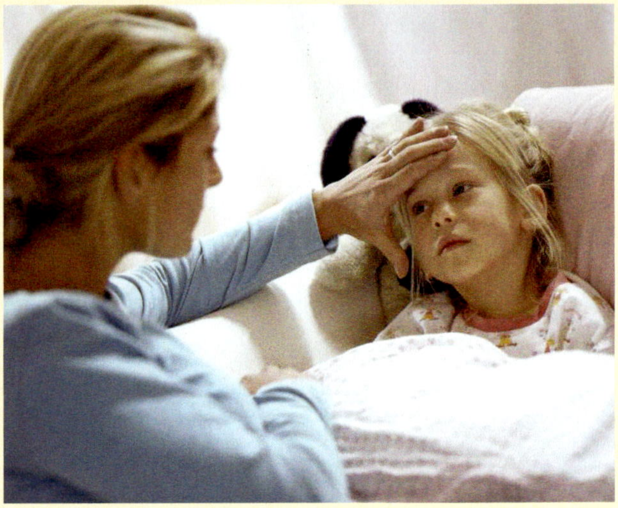

2 Ob Lena wohl Fieber hat?

Probier's mal!

1 Temperaturmessungen zu Hause

Miss mit einem Zimmerthermometer die Temperatur in allen Räumen eurer Wohnung – auch im Bad und im Keller. Ab welcher Temperatur wäre es dir für den normalen Aufenthalt zu kühl? Ab welcher wäre es zu warm?

2 Wie warm ist „heiß"?

a Miss die Temperatur, bei der dir ein Getränk heiß, lauwarm oder kalt vorkommt. (Mische dazu kaltes und heißes Wasser.)

b Bei welcher Termperatur wäre Badewasser „gerade richtig" für dich? Schätze die Temperatur und miss sie dann mit dem Thermometer.

3 Unser Wärmesinn lässt sich täuschen ...

Führe diesen Versuch durch: 3
Eine Hand hältst du dabei zwei Minuten lang in heißes Wasser und die andere gleichzeitig in kaltes. Dann tauchst du beide Hände gemeinsam in das lauwarme Wasser.
Was empfindest du? Erkläre!

4 Wir messen die Lufttemperatur (Langzeitversuch)

Miss mit einem Außenthermometer dreimal täglich die Lufttemperatur (im Schatten). Lies die Temperatur möglichst immer zur gleichen Zeit ab. Trage die Messwerte in eine Tabelle ein (siehe das Muster unten). 4

3 Drei-Schüssel-Versuch

Langzeitprotokoll: Messung der Lufttemperatur
Ort: im Garten, unter dem Apfelbaum
Name: *Klasse:*

Tageszeit \ Datum	4. 12.	5. 12.	6. 12.	7. 12.	8. 12.	usw.
Morgens (7.00 Uhr)	2 °C	... °C	... °C	... °C	... °C	... °C
Mittags (13.00 Uhr)	8 °C	... °C	... °C	... °C	... °C	... °C
Abends (19.00 Uhr)	5 °C	... °C	... °C	... °C	... °C	... °C

4 Mustertabelle zum Langzeitversuch

Grundlagen **Wärmeempfinden und Temperaturmessung**

Wir nehmen Temperaturen über die Haut wahr: Unser *Wärmesinn* ermöglicht es uns nämlich, Temperaturen zwischen 15 °C und 45 °C ungefähr zu unterscheiden.
Im Bereich der Körpertemperatur (37 °C) ist der Wärmesinn besonders empfindlich. |2
Hohe und niedrige Temperaturen nehmen wir nur als „heiß" oder als „kalt" wahr. Eventuell empfinden wir dabei auch einen Schmerz.
Um Temperaturen zuverlässig zu bestimmen, messen wir mit Thermometern. |5

Wir sind mit einem Temperaturempfinden ausgestattet. Um Temperaturen zu messen, verwenden wir ein Thermometer.
Temperatur werden in Grad Celsius (°C) angegeben.

A Für welchen Bereich kann unser Temperaturempfinden Temperaturen recht genau angeben?

B Unser Temperaturempfinden lässt sich manchmal täuschen. Nenne Beispiele dafür.
Versuche zu erklären, wie es zu dieser Täuschung kommt.

C Bei Wind merkt man einen deutlichen Unterschied zwischen der gemessenen und der „gefühlten Temperatur"? Wie erklärst du dir das?

Gemessene Temperatur in °C	So empfinden wir die Temperatur in °C bei Windstärke …			
	2	4	6	8
0	–2	–11	–17	–19
–5	–7	–18	–24	–27
–10	–13	–25	–32	–35
–15	–18	–31	–39	–43

|5 Experimentierthermometer im Einsatz

Alltag **Verschiedene Thermometer**

Uns stehen unterschiedliche Thermometer zur Verfügung – je nachdem, welche Temperaturen wir messen wollen. |6 Im Grundaufbau sind die Thermometer gleich.
Den Abstand zwischen der niedrigsten und höchsten Temperatur, die man mit einem Thermometer messen kann, nennt man den *Messbereich* dieses Thermometers.
Flüssigkeitsthermometer enthalten entweder Alkohol oder Quecksilber. Mit Quecksilberthermometern musst du besonders vorsichtig umgehen: Wenn sie zerbrechen, werden giftige Dämpfe frei.
Immer häufiger nimmt man heute elektronische Thermometer.

D Welche Messbereiche haben die abgebildeten Thermometer? |6
Warum sind die Messbereiche unterschiedlich?

E* Welche Vor- und Nachteile haben elektronische Thermometer?

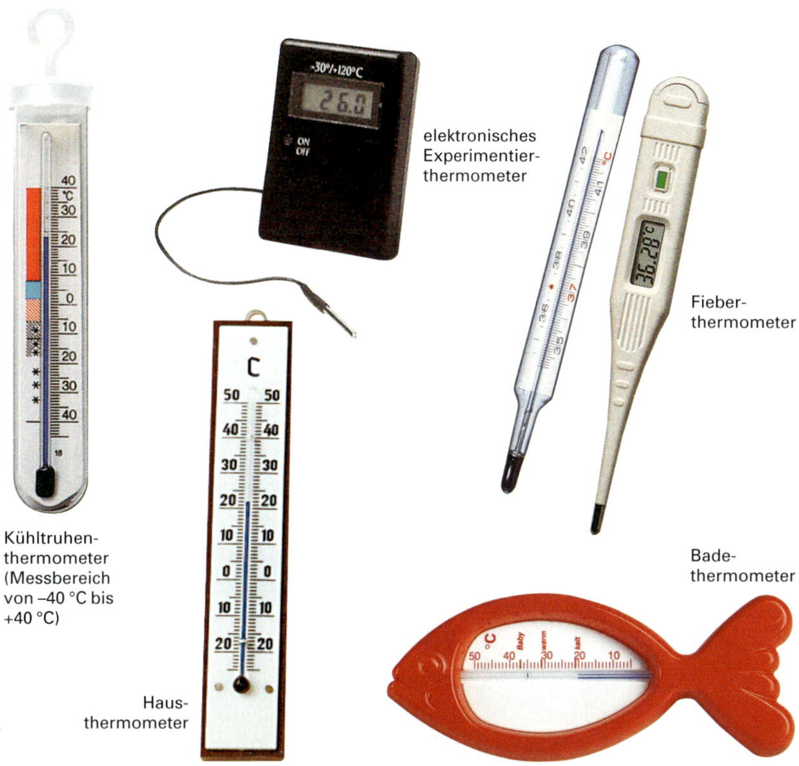

|6 Thermometer für viele Zwecke

Wir messen Temperaturen

|1

Kerstin und Frank wollen ihr Baby baden. Sie haben das Badewasser aus heißem und kaltem Wasser gemischt.
Mit dem Ellenbogen prüft Kerstin die Wassertemperatur. |1
Ob das gut geht?

1 Wer „trifft" genau 37 °C?

Hier könnt ihr selbst planen und experimentieren. Teamarbeit ist angesagt!
Euch stehen zur Verfügung:
- 1 Becherglas mit heißem Wasser,
- 1 Becherglas mit kaltem Wasser,
- 1 leeres Becherglas und 1 Glasstab,
- 1 Thermometer.

Ihr bekommt jedoch kein zusätzliches kaltes oder heißes Wasser! Besprecht zunächst, wie ihr vorgehen wollt. Beschreibt eure Vorgehensweise (Versuchsprotokoll). |2

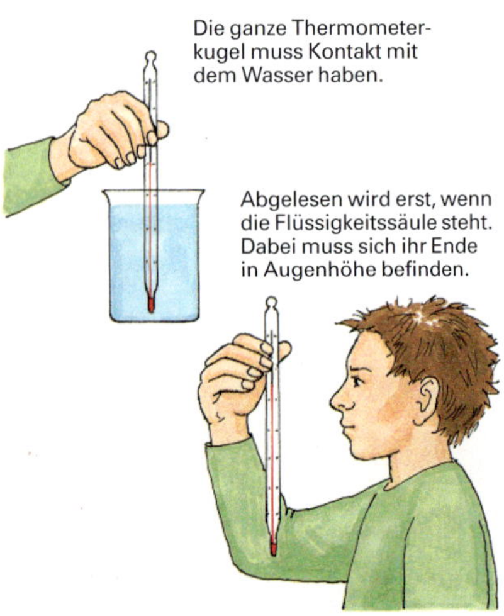

|2 Darauf müsst ihr beim Messen achten!

2 Wir beobachten, wie schnell die Wassertemperatur ansteigt

Versuchsdurchführung:
Messt die Temperatur des Wassers zu Beginn des Versuchs. |3 Tragt den Wert in eure Tabelle ein (s. Mustertabelle).
Steckt jetzt den Stecker des Tauchsieders in die Steckdose (mit trockenen Händen!). Lest alle 30 Sekunden die Wassertemperatur ab. |4
Das Wasser siedet schließlich. Erhitzt es trotzdem weiter und rührt dabei um. Lest weiterhin alle 30 Sekunden die Temperatur ab (2–3 Minuten lang).

Versuchsauswertung:

a Zeichnet eure Messwerte auf (siehe rechte Seite).

b Was könnt ihr aus eurer Darstellung ablesen? Diese Fragen helfen euch:
- Welche Anfangstemperatur hatte das Wasser?
- Bei welcher Temperatur siedete das Wasser?
- Welche Endtemperatur habt ihr erreicht?
- „Je länger man Wasser erwärmt, desto heißer wird es." Was meinst du dazu?

Mustertabelle:

Messung Nr.	Zeit nach dem Einschalten	Wassertemperatur
1	0 Sekunden (s)	... °C
2	30 s	... °C

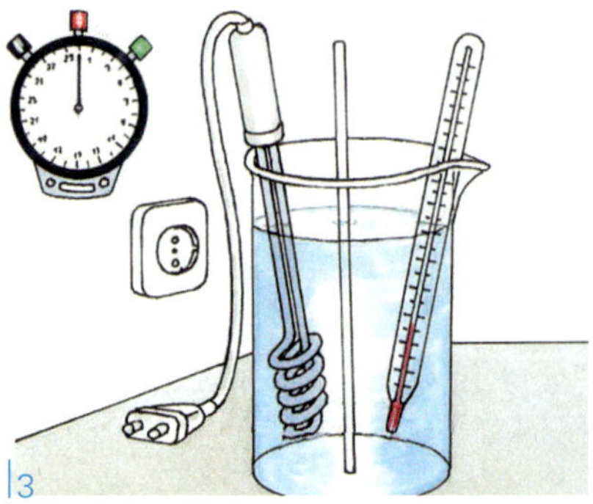

|3

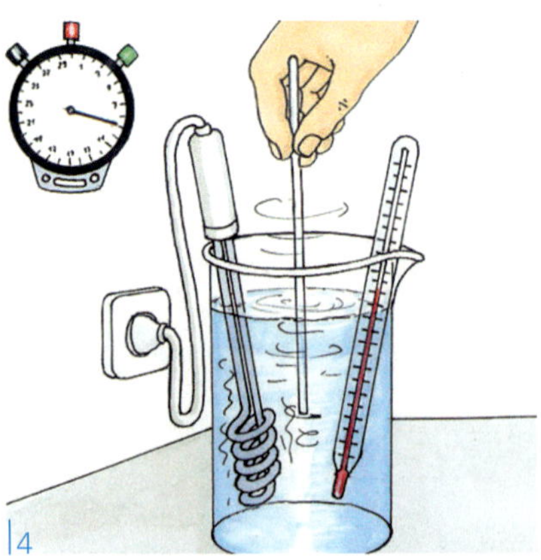

|4

Arbeitsweise **Wie man ein Diagramm anfertigt**

Eine Schülergruppe hat in einem Versuch Wasser erhitzt. Dabei erhielt sie folgende Messwerte:

Messung Nr.	Zeit nach dem Einschalten	Wasser-temperatur
1	0 s	16 °C
2	30 s	24 °C
3	60 s	37 °C
4	90 s	49 °C
5	120 s	58 °C
6	150 s	68 °C
7	180 s	75 °C
8	210 s	83 °C
9	240 s	91 °C
10	270 s	95 °C

Diese Messwerte kann man auch als *Diagramm* aufzeichnen. Dazu könnte man einzelne Thermometersäulen zeichnen. |5 Wir zeichnen aber nur deren Endpunkte. |6

Arbeitsschritte:

1. Zunächst die senkrechte Achse *(Temperaturachse)* und die waagerechte Achse *(Zeitachse)* auf Millimeterpapier zeichnen und beschriften. |6
2. Die Messwerte einzeichnen, z. B. das Wertepaar 90 s|49 °C:
   a) Auf der Zeitachse „90 s" suchen (blauer Pfeil) und von dort aus senkrecht nach oben eine dünne Linie ziehen.
   b) Auf der Temperaturachse „49 °C" suchen (roter Pfeil!) und von dort aus waagerecht nach rechts eine Linie ziehen.
   c) Die Stelle, wo sich deine Linien kreuzen, mit einem Kreuzchen markieren. Hier liegt der Messpunkt (90 s|49 °C).
3. Die Messkurve des Diagramms wird gezeichnet. |6
   Wenn man die Messpunkte direkt miteinander verbindet, ergibt sich eine Zickzacklinie (schwarze Linie im Bild). Besser ist es, wenn man eine glatte Kurve zeichnet, die nur ungefähr die Messpunkte trifft (rote Kurve).

A Lies aus der roten Kurve ab: |6 Welche Temperatur wurde nach 50 s, 100 s, 110 s, 180 s und 200 s erreicht?

B* Welche Vorteile hat die Darstellung von Messwerten in einem Diagramm?

C* Nicht alle Messpunkte liegen genau auf der gezeichneten roten Kurve. Warum ist diese Kurve dennoch sinnvoll?

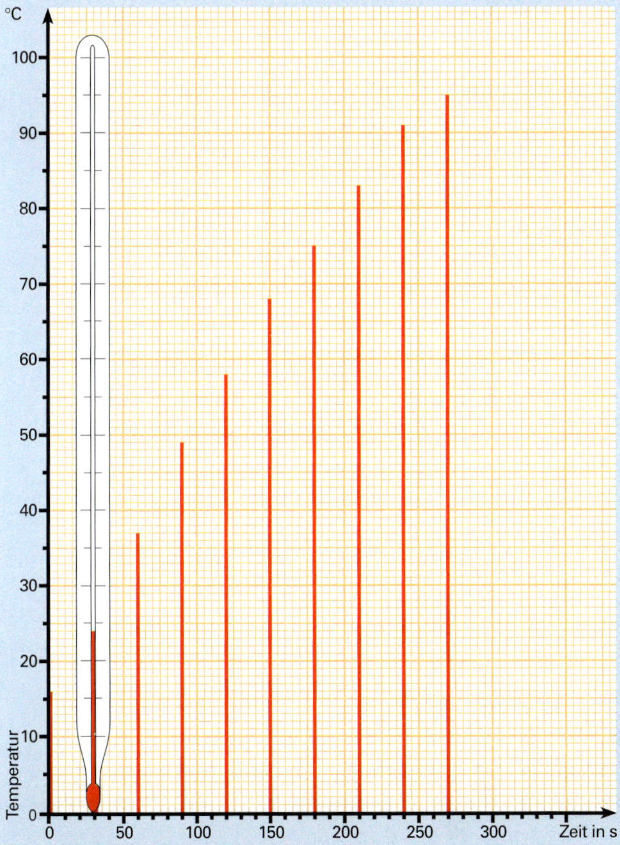

|5 Säulendiagramm (Flüssigkeitssäulen der Thermometer)

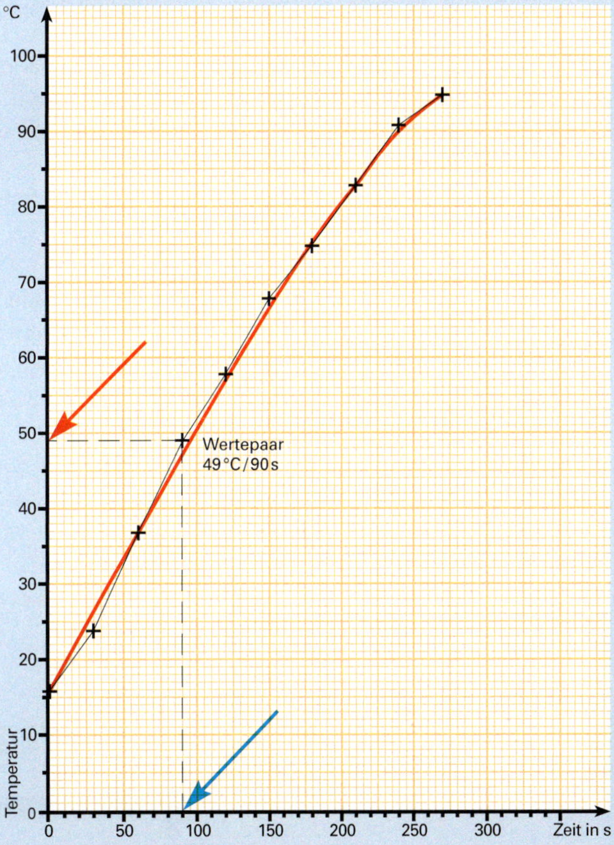

|6 Zeit-Temperatur-Diagramm

Wie funktioniert ein Thermometer?

|1 Flüssigkeitsthermometer

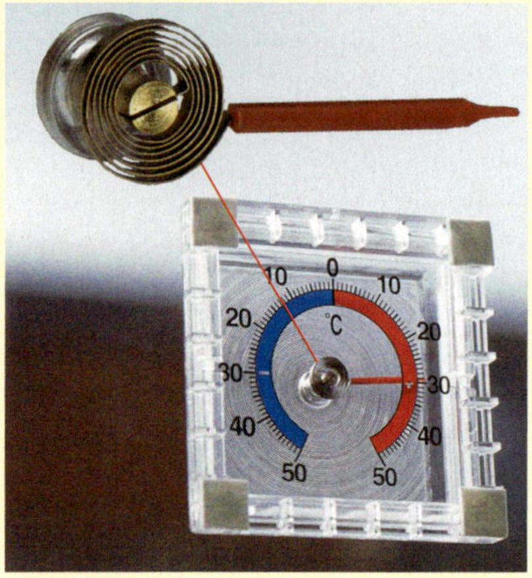

|2 Bimetallthermometer

1 Was geschieht beim Erwärmen einer Flüssigkeit?

a Beschreibe, wie der Versuch ablaufen soll. |3

b Führe ihn durch. Was beobachtest du?

c Der Versuchsaufbau lässt sich verbessern, um ein deutlicheres Ergebnis zu erzielen. Wie könnte der Versuchsaufbau aussehen?

Tipp: Denke an die Form eines Flüssigkeitsthermometers.

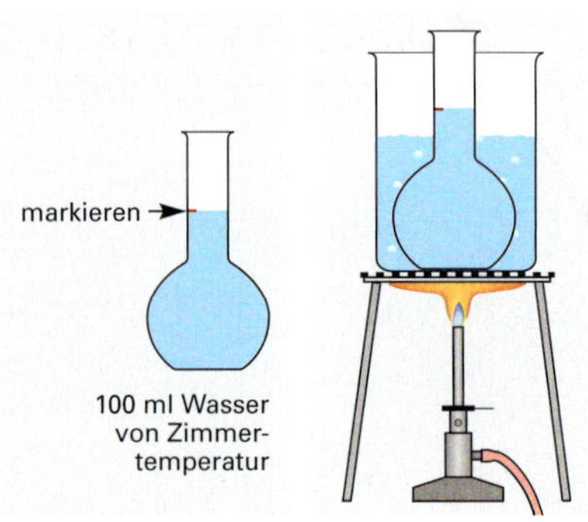

|3

2 Wir erwärmen verschiedene Flüssigkeiten |4

Markiere jeweils den Flüssigkeitsstand bei Zimmertemperatur. Die Rundkolben werden dann einmal in kaltes und einmal in heißes Wasser gestellt.

|4

3 Was geschieht beim Erwärmen von festem Eisen?

a Spanne einen Metalldraht über den Tisch und hänge ein kleines Wägestück in die Mitte. |5 Wie hoch hängt das Wägestück über der Tischplatte? Stelle mehrere Teelichter unter den Draht. Miss des Höhe des Wägestücks bei heißem Draht.

b Wiederhole den Versuch mit einem anderen Draht.

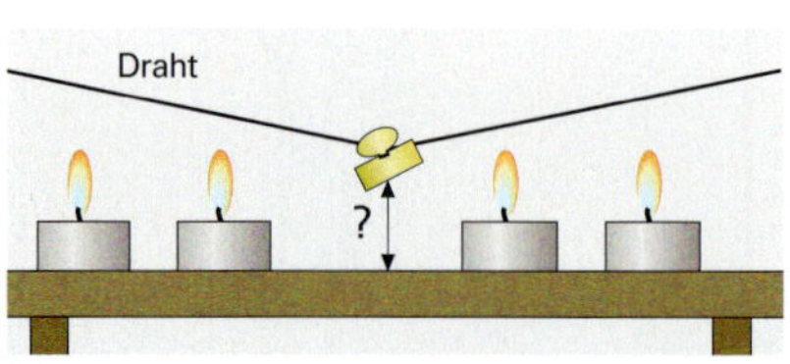

|5

4* Wie funktioniert das Bimetallthermometer?

Ein Bimetallstreifen besteht aus zwei Schichten unterschiedlicher Metalle. Sie sind fest miteinander verbunden. |6

a Befestige den Bimetallstreifen und erwärmen ihn.

b Nachdem sich der Streifen abgekühlt hat, drehst du ihn um. Jetzt zeigt die andere Schicht des Streifens zur Flamme …

c Ein Modellversuch soll dir helfen herauszubekommen, wie die Bimetallschalter funktionieren:

Schneide zwei 25 cm lange Streifen von einem Karton ab. Verkürze dann einen der Streifen um 4 mm. Hefte beide Streifen mit Wäscheklammern an den Enden zusammen – und zwar so, dass die Enden genau übereinander liegen. |7

In welche Richtung musst du beide Streifen biegen, damit sie wieder aufeinander liegen?

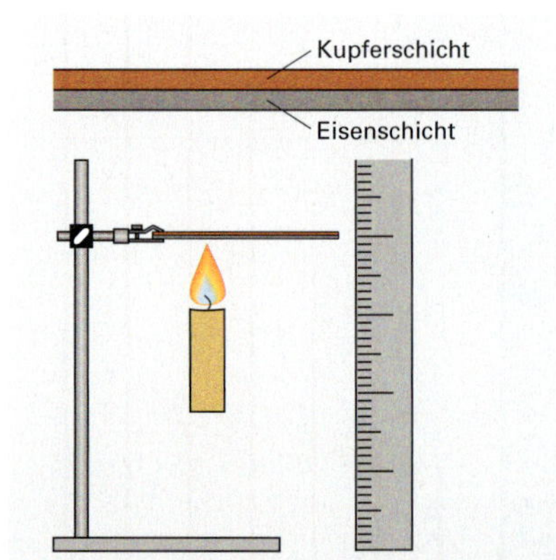

|6

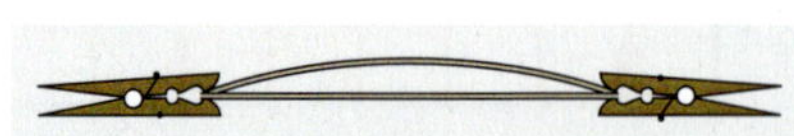

|7

Grundlagen **Ausdehnung beim Erwärmen**

8 Eine Brücke auf Rollen

Brücken haben Dehnungsfugen und werden auf Rollen oder auf elastischen Kunststoffplatten gelagert. 8 Sie sind nämlich im Sommer länger als im Winter. Wenn die Temperatur steigt, dehnen sie sich aus. Bei sinkender Temperatur ziehen sie sich zusammen.

Viele Gegenstände dehnen sich beim Erwärmen nach allen Seiten aus. Ihr Volumen nimmt zu. Beim Abkühlen ziehen sie sich zusammen.
Auch Flüssigkeiten dehnen sich aus, wenn ihre Temperatur steigt.

Unterschiedliche Stoffe dehnen sich unterschiedlich aus: Aluminium dehnt sich stärker aus als Eisen und Spiritus stärker als Wasser.
Besonders bei langgestreckten Gegenständen erreicht die Ausdehnung messbare Werte. 9
Wenn sich ein Gegenstand ausdehnt, nimmt seine Masse (Gewicht) nicht zu; er wird nicht „mehr“.

Wie funktioniert ein Thermometer?
Im Flüssigkeitsthermometer ist meist Alkohol enthalten. Der meiste Alkohol befindet sich in der Thermometerkugel unterhalb des Steigrohrs. Beim Erwärmen dehnt sich der Alkohol aus und steigt in dem engen Steigrohr nach oben.

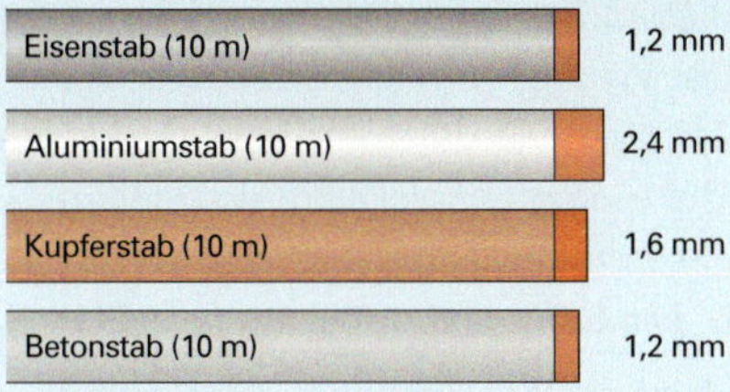

9 Ausdehnung bei Erwärmung um 10 °C

A Wie hängt das Volumen einer Flüssigkeit mit der Temperatur zusammen? Ergänze: "Je höher die Temperatur, desto …" „Je tiefer …"

B Getränkeflaschen sind niemals bis zum Deckel gefüllt.
Gib dafür eine Erklärung.

C Warum haben Rohrleitungen, durch die heiße Flüssigkeiten fließen, oft große Schleifen? 10

10

Alltag **Bimetallthermometer**

Zum Zum Messen der Temperatur kann auch ein Bimetallstreifen verwendet werden. Er besteht aus zwei unterschiedlichen Metallstreifen, z. B. aus Eisen und Kupfer.Die beiden Streifen sind fest miteinander verbunden.
Wenn beide bei 20 °C gleich lang sind, dann ist der Stab gerade. Bei 80 °C ist der Kupferstreifen etwas länger als der Eisenstreifen. Der Streifen verbiegt sich. Der Kupferstreifen wird zur „Außenkurve“. 11

Beim Bimetallthermometer ist ein langer Bimetallstreifen zu einer Spirale aufgewickelt. Bei Temperaturänderungen verbiegt er sich stärker oder weniger stark.

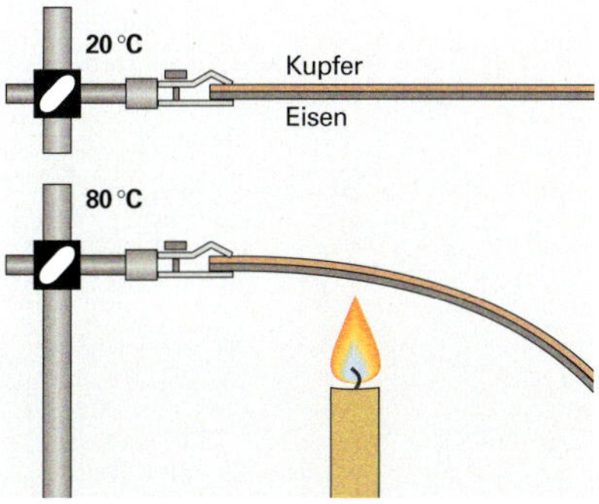

11 Bimetallstreifen bei unterschiedlichen Temperaturen

Thermometerskala und Fixpunkte

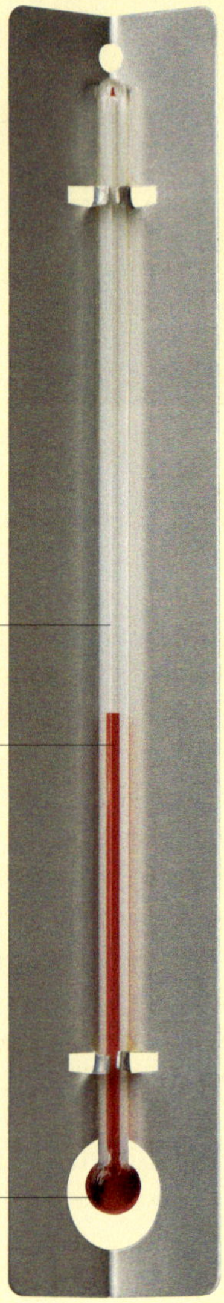

|1 Thermometer ohne Skala

1 Wir ermitteln zwei „Fixpunkte" für die Thermometerskala

Wasser siedet bei einer bestimmten Temperatur und Eis schmilzt bei einer bestimmten Temperatur. Diese beiden Temperaturen eignen sich deshalb als Fixpunkte der Skala (lat. *fixus:* fest).

a Die Siedetemperatur von Wasser

Ein Thermometer ohne Skala steht in Wasser. |2 Das Wasser wird bis zum Sieden erhitzt. Beobachte die Thermometerflüssigkeit.

Das Wasser im Glas siedet bereits eine Zeit lang. Markiere die Stelle, an der die Thermometerflüssigkeit zum Stehen gekommen ist. |3

b Die Schmelztemperatur von Eis

Das Thermometer ohne Skala steht jetzt in zerkleinertem Eis. |4

Das Schmelzwasser wird vorsichtig erwärmt. Beobachte wieder die Thermometerflüssigkeit.

Noch ist nicht das ganze Eis geschmolzen. Wo steht die Thermometerflüssigkeit? Markiere die Stelle. |5

c Wie entsteht daraus die Skala?

Du hast jetzt zwei Temperaturen auf deiner Skala: die Siedetemperatur von Wasser (100 °C) und die Schmelztemperatur von Eis (0 °C). Wie kannst du die Skala weiter unterteilen? Überlege dir Lösungsmöglichkeiten.

Tipps: Probiere die Möglichkeiten auf Papierstreifen aus. Übertrage den Abstand zwischen Schmelztemperatur und Siedetemperatur auf den Papierstreifen. Wo liegt 50 °C? Wie geht's weiter?

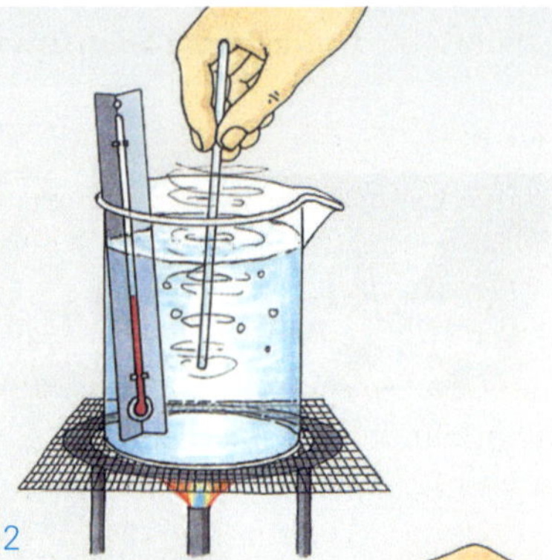

|2

|3

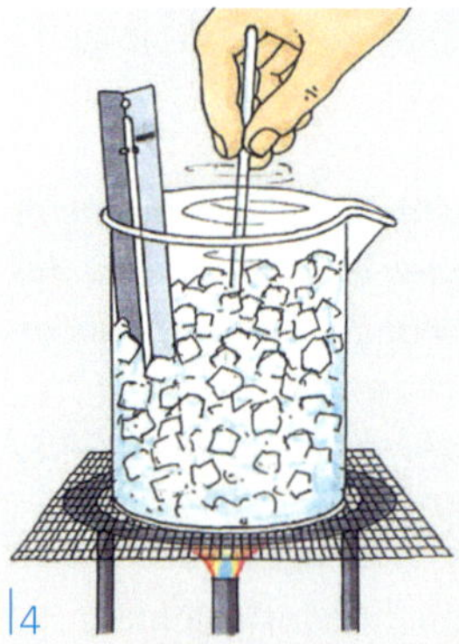

|4

|5

A Auf der Thermometerskala spielen zwei Temperaturen eine besondere Rolle. Welche sind das?

B In dem Versuch oben wird das Wort „Fixpunkt" erwähnt.

1 Was versteht man darunter?

2 Warum eignen sich die Schmelztemperatur von Eis und die Siedetemperatur von Wasser als Fixpunkte?

C* Spiritus ist feuergefährlich. Plane einen Versuch, bei dem man *ohne offene Flamme* überprüfen kann, dass er bei 78 °C siedet.

Geschichte **So entstand die Thermometerskala**

Kunstvolle Thermometer – schön, aber unpraktisch

Dieses sehr langes Thermometer |6 wurde vor etwa 300 Jahren in Florenz (in Italien) hergestellt. Die Glaskugel an seinem unteren Ende entspricht der Thermometerkugel. Sie enthält Alkohol. Das Steigrohr ist fast einen Meter lang. Auf das Rohr sind viele kleine Glasperlen aufgeschmolzen; sie stellen die Skala dar. Solche Thermometer waren unhandlich und zerbrechlich. Man wickelte deshalb das Steigrohr zu einer Spirale auf. |6

Die ersten Thermometer hatten einen großen Nachteil: Nie besaßen zwei Thermometer genau die gleiche „Perlen-Skala". Die Durchmesser der Steigröhrchen waren nämlich unterschiedlich. Man konnte also Temperaturen nur dann vergleichen, wenn man ein und dasselbe Thermometer benutzte.

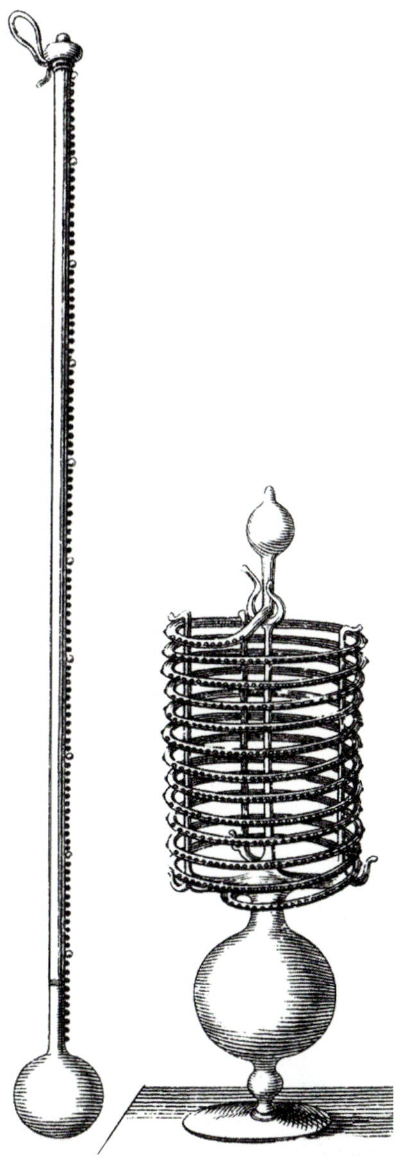

|6 Kunstvolle Thermometer aus Florenz

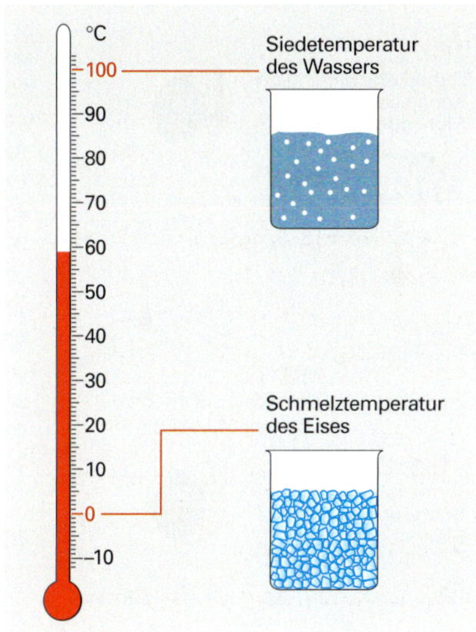

|7

Das Thermometer von Celsius – der Durchbruch!

Viele Bemühungen gab es, ein „allgemein verwendbares" Thermometer zu erfinden, z. B. von *Daniel Fahrenheit* (1686–1736).

Den Durchbruch schaffte schließlich der Schwede *Anders Celsius* (1701–1744). Für seine Skala wählte er zwei *Fixpunkte* (lat. *fixus:* fest):

1. die Schmelztemperatur von Eis (er nannte diesen Punkt „0 Grad"),
2. die Siedetemperatur von Wasser („100 Grad").

Den Abstand zwischen den beiden Fixpunkten teilte er in 100 gleiche Teile ein. |7

Mit gleichen Abständen konnte er die Skala nach unten fortsetzen (z. B. bis –10 Grad). Genauso konnte er sie nach oben verlängern (z. B. 120 Grad).

Seit jener Zeit erinnert auf den meisten Thermometern ein „C" an Celsius. Außerdem werden Temperaturen in „Grad Celsius" (°C) angegeben.

D Warum eignet sich die Körpertemperatur eines Menschen nicht besonders gut als Fixpunkt?

E Eine Thermometerskala soll entwickelt werden.

1 Alex nimmt ein Thermometer und überträgt die Skala einfach auf das Thermometer ohne Skala. Beurteile das Vorgehen. |8

2 Anja hat eine andere Idee: Sie stellt das Thermometer ohne Skala zunächst in Schmelzwasser. Dann markiert sie den Stand der Flüssigkeitssäule und schreibt „0 °C" daran. Darüber trägt sie jeweils im Abstand von 1 cm die Werte „10 °C", „20 °C" usw. ein. Was hältst du davon?

F* Es gibt auch Länder, in denen Temperaturen in „Grad Fahrenheit" angegeben werden. Erkundige dich danach, welche das sind.

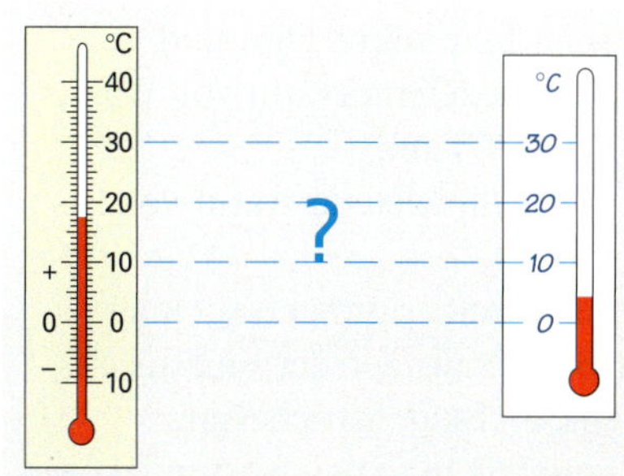

|8

Zusammenfassung

Mit den Sinnen wahrnehmen

Mit unseren Sinnesorganen erhalten wir Informationen über unsere Umgebung. |1

Vom Sinnesorgan wird ein Signal über die Nerven zum Gehirn geschickt. Die Signale werden im Gehirn verarbeitet. So können wir uns z.B. durch Betasten ein Bild von einem Gegenstand machen.

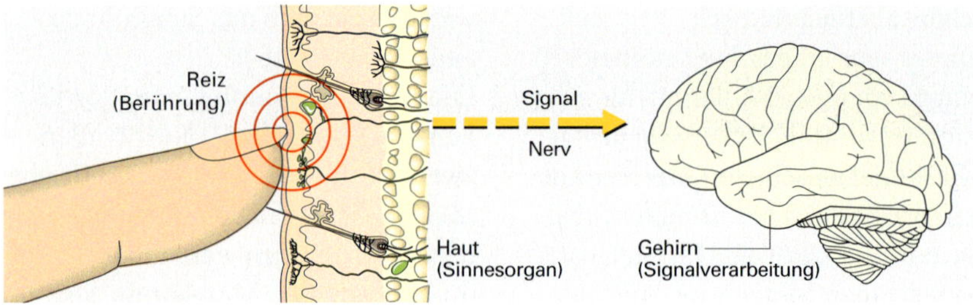

|1 Sinnesorgan Haut – Wahrnehmen eines Berührungsreizes

Messen

Um Längen, Temperaturen, Zeiten, Gewichte und Volumen vergleichen zu können, benutzt man festgelegte, allgemeingültige Einheiten. Längen werden in Metern (m) angegeben, Zeiten in Sekunden (s) gemessen, Temperaturen in Grad Celsius (°C), Gewichte in Kilogramm und das Volumen in Millilitern (ml).

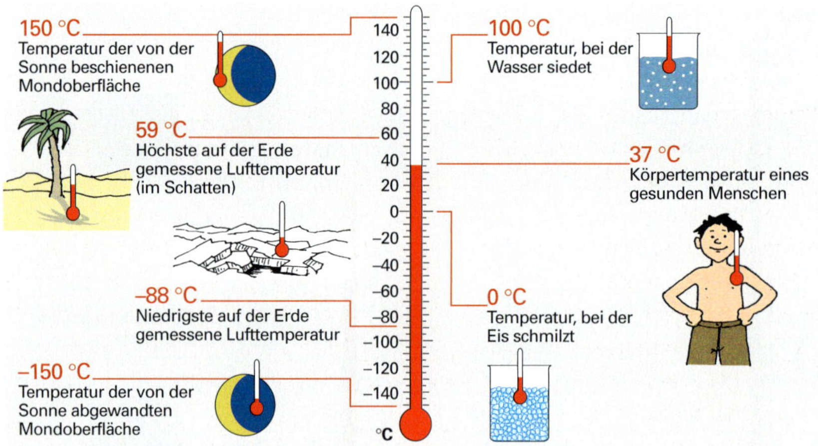

|2

Temperaturen und Thermometer

Die Haut ist unser Sinnesorgan für die Temperatur. Wir sind in der Lage, Temperaturen zwischen 15 °C und 45 °C recht gut zu unterscheiden.

Zum Messen von Temperaturen werden Thermometer eingesetzt. Die bei uns üblichen Thermometer geben die Temperatur in der Einheit Grad Celsius (°C) an.

Eine Celsius-Skala entsteht mithilfe zweier Fixpunkte. Dies sind

1. die Siedetemperatur von Wasser (100 °C) und
2. die Schmelztemperatur von Eis (0 °C).

Diese Temperaturen trägt man neben den Enden der Flüssigkeitssäule als Skalenstriche auf.

Dann teilt man den Abstand dazwischen in 100 gleiche Teile auf. Jedes dieser Teile entspricht einem Grad Celsius (1 °C).

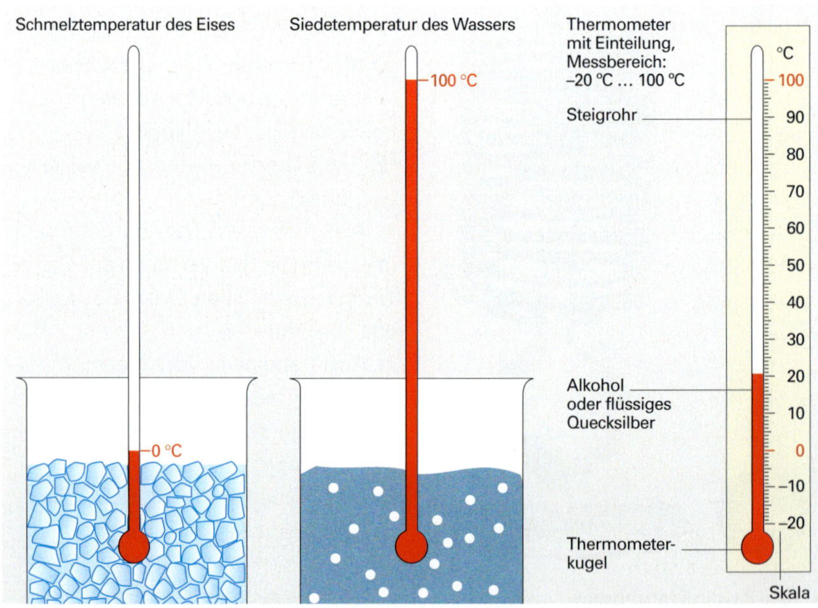

|3 Celsiusskala des Thermometers

Alles klar?

A Wir sind mit einem Wärmesinn ausgestattet.

1 Trotzdem ist es gut, dass wir Thermometer besitzen. Warum?

2 Nenne einige Thermometertypen und ihren Verwendungszweck.

3 Beim Ablesen der Temperatur an einem Thermometer kann man Fehler machen. Worauf muss man achten?

4 Die Skala eines Fieberthermometers geht von 35 °C bis 42 °C.
Warum ist der Messbereich des Fieberthermometers kleiner als der eines Zimmerthermometers?

5 Auf der Skala eines Fieberthermometers ist eine Temperatur deutlich hervorgehoben. Welche? Warum ist dieser Wert so wichtig?

B Zwei Zinken eines Kamms kannst du mit den Fingern, der Lippe oder der Zunge unterscheiden, auf dem Rücken jedoch nicht. Erkläre, warum.

C Nenne fünf Sinnesorgane und beschreibe, was wir mit ihnen von der Welt wahrnehmen.

D Die Haut ist ein vielfältiges Sinnesorgan. Beschreibe, was du mit der Haut wahrnehmen kannst.

E Für einen Versuch musst du 35 ml einer Flüssigkeit abmessen. Nenne Messgeräte, die du verwendest, und beschreibe dein Vorgehen.

F Gewichte kann ich auf verschiedene Weise bestimmen. Beschreibe zwei Möglichkeiten.

G Die Sinnesleistungen von Tieren unterscheiden sich häufig von denen des Menschen.

1 Hunde bezeichnet man auch als Nasen und Ohrentiere. Erläutere.

2 Nenne die Reize, die für Hunde bei der Verständigung unter Artgenossen (Kommunikation) eine Rolle spielen.

3 Überlege und beschreibe ein Experiment, mit dem man feststellen könnte, ob Hunde Farben oder nur schwarzweiß unterscheiden können.

4 Nenne einige Sinnesleistungen von Tieren, die es beim Menschen nicht gibt.

H Reicht Sonnenmilch mit dem Lichtschutzfaktor 10 für deinen Hauttyp aus, um 1 Stunde in der Sonne zu spielen? Beurteile!

I Die Spalten in der Fahrbahn einer Brücke nennt man „Dehnungsfugen".

1 Erkläre diesen Namen.

2 Die Bilder unten zeigen die Abdeckung einer Dehnungsfuge. |4–5
Eine dieser Aufnahmen wurde im Sommer gemacht und eine im Winter. Welches ist die „Sommer-Aufnahme"? Begründe deine Antwort.

J Eine Flasche wird randvoll mit heißem Saft gefüllt und dann verschlossen.
Nach einiger Zeit ist oben ein Teil der Flasche leer. Wie kommt das?

|4 |5 Dehnungsfuge einer Brücke

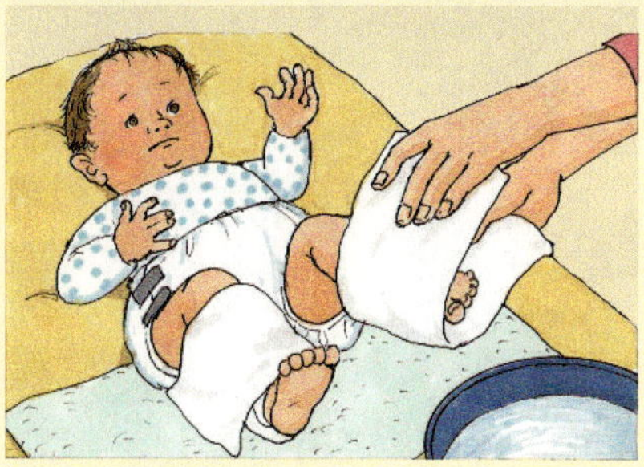

|6

K* Michaels Schwester Petra (1 Jahr) scheint *Fieber* zu haben. Tatsächlich misst ihre Mutter „neununddreißig vier". Petra muss ins Bett und bekommt Wadenwickel mit lauwarmen, feuchten Tüchern. |6
Nach einer Stunde misst ihre Mutter erneut: „achtunddreißig acht". Da muss sie aus dem Haus gehen. Sie bittet deshalb Michael, Petras Körpertemperatur um 18 Uhr und um 19 Uhr noch einmal zu messen.
Er misst „achtunddreißig fünf" und „neununddreißig eins".

1 Michaels Mutter hatte schon ohne Thermometer gemerkt, dass Petra Fieber hat. Wie ist das möglich?

2 Schreibe die genannten Temperaturen richtig auf (also mit Ziffern und Maßeinheit).
Stelle die genannten Temperaturen grafisch dar.

3 Lies ab, was die Wadenwickel bewirkten.

4 Michael hat in seinem Experimentierkasten ein kleines Thermometer. |7
Warum eignet sich das nicht gut zum Fiebermessen?

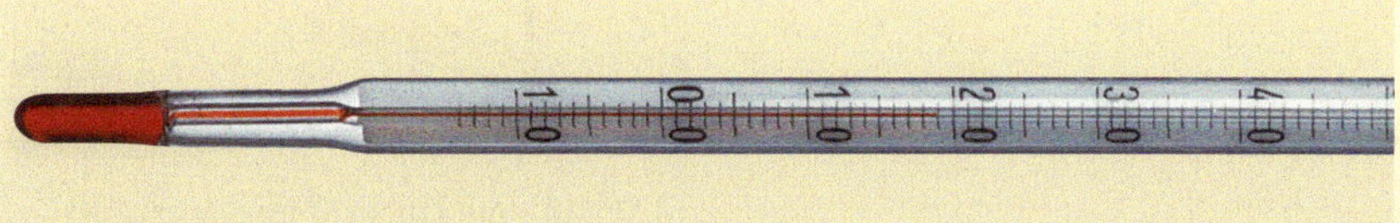

|7

Es singt und klingt

Hupen, Motoren, Stimmen, Musik, Blätter im Wind, Vögel, eine Biene … – alle erzeugen Schall.

1

2

1 Wie kann man Schall erzeugen?

Dir stehen verschiedene Gegenstände zur Schallerzeugung zur Verfügung:

- ein dünner Kunststoffstreifen oder ein Grashalm, 3
- ein Luftballon,
- ein Blatt Papier,
- eine Wasserflasche (halb gefüllt),
- ein Kunststofflineal,
- ein dünnwandiges Weinglas, 4
- eine Glasscheibe und Styropor.

Beschreibe oder skizziere jeweils, wie es dir gelingt, damit Schall zu erzeugen.

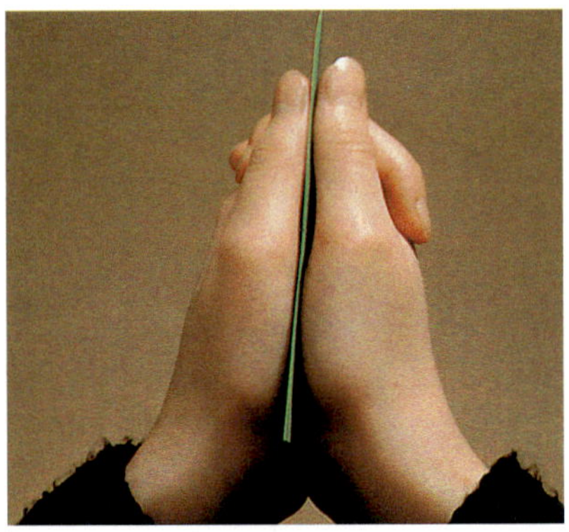

3 Schall – mit einem Grashalm erzeugt

4 Schall – mit einem Weinglas erzeugt

2 Was passiert bei der Schallerzeugung?

Führe die folgenden Experimente zur Schallerzeugung durch. Schildere jeweils, was du hörst und siehst. Welche Gemeinsamkeiten erkennst du?

a Spanne eine Metallstricknadel an der Tischkante fest, sodass ein Ende frei ist. Zupfe am freien Ende.

b Schlage eine Stimmgabel an und halte ihre Enden in ein Glas Wasser.

c Spanne einen dünnen Draht von ca. 50 cm Länge an beiden Enden fest ein und zupfe daran.

d Streue auf ein Trommelfell etwas Sand oder einige Reiskörner. Schlage die Trommel an.

|5

|6

3 Laut und leise

Töne können sehr unterschiedlich sein. |5–6 Erzeuge jeweils unterschiedlich laute Töne mit …

- einem gespannten Gummiband,
- einer Stimmgabel,
- einem Lineal, das an der Tischkante festgehalten wird |7.

Was musst du bei der Schallerzeugung beachten?

Wie hängen Lautstärke und Schwingungen der Schallquelle zusammen?

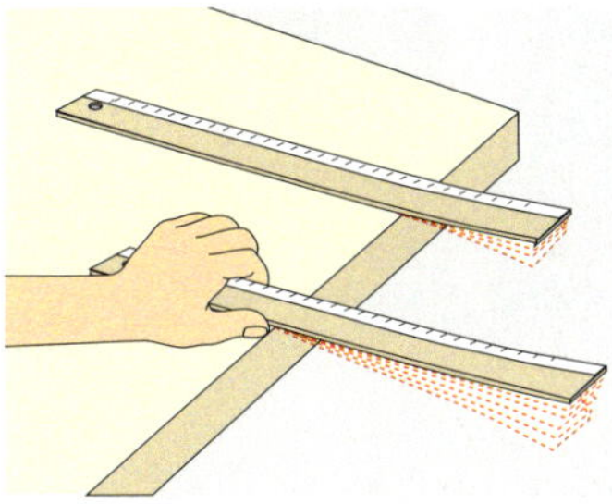

|7 Schwingendes Lineal

4 Hoch und tief – mit der gleichen Schallquelle

Erzeuge hohe und tiefe Töne mit …

- einem Lineal oder einer Metallstricknadel, die an der Tischkante festgehalten werden,
- einem Gummiband,
- einem gespannten Draht (Saite),
- einer teilweise mit Wasser gefüllten Flasche.

Was musst du dazu jeweils an den Schallquellen verändern?

5 Aus Tönen wird Musik

a Untersuche eine Spieluhr und überlege, wie sie hohe und tiefe Töne erzeugt.

b Versuche auf ähnliche Weise mit Gegenständen aus dem Haushalt (Blumentöpfe, Gläser, Besteck, Flaschen …) Tonfolgen aus tiefen und hohen Tönen zu erzeugen. |8 Vielleicht gelingt dir sogar eine kleine Melodie?

c Worin unterscheiden sich Hochtonlautsprecher und „Tieftöner"?

|8 „Musikinstrumente" aus dem Haushalt

6* Wie kann man Schall verstärken?

Spanne ein Gummiband und bringe es zum Schwingen. Mit einer Backform oder einer Kunststoffdose kannst du den Ton verstärken. |9

Ähnlich kannst du auch bei einer Drahtsaite vorgehen: Lass sie zunächst allein schwingen und verstärke dann den Ton mit verschiedenen Behältern.

7* Zwei gleiche Schallquellen – doppelte Lautstärke?

Schlage eine Stimmgabel an der Tischkante leicht an. Merke dir, wie laut du den Ton empfindest.

Schlage dann zwei gleiche Stimmgabeln leicht an. Ist der Ton jetzt doppelt so laut?

Statt der Stimmgabeln kannst du auch schwingende Lineale, klingende Wasserflaschen oder laufende Motoren nehmen.

|9

Grundlagen **Schall und Schwingungen**

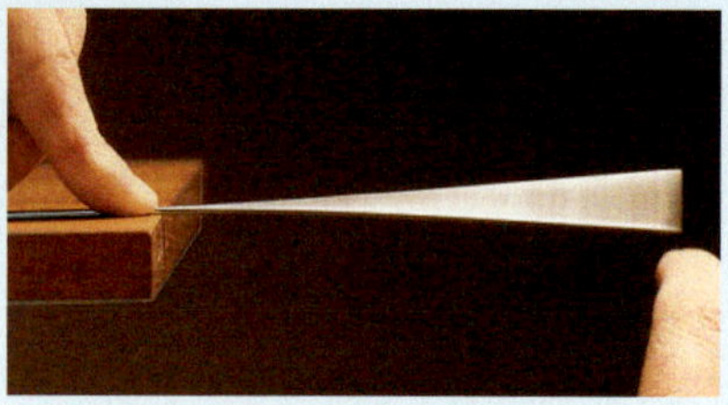

1 Angezupfte Stricknadel

2 Stimmgabel taucht in Wasser ein.

3 Reiskörner auf Trommel

Schall ist alles, was wir hören. Schall kann sehr unterschiedlich sein: der Ton einer Stimmgabel, ein Motorgeräusch, Hundegebell …

Alle Dinge, mit denen du Schall erzeugen kannst, sind Schallquellen. oder *Schallsender*. Sie senden Schall aus, der an unser Ohr gelangt. Unser Ohr ist ein *Schallempfänger*.

Beim Erzeugen von Schall bewegt sich immer etwas an der Schallquelle hin und her. *Beispiel:* Beim Anzupfen wird die Stricknadel nach unten gezogen und losgelassen. Das Metall vibriert und bewegt sich schnell auf und ab. 1
Ähnliches passiert beim Zupfen an einem gespannten Draht oder einer Saite. Auch die Enden der Stimmgabel bewegen sich rasch hin und her. 2 Das Auf und Ab der Membran einer Trommel (des Trommelfells) erkennst du an den hüpfenden Reiskörnern. 3
Ein Stab, eine Saite oder eine Membran *schwingen* und erzeugen dadurch Schall. Auch Luft kann in Schwingungen versetzt werden. Dies geschieht beispielsweise, wenn du mit einer Wasserflasche Schall erzeugst.

Schall entsteht durch die schnelle Schwingung eines Gegenstands.

A Nenne verschiedene Schallquellen.
B Das Brummen einer fliegenden Hummel ist Schall. Wie wird er erzeugt? Was schwingt bei der Hummel?

C Nenne verschiedene Gegenstände, mit denen Schall erzeugt wird. Beschreibe jeweils, was bei ihnen schwingt.

Wissenswertes **Schallsignale können unterschiedliche Bedeutung haben**

Du musst am Fahrrad eine Klingel haben, damit du anderen Verkehrsteilnehmern Schallsignale geben kannst. 4 Gleiche Schallsignale können aber Unterschiedliches bedeuten: Du kannst mit dem Klingeln einen Freund grüßen oder einen Fußgänger warnen, der auf dem Fahrradweg geht.

Die Klingel ist dein Schallsender. Der Fußgänger oder dein Freund sind Schallempfänger. Das Schallsignal gelangt vom Sender zum Empfänger. Es kann unterschiedliche Bedeutungen haben (Warnung oder Gruß).

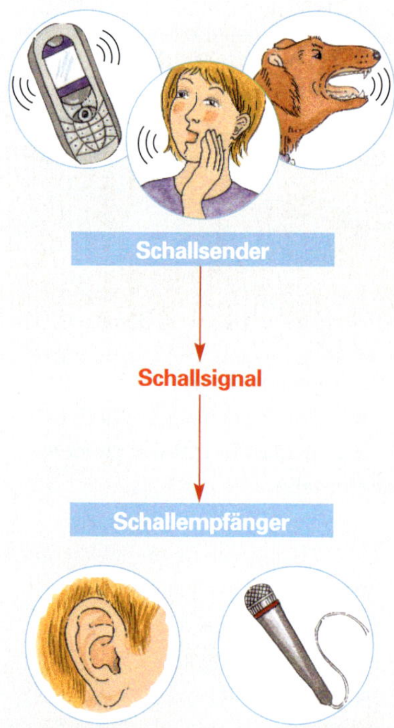

4 Schallsignal

D Finde Beispiele für „Schallsender – Schallsignal – Schallempfänger". Welche Bedeutung hat das Signal jeweils für den Empfänger? Schreibe deine Beispiele in einer Tabelle auf. 5

Schallsender	Schallsignal	Schallempfänger	Bedeutung
Hund …	Bellen …	Ohr des Spaziergängers …	Warnung …

5 Tabelle

Technik **Schallschwingungen – sichtbar gemacht**

Bei einem Lineal oder einer Stricknadel kannst du die Schwingungen der Schallquelle noch sehen. Bei einem Lautsprecher ist das nicht möglich. Um die Schwingungen sichtbar zu machen, kann man einen Tischtennisball in den Lautsprecher legen. Je nach Tonhöhe und Lautstärke bewegt er sich unterschiedlich. |6
Schwingungen lassen sich auch mithilfe einer waagerecht montierten Metallplatte sichtbar machen, die mit feinem Sand bestreut ist. |7
Dazu streicht man mit dem Bogen eines Cellos an der Platte. Man kann auch einen Sägebogen verwenden, auf den dünne Angelschnüre gespannt sind. Die schwingende Platte schleudert den Sand hoch. Er sammelt sich an ruhigen Punkten der Platte an, sodass ein Schwingungsbild entsteht.

|6 Schwingungen eines Lautsprechers

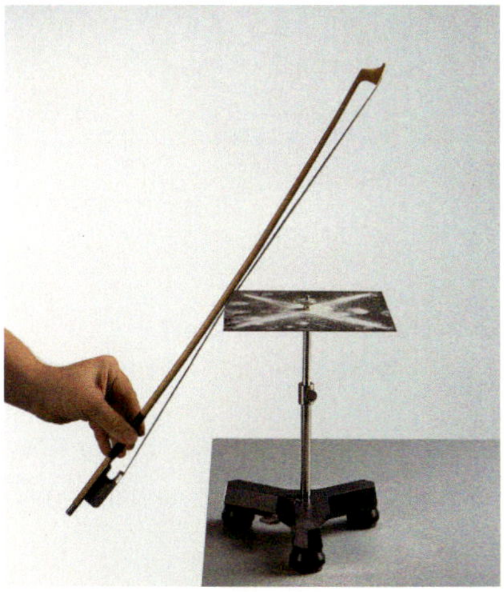

|7 Schwingungsbilder

E Der Tischtennisball im Lautsprecher bewegt sich nicht immer in gleicher Weise. Wovon hängt die Bewegung ab?

F Die Schwingungsbilder auf der sandbestreuten Platte können sehr verschieden aussehen. |7 Probiere es aus.

G Untersuche mit einem Mikrofon, der Soundkarte eines Computers und einem geeigneten Programm die Schallschwingungen von Musikinstrumenten, deiner Stimme …

Grundlagen **Lautstärke und Tonhöhe**

Laut und leise
Um mit einem gespannten Gummiband einen lauten Ton zu erzeugen, musst du es kräftig anzupfen. Es schwingt dann weit hin und her. Das Gummiband hat einen großen „Schwingungsbauch". |8
Bei leisen Tönen ist er klein.

Je stärker eine Schallquelle schwingt, desto lauter ist der Schall, den wir hören.

Die Lautstärke wird in Dezibel (A) – kurz dB(A) angegeben. 10 dB(A) empfinden wir als Stille, 100 dB(A) als sehr laut.

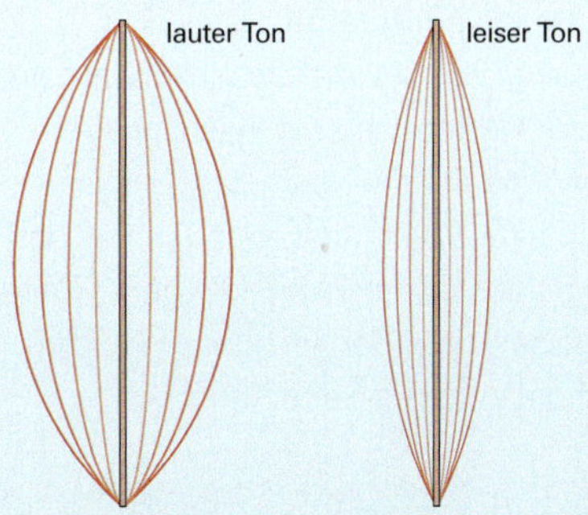

|8 Schwingendes Gummiband

Hoch und tief
Verkürzt man eine Drahtsaite und zupft sie dann an, so schwingt sie schneller. Es entstehen höhere Töne. In der angepusteten Wasserflasche schwingt die Luft schneller, wenn die Flasche höher gefüllt und der Luftraum kleiner ist.

Je schneller eine Schallquelle schwingt, desto höher ist der Ton.

Wie schnell eine Schallquelle schwingt, gibt man in Hertz (Hz). Die Bezeichnung erinnert an den deutschen Physiker *Heinrich Hertz* (1857–1894).
Ein Ton von 20 Hz ist sehr tief, ein Ton von 1000 Hz schon recht hoch. Für hohe Töne benutzt man auch die Angabe Kilohertz (kHz).
1 kHz = 1000 Hz.

Das gesunde menschliche Ohr eines jungen Menschen kann Töne zwischen 16 Hz und 20 kHz hören. Schwingungen mit mehr als 20 kHz kann der Mensch nicht wahrnehmen, aber manche Tiere können es.

Schall unterwegs

Ob man mit einem Gartenschlauch „telefonieren" kann?
Wie gelangen die Worte ans Ohr?

1 „Schlauchtelefon"

1 Wie breitet sich Schall aus?

Schlage das linke Tamburin an. 2
Beobachte genau, was passiert. Versuche deine Beobachtung zu erklären. Wie gelangt wohl der Schall vom linken Tamburin zum rechten?

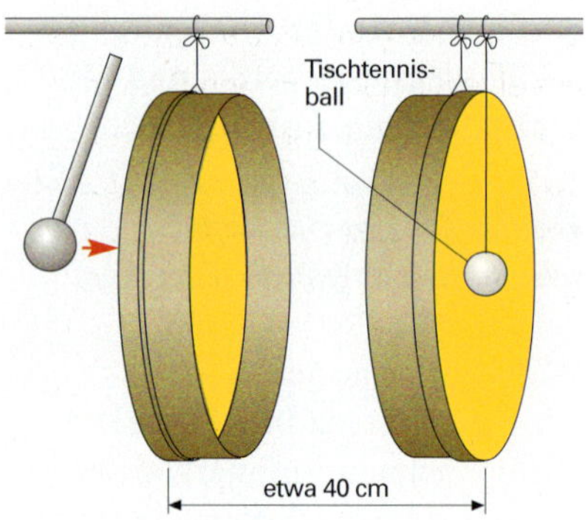

2

2 Was macht der Schall mit der Kerzenflamme?

a Eine Papprröhre wird an einer Seite mit einem aufgeschnittenen Luftballon verschlossen. An der offenen Seite steht eine brennende Kerze. Dann wird die Gummihaut angeschlagen. 3
Beobachte und erkläre.

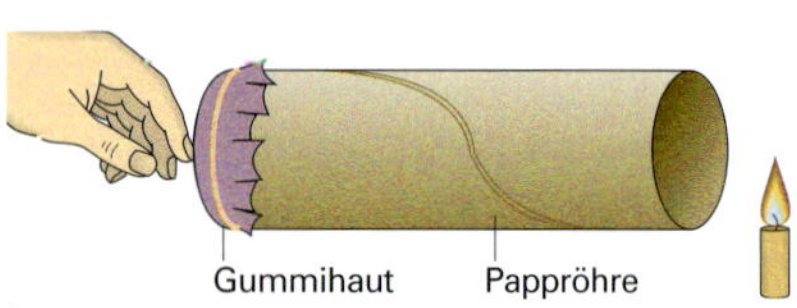

3

b Eine „Schallkanone" kannst du aus einem Kunststoffeimer mit Deckel bauen. In der Mitte des Deckels wird ein Loch mit 3 cm Durchmesser geschnitten. Wenn du kräftig auf den Eimerboden schlägst, wird eine Kerze in 1 m Entfernung ausgeblasen. Auch eine 1-l-Blechdose (z. B. für Waschbenzin) eignet sich, wenn du den Boden mit einem Dosenöffner entfernst und mit einem Luftballon überspannst.

3 Schall – nicht nur in Luft

Lege deinen Kopf mit einem Ohr fest auf die Tischplatte und lass einen Mitschüler leise Klopfzeichen geben. Schiebe nun einen Block aus Styropor® zwischen Tischplatte und Ohr. Vergleiche!

4 Das Fadentelefon

Baue dir mit deinem Tischnachbarn ein Fadentelefon mit zwei Plastikbechern. 4
Führt die Schnur durch das Schlüsselloch einer verschlossenen Tür. Sie darf im Schlüsselloch nicht anliegen. Flüstere leise in den Becher. Kann man dich auf der anderen Seite hören?

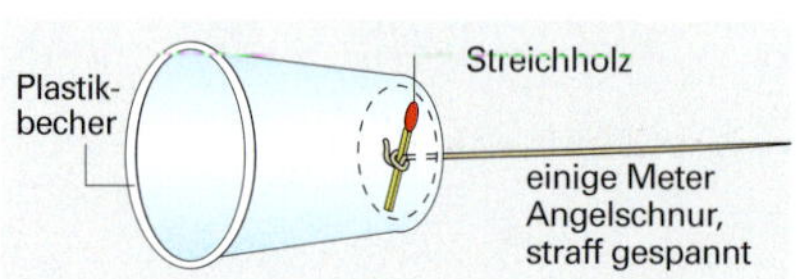

4

5* Schall im luftleeren Raum?

„Im Weltall ist es ganz still. Im luftleeren Raum kann sich Schall nicht ausbreiten."

a Plane mit den abgebildeten Geräten einen Versuch, der die Behauptung beweist. Statt des Weckers kann auch ein klingelndes Handy benutzt werden. 5

b Führe den Versuch durch und fertige ein Versuchsprotokoll an.

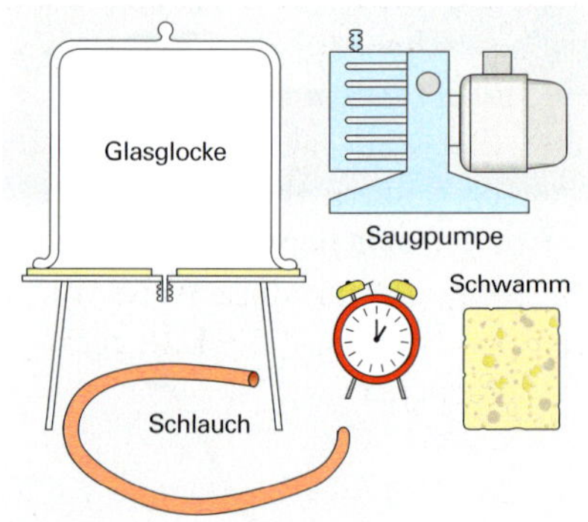

5

6* Hören unter Wasser?

Beim nächsten Besuch im Schwimmbad solltest du versuchen, unter Wasser mit einem Freund zu sprechen. Ist das möglich? Hast du schon Erfahrungen damit gesammelt?

Grundlagen **Schallwellen in der Luft**

Wenn du das Fell des Tamburins anschlägst, wird die Membran zunächst rasch eingedrückt. 6 Die Luft hinter dem Fell kann nicht so schnell ausweichen und wird zusammengedrückt. Es entsteht eine *Luftverdichtung*.
Gleich nach dem Anschlag schwingt die Membran zurück. Die Luft kann nicht so schnell folgen. Es entsteht eine *Luftverdünnung*. 6
Die Folge von Luftverdichtung und Luftverdünnung überträgt sich von einer Luftschicht auf die nächste. Sie „wandert" auf diese Weise von der Membran weg. Die Luft gerät ins Schwingen

Von der Schallquelle aus laufen Luftverdichtungen und Luftverdünnungen in den Raum. Man sagt: Eine Schallwelle breitet sich durch die Luft aus.

Beim Tamburin hören wir einen kurzen Schlag. Bei einer Gitarrensaite hören wir einen längeren Klang. Solange eine Schallquelle schwingt, sendet sie Schallwellen aus.
Die Schallwellen laufen von der Schallquelle in alle Richtungen auseinander. Dabei werden die Luftschichten mit zunehmender Entfernung immer weniger verdichtet und verdünnt. Die Lautstärke nimmt ab.
Schall breitet sich nicht nur in Luft, sondern auch in anderen Stoffen aus (z. B. Holz und Eisen).

Im luftleeren Raum kann sich kein Schall ausbreiten.

A Beschreibe, wie bei einer Gitarrensaite eine Schallwelle in der Luft entsteht.

B „Im Weltraum ist es still. Morgens kann man nicht durch den Wecker geweckt werden." Erkläre diesen Satz aus einem Science-Fiction-Roman.

C* Eine Schallquelle schwingt mit 400 Hz, eine andere mit 800 Hz. Zeichne beide Schallwellen. Denke daran, was sich bei hohen Tönen ändert.

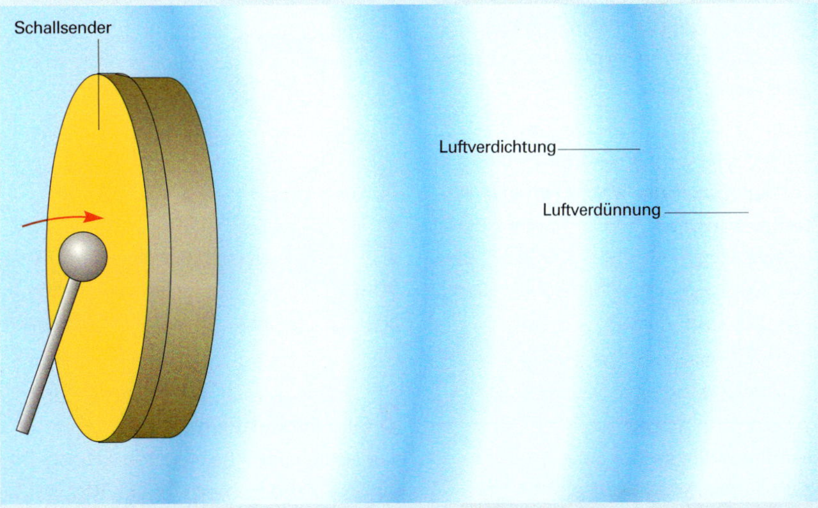

6 Schallausbreitung in Luft

Schall braucht Zeit und kommt zurück

1 Echo

Schall breitet sich von der Quelle in alle Richtungen aus. Wenn er auf einen Gegenstand trifft, wird er reflektiert.
Ähnliches kennst du von einem Ball, der von einer Wand zurückprallt.

1 Wie schnell ist der Schall in der Luft?

Ihr benötigt einen großen Hammer, ein altes Kuchenblech und eine Stoppuhr. Messt im Freien mit einem Bandmaß eine Strecke von mindestens 200 m ab, die gut zu überblicken ist. An dem einen Ende steht eine Schülerin oder ein Schüler und schlägt kräftig auf das Blech. Am anderen Ende der Strecke stoppt ein zweiter Schüler die Zeit zwischen „Hammerschlag sehen" und „Hammerschlag hören".
Tipp: Messt am besten mehrmals und notiert eure Werte in einer Tabelle. 2
Dadurch verringert ihr die Ungenauigkeit beim Messen.

Entfernung zur Schallquelle	Zeit zwischen Sehen und Hören
200 m	? s
200 m	? s
200 m	? s
200 m	? s
200 m	? s

Durchschnittszeit = ... s
Schallgeschwindigkeit = Entfernung : Zeit = ... m pro s

2 Mustertabelle

2 Wie wird Schall abgelenkt?

Stelle einen tickenden Wecker auf einem Stück Schaumstoff in ein hohes Glas. Du siehst den Wecker, denn das Licht geht durch das Glas hindurch. 3
Halte dein Ohr ungefähr 1 m vom Glas entfernt. Mit je einer Platte aus Glas, Holz, Eisen, Pappe und Kork soll der Schall so umgelenkt werden, dass er besser an dein Ohr gelangt.
Wie müssen die Platten gehalten werden?
Welche Materialien reflektieren den Schall besonders gut?

3

3 Wie entsteht ein Echo?

Stelle dich vor eine Hauswand und rufe einen kurzen Namen (Anna, Otto ...). Ändere deinen Abstand zur Wand. Wann kannst du den ganzen Namen als Echo hören? Erkläre, wie es zum Echo kommt.

4* Entfernungen messen mit Schall

Ein elektronischer Entfernungsmesser misst Abstände mithilfe von Schall. 4

a Vermiss mit dem Gerät die Größe des Klassenzimmers.

b Spanne eine Schnur in 2 m Höhe durch das Klassenzimmer. Befestige den Entfernungsmesser beweglich an der Schnur. Führe ihn dann langsam durch den Raum, in dem Tische, Stühle und Kisten auf dem Boden stehen. Miss alle 20 cm die Entfernung in Richtung Boden.
Protokolliere die Messwerte und zeichne aus den Entfernungsangaben ein Bild des Fußbodens. Wo stehen Tische, wo Stühle, wo Kisten?

c Miss mit dem Entfernungsmesser in Richtung Wand. Führe dann einen dicken Bindfaden in den Messbereich des Geräts. Was passiert?

4 Ultraschall-Entfernungsmesser

5* Mit den Ohren „sehen" – Orientierung mit Schall

Gelingt es dir mit verbundenen Augen, möglichst nah an die Tafel heranzugehen – nur mit Schall? Im Klassenraum muss es vollkommen still sein.

a Führt in der Klasse einen Wettbewerb durch. Gewonnen hat, wer der Tafel am nächsten kommt, ohne sie zu berühren.

b Die Orientierung mit Schall gelingt, weil von der Glasflasche Schallwellen ausgesandt werden. |5 Sie werden von der Tafel zurückgeworfen. Bei guter Konzentration und absoluter Stille kannst du sie als Veränderung im Klangbild wahrnehmen. So kannst du mit geschlossenen Augen die Nähe der Tafel „spüren".

Auch bei der Orientierung von Fledermäusen und Delfinen spielt die Reflexion von Schall eine wichtige Rolle. Lies den Text zum Delfin. Erläutere die Gemeinsamkeiten zwischen der Orientierung im Versuch und der Orientierung des Delfins.

|5

Wissenswertes **Delfine – Jagen mit Ultraschall**

Delfine sind Meeressäugetiere. |6 Sie können zwar unter Wasser sehr gut sehen. Aber je tiefer sie tauchen, desto dunkler wird es. Bei schlechter Sicht orientieren sie sich mit Schall. In Wasser ist Schall viermal schneller als in Luft und hat eine 40-mal größere Reichweite.
Zur Jagd senden die Delfine kurze Klicklaute von bis zu 200 kHz aus. Der Schall wird auch von kleinen Fischen reflektiert und kehrt als Echo zurück. |7 Daraus gewinnt der Delfin ein „Hörbild" seiner Umgebung.

A Wievielmal schneller ist der Schall im Wasser als in der Luft?

B Für Menschen sind die Jagdtöne der Delfine unhörbar. Begründe.

C* Wie bestimmt der Delfin die Richtung, in der sich ein Beutefisch befindet?

|6 Delfin

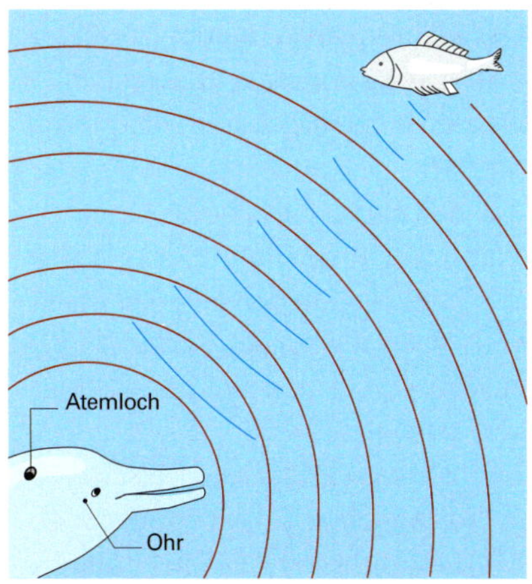

|7 „Echopeilung" bei Delfinen

Grundlagen **Entfernungen messen – mit Schall**

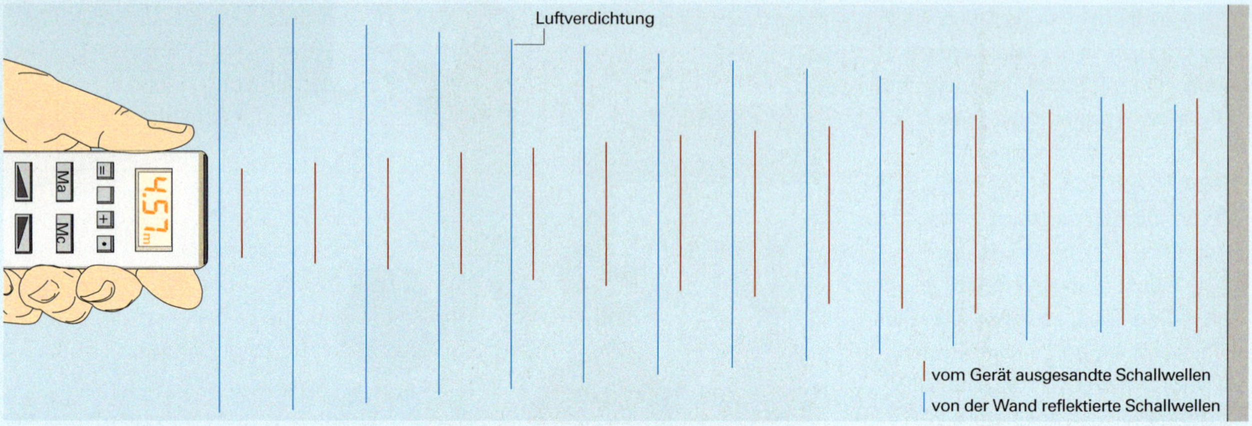

1 Entfernungsmessung: Je länger der Schall braucht, desto weiter ist die Wand entfernt.

Beim Gewitter sieht man erst den Blitz, den Donner hört man etwas später. Schall braucht Zeit, um eine bestimmte Strecke zurückzulegen.

In Luft breitet sich der Schall in 3 Sekunden 1 km weit aus.

Manchmal wird Schall an Wänden reflektiert , die weit von uns entfernt. Dann kommt er mit einer hörbaren Verzögerung zurück. Wir hören ein *Echo*.

In der Technik nutzt man das Echo, um Entfernungen zu bestimmen. Die Idee ist ganz einfach: In einiger Entfernung vor einer Hauswand lässt du eine aufgeblasene Papiertüte zerplatzen. Wenn du das Echo genau eine Sekunde später hörst, ist die Wand 170 m von dir entfernt. Denn der Schall legt in der Luft 340 m in einer Sekunde zurück: Er läuft 170 m zur Wand, wird dort reflektiert und kommt 170 m wieder zurück.
Diese Idee nutzen elektronische Entfernungsmesser, mit denen z. B. Maler Räume vermessen. 1 Die Geräte senden einen Schall aus, den wir nicht hören können – *Ultraschall* mit mehr als 20 kHz. An der Wand wird der Schall reflektiert und läuft zum Entfernungsmesser zurück, wo er von einem Mikrofon aufgenommen wird. Aus der Zeitdifferenz zwischen Aussendung und Empfang sowie der Schallgeschwindigkeit in Luft berechnet ein eingebauter Computer die Entfernung.

A Dein Rufen im Gebirge kommt nach 3 s zurück. Wie weit ist die Bergwand von dir entfernt?

B* Ein elektronischer Entfernungsmesser zeigt eine Raumhöhe von 343 cm an. Wie lange war der Schall unterwegs?

Technik **Das Echolot – ein Hilfsmittel bei der Seefahrt**

Nach dem Echoverfahren wird bei Schiffen die Wassertiefe gemessen. Ein *Echolot* sendet Schallsignale aus. Sie werden vom Meeresboden reflektiert und am Schiff wieder aufgefangen. 2
Je weiter der Meeresboden entfernt ist, desto länger braucht der Schall für Hin- und Rückweg. Die Laufzeit des Schalls wird gemessen. Daraus berechnet ein Computer die Wassertiefe – mithilfe der Schallgeschwindigkeit in Wasser (1,5 km pro s).

Mit dem Echolot lassen sich auch Fischschwärme orten. 3

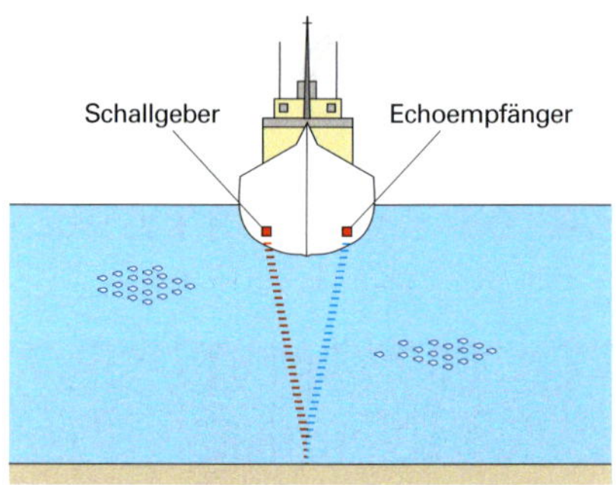

2 Echolot zur Entfernungsmessung

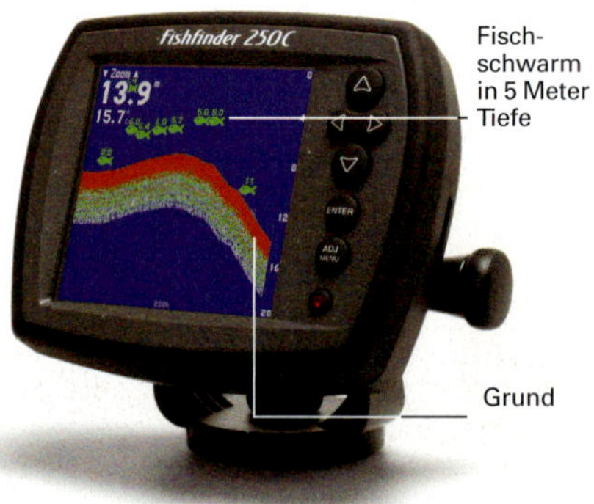

3 Schirm eines Echolots

C Das Echolot eines Schiffs registriert eine Zeitdifferenz von 2 Sekunden zwischen Aussenden und Empfangen des Signals.
Welche Meerestiefe wird angezeigt?

Wissenswertes **Fledermäuse – nächtliche Peilung mit Ultraschall**

|4 Flug durch den nächtlichen Wald

|5 Für *Fledermäuse* kein Hindernis …

|6 Große Hufeisennase

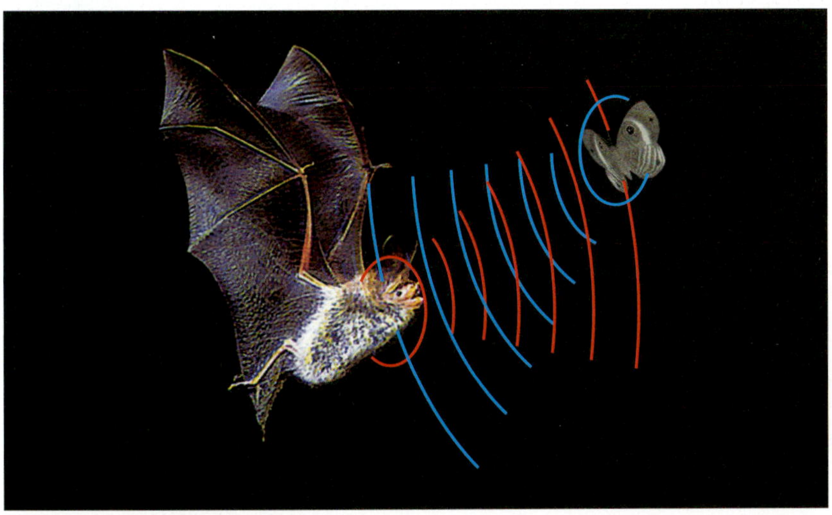

|7 „Echopeilung" bei Fledermäusen

Fledermäuse stoßen Ultraschallrufe von 20 kHz bis zu 100 kHz aus. Die Rufe werden von verschiedenen Objekten unterschiedlich stark reflektiert. Je weiter ein Gegenstand entfernt ist, desto länger dauert es, bis das Echo zu den Ohren der Fledermaus gelangt.
Die „Echopeilung" ermöglicht es Fledermäusen, bei absoluter Dunkelheit zu fliegen, ohne an Hindernisse zu stoßen. |4 |5
Für einen Versuch mit einer *Großen Hufeisennase* |6 wurden mehrere dünne Drähte im Labor aufgehängt. Die Fledermaus flog im dunklen Raum umher, ohne ein einziges Mal anzustoßen!
Auch zur Ortung von Nachtfaltern, den Beutetieren der Fledermäuse, setzen die Tiere Ultraschall ein. |7
Kurz vor Ergreifen eines Beutetiers senden die Fledermäuse in Abständen von Hundertstelsekunden ihre Peillaute aus.

D Beschreibe, wie sich Fledermäuse im Dunkeln orientieren.

E Vergleiche die Echopeilung der Fledermaus mit einem elektronischen Entfernungsmesser. Beschreibe Gemeinsamkeiten und Unterschiede.

F* Nachtschmetterlinge besitzen einen dichten Pelz. Er verschluckt auftreffende Ultraschallwellen. So sind sie vor der Echopeilung der Fledermäuse geschützt. Plane einen Versuch, der zeigt, wie der Schutz funktioniert.
Tipp: Du kannst einen elektronischen Entfernungsmesser benutzen.

Was man alles hören kann

1 Richtungshören

Wie gut können wir die Richtung bestimmen, aus der ein Laut kommt?
Was leistet unser Gehör sonst noch?

Probier's mal!

1 Was Geräusche verraten

Setze dich mit geschlossenen Augen ans offene Fenster. Konzentriere dich auf Geräusche von draußen.

a Beschreibe, welche Geräusche du erkennst. An welchen Merkmalen erkennst du sie?

b Kannst du sagen, wie weit die Schallquellen entfernt sind? Aus welcher Richtung kommt der Schall? Bewegen sich die Schallquellen?

c Sind dir die Geräusche schon zuvor aufgefallen? Falls die Geräusche schon früher da waren, erkläre, warum du sie erst jetzt bemerkst.

2 Die Bedeutung der Ohrmuscheln

Im Zimmer wird eine Schallquelle aufgestellt, z. B. ein laut tickender Wecker. Lausche auf das Geräusch.

- Drücke deine Ohrmuscheln mit den Fingern ganz zurück an den Kopf.
- Dann biegst du sie nach vorne.
- Halte die Handflächen hinter die Ohrmuscheln und vergrößere sie so.
- Decke die Ohrmuscheln mit den Händen von vorne ab.

Wie ändert sich jeweils der Höreindruck? Erkläre die Ergebnisse.

3 Wir erproben das Richtungshören

a Schülerinnen und Schüler stehen im Kreis um die Versuchsperson herum und klatschen einzeln. Kann sie mit verbundenen Augen angeben, aus welcher Richtung das Klatschen kommt?

b Die Versuchsperson verschließt sich mit einem Wattestöpsel ein Ohr. Wieder soll sie die Richtungen erkennen.

c Was zeigt dieser Versuch über das Richtungshören?

4 Wie wir Richtungen hören

a Markiere einen 1 m langen Gummischlauch genau in der Mitte. Dein Partner hält die beiden Schlauchenden in seine Ohren. 2

Klopfe mit einem Stift leicht auf den Schlauch. Kann dein Partner angeben, ob du links, rechts oder in der Mitte auf den Schlauch geklopft hast?

b Versuche das Ergebnis zu erklären.

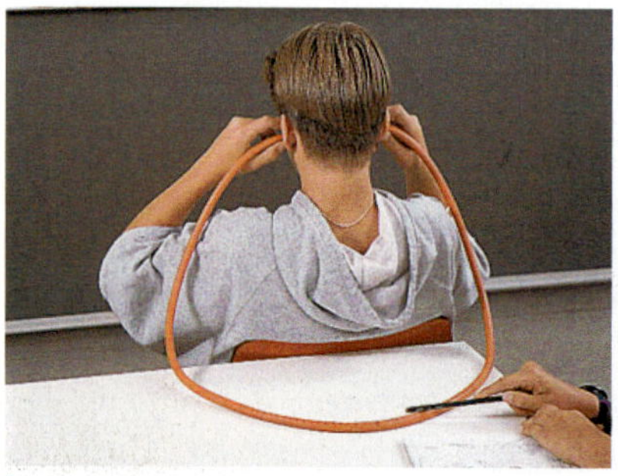
2 Richtungshören mit einem Schlauch

5 „Vertauschte Ohren"

Stecke auf zwei Gummischläuche jeweils einen Trichter. Befestige die Schläuche so wie in der Abbildung gezeigt. 3 Stelle dich nun in die Mitte des Klassenzimmers, schließe die Augen und halte die Enden der Schläuche in deine Ohren.

a Deine Mitschüler klatschen abwechselnd in die Hände. Kannst du die Richtung des Klatschenden eindeutig bestimmen?

b Vertausche nun die Schlauchenden. Was stellst du fest?

6 Tonhöhe

a Prüfe mit einem Tongenerator deine obere Hörgrenze. Wie hoch sind die Töne, die du noch hören kannst?

b Vergleiche mit deinen Mitschülern. Ergibt sich ein deutlicher Unterschied zu deiner Lehrerin oder deinem Lehrer?

7 Hörfähigkeit

Eine Versuchsperson aus der Klasse sitzt mit verschlossenen Augen vorne im Unterrichtsraum.

Flüstere aus verschiedenen Entfernungen der Versuchsperson Worte zu. Dabei muss sie jeweils ein Ohr zuhalten. Prüfe die Hörfähigkeit beider Ohren.

3 „Vertauschte Ohren"

8* Knochen leiten Schall

Verschließe mit den Fingern deine beiden Ohrgänge, sodass du nichts hörst. Dein Partner oder deine Partnerin hält dir nun eine angeschlagene Stimmgabel direkt ans Ohr. Danach setzt er oder sie dir die Stimmgabel direkt auf den Kopf, erst in die Mitte, dann seitlich. |4

a Wann hörst du den Ton? Ändert sich der Höreindruck bei der seitlichen Verlagerung der Stimmgabel?

b Warum kannst du hören, obwohl dein Gehörgang verschlossen ist?

c Für dich klingt deine Stimme anders, wenn du sie aus einem Lautsprecher hörst. Begründe!

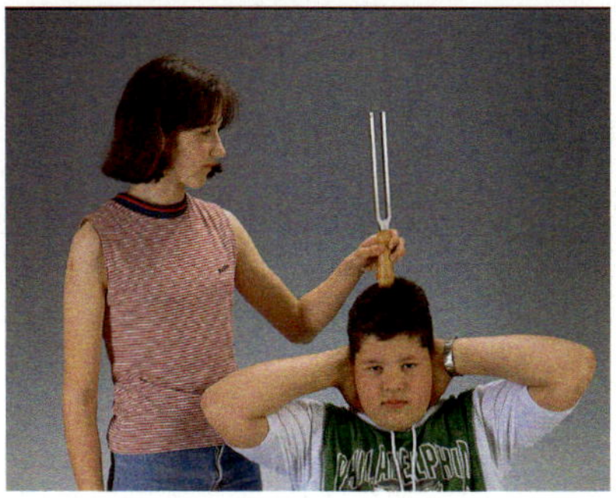

|4 Schallleitung durch Knochen

Grundlagen **Der Aufbau des Ohres**

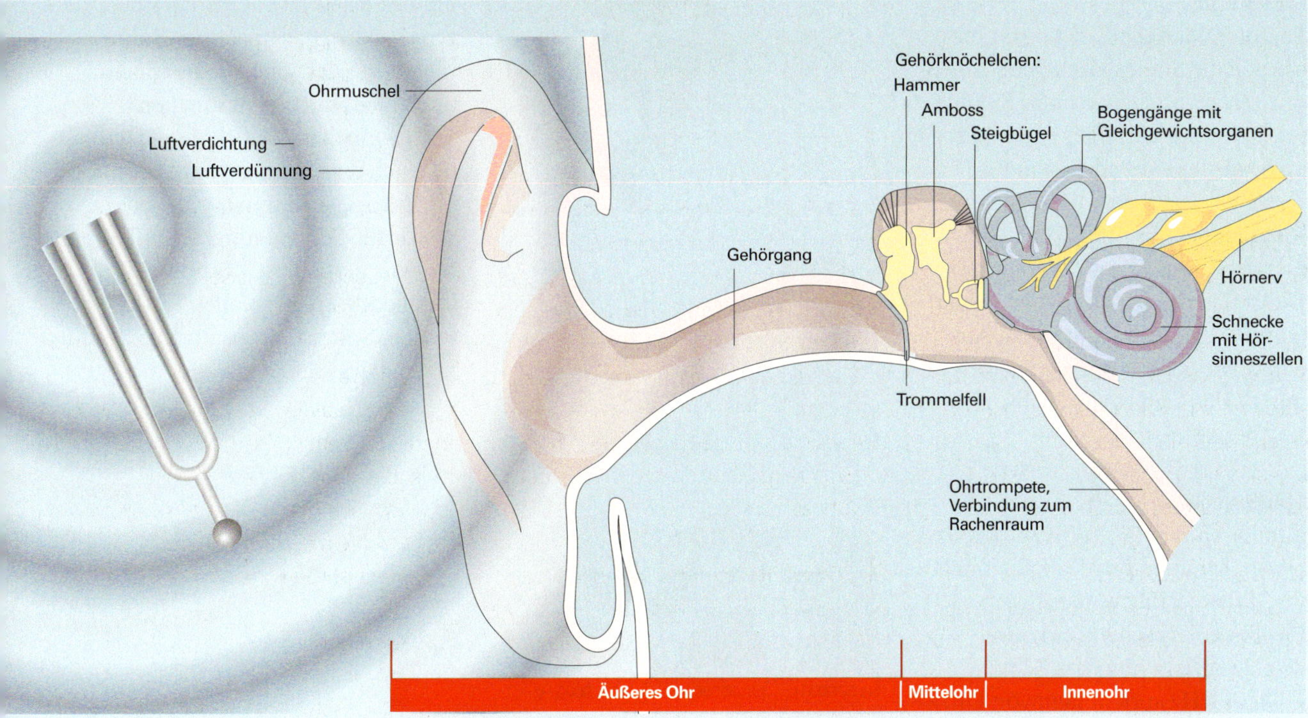

|5 Aufbau des Ohres

Das *Außenohr* besteht aus Ohrmuschel, Gehörgang und Trommelfell. Im *Mittelohr* liegen die Gehörknöchelchen. Sie verbinden das Trommelfell mit dem *Innenohr*. |5 Die Schnecke ist das eigentliche Hörorgan. In ihrem Innern sitzen die Sinneshärchen. |6 In der Schnecke breiten sich die Schallwellen in einer Flüssigkeit aus und reizen die Sinneshärchen.
Über den Hörnerv schicken die gereizten Sinneshärchen elektrische Signale ans Gehirn. Das Gehirn wertet die Signale aus: Jetzt erst hören wir unser Lieblingslied, unterscheiden bekannte von unbekannten Stimmen und wissen, ob ein Geräusch weit entfernt oder bedrohlich ist.

Der Schall wird von den Ohrmuscheln aufgefangen und zum Trommelfell geleitet (Außenohr).
Von dort wird er zur Schnecke im Innenohr übertragen. Die Sinneshärchen in der Schnecke werden durch den Schall gereizt.

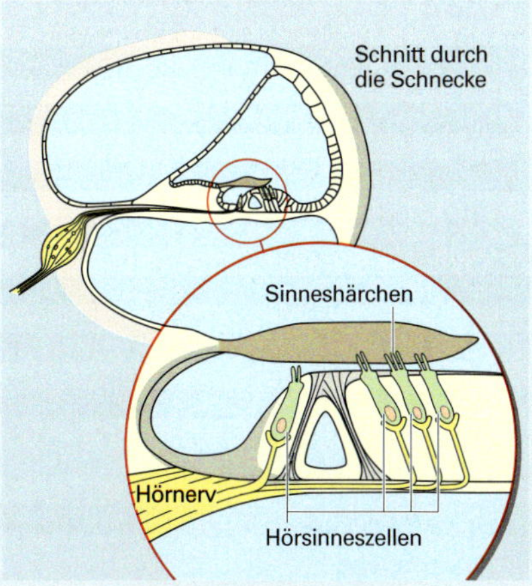

|6 Sinneshärchen in der Schnecke

Interessantes **Leistungen des Gehörs**

Unser Gehör unterscheidet laut und leise, hoch und tief. Außerdem können wir die Richtung wahrnehmen, aus der Schall kommt.

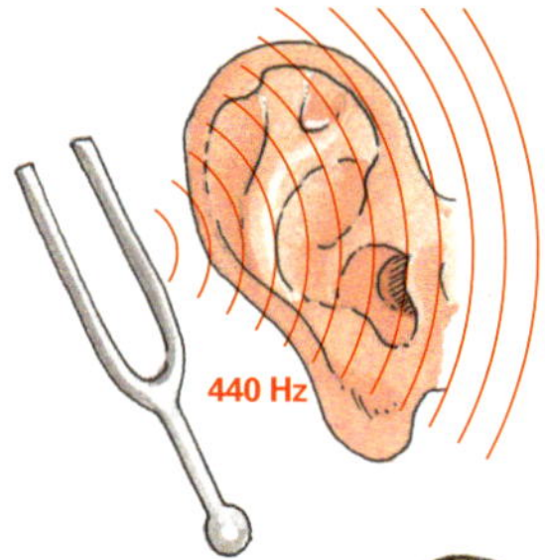

Tonhöhe

Im vorderen Teil der Schnecke werden die Sinneshärchen durch die hohen Töne gereizt, weiter hinten durch die tiefen. So kann das Gehirn hohe und tiefe Töne unterscheiden.

Lautstärke

Je lauter der Schall, desto stärker werden die Sinneshärchen im Innenohr gereizt und desto mehr Signale senden sie an das Gehirn. So nehmen wir die Lautstärke wahr.

Richtung

Der Zeitunterschied zwischen dem Eintreffen des Schalls in den beiden Ohren wird wahrgenommen. Aus dem winzigen Zeitunterschied ermittelt das Gehirn die Richtung, aus welcher der Schall kommt.

Hörbereiche

Kinder können Töne bis zu 20 kHz hören. Manche Tiere können noch viel höhere Töne wahrnehmen.
Bei Tönen zwischen 16 Hz und 20 kHz spricht man von Schall.
Über 20 kHz spricht man von Ultraschall.

bis 50 000 Hz bis 20 000 Hz bis 5000 Hz

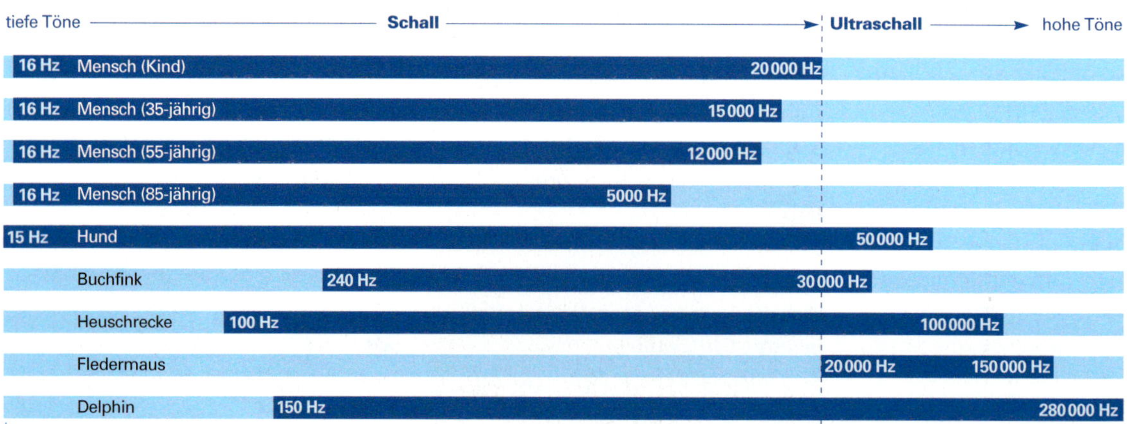

1 Hörbereiche

Gesundheit **Pflege des Ohres**

Die Wanddrüsen des Gehörgangs bilden Ohrenschmalz. Es verklebt Staubteilchen, damit sie sich nicht vor dem Trommelfell ablagern. Durch Bewegungen der Kiefermuskulatur beim Kauen wird das Ohrenschmalz ständig nach außen befördert. Das kannst du spüren, wenn du deine Finger leicht in den Gehörgang steckst und dann kaust. Du brauchst deshalb deine Ohren nur äußerlich zu reinigen. Verwende am besten einen Tuchzipfel, sei dabei aber sehr vorsichtig. Bohre niemals in den Gehörgang hinein, auch nicht mit einem weichen Wattestäbchen. Dabei könntest du nämlich das Ohrenschmalz zu einem Ohrpfropf zusammenschieben. Der würde die Schwingungen des Trommelfells behindern. Nur der Arzt kann dann einen solchen Pfropf entfernen. Spitze Gegenstände gehören nie in den Gehörgang.

Zusammenfassung

Wie Schall entsteht

Schall entsteht, wenn sich ein Gegenstand schnell hin und her bewegt. Diese schnellen Bewegungen heißen *Schwingungen*.

Je weiter eine Schallquelle hin und herschwingt, desto lauter ist der Schall, den wir hören.
Je schneller eine Schallquelle schwingt, desto höher ist der Ton.

Schallquellen erzeugen in Luft Verdichtungen und Verdünnungen. Diese breiten sich nach allen Seiten aus. Man spricht von *Schallwellen*.

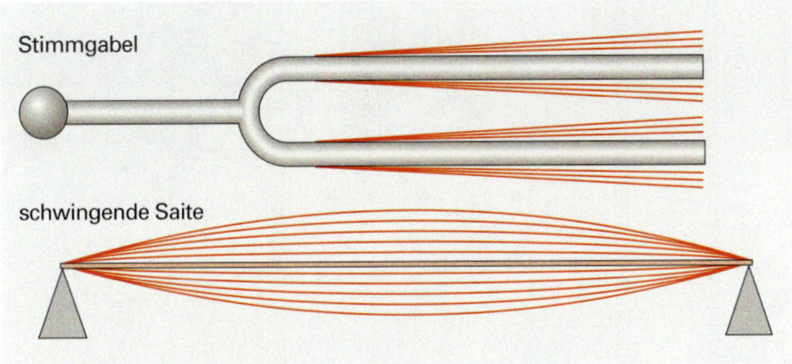

2 Schwingungen von Stimmgabel und Saite

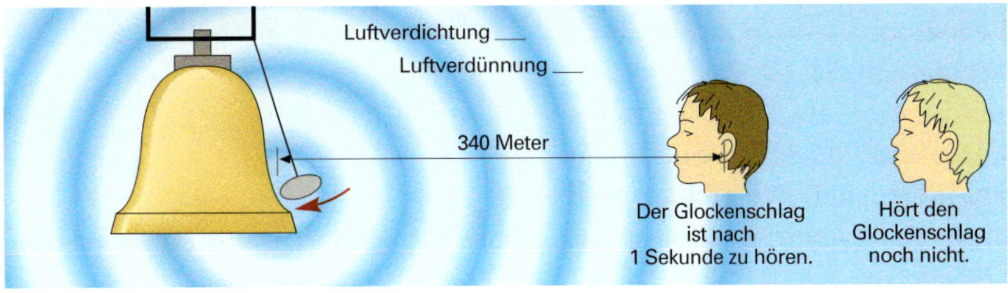

3 Schallausbreitung

Hören mit Ohr und Gehirn

Im Ohr reizen die Schallwellen die Sinneshärchen. Diese erzeugen elektrische Signale, die über den Hörnerv zum Gehirn geleitet werden. Im Gehirn entsteht der Höreindruck.

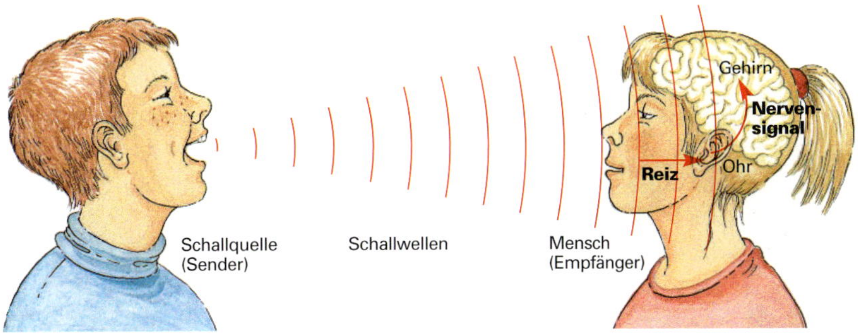

4 Hörvorgang

Alles klar?

A Bei den Musikinstrumenten unterscheidet man Schlag-, Blas-, Streich- und Zupfinstrumente. Nenne je ein Beispiel und erkläre, wie der Schall dort erzeugt wird.

B Wie kann die Lautstärke einer Stimmgabel verändert werden?

C Eine Hummel hat einen Flügelschlag von 240 Hz und eine Mücke von 600 Hz. Vergleiche die Tonhöhe.

D Beschreibe eine Methode, mit der man die Entfernung eines Gewitters bestimmen kann.

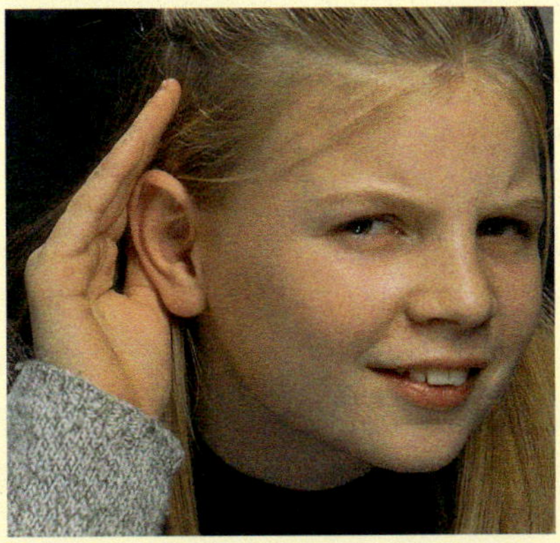
5

E Wieso ist es im Autotunnel so laut?

F Warum halten Menschen bei Gesprächen hin und wieder eine Hand hinter ein Ohr? 5

G Warum hilft es altersschwerhörigen Menschen, wenn man mit ihnen in etwas tieferer Stimme redet, ohne dabei lauter zu werden?

H* Weshalb hört man sich auch dann sprechen, wenn beide Ohren fest verschlossen sind?

„Power" für die Ohren?

1 Lärm belastet.

Die Klasse 7c schreibt eine Arbeit in Mathematik. Beim Klingeln gibt ihnen die Lehrerin noch etwas Zeit. Draußen ist Schulschluss: Türen werden geschlagen, Kinder schreien, wegfahrende Mofas knattern … „Das ist ja nicht zum Aushalten!"

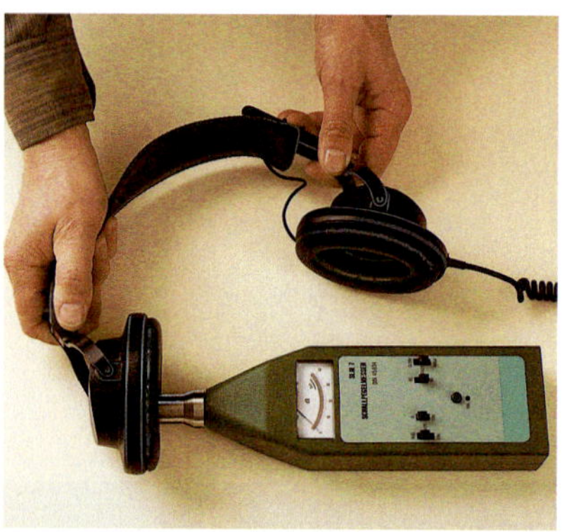

2 Schallpegelmessung

3 Betriebserlaubnis

1 Wie wirkt sich laute Musik auf die Konzentration aus?

Löse 20 Rechenaufgaben (z. B. 12 · 15) in ruhiger Umgebung. Stoppe die benötigte Zeit. Setze dann einen Kopfhörer auf. Über ihn werden laute Geräusche eingespielt – oder Musik, die du nicht magst. Löse wieder 20 gleich schwere Aufgaben. Wie lange brauchst du jetzt? Wie viele Aufgaben hast du richtig gelöst?

2 Die Lautstärke wird gemessen

Die Lautstärke wird in Dezibel A oder kurz dB(A) angezeigt. 2

a Messt die Lautstärke
- an verschiedenen Orten der Schule während der Pause,
- direkt an einem Kopfhörer bei voller Musiklautstärke,
- an einer Lautsprecherbox,
- von Motorgeräuschen an Mofas und Motorrollern. 3

Tipp: Richtet das eingebaute Mikrofon stets in gleicher Weise auf die Schallquelle.

b Stellt die Messergebnisse auf einem Plakat zusammen. Vergleicht die Werte mit den Vorschriften am Arbeitsplatz und der Lärmskala (s. folgende Doppelseite).

3* Wie kann eine Schallquelle gedämpft werden?

a Miss aus 1 m Abstand die Lautstärke eines klingelnden Weckers mit dem Schallpegelmesser. Notiere den Wert.

b Wiederhole die Messung bei gleichem Abstand für die folgenden Anordnungen:
- Stelle den Wecker in einen Schuhkarton.
- Kleide den Karton mit Styropor aus.
- Lege den Karton mit Watte aus.
- Lege den Karton mit Teppich aus.
- Kleide den Karton mit den Waben von Eierkartons aus.

Notiere deine Messwerte in einer Tabelle und ermittle den besten Schalldämpfer.

4* Schalldämmung durch Schallumlenkung?

Setze einen Lautsprecher in eine tiefe, mit Schaumstoff ausgekleidete Box. Schließe ihn an einen Tongenerator an und richte den Lautsprecher auf eine Reflektorplatte im Abstand von 0,5 m. Miss im gleichen Abstand hinter der Platte die Lautstärke in dB(A). Notiere die Lautstärkewerte für verschiedene Reflektormaterialien. 4

Reflektor	Lautstärke in dB(A)
direkte Messung	?
Glas	?
Schaumstoffmatte, 50 mm dick	?
Styroporplatte, 50 mm dick	?
Spanplatte, 19 mm dick	?
Korkplatte, 5 mm dick	?
Dämmplatte, 15 mm dick	?

4 Lautstärke hinter einer Reflektorplatte

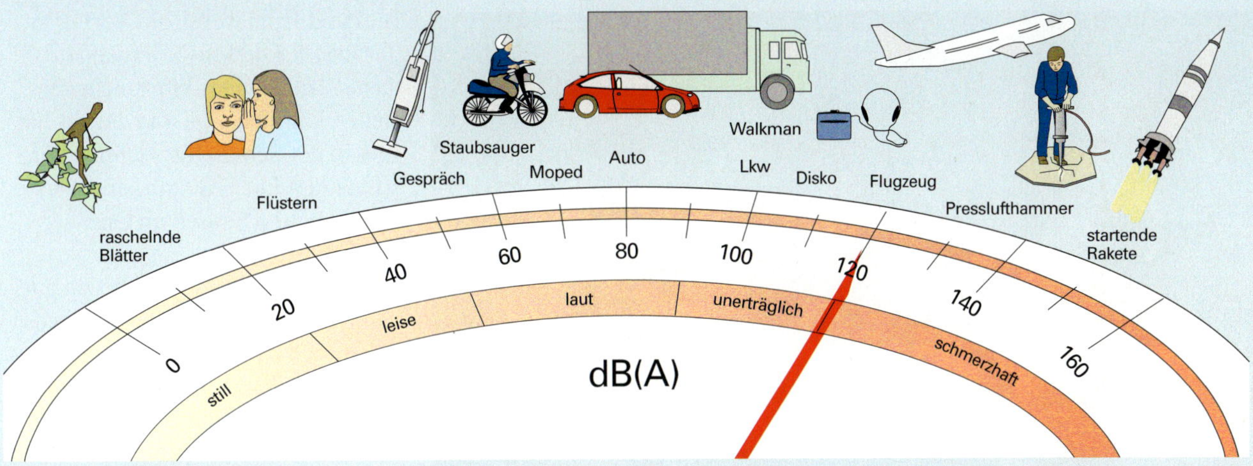

5 Verschiedene Lautstärken

Die Lautstärke
Schall empfinden wir als laut oder leise. Wir hören ihn mit einer bestimmten *Lautstärke*.
Die Lautstärke hängt von der Schallquelle ab und davon, wie weit unser Ohr entfernt ist.
Bei zwei gleichartigen Schallquellen gelangt die doppelte Schallenergie in unser Ohr. Wir nehmen aber nicht die doppelte Lautstärke wahr. Erst die zehnfache Anzahl von Schallquellen und damit die zehnfache Schallenergie empfinden wir als doppelt so laut.
Um Lautstärken vergleichen zu können, misst man sie mit einem *Schallpegelmesser*. Er besitzt ein Mikrofon und eine Skala, die Werte in Dezibel A angibt.

Die Lautstärke wird in Dezibel A oder dB(A) gemessen. Die Zunahme um 10 dB(A) bedeutet eine Verdopplung der Lautstärke, bei der die zehnfache Schallenergie auf das Ohr trifft.

Die Dezibel-A-Skala
Bei 0 dB(A) hören wir nichts. Geräusche bis 30 dB(A) empfinden wir als ruhig. Dauernder Lärm über 85 dB(A) macht schwerhörig. Nervliche Belastungen setzen schon bei Lautstärken von 70 dB(A) ein. 5

Gefahren für die Gesundheit
Schall kann zerstörerisch wirken. Unser Schallempfänger, das Ohr, kann durch Schall schwer geschädigt werden.
Doppelte Lautstärke entspricht zehn gleichartigen Schallquellen, vierfache Lautstärke hundert Schallquellen, achtfache Lautstärke entspricht tausend Schallquellen. 6
Zwar empfinden wir die laute Diskomusik von 110 dB(A) „nur" achtmal so laut wie den Straßenverkehr von 80 dB(A). Auf unser Gehör trifft jedoch in der Disko die 1000-fache Schallenergie. Unser Ohr wird dabei geschädigt und wir können nicht mehr alle Töne hören. Darum solltest du dich nie auf Dauer bei zu starken Schallquellen aufhalten.

A Stelle eine Liste von gesundheitsgefährdenden Schallquellen zusammen.

B Nenne eine Möglichkeit, wie die Schallenergie einer Schallquelle verringert werden kann.

C „Doppelt so viele Schallquellen = doppelte Lautstärke." Bewerte diese Aussage.

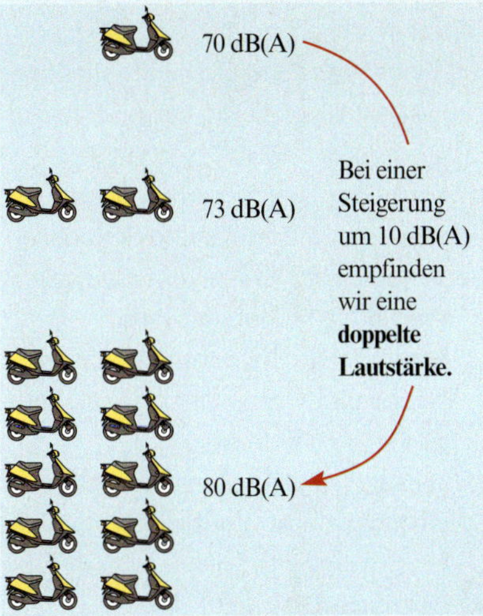

6

Projekt Lärm und seine Folgen

1 „Power“ für die Ohren

Ines und Irina waren am Vortag in der Disko. Die Musik war so laut, dass sie ihr eigenes Wort nicht verstehen konnten. Am Tag darauf hat Ines in der Schule Kopfschmerzen, Irina klagt über ein unbestimmtes Dröhnen und Sausen im Ohr.

Das Thema „Lärm“ eignet sich gut zur Projektarbeit. Folgende Fragen bieten sich zur Bearbeitung an:
- Was wird als Lärm empfunden?
- Wie stark ist eine Gegend von Lärm belastet?
- Wie wirksam sind Lärmschutzmaßnahmen?
- Welche Hörschäden gibt es? Wie kann man vorbeugen?

1 Empfindung von Schall – Lärm oder nicht Lärm?

a Mit einem MP3-Player wird Lärm aufgezeichnet: Geräusche einer Bohrmaschine, Verkehrslärm, Blasmusik, Musik von einer CD …
Dazu entwickelt ihr einen Fragebogen mit einer Skala für die Lärmempfindung. Die Skala soll von 0 für „keine Störung“ bis 6 für „unerträglich“ reichen.
b Mit MP3-Player und Fragebogen werden nun Mitschüler und Erwachsene befragt, wie sie den Lärm beurteilen.
c Wertet die Fragebogen aus:
- Stimmen die Bewertungen der verschiedenen Personen überein oder gibt es große Unterschiede?
- Lassen sich die unterschiedlichen Einschätzungen erklären?

2 Lärmschutz

a Untersucht die Wirkung von Lärmschutzmaßnahmen. Messt mit dem Schallpegelmessgerät
- vor und hinter einem Lärmschutzwall,
- an einer Durchgangsstraße und in einer Grünzone innerhalb der Stadt,
- hinter einem Lärmschutzfenster.

Vergleicht die Ergebnisse.
b Fertigt Fotos für die Präsentation an.

3 Erstellen einer „Lärmkarte“

a Fertigt für die Umgebung eurer Schule eine „Lärmkarte“ an. 2
Zeichnet dazu Straßen und Kreuzungen als Grundriss auf. Messt an verschiedenen Stellen die Lautstärke. Ist die Lärmbelastung von der Tageszeit abhängig?
b Ihr könnt auch eine „Lärmkarte“ der Schule erstellen. Messt dazu in Klassenräumen, in der Pausenhalle, im Pausenhof, in der Turnhalle, in der Küche.
c Überlegt, was man gegen den Lärm tun könnte.

4 Hörschäden und ihre Vermeidung

a Führt ein Interview mit einem Hörgeräte-Akustiker. Erstellt dafür zunächst einen Fragenkatalog. Danach bittet ihr telefonisch um einen Gesprächstermin. Mögliche Fragen:
- Welche Hörstörungen gibt es? Wie häufig kommen sie vor?
- Sind Hörschäden heilbar?
- Welche Personengruppe ist besonders betroffen?

b Welche gesetzlichen Vorschriften zur Lärmvermeidung gibt es? Wie lässt sich Lärm bekämpfen?
Sammelt Informationen zu diesem Thema. Benutzt auch das Internet.

5 Präsentation

Erstellt ein Poster mit der Überschrift „Lärm, seine Folgen und Möglichkeiten zur Lärmbekämpfung“. Jede Gruppe liefert dafür einen Beitrag mit ihren Arbeitsergebnissen. Gesammelte Zeitungsartikel und Abbildungen vervollständigen das Poster.

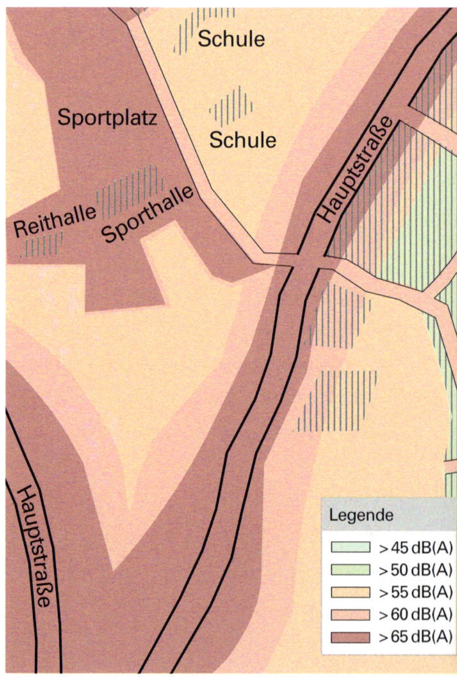

2 „Lärmkarte“

Dauernder Lärm macht krank. 3
Nicht nur der Lärm von Straßen, Baustellen und Fabriken führt zu Hörschäden, sondern auch zu laute Musik aus Boxen und Kopfhörern.

Am Arbeitsplatz in Fabriken oder Büros gilt die „Unfallverhütungsvorschrift Lärm", die Obergrenzen festlegt. In Büros darf es nicht lauter als 70 dB(A) sein. In Fabrikhallen muss bei Lautstärken ab 85 dB(A) den Beschäftigten ein Gehörschutz gestellt werden. An Arbeitsplätzen, an denen Lärm von 90 dB(A) und mehr auftritt, ist jeder verpflichtet, einen Gehörschutz zu tragen. 4
Als Schutz kann man mit Stöpseln aus Schaumstoff oder Silikon den Gehörgang verschließen. Man verwendet auch Kapseln, die wie Kopfhörer auf die Ohrmuscheln gesetzt werden. Gehörschutzmittel sind dann geeignet, wenn sie eine CE-Kennzeichnung besitzen.

In der Arbeitswelt gibt es gesetzlich vorgeschriebene Lautstärkegrenzen – nicht aber im Privatbereich. Hier setzen sich Personen freiwillig Lautstärken von mehr als 100 dB(A) ohne Schutz aus. Bei einem „voll aufgedrehten" Walkman muss dein Ohr Lautstärken wie bei einem Kompressorhammer aushalten. Dabei kommt es zu bleibenden Schädigungen des Gehörs. Geschädigte Sinneshärchen in der Schnecke wachsen nicht nach! 5
Der ganze Körper leidet unter Lärm: Hoher Blutdruck, Magenschmerzen, Nervosität und Schlaflosigkeit sind die Folgen. Am Ende kann eine hohe Lärmbelastung zu Magen- und Herz-Kreislauf-Erkrankungen führen.

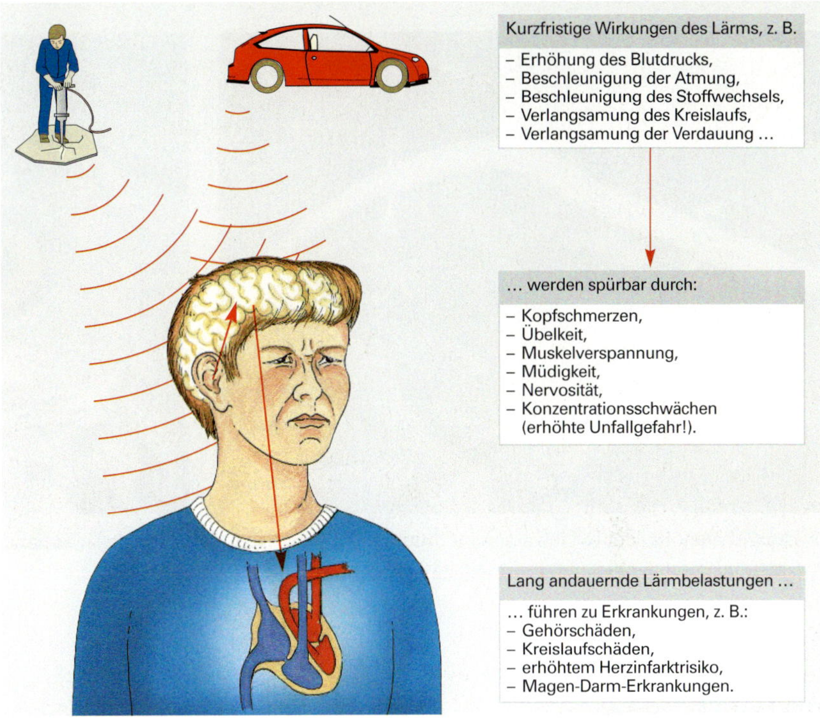

3 Lärm und seine Wirkungen

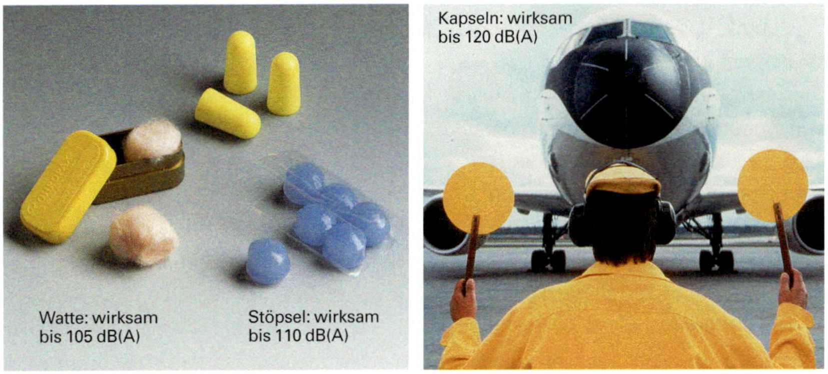

4 Gehörschutz

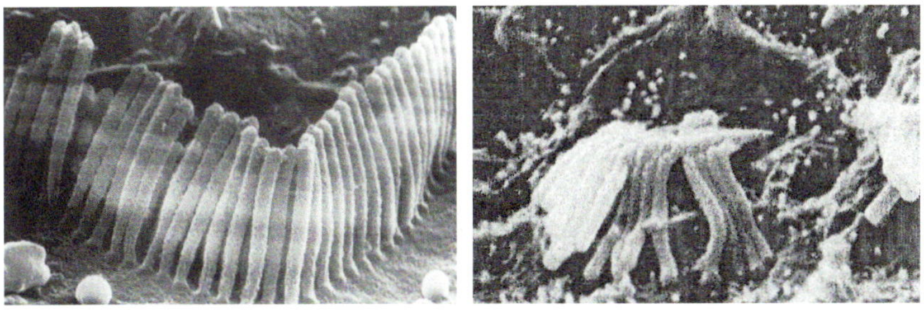

5 Gesunde und geschädigte Sinneshärchen im Innenohr

Was ist zum Sehen nötig?

1 Der Grottenolm lebt in Gewässern in dunklen Höhlen. Seine Augen bilden sich nach der Geburt vollständig zurück.

2 Nachtjäger haben große Augen. Eulen können bei Nacht sehr gut sehen.

Harry sagt: „Wie ungerecht! Der Grottenolm ist blind, aber die Eule hat Superaugen." – „Der Grottenolm wäre auch mit Superaugen nicht besser dran", entgegnet ihm Tina. Überlegt, welche Aussage richtig ist!

Probier's mal!

1 Im Dunkeln sehen?

Du benötigst weißes Papier, Alufolie, Leuchtstift und Lichtreflektor (z. B. Speichenreflektor fürs Fahrrad, Sicherheitsanhänger für Fußgänger ...).

a Gehe damit in ein vollständig verdunkeltes Zimmer. Siehst du noch etwas?

b Kannst du vielleicht etwas sehen, wenn sich deine Augen nach einiger Zeit an die Dunkelheit gewöhnt haben? Überprüfe vorher, ob wirklich kein Licht ins Zimmer dringt.

c Fasse deine Beobachtungen zusammen: Was braucht man zum Sehen?

2 Unsichtbares Licht?

Richte einen Laserpointer auf eine Wand. *Achtung*, mit dem Laser nicht in die Augen leuchten! Nicht hineinblicken!

a Kannst du das Licht von der Seite her sehen?

b Dann schüttelst du den Tafellappen oder Staublappen aus ...

c Was ist nötig, damit du das Licht des Laserpointers wahrnimmst? Gilt diese Bedingung auch für das Licht anderer Lichtquellen (Sonne, Taschenlampe)?

3 Wann ist es hell genug zum Sehen?

Gehe mit einer Taschenlampe in ein dunkles Zimmer. Halte nacheinander ein weißes und ein dunkles (schwarzes) Blatt Papier sowie ein Stück zerknitterte Alufolie an die Wand. Beleuchte die drei Flächen von vorn mit der Lampe. Beobachte, wie hell es im Raum wird. Kannst du auf einer Buchseite die Buchstaben erkennen? Beschreibe deine Beobachtung und überlege dir dafür eine Erklärung.

4* Wann wird ein Gegenstand sichtbar?

Schneide aus weißem Papier den großen Buchstaben E aus und aus farbigem Papier eine Blume. Außerdem brauchst du einen Taschenspiegel. Lege diese drei Gegenstände in einem dunklen Zimmer auf einen schwarzen Untergrund. Beleuchte sie von der Seite mit einer Lampe.

a Wie sieht der Spiegel aus? Suche dafür eine Erklärung.

b Beschreibe, auf welchem anderen Weg das Licht in dein Auge gelangt.

c Unter welchen Bedingungen siehst du Gegenstände?

Grundlagen **Wann sehen wir Dinge?**

Zum Sehen brauchen wir Licht. Licht geht immer von einer Lichtquelle aus. Licht breitet sich exakt *geradlinig* aus. Deshalb benutzen wir zum Zeichnen von Lichtwegen immer ein Lineal.
Wenn Licht von einer Lichtquelle ins Auge fällt, sehen wir die Lichtquelle. |3
Beleuchtete Gegenstände werfen auftreffendes Licht zurück; sie *streuen* das Licht. Wenn dieses Streulicht in unsere Augen gelangt, sehen wir den Gegenstand. |4

Jede Lichtquelle und jeder beleuchtete Gegenstand ist ein Lichtsender. Unser Auge ist ein Lichtempfänger. Wir sehen einen Gegenstand, wenn von ihm Licht ungestört in unser Auge gelangt.

Von der Seite kannst du einen „Lichtstrahl" nur sehen, wenn das Licht durch Nebel oder Rauch gestreut wird und in unser Auge gelangt.

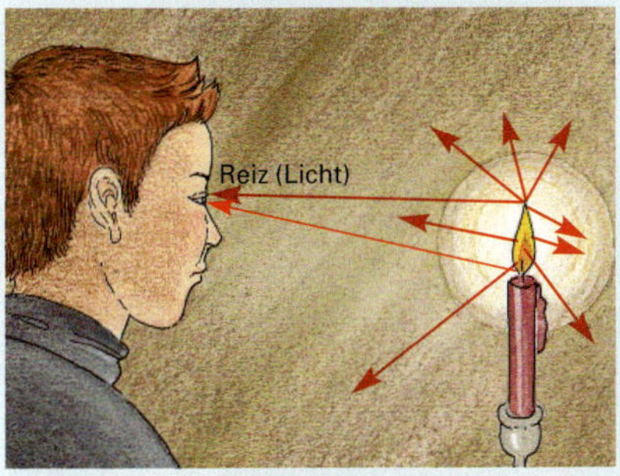

|3 Sehen einer Lichtquelle

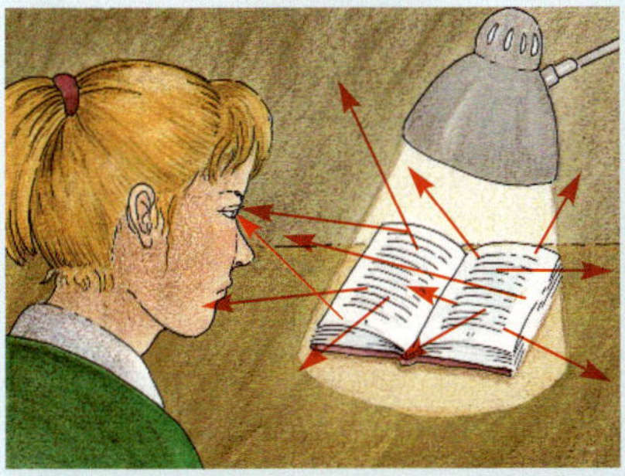
|4 Sehen eines beleuchteten Gegenstands

A Tiere, die nachts jagen, haben meist große Augen. Warum?

B „Der Grottenolm wäre auch mit Superaugen nicht besser dran."
Was meint Tina wohl mit dieser Aussage?

C* Wir kennen unterschiedliche Quellen: Wasserquellen, Wärmequellen, Ölquellen, Lichtquellen, Lärmquellen, Geldquellen …
Was haben alle Quellen gemeinsam?

D Unsere wichtigste Lichtquelle ist die Sonne. Außer ihr gibt es aber in der Natur noch weitere Lichtquellen.
Nenne drei.

E Neben den natürlichen gibt es von Menschen gemachte („künstliche") Lichtquellen.
Liste natürliche und künstliche Lichtquellen in einer Tabelle auf.

F Andreas sagt: „Zum Sehen brauche ich nur meine Augen."
Nimm dazu Stellung.

G Du bist abends mit dem Fahrrad unterwegs. Was benutzt du, um …
1 … selbst besser sehen zu können?
2 … besser gesehen zu werden?

H Hier siehst du ein Küchensieb, das mit Alufolie bespannt ist. In die Folie wurden Löcher gestochen. Darunter leuchtet ein Lampe. |5
1 Sieht man auf dem Bild wirklich die „Lichtstrahlen" oder etwas anderes?
2 Übertrage die Zeichnung |6 in dein Heft und ergänze, wie das Licht durch die Löcher nach draußen fällt.

|5

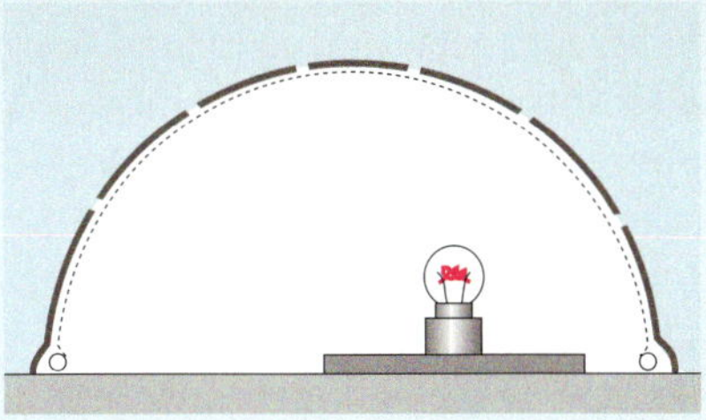
|6

I* Das ist Marios „Supertrick": |7
Er lässt ganz ohne Leinwand ein Bild erscheinen.
Er bewegt nur einen hellen Zeigestock im Licht des Projektors.
Ohne den Zeigestock ist an dieser Stelle des Raums nichts zu sehen.
Erkläre Marios Trick.

|7

Wissenswertes **Sehen und gesehen werden**

Lichtquellen im Straßenverkehr
Motorräder fahren am Tag mit Licht, häufig auch Autos. Das Licht ist wichtig, auch wenn du ohne Scheinwerfer noch gut siehst. Lichtquellen von Fahrzeugen sind nämlich nicht nur dazu da, die Straße zu beleuchten. Sie dienen auch der Information anderer Verkehrsteilnehmer. Es geht darum, gesehen zu werden! Ein beleuchtetes Fahrzeug ist früher zu erkennen als ein unbeleuchtetes.
Die verschiedenen Lichter eines Fahrzeugs geben an, ob es bremsen oder abbiegen wird. |2 Bei einem Fahrzeug mit Blaulicht heißt es, schnell Platz zu machen.
Im Straßenverkehr dienen viele Lichtquellen der Information der Verkehrsteilnehmer. |3 Baustellen werden durch blinkende Lichtsignale gesichert.

Streulicht im Straßenverkehr
Auf der Straße müssen Personen und Gegenstände auch dann gut zu sehen sein, wenn sie nicht selbst leuchten: Dann ist zurückgeworfenes Licht wichtig. Fußgänger sollten nachts helle Kleidung tragen. Helle Kleidung streut nämlich mehr Licht als dunkle. Autofahrer können sie von Weitem erkennen. |4
Verkehrsschilder sind beim Autofahren nachts gut zu sehen. Die Schilder werfen das auftreffende Scheinwerferlicht zurück – vor allem in die Richtung, aus der sie beleuchtet werden. Auch Rück- und Seitenstrahler von Fahrrädern werfen das Licht zurück.

A Welche Farben soll die Kleidung haben, wenn du bei Dunkelheit auf die Straße gehst?
B Warum muss in der Dämmerung und im Dunkeln die Fahrradbeleuchtung angeschaltet werden?

|1 Ohne Licht – mit Abblendlicht – mit Tagfahrlicht

|2 Bremslicht, Rücklicht, Blinker

|3 Lichtquellen zur Information

|4 Dunkle Kleidung ist kaum zu sehen.

Geschichte **Redensarten rund ums Licht**

„Ich werde dir *heimleuchten*“ will nachdrücklich betonen, was jemand zu tun hat oder „wo’s lang geht“. Vor der Einführung der Straßenbeleuchtung war es in großen Städten üblich, dass bezahlte Fackelträger Besucher von Theatern oder Konzerten nach Hause begleiteten.

„Jemandem *ein Licht aufstecken*“ heißt heutzutage: Man will jemandem etwas erklären , worauf er eigentlich selber hätte kommen können. Ursprünglich war das Aufstecken einer Kerze auf einen Leuchter gemeint.
Es könnte sein, dass man demjenigen, dem man ein Licht aufstecken will, für einen *Armleuchter* hält. Das war ein zweiarmiger Kerzenständer, dessen Gestalt an einen Menschen erinnerte. Mit dem Schimpfwort tituliert man Menschen, die ebenso unbeweglich und begriffsstutzig sind wie echte Armleuchter.

Manche ältere Menschen sagen auch heute noch, man müsse das *Licht anzünden*, obwohl es sich um ein elektrisches Licht handelt, das eingeschaltet wird. „Das *Licht löschen*“ bezog sich früher auf das Löschen offener Flammen, später auf das Ausblasen einer Kerze oder das Löschen der Flamme in der Gas- oder Petroleumleuchte. Im Zusammenhang mit dem elektrischen Licht ist das Wort „löschen“ eigentlich nicht mehr angebracht, wird aber immer noch verwendet.

„Er stellt sein Licht unter den Scheffel.“ Das bedeutet: Jemand zeigt von seinen Fähigkeiten und seinem Wissen weniger, als er könnte. Der Scheffel war ein Gefäß, mit dem Getreidemengen abgemessen wurden. Dieses Gefäß war gut als Lampenschirm zu gebrauchen.

Natur **Lebendige Lichtquellen**

Manche Tiere erzeugen Licht, um gesehen zu werden. Meist wird ein Partner angelockt – oder ein Beutetier. Glühwürmchen oder Johanniskäfer sind bei uns heimisch. Im Körper bilden sie einen Stoff aus, den sie zum Leuchten bringen können. |5
Regelrechte Schauspiele führen die Malaysia-Leuchtkäfer auf: Nach Sonnenuntergang versammeln sich die Männchen auf Bäumen am Flussufer. Bald beginnt das Blinken aus diesen Bäumen. Zuerst blitzen die Käfer ihre Signale wild durcheinander, doch schon nach kurzer Zeit passen sie sich ihren Nachbarn an. Schließlich blitzen Tausende von Käfern gleichzeitig aus einem Baum heraus, um Weibchen anzulocken. |6
Der Anglerfisch kann in der Dunkelheit der Tiefsee seine Beute nicht sehen. Er sorgt aber dafür, dass er gesehen wird: Mit dem Leuchtorgan über seinem Kopf lockt er die Beute an – direkt vor sein Maul … |7

|5 Anglerfisch

|6 Glühwürmchen (Johanniskäfer)

|7 Malaysia-Leuchtkäfer

Wie das Auge funktioniert

|1 Der *Nautilus*, ein Tintenfisch, lebt in 100 m Tiefe im Pazifik.

|2 Modell eines Lochauges

Das Auge des Nautilus besteht aus einer wassergefüllten Kammer, die vorne ein Loch hat, aber keine Linse. Mit dem Modell eines solchen „Lochauges" kann man Bilder erzeugen …

Probier's mal!

1 Sehen wie ein Regenwurm

Ob du auch mit geschlossenen Augenlidern etwas sehen kannst?

a Blicke mit geschlossenen Augen in eine Lampe. Führe nahe vor den Augen deine Handfläche vorbei.

b Schließe in einem dunklen Zimmer zusätzlich die Augen. Schalte dann eine Taschenlampe ein und bewege sie – mehr „sehen" Regenwürmer niemals.

2 Ein Loch erzeugt ein Bild

Ob ein Lochauge auch ohne Linse ein Bild erzeugen könnte?

Du brauchst für den Versuch: 1 Kerze (als *Lichtquelle*), 1 Postkarte mit kleinem Loch in der Mitte (als *Blende*), 1 weißes Blatt Papier (als *Bildschirm*). Zünde im dunklen Raum die Kerze an. Halte die Blende im Abstand von 10 cm und suche hinter der Blende nach einem Bild.

3 Bauanleitung

Ein einfaches Augenmodell

Du brauchst:

1 Tennisball, Pergamentpapier, Säge, Schere, Stricknadel, Klebstoff.

a Säge den Tennisball an und schneide dann mit der Schere ein Stück ab. Achte auf eine gerade Schnittfläche. |3

b Stich mit einer heißen Stricknadel ein Loch gegenüber der abgeschnittenen Seite.

c Klebe auf die Schnittkante des Balls ein Stück Zeichenpergament. Es dient als Mattscheibe.

d Beobachte mit deinem Augenmodell eine von der Sonne beschienene Landschaft oder eine Kerzenflamme im dunklen Raum.

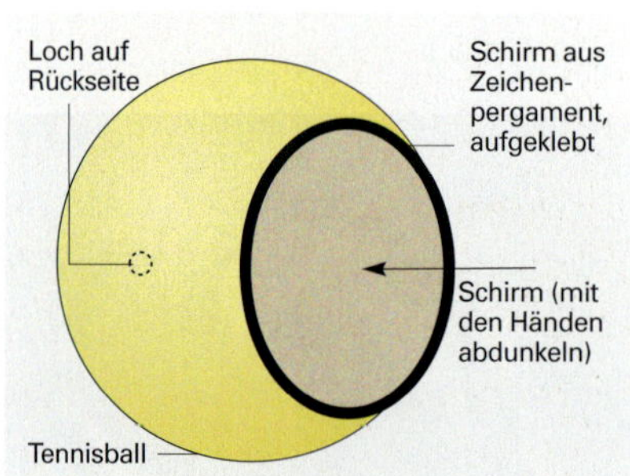

|3

4 Bilderzeugung mit einer Linse

Erzeuge Bilder mit einer Sammellinse. Geeignet ist eine Lupe („Brennglas") oder ein entsprechendes Brillenglas.

a Stelle dich mit der Linse in einigen Metern Abstand vor ein helles Fenster. Halte direkt hinter die Linse ein Blatt weißes Papier als Schirm. |4

b Entferne den Schirm langsam immer weiter von der Linse, bis du ein scharfes Bild des Fensters und der Landschaft erhältst. Beschreibe die Eigenschaften des Bildes.

c Die Linse kann noch mehr. Erzeuge das Bild der Sonne auf einem Blatt Papier. Was beobachtest du?

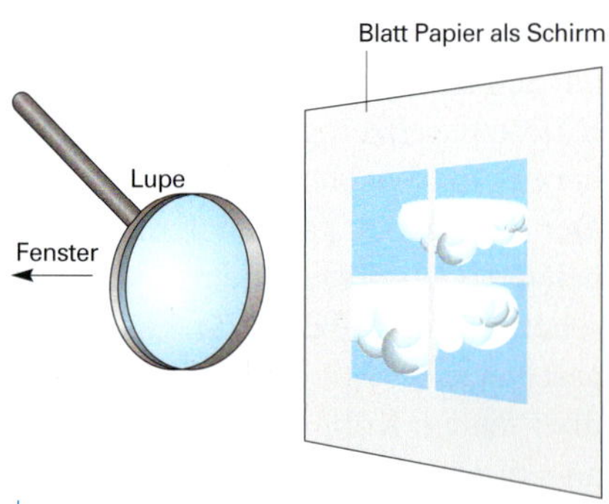

|4

5 Das Modellauge wird verbessert

An der Bildentstehung im menschlichen Auge ist nicht nur ein Loch beteiligt, sondern zusätzlich eine Sammellinse. Dann kannst du dein Augenmodell mit einer geeigneten Sammellinse verbessern. |5

|5 Modellauge mit Linse

6 Anpassung an die Helligkeit

Blicke in einem abgedunkelten Raum jemand anderem ins Auge – oder im Spiegel dir selbst. Beschreibe deine Beobachtung, wenn in dem Raum Licht eingeschaltet wird.

7 Unsere Sehfähigkeit ist begrenzt

Sehr kleine Gegenstände können wir ohne Hilfsmittel nicht unterscheiden. Das gilt auch für die Punkte, aus denen gedruckte Bilder zusammengesetzt sind. Bei welcher Farbfläche kannst du die Punkte noch aus einem Abstand von 30 cm unterscheiden? |6

|6

Natur **Lauter verschiedene Augen**

|7 Adler

|11 Chamäleon

|8 Katze

|12 Schnecke

|9 Insekt

|10 Vierauge

In der Natur gibt es ganz unterschiedliche Augentypen – jeweils angepasst an die verschiedenen Lebensräume und Fressgewohnheiten der Tiere. Mit ihren Augen können manche Tiere

- gleichzeitig sehen und fühlen (A),
- im Dunkeln besonders gut sehen (B),
- in zwei beliebige Richtungen gleichzeitig gucken (C),
- ferne Dinge besonders scharf sehen (D),
- rundum alles gleichzeitig wahrnehmen (E),
- Dinge gleichzeitig über und unter Wasser scharf sehen (F).

A* Ordne die Eigenschaften A bis F den abgebildeten Tieren zu. |7–12

Grundlagen **Das menschliche Auge**

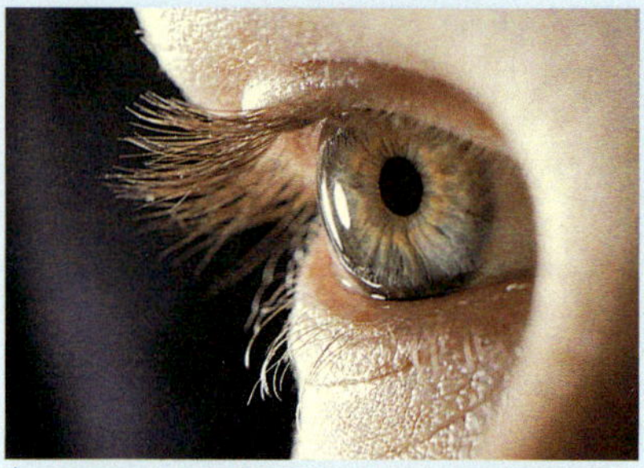

|1 Menschliches Auge

Unser Auge ist ein kompliziert aufgebautes Sinnesorgan. |1–2
Die Augenlider schützen es vor Fremdkörpern und wirken gleichzeitig als „Scheibenwischer".
Das Licht trifft zunächst auf die lichtdurchlässige *Hornhaut*. Anschließend fällt es durch die *Pupille* – ein Loch, das von der *Iris* umgeben ist. Bei geringem Lichteinfall ist die Pupille weit geöffnet. Bei Helligkeit verkleinert sie sich bis auf einen Durchmesser von 1 bis 2 mm. Mit der Größe der Pupille reguliert das Auge die Helligkeit der Bilder, die wir sehen.

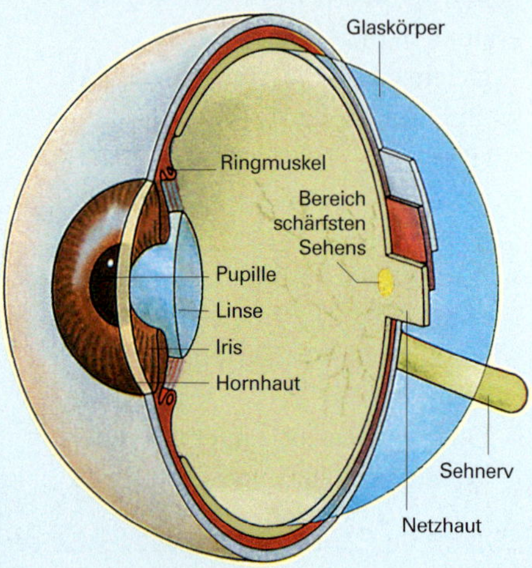

|2 Aufbau des Auges

Hinter der Pupille trifft das Licht auf die *Augenlinse*. Sie verstärkt die sammelnde Wirkung der Hornhaut. Dadurch entsteht auf der *Netzhaut* ein scharfes Bild.

Die Rolle des Gehirns
Die Netzhaut wird durch das Licht gereizt und sendet über den *Sehnerv* Signale ans Gehirn. Das *Gehirn* verarbeitet diese Signale. Es sorgt für ein aufrecht stehendes Bild. Außerdem vereint es die beiden Netzhautbilder unserer Augen zu einem einzigen räumlichen Bild.

Gesundheit **Schütze deine Augen**

Unsere Augen sind durch die Schädelknochen, die Augenlider und die Hornhaut geschützt. Dennoch gibt es Gefahren für die Augen:
- Der Blick in die Sonne oder in eine grelle Schweißflamme führt zu Augenschäden. Schutz: Hände vor die Augen halten!
- In südlichen Ländern oder im Gebirge droht Gefahr durch ultraviolette Strahlung. Schutz: Sonnenbrille mit UV-Filter. |3
- Langes Arbeiten oder Spielen am Computer schadet den Augen. Schutz: Regelmäßige Pausen und 50 cm Abstand vom Bildschirm.
- Schutzbrillen müssen getragen werden, wenn Splitter ins Auge gelangen könnten, z. B. beim Bohren von Metall.
- In der Schule sind beim Arbeiten mit Chemikalien Schutzbrillen vorgeschrieben. Auch im Haushalt gibt es ätzende Reinigungsmittel. Schon kleinste Spritzer können die Hornhaut schädigen!

|3 Schutz vor Ultraviolettstrahlung

Erste Hilfe
Augenspülung: Bei Verätzungen spülst du sofort und lange mit Leitungswasser beide Augen – auch das scheinbar nicht betroffene. Dann musst du zum Arzt gehen, möglichst zum Augenarzt.
Entfernen von Fremdkörpern: Ziehe das obere Lid vorsichtig über das Auge nach unten. |4 Nun bewegst du die Augen ausgiebig nach allen Seiten, um den Fremdkörper an die Seite des Auges zu befördern. Spürst du etwas am unteren Augenrand, ziehst du das untere Lid nach unten und blickst dabei nach oben. Ein Helfer tupft mit der Spitze eines sauberen Tuchs den Fremdkörper vorsichtig ab.

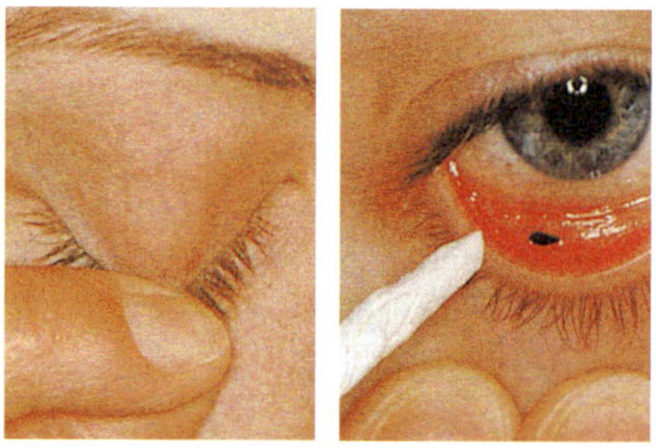

|4 Entfernen eines Fremdkörpers

A Jedes Auto hat Sonnenblenden und Scheibenwischer mit Wischwasser – und unser Auge?

B Dir ist eine Mücke ins Auge geflogen. Wie reagiert das Auge?

C Es ist gefährlich, in helle Lichtquellen (Sonne, Schweißflamme, Laser) hineinzublicken. Erläutere diese Aussage (Tipp: Brennglas).

Zusammenfassung

Lichtquellen und Lichtausbreitung

Lichtquellen erzeugen Licht und senden es nach allen Seiten hin aus. Lichtquellen sind Lichtsender. Licht breitet sich geradlinig aus.

5

Der Sehvorgang

Das Auge ist ein Lichtempfänger. Wir sehen Lichtquellen, wenn Licht von ihnen ins Auge fällt. Damit wir andere Gegenstände sehen, müssen sie beleuchtet sein. Die Gegenstände werfen das Licht zurück. Wenn Licht von einem Gegenstand ins Auge fällt, sehen wir den Gegenstand.

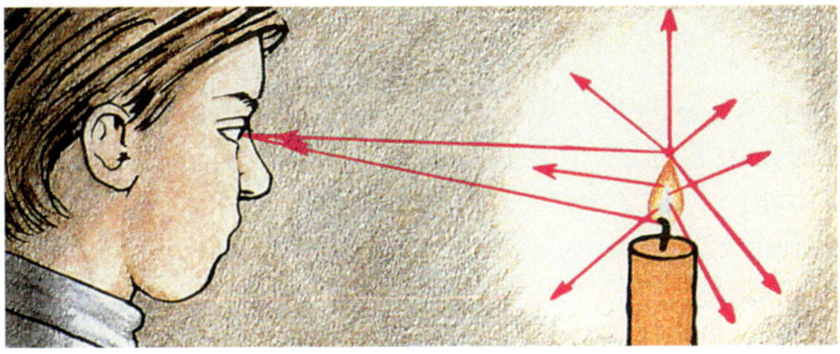

6 Sehen einer Lichtquelle

Wie unser Auge aufgebaut ist

Beim Auge des Nautilus erzeugt ein Loch das Bild auf der Netzhaut. Unser Auge ist komplizierter aufgebaut: Das Licht fällt durch die Hornhaut, die Pupille und die Linse auf die Netzhaut. Auf der Netzhaut entsteht ein Bild.
Die Netzhaut wird durch das Licht gereizt und sendet über den Sehnerv Signale ans Gehirn.

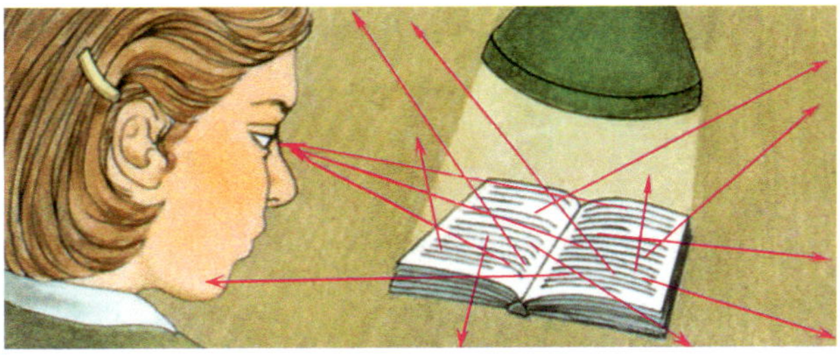

7 Sehen eines beleuchteten Gegenstands

Alles klar?

A „Der Tag wurde länger, als die Menschen begannen künstliche Lichtquellen zu nutzen." Erläutere!

B Der Mond leuchtet nicht selbst. Wieso können wir ihn dennoch sehen? Der Mond beleuchtet in der Nacht die Erdoberfläche. Erkläre diese Aussage!

C Nimm ein 30 cm langes Stück Gartenschlauch. Versuche durch den Schlauch hindurch diese Zeilen zu lesen … Worauf musst du achten?

D Wenn Licht durch ein Glasgefäß mit Wasser fällt, kann man es kaum sehen. Mit Badesalz im Wasser wird das Licht sichtbar. Erkläre!

E Wie sollten nachts die Farben deiner Kleidung sein? Begründe!

F Augen ohne Linse können nicht sehen. Beurteile diese Aussage.

Das Gehirn bestimmt, was man sieht

1 Nur unregelmäßige schwarze Flecke?

2 Eine alte Frau – oder eine junge?

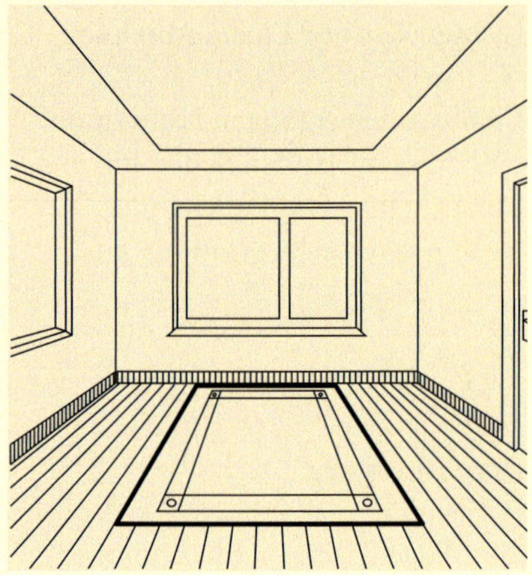

3 Die vordere Teppichkante und die hintere Wand sind gleich breit.

Was wir sehen, hängt nicht nur vom Bild auf unserer Netzhaut ab …

A Warum sind die Treppen so verwirrend? 4

B Können die beiden Männer wirklich so gemütlich sitzen, wie es auf den ersten Blick aussieht? 5

C Siehst du eine Vase – oder zwei Gesichter? 6
Kannst du Gesichter und Vase gleichzeitig sehen? Wo fällt die Entscheidung dafür, was du wahrnimmst?

D* Schau dir die Zeichnung genau und lange an. 7 Decke dann abwechselnd die untere und obere Hälfte ab. Klappe schließlich das Buch zu.
Versuche die Zeichnung „auswendig" auf ein Papier mit Rechenkästchen zu übertragen. Beginne mit der oberen Bildhälfte. Das ist einfach, aber dann …
Notiere, wie oft du im Buch kurz nachschauen musst, um auch die untere Bildhälfte richtig zu zeichnen.
Welchen Grund vermutest du für das Problem?

E* Sieh dir das Foto mit den Schachfiguren an. 8

1 Was stimmt nicht an diesem Bild?

2 Was du als Stufe siehst, ist ein ebenes Blatt Papier. Versuche es nachzuzeichnen.

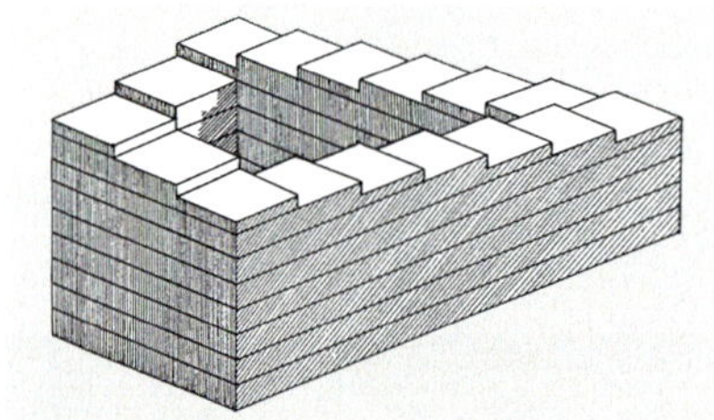

4

5

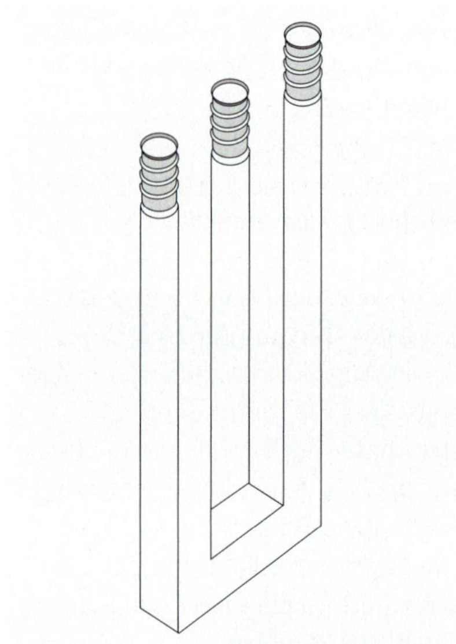

7

6

8

Das Netzhautbild der Blume steht auf dem Kopf. |9 Wir sehen die Welt aber aufrecht.

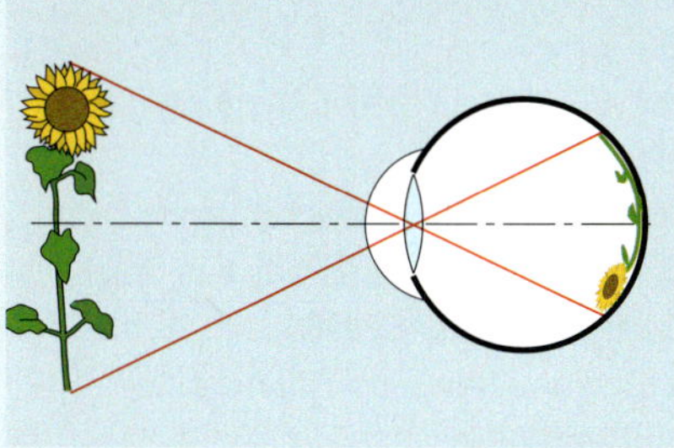

|9 Auf dem Kopf stehendes Netzhautbild

Der „Seheindruck", den wir von unserer Umgebung wahrnehmen, entsteht im Gehirn.

Seine Entstehung darf man sich nicht wie das Betrachten eines Fotos vorstellen. Vielmehr wertet das Gehirn die Signale der Netzhaut aus und vergleicht sie mit der bisherigen Erfahrung.
Unsere Erfahrung ist, dass eine Blume aufrecht steht. Das Gehirn macht daher aus dem Netzhautbild, das auf dem Kopf steht, ein aufrechtes Bild.
Wir erkennen am Netzhautbild nur die Dinge, mit denen das Gehirn „etwas anfangen" kann: Wenn ein Kind z. B. in einem Dorf im Senegal aufwächst, hat es möglicherweise noch nie in seinem Leben ein Motorrad gesehen. Die Flecke, in denen wir ein Motorrad erkennen, bleiben für das Kind nur schwarze Flecke. |1 Ähnlich ist es bei der Vase. |6 Welche Gesichter das sind, erkennt nur, wer sich an Bilder der englischen Königin Elisabeth II. und des Prinzen Philipp erinnert.

Für das Gehirn haben Erfahrung und Wissen bei der Wahrnehmung eine große Bedeutung.

F Warum sehen wir Gegenstände aufrecht, obwohl das Netzhautbild in unserem Auge doch auf dem Kopf steht?

G „Nur ein geschultes Auge vermag erkrankte Bäume von gesunden zu unterscheiden", sagt ein Förster. „Man sieht nur, was man weiß", heißt ein Sprichwort.
Erläutere, was mit diesen Aussagen gemeint ist.

H Auf dem Meeresgrund liegt eine Flunder. Findest du sie? |10
Warum kannst du den Fisch überhaupt erkennen – trotz seiner perfekten Tarnung?

|10 Wo steckt der Fisch?

|11

I Halte bei dem dreieckigen Gegenstand eine beliebige Ecke zu. |11
Ob man ihn so nachbauen kann? Nimm dann den Finger weg …
Beschreibe, was du jeweils siehst.

J Die Liste mit den Farbnamen hat es in sich. |12

1 Lies nicht die Wörter vor, sondern sage laut und möglichst schnell nur die Farben, in denen sie gedruckt sind. Schaffst du es ohne Fehler?

2 Kinder im Kindergartenalter kennen die Farben, können aber noch nicht lesen. Sie hätten keine Schwierigkeiten. Wie erklärst du das? Probiere es möglichst mit einem Vorschulkind aus.

blau
grün
rot
gelb
blau
gelb
grün
rot
blau
weiß
schwarz
weiß

|12

Kontrolliere deinen Lernstand

A Temperaturen und Thermometer

1 In welcher Einheit wird die Temperatur angegeben?

2 Nenne die Fixpunkte der Thermometerskala.

3 „Der Eiffelturm ist im Sommer höher als im Winter." Beurteile diese Aussage.

4 Du berührst ein Glas mit heißem Tee. Mit deinem Gehirn nimmst du wahr: Das Glas ist heiß.
Beschreibe, wie es zur Wahrnehmung des Temperaturreizes kommt.

B Das Auge ist aus zahlreichen Bestandteilen aufgebaut. |1

1 Benenne die mit Ziffern versehenen Teile.

2 Ordne den Bestandteilen eine Funktion zu.

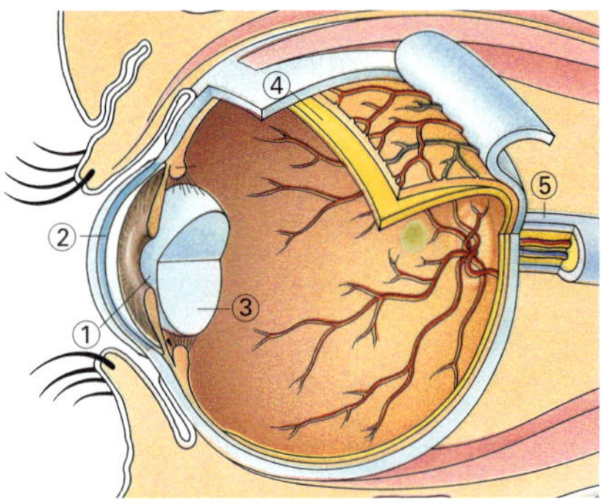

|1

C Du siehst ein Flugzeug am Himmel. Es wird von der Sonne beschienen.

1 Erkläre, wie das Flugzeug mit Auge und Gehirn wahrgenommen wird.

2 Das Flugzeug verschwindet hinter einer Häuserreihe. Du kannst es nicht mehr sehen. Wieso kannst du es noch hören?

3 Wenn du das Flugzeug zwischen Daumen und Zeigefinger „hältst", ist es nur ein paar Zentimeter groß. Du weißt, dass das nicht stimmt. Wieso bist du dir sicher?

D Insekten senden unterschiedliche Summtöne aus.

1 Erkläre, wie sie diese Töne erzeugen.

2 Wie ist der Unterschied in der Tonhöhe zu erklären?

3 Nenne weitere Schallquellen in Natur und Technik, die unterschiedlich hohe Töne erzeugen.

4 Mit einer Schallquelle sollen unterschiedlich hohe Töne erzeugt werden. Plane dazu einen Versuch.

E Die Schlagzeile in einer Zeitung lautet: „Eine Schallwelle eines Düsenjägers bringt eine Gartenlaube zum Einsturz."

1 Würdest du dieser Meldung glauben?

2 Erkläre, wie es möglich sein könnte.

3 Gelingt es dir, ein Haus aus Spielkarten mit einer Schallquelle zum Einstürzen zu bringen? Erläutere deine Antwort.

4 Bereite eine Präsentation vor deiner Klasse vor, in der du die Schallausbreitung erklärst. Plane dazu einen Versuch, mit dem du zeigen kannst, wie Schall sich in der Luft ausbreitet.

F „Fische sind stumm. Unter Wasser können sie ja sowieso nichts hören."

1 Was hältst von der Aussage?

2 Wie kannst du selbst ausprobieren, ob man unter Wasser hören kann?

3 Kennst du Meerestiere, die unter Wasser Töne aussenden? Wozu könnten diese Töne dienen?

Schätze deine Kenntnisse und Fähigkeiten ein:

Aufgabe	Ich kann ...
A	Einheiten richtig verwenden, mein Wissen zur Thermometerskala und zur Ausdehnung beim Erwärmen anwenden und die Wahrnehmung eines Reizes beschreiben.
B	beschreiben, wie das Auge aufgebaut ist und wie es funktioniert.
C	erklären, dass wir das Flugzeug mithilfe von Licht und Schall wahrnehmen und dass dabei die Erfahrung wichtig ist.
D	die Entstehung von Schall auf Schwingungen zurückführen und angeben, wann ein Ton hoch ist.
E, F	meine Kenntnisse über die Schallausbreitung anwenden.

Einschätzung
Ordne deiner Aufgabenlösung im Heft ein Smiley zu:
☺ Ich habe die Aufgabe richtig lösen können.
😐 Ich habe die Aufgabe nicht komplett lösen können.
☹ Ich habe die Aufgabe nicht lösen können.

Vom ganz Kleinen und ganz Großen

Themenkreis 2

Vom ganz Kleinen und ganz Großen

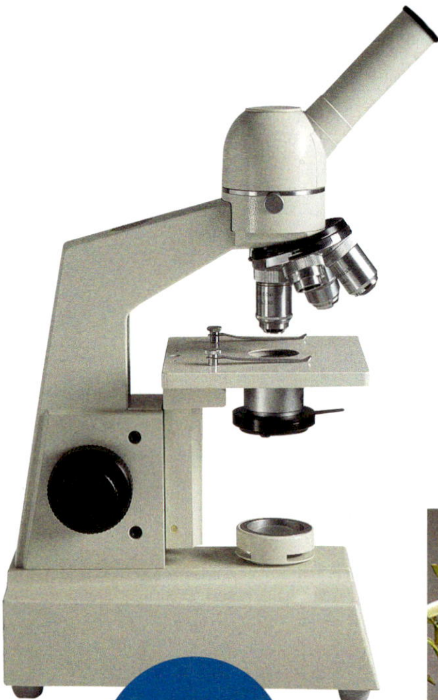

Wozu ist ein Mikroskop gut?

Wie sieht Salz unter dem Mikroskop aus?

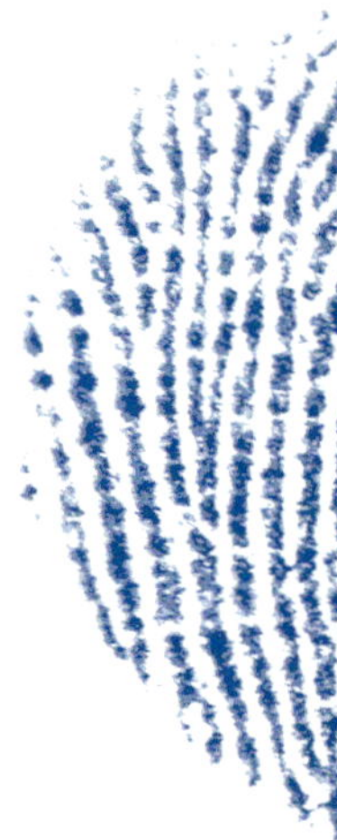

Wie sehen Zellen von Pflanzen und Tieren aus?

„Vom ganz Kleinen und ganz Großen"
Die Welt des Kleinen – das ist die Welt, die du mit bloßem Auge kaum oder gar nicht erkennen kannst. Die Welt des Kleinen ist größer als mancher vielleicht denkt. Es gibt viele Wege, die in diese Welt führen. Viele ihrer Geheimnisse kannst du mit einer Lupe oder einem Mikroskop lüften.
Die Welt des Großen, das ist unser Weltall. Du kennst es vielleicht aus Science-Fiction-Filmen. Du hast es nachts vor Augen, wenn du den Sternenhimmel siehst. Lange konnte man das Weltall nur mit Fernrohren von der Erde aus erforschen, inzwischen sind irdische Raumsonden schon durch das ganze Sonnensystem geflogen und die ersten haben es verlassen. Menschen sind sogar schon auf einem anderen Himmelskörper, dem Mond, gelandet. Vielleicht gelingt auch die Reise zum Mars …

In diesem Kapitel kannst du …
- Spuren legen und sichern – wie bei der Polizei,
- Gemeinsamkeiten von Salz und Edelsteinen finden,
- die Grundbausteine der Lebewesen entdecken,
- dich am Sternenhimmel orientieren und Himmelskörper beobachten,
- die Größenverhältnisse im Sonnensystem kennenlernen.

Saturn und Mars – Geschwister der Erde

Können wir zu fremden Sternen fliegen?

Was ist am Sternenhimmel zu entdecken?

Verschiedene Arbeitsweisen

Du wirst

- Informationen aus Texten und Bildern herauslesen,
- einzeln, zu zweit und in Gruppen arbeiten,
- Untersuchungen mit der Lupe durchführen,
- das Arbeiten mit dem Mikroskop erlernen,
- mit dem Fernrohr beobachten,
- Informationen beschaffen und präsentieren.

Das Geheimnis des weißen Goldes

1 Auf den Spuren des Einbrechers ...

Schnitzeljagd mit Überraschungen
Die Glocke des Schlossturms schlägt vier Mal. Es ist ein nebliger, frischer Julimorgen, als sich die Zwillinge Tom und Tina leise aus dem Haus schleichen. An der alten Eiche treffen sie sich mit ihrem Freund Max, seinem Hund Struppi und Susi. Ihre Rucksäcke sind mit allerlei Nützlichem wie Seilen, Krepppapier, Taschenmessern, Taschenlampen, Pflastern, Papiertaschentüchern und Plastiktüten vollgestopft. Die Kinder beginnen, für die geplante Schnitzeljagd Krepppapier als Wegmarkierungen zu verteilen. In der Nähe des Schlossgartens von Baron Kieselstein fängt Struppi, der den Kindern schon weit vorausgelaufen ist, plötzlich an, laut zu bellen. Sofort ruft Max Struppi zurück. Er nimmt ihn an die Leine und befiehlt ihm, still zu sein, damit das Vorhaben der Kinder nicht verraten wird. Plötzlich erblicken sie eine graue Gestalt, die eilig durch ein Loch im Zaun aus dem Garten flieht und im Wald verschwindet. Augenblicklich ist die Schnitzeljagd vergessen. Die Kinder beschließen, der geheimnisvollen Beobachtung nachzugehen. Nur Susi zögert und schlägt vor, lieber die Polizei zu verständigen. Aber sie wird überstimmt: Der Vater von Tom und Tina ist bei der Polizei, und er soll nichts von dem Ausflug erfahren! Außerdem wollen sie sich erst einmal im Garten umsehen. Die Kinder kriechen durch die Öffnung im Zaun und schleichen bis zur Schlossmauer. Dort entdecken sie ein schmales Loch in Bodenhöhe. Mit der Taschenlampe leuchtet Susi hinein. Zu ihrem Erstaunen erkennt sie ein leeres Kellergewölbe. Kurzerhand entscheiden die Kinder, es genauer zu untersuchen. Sie entfernen einige weitere Steine aus der Schlossmauer, damit Tina – die Kleinste von ihnen – durch die enge Öffnung abgeseilt werden kann. Dabei reißt sie sich in dem engen Durchlass unbemerkt die Jacke ein. 2 Nachdem sie unten angekommen ist, springt Struppi hinterher. Tom legt sich auf den Bauch und reicht seiner Schwester die Taschenlampe hinunter. „Hast du etwas entdeckt?", ruft er. „Vielleicht eine Schatztruhe? Gold? Edelsteine?" – „Nein, nichts. Der Keller ist völlig leer. Na ja, bis auf ..." Die anderen halten den Atem an. „... da hinten, da sind merkwürdige kleine weiße Körnchen. Ich kann das nicht gut sehen. Das Licht ist zu schwach. Mir ist kalt. Holt mich bitte wieder hoch!" Tina reicht zuerst Struppi nach oben. Dann ziehen die anderen aus Leibeskräften am Seil, und schon kommt auch Tina keuchend aus dem Loch geklettert. Die Kinder sind etwas enttäuscht. Kein Gold, keine Edelsteine!
Sie beschließen nun doch, die Polizei wegen des Einbrechers zu verständigen.

Mit der Polizei am Tatort

Bald trifft Kommissar Haberstroh mit einigen Beamten am Tatort ein. Darunter ist auch Herr Tanner, der Vater von Tom und Tina. Die Kinder berichten von ihrer Entdeckung. Natürlich verraten sie nichts von Tinas Erkundungstour. „Offenbar habt ihr hier jemanden vorzeitig in die Flucht geschlagen, der sein Vorhaben dann nicht mehr zu Ende bringen konnte", meint der Kommissar. Er ruft die Beamten der Spurensicherung. Sie sollen die Umgebung und den Keller untersuchen. Kurz darauf erscheint der alte Baron Kieselstein, der benachrichtigt worden war. Nachdem der Kommissar ihn informiert hat, sagt er nachdenklich: „Dann gibt es das Gewölbe also tatsächlich. Es gibt eine alte Familienlegende", erklärt er weiter. „Ein Vorfahre der Kieselsteins soll vor langer Zeit einen Schatz in diesem Keller versteckt haben." Inzwischen haben die Beamten der Spurensicherung den Eingang zum Kellergewölbe erweitert und sind hinuntergestiegen. „Hoppla!", ruft Herr Tanner. „Hier sind Fußabdrücke! Und eine Spur von irgendeinem Tier, nehme ich an. Und hier sind Reste von Pflanzen. In unserem Gartenteich haben wir auch solche. Das ist aber merkwürdig. Und da haben wir doch tatsächlich einen Plastikkamm; der sieht nicht so aus, als läge er schon einige hundert Jahre hier unten. Vielleicht sind noch Haare darin? Und wahrscheinlich befinden sich Fingerabdrücke darauf." Herr Tanner ruft einen Kollegen zur Verstärkung, um alle Spuren zu sichern. Dieser findet beim Hinuntersteigen den Stofffetzen von Tinas Jacke. Kommissar Haberstroh ist sehr nachdenklich. „Ich verstehe das alles nicht. Der Täter kann doch gar nicht dort unten gewesen sein.

2 Unbemerkte Spur

3 Wer war hier?

Der hätte gar nicht durch das kleine Loch gepasst. Auf jeden Fall muss alles schnell ins Labor zur genauen Untersuchung." Der Schlossbesitzer Baron Kieselstein fragt nachdenklich: „Haben Sie denn kein kleines Kästchen gefunden? Der Legende nach soll es ein sagenhaftes ‚weißes Gold' enthalten – was auch immer das sein mag." Herr Tanner schüttelt den Kopf. „Nein, leider nicht, aber wir haben eine ganze Menge Spuren gefunden. Wir haben alle einzeln in Plastiktütchen verpackt. Jetzt sind wir noch dabei, Abdrücke von den Fuß- und Fingerspuren zu nehmen. Dann bringen wir alles zur genauen Untersuchung ins Labor. In einigen Tagen werden wir mehr wissen." Tina hält sich die ganze Zeit im Hintergrund. Sie denkt fieberhaft nach, was zu tun ist, damit ihr Besuch des Kellergewölbes unentdeckt bleibt. Plötzlich steht Herr Tanner vor den Kindern: „Sagt mal, was macht ihr eigentlich hier – zu dieser frühen Stunde? Ich glaube, ihr habt mir einiges zu berichten! Wie wäre es mit einem Frühstück in meinem Büro?"

A Lies dir die Geschichte genau durch. Erzähle sie nun jemandem, der sie noch nicht kennt. Hast du etwas „Kleines" vergessen, das wichtig ist?

B Die Geschichte berichtet von Spuren am Tatort.

1 Welche Spuren werden am Tatort gefunden? Liste sie in deinem Heft auf.

2 Welche Spuren könnte man noch an einem Tatort finden?

3 Wie können Spuren gesichert werden?

4 Welche Spuren kann man mit dem bloßen Auge sehen? Welche Spuren kann man nur mit Hilfsmitteln erkennen? Erläutere!

Wir erstellen und sichern Spuren

|1 Spurensicherung durch Polizeibeamte

1 Sichern von Fußabdrücken

a Stellt in Gruppen Gipsabdrücke her. Tragt beim Arbeiten mit Gips eine Schutzbrille!

- Hinterlasst in Gartenerde oder Sand einen Fußabdruck.
- Gießt eine Flasche Leitungswasser (0,7 l) in einen kleinen Eimer.
- Schüttet unter ständigem Rühren Gipspulver (1 kg) in das Wasser. Wenn der Gipsbrei nicht gießfähig und klumpenfrei ist, müsst ihr unter Rühren noch Wasser nachgießen.
- Füllt den Fußabdruck mit Gipsbrei. |2
- Nach 1 Stunde ist der Gipsbrei hart und ihr könnt den Fußabdruck abheben. Säubert ihn von Erd- und Sandresten mit einer Bürste. |3

b Jede Gruppe untersucht den eigenen Fußabdruck. Notiert seine Merkmale wie Länge, Breite und Profil. |4

c Vergleicht die Fußabdrücke der einzelnen Gruppen. Welche Unterschiede und Gemeinsamkeiten stellt ihr fest? Notiert die Merkmale der verschiedenen Fußabdrücke in einer Tabelle.

|2 Ausgießen des Abdrucks

|3 Säubern

|4 Der fertige Gipsabdruck

2 Wir betrachten die Fingerkuppen

a Betrachte die Fingerkuppen deiner Hände. Was erkennst du?

b Vergleiche sie mit den Fingerkuppen anderer Personen.

c Wie könntest du die feineren Einzelheiten deiner Fingerkuppen untersuchen?

3 Auf dem Polizeirevier: Wir erstellen einen Fingerabdruck

a Rolle eine Fingerkuppe behutsam von der einen zur anderen Seite über ein Stempelkissen. Setze deinen Finger vorsichtig auf ein Papier und rolle ihn gleichmäßig ab. |5–6
Beschrifte den Fingerabdruck mit deinem Namen.

b Vergleiche deinen Fingerabdruck mit anderen. Verwende dazu eine Lupe. |7
Kannst du einige typische Merkmale deines Fingerabdrucks erkennen?

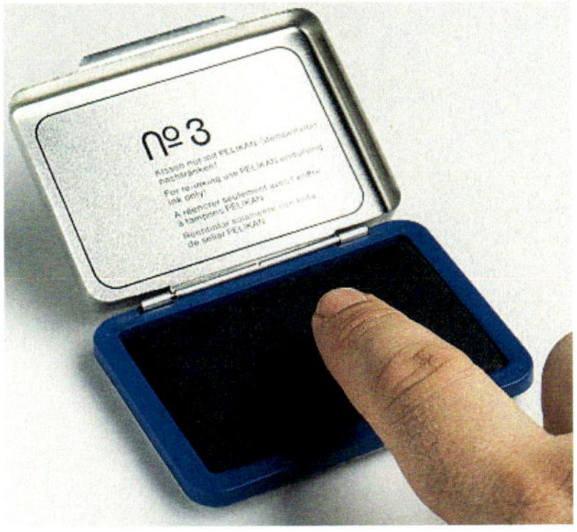

|5 Anfärben

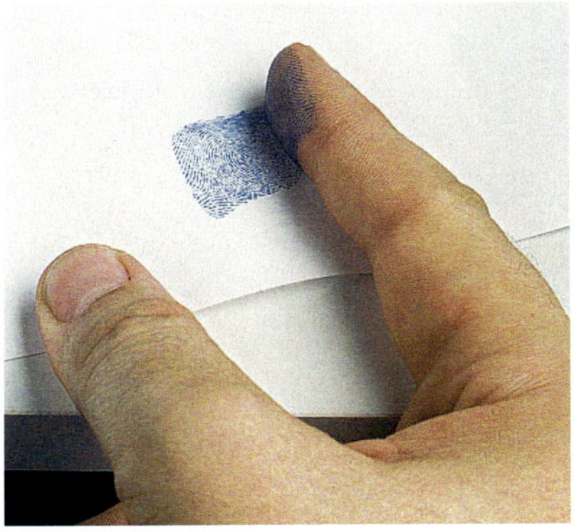
|6 Abrollen

|7 Vergleichen

4* Am Tatort: Wir sichern Fingerabdrücke

a Drücke die Kuppe deines Daumens auf einen Objektträger. |8 Verteile darauf Grafitstaub oder braune Kreide sparsam und gleichmäßig mit einem Pinsel. |9 Klebe ohne zu verrutschen einen Streifen durchsichtiges Klebeband auf den Objektträger. Ziehe das Klebeband ab und klebe es ins Heft. |10

b Probiere aus, ob du einen Mitschüler oder eine Mitschülerin an den Fingerabdrücken erkennen kannst.

|8 Hinterlassen des Abdrucks

|9 Sichtbarmachen des Abdrucks

|10 Abnehmen eines Abdrucks

Grundlagen **Spuren geben Hinweise**

Fußabdrücke
Die Abdrücke von Schuhsohlen und auch von Reifen hinterlassen in weicher Erde oder Sand deutliche Spuren. Oft sind sie typisch für einen bestimmten Hersteller und geben dadurch erste Hinweise auf Personen oder Fahrzeuge am Tatort. Ein kräftiger Wind oder Regen kann solche Spuren jedoch schnell zerstören.

Fingerabdrücke
Finger hinterlassen auf Glasscheiben, Türen und sogar auf Papier Abdrücke aus Fett und Schweiß.
Fingerabdrücke sind mit bloßem Auge kaum zu erkennen, können jedoch mit einfachen Hilfsmitteln sichtbar gemacht werden. Das Muster der Rillen an den Fingern und Handflächen unterscheidet sich von Mensch zu Mensch und wird weder durch Altern noch durch Verletzungen bedeutend verändert. Jeder Mensch kann also anhand seiner Fingerabdrücke erkannt werden. |11

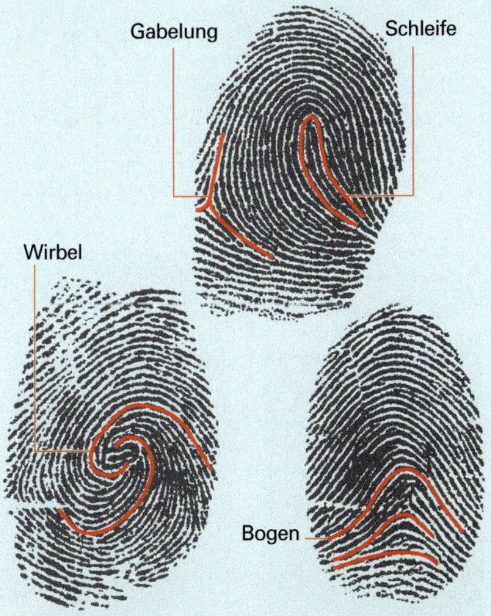

|11 Merkmale von Fingerabdrücken

Lupe und Mikroskop

|1 Die Lupe – ein wichtiges Hilfsmittel

Probier's mal!

1 Auge und Lupe

Sieh dir verschiedene Gegenstände mit bloßem Auge an: ein gedrucktes Bild, ein Stück Stoff, ein Haar, eine Feder, eine Filzstiftspitze.
Betrachte dann denselben Gegenstand mit einer Stiellupe und einer Einschlaglupe.

Grundlagen **Vergrößerung durch Linsen**

Lupen

Lupen enthalten eine oder mehrere Linsen aus Glas oder Kunststoff. |2 Je stärker die Linse gewölbt ist, umso stärker vergrößert sie. Einfache Lupen vergrößern etwa fünffach, stärkere Lupen bis zu zwanzigfach. Zum Betrachten musst du die Lupe und das Objekt einander so weit annähern, bis das Bild scharf ist. Mit einer Stiellupe siehst du einen größeren Ausschnitt des Untersuchungsgegenstands als mit einer Einschlaglupe.

|2 Stiellupe und Einschlaglupe

Das Lichtmikroskop

Das Lichtmikroskop erschließt dir eine Welt, die du mit dem bloßen Auge nicht wahrnehmen kannst. Um mit einem Mikroskop arbeiten zu können, musst du seine Teile und ihre Bedienung kennen. |3

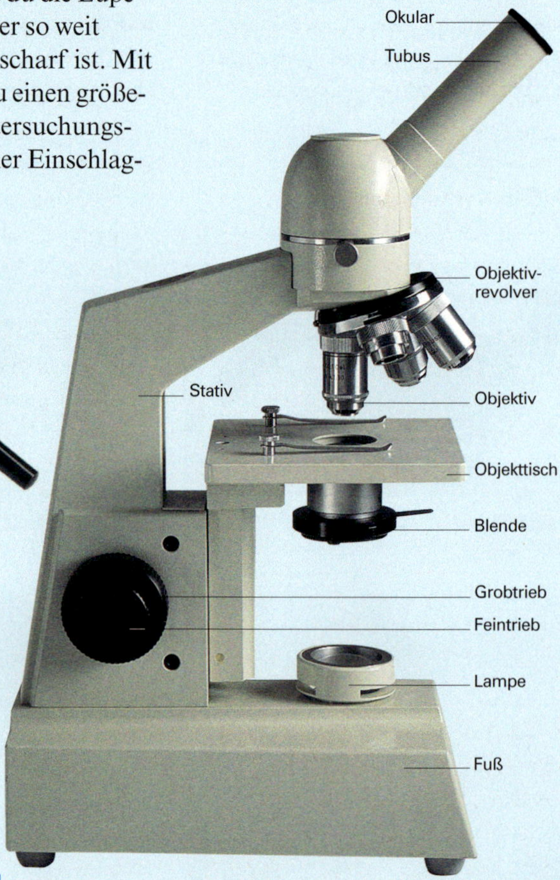

|3 Mikroskop

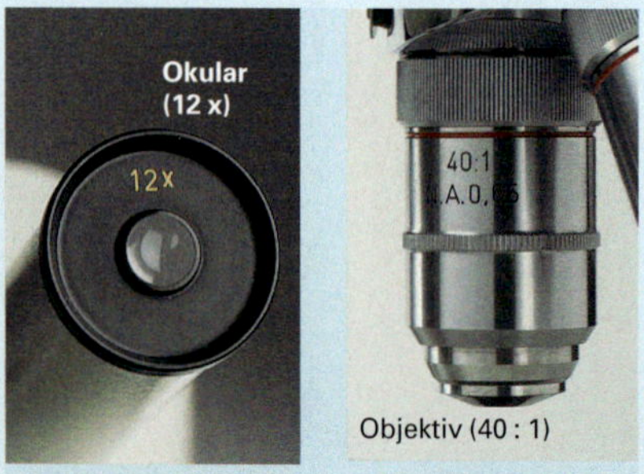

Die Gesamtvergrößerung erhältst du aus der Vergrößerung des Okulars und des Objektivs: $12 \cdot 40 = 480$.

|4 Vergrößerung

Bestandteil des Lichtmikroskops	Aufgabe
Okular	Vergrößert das Bild des untersuchten Objekts.
Tubus	Verbindet Okular und Objektiv.
Objektivrevolver	Durch Drehen des Revolvers wird ein anderes Objektiv und damit eine andere Vergrößerung eingestellt.
Objektiv	Liefert ein vergrößertes Bild des Objekts.
Objekttisch	Hier wird das zu untersuchende Objekt aufgelegt und befestigt.
Blende	Reguliert die Helligkeit und den Kontrast des Bildes.
Grobtrieb, Feintrieb	Stellt den richtigen Abstand zwischen Objektiv und Objekt ein. Dadurch erhält man ein scharfes Bild.
Lampe	Liefert Licht zur Durchleuchtung des Objekts.

2 Lerne das Mikroskop kennen

Vergleiche die einzelnen Teile deines Schulmikroskops mit der Abbildung. |4

3 Verschiedene Vergrößerungen

a Millimeterpapier gibt es auch als Folie. Mikroskopiere ein Stück solcher Folie bei kleinster Vergrößerung. Wie viele Millimeterkästchen kannst du zählen?

b Betrachte die Folie nacheinander bei den nächsthöheren Vergrößerungen. Zähle wiederum die Kästchen. Vergleiche!

4 Zeitungsbuchstaben

Schneide aus einer Zeitung einen Buchstaben aus. Lege ihn auf einen Objektträger und decke mit einem Deckgläschen ab. |5 Mikroskopiere bei verschiedenen Vergrößerungen.

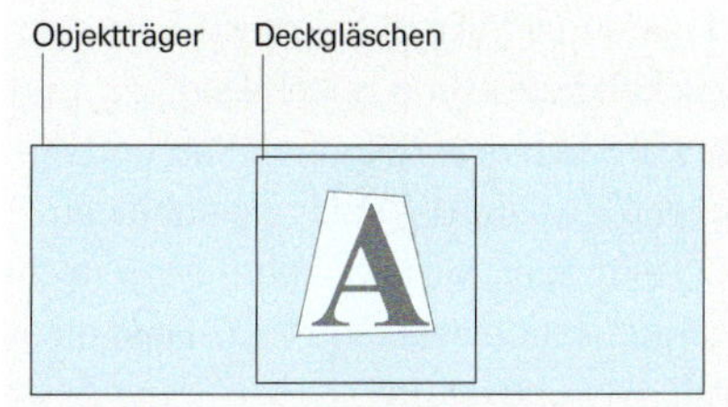

|5

5* Zeitungsbilder

Schneide aus einer Zeitung ein Stückchen einer farbigen Abbildung aus. Sieh es dir bei verschiedenen Vergrößerungen an.

6* Ein kleines Loch wird riesengroß

a Mikroskopiere ein Stück Filterpapier.

b Stich mit einer Nadel ein Loch in das Filterpapier. Schaue dir das Loch mit dem Mikroskop an.

Arbeitsweise **Mikroskopieren**

Umgang mit dem Mikroskop
Fasse das Mikroskop nur am Stativ an. Trage es immer aufrecht. Linsen darfst du nicht mit den Fingern berühren. Entferne Schmutz nur mit einem weichen Reinigungstuch.

1. Schritt: Auflegen des Objekts
Drehe den Objekttisch mit dem Grobtrieb so weit wie möglich nach unten. Dann kannst du das zu untersuchende Objekt auflegen. Lege den Objektträger (Deckglas nach oben) auf den Objekttisch und schiebe ihn unter die Halteklammern. Schalte die Beleuchtung ein.

2. Schritt: Einstellen der Vergrößerung
Beginne immer mit der geringsten Vergrößerung, also dem kürzesten Objektiv. Zum Einschwenken des passenden Objektivs drehe stets am Objektivrevolver, nie an den Objektiven!

3. Schritt: Einstellen der Schärfe
Drehe unter seitlicher Beobachtung den Objekttisch langsam nach oben, bis sich Deckglas und Objektiv gerade noch nicht berühren. |6 Gehe dabei sehr vorsichtig vor. Beachte: Wenn du zu weit nach oben drehst, können Objektiv und Objekt beschädigt werden. Schaue durch das Okular und bewege den Objekttisch mit dem Grobtrieb langsam nach unten, bis das Bild scharf ist. |7 Stelle mit dem Feintrieb vollends die Schärfe ein. Halte beim Mikroskopieren immer beide Augen offen.

4. Schritt: Einstellen der Helligkeit und des Kontrasts
Schließe die Blende und schaue dabei durch das Okular. Du siehst, wie sich das ausgeleuchtete Feld verkleinert. Öffne nun die Blende so weit, dass ihre Ränder gerade aus dem sichtbaren Feld verschwinden. Dadurch erreichst du den besten Kontrast bei der besten Ausleuchtung des Objekts.
Beim Einstellen der nächsthöheren Vergrößerung müssen Schärfe, Helligkeit und Kontrast auch neu eingestellt werden.

Beenden des Mikroskopierens
Entferne das untersuchte Objekt und drehe das kleinste Objektiv ein. Schalte die Lampe aus und wickle das Kabel auf. Stelle das Mikroskop zurück an seinen Aufbewahrungsort. Säubere die verwendeten Arbeitsgeräte und räume deinen Arbeitsplatz auf.

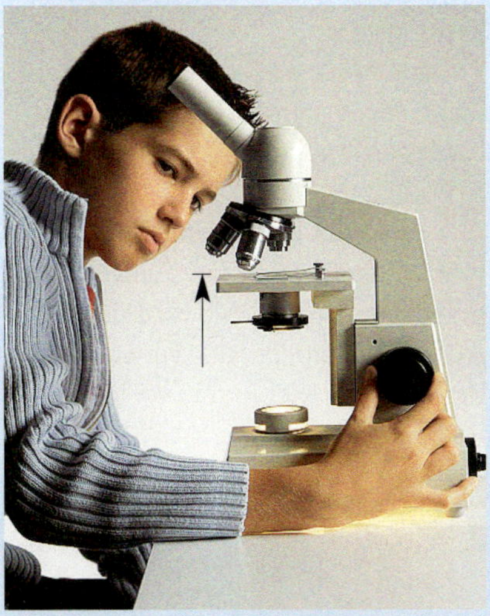

|6 Objekttisch vorsichtig hochdrehen

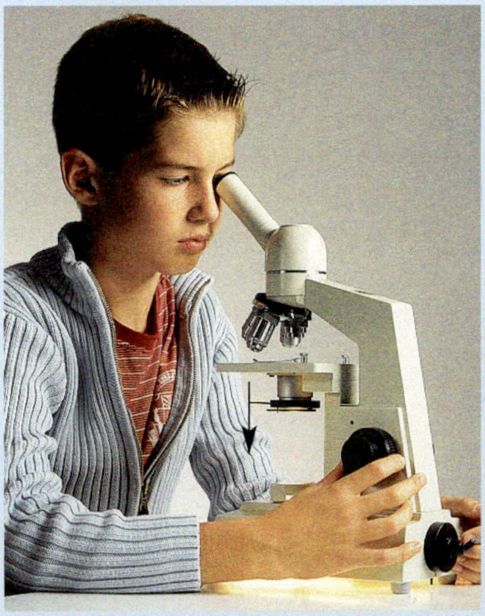

|7 Einstellen der Schärfe

Wir üben das Mikroskopieren

1 Haare

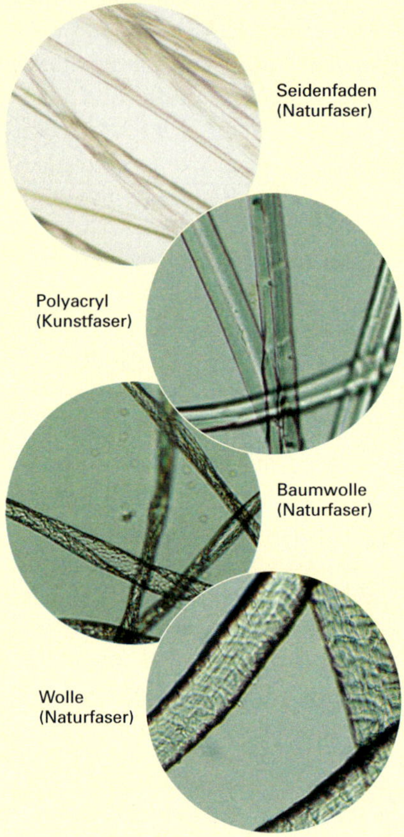

2 Textilfasern (160-fach vergrößert)

Beim Sichern von Spuren an einem Tatort spielen Haare und Textilfasern eine wichtige Rolle, insbesondere wenn keine Fingerabdrücke zu finden sind. Mit dem Mikroskop kannst du sie unterscheiden. 1
Die Fasern von Pflanzen sehen längs gestreift aus. Kunststofffasern haben eine glatte Oberfläche. 2

1 Wir mikroskopieren Haare

Lege ein Menschenhaar und ein bis zwei verschiedene Tierhaare in Längsrichtung nebeneinander auf einen Objektträger. Klebe sie links und rechts außen auf dem Objektträger mit durchsichtigem Klebeband fest. 3 In dem Bereich, den du betrachten willst, darf sich kein Klebeband befinden. Schneide überstehende Bereiche der Haare ab. Mikroskopiere die Haare. Vergleiche ihre Dicke und Farbe. Wie sieht jeweils ihre Oberfläche aus? Beschreibe!

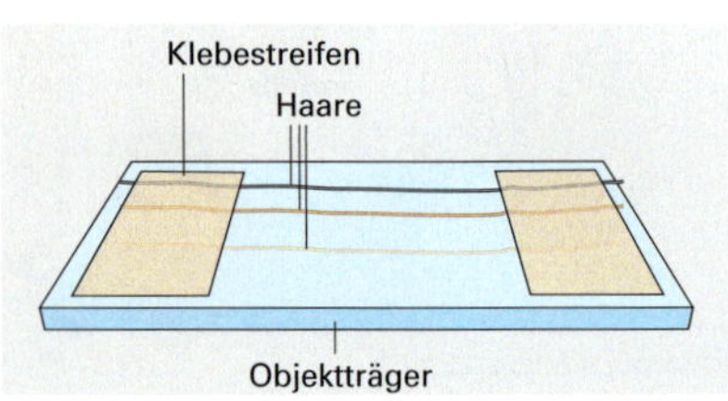

3 Haare auf Objektträger

2 Wir mikroskopieren Textilfasern

Zupfe mit einer Pinzette aus einem Textilstück eine Faser. Befestige dann die Faser mit Klebeband auf dem Objektträger und mikroskopiere die Faser.
Vergleiche deine Faser mit den abgebildeten Fasern. Kannst du die Art deiner Faser bestimmen?

3* Die Welt der Textilfasern

Wähle eine Textilfaser aus und informiere dich darüber. Wie wird sie gewonnen, verarbeitet und verwendet? Bereite einen Kurzvortrag vor und berichte in deiner Klasse.

4 Zucker und Salz unterm Mikroskop

Mit dem Mikroskop kannst du Zucker und Salz voneinander unterscheiden – ohne zu probieren.

a Lass einen Tropfen Zuckersirup und Salzlösung auf einem Objektträger verdunsten. 4 Mikroskopiere die Salz- und Zuckerkristalle und zeichne sie.

b Streue einige Körnchen Salz und Zucker direkt aus der Packung auf einen Objektträger. Mikroskopiere sie. Welche Unterschiede stellst du fest? Hast du eine Erklärung dafür?

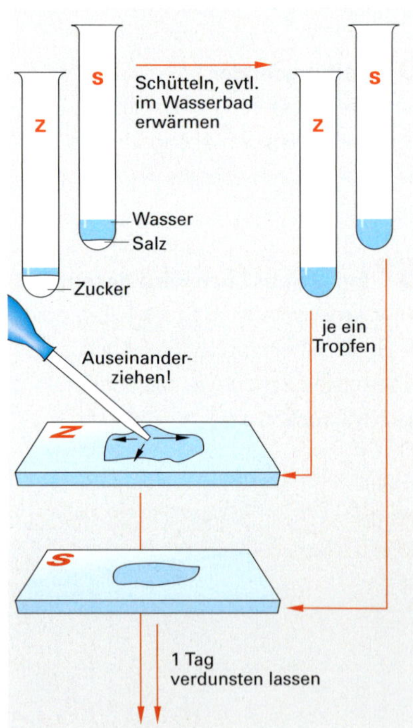

4

5* Wir untersuchen verschiedene Flüssigkeiten auf Kristallrückstände

Untersuche z. B. Eiklar, Molke, Obst- und Fruchtsäfte, Honig, flüssigen Blumendünger, Cola und Cola light. Gehe dabei so vor, wie du es mit der Salz- und Zuckerlösung getan hast. Beschreibe deine Beobachtungen.

6 Wir züchten und mikroskopieren Kristalle

Ihr könnt Kristalle selbst „züchten" und ihre Entstehung beobachten. Die Bildung dauert nur wenige Minuten.

a Gib eine Spatelspitze Gipspulver in ein Reagenzglas. Fülle mit so viel Wasser auf, dass das Gipspulver gut überdeckt ist. Verschließe das Reagenzglas. Beobachte 10 bis 15 Minuten lang, wie sich das Gipspulver verändert. Drehe dabei das Reagenzglas mehrmals um.

b Mikroskopiere die Gipskristalle.

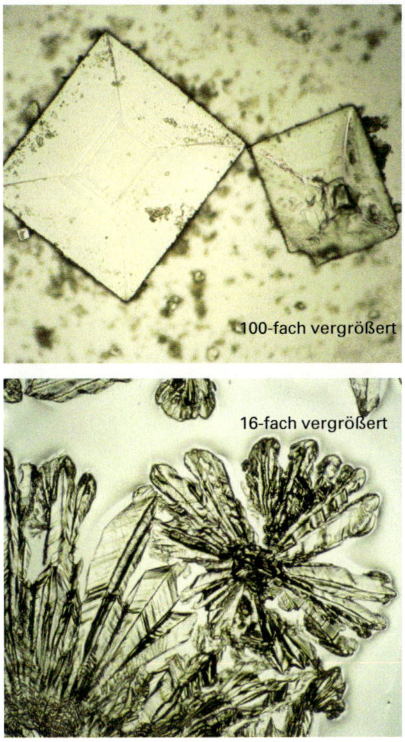

5 Salz und Zucker unter dem Mikroskop

Wissenswertes **Kristalle**

Viele Materialien, die man in der Natur finden kann, sind aus Kristallen aufgebaut. 5–9 Das gilt für Edelsteine, Salze, Eiskristalle, Schneeflocken und Metalle. Viele Kristalle haben ebene, glatte Flächen und gerade Kanten. Sie dienen daher oft als Schmuckstücke.

Für die Kristalle von Kochsalz ist die Form von Quadern oder Würfeln typisch.

A Informiert euch arbeitsteilig in der Klasse über verschiedene Edelsteine. Sucht Informationen über Vorkommen, Verwendung, Farbe und Zusammensetzung. Erstellt gemeinsam ein Poster.

6 Pyrit

7 Kupfersulfat

8 Amethyst

9 Eiskristall

Grundlagen **Die Teilchenvorstellung**

Kristalle lassen sich durch Zerstoßen oder Zerschlagen in kleinere Bruchstücke zerlegen. Wenn du Salz oder Zucker in Wasser auflöst, sind auch im Mikroskop keine Bruchstücke mehr zu sehen. Erstaunlich ist aber, dass aus der Lösung wieder ein Kristall wachsen kann und dass die Bruchstücke immer die gleiche Form haben.
Das Wachsen eines Kristalls erinnert an das Zusammenbauen von Legosteinen. 10 Aus Steinen einer bestimmten Form lassen sich regelmäßige Gegenstände zusammenbauen.
Wie kann man das Wachsen eines Kristalls erklären?

Wir nehmen an, dass ein Kristall beim Lösen in Wasser in kleinste Bausteine oder Teilchen zerlegt wird. Diese Teilchen lassen sich wieder zu einem Kristall zusammenfügen.

Die Teilchen sind so winzig, dass sie auch mit dem besten Mikroskop nicht sichtbar gemacht werden können.
Solche Vorstellungen bezeichnet man als *Modell*. Modelle sind Vorstellungshilfen. Sie dienen dazu, Beobachtungen zu erklären.

10 „Kristalle" aus Legosteinen

Wir mikroskopieren

Pflanzliche Spuren, die am Tatort gefunden wurden, werden im Labor mikroskopisch untersucht.
Wie musst du vorgehen?

1

Arbeitsweise **Herstellen eines mikroskopischen Präparats**

Nicht alle Objekte sind für das Lichtmikroskop geeignet. Ein grünes Laubblatt lässt nicht genug Licht durch. Im Mikroskop bleibt es zu dunkel. Um es zu untersuchen, musst du es in hauchdünne Schichten schneiden.
Es gibt auch Objekte, die von Natur aus in dünnen Schichten vorliegen. Beispiele hierfür sind das Blatt der Wasserpest, die Zwiebelhaut oder deine Mundschleimhaut. 2

2 Wasserpest

Arbeitsschritte

1. Gib mit der Tropfpipette einen Tropfen Wasser auf einen Objektträger.
2. Lege die Textilfaser mit einer Pinzette in den Wassertropfen.
3. Setze ein Deckgläschen mit einer Kante schräg an den Wassertropfen und lasse das Deckgläschen vorsichtig fallen. 3

Manche Objekte enthalten zu wenig Farbstoffe oder sind zu kontrastarm. In diesen Fällen kannst du die mikroskopischen Präparate *anfärben*:

4. Gib einen Tropfen einer geeigneten Farbstofflösung neben das Deckglas. Sauge mit einem Fließpapier auf der anderen Seite des Deckglases das Wasser ab. 4

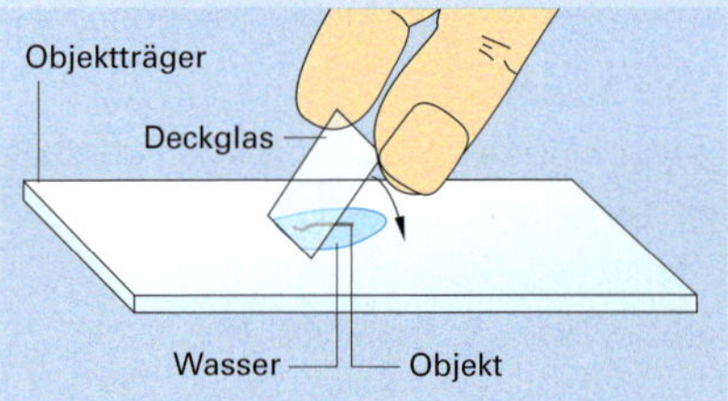

3 Auflegen des Deckgläschens

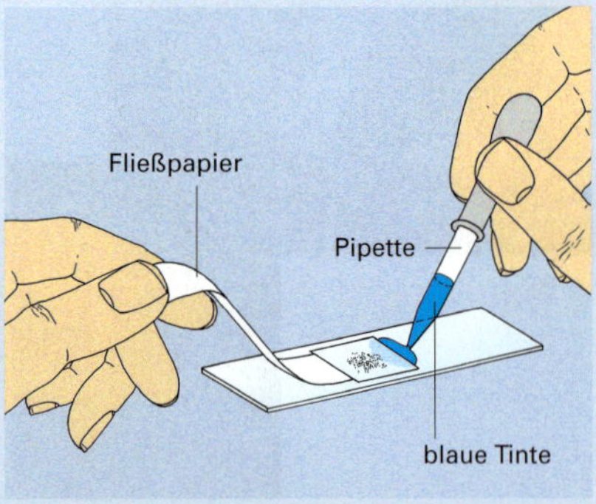

4 Anfärben eines Präparats

1 Wir untersuchen ein Blatt der Wasserpest

Die Wasserpest ist eine beliebte Pflanze für Aquarien.

a Betrachte die Wasserpest mit der Lupe. Zeichne eine Pflanze. Beschrifte deine Zeichnung.

b Zupfe mit einer Pinzette ein Blättchen ab. Gib es auf den Objektträger in einen Wassertropfen. Decke mit einem Deckgläschen vorsichtig ab. |3

c Stelle zunächst bei schwächster Vergrößerung scharf. Vergrößere dann stärker. Was kannst du erkennen? Hast du so etwas Ähnliches schon einmal gesehen? Tauscht eure Beobachtungen aus und informiert euch im Grundlagentext.

d Zeichne einen Baustein mit Bleistift so groß wie deine Hand. Achte darauf, dass klare und durchgehende Linien entstehen! Gib die Vergrößerung an.

Arbeitsweise **Wie man eine mikroskopische Zeichnung anfertigt**

Arbeitsschritte

1. Zeichne auf unliniertes DIN-A4-Papier. Verwende zum Zeichnen und zum Beschriften einen nicht zu harten Bleistift. Drücke mit dem Bleistift nicht zu fest auf.
2. Notiere folgende Angaben: deinen Namen, Datum, Untersuchungsobjekt, untersuchter Teil des Objekts, gewählte Vergrößerung.
3. Verschiebe das Präparat auf dem Objekttisch und wähle einen geeigneten Bildausschnitt.
4. Beim Zeichnen bleiben wie beim Mikroskopieren beide Augen geöffnet. Wenn du dein Blatt neben das Mikroskop legst, kannst du ohne Kopfdrehen abwechselnd durch das Mikroskop und auf die Zeichnung blicken. Deine Zeichnung sollte nicht zu klein sein.
5. Beschrifte die gezeichneten Bestandteile des Objekts. |5

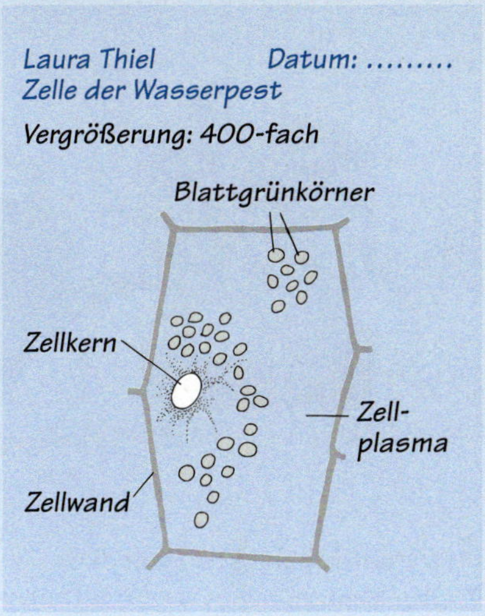

|5 Mikroskopische Zeichnung

Grundlagen **Die Wasserpest besteht aus Zellen**

|6 Wasserpest

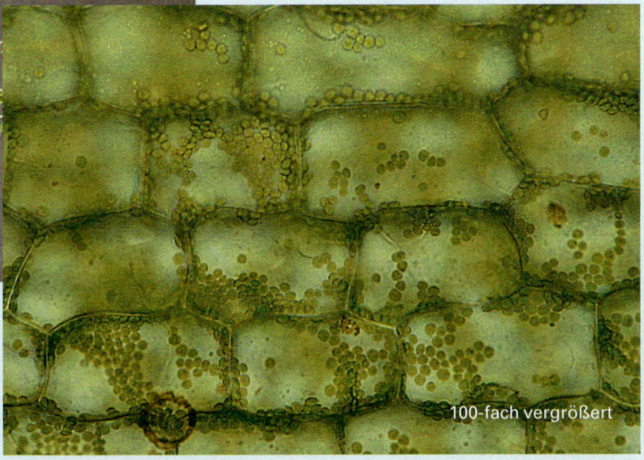

|7 Zellen der Wasserpest

Das Muster, das du bei der Wasserpest durch das Mikroskop siehst, erinnert an eine Mauer aus Steinen. |7 Jeder Stein ist zwar etwa gleich lang und dick, aber die Form ist jeweils unterschiedlich. Den Raum zwischen den Steinen könnte man als Mörtelfuge ansehen.
Tatsächlich hast du den kleinsten Baustein aller Lebewesen entdeckt. Wir bezeichnen ihn als Zelle. Das, was du als Stein erkennst, ist in Wirklichkeit ein Hohlraum, der mit einer zähflüssigen Masse angefüllt ist. In diesem Hohlraum sind der Zellkern und zahlreiche andere kleine Körnchen eingelagert. |5 Der Hohlraum ist von einer Zellwand umgeben, die der Zelle ihre feste Gestalt verleiht.

Das Blatt der Wasserpest ist aus Zellen aufgebaut.

Bestehen alle Lebewesen aus Zellen?

Bestehen alle Pflanzen aus Zellen?
Und Tiere? Und der Mensch?
Gibt es Unterschiede?

|1

1 Wir untersuchen die Haut einer Zwiebelschuppe

Das Häutchen an der Innenseite einer Zwiebelschuppe eignet sich gut zum Mikroskopieren. Du musst jedoch zunächst ein Frischpräparat herstellen. |2
Achtung: Sei vorsichtig beim Umgang mit dem Skalpell oder der Rasierklinge!

a Schau dir die Haut erst mit bloßem Auge an und dann mit der Lupe. Was kannst du erkennen?

b Gib auf einen sauberen Objektträger einen Tropfen Wasser und lege das Stückchen Zwiebelhaut hinein. Achte darauf, dass es sich nicht zusammenrollt. Decke mit einem Deckgläschen ab.

c Mikroskopiere mit kleinster Vergrößerung, danach mit etwa 100-facher Vergrößerung. Was erkennst du?

d Zeichne einen Ausschnitt von zwei bis drei Zellen auf ein DIN-A4-Blatt. Notiere die Vergrößerung.
Welche Bestandteile kannst du entdecken, welche fehlen? Beschrifte die gefundenen Bestandteile. |5

2 Zellen der Mundschleimhaut

Du kannst auch Zellen deines eigenen Körpers untersuchen. Ein Präparat deiner Mundschleimhautzellen kannst du einfach herstellen.

a Schabe mit einem Teelöffel von der Innenseite deiner Wange etwas Mundschleimhaut ab. |3 Bringe diese dann in einen Wassertropfen auf deinem Objektträger. Lege das Deckgläschen auf.

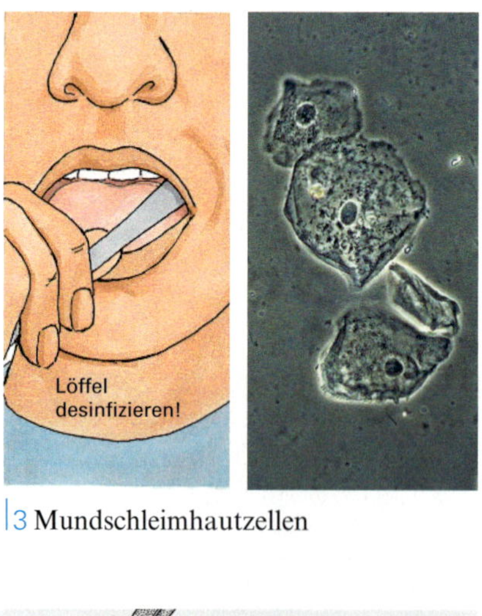

|3 Mundschleimhautzellen

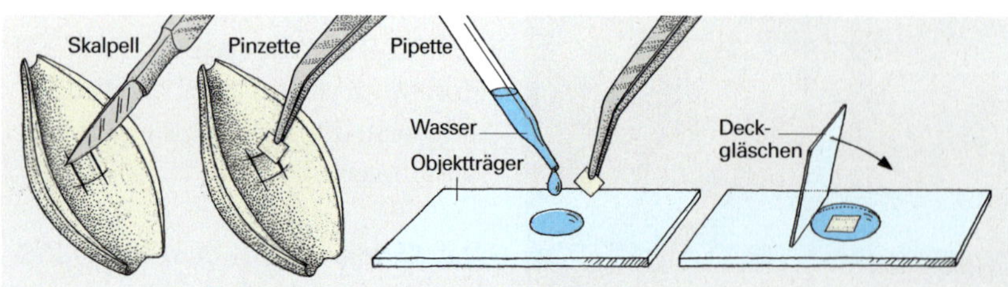

|2 Anfertigen eines Frischpräparats der Zwiebelhaut

b Damit du die Feinheiten der Zellen besser sehen kannst, musst du das Präparat mit Methylenblaulösung anfärben. Mikroskopiere!

c Zeichne die Mundschleimhautzellen bei 400-facher Vergrößerung mit Bleistift (Länge: ca. 5 cm). Versuche anhand des Grundlagentextes die Bestandteile der Zelle zu entdecken. Beschrifte die Bauteile.

3 Wir bauen ein Zellmodell

Bastle ein Modell einer Pflanzen- oder Tierzelle.

a Überlege dir zunächst, welche Teile dein Modell enthalten muss. Wähle dann dazu geeignete Materialien aus. Die Abbildung zeigt dir Beispiele. |4
Du kannst aber auch andere Materialien verwenden. Deiner Fantasie sind keine Grenzen gesetzt.

b* Erläutere, was bei dem Modell einer Zelle anders ist als bei einer echten Zelle. Überlege auch, was das Modell besser veranschaulicht als die Zeichnung.

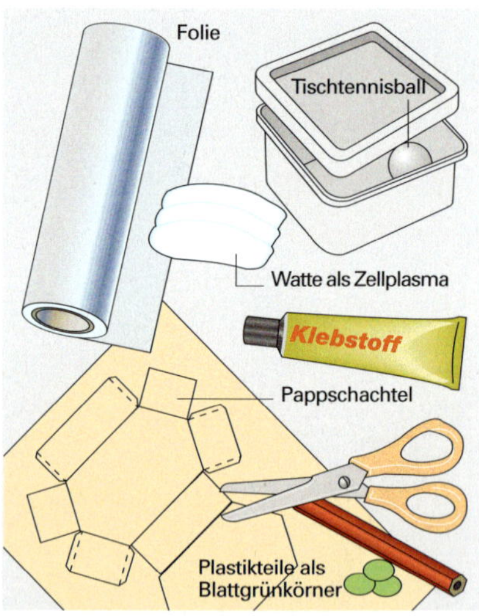

|4 Materialien für Zellmodelle

Die Grundbausteine aller Lebewesen heißen Zellen. Alle Pflanzen und Tiere sind daraus aufgebaut.

Pflanzenzellen

Wenn man Pflanzen – z. B. ein Blatt der Wasserpest oder ein Stück Zwiebelhaut – unter dem Mikroskop betrachtet, erkennt man viele abgerundete Vier- bis Sechsecke. Sie liegen dicht beieinander und bilden Reihen. Dies sind die *Zellen*. 5 Im Mikroskop erscheinen sie flach, weil man nur eine ganz dünne Schicht scharf einstellen kann. In Wirklichkeit aber sind Zellen räumliche Gebilde. Gut erkennbar sind die *Zellwände*. Sie geben den Zellen von Pflanzen ihre feste Gestalt. Die Zellen sind ausgefüllt mit dem durchsichtigen, zähflüssigen *Zellplasma*. Das Zellplasma wird von einer sehr dünnen Haut, der *Zellmembran*, umgrenzt. Sie liegt ganz dicht an der Zellwand. Daher kann man sie im Mikroskop nicht sehen. Im Zellplasma befindet sich der *Zellkern*. Auch ein *Zellsaftraum* (Vakuole) ist vorhanden.
Die Zellen von grünen Pflanzenteilen enthalten *Blattgrünkörner* (Chloroplasten). In ihnen befindet sich das *Blattgrün* (Chlorophyll).

Tierzellen

Die Zellen von Tieren und Menschen haben wie die Pflanzenzellen eine *Zellmembran*, *Zellplasma* und einen *Zellkern*. Sie besitzen aber keinen Zellsaftraum und keine Blattgrünkörner. Auch die festen Zellwände fehlen.
Bei den Zellen deiner Mundschleimhaut kannst du daher die dünne Zellmembran erkennen, die das Zellplasma umschließt.
Um auch Zellkerne und Zellplasma gut sichtbar zu machen, können die Zellen angefärbt werden.

Alle Zellen besitzen eine Zellmembran, einen Zellkern und Zellplasma. Pflanzenzellen sind von einer Zellwand umgeben und können einen Zellsaftraum und Blattgrünkörner enthalten.

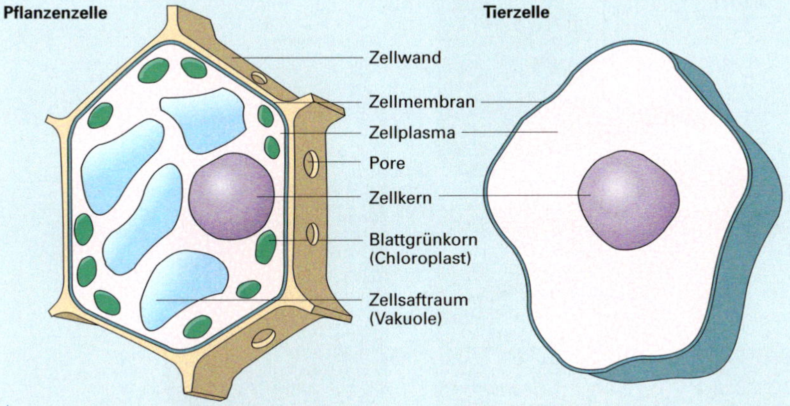

5 Pflanzen- und Tierzelle im Vergleich

A Vergleiche Pflanzenzelle und Tierzelle. Stelle Gemeinsamkeiten und Unterschiede in einer Tabelle zusammen.

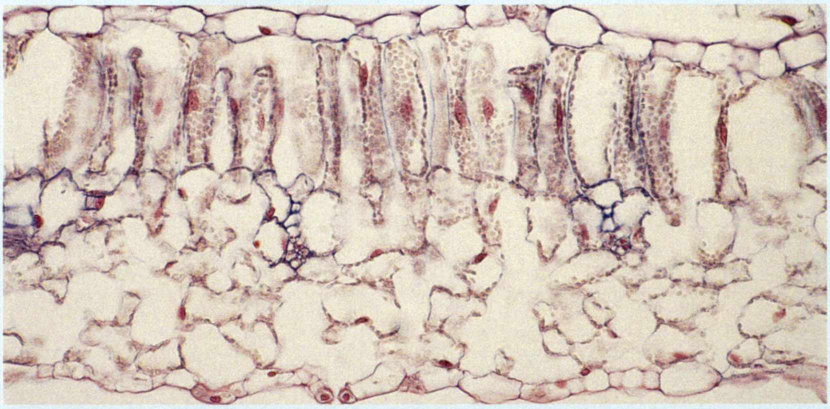

6 Zellen in einem Blatt

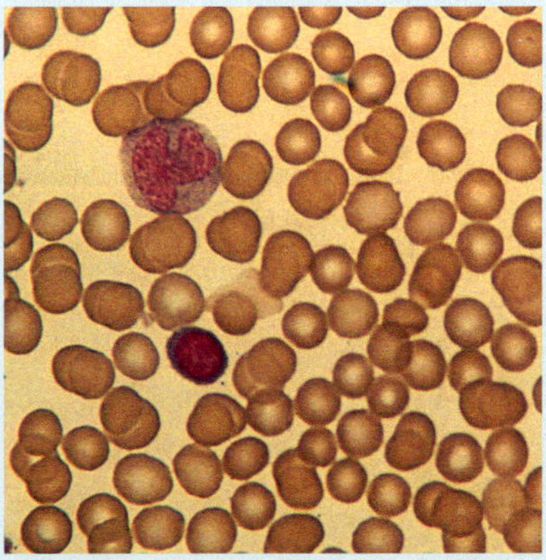

7 Blutzellen

Das Leben, das aus dem Heu kommt

|1 Schnell siedelt sich Leben in tiefen Pfützen an.

In den verdichteten Fahrrinnen von schweren Fahrzeugen oder im Überschwemmungsland von Talauen steht das Regenwasser nach lang anhaltenden Niederschlägen oft wochenlang. |1
Neben dem Grasfrosch und dem Wasserläufer kann sich hier innerhalb kurzer Zeit eine Vielzahl verschiedener Tiere ansiedeln.
Welche Lebewesen kann man mit dem Mikroskop entdecken?

1 Wir züchten Kleinlebewesen

Fülle ein Einmachglas mit 1 Liter Wasser, etwas Tümpelwasser und 2 g Heu oder Gras aus dem Überschwemmungsbereich einer Talaue. Wiege das Heu möglichst genau ab, sonst könnte später Fäulnis eintreten. |2 Den Deckel legst du lose auf. Bewahre das Gefäß bei Zimmertemperatur auf.

a Nach etwa drei Tagen bildet sich an der Wasseroberfläche die „Kahmhaut“. Entnimm nach etwa 14 Tagen an der Oberfläche mit einer Pipette einen Tropfen Wasser. Fertige ein mikroskopisches Präparat an und mikroskopiere bei 100- bis 200-facher Vergrößerung.

b Vergleiche deine Beobachtungen mit den Abbildungen. |4

c Übertrage die Protokollvorlage auf eine ganze Heftseite. |3 Protokolliere vier Wochen lang und gib in Klammern die Zahl der entdeckten Kleinlebewesen an.

d Werte dein Protokoll aus und beantworte folgende Fragen:
- Wann sind die Bakterien, Wimpertiere, Geißelträger oder Rädertiere besonders häufig vertreten?
- Wie kannst du dir das plötzliche Auftreten der Kleintiere erklären?

|2 Herstellen eines Heuaufgusses

Protokoll: Heuaufguss
Name: *Datum:*

Kleinlebewesen	1. Woche	2. Woche	3. Woche	4. Woche
Bakterien	?	?	?	?
Geißelträger	?	?	?	?
Wimpertiere	?	?	?	?
Rädertiere	?	?	?	?

|3 Musterprotokoll – Entwicklung des Heuaufgusses

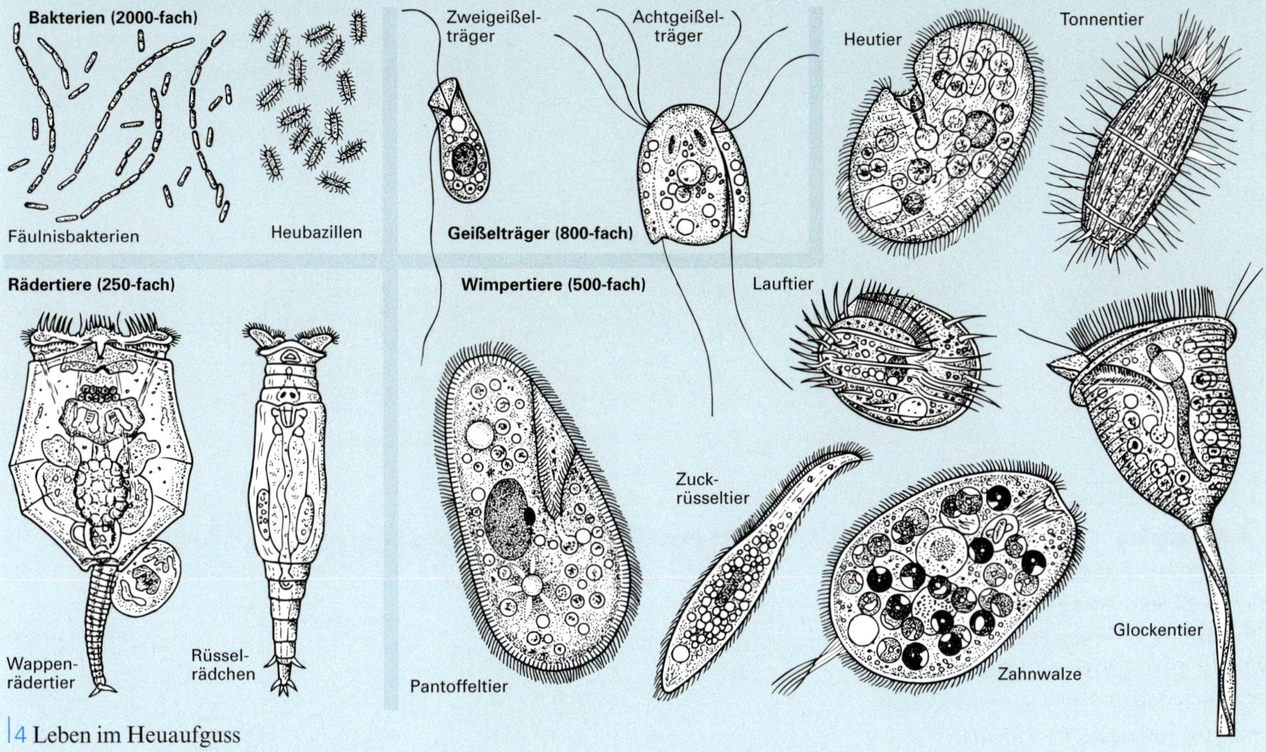

4 Leben im Heuaufguss

In einem Heuaufguss treten *Bakterien, Einzeller* und *Vielzeller* auf. 4 Solche Lebewesen sind überall zu finden – besonders aber dort, wo es feucht ist: in Fließgewässern und Tümpeln sowie im Überschwemmungsbereich von Bächen und Flüssen. Bei Nahrungsmangel, Trockenheit, Hitze und Kälte bilden sie Dauerformen aus, indem sie alles Wasser abgeben und sich mit einer festen Kapsel umgeben. In Feuchtperioden erwachen sie zum Leben und vermehren sich.

Bakterien
Bakterien gehören zu den einfachsten einzelligen Lebewesen. Sie besitzen keinen abgegrenzten Zellkern. In Heuaufgüssen treten vor allem Heubakterien auf, die wegen ihrer Stäbchenform einzeln oder in Ketten gut erkennbar sind. Sie ernähren sich von Heu und zersetzen es dabei. Vielen Einzellern dienen sie als Nahrung.

Einzeller
Einzeller bestehen aus einer einzigen lebensfähigen Zelle. Im Gegensatz zu den Bakterien ist der Zellkern deutlich abgegrenzt.
Geißelträger: Sie besitzen eine oder mehrere Geißeln, mit denen sie sich propellerartig fortbewegen. Ihre äußere Hülle wird aus einer verfestigten Membran gebildet. Die Nahrung besteht aus verwesenden Stoffen und wird direkt aus dem Wasser durch die elastische Zellmembran aufgenommen.
Wimpertiere: Die Zelle dieser Tiere ist mit zahlreichen Wimpern überzogen. Bei manchen Arten sind die Wimpern bis auf wenige reduziert. Ihre Hülle besteht ebenfalls aus einer verfestigten Zellmembran, die dem Tier eine feste, aber elastisch verformbare Gestalt verleiht. Wimpertiere strudeln Nahrungsteilchen – zum Beispiel verwesende Pflanzenteile – mit einem Mundfeld in Bläschen ein, verdauen sie und scheiden sie durch ihren Zellafter wieder aus.

Vielzeller
Rädertiere sind vielzellige Kleinsttiere, die aus bis zu 1000 Zellen bestehen können. Sie erreichen eine Größe von 0,04 bis 2 mm. Kreisförmig angeordnete Wimpern strudeln ihre Nahrung herbei. Mit diesem „Räderorgan“ ernähren sie sich von den kleineren Bakterien und Einzellern.

So klein und doch lebendig

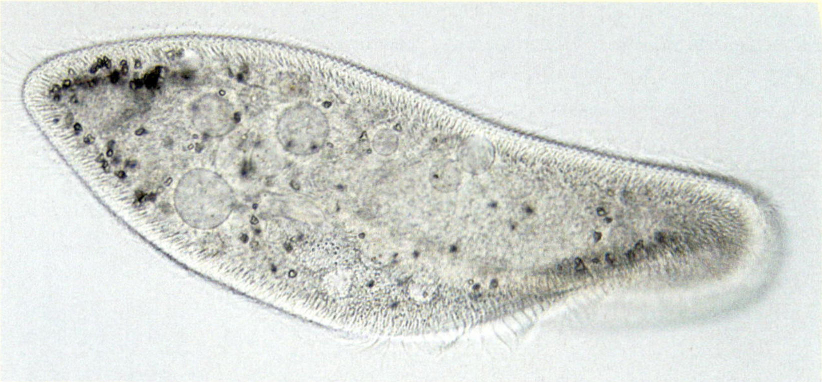

1 Pantoffeltierchen

Pantoffeltierchen und Menschen sind beide Lebewesen. Woran erkennt man Lebewesen?

1 Bewegung
Lege einen winzigen Wattebausch auf einen Objektträger. Gib mit einer Pipette einen Tropfen des Heuaufgusses darauf und lege ein Deckgläschen auf. Suche nun eine Stelle, an der sich mehrere Pantoffeltierchen befinden. Betrachte sie mit der größten Vergrößerung.
Beschreibe ihre Bewegungen. Welche Aufgabe haben die Wimpern? Welche Funktion hat die Watte?

2* Ernährung
Gib zusätzlich einen Tropfen gefärbte Hefezellen oder Tusche zu den Pantoffeltierchen. Was geschieht mit den Hefezellen bzw. der Tusche?

3* Vermehrung
Mit viel Geduld und etwas Glück siehst du vielleicht auch, wie sich Pantoffeltierchen vermehren. Beschreibe!

4* Reaktion auf äußere Reize
Gib neben das Deckgläschen einen Tropfen angefärbten Zitronensaft. Beobachte und beschreibe die Reaktion der Pantoffeltierchen auf den Zitronensaft.

Grundlagen **Auch Pantoffeltierchen sind Lebewesen**

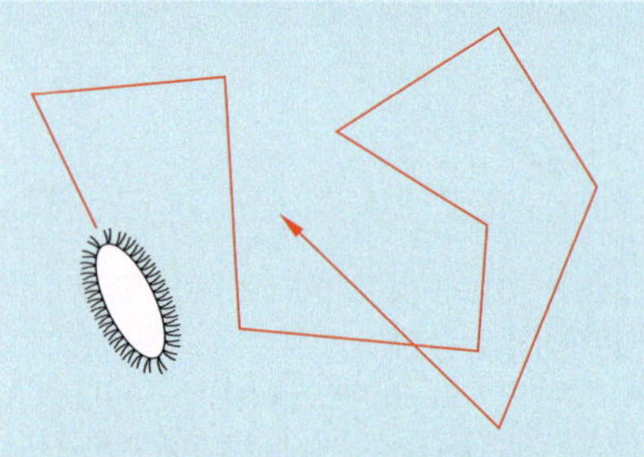

2 Bewegung

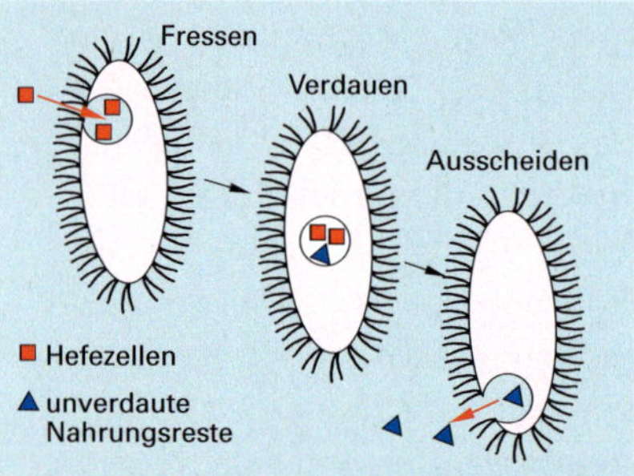

3 Ernährung

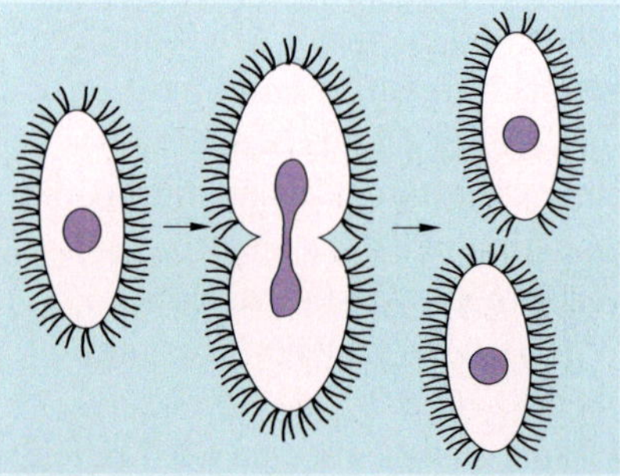

4 Vermehrung

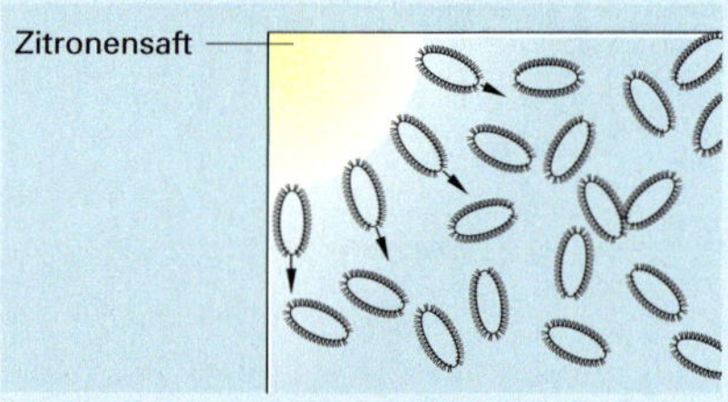

5 Reaktion auf einen Reiz

Das Pantoffeltierchen ist ein Einzeller. Es besteht nur aus einer einzigen Zelle und lebt in stehenden Gewässern. Es gehört zu den *Wimpertieren*.
Pantoffeltierchen zeigen typische Kennzeichen von Lebewesen:
Man sieht sie durch das Gesichtsfeld des Mikroskops huschen. Sie bewegen sich also fort. 2 Wenn man Hefezellen anfärbt, kann man die Nahrungsaufnahme beobachten. 3 Die Zellen werden gefressen (und Reste ausgeschieden). Sie vermehren sich durch Zellteilung. 4 Wenn man Zitronensaft in ihre Nähe bringt, nehmen sie Reißaus. 5 Sie reagieren also auf Reize aus ihrer Umwelt.

Kennzeichen von Lebewesen sind Bewegung, Ernährung, Vermehrung und Reaktion auf Reize.

Wissenswertes **Nützliche Kleinstlebewesen**

Schon seit Jahrtausenden nutzt der Mensch Milchsäurebakterien zur Herstellung von Nahrungsmitteln. Saure Sahne, Buttermilch, Quark und Kefir stehen regelmäßig auf unserem Speiseplan. |6 Milchsäurebakterien wirken auch im Sauerteig, aus dem dunkles Brot gebacken wird. Sauerkraut und Silofutter für die Tierhaltung wird mithilfe dieser Bakterien gewonnen.

|6

A Besorge dir ein Backrezept für Hefekuchen und probiere es aus. Berichte darüber.

B Joghurt kannst du selbst zubereiten. Du brauchst 1 Liter H-Milch, 1 Becher Naturjoghurt, mehrere Trinkgläser oder leere Joghurtbecher und 1 Löffel, Haushaltsfolie.
Wasche die Gläser und den Löffel mit heißem Wasser. Erwärme die Milch auf ca. 40 °C und verteile sie auf die Gefäße. Gib dann jeweils einen Teelöffel Naturjoghurt dazu und decke die Gefäße dann mit Folie ab. Stelle sie für 6 bis 9 Stunden an einen warmen Ort (z. B. auf die Heizung).

Hefepilze sind einzellige Lebewesen. Sie ernähren sich vor allem von zuckerhaltigen Stoffen. Wir verwenden sie zum Backen, zum Brauen von Bier sowie zur Herstellung von Wein. |7–8

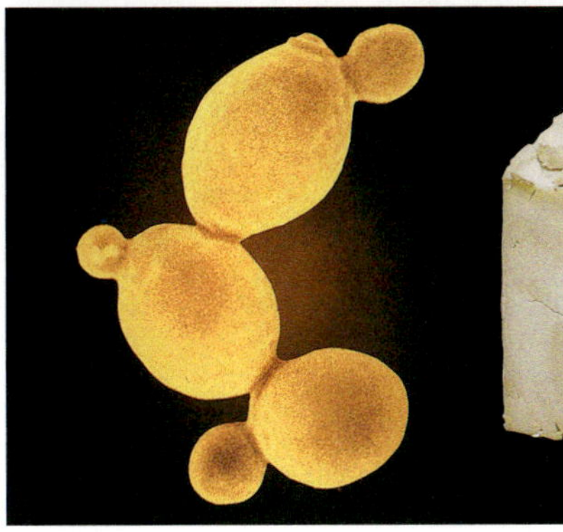

|7 Hefezellen

Tote Tiere und Pflanzen oder Reste wie Laub, Früchte, Fleisch, Knochen und Kot werden von Bakterien und anderen Lebewesen zersetzt. Sie sind daher wichtig für die Stoffkreisläufe in der Natur. Auch in Klärwerken sind Bakterien an der Reinigung der Abwässer beteiligt.

|8 Backhefe

Wissenswertes **Gefährliche Kleinstlebewesen**

Bakterien können Nahrungsmittel befallen und sich dort sehr schnell vermehren. Sie zersetzen die Lebensmittel und erzeugen dabei oft Giftstoffe. So werden immer wieder Lebensmittelvergiftungen ausgelöst. Anzeichen für diese Vergiftungen sind Brechdurchfall, Fieber und Kreislaufbeschwerden. Zu diesen Bakterien gehören auch die Salmonellen. |9–10
Auch das äußerst gefährliche, tödlich wirkende Gift Botulin wird von einer Bakterienart beim Zersetzen von Nahrungsmitteln erzeugt. Bestimmte Bakterien erregen Krankheiten wie Tuberkulose, Tetanus (Wundstarrkrampf) und Diphtherie.

Zum Schutz vor Bakterien sind einfache Maßnahmen wirkungsvoll. Dazu gehören das Händewaschen vor dem Essen und nach dem Toilettenbesuch sowie das richtige Aufbewahren von Lebensmitteln.

|9 Durch Bakterien verdorben

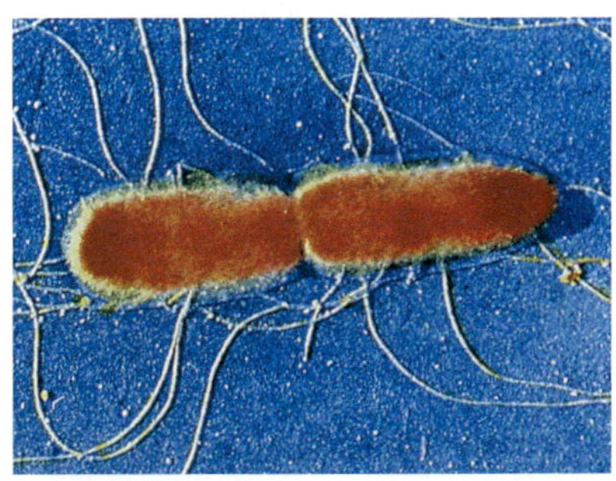

|10 Salmonelle

Zusammenfassung

Lupe und Mikroskop

Wenn du dich auf den Weg machst in die Welt des Kleinen, so reicht dein bloßes Auge für die Untersuchung oft nicht aus. Du benötigst zusätzliche Hilfsmittel: Lupen und Mikroskop. Durch ihre Linsen kannst du Gegenstände bei unterschiedlicher Vergrößerung betrachten.

Lupen und Mikroskope dienen der Vergrößerung.

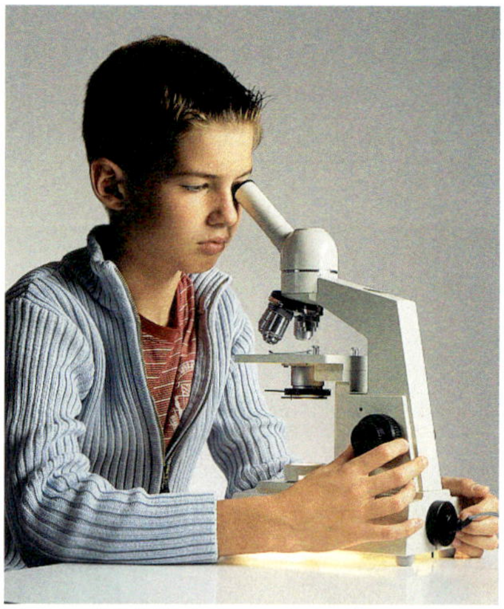

1 Mikroskopieren

Regeln zum Benutzen des Mikroskops:

- Trage das Mikroskop nur am Griff und trage es aufrecht.
- Fahre den Objekttisch vor dem Auflegen des Objekts ganz nach unten.
- Nähere das Objekt dem Objektiv. Blicke dabei von der Seite und stelle sicher, dass sie nicht aufeinanderstoßen.
- Beginne das Mikroskopieren mit dem kleinsten Objektiv.
- Achte darauf, dass du die Linsen nicht berührst. Sie dürfen nur mit einem weichen Tuch gereinigt werden.

Das mikroskopische Präparat

Bei der Anfertigung eines mikroskopischen Präparats muss das Objekt so dünn sein, dass es genügend Licht durchlässt. Das Objekt wird zwischen Objektträger und Deckglas in Wasser eingeschlossen.
Wenn das Objekt zu wenig Farbstoffe enthält oder zu kontrastarm ist, kann man es anfärben.

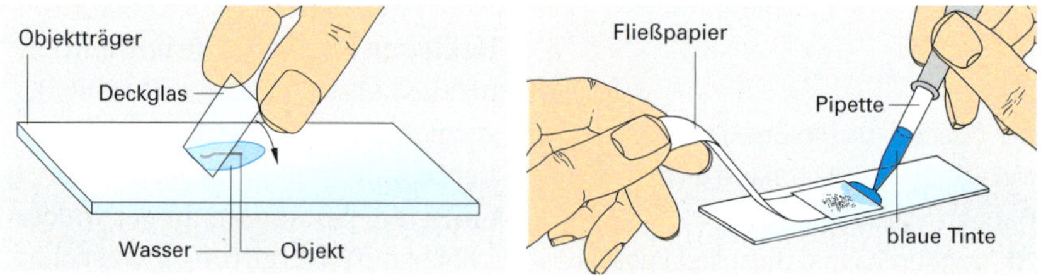

2 Erstellen und Anfärben eines mikroskopisches Präparats

Zellen von Pflanzen, Tier und Mensch

Der Grundbaustein aller Lebewesen ist die Zelle. Pflanzen und Tiere sind aus Zellen aufgebaut.
Alle Zellen besitzen eine Zellhaut (Zellmembran), einen Zellkern und Zellplasma. Nur Pflanzenzellen weisen Zellwände und Blattgrünkörner (Chloroplasten) auf.

Alle Lebewesen bestehen aus Zellen.

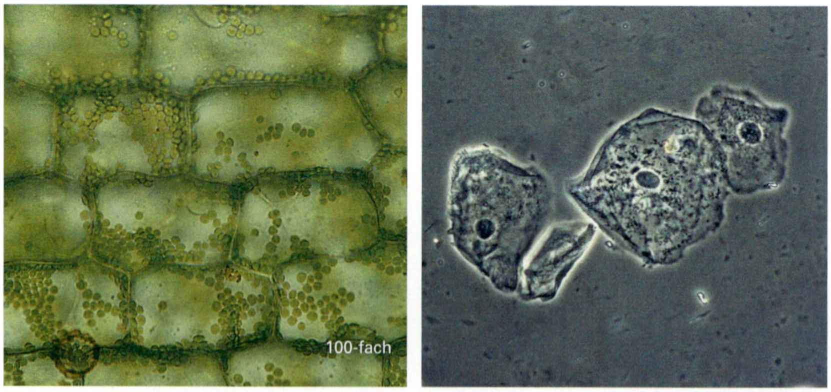

3 Zellen der Wasserpest und der Mundschleimhaut

Wie groß ist eine Zelle?

Zellen sind sehr klein. Man benötigt ein Mikroskop, um sie zu sehen. Selbst eine Stecknadelspitze ist wesentlich größer als eine Zelle.

Nebeneinandergelegt passen hundert bis tausend Zellen auf 1 mm.

In Bild 5 ist die Zelle so groß wie ein Marienkäfer. Bei der gleichen Vergrößerung wäre ein Ziegelstein so groß wie ein hoher Kirchturm. 6

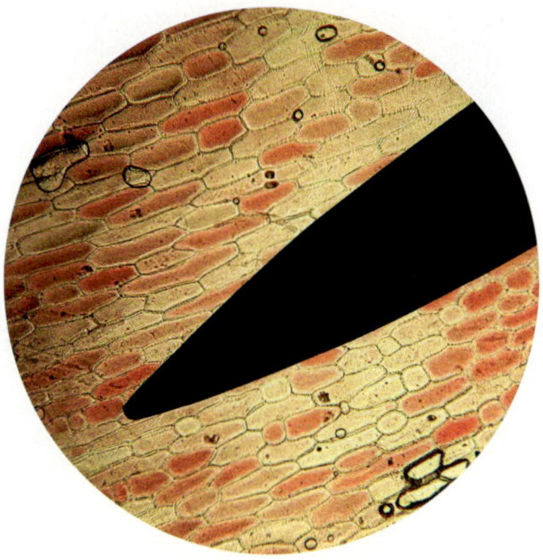

4 Zellen der Zwiebelhaut und Stecknadel

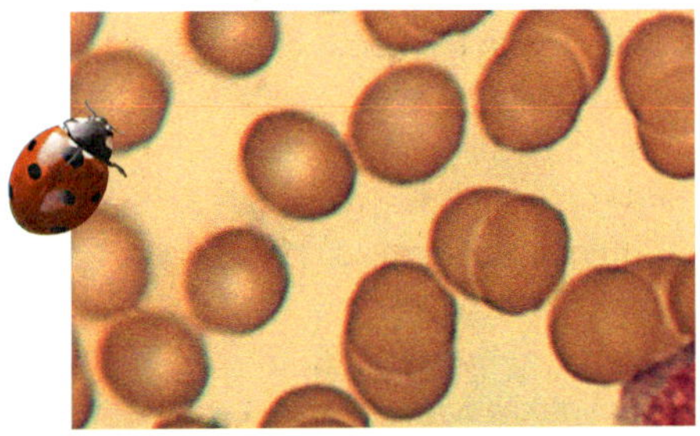

5 Blutzellen und Marienkäfer

6 Ziegelstein und Dom

Alles klar?

A Das Mikroskop ist ein empfindliches Untersuchungsgerät.
Beurteile den Umgang der Schüler mit dem Mikroskop. 7
Warum musst du das Mikroskop beim Transport am Griff tragen?

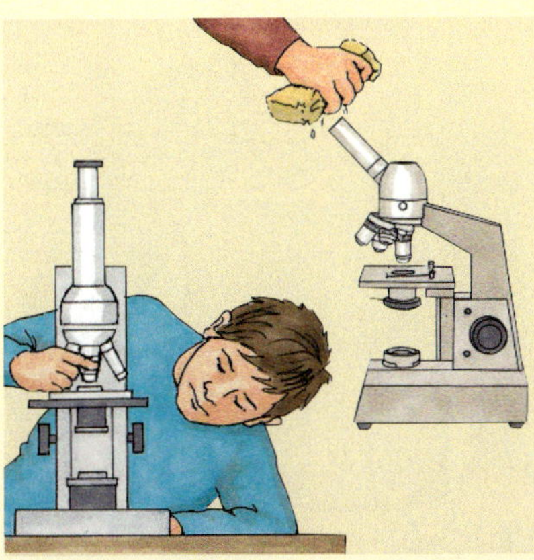

7 Sachgemäßer Umgang?

B Ein Schulmikroskop hat unterschiedliche Linsensysteme:
Okulare: 5- und 15-fach
Objektive: 10-, 20-, 40-fach
Lege eine Tabelle an und trage alle möglichen Vergrößerungsstufen des Mikroskops ein.

C* Die Zeichnung einer Mundschleimhautzelle wurde bei 400-facher Vergrößerung und mit der Verwendung eines Okulars mit 10-facher Vergrößerung angefertigt. Welches Objektiv wurde verwendet?

D* Die menschliche Eizelle hat einen Durchmesser von 0,1 mm. Wie viele Zellen dieser Größe müssen aufeinandergelegt werden, um deine Körpergröße zu erreichen? 8

E Vergleiche eine Pflanzenzelle mit einer Tierzelle und halte die Unterschiede in einer Tabelle fest. 9

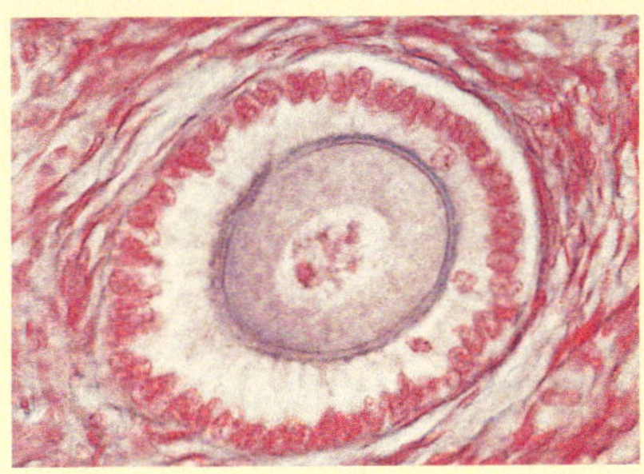

8 Eizelle

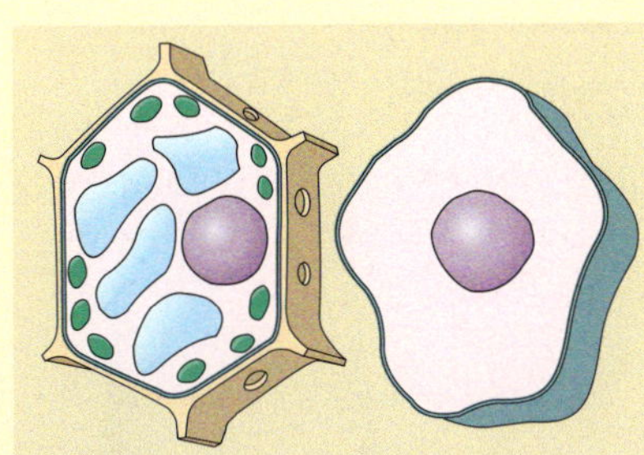

9 Pflanzen- und Tierzelle

Mikroskop und Fernrohr – selbst gebaut

Ein Kaktusstachel im Finger? Doch mit bloßem Auge erkennst du ihn nicht richtig. |1
Was kannst du tun, um ihn besser zu sehen?

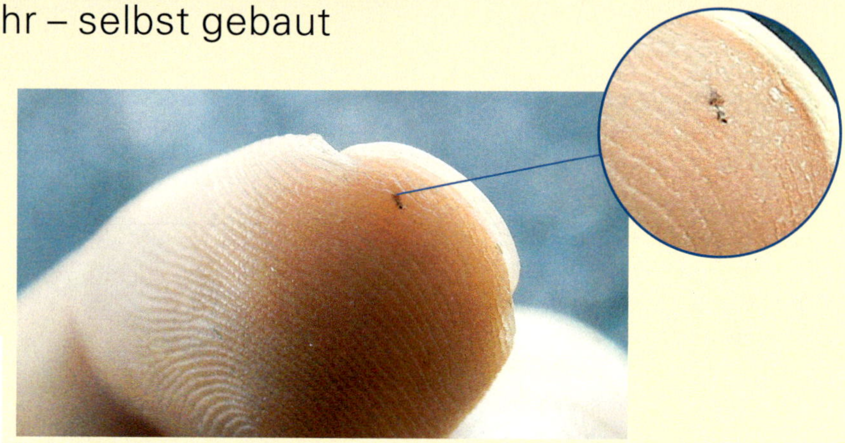

|1 Kaktusstachel im Finger

1 Wir experimentieren mit einer Wasserlupe

a Befestige den Blechlochstreifen eines Schnellhefters an einem Joghurtbecher und biege ihn über den Boden des Bechers. Halte den Lochstreifen in einen Wasserstrahl, bis sich ein Tropfen in dem runden Loch verfängt. Nun hast du eine Wasserlupe. |2
Lege deinen Finger darunter und betrachte deine Fingerkuppe. Achte darauf, dass dein Finger gut beleuchtet ist.

b Schau dir die Form der Wasserlupe von der Seite an. Skizziere mit Bleistift den Wassertropfen von der Seite in der Größe deines Fingernagels.

c Wie dick ist ein Haar von dir? Lege ein Haar auf Millimeterpapier. Betrachte es mit deiner Wasserlupe und schätze die Dicke.

d Versuche mit mehr oder weniger Wasser die Stärke des Wassertropfens zu verändern. Welche Wirkung hat das auf die Vergrößerung?

e Vergrößere und betrachte die farbigen Bilder in einer Zeitung. Wie viele verschiedene Farben erkennst du?

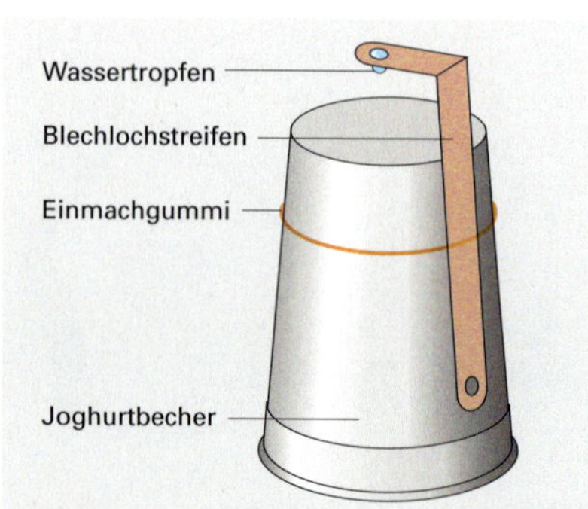

|2 Wasserlupe

2 Wir bauen ein Fernrohr

Du brauchst:
2 unterschiedliche Sammellinsen (z. B. eine Lupe, ein Brillenglas mit 3 bis 5 Dioptrien), 1 Schirm aus Pergamentpapier, Stativmaterial.
So wird's gemacht:
Befestige die Sammellinse mit der geringeren Wölbung am vorderen Ende und den Schirm etwa in der Mitte einer Stativstange. Richte dein Gerät nun auf das Fenster. Wenn du den Schirm verschiebst, erhältst du ein umgekehrtes, scharfes Bild.
Montiere die zweite Linse so hinter dem Schirm, dass du das scharfe Bild auf dem Schirm vergrößert siehst. Du kannst jetzt den Schirm herausnehmen und durch beide Linsen auf das Fenster blicken. |3

|3 Fernrohr

3* Wir bauen ein Mikroskop

Du brauchst:
2 unterschiedliche Sammellinsen (Lupen), 1 Schirm aus Pergamentpapier, Stativmaterial, eine Taschenlampe .
So wird's gemacht:
Bringe die Sammellinse mit der stärkeren Wölbung unten am Stativ an. Als Objekt verwendest du Pergamentpapier mit Schrift. Entferne die Linse so weit vom Objekt, bis es – beim Blick von oben – auf dem Kopf steht. Befestige den Schirm und bilde scharf ab.
Bringe die zweite Lupe so hinter dem Schirm an, dass du das Bild scharf siehst. |4 Nimm den Schirm heraus. Bewege dein Auge zu dem hellen Scheibchen, das du hinter dem Okular siehst.

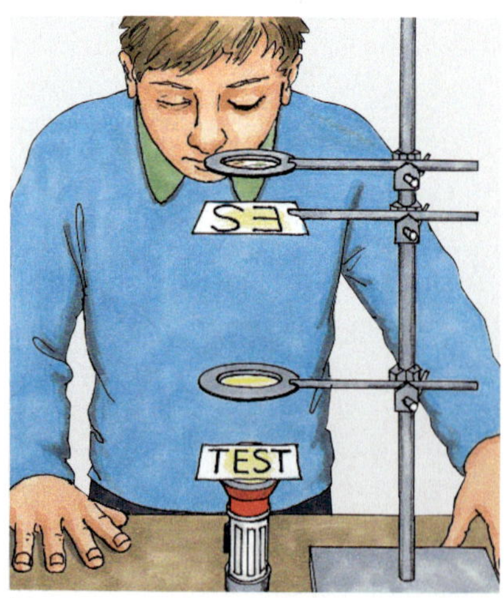

|4 Mikroskop

Grundlagen **Von der Lupe zum Fernrohr und zum Mikroskop**

Die Lupe
Lupen sind bauchige Linsen, die aus Glas oder durchsichtigem Kunststoff bestehen. Durch die bauchige Wölbung haben sie eine Vergrößerungswirkung. Bei der Wasserlupe erfüllt der Wassertropfen diese Aufgabe.
Linsen mit einer stark gewölbten Oberfläche vergrößern stark, solche mit geringer Wölbung vergrößern schwächer. Wenn man die Lupe nah genug an das Objekt heranführt, sieht man es vergrößert. Lupen vergrößern 2- bis 20-fach.

Fernrohr und Mikroskop
Fernrohre wie auch Mikroskope bestehen aus zwei Linsen: Das Objektiv ist dem Objekt zugewandt, das Okular dem Auge. Sowohl beim Mikroskop als auch beim Fernrohr erzeugt die Objektivlinse ein umgekehrtes Bild. Dieses wird durch eine Lupe, das Okular, betrachtet. Man sieht es dann vergrößert. |5

Die Stereolupe
Eine „Stereolupe" ist ebenfalls ein Mikroskop, da sie aus Objektivlinse und Okularlinse besteht. |6 Mit ihr kann man ein Objekt bis zu 40-fach vergrößert betrachten. Stereolupen haben gegenüber Lupen den Vorteil, dass man mit beiden Augen beobachten kann. Dadurch erzeugt das Gehirn einen räumlichen Eindruck des Objekts.

Vorsicht mit Linsen!
Kunststoff- und Glaslinsen haben empfindliche Oberflächen. Du solltest sie nicht mit deinen Fingern berühren und geschützt ablegen. Zur Reinigung ist ein weiches Tuch notwendig, denn harte Fasern können die Oberfläche zerkratzen und die Linsen unbrauchbar machen.

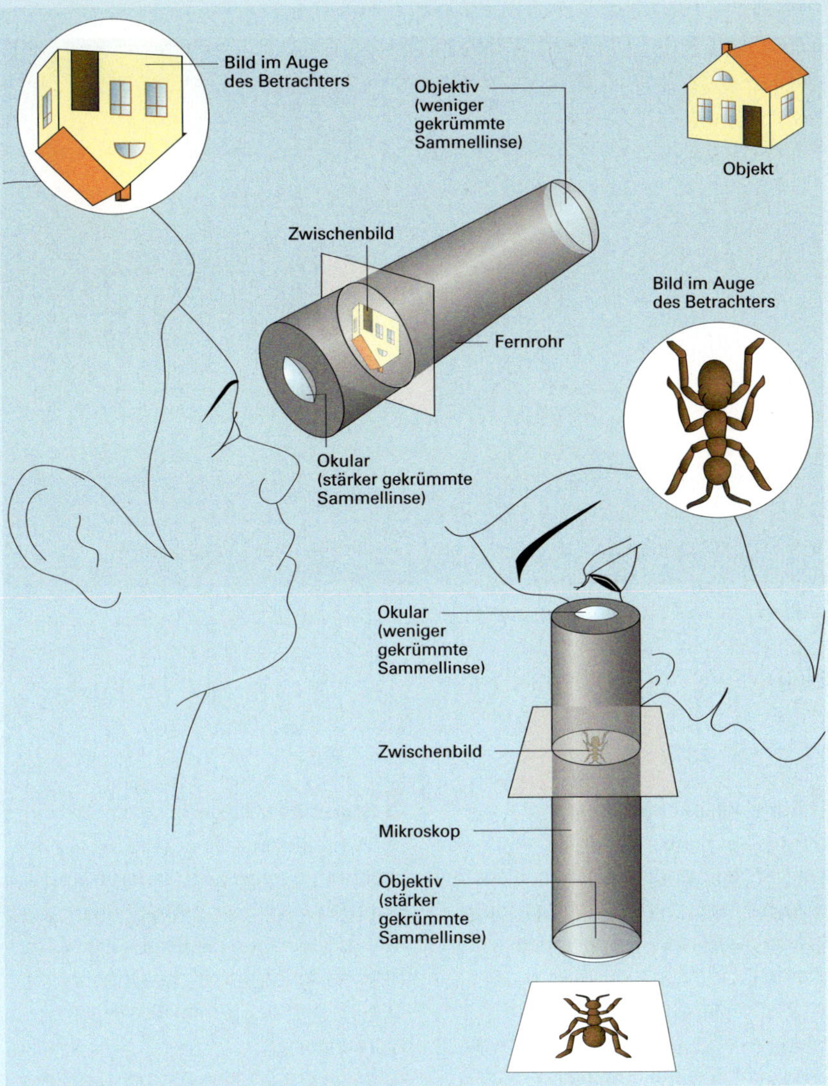

|5 Funktionsweise von Fernrohr und Mikroskop

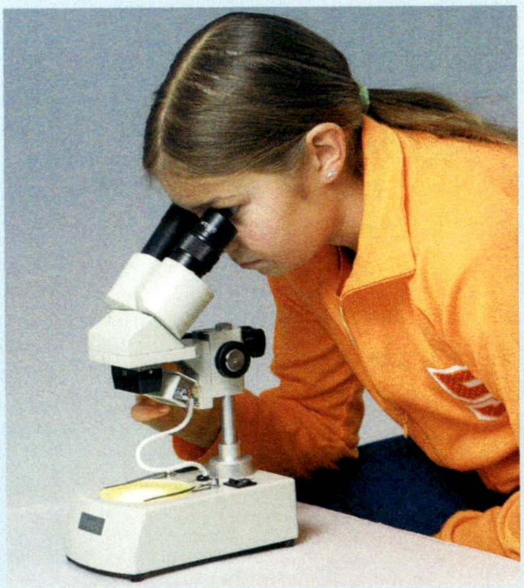
|6 Stereolupe

A In der Schulsammlung gibt es Lupen. Vergleiche ihre Wirkung mit der deiner Wasserlupe und beschreibe die Unterschiede.

B In welchen Berufen werden Mikroskope verwendet? Nenne Beispiele.

Orientierung am Sternenhimmel

|1 Die Venus als Morgenstern

Sind das alles Sterne, die da funkeln?

1 Himmelsbeobachtungen

Der hellste Punkt auf dem Foto |1 ist unser Nachbarplanet, die Venus. Planeten erzeugen selbst kein Licht, sondern sind hell, weil sie von der Sonne beschienen werden.

a Informiere dich, wann die Venus am Morgen- oder Abendhimmel sichtbar ist. Beobachte sie mit dem bloßen Auge und einem Fernglas und notiere dir ihre Position.

b Informiere dich, welche Planeten noch manchmal am Nachthimmel sichtbar sind.

2 Der Vollmond

Fertige eine Zeichnung des Vollmonds mit den dunklen und hellen Bereichen an.

Erkennst du eher einen Hasen oder eher ein Gesicht?

3 Sternbilder finden

Im Winter kannst du gut die Sterne beobachten. Sterne sind – anders als die Planeten – weit entfernte Sonnen. Die Menschen haben die Sterne am Himmel schon immer zur Orientierung genutzt und zu Sternbildern zusammengefasst. |3–4

a Finde am Sternenhimmel den *Großen Wagen.* (Er ist Teil des Sternbilds *Großer Bär.*) Zeichne seine Sterne in richtiger Position in dein Heft. Kannst du einen „Reiter" auf der Wagendeichsel entdecken?

b Suche nach dem Sternbild „Orion". Seine drei aufgereihten Gürtelsterne sind sehr auffallend am winterlichen Nachthimmel. Die Sternkarte im Anhang kann dir eine Hilfe sein. Zeichne das Sternbild in dein Heft. Haben alle Sterne des *Orions* die gleiche Farbe?

4 Drehbare Sternkarte

Der Sternenhimmel dreht sich ganz langsam immer weiter. Daher ändert sich sein Anblick mit der Zeit.

Beim Finden von Sternbildern ist eine drehbare Sternkarte hilfreich. |2 (Eine Karte zum Selbstbau findest du im Anhang.) Du stellst die Uhrzeit über das Datum. Beim Blick nach Osten musst du die Sternkarte so halten, dass Osten unten steht. Dann stimmt die Karte mit dem Anblick des Sternenhimmels überein.

Mit der Sternkarte kannst du weitere Sternbilder finden. Notiere den Zeitpunkt und die Sternbilder, die du erkannt hast.

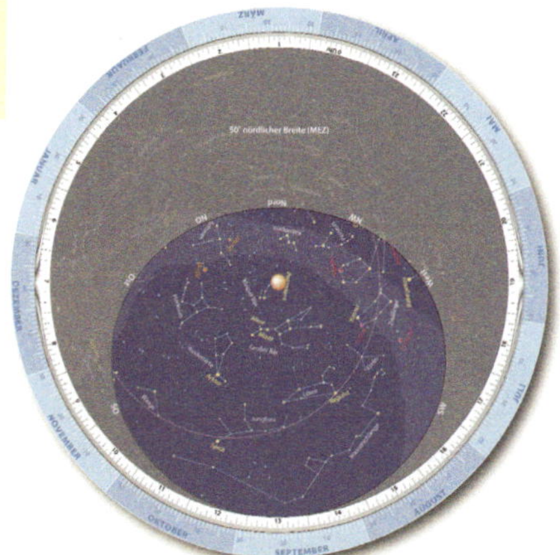

|2 Drehbare Sternkarte

5 Sternbilder raten

a Stich mit einer dicken Nadel ein Sternbild in einen schwarzen DIN-A4-Karton. Benutzt dazu die Sternkarte im Anhang. Jeder legt sein Sternbild auf den Tageslichtprojektor und lässt die Mitschüler raten.

b Du kannst auch einen „Sterngucki" basteln: Stich die Sternbilder mit einer Nadel in ein kleines Stück Karton. Der Karton wird vor eine Öffnung eines Papprohrs geklebt. Dann hältst du den „Gucki" vor eine Lampe und schaust durch die freie Öffnung hinein.

Die Sterne, die wir am Nachthimmel als leuchtende Punkte sehen, sind unvorstellbar weit entfernte Sonnen. Wegen der täglichen Erddrehung verändert sich der Anblick des Himmels von Stunde zu Stunde.
1. November um 20 Uhr: Beim Blick nach Norden erkennt man viele Sternbilder. |3–4 Dieser Blick bleibt nicht lange erhalten – neue Sternbilder steigen im Osten auf, andere gehen im Westen unter.
Es gibt aber auch Sternbilder, die nicht untergehen und bei sternklarer Nacht stets im Norden zu sehen sind. Dazu gehören der *Große Wagen* und der *Kleine Wagen* sowie die *Kassiopeia*, das „Himmels-W". Man findet sie alle in der Nähe des *Polarsterns*. Dieser Stern am Himmelsnordpol scheint sich nicht zu bewegen. Die anderen Sterne scheinen dagegen den Polarstern einmal pro Tag zu umkreisen. |5

Die Sterne gehen wie unsere Sonne im Osten auf; sie erreichen ihre höchste Stellung im Süden und gehen im Westen unter. Sterne in der Nähe des Polarsterns bleiben ständig über dem Horizont.

Entfernungen im Weltall
1 Lichtjahr (1 ly) ist die Strecke, die Licht in einem Jahr zurücklegt:
1 ly ≈ 9 Billionen Kilometer.
1 astronomische Einheit (1 AE) ist der mittlere Abstand Erde–Sonne:
1 AE ≈ 150 Millionen Kilometer.

In 8 Minuten gelangt das Licht von der Sonne zur Erde. Die astronomische Einheit entspricht also 8 „Lichtminuten". Das Licht, das der Mond zurückwirft, erreicht uns nach gut 1 Sekunde. Um das Sonnensystem zu durchqueren, braucht Licht fast 3 Stunden. Das Licht der Sterne ist oft viele Jahre zu uns unterwegs: Es kommt also aus der Vergangenheit.

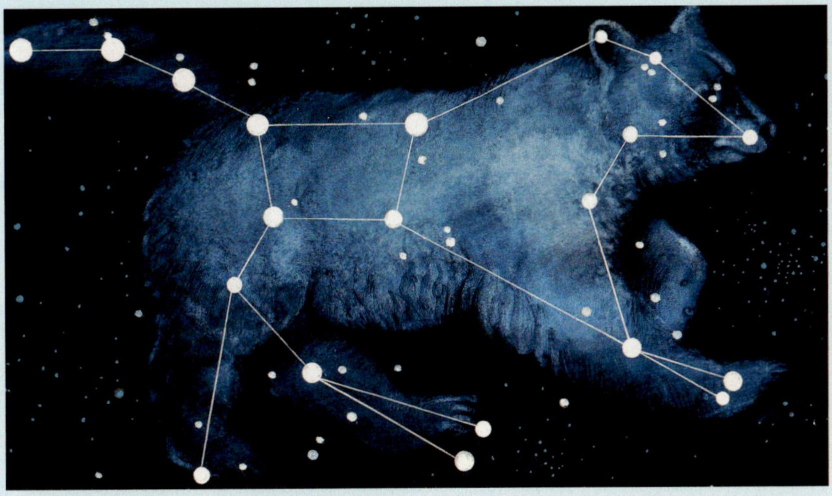

|3 Sternbild Großer Bär (Der Große Wagen ist ein Teil dieses Sternbilds.)

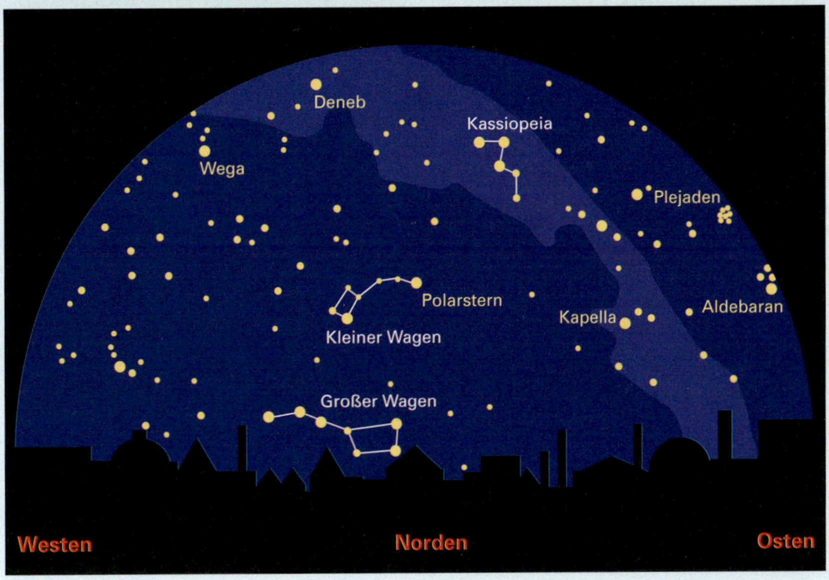

|4 Sternbildkarte vom 1. November, 20 Uhr

Himmelskörper	Entfernung
Erde – Sonne	1 AE
Erde – Alpha Centauri (nächster Stern)	4,4 ly
Erde – Sirius	8,6 ly
Erde – Polarstern	431 ly

A Zeichne *Kassiopeia* und den *Großen Wagen*, wie du sie am Nachthimmel beim Blick nach Norden beobachtest. Skizziere dabei auch den Horizont und auffällige Landmarken.

|5 Scheinbare Drehung der Sterne

Mit den Augen unterwegs in die Ferne

Im Mittelalter herrschte die Überzeugung, dass die Erde im Mittelpunkt der Welt steht und dass Sonne, Planeten und Sterne um die Erde wandern. Zu dieser Vorstellung passte nicht, was mit den ersten Fernrohren am Himmel beobachtet wurde. Der italienische Gelehrte *Galileo Galilei* (1564–1642) |1 entdeckte unter anderem, dass der Planet Jupiter von vier Monden umkreist wird. Für die Monde ist Jupiter der Mittelpunkt ihrer Bahnen, nicht die Erde!
Die Fernrohrbeobachtungen halfen mit, dass sich das neue „Weltbild" durchsetzte: Die Erde und die anderen Planeten kreisen um die Sonne. Zudem dreht sich die Erde um ihre Achse.

|1 Galilei führt sein Fernrohr vor: „Schaut doch, ihr müsst nur durchschauen."

1 Umgang mit Ferngläsern

a Beobachte mit mindestens drei unterschiedlichen Ferngläsern weit entfernte Gegenstände.
Wie unterscheiden sich die beobachteten Bilder? Beschreibe jeweils Vor- und Nachteile.

b Wie unterscheiden sich die Ferngläser voneinander?
Was sollte man beim Kauf eines Fernglases beachten?

c Mit welchen Angaben auf den Ferngläsern könnten die beobachteten Unterschiede zusammenhängen?
Hinweis: „7 · 30" bedeutet 7-fache Vergrößerung und 30 mm Objektivdurchmesser.

d Fernrohre und Ferngläser besitzen zwei Linsen (oder Linsensysteme): eines an der Augenseite und eines an der Lichteintrittsseite. |2–3
Vergleiche mit dem Mikroskop und ordne die Bezeichnungen *Objektiv* und *Okular* zu.
Hinweis: Fernrohre für astronomische Beobachtungen besitzen als Objektiv oft einen Hohlspiegel. Er bildet den Gegenstand wie eine Linse ab.

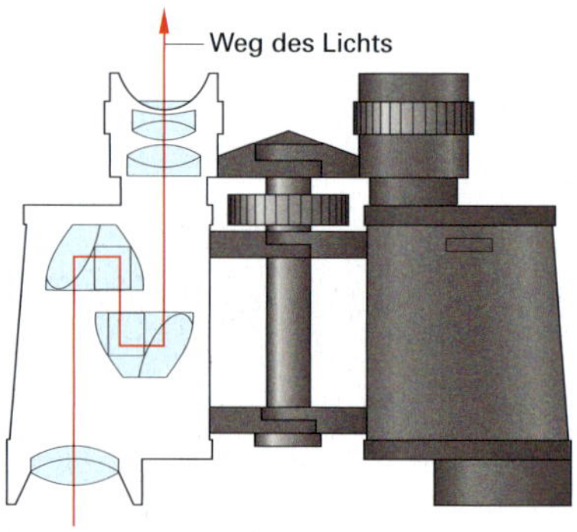

|2 Aufbau eines Fernglases

|3 Fernrohr (Teleskop)

2 Sonnenbeobachtung

Vorsicht: Schaue niemals direkt in die Sonne, schon gar nicht mit einem Fernglas. Du würdest erblinden!

a Mit einem Fernglas kannst du ein Bild der Sonne auf der Klassenzimmerwand erzeugen. Befestige das Fernglas an einem Stativ oder mit Stativmaterial aus der Sammlung. Decke ein Objektiv mit einer Schutzkappe ab. |4

b Bilde die Sonne möglichst scharf ab. Du erkennst dann ein oder zwei schwarze Stellen auf der Sonne – man nennt sie *Sonnenflecken*.
Die Sonne hat einen Durchmesser von ca. 1 400 000 km. Schätze die tatsächliche Größe der beobachteten Sonnenflecken ab.

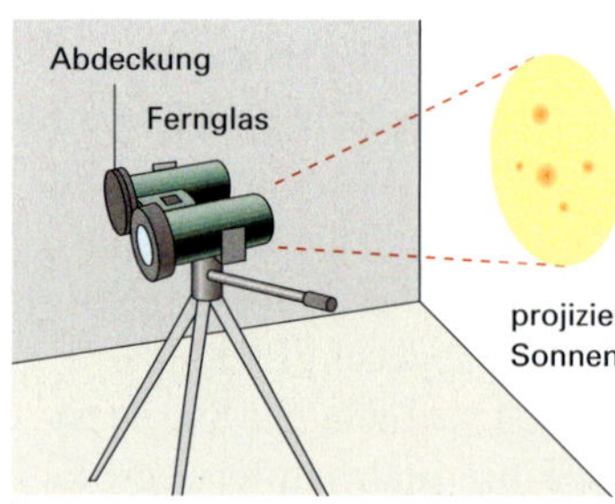

|4

3 Sonne und Erde – ein Rollenspiel

Eine Schülerin oder ein Schüler spielt die Sonne, eine die Erde. Die anderen stehen im Kreis um die beiden und stellen die Sterne dar.

a *Die Erde als Mittelpunkt der Welt*
Die Sonne kreist um die Erde. Der Darsteller der Erde blickt starr geradeaus und sagt an, wann die Sonne auf- und wann sie untergeht.

b *Die Sonne als Mittelpunkt*
Die Erde umkreist langsam die ruhende Sonne und dreht sich dabei um die eigene Achse. Wieder meldet sie Sonnenauf- und Sonnenuntergang.

c Welches Modell entspricht unseren Vorstellungen vom Sonnensystem? Bewerte, welches Modell deine Beobachtungen besser widerspiegelt.

Wissenswertes **Unsere Sonne und ihre Begleiter – das Sonnensystem**

Die Sonne ist unsere wichtigste Licht- und Wärmequelle. Ihre Strahlung macht das Leben auf der Erde erst möglich. Sie erzeugt Licht und Wärme selbst. Die vielen Sterne, die du am Nachthimmel sehen kannst, sind unserer Sonne ähnlich.
Unsere Sonne ist eine riesige Gaskugel, die schon seit 4,6 Milliarden Jahren leuchtet. Sie ist so groß, dass 1 300 000 Erdkugeln hineinpassen würden. Im Innern der Sonne ist es unvorstellbar heiß, die Temperatur beträgt dort 15 000 000 °C. Die äußere Gasschicht, die wir sehen, ist immer noch fast 6000 °C heiß. Von dort kommt die Sonnenstrahlung zu uns. Kühlere Stellen auf der Sonnenoberfläche können wir als dunkle „Sonnenflecken" beobachten, selbst diese Bereiche haben noch eine Temperatur von über 5000 °C.

Die Erde umkreist die Sonne in einem Abstand von 150 000 000 km. Insgesamt hat die Sonne acht große Begleiter, die *Planeten*, auf unterschiedlich weit entfernten Bahnen. 5
Venus, Mars, Jupiter und Saturn sind so nah oder so groß, dass du sie manchmal am Nachthimmel sehen kannst. Sie leuchten dann wie Sterne, doch senden sie selbst kein Licht aus. Sie werden von der Sonne angestrahlt und werfen ihr Licht zurück in unsere Augen.

Unser Sonnensystem und alle mit bloßem Auge sichtbaren Sterne gehören zur Milchstraße. Um sie zu durchqueren, braucht das Licht 100 000 Jahre.
Im Weltall gibt es neben der Milchstraße noch unvorstellbar viele weitere Galaxien.

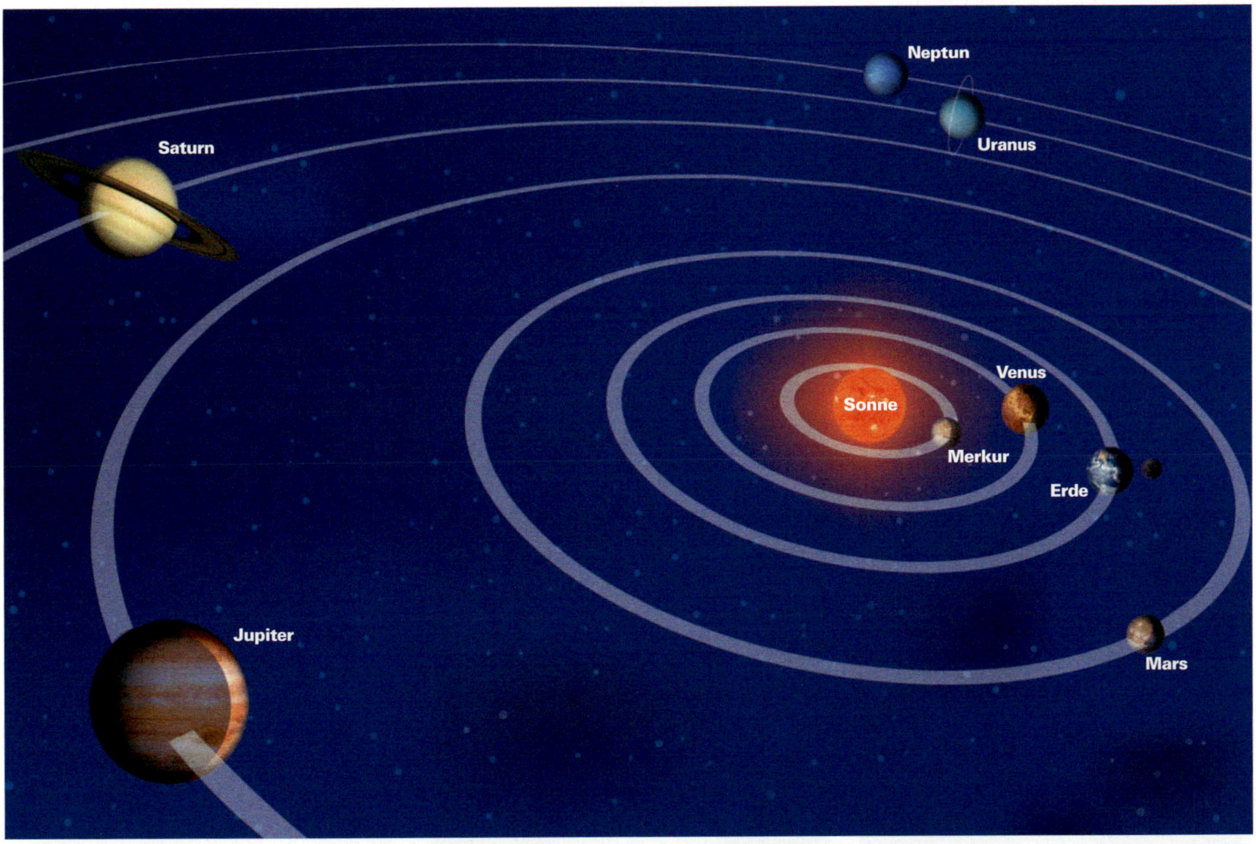

5 Unser Sonnensystem

Wissenswertes **Die acht Planeten der Sonne**

1 Merkur

3 Erde

5 Jupiter

Merkur – der sonnennächste Planet
Merkur besitzt keine Atmosphäre. Seine Oberfläche ist von Kratern übersät. Die Temperaturen schwanken zwischen 430 °C am Tag und –180 °C in der Nacht. Ein Merkurjahr dauert drei Monate, ein Merkurtag knapp zwei Monate. Zu sehen ist der Planet nur unter günstigen Umständen kurz vor Sonnenaufgang oder bald nach Sonnenuntergang.

Venus – der heiße Planet
Die Venus weist Gebirge und Vulkane auf. Ihre sehr dichte Atmosphäre wirkt wie ein Treibhaus. Es gibt Wolken aus Schwefelsäure, die „Luft" enthält keinen Sauerstoff. An der Oberfläche erreicht die Temperatur Werte von 450 °C. Um einmal die Sonne zu umrunden, benötigt sie 224 Tage. Die Venus dreht sich sehr langsam um die eigene Achse, eine Drehung dauert 243 Tage.

Erde – der blaue Planet
Die Erdoberfläche ist zu 71 % von Wasser bedeckt, sie hat eine sauerstoffreiche Atmosphäre. Die Erde ist Heimat von Pflanzen, Tieren und Menschen. Ein Umlauf um die Sonne dauert 1 Jahr, eine Drehung der Erde um die eigene Achse 1 Tag.

Mars – der rote Planet
Seine Oberfläche ist von Kratern zernarbt und mit Steinbrocken übersät. Eisenhaltiges Gestein gibt dem Mars die rötliche Färbung. Ausgetrocknete Flussläufe lassen darauf schließen, dass es einmal strömendes Wasser gegeben haben muss. Heute ist Wasser in gefrorenem Zustand unter der Oberfläche vorhanden. Die Pole des Mars sind von gefrorenem Wasser und Trockeneis (Kohlenstoffdioxid) überzogen. Mars hat eine dünne Atmosphäre, die „Luft" besteht vor allem aus Kohlenstoffdioxid.

Jupiter – der Riesenplanet
Jupiter hat den 11-fachen Durchmesser der Erde und wird von mindestens 16 Monden umkreist. Er ist ein Gasplanet: Die äußere Schicht besteht aus den Gasen Wasserstoff und Helium. Sie geht in einen Ozean aus flüssigem Wasserstoff über.
Auffällig ist der *Große Rote Fleck*, ein riesiges Wirbelgebiet. Der Planet dreht sich in knapp 10 Stunden einmal um die eigene Achse. Für seine Bahn um die Sonne braucht er rund 12 Jahre.

Saturn – der Ringplanet
Der zweitgrößte Planet des Sonnensystems besitzt ein Ringsystem, das mit einem guten Fernglas von der Erde aus zu sehen ist. Die Ringe bestehen aus Staub und Gesteinsbrocken. Saturn ist ähnlich wie Jupiter ein Gasplanet. Die Temperatur in den oberen Atmosphären beträgt etwa

2 Venus

4 Mars

Steckbrief Mars

Abstand von der Sonne	*1,52 AE*
Durchmesser	*6794 km*
Umlaufdauer um die Sonne	*687 Tage*
Dauer einer Drehung um die eigene Achse	*1,03 Tage*
Temperatur an der Oberfläche	*–125 bis 40 °C*

Besonderheiten:
Oberfläche ähnlich wie auf der Erde, ausgetrocknete Flussläufe, 2 Monde

6 Saturn

7 Uranus

8 Neptun

–170 °C. Bisher sind 23 Monde bekannt. Saturn dreht sich alle 10 Stunden um die eigene Achse. Ein Umlauf um die Sonne dauert fast 30 Jahre.

Uranus – Entdeckung der Neuzeit
Uranus war im Altertum nicht bekannt. Er wurde erst 1791 entdeckt. Er ähnelt Jupiter und Saturn. Ein Uranusjahr dauert 85 Erdenjahre. Seit seiner Entdeckung sind also gerade zweieinhalb Uranusjahre vergangen. Uranus dreht sich in knapp 16 Stunden einmal um eine gedachte Achse, die etwa in seiner Bahnebene liegt. Uranus besitzt mindestens 15 Monde.

Neptun – erst berechnet, dann entdeckt
Der Planet wurde 1846 entdeckt. Seine Position war vorher berechnet worden. Die gegenseitige Anziehung von Neptun und Uranus wirkt sich nämlich als Störung auf die Bahn des Uranus auf. Bilder von Raumsonden zeigen einen dunklen Fleck und helle Wolken. Die Verwandtschaft zu Jupiter und Uranus ist nicht zu übersehen. Neptun dreht sich in 18 Stunden einmal um die eigenen Achse. 165 Jahre braucht er für eine Umrundung der Sonne.

1 Unser Planetensystem im Modell

Wie groß ist die Sonne? Wie weit sind die Planeten voneinander entfernt? Wie groß sind die Planeten? Damit ihr eine Vorstellung von den Größen bekommt, könnt ihr vom Schulhof aus einen Planetenweg anlegen. Dazu braucht ihr eine gerade Strecke von 1500 m. 9

a Am Anfang des Weges markiert ihr die Position der Sonne. Von dort aus kennzeichnet ihr die Reihenfolge der Planeten. Der Abstand zwischen Sonne und Erde beträgt rund 150 Millionen km und schrumpft im Modell auf 55 m.

b Auch die Größen der Planeten könnt ihr im Modell darstellen. Als Sonne verwendet ihr eine Kugel mit einem Durchmesser von 50 cm (z. B. ein gefüllter gelber Sack). Aus Ton oder Teig könnt ihr die Planeten formen.

c Stellt euch mit den „Planetenkrümeln" in die richtige Position auf den Planetenweg. Die Reihenfolge kannst du dir mit folgendem Satz merken: „Mein Vater erklärt mir jeden Sonntag unseren Nachthimmel." Die Anfangsbuchstaben erinnern an die Planetennamen.

2 Steckbriefe der Planeten

Erstellt in Gruppenarbeit Lernplakate zu den verschiedenen Planeten. Sammelt dazu weitere Informationen.

Himmelskörper	Durchmesser in Wirklichkeit	Durchmesser im Modell
Sonne	1392500 km	50,0 cm
Merkur	4878 km	0,2 cm
Venus	12104 km	0,4 cm
Erde	12756 km	0,5 cm
Mars	6794 km	0,2 cm
Jupiter	142796 km	5,1 cm
Saturn	120600 km	4,3 cm
Uranus	51200 km	1,8 cm
Neptun	49600 km	1,8 cm

9 Entfernungen für den „Planetenweg"

Wissenswertes **Geschichten zu Sternbildern**

Zeus kam eines Abends zusammen mit *Poseidon*, dem Gott der Meere, und *Hermes*, dem Götterboten, an der armseligen Hütte des alten *Hyreius* vorbei. Der alte Mann lud die drei Wanderer zur Übernachtung ein, ohne zu wissen, wer seine Gäste waren. Die drei Götter traten in das Haus des Alten, das von Rauch geschwärzt war. Mit zittriger Hand bot er seinen Gästen Wein an. Poseiden erhielt als Erster den Becher, leerte ihn und sprach: „Möge Zeus als Nächster trinken." Der alte Mann wurde bleich, als er den Namen hörte. Doch er fasste sich und schlachtete seinen einzigen Stier, den er zum Pflügen seines kleinen Ackers brauchte, briet ihn auf einem mächtigen Feuer und holte seine letzten Krüge mit Wein hervor. Zeus war gerührt von der Aufopferung des alten Mannes und sagte: „Wenn du etwas verlangst, so wünsche es! Du wirst alles erhalten." Der alte Mann erzählte von seiner geliebten, kürzlich verstorbenen Frau und seinem sehnlichsten Wunsch, Vater zu werden. Die Götter beschlossen, ihm diesen Wunsch zu erfüllen. Sie füllten feuchte Erde in die Stierhaut und es dauerte zehn Monate, da entstand daraus ein Kind. Hyreius nannte es *Orion*. Der Knabe wuchs heran und ward schön und kräftig.
Der Hase zu seinen Füßen seines Sternbildes deutet darauf hin, dass er ein großer Jäger war. 1

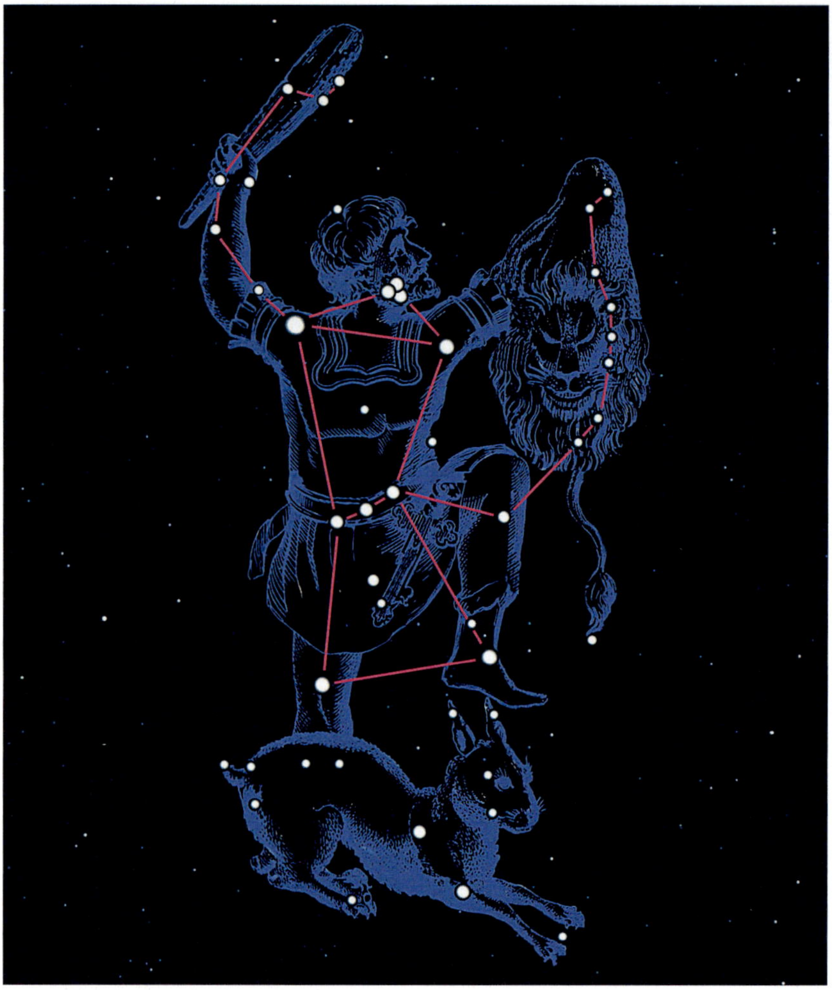

1 Orion

Man erzählt sich, dass *Atlas*, der Träger des Himmelsgewölbes, sieben schöne Töchter hatte, die *Plejaden*. Von diesen Töchtern war Orion sehr angetan. Bis heute eilt er ihnen am Himmel Nacht für Nacht nach, ohne sie je einzuholen.
Orion wurde von einem *Skorpion* gestochen und starb. Der Gott der Heilkunst, *Äskulap*, wollte ihn wieder zum Leben erwecken. *Hades*, der Gott der Unterwelt, beklagte sich darüber bei Zeus. Mit einem Blitz erschlug Zeus den Äskulap. Der Göttervater verwandelte Orion, Äskulap und den Skorpion in Sterne und versetzte sie als Sternbilder an den Himmel.
Äskulap hat als Zeichen eine Schlange, die sich um einen Stab windet. Das Sternbild heißt daher *Schlangenträger*. Der Schlangenträger und Orion sind niemals gleichzeitig am Himmel zu sehen. So hat Zeus verhindert, dass Äskulap Orion zum Leben erweckt.

Kassiopeia, die Königin von Äthiopien, rühmte sich, schöner zu sein als die Meerjungfrauen. Der Meeresgott *Poseidon* wurde darüber so zornig, dass er drohte, das ganze Land zu überschwemmen. Zur Besänftigung verlangte er, dass Kassiopeias Tochter *Andromeda* einem Seeungeheuer geopfert werde. Die Prinzessin war dazu bereit und wurde an einen Felsen am Meer geschmiedet.
Der Göttersohn und Held *Perseus* kam vorbei und war von Andromedas Schönheit bezaubert. Er tötete das Seeungeheuer mit dem Schwert und wollte Andromeda heiraten. Um die Hochzeit ihrer Tochter zu verhindern, schickte Kassiopeia heimlich eine bewaffnete Schar. Es kam zum Kampf, Perseus erschlug eine große Zahl seiner Gegner. Poseidon versetzte Kassiopeia zur Strafe an den Himmel. Ihrer Würde gemäß sitzt sie auf einem Thron, der aber manchmal gefährlich verkippt steht. 2

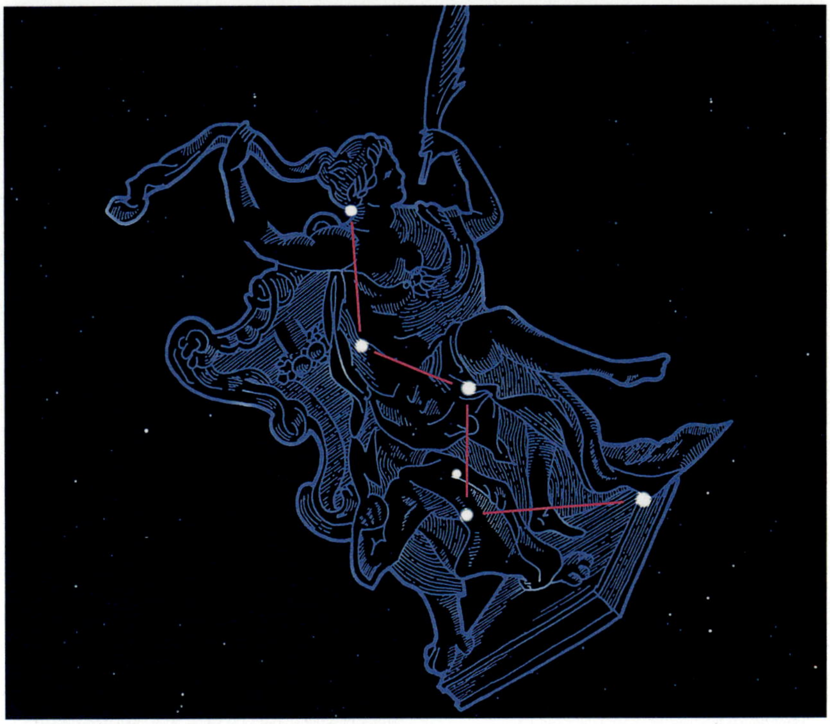

2 Kassiopeia

Die *Zwillinge Kastor* und *Pollux* waren Söhne der wunderschönen Leda, der Königin von Sparta. Kastor hatte den König von Sparta zum Vater und war daher sterblich. Nach dem Tod war ihm der Abstieg in die Unterwelt bestimmt. Pollux dagegen stammte von Zeus ab und war unsterblich, ein Platz auf dem Olymp war ihm gewiss.
Kastor war ein ausgezeichneter Reiter, während sich Pollux im Boxen und im Kämpfen bewährte. Beide waren sich so ähnlich, wie es nur Zwillinge sein können.
Während einer Schlacht durchbohrte eine Lanze Kastors Herz. Pollux trauerte Tag und Nacht um seinen Bruder. Verzweifelt bat er Zeus, ihn zusammen mit seinem toten Bruder in die Unterwelt zu senden. Zeus versprach, dass die Zwillinge die Hälfte ihrer Zeit auf dem Olymp und die andere Hälfte im Hades verbringen würden. Den beiden wurde sodann ein Platz unter den Sternen des Firmaments beschert.

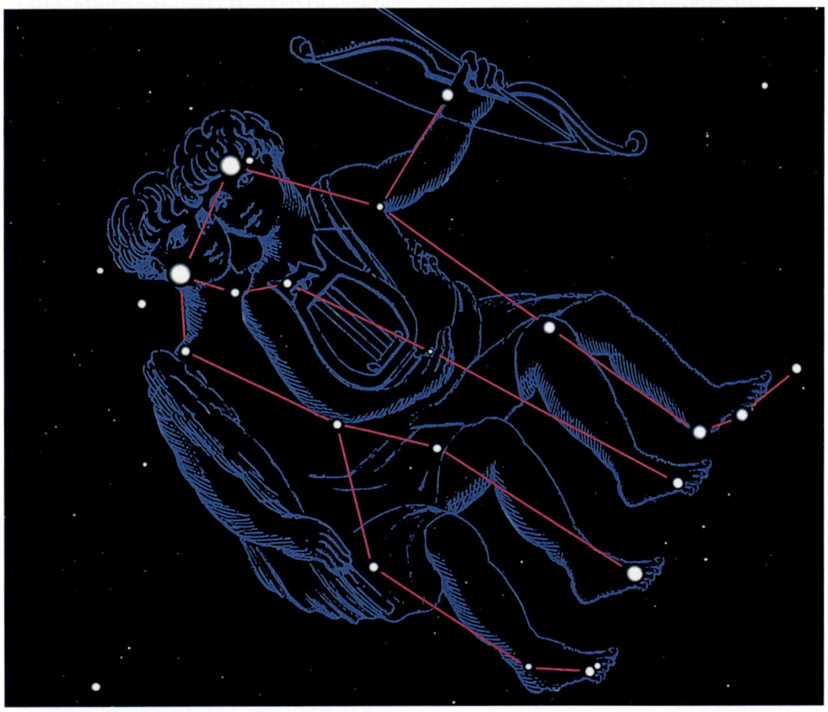

3 Zwillinge

Wir beobachten den Mond

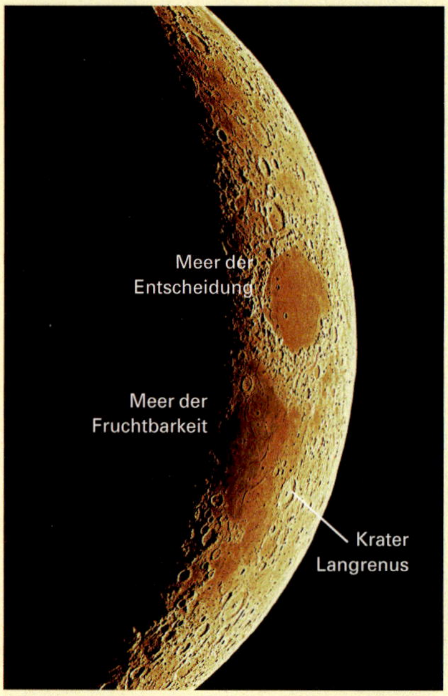

|1 Mondoberfläche

Mit dem Fernglas kannst du auf dem Mond unzählige Krater mit bis zu 300 km Durchmesser erkennen. Am rechten Mondrand liegt zum Beispiel in der Nähe des Mondäquators der riesige Krater *Langrenus*. |1
Auffällig sind auch die „Meere", recht ebene Flächen, die allerdings keinen Tropfen Wasser enthalten. Bei zunehmendem Mond sind das *Meer der Fruchtbarkeit* und das *Meer der Entscheidung* am rechten Mondrand zu sehen. Bei genauem Hinschauen erkennt man auch Berge, Meeresrücken und Täler.

Eigenschaft	Größe
Durchmesser	? km
Verhältnis der Masse zur Erdmasse	1 : 8
durchschnittlicher Abstand zur Erde	384 400 km
Temperatur	
Tagseite	? °C
Nachtseite	? °C

|2 Der Mond in Zahlen

1* Mondbeobachtung

Schon mit kleineren Fernrohren sieht man auf dem Mond ein Vielzahl von Einzelheiten. Je nach Mondphase führt die unterschiedliche Beleuchtung immer wieder zu neuen Ansichten.

a Kopiere eine Mondkarte (Format: DIN A4).
Hinweis: Wahrscheinlich findest du eine Mondkarte in deinem Schulatlas.

b Warte auf eine klare Nacht, bei der der Mond zu mehr als der Hälfte zu sehen ist.
Beobachte die Mondoberfläche mit einem Fernglas oder Fernrohr mindestens eine halbe Stunde lang. Immer wenn du auf dem Mond Einzelheiten aus der Karte erkennst, zeichnest du die beobachtete Stelle in deiner Mondkarte ein.

c Wie sieht wohl die Mondoberfläche an dieser Stelle aus? Beschreibe.

2 Langzeitbeobachtung der Mondphasen

Beobachte den Mond von einem Vollmond zum nächsten. Zeichne dazu jeden Tag die Gestalt des Monds und seine Position am Himmel auf – möglichst immer bei Sonnenaufgang oder Sonnenuntergang. |3
Zeichne auch den Stand der Sonne ein (unterhalb von „Westen", wenn sie gerade untergegangen ist; unter „Osten", wenn sie gerade noch nicht aufgeht). Zu Neumond ist der Mond nicht zu sehen. Versuche Beobachtungslücken durch Abschätzen zu füllen. Klebe alle 28 Zeichnungen zu einem Beobachtungsbogen mit 28 Fenstern zusammen.

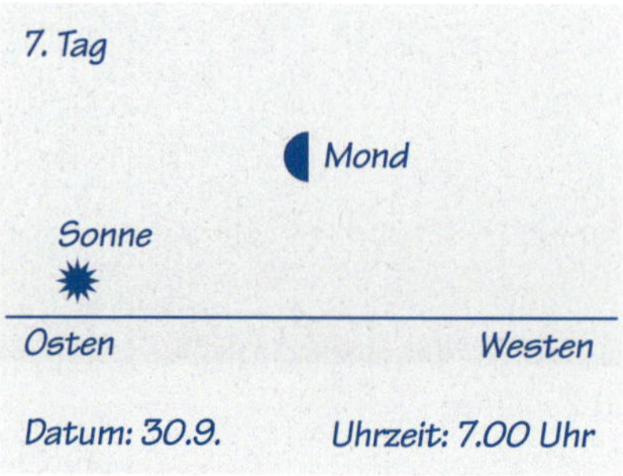

|3 Beobachtungsbogen

3 Entstehung der Mondphasen (1)

Ein Teil der Klasse stellt sich eng zusammen – sie stellen die Beobachter auf der Erde dar. |4 Ein Schüler hält über seinem Kopf eine Styroporkugel oder einen weißen Ball als „Mond". Der „Mond" wird von einer starken Lampe als „Sonne" beleuchtet und im Kreis um die „Erde" herumgeführt.

|4 Modellversuch Mondphasen

4* Entstehung der Mondphasen (2)

Für diesen Modellversuch benötigst du einen Tennisball, eine Taschenlampe, einen innen geschwärzten Schuhkarton, Knetmasse, Klebeband, eine Schere und einen großen Schraubendreher. |5

Schaue den „Mond" durch jedes Loch einzeln an. Blicke dabei nicht in die Taschenlampe. Zeichne jeweils die beobachtete Gestalt des Monds auf. Wie könntest du weitere Mondphasen „sichtbar machen"? Probiere es aus.

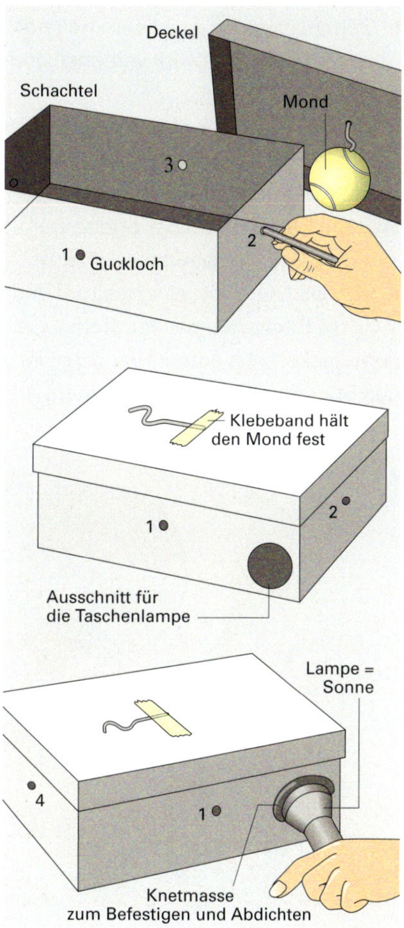

|5

Grundlagen **Die Mondphasen und der Monat**

Jeden Tag sieht der Mond etwas anders aus. Seine wechselnde Gestalt nennt man *Mondphasen*.

Der Mond wird von der Sonne beleuchtet. Eine Halbkugel des Monds ist daher immer hell. Die Mondphasen entstehen, weil wir von der beleuchteten Mondhalbkugel meist nur einen Teil sehen. |6

Bei zunehmendem Mond liegt die linke Mondseite teilweise im Schatten, bei abnehmendem die rechte. Von einem Vollmond bis zum nächsten vergehen 29 Tage, 12 Stunden und 44 Minuten. In dieser Zeitspanne, einem *Mondmonat,* dreht sich der Mond genau einmal um die Erde. Deshalb sehen wir von ihm immer nur dieselbe Seite.

A Der Mond weist der Erde stets dieselbe Seite zu. Zeige im Modellversuch, dass er sich bei jedem Umlauf um die Erde einmal um sich selbst drehen muss.

B Weshalb ist der Neumond nicht zu sehen? Wie stehen Sonne, Mond und Erde bei Neumond?

C* Übertrage die Tabelle in dein Heft und ergänze sie. |2

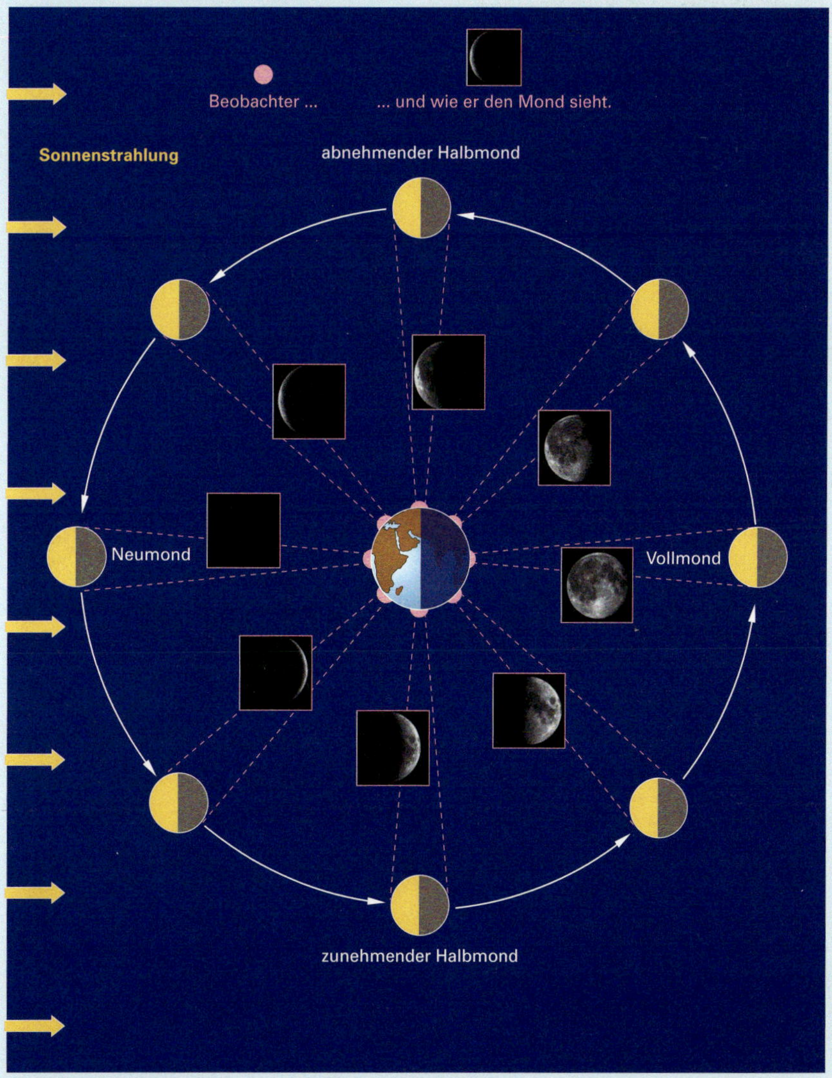

|6 Mondphasen für Beobachter auf der Erde

Der Flug zum Mond

1 Die aufgehende Erde über dem Mond

"That's one small step for a man; one giant leap for mankind."

Neil Armstrong, 21. Juli 1969

2 Spuren auf dem Mond

1 „Reise zum Mond"

Eine Reise zum Mond ist schwierig – denn Mond und Erde stehen nicht still! Führt den Auftrag in Partnerarbeit aus.

a Einer von euch umkreist als „Mond" die „Erde" und schaut sie dabei stets an. 3 Gleichzeitig wird die „Erde" gedreht. Was beobachtet der Mond-Darsteller?

b Erde und Mond ruhen. Versucht dreimal mit einer „Rakete" (Tennisball) den „Mond" (5-Liter-Eimer) zu treffen. 4

c Diesmal dreht sich der „Mond" langsam um dich herum. Wie oft gelingt es dir bei drei Würfen, die „Rakete" ins Ziel zu steuern? 5

d In Wirklichkeit dreht sich nicht nur der Mond … 6 Zählt wieder die Treffer.

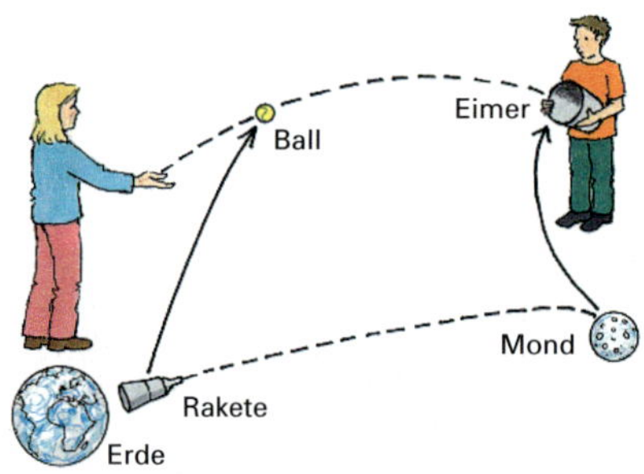

4

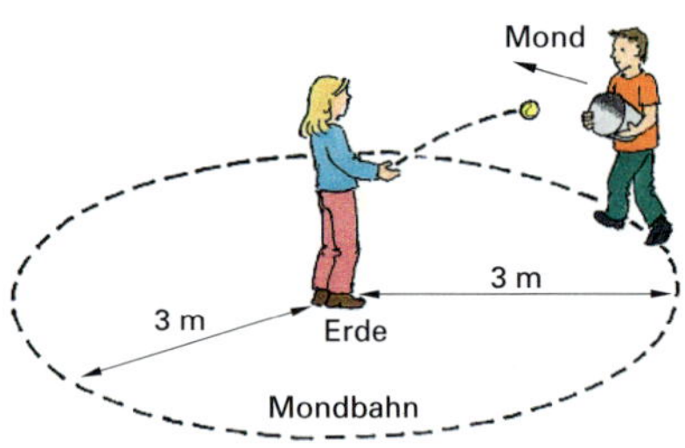

5

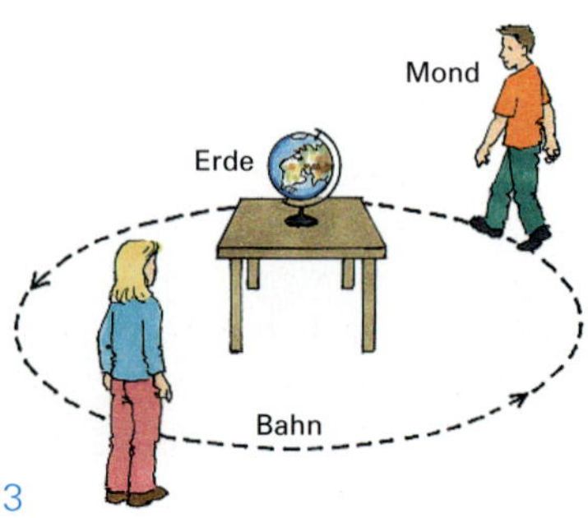

3

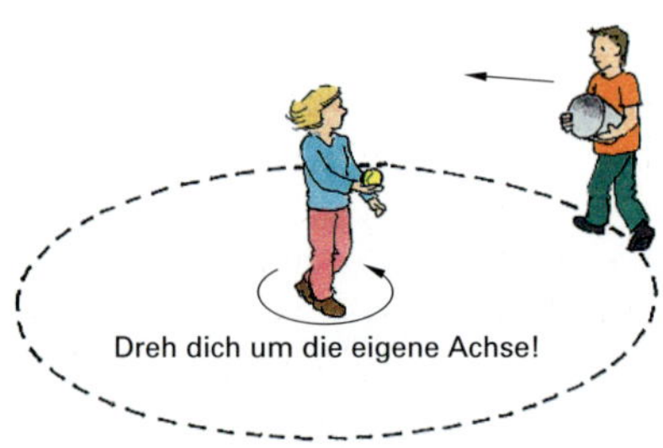

6

2 Bauanleitung

Die Brausetabletten-Rakete

Ihr braucht:

1 Filmdose,
1 Brausetablette (z. B. Vitamintablette oder Zahnspangenreiniger),
1 Bogen Bastelkarton.

So wird's gemacht: 7

a Faltet einen Pappkreis zu einem Trichter und klebt ihn zusammen. Befestigt ihn dann oben an der Rakete.

b Zum Schluss könnt ihr eure Raketen noch mit einem Leitwerk versehen und schmücken.

c Als Startplatz eignet sich eine flache und freie Fläche. Füllt die Minirakete zur Hälfte mit dem ersten Treibstoff: mit Wasser. Dann kommt der zweite Treibstoff dazu: eine halbe Brausetablette. Drückt jetzt den Deckel schnell auf und stellt die Rakete auf das Startfeld – mit dem Deckel nach unten. Nun könnt ihr den Start eurer Rakete beobachten.

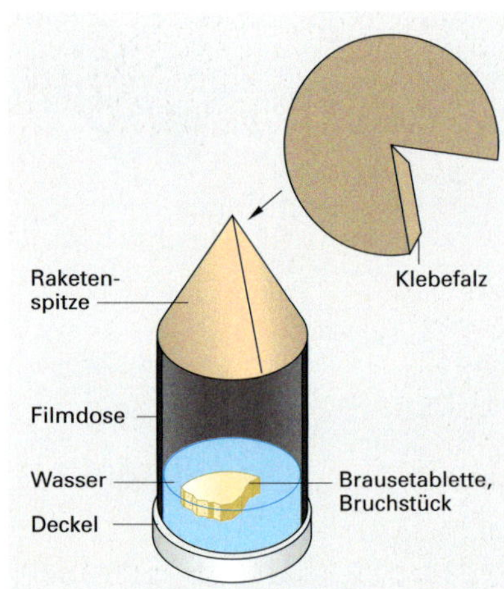

7

Der Science-Fiction-Autor Jules Verne beschrieb den Flug zum Mond schon im Jahre 1865:
„Um auf den Mond fliegen zu können, muss zuerst die Anziehung der Erde überwunden werden. Dazu ist eine sehr hohe Geschwindigkeit, 11 km in der Sekunde, nötig. In der riesigen Kanone, die den Namen *Columbiade* bekam, musste daher sehr viel Schießbaumwolle gezündet werden. Die 270 m lange Kanone wurde in ein tiefes Loch fest in den Berg eingegossen. Sonst hätte die Explosion die Kanone selbst zerstört. … Nach einem Jahr der Vorbereitungen wurde es ein erfolgreicher Start. … Nach dem ersten Schreck des Startes freuten sich die drei Mondfahrer, dass sie und die Kapsel ohne Schaden davongekommen waren. Sie feierten dies mit einem ausgiebigen Festessen. Begeistert blickten sie aus den Fenstern in das Weltall. … Zügig kamen sie dem Mond näher.“

8 Jules Verne

11 Start von Apollo 11 (16. Juli 1969)

10 Marslandschaft mit 10 km hohem Hang

12 Die ersten Menschen auf dem Mond (20. Juli 1969)

9 Pioneer 10 – Botschaft von der Erde

A Beurteile, ob der Flug zum Mond so stattfinden konnte, wie ihn Jules Verne beschrieb. Begründe deine Meinung.

B Informiere dich über den ersten Flug der Menschen zum Mond. 11–12 Schreibe dazu einen kurzen Bericht (wann, wer, wo, wie lange …?).

C Die unbemannte Sonde „Mars Express“ hat die Marsoberfläche fotografiert. Beschreibe, was du auf dem Foto erkennst. 10 Vergleiche die Marslandschaft mit einer auf der Erde.

D* Heute planen Wissenschaftler den Flug von Menschen zum Mars. Informiere dich über dieses Projekt.

E Die Raumsonde *Pioneer 10* startete 1972 mit einer Botschaft in den Weltraum. 9 Wird die Botschaft jemals gelesen werden können? Begründe deine Meinung dazu.

F* Schreibe eine kurze Science-Fiction-Geschichte vom Flug einer bemannten Rakete zu einem fremden Sonnensystem. Wird dies einmal möglich sein?

Kontrolliere deinen Lernstand

A Worin unterscheiden sich die Zellen des Zwiebelhäutchens von denen der Mundschleimhaut?

B Zeichne jeweils eine Zelle der fotografierten Präparate und beschrifte deine Zeichnung. |1–2
Handelt es sich dabei um pflanzliche oder tierische Zellen? Begründe deine Antwort.

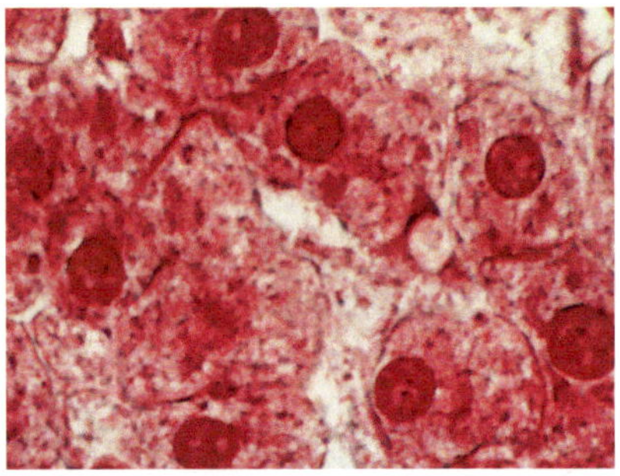
|1

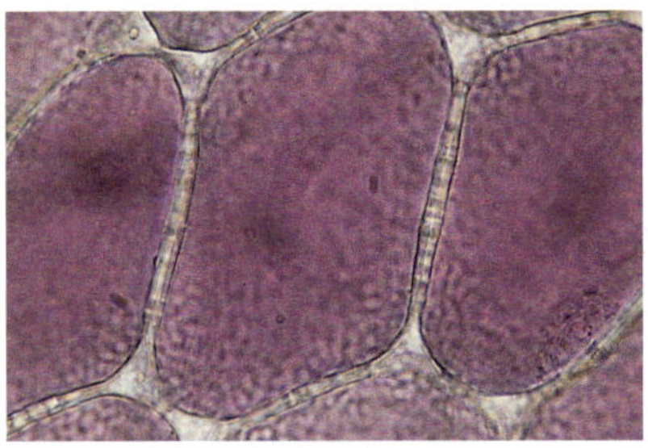
|2

C In den Zeichnungen sind Spuren dargestellt. |3

1 Beschreibe, wie solche Spuren gesichert und untersucht werden.

2 Erläutere, wie du bei der mikroskopischen Untersuchung von Objekten und Spuren vorgehst.

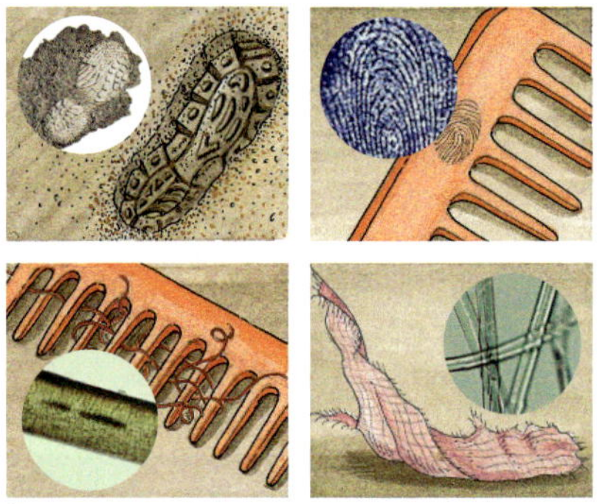
|3 Spuren, die gesichert werden

D Zeichne die Elemente aus dem Mikro- und Makrokosmos auf Papier, schneide sie aus und beschrifte sie. |4
Ordne sie ihrer Größe nach zu einer „Dimensionstafel". Notiere jeweils die Größe.

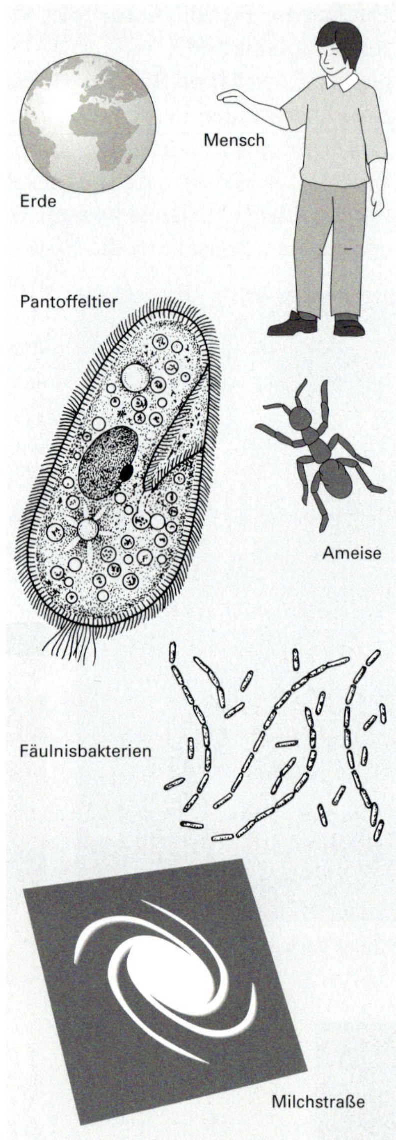

|4

Schätze deine Kenntnisse und Fähigkeiten ein:

Aufgabe	Ich kann …
A; B	den Aufbau von Zellen beschreiben und dabei die verschiedenen Typen unterscheiden.
C	entscheiden, welche Methoden und Hilfsmittel für die Untersuchung von Objekten, z. B. Spuren, sinnvoll sind.
D	Größenordnungen von Längen im Mikro- und Makrokosmos angeben.

Einschätzung

Ordne deiner Aufgabenlösung im Heft ein Smiley zu:

☺ Ich habe die Aufgabe richtig lösen können.

😐 Ich habe die Aufgabe nicht komplett lösen können.

☹ Ich habe die Aufgabe nicht lösen können.

Bewegung zu Lande, zu Wasser und in der Luft

Bewegung zu Lande, zu Wasser und in der Luft

Wie schaffen es Vögel zu fliegen?

Schnell, schneller, am schnellsten – die Geschwindigkeit

Auf die richtige Haltung kommt's an.

Muskeln, Sehnen und Gelenke

„Treibstoff" für Marathonläufer?

Bewegte Welt

Du lebst in einer Welt voller Bewegung:
Du selbst läufst, rennst, springst, steigst Treppen hinauf.
Auch Tiere sind fast immer in Bewegung – auf dem Land, im Wasser und in der Luft. Und sie erreichen erstaunliche Geschwindigkeiten.
Noch schneller als alle Tiere bewegen sich technische Geräte, die Menschen erfunden haben: Schiffe, Eisenbahnen, Autos, Flugzeuge, Raketen …
Und für jede Bewegung ist so etwas wie ein Treibstoff erforderlich.

In diesem Kapitel kannst du

- den Bewegungsapparat des Menschen kennenlernen,
- erkennen, wie man Haltungsschäden vermeidet,
- Geschwindigkeiten ermitteln,
- Fortbewegungsarten von Tieren miteinander vergleichen,
- dem Geheimnis des Fliegens auf die Spur kommen.

Fliegen – ein alter Traum der Menschheit

Wie Tiere sich fortbewegen

Schnelle Fische haben eine strömungsgünstige Form.

Selbst gebaute Modelle

Verschiedene Arbeitsmethoden

Du wirst
- experimentieren,
- deine eigenen Bewegungen beobachten,
- Modelle planen, bauen und verbessern,
- Fahrzeuge mit eigenem Antrieb erfinden,
- Kenntnisse übers Fliegen zum Bau von Papierfliegern nutzen.

Wie Bewegung in unseren Körper kommt

|1

|2

|3

75-Meter-Lauf. |1
Davor gespannte Erwartung, dann nichts wie weg! |2

Nicht nur die Beine sind in Aktion. *Überlege, welche Körperteile außerdem eine Rolle spielen.* |3

Probier's mal!

1 Bewegungen beim Fußballspielen
Eine Sportart, die du sicher gut kennst, ist das Fußballspielen.
a Überlege, auf welche verschiedenen Bewegungen es beim Fußballspielen ankommt.
b Welche Körperteile werden bei den jeweiligen Bewegungen besonders beansprucht?

2 … und bei anderen Sportarten
Trage wenigstens drei Sportarten in eine Tabelle ein.
Gib jeweils an, welche Bewegungen besonders wichtig sind und welche Körperteile vor allem beansprucht werden.

3 Gehen und Laufen auf dem Schulhof
Unser Gehen geschieht meistens unbewusst. Schau deshalb einmal genau hin und lerne deinen Körper in Bewegung kennen:
a Gehe langsam Schritt für Schritt. |4 Achte auf deine Arme und Beine.
b Welche Muskeln bewegst du beim Gehen? Taste dabei deine Oberschenkel ab. |5
c Welche Gelenke sind beteiligt? |6
d Wie bewegen sich deine Füße? |7
e Geh auf Zehenspitzen. Welche Muskeln spannst du jetzt besonders an?
f Was ist anders, wenn du rennst?

|4

|5

|6

|7

4 Wie steht's mit dem Gleichgewicht?
Zum Gehen brauchst du natürlich Beine und Füße. Aber welche Rolle spielen dabei deine Arme?
a Lege beim Gehen beide Arme eng an den Körper an. Gehe so auf einer Linie oder Kante. |8

|8

b Stell dich an eine Wand – und zwar so, dass eine Schulter und ein Fuß die Wand berühren. |9 Wie lange kannst du den anderen Fuß weghalten, ohne umzukippen?
c Stell dich auf einen Fuß und schließe die Augen. |10 Achte darauf, wodurch dein Körper das Umkippen vermeidet.

|9

|10

Grundlagen **So kommt es zu einer Bewegung**

Fast der ganze Körper ist beteiligt, wenn wir uns in Bewegung setzen: die Sinnesorgane (Ohr, Auge …) und das Gehirn sowie viele Muskeln, Knochen und Gelenke. |14
Beim Gehen macht unser Körper automatisch Gegenbewegungen. So schaffen wir es, das Gleichgewicht zu halten. Holpern und Stolpern vermeiden wir durch Ausgleichsbewegungen, die wir unbewusst ausführen.
Wenn sich unser Körper in Bewegung setzt, reagiert er mit schnellerem Atmen und vermehrten Pulsschlägen. Das Herz hat jetzt mehr zu arbeiten.
Bei der Arbeit der Muskeln entsteht außerdem Wärme.

An einer Bewegung sind Muskeln, Gelenke und Knochen beteiligt. Ausgangspunkt für die Bewegung sind Sinnesorgane und Gehirn.

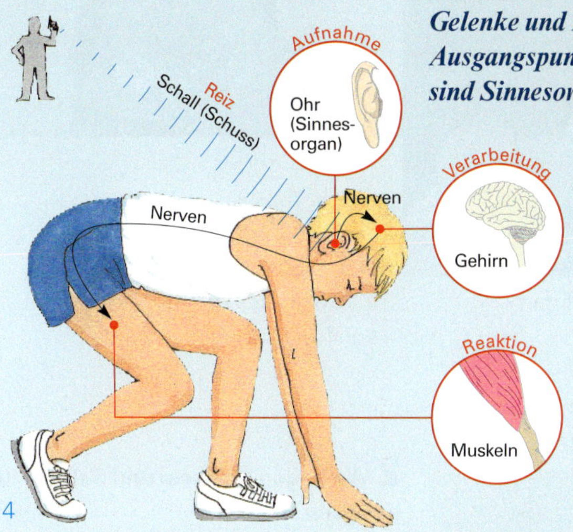

|14

Sport **Beim Hürdenlauf**

Nur noch Sekunden bis zum Start. Der Läufer kniet in Startposition. Seine Muskeln sind gespannt. Er wartet auf den Startschuss.
Jetzt der Knall – der Reiz, der den Läufer reagieren lässt. Über die Nerven wird die Information von den Ohren zum Gehirn geleitet. Dieses gibt sofort Befehle mithilfe anderer Nerven an die Muskeln.
Der Läufer schnellt aus dem Startblock hinaus. Vor sich sieht er die Bahn mit den Hindernissen. Seine Augen und sein Gehirn arbeiten zusammen, damit er rechtzeitig vor der Hürde zum Sprung ansetzt.
Die Muskeln winkeln die Gelenke an: Er schafft die erste Hürde. Bei der zweiten kommt er aber fast aus dem Gleichgewicht. Unbewusst macht sein Körper Ausgleichsbewegungen, vor allem mit den Armen.
Sein Atem geht sehr schnell. Doch endlich ist er am Ziel. Noch beim Auslaufen schlägt sein Herz schnell und pumpt viel Blut durch den Körper. Der erhöhte Pulsschlag ist deutlich zu spüren. Bei den anstrengenden Muskelbewegungen hat sich im Körper viel Wärme entwickelt. Der Schweiß auf der Stirn kühlt ihn ab.

5 Wir untersuchen, was sich im Körper durch Laufen ändert

Führt in Gruppenarbeit die folgenden drei Untersuchungen durch. Bestimmt jeweils eine Versuchsperson. Der Rest der Gruppe untersucht und protokolliert.
Zunächst erfolgen die drei Untersuchungen mit ausgeruhten Versuchspersonen. Dann rennen die Versuchspersonen 3 Minuten lang über den Hof. Danach werden die Untersuchungen wiederholt.
Vergleicht die Ergebnisse.

a Wie viele Atemzüge pro Minute zählst du? (Einatmen und Ausatmen bilden zusammen einen Atemzug.) |11

|11

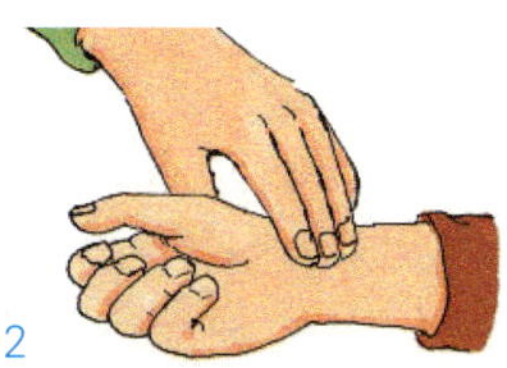
|12

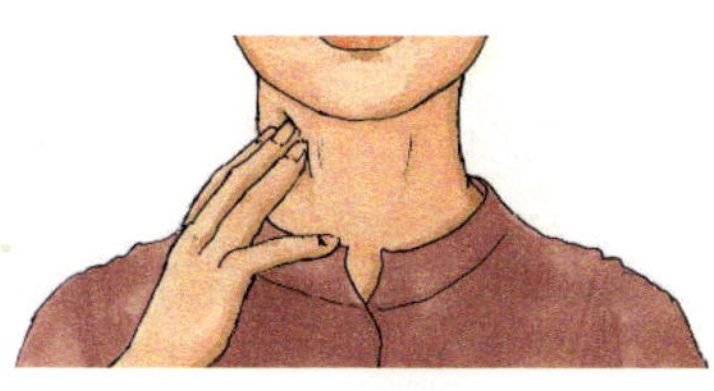
|13

b Zählt die Pulsschläge pro Minute. Schau dir genau an, wie man den Puls fühlt. |12
Den eigenen Puls fühlst du am besten an der Halsschlagader. Du findest sie seitlich des Kehlkopfs. |13

c Und wie steht's mit dem Schwitzen? Frage die Versuchspersonen, wie sie sich gerade fühlen.

Gelenke, Sehnen und Skelett

1

2

3

Was geschieht beim Bewegen?

Probier's mal!

1 Wo befinden sich die Gelenke deiner Hand?

Die Hand ist durch viele Gelenke besonders vielseitig beweglich.

a Fertige eine Umrisszeichnung deiner Hand an. Lege dazu eine Hand mit der Handfläche nach unten flach auf ein Blatt Papier. Umfahre sie dann mit einem Farbstift. |4

Suche nach allen Stellen deiner Hand, die du bewegen kannst. Markiere sie in der Umrisszeichnung.

An diesen Stellen befinden sich die Gelenke der Hand.

b Kannst du dir vorstellen, wie viele Gelenke deine Hand besitzt – mehr als 10, mehr als 20, mehr als 30? Schätze zunächst und zähle sie anschließend. |5

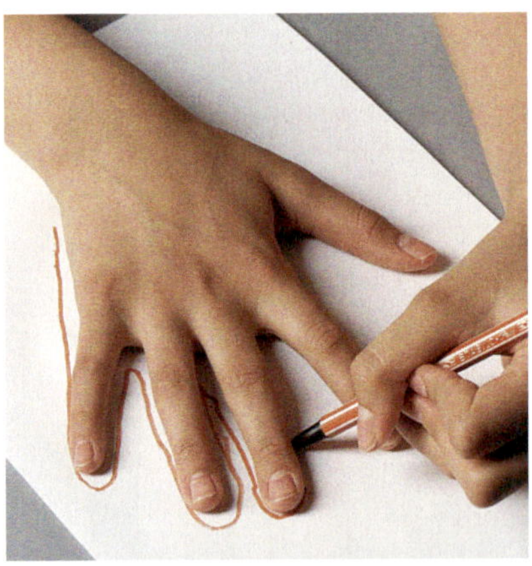

4 So entsteht eine Umrisszeichnung.

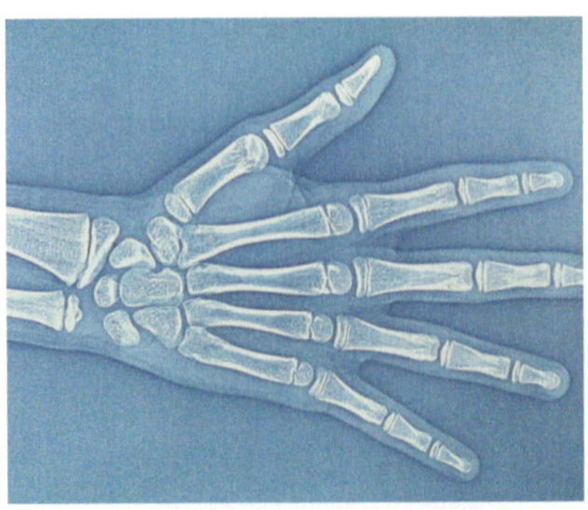

5 Röntgenaufnahme einer Hand

2 Wo liegen Muskeln und Sehnen in deiner Hand?

a Umgreife deinen linken Unterarm mit der rechten Hand. Öffne und schließe deine linke Hand zur Faust. Wo liegen die Muskeln, die sich jetzt bewegen?

b Bewege mit ausgestreckter Hand die Finger auf und ab. Du erkennst dadurch den Verlauf der Sehnen auf dem Handrücken. Zeichne diese Sehnen mit einem Filzstift nach. |6

c Welche Bewegungen werden durch die Muskeln deines Unterarms hervorgerufen? Welche durch die der Hand?

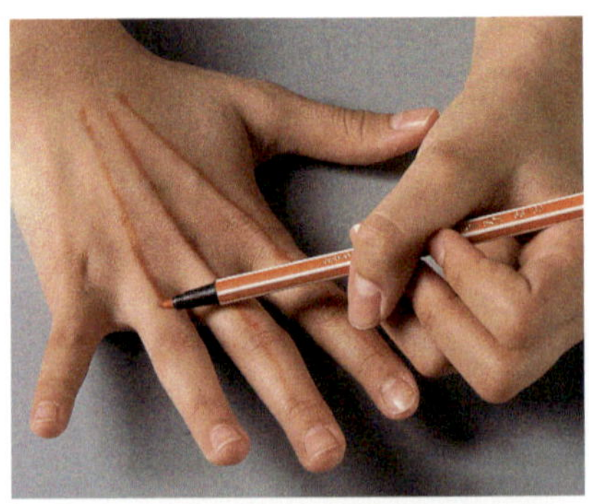

6 Wo liegen die Sehnen deiner Hand?

Unsere Beweglichkeit verdanken wir den Knochen, Muskeln und Sehnen – vor allem aber den Gelenken. Durch Gelenke sind die Knochen beweglich miteinander verbunden.

Wie Gelenke aufgebaut sind

Alle *Gelenke* sind ähnlich aufgebaut. 7 Beide Knochenenden sind glatt und mit elastischen *Knorpeln* gepolstert. Zusätzlich vermindert die *Gelenkschmiere* die Reibung. Dadurch lassen sich die Knochen leicht bewegen.
Eine zähe Hülle, die *Gelenkkapsel*, sichert die Festigkeit des Gelenks. Außerdem liegen außen auf der Gelenkkapsel feste *Gelenkbänder*. Sie erhöhen die Stabilität des jeweiligen Gelenks.

Verschiedene Gelenkarten

Die Form von *Gelenkkopf* und *Gelenkpfanne* bestimmt Art und Beweglichkeit des Gelenks. 8–11
Kugelgelenke ermöglichen kreisende Bewegungen nach allen Seiten. Das Schultergelenk und das Hüftgelenk sind solche Kugelgelenke.
Zwischen Handwurzel und Daumen liegt ein *Sattelgelenk*. Mit ihm kannst du deinen Daumen in einer Ebene kreisen lassen.
Beispiele für ein *Scharniergelenk* sind das Ellbogengelenk und die Gelenke zwischen den Fingergliedern. Sie lassen nur Bewegungen in zwei Richtungen zu: Beugen und Strecken.
Für die seitliche Drehung des Kopfes ist ein *Drehgelenk* zwischen den Halswirbeln zuständig.

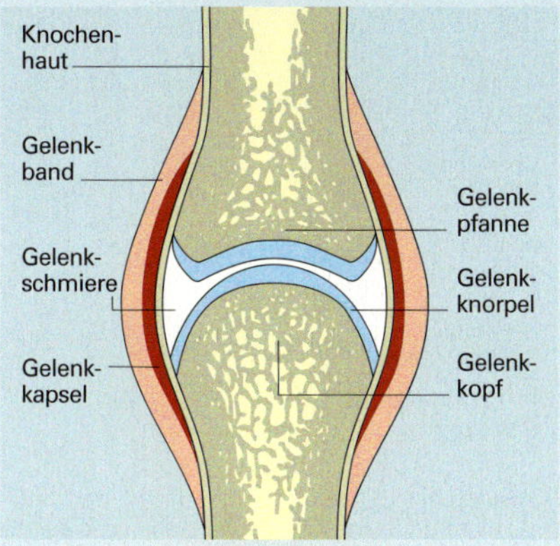

7 Aufbau eines Gelenks

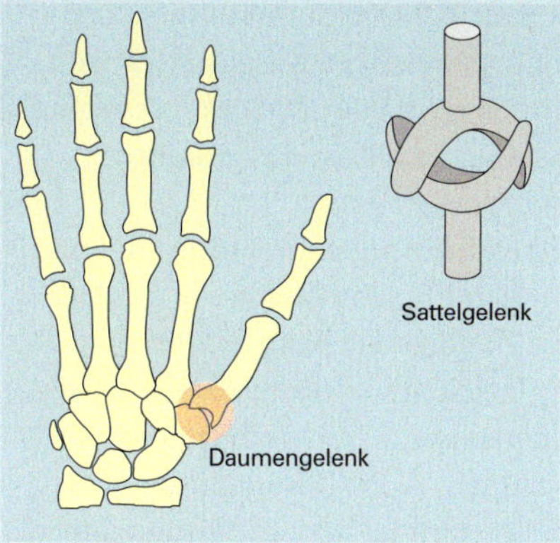

9 Daumengelenk

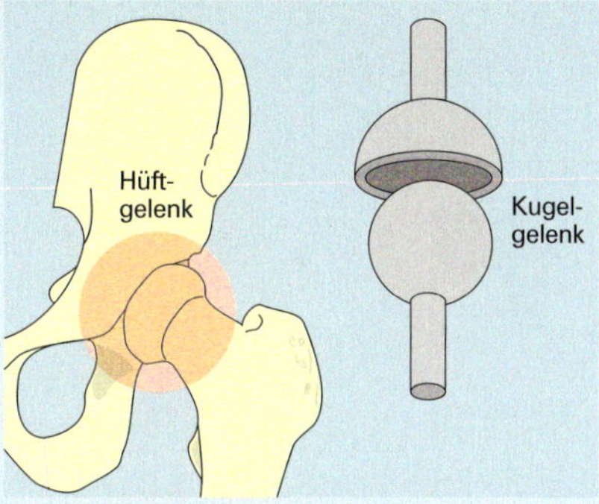

8 Hüftgelenk

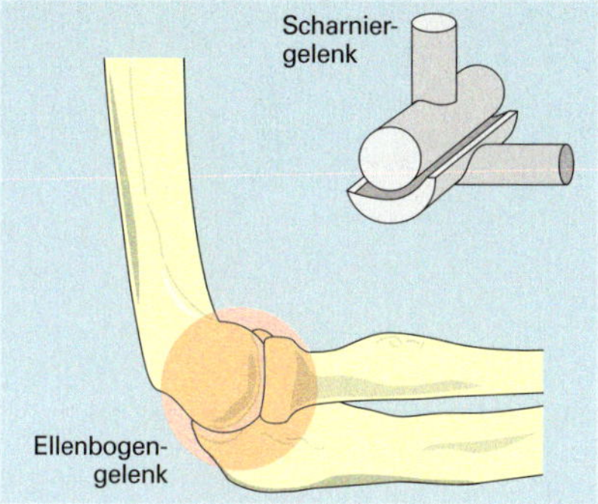

10 Ellbogengelenk

Unsere erstaunliche Hand

In einer Hand sind 27 Knochen beweglich miteinander verbunden. Sie werden von 40 einzelnen Muskeln bewegt. Eine Hand bietet nicht ausreichend Platz für alle Muskeln, durch die sie bewegt wird. Deshalb liegen 22 davon im Unterarm.
Von dort aus steuern sie mithilfe von Sehnen die Fingerbewegungen.

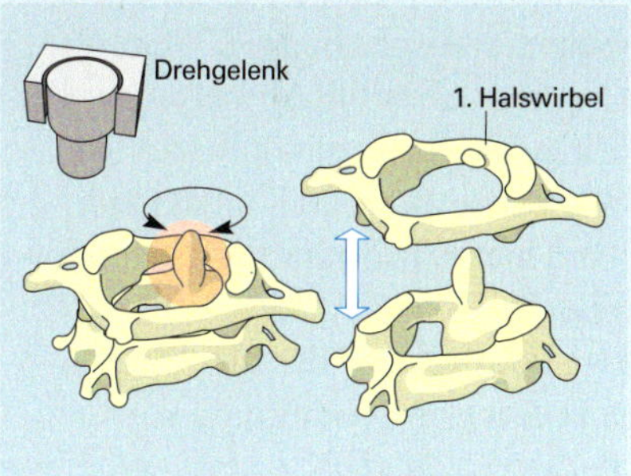

11 Drehgelenk zwischen Halswirbeln

A Welche Hauptaufgabe hat ein Gelenk? Beschreibe!

B Es gibt mehrere Gelenkarten. Weshalb ist das vorteilhaft?

C Sind alle Finger gleich gut beweglich? Kannst du jeden Finger für sich allein bewegen? Erkläre!

D Esst ihr gerade heute zu Hause ein Brathähnchen?
Dann untersuche dessen Gelenke. Beschreibe sie.

Umwelt und Technik **Gelenke im Vergleich**

Unser Körper ist mit unterschiedlichen Gelenken ausgestattet. Von ihnen ist das *Kniegelenk* das größte. Es muss die Last des gesamten Körpers tragen. |1
An Werkzeugen und Maschinen sind zahlreiche *technische Gelenke* zu finden. Wie beim Skelett des Menschen sorgen sie für die Beweglichkeit von Werkzeugen und Maschinen. Auch bei technischen Gelenken findet man unterschiedliche Gelenkarten – je nachdem, welche Aufgaben sie zu erfüllen haben. |2

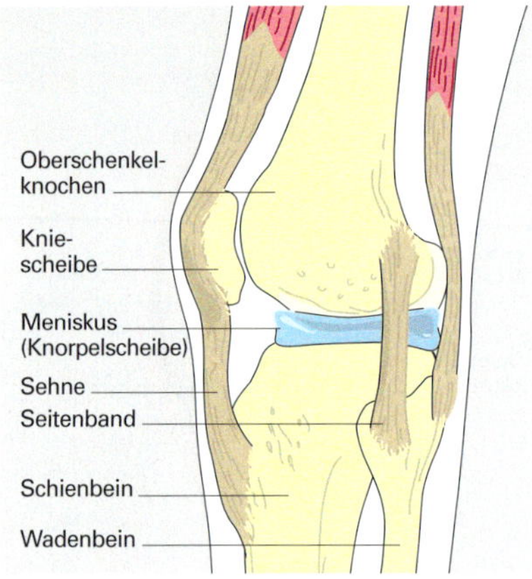

|1 Kniegelenk

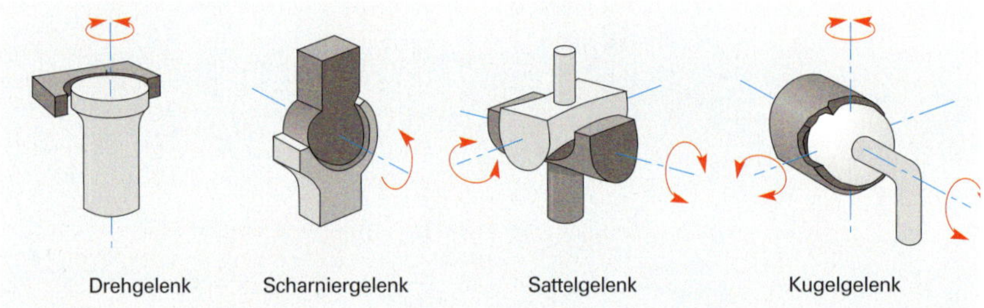

|2 Technische Gelenke

Gelenke verschaffen z. B. dem *Greifarm eines Industrieroboters* vielfältige Bewegungsmöglichkeiten. |3
Wie beim Menschen findet man auch hier z. B. Dreh- und Scharniergelenke.
Die Bewegungen des Industrieroboters erfolgen mithilfe von Elektromotoren. Sie entsprechen der Muskulatur des Menschen. Gesteuert werden die Bewegungen durch einen Computer. Er entspricht dem Gehirn.
Roboter können für schwere, gefährliche, präzise oder auch eintönige Aufgaben eingesetzt werden.

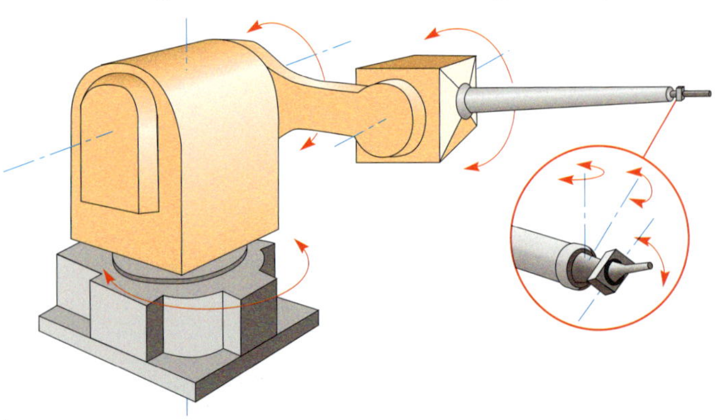

|3 Drehachsen eines Industrieroboters

A Gelenke deines Körpers sind z. B. das Hüftgelenk, das Fingergelenk und das Ellbogengelenk.
1 Gib an, um welche Gelenkart es sich bei diesen Gelenken handelt.
2 Welche Bewegungen lassen sich damit jeweils ausführen?
3 Überprüfe deine Antworten am Skelett eines Menschen aus der Schulsammlung.

B Sieh dir dein Knie und das Bild des Kniegelenks an. |1
1 Welche Bewegungen ermöglicht das Kniegelenk?
2 Wie ist beim Kniegelenk für Stabilität gesorgt?
3 Welche Aufgaben haben die Knorpelscheibe (Meniskus) und die Bänder?
4* Wobei wird das Kniegelenk besonders beansprucht?
Wodurch wird es leicht verletzt?

C Nenne Gegenstände deiner Umgebung, an denen du Gelenke findest. Welche Aufgaben haben sie?

D Sieh dir die technischen Gelenke genauer an. |2 Welche Gelenke des Menschen arbeiten ähnlich?

E* Auch der Greifarm eines Roboters ist mit Gelenken versehen. |3
1 Wie arbeiten technische Gelenke?
2 Benenne sie.
3 Vergleiche die „Hand" des Roboters mit deiner eigenen Hand:
- Wo findest du ähnliche Gelenke?
- Achte auf die Zahl der Teile, durch die die Roboterhand bewegt wird.
- Vergleiche die Steuerung einer Hand mit der eines Roboters.

4 Spielt einmal selbst Roboter.
- Versucht die Bewegungsmöglichkeiten des Roboters mit eurem Körper nachzuahmen.
- Welche Bewegungen könnt ihr ausführen, der Roboter aber nicht?

Grundlagen **Das Skelett und seine Bestandteile**

Bei der Fortbewegung wird unser Körper oft stark belastet – vor allem beim Laufen, Turnen oder Springen: Erschütterungen müssen ausgeglichen werden und Stöße sind abzufangen. Dabei gilt es, die Beweglichkeit beizubehalten.
Das alles leistet unser Skelett. |4
Das Skelett ist ein Knochengerüst aus über 200 Knochen, deren Namen du dir natürlich nicht alle merken musst. Es besteht aus plattenförmigen, langen röhrenartigen und kurzen Knochen.
Lange, schlanke Knochen können große Gewichte tragen. Flächige, gewölbte Knochen bilden schützende Hüllen um empfindliche Organe.
Damit sind wichtige Aufgaben unseres Skeletts genannt:

Das Skelett stützt den menschlichen Körper. Außerdem schützt es dessen innere Organe (z. B. Gehirn, Herz und Lungen).

F Schau dir das Skelett der Schulsammlung an. Suche daran einige der hier abgebildeten Knochen. |4

G Nenne die Hauptabschnitte des menschlichen Skeletts.

1 Aus welchen Teilen setzen sie sich zusammen?

2 Welche dieser Knochen kannst du ertasten?

H Was wird durch das Kopf- oder Schädelskelett besonders geschützt?

I Das Schädelskelett hat nur einen beweglichen Knochen. Welchen? Wozu dient er?

J Fertige eine Tabelle an, in die du die Hauptaufgaben der Knochen einträgst.

K* In der Bautechnik orientiert man sich oft an Skeletten von Lebewesen: Ein hoher Turm muss standfest sein, aber auch leicht, damit er nicht unter seiner eigenen Last zusammenbricht. Informiere dich über Konstruktionen, die man beim Turmbau anwendet.

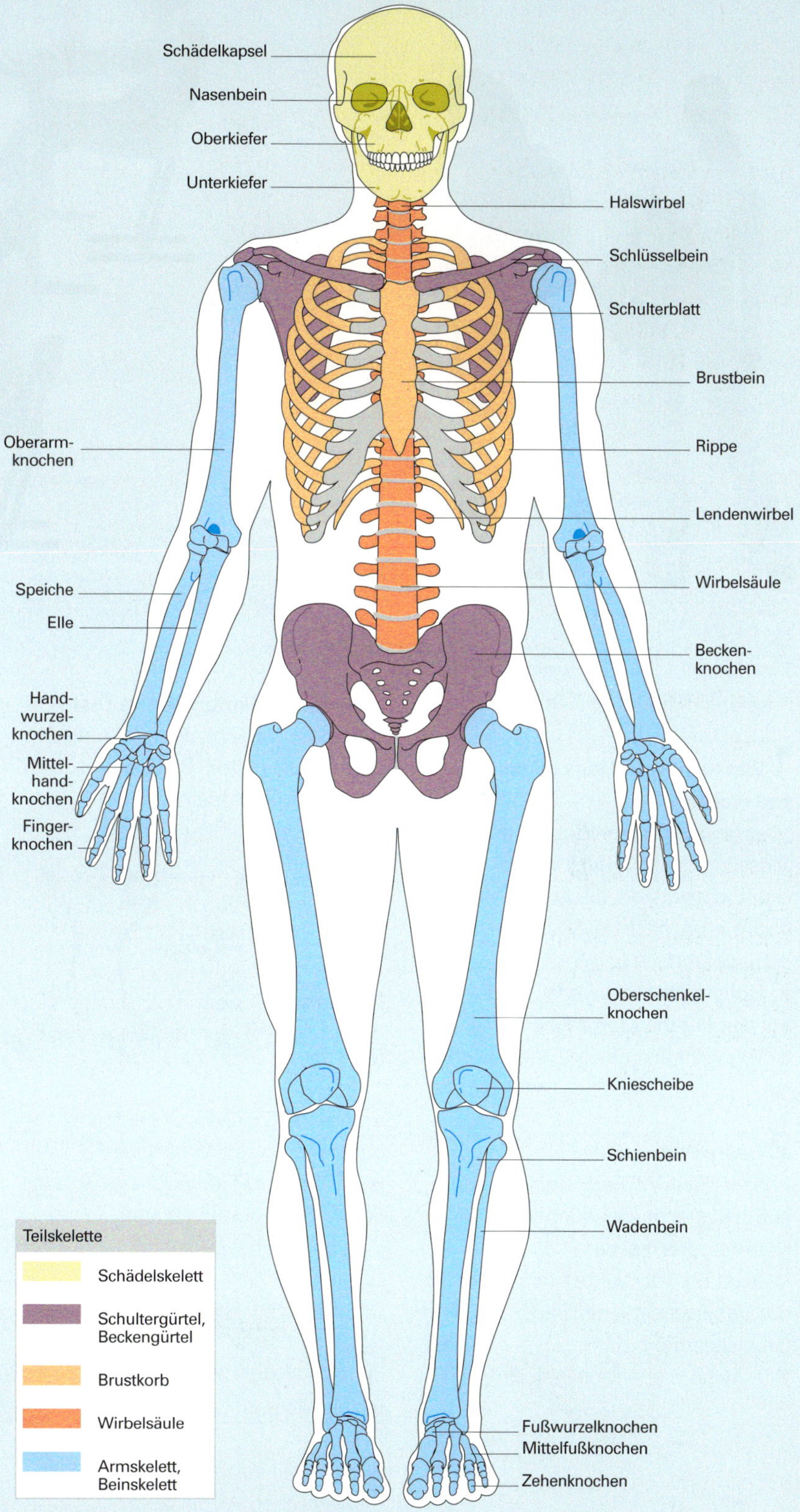

|4 Das Skelett und seine Bestandteile

Gesundes Tragen – gesundes Sitzen

1 Tragen – wie ist es richtig?

2 Sitzen – wie ist es richtig?

Probier's mal!

1 Bist du nachmittags genauso groß wie morgens?

Miss deine Körpergröße. Die erste Messung wird morgens vor der ersten Unterrichtsstunde, die zweite Messung nachmittags nach der letzten Stunde durchgeführt.

a Notiere die Messwerte. Vergleiche mit den Ergebnissen deiner Mitschüler.

b Wie könntest du das Ergebnis erklären?

2 Deine Wirbelsäule

Ertaste deine Wirbelsäule, wenn du aufrecht stehst und wenn du einen Katzenbuckel machst.

Welche Teile der Wirbelknochen fühlst du? Vergleiche mit den Bildern 7 u. 8 im Grundlagentext.

Wie ist die Wirbelsäule geformt?

3 Wirbelsäulenformen im Test

Wir wollen verschiedene Formen der Wirbelsäule testen. Baue unterschiedlich geformte Modelle aus dem gleichen Draht. 3

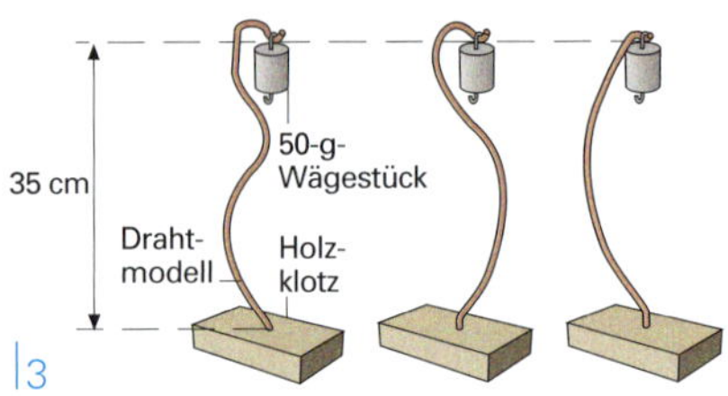

3

a Welches der Modelle entspricht am ehesten unserer Wirbelsäule?

b An die Spitze jedes Drahts wird ein 50-g-Wägestück angehängt.
Was geschieht? Lege eine Tabelle an:

Drahtmodell	Nr. 1	Nr. 2	Nr. 3
Höhe ohne Gewicht	35 cm	35 cm	35 cm
mit Gewicht	...	...	...

c Welchen Vorteil hat die Form der menschlichen Wirbelsäule?

4 Wie belastbar sind Bandscheiben?

Das kannst du mit dem folgenden Versuchsaufbau untersuchen. 4

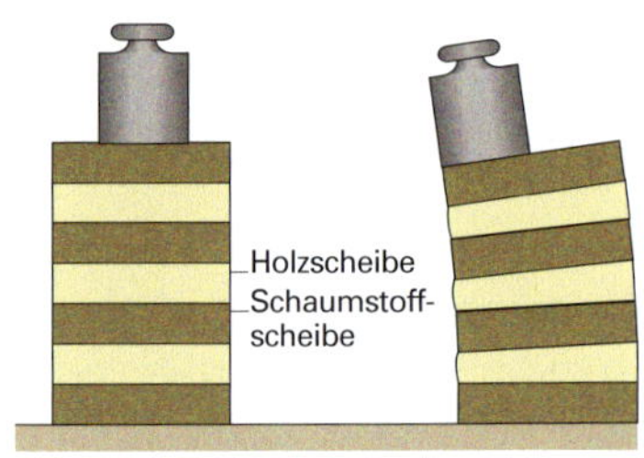

4 Modell der Wirbelsäule

5 Warum sind unsere Füße gewölbt?

Hier siehst du, wie du die Antwort auf diese Frage finden kannst. 5

5

Grundlagen **Die Wirbelsäule**

Die *Wirbelsäule* ermöglicht uns den aufrechten Gang. Dadurch haben wir die Hände frei für andere Tätigkeiten.
Die Wirbelsäule durchzieht den Körper als Stütze. Aufgebaut ist sie aus Wirbelknochen oder *Wirbeln*. |6–8
Von der Seite her gesehen, ist sie wie ein doppeltes S geformt. So kann sie Stöße beim Gehen oder Springen gut abfedern. Kopf und Körper werden deshalb weitgehend erschütterungsfrei getragen.
Die Wirbelsäule hält auch unseren Körper im Gleichgewicht.
Die Wirbelknochen sind gegeneinander beweglich. Daher kann die Wirbelsäule nach allen Seiten hin gebogen werden. Zwischen den Wirbeln liegen knorpelige *Bandscheiben*. Sie federn unsere Bewegungen ab. |8

Die Wirbel liegen so übereinander, dass sie einen Kanal bilden. In ihm liegt das *Rückenmark*. Dieses enthält viele Nerven, die das Gehirn mit allen Körperteilen verbinden.

Unsere Wirbelsäule ermöglicht uns den aufrechten Gang. Weil sie wie ein doppeltes S geformt ist, kann sie – gemeinsam mit den Bandscheiben – Stöße gut abfangen.

A Nenne die hauptsächlichen Aufgaben der Wirbelsäule.

B Welche Teile des Körpers sind am Dämpfen eines Aufpralls beteiligt?

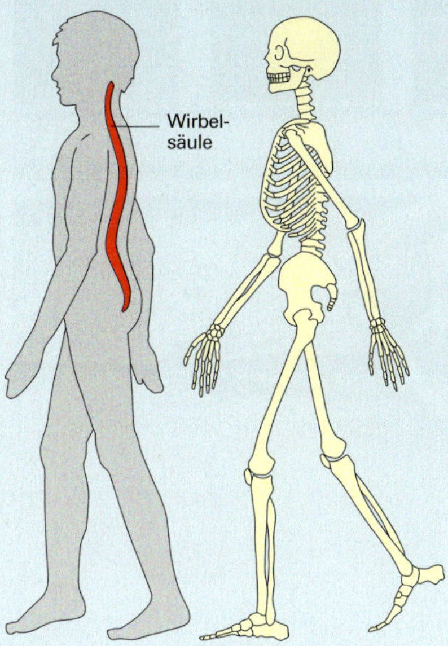

|6 Körperhaltung des Menschen

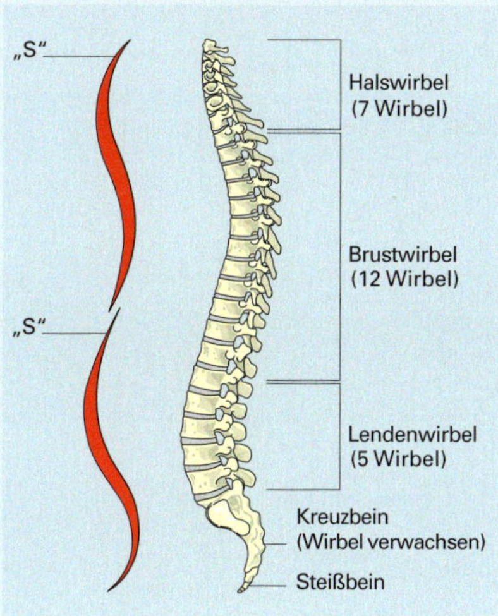

|7 Wirbelsäule: Lage, Form und Aufbau

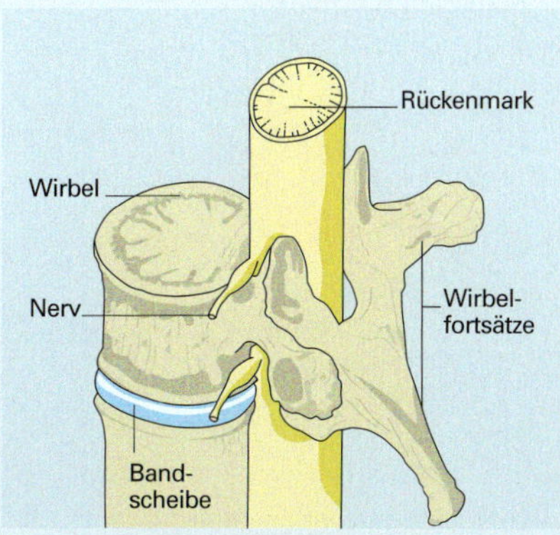

|8 Wirbelknochen

Gesundheit **Achte auf deine Haltung!**

Viele Menschen haben *Haltungsschäden*. Oft liegt die Ursache dieser Schäden in einer einseitigen Belastung der Wirbelsäule im Kindes- und im Jugendalter.
Auch *Bandscheibenschäden* beruhen häufig auf lange zurückliegenden Fehlbelastungen.
Haltungsschäden verursachen nach einiger Zeit heftige Rücken- und Kopfschmerzen. Deshalb sollte man auch nie längere Zeit die gleiche Sitzposition einnehmen.
Wichtig ist auch die richtige Körperhaltung beim Heben. |9

|9 Heben – wie ist es richtig?

Falsche Schuhe können sogar das Fußgewölbe verändern. Eine Belastung für den Fuß stellen Schuhe mit hohen Absätzen dar. |10 Richtige Körperhaltung sowie gutes Schuhwerk beugen Haltungsschäden vor.

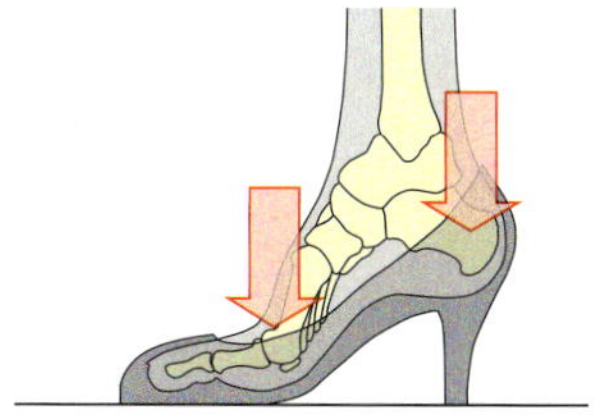

|10

C Gib an, welche Fotos dieser Doppelseite richtiges Verhalten zeigen. Begründe!

Muskeln bewegen den Körper

|1 Beim Rudern – Muskelarbeit

Mächtig ins Zeug legt sich dieser Ruderer. |1 Seine Bewegungen werden von *Muskeln* ausgeführt. Der Muskel am Oberarm *(Bizeps)* wird dick und hart, wenn der Ruderer den Unterarm beugt. |2 Sobald er den Unterarm streckt, wird ein anderer Armmuskel dick – nämlich der auf der Rückseite des Oberarms *(Trizeps)*. |3
Kannst du dir denken, warum?

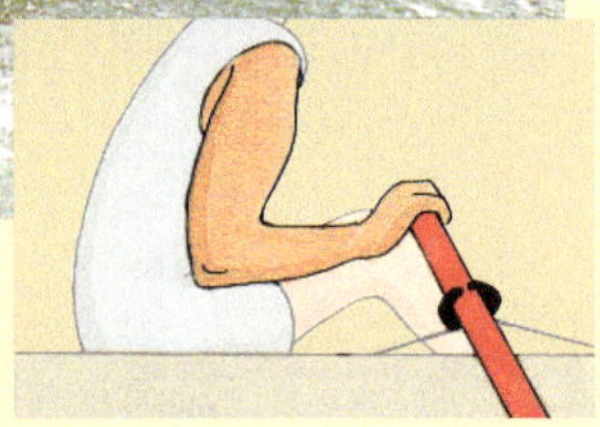

|2 Der Ruderarm – angezogen

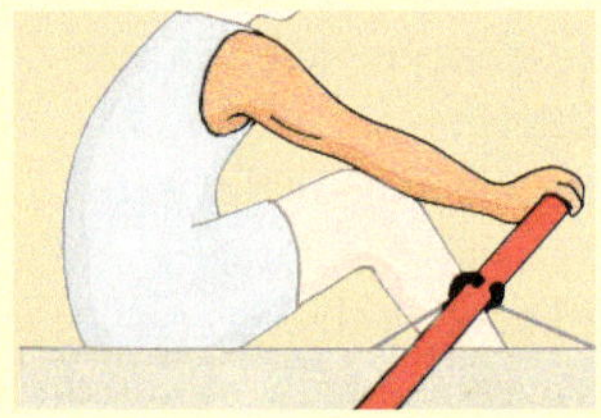

|3 Der Ruderarm – gestreckt

Grundlagen **Muskeln, die zusammengehören**

Muskeln entfalten ihre Kraft dadurch, dass sie sich *verkürzen*. Sie sind nicht in der Lage, sich selbstständig zu strecken. Dafür ist immer ein anderer Muskel nötig, der sie auseinanderzieht.

Zur Bewegung eines Körperteils sind mindestens zwei Muskeln nötig: ein Beuger und ein Strecker. |4–5 ***Bei der Muskelbewegung arbeiten ein Beuger und ein Strecker als „Gegenspieler" zusammen.***

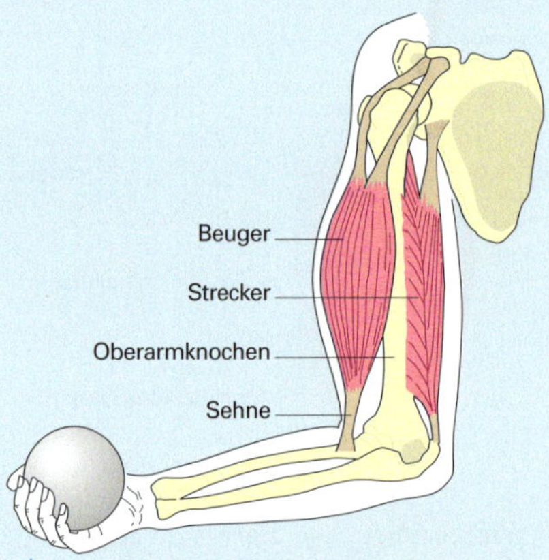

|4 Beuger in Aktion

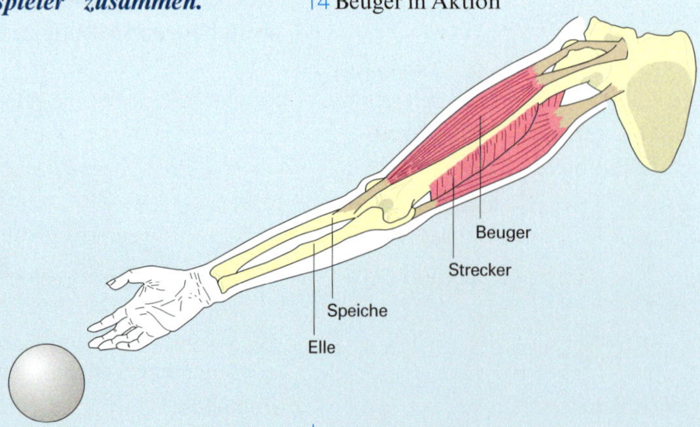

|5 Strecker in Aktion

1 Auf der Suche nach Muskel-„Gegenspielern"

Umfasse deinen Oberarm. |6

a Winkle den Arm an. Welcher Muskel ruft die Bewegung hervor?

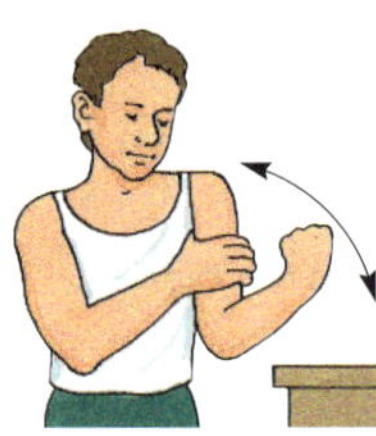

|6

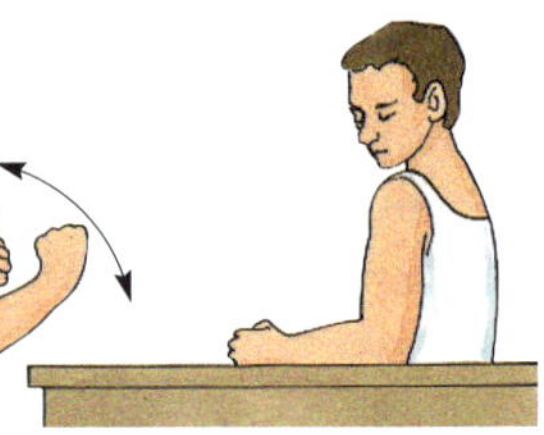

|7

b Lege deinen Unterarm auf den Tisch. Drücke auf die Tischplatte. |7 Welcher Muskel ist aktiv?

c Strecke und beuge abwechselnd deinen Unterarm. Wann verändert sich der Unterarmbeuger (Bizeps), wann der Unterarmstrecker (Trizeps)?

d Taste den Unterarmbeuger ab. Bewege dabei den Unterarm. Wo endet der Muskel? Was fühlst du da, wo der Beugemuskel endet?

e Beuge und strecke ein Bein im Sitzen. Suche auch hier die beiden „Gegenspieler". Wann sind die beiden jeweils aktiv?

Wie ein Muskel aufgebaut ist
Ein Muskel setzt sich aus *Muskelfasern* zusammen. |9

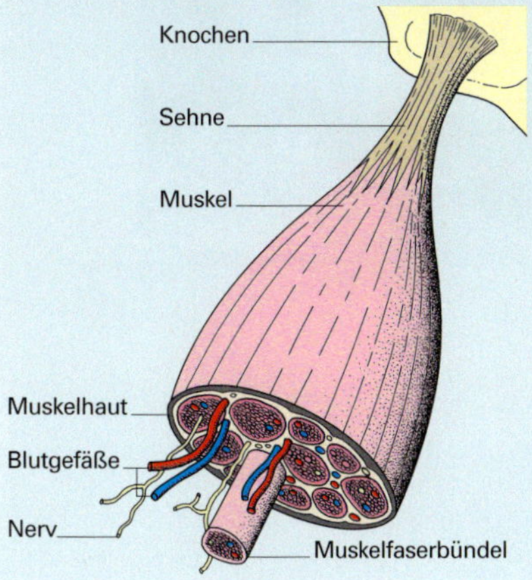

|9 Aufbau eines Muskels

2 Wir bauen das Modell zweier Muskel-„Gegenspieler"

Gebraucht werden: 1 Stück Karton, 5 Klammern von Versandtaschen, 2 Gummiringe. Sieh dir an, wie das Modell am Ende aussehen soll. |8
Fragen zum Modell:
- Was an diesem Modell stimmt mit der Wirklichkeit überein?
- Worin unterscheidet es sich von ihr?
- Erläutere, weshalb man zwei Muskeln „Gegenspieler" nennen kann.

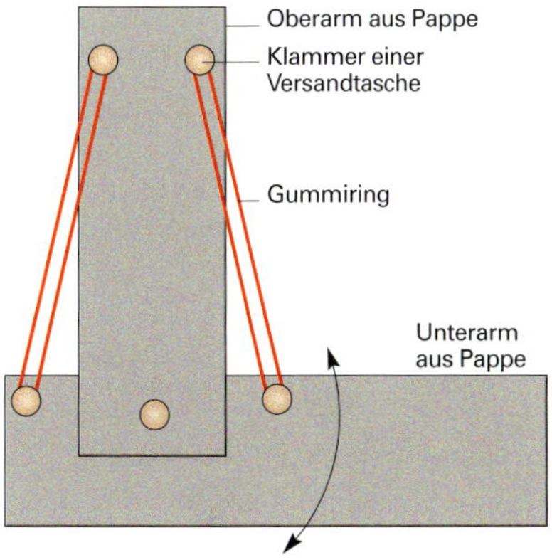

|8 Beuger und Strecker im Modell

Der Muskel ist von einer *Muskelhaut* umgeben. Diese geht an den beiden Enden des Muskels in *Sehnen* über.

Die Aufgabe der Sehnen
Die Sehnen sind an den Knochen festgewachsen, die der Muskel gegeneinander bewegen soll. Dazwischen liegt das Gelenk.
Sehnen kann man nicht dehnen. Deshalb übertragen sie die Muskelbewegung direkt auf die Knochen, mit denen sie verbunden sind.

Von der Arbeit der Muskeln
Die Gesamtheit aller Muskeln (über 600!) nennt man *Muskulatur*.
Eine Anzahl Muskeln ist hier abgebildet – du musst dir aber alle ihre Namen natürlich nicht merken. |10
Die Muskeln bilden das „Fleisch" zwischen den Knochen und der Haut. Sie formen damit unser Aussehen.
Durch ständige Beanspruchung (Training) können Muskeln dicker und kräftiger werden.
Umgekehrt werden wenig benutzte Muskeln mit der Zeit dünner und schwächer.

Muskeln bewegen Knochen, indem sie sich zusammenziehen.
Dabei arbeiten viele Muskeln „auf Befehl" des Gehirns.

Willkürlich – unwillkürlich
Muskeln, deren Arbeit wir mithilfe unseres Gehirns beeinflussen können (die Skelettmuskeln), nennt man *willkürliche Muskulatur*.
Dagegen wird z. B. die Darmmuskulatur *unwillkürliche Muskulatur* genannt. Sie arbeitet ohne Befehle des Gehirns.

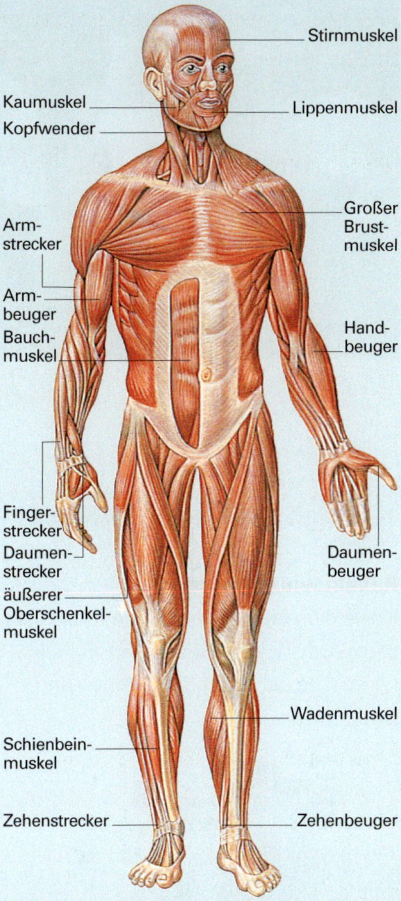

|10 Einige Muskeln des Menschen

A Ein Muskel arbeitet, indem er sich verkürzt. Wie wird er dann wieder gestreckt?

B Sehnen stellen die Verbindung zwischen Muskeln und Knochen dar.
1 Wie sind sie mit dem Muskel verbunden?
2 Nenne die Aufgaben der Sehnen.
3* Was würde geschehen, wenn die Sehnen elastisch wären?

C Nenne Muskeln, die du mit deinem Willen beeinflussen kannst.
Nenne auch solche Muskeln, bei denen das nicht geht.

D* Welche Muskeln sind für die aufrechte Haltung des Menschen besonders wichtig? |10

Ich halte mich fit

1

2

Gesundheit **Bewegung macht Spaß**

Räkeln wie eine Katze

Räkle dich im Sitzen wie eine Katze beim Aufwachen. Neben dem Räkeln kommt es dabei auf das Dehnen und Strecken an. 3

3

Äpfel pflücken

Pflücke auf Zehenspitzen einen „Apfel" nahe der Decke des Klassenzimmers. Lege ihn in der Hocke in einen „Korb" am Boden. 4 Pflücke dann den nächsten. Wechsle linke und rechte Hand ab.

4

Rennen im Quadrat

Zeichnet mit weißer Kreide ein Quadrat auf den Schulhof (10 m ¨ 10 m). In das Quadrat werden mit roter, blauer, grüner und gelber Kreide je 15 Kreise gezeichnet (jeweils so groß wie ein Handball). Alle Mitspieler stellen sich um das Quadrat herum.

Nach dem Startpfiff muss jeder auf die andere Seite gelangen, darf aber nur auf rote Kreise treten.

Der wandernde Reifen

Alle Mitspieler bilden eine Kreis und halten sich dabei an den Händen. Nun versucht einer nach dem anderen durch einen Hula-Hoop-Reifen zu steigen und ihn im Kreis wandern zu lassen. 5

5

Dehnungsübungen (Stretching)

Übungen zur Lockerung und Dehnung der Muskulatur, der Bänder und der Sehnen wärmen den Körper auf. 6 Warmlaufen hat die gleiche Wirkung.

6

Gelenkigkeitsübungen

Die folgenden Übungen a, b und c beugen Schäden an der Wirbelsäule vor; sie fördern die aufrechte Körperhaltung. |7 Die Übungen d, e und f dienen dem Ausgleich des Hohlkreuzes; sie machen die Wirbelsäule im Bereich der Lendenwirbel beweglicher.

a
in Bauchlage den Oberkörper heben

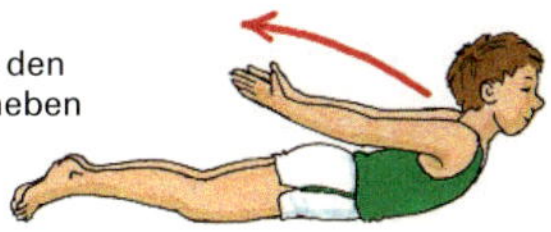

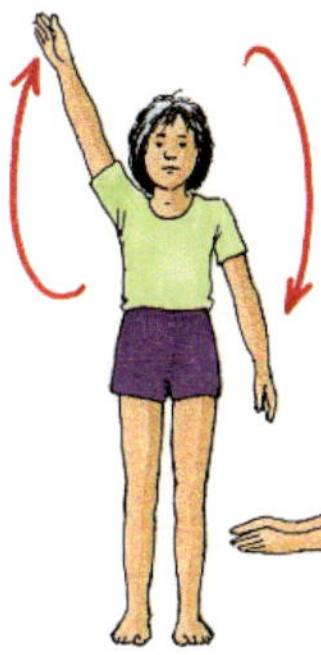

b
Armkreisen rückwärts

c
nach vorne rutschen auf dem Boden

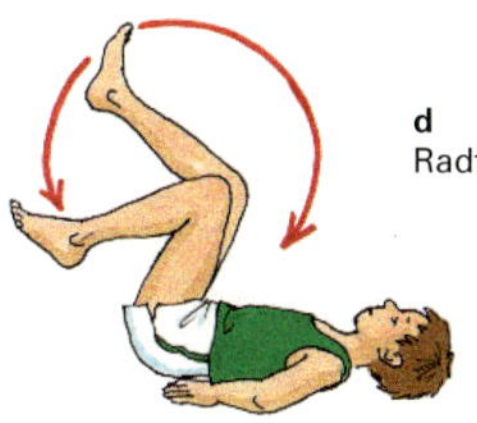

d
Radfahren in der Luft

e
Bodenschaukel aus dem Hocksitz

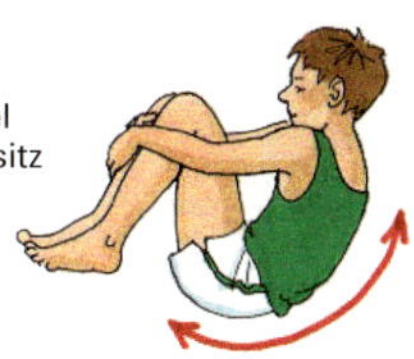

f
aus dem Kniestand seitlich hinsetzen

|7

Verknoten und entknoten

Fasst euch durcheinander an den Händen an. |8 Versucht dann den Knoten zu entwirren. Loslassen dürft ihr die Hände dabei aber nicht!

|8

Sport macht durstig

Bei körperlicher Anstrengung verlierst du durch Schwitzen viel Wasser. Wer Sport treibt, muss viel trinken. Es eignen sich vor allem Mineralwässer und Fruchtsäfte. Sie enthalten viel Mineralsalze und wenig Zucker.

Schwitzen gehört dazu

Schwitzen ist wichtig, denn dadurch wird überschüssige Körperwärme abgeführt. Dazu muss aber die Sportkleidung Feuchtigkeit aufnehmen und nach außen transportieren können. Frage im Sportgeschäft nach, welche Kleidungsstücke schnell trocknen. Nach dem Schwitzen muss man sich gründlich waschen oder duschen. Das verhindert Körpergeruch und die Vermehrung von Bakterien.

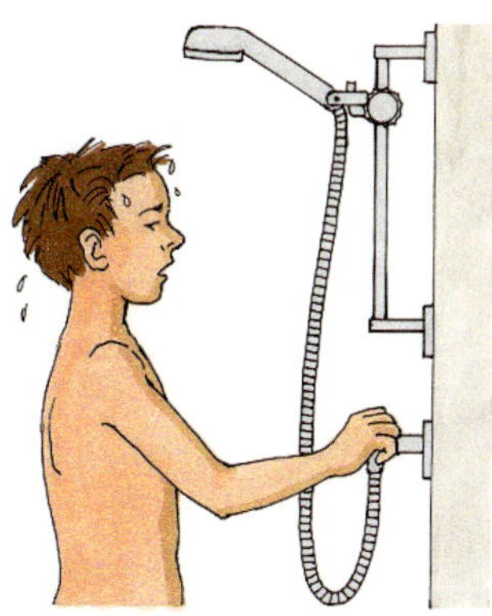

|9

Warnzeichen

Sport kann auch riskant sein. Deshalb ist es wichtig, auf Warnzeichen deines Körpers zu achten.

Seitenstechen bekommst du, wenn du die körperliche Belastung zu schnell steigerst, falsch atmest oder kurz vor dem Training gegessen hast.

|10

Muskelkater tritt nach einer übermäßigen Anstrengung auf, wenn du ungenügend trainiert bist. Feinste Verletzungen im Muskelgewebe sind dafür die Ursache. Die nächsten Trainingseinheiten solltest du etwas verringern und dann erst wieder langsam steigern.

|11

Schwellungen sind oft die Folge einer Verstauchung oder Verrenkung. Nach einigen Tagen gehen sie von alleine zurück. So lange solltest du eine Trainingspause einlegen.

|12

Medizin **Verletzungen und Erste Hilfe**

Knochenverletzungen
Starke Schmerzen, die sich bei Bewegung verstärken, sind Anzeichen für einen Knochenbruch. |1 Die Bruchstelle ist sehr druckempfindlich.

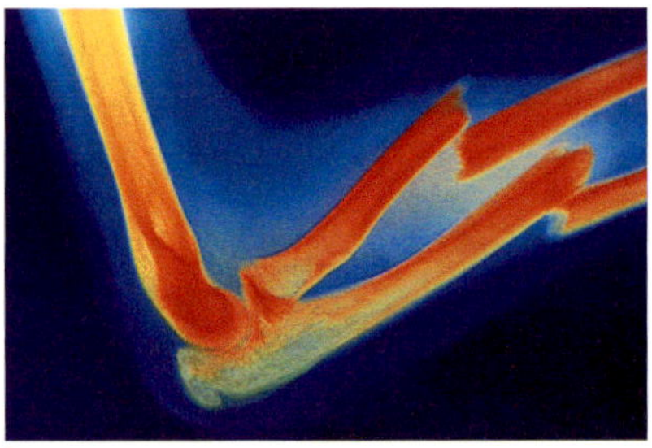

|1 Knochenbruch (Röntgenbild)

Prellungen
Bei einer Prellung werden Blutgefäße verletzt. Das umliegende Gewebe ist dann angeschwollen. |2

|2 Die Prellung wird gekühlt.

Verrenkungen
Der Gelenkkopf ist aus der Gelenkpfanne gesprungen. |3

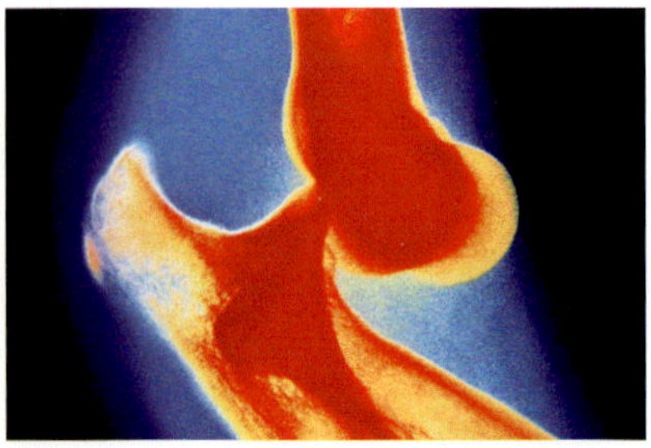

|3 Ausgerenktes Gelenk (Röntgenbild)

Gelenkverletzungen
Durch eine heftige Bewegung kann die Gelenkkapsel überdehnt werden. Bei einer solchen *Verstauchung* kann es auch sein, dass feine Blutgefäße platzen. Dann kommt es auch noch zu einem *Bluterguss*. |4

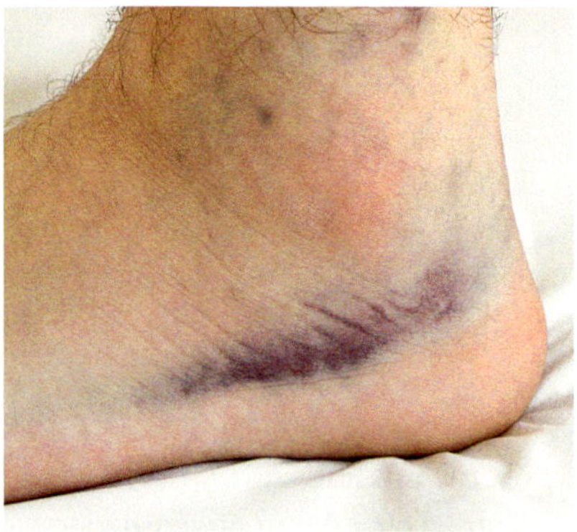

|4 Verstauchter Fuß mit Bluterguss

Muskelverletzungen
Eine anhaltende Überanstrengung der Muskulatur kann zu einem *Muskelkater* oder einem *Muskelkrampf* führen. |5
Bei einem *Muskelriss* sind Muskelfasern und Blutgefäße im Muskel eingerissen. Zur Vorbeugung solltest du dich vor dem Sport aufwärmen.

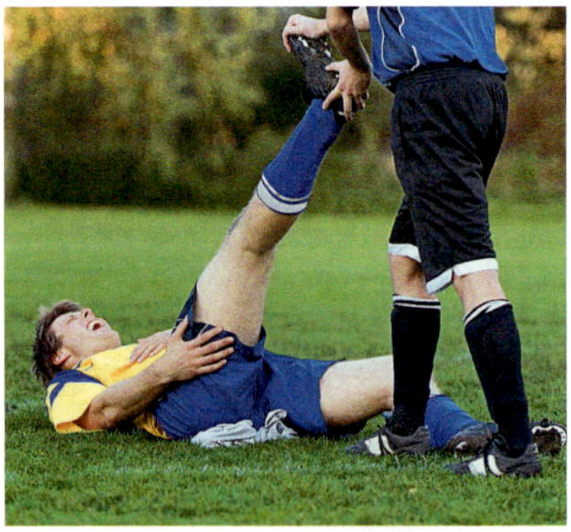

|5 Behandlung eines Wadenkrampfs

A Einen Erste-Hilfe-Kurs sollte jeder einmal mitmachen.
Überlegt in der Klasse, wie man die Teilnahme an einem solchen Kurs organisieren könnte.

B Kannst du dir denken, was bei einem Bänderriss passiert?

C Verletzungen kann man vermeiden. Voraussetzung dafür ist aber, dass man seine Sportaktivitäten nicht übertreibt und dass man sich vorher immer aufwärmt.
Welche Übungen zum Warmmachen kennst du?

D* Das Röntgenbild auf dieser Seite zeigt einen Knochenbruch. |1
Um welche Knochen handelt es sich?

Erste Hilfe
Richtig *Erste Hilfe* zu leisten, kann man in einem Erste-Hilfe-Kurs lernen. Ihr solltet aber auf jeden Fall die folgenden Notrufnummern kennen:
Polizei: 110,
Feuerwehr: 112.

Eure Notrufmeldung sollte folgende Angaben enthalten:
Wo ist es passiert?
Was ist passiert?
Wie viele Verletzte gibt es?
Welche Art der Verletzung oder Erkrankung liegt vor?
Wer meldet diesen Unfall?
Warte auf Rückfragen. Lege nicht sofort auf!

Zusammenfassung

An einem Läufer wird deutlich, wie die Zusammenarbeit im Körper bei einer Bewegung erfolgt: |6
Er hört zunächst den Startschuss; das ist der *Reiz*, auf den er reagiert. Das heißt: *Sinnesorgane* (Ohr, Auge), *Nerven* und *Gehirn* wirken so zusammen, dass daraufhin *Knochen*, *Gelenke* und *Muskeln* aktiv werden.

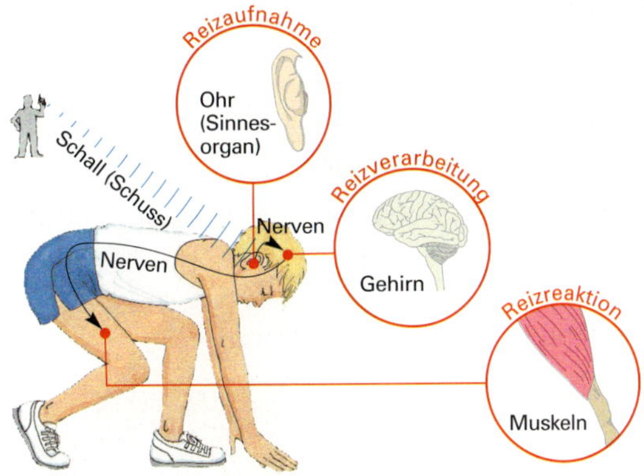

|6

Knochen bilden unser Skelett, das Stützsystem unseres Körpers. |7
Durch *Gelenke* sind zahlreiche Knochen beweglich miteinander verbunden. |8 Je nach Aufgabe ist unser Körper mit unterschiedlichen Gelenktypen ausgestattet.
Mithilfe der *Muskeln* können wir unseren Körper bewegen. |9
Muskeln arbeiten nach dem „Gegenspielerprinzip".
Das heißt: Zur Bewegung eines Körperteils sind jeweils ein *Beuger* und ein *Strecker* erforderlich.
Sehnen schaffen eine Verbindung zwischen Muskeln und Knochen. |10
Dadurch übertragen sie die Bewegung der Muskeln auf die Knochen.

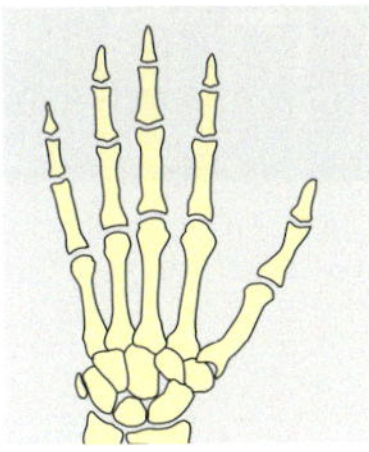
|7 Knochen

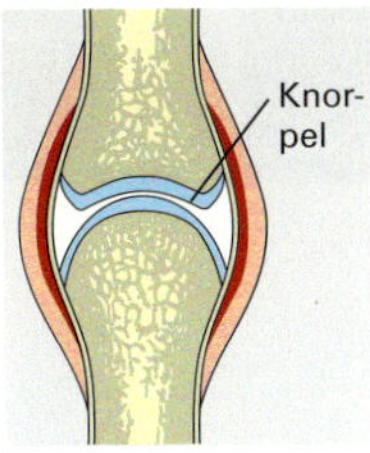

|8 Gelenk

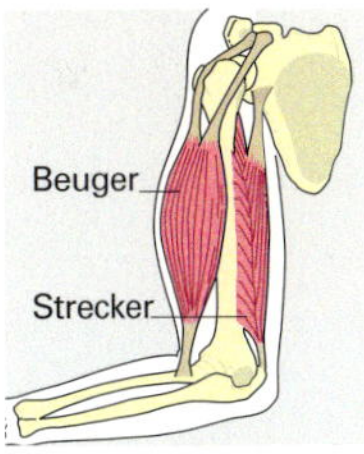

|9 Muskeln

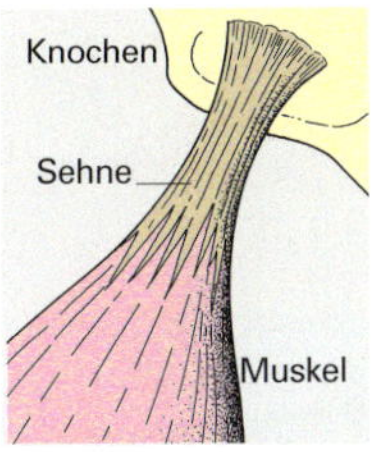

|10 Sehnen

Alles klar?

A Ein Blick auf unseren Körper:
1 Benenne die verschiedenen Teile des Skeletts.
2 Nenne drei Gelenkarten und gib an, wozu sie gebraucht werden.
3 Wenn du etwas anhebst, wird dein Bizeps dick und außerdem kürzer. Wie wird er wieder gestreckt?

B Skitag! Gleich bei der ersten Abfahrt ist Sven gestürzt. Jetzt sitzt er im Schnee und hat Schmerzen.
1 Wie müssen Svens Freunde vorgehen, wenn der Verletzte nicht mehr alleine weiterkann?
2 Sven hat sich nicht – wie die anderen – vor dem Losfahren warm gemacht. Siehst du darin eine Ursache für seine Verletzung? Begründe deine Antwort.
3* Das Knie wird beim Gehen und erst recht beim Skifahren besonders beansprucht.
- Welche Erklärung hast du dafür?
- Skizziere ein Kniegelenk. Markiere die Teile des Gelenks, die für die Festigung besonders wichtig sind.
- Welche Aufgaben könnten die anderen Teile des Kniegelenks haben?

4 Regelmäßiger Sport – richtig betrieben – erhält die Gesundheit.
- Welche Teile deines Körpers werden durch Sport leistungsfähiger?
- Wie könnte eine richtige Trainingseinheit für deine Lieblingssportart aussehen? Stelle einen Plan auf.

C Du siehst einen Weitspringer. |11
1 Schreibe eine Kurzreportage über den Sprung, vom Start bis zur Landung im Sand. (Gehe auf die Zusammenarbeit im Körper bei den Bewegungsabläufen ein.)
2 Bevor der Springer loslief, bewegte er sich eine Zeit lang auf der Stelle hin und her. Weshalb wohl?

|11 Bewegung beim Weitsprung

Nichts läuft von alleine

Wer beim Sport seinen persönlichen Rekord aufstellen möchte, der muss sich gut vorbereiten: durch Training und mit einem kräftigen Frühstück. Mit dem Essen muss er seinem Körper „Energie“ zuführen, denn ohne Energie läuft gar nichts. Das gilt nicht nur für die Muskeln des Körpers, sondern auch für Motoren und Maschinen.

1

2

3

4

5

6

8

7

9

10

1 Biobrennstoffe

Auch dein Körper braucht Energie. Die steckt als „Brennstoff" in der Nahrung. Ein Beispiel dafür ist das Olivenöl. Ob das tatsächlich richtig „brennen" kann?

a Mit diesem „Ölbrenner" kannst du das leicht ausprobieren. |1

b Wo liegt der Unterschied zwischen dem Brennen der Öle im Versuch und dem Verbrennen in deinem Körper?

c Beschreibe, wie die Energie des Öls in Bewegung umgewandelt wird.

d* Woher kommt die Energie von Sonnenblumenöl?

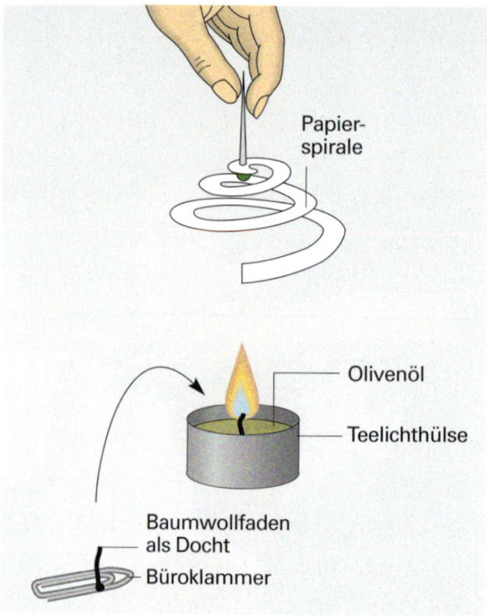

|1

2 Boot mit Dampfantrieb

Ihr braucht: 1 Brett, 4 Schrauben, 2 Teelichter, 1 Kondensmilchdose mit einem Loch, 1 Einwegspritze.

Dreht die Schrauben in das Brett, sodass die Dose fest darauf liegen kann. |2

Füllt mit der Spritze etwas Wasser in die Dose. Stellt dann die Teelichter unter die Dose und zündet sie an.

Warum setzt sich das „Boot" in Bewegung? Wie lange bewegt es sich fort?

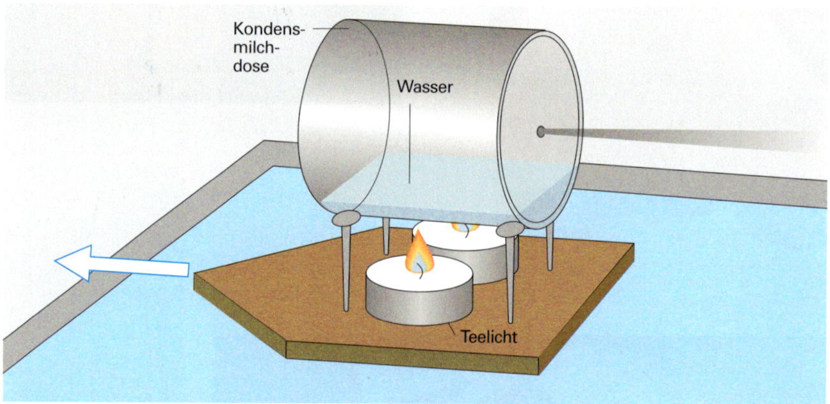

|2

3 Der Gummibandmotor

Ihr braucht: 1 Garnrolle, Bleistift, Nagel, ringförmiges Gummiband, Scheibe einer Kerze.

Zieht das Gummmiband durch die Garnrolle. Durch die eine Schlaufe des Gummibands steckt ihr den Nagel. Über die andere schiebt ihr die Kerzenscheibe und steckt den Bleistift hindurch. |3 Das Gummiband muss straff sein.

Haltet den Nagel fest und verdrillt mit dem Bleistift das Gummiband. Der Bleistift muss fest an der Kerzenscheibe anliegen.

Setzt den Gummibandmotor auf den Tisch.

Warum bewegt sich dieses „Fahrzeug"? Woher bekommt es seine Energie?

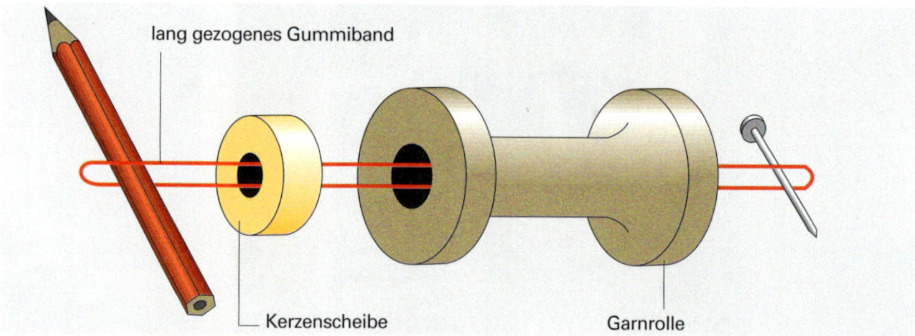

|3

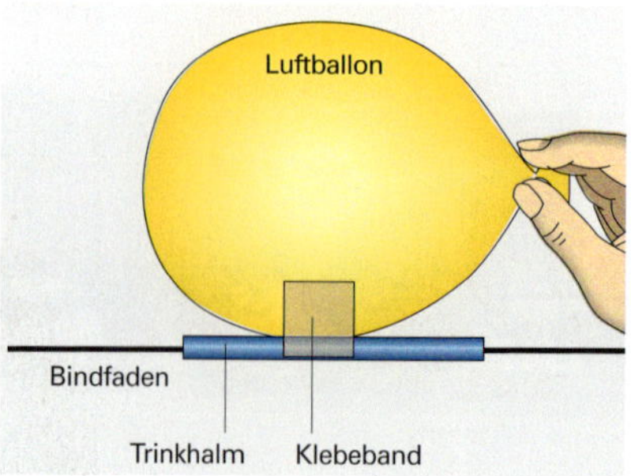

|4

4 Der sausende Luftballon

Ihr braucht: 1 Luftballon, 1 Trinkhalm, Bindfaden, Klebestreifen.

Zieht einen dünnen Bindfaden durch einen Trinkhalm. Spannt dann den Bindfaden durchs Klassenzimmer. Pustet einen Ballon auf, haltet ihn zu und klebt ihn an den Trinkhalm. Dann lasst ihr den Ballon los. |4 Wie weit kommt er? Woher kommt die Energie?

5 Aus Licht wird Bewegung

Ihr braucht: 1 Solarzelle, 1 Solarmotor mit Propeller, Anschlusskabel.
Verbindet die beiden Anschlüsse der Solarzelle mit dem Elektromotor. |5
Lasst unterschiedlich viel Licht auf die Solarzelle fallen.
Beschreibe, wie die Lichtenergie umgewandelt wird.

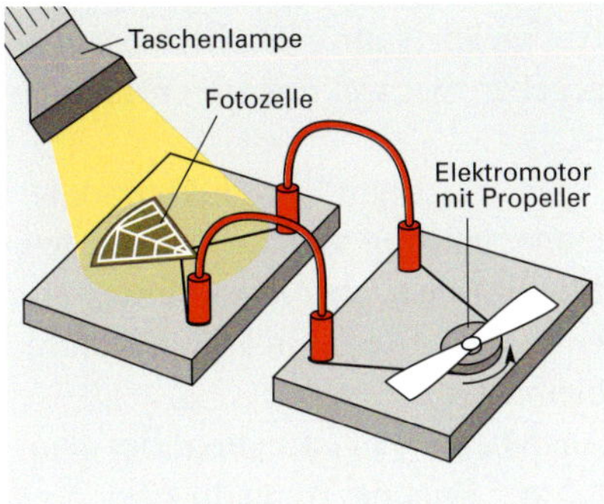

|5

6 Aus Bewegung wird Licht

In den bisherigen Versuchen habt ihr Energie genutzt, um Bewegung zu erzeugen. Ihr könnt auch Bewegung nutzen, um z. B. Licht zu erzeugen. |6
Beschreibe den Vorgang. Woher kommt die Energie und was wird aus ihr?

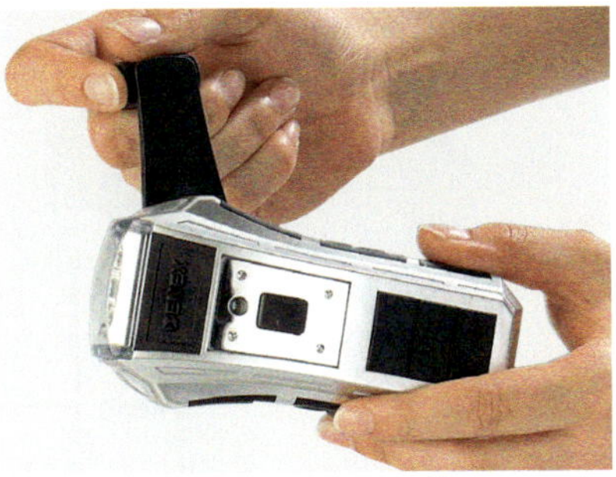

|6

Grundlagen **Für Bewegung braucht man Energie**

Von alleine fährt kein Auto. Damit es sich in Bewegung setzt, muss man vorher tanken. Man braucht Benzin als Treibstoff.
Auch dein Körper benötigt zum Rennen, Laufen, Werfen und Treppensteigen einen „Treibstoff“: Du musst essen. Die Nahrung ist der Treibstoff für deinen Körper.
Mit einer Solarzelle und einem geeigneten Motor lässt sich Licht in Bewegung umwandeln. Das Licht ist der „Treibstoff“ für den Motor.
In Nahrungsmitteln, im Benzin und im Licht steckt Energie.

Für alle Bewegungen ist so etwas wie ein „Treibstoff“ erforderlich, nämlich Energie. |7

Als „Treibstoff“ kann auch eine Bewegung dienen. Wenn sich ein Rad dreht, kann es für eine kurze Zeit einen Dynamo antreiben und Licht erzeugen.

In der Bewegung selbst steckt Energie.

Wenn du rennst oder Treppen steigst, wird dir warm, es entsteht Wärme. Dein „Treibstoff“ wird nicht nur in Bewegung umgewandelt, sondern auch in Wärme.

Dein Körper braucht Energie nicht nur, damit du dich bewegen kannst. Auch beim Schlafen brauchst du Energie, denn das Herz pumpt ständig Blut durch die Adern und beim Atmen bewegt sich dein Brustkorb. Um die Körpertemperatur aufrechtzuerhalten, ist ebenfalls Energie nötig – und sogar zum Denken.
Ähnlich wie Holz und Kohle beim Verbrennen Energie als Wärme abgeben, liefert die Nahrung dem Körper Energie. Für diesen Vorgang ist Sauerstoff aus der Luft nötig. Je mehr Energie dein Körper gewinnt, desto schneller musst du atmen.

Wir benötigen Energie, ähnlich wie eine Maschine. Wir gewinnen sie aus der Nahrung, die im Körper „verbrannt“ wird. Dazu atmen wir Sauerstoff ein.

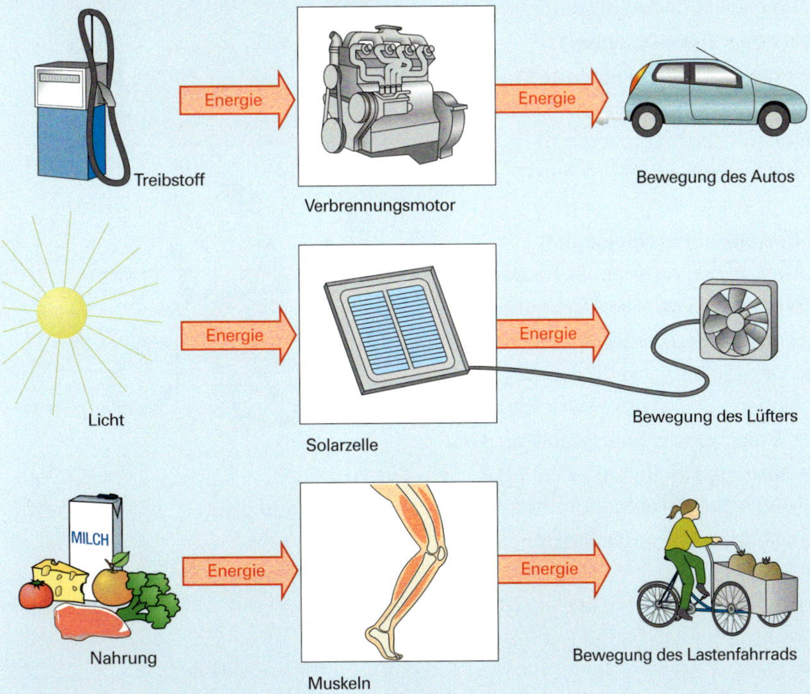

|7 Energie für Bewegungen

Unser Energiebedarf

1

1 Ermittle deinen Energiebedarf

a Schreibe auf, was du an einem Tag tust und wie lange die einzelnen Tätigkeiten dauern.

b Vergleiche deine Tätigkeiten mit den Beispielen in der Abbildung. 2
Berechne deinen persönlichen Energiebedarf. Rechne dabei Ruhe- und Schlafzeiten mit 280 Kilojoule pro Stunde (Durchschnittswert).

2 Erstelle einen Speiseplan

a Besorge dir eine Tabelle für den Energieinhalt von Nahrungsmitteln. Bei abgepackten Lebensmitteln ist er auch auf die Verpackung gedruckt.

b Notiere, was du an einem Tag alles isst. Berechne die Energie, die du mit der Nahrung aufnimmst.

c Vergleiche die aufgenommene Energie mit deinem Energiebedarf.

Grundlagen **Wie viel Energie braucht dein Körper?**

Der Energiebedarf der Menschen ist unterschiedlich. Er hängt vom Alter, von der Arbeit und der Lebensweise ab. Wer viel Sport treibt, benötigt mehr Energie als jemand, der liest. 2

Bei leichter Tätigkeit brauchst du pro Tag eine Energie von etwa 10 000 Kilojoule (sprich: kilo-dschūl).

Die Energie wird in der Einheit Joule (J) angegeben.
1000 J = 1 Kilojoule (kJ).
Die Einheit der Energie ist nach dem englischen Physiker *James P. Joule* (1818–1889) benannt.
Mit 1 kJ Energie kann man
- einen Eimer mit 10 Liter Wasser aus einem 10 m tiefen Brunnen hochziehen,
- den Tee in einer Tasse um 1 °C erwärmen,
- eine Sekunde lang staubsaugen.

Achte darauf, dass du nicht mehr Energie mit der Nahrung aufnimmst, als du brauchst. Nicht genutzte Nährstoffe werden in Fett umgewandelt und im Gewebe abgelagert.

Daraus können sich die ungeliebten „Pölsterchen" bilden.
Auf vielen Nahrungsmitteln ist angegeben, wie viel Energie enthalten ist. 3
Auch mit „Light"-Produkten sollte man vorsichtig sein, da sie zwar den Magen füllen, aber keine Energievorräte schaffen. Ein Hungergefühl bleibt.
Auch beim Nichtstun benötigt dein Körper Energie. Wenn du 40 kg wiegst, brauchst du beim Schlafen 160 kJ in der Stunde. Der *Grundbedarf* unseres Körpers beträgt 4 kJ für jedes Kilogramm Körpergewicht.

Bergsteigen	4800 kJ	Tennisspielen	1500 kJ
Skilaufen (Langlauf)	3800 kJ	Gymnastik	1200 kJ
Fußballspielen	3000 kJ	Spazierengehen, Bügeln	430 kJ
Joggen (9 km)	2500 kJ	Stehen	120 kJ
Schwimmen	1800 kJ	Sitzen	60 kJ
Tanzen	1800 kJ		

2 Zusätzlicher Energiebedarf bei 1 Stunde Tätigkeit

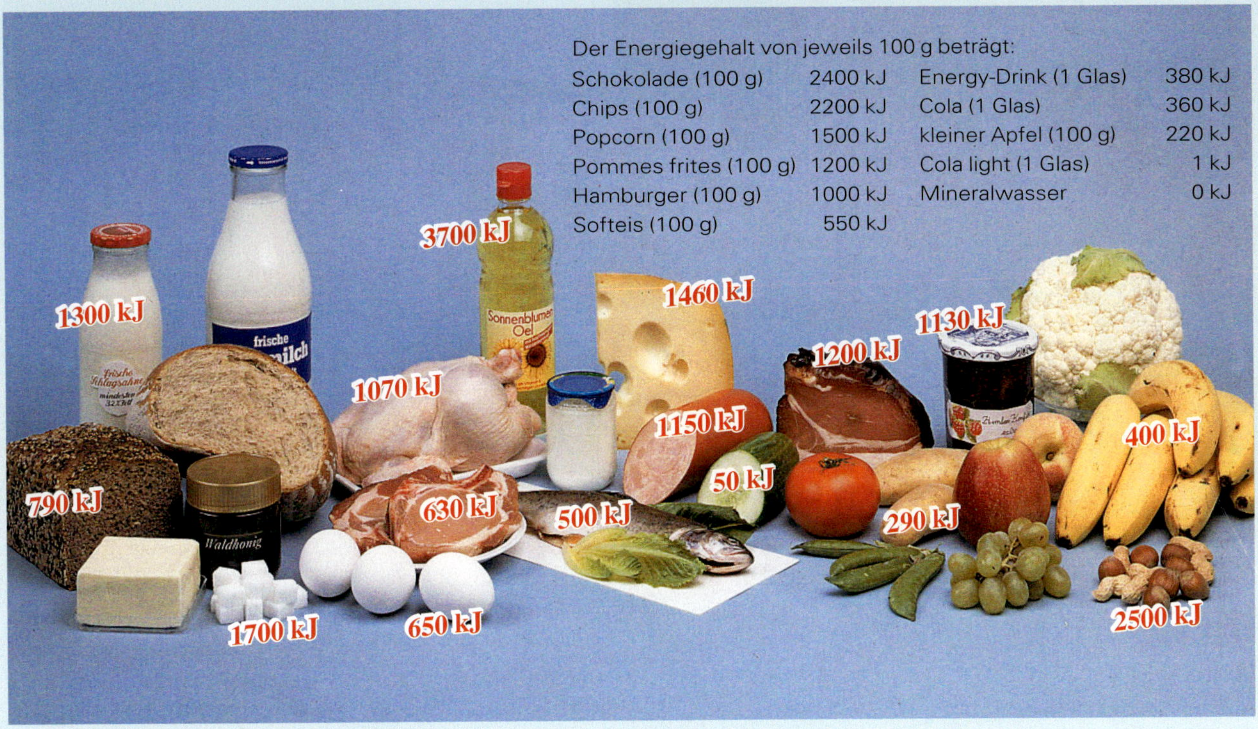

3 Energiegehalt von Nahrungsmitteln (100 g)

A Informiere dich über den Energiegehalt einer Portion deiner Lieblingsspeisen.

B Früher wurde in „Nährwerttabellen" die Energie statt in der Einheit Kilojoule (kJ) in Kilokalorien (kcal) angegeben. 1 Kilokalorie sind ungefähr 4 kJ. Katja isst eine kleine Pizza (550 kcal) und Leon einen Doppel-Hamburger (2070 kJ). Beide Portionen sind gleich schwer (200 g). Vergleiche ihren Energiegehalt.

C Was geschieht, wenn dein Körper mehr Energie erhält, als er braucht?

D* Nimm an, der Junge oben isst einen Apfel. 4

1 Wie viel Energie nimmt sein Körper jetzt auf?

2 Wie hoch müsste der Junge klettern, um diese Energiemenge vollständig zu nutzen?

E Ali hat eine halbe Tafel Schokolade gegessen. Er sagt: „Ich fahre mit dem Rad zur Schule – da verbrauche ich die Energie wieder." Was meinst du dazu?

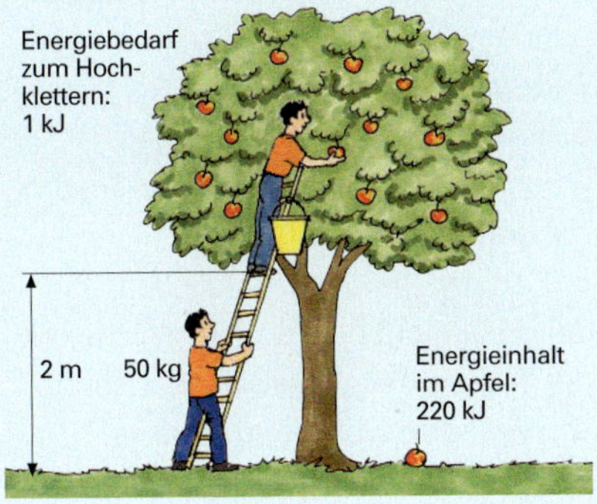

4

Gesundheit **Über- und Untergewicht**

Übergewicht ist nicht nur eine Frage des Aussehens, es belastet den ganzen Körper. Nur 5 kg Übergewicht bedeuten, dass Knochen und Gelenke 5 kg mehr tragen müssen. Herz und Blutkreislauf müssen zusätzliches Gewebe mit Nährstoffen und Sauerstoff versorgen.
Zu hohes Körpergewicht kann zu Bluthochdruck und Arterienverkalkung führen. Die Zuckerkrankheit (Diabetes) und andere Krankheiten können durch Übergewicht verstärkt werden.
Auch Untergewicht kann die Gesundheit beeinträchtigen. Dem Körper fehlen dann Energie und oft auch notwendige Vitamine und andere Stoffe. Dieser Mangel führt zu Müdigkeit und Anfälligkeit gegen Krankheiten.

Bewegung und Geschwindigkeit

1 Geschwindigkeit – nicht ungefährlich

2 „Geschwindigkeitsrausch"

Große Geschwindigkeiten machen Spaß. Sie können aber auch gefährlich sein! 1–2

1 Geschwindigkeiten schätzen und messen

Beobachtet auf dem Schulhof, wie ein Fahrrad mit gleichbleibendem Tempo im Kreis fährt. 3

a Jeder schätzt die Geschwindigkeit. Der Fahrer liest seine Geschwindigkeit auf dem Tacho ab. Vergleicht!

b Wiederholt den Versuch für andere Geschwindigkeiten.

c Wer hat am besten geschätzt?

3 Fahren mit gleichbleibendem Tempo

2 Wettlauf zwischen Radfahrer und Läufer

Beim letzten Sportfest ist Britta 50 Meter in 9,0 Sekunden gelaufen.

a Meinst du, dass du schneller bist oder es mit dem Fahrrad in der halben Zeit schaffst?

b Probiere es aus: Wie viel Zeit brauchst du bei schnellem Laufen und mit dem Rad für 50 Meter?

c Schätze die Geschwindigkeit, mit der du gerannt bist, und vergleiche mit der Tachoanzeige beim Fahrradsprint.

d Wer hätte wohl beim 5000-m-Rennen die besseren Aussichten – der Läufer oder der Radfahrer? Begründe!

3 Sturz aus 150 cm Höhe

Schon geringe Geschwindigkeiten können zu schweren Kopfverletzungen führen. Dass ein Fahrradhelm ein sinnvoller Schutz ist, zeigt ein Lehrerversuch. 4

a Zwei Wassermelonen werden in Folie eingewickelt, damit man sie anschließend noch essen kann. Sie stellen den Kopf eines Radfahrers dar. Die Melonen werden im Freien aus 150 cm Höhe fallen gelassen – eine mit einem Fahrradhelm als Schutz. Beobachte, was passiert.

b Beim Aufprall aus 150 cm Höhe haben die Melonen eine Geschwindigkeit von etwa 16 Kilometer pro Stunde. Vergleiche mit den Geschwindigkeiten im Straßenverkehr.

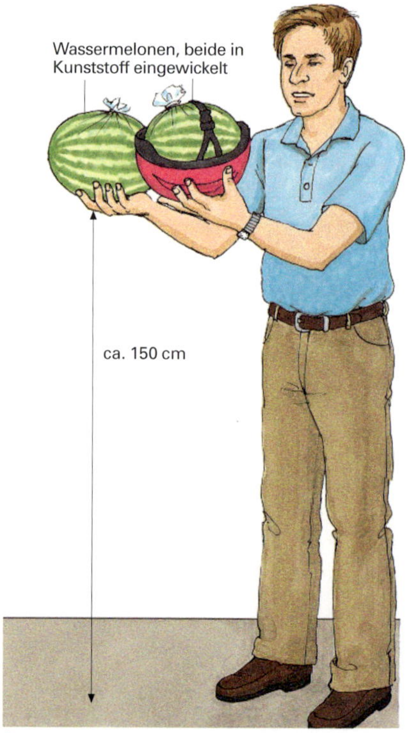

4 Wenn das dein Kopf wäre …

Interessantes **Das Erlebnis Geschwindigkeit**

Achterbahnfahren ist nicht nur Spaß. Auch Kreischen und Schaudern gehören dazu. Neugier und Spaß am Nervenkitzel überwiegen die Angst – vor der Höhe, dem rasanten Fahrtwind, der extremen Beschleunigung, den Sekunden des freien Falls.
Auf einer Achterbahn in England kann man sich in zwei Minuten auf eine Höhe von 72 Metern ziehen lassen. So hoch ist ein 24-stöckiges Hochhaus! Dann beginnt die Sturzfahrt. Das Herz fängt an zu pochen, die Anspannung steigt aufs Äußerste. In wenigen Sekunden schnellt die Geschwindigkeit auf 172 $\frac{km}{h}$. Eine Windschutzscheibe gibt es nicht! Enge Kurven und Loopings sorgen für den zusätzlichen „Kick“: Bei rasanten Tempo- und Richtungsänderungen drücken und zerren extreme Kräfte an uns und treiben das Fahrterlebnis bis zur Übelkeit. Das Bedürfnis nach immer stärkeren Erlebnissen scheint grenzenlos zu sein.

Reisen mit dem *ICE* ist ganz anders: keine extremen Belastungen, kein ohrenbetäubender Lärm, keine Angst. Auch bei „Tempo 300“ kann man ein Buch lesen, ohne die hohe Geschwindigkeit zu bemerken. *Unser Körper spürt nämlich nur die Änderung der Bewegung. Wenn wir nicht in die Umgebung schauen, können wir nichts über unsere Geschwindigkeit sagen.*
Ein noch erstaunlicheres Beispiel ist die Erde: Mit rund 100 000 $\frac{km}{h}$ rast sie einmal pro Jahr um die Sonne. Von dieser unvorstellbar großen Geschwindigkeit spüren wir nichts!

A Informiere dich in Prospekten, Büchern oder im Internet über die Spitzengeschwindigkeiten von Achterbahnen.

B Wann spürst du bei Bewegungen (z. B. mit der Achterbahn) große Kräfte?

C Welche Gefahren und Gesundheitsschäden drohen beim Achterbahnfahren? Informiere dich.

D Mit welchen Verkehrsmitteln kommt man in der Regel schneller vorwärts als mit der Achterbahn oder dem Auto?

Alltag **Gute Bremsen und Fahrradhelm sind unverzichtbar**

Vom richtigen Bremsen

Bei „Tempo 30“ springt plötzlich ein Hund vor dein Fahrrad auf die Straße. Da sind gute Bremsen und eine rasche Reaktion gefragt. Bremst du nur vorn, kann dein Hinterrad abheben und du fliegst über die Lenkstange! Nur wenn du mit Vorder- und Hinterrad gleichmäßig bremst, erzielst du eine maximale Bremswirkung und kannst sicher abbremsen.

Fahre nie ohne Helm!

Je schneller du bist, desto mehr Energie steckt in deiner Bewegung. Prallt ein Radfahrer mit 30 $\frac{km}{h}$ gegen einen Baum, so entspricht der Aufprall einem Sturz aus 3,5 m Höhe. |5 Hoffentlich hat der Radfahrer dann einen Helm aufgesetzt! Radrennfahrer tragen ihn schon immer – und auch für dich gibt es schicke und sichere Helme …
Außen besteht der Helm aus einer harten Schale, damit sich keine Spitze oder Kante hindurchbohrt. Innen fangen Schaumstoff und Hartschaum Stöße ab. Beim Turnen haben Matten die gleiche Aufgabe. Auf hartem Boden wäre die Verletzungsgefahr viel größer.

E Wie setzt du die Bremsen beim Fahrradfahren richtig ein?

F Was hat der Versuch mit der Melone mit dem Thema „Fahrradhelm“ zu tun?

G Warum ist ein Helm nötig, wenn man mit Inlinern fährt?

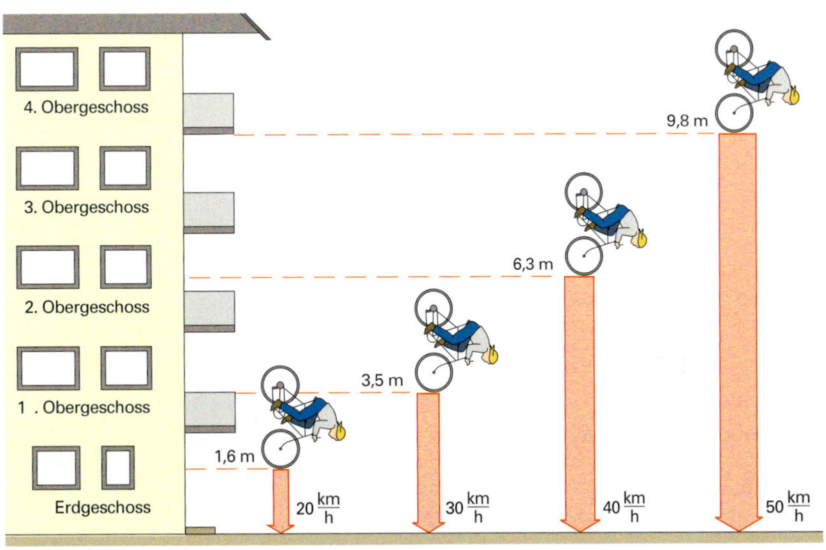

|5 Hier möchte niemand mit seinem Fahrrad hinabstürzen.

Wer ist schneller?

1 Usain Bolt

2 Britta Steffen

Usain Bolt (Jamaika) ist bei den Olympischen Spielen 2008 nach 9,69 Sekunden am Ziel – Weltrekord über 100 m! 1
Am 15. August 2008 jubeln 11 000 Zuschauer: Die Deutsche Britta Steffen schwimmt neuen olympischen Rekord. Sie legt die 100 m Freistil in 53,12 Sekunden zurück! 2
Ob die beiden schneller waren als 20 $\frac{km}{h}$?

A Wer würde für die gleiche Strecke weniger Zeit brauchen? 1–2

1 Wie viele Sekunden bräuchte Bolt für 200 m (wenn er das Tempo halten könnte)?
Tipp: Gehe von 100 m in 10 s aus.

2 Erkläre, wer schneller war – Usain Bolt oder Britta Steffen.

Grundlagen **Geschwindigkeiten vergleichen – Wege und Zeiten**

Wer läuft schneller?
Lukas läuft beim Sportfest 50 Meter in 8,2 Sekunden. Tina hat eine Zerrung, sie braucht 16,0 Sekunden für die gleiche Strecke. Maike schafft in 16,0 Sekunden sogar 100 Meter.

- Lukas ist schneller als Tina, da er *die gleiche Strecke in kürzerer Zeit* zurücklegt.
- Maike ist schneller als Tina, da sie *in gleicher Zeit eine längere Strecke* zurücklegt. Ihre Geschwindigkeit ist sogar doppelt so groß.

Ob Maike auch schneller als Lukas rennt, lässt sich durch einfaches Vergleichen nicht feststellen.

Um Geschwindigkeiten direkt vergleichen zu können, braucht man gleiche Strecken (Wege) oder gleiche Zeiten.

Die Geschwindigkeit

Die Geschwindigkeit gibt an, welche Strecke man in einer bestimmten Zeit zurücklegt.
Man berechnet sie so:
Geschwindigkeit = Weg : Zeit.

Oft gibt man an, wie viele Kilometer in einer Stunde zurückgelegt werden. Fährt man z. B. in einer Stunde 20 km weit, so beträgt die Geschwindigkeit 20 Kilometer „pro Stunde" (kurz: 20 $\frac{km}{h}$). In den Naturwissenschaften werden Geschwindigkeiten meist in „Meter pro Sekunde" (kurz: $\frac{m}{s}$) angegeben.

Umrechnung zwischen $\frac{m}{s}$ und $\frac{km}{h}$
Ein Sprinter erreicht kurzzeitig 10 $\frac{m}{s}$. Wie groß ist die Geschwindigkeit in $\frac{km}{h}$?
In 1 s legt der Sprinter 10 m zurück. Bei gleichbleibendem Tempo würde er in einer Minute (60 s) $60 \cdot 10\,m = 600\,m$ zurücklegen.
In einer Stunde (60 min) wären es $60 \cdot 600\,m = 36\,000\,m$.
Die Geschwindigkeit beträgt also 36 000 m pro Stunde oder 36 km pro Stunde.

B Ergänze die folgenden Sätze:
„Je länger die Zeit ist, die man für einen bestimmten Weg braucht, desto ..."
„Je länger der Weg ist, den man in einer bestimmten Zeit zurücklegt, ... "

C Wenn du sehr schnell gehst, kommst du in jeder Sekunde ungefähr 2 m weiter. Du kannst es ausprobieren.

1 Gib die Geschwindigkeit in $\frac{m}{s}$ an.

2* Ist die Geschwindigkeit höher als 10 $\frac{km}{h}$? Begründe!

Interessantes **Verschiedene Geschwindigkeiten**

Geschwindigkeiten in der Natur

Marathonlauf 5 Meter pro Sekunde (kurz: $5\,\frac{m}{s}$)

mäßiger Wind (Windstärke 4)	$7\,\frac{m}{s}$
Schwalbe	$17\,\frac{m}{s}$
Rennpferd	$25\,\frac{m}{s}$
Falke	$28\,\frac{m}{s}$
Orkan (Windstärke 12)	$60\,\frac{m}{s}$
Schall (in Luft)	$330\,\frac{m}{s}$
Licht	$300\,000\,000\,\frac{m}{s}$

Geschwindigkeiten im Verkehr

Fußgänger	$5\,\frac{km}{h}$
Radfahrer	$15\,\frac{km}{h}$

Zulässige Höchstgeschwindigkeit:

– Mofa	$25\,\frac{km}{h}$
– Auto, in Ortschaften	$50\,\frac{km}{h}$
– Auto, auf Landstraßen	$100\,\frac{km}{h}$
Schnellzug (ICE)	bis $300\,\frac{km}{h}$
Düsenverkehrsflugzeug	bis $980\,\frac{km}{h}$

Umrechnungstabelle

Die folgende Tabelle erleichtert das Vergleichen von Geschwindigkeiten mit unterschiedlichen Einheiten.

$\frac{m}{s}$	$\frac{km}{h}$
5	18
10	36
15	54
20	72
25	90
30	108
35	126
40	144
45	162
50	180

3 Schnecke: bis $5\,\frac{mm}{s}$

4 Gepard: bis $34\,\frac{m}{s}$

5 Fußball: bis $130\,\frac{km}{h}$

6 ICE: bis $300\,\frac{km}{h}$

D Diese Aufgaben kannst du mithilfe der Tabellen links lösen. Achte auf die Einheiten!

1 Wer ist schneller: ein Auto auf der Landstraße oder ein Gepard?

2 Wie viel Zeit benötigt eine Schnecke für einen 1 m langen Weg?

3* Ist ein Düsenverkehrsflugzeug schneller als der Schall? Berechne!

E Nichts ist schneller als Licht. In einer Sekunde legt es eine Strecke zurück, die siebenmal länger ist als der Äquator. Trotzdem ist das Licht von der Sonne ca. 500 s unterwegs, bis es die Erde erreicht. Wie viele Millionen Kilometer legt das Licht dabei zurück?

F* Wir veranschaulichen Geschwindigkeiten.

1 Suche auf dieser Seite, im Lexikon, im „Guinnessbuch der Rekorde" … je fünf interessante Geschwindigkeiten aus Natur und Technik und notiere sie.

2 Zeichne deine Geschwindigkeiten in ein Balkendiagramm ein. Jeder Millimeter Balkenlänge soll $1\,\frac{km}{h}$ entsprechen. Beschrifte die Balken.

Tipp: Wenn du zwei DIN-A4-Blätter aneinanderklebst, hast du Platz für einen 500 mm langen Balken. Das entspricht $500\,\frac{km}{h}$! Um noch größere Geschwindigkeiten einzuzeichnen, kannst du weitere Blätter ankleben.

3 Was war die größte Geschwindigkeit, mit der du jemals unterwegs warst (Auto, ICE, Flugzeug …)?
Was war die größte Geschwindigkeit, mit der ein Mensch je unterwegs war?
Tipp: Denke an die Raumfahrt. Suche selbst nach Angaben zu Zeiten und Wegen.

Alltag **Gefahren rechtzeitig erkennen!**

1

2

3

4

Radfahren macht Spaß. Manchmal kann es aber auch gefährlich werden. Schließlich bist du ja nicht allein unterwegs und auch andere Verkehrsteilnehmer können Fehler machen.

Die Bilder oben zeigen Verkehrssituationen, die für Radfahrer ziemlich gefährlich sind. 4–7

Hier musst du ganz besonders gut aufpassen!

A Beschreibe die Situationen der vier Bilder oben. 1–4 Wie kann man sie als Radfahrer verhindern?

B Kennst du die Verkehrsschilder von Bild 5? Erkundige dich danach, was sie bedeuten.

5 Sechs wichtige Verkehrsschilder

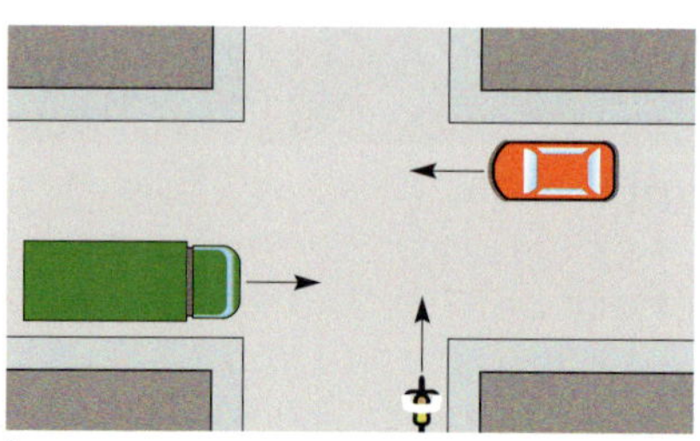

6 Wer darf zuerst fahren?

C Nenne Gefahren, die vom Zustand der Straße herrühren.

D Fachleute sagen: „Zu breite Lenker sind gefährlich." Warum stimmt das?

E Rechtsabbiegen ist ziemlich ungefährlich – dagegen ist Linksabbiegen gefährlich. Begründe diese Aussage.

F Fahrradunfälle passieren oft, weil ein Verkehrsteilnehmer die Vorfahrtregeln missachtet.
Eine wichtige Regel im Straßenverkehr lautet: „Rechts vor links."

1 Was bedeutet diese Regel?

2 Wer darf bei der hier gezeichneten Situation zuerst losfahren? 6 Das heißt: Wer hat hier Vorfahrt?

G Ab und zu werden Fahrrad-Wettbewerbe durchgeführt.
Wollt ihr teilnehmen? Erkundigt euch, wann und wo solche Wettbewerbe in eurer Nähe stattfinden (z. B. beim ADAC oder bei der Verkehrswacht).

Zusammenfassung

Energiebedarf

Für Bewegung braucht man Energie. Man kann sie mit dem Treibstoff zuführen oder mit der Nahrung oder mit Licht …
Bei der Umwandlung des Treibstoffs in Bewegung entsteht auch Wärme. Im Körper wird die Nahrung zur Energiegewinnung mit Sauerstoff aus der Luft „verbrannt". Dein Energiebedarf liegt bei etwa 10 000 Kilojoule (kJ) pro Tag.
Wer körperlich arbeitet oder Sport treibt, braucht mehr Energie.
Führt man mit der Nahrung zu viel an Energie zu, werden die nicht benötigten Nährstoffe in Fett umgewandelt und gespeichert.

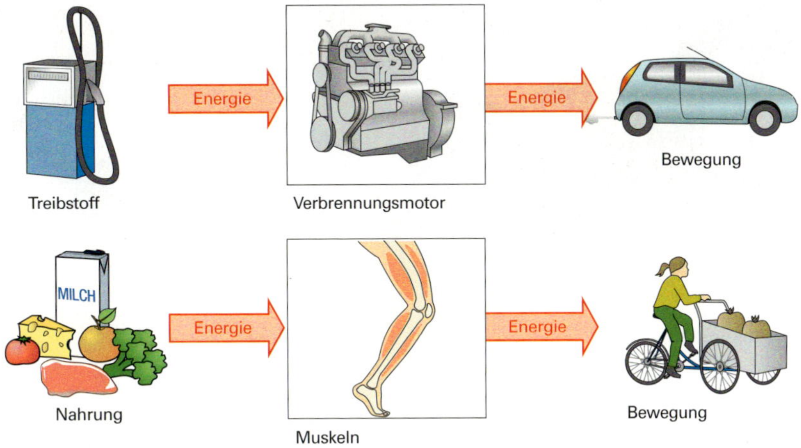

7 Nahrung und Treibstoffe liefern Energie.

Die Geschwindigkeit

Die Geschwindigkeit ist umso größer, …
- je länger der Weg ist, den man in einer bestimmten Zeit zurücklegt; 8
- je kürzer die Zeit ist, die man für einen bestimmten Weg braucht. 9

Die Geschwindigkeit gibt an, welchen Weg man in einer bestimmten Zeit zurücklegt. Geschwindigkeiten gibt man in Meter pro Sekunde $\left(\frac{m}{s}\right)$ oder in Kilometer pro Stunde $\left(\frac{km}{h}\right)$ an. $10\,\frac{m}{s} = 36\,\frac{km}{h}$.

Je schneller ein Gegenstand ist, desto mehr Energie steckt in seiner Bewegung.

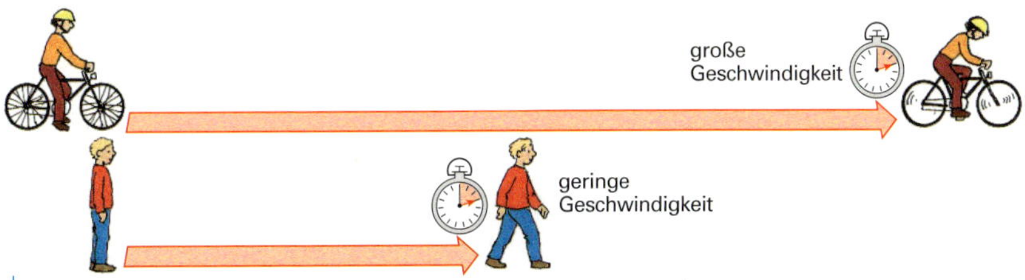

8 Größere Geschwindigkeit: längerer Weg in gleicher Zeit

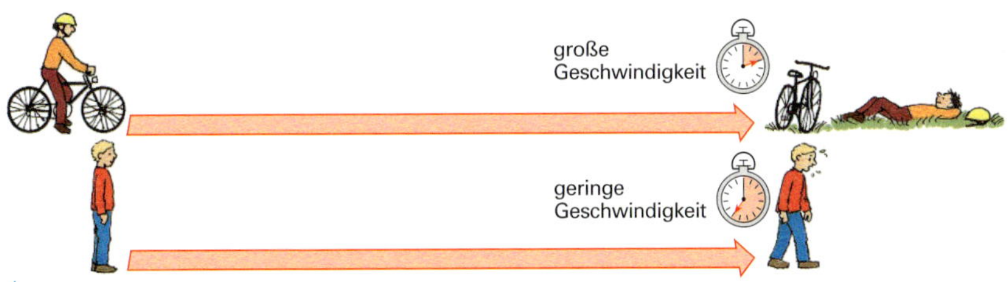

9 Größere Geschwindigkeit: kürzere Zeit für gleichen Weg

Alles klar?

A Wie weit kann ein Fußgänger in einer Stunde (8 Stunden) gehen?
B Du sollst Freunde überzeugen, einen Fahrradhelm zu tragen. Von welchem Versuch würdest du ihnen erzählen? Beschreibe den Versuch.
C* Peter läuft 1000 m in 5 Minuten und 33 Sekunden. Gib seine Geschwindigkeit in Meter pro Sekunde an. Wie lange braucht er für 300 m?
D Beim Gewitter siehst du einen Blitz. Erst drei Sekunden später hörst du den Donner. Was hat das mit der Schallgeschwindigkeit zu tun? Wie viele Meter war der Blitz von dir entfernt?
E Warum erfordert ein 45-minütiges Badmintonspiel viel mehr Energie als eine gleich lange Wanderung?

Wie sich Landtiere fortbewegen

1 Zehenspitzengänger

2 Zehengänger

3 Sohlengänger

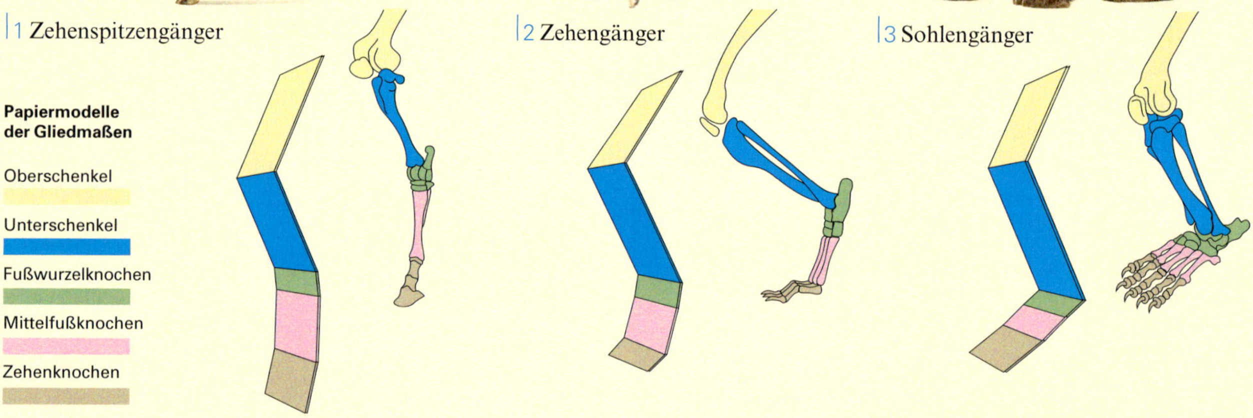

Zehenspitzengänger, Zehengänger, Sohlengänger – so nennt man das Pferd, den Hund und den Bären. 1–3 *Kannst du dir vorstellen, wie man auf diese Bezeichnungen gekommen ist?*

Grundlagen **Unterschiedliche Gehweisen der Landtiere**

Auf dem Festland gibt es ganz unterschiedliche Lebensräume. Deshalb sind auch die Fortbewegungsweisen der Tiere verschieden. Zwischen der Form der Beine und Füße und deren Aufgaben besteht eine enge Beziehung: Je länger die Beine sind, desto schneller können die Tiere laufen.
Beim *Laufen* bleibt mindestens ein Bein mit dem Boden in Berührung. Beim *Springen* sind zeitweise alle vier Beine in der Luft.
Schnell laufende Tiere treten nur mit den *Zehenflächen* oder *Zehenspitzen* statt mit der ganzen Sohle auf.
Tiere sind in ihrer Fortbewegung an die verschiedenen Lebensräume angepasst.

A Die Bilder oben zeigen einen Sohlengänger, einen Zehengänger und einen Zehenspitzengänger. 1–3

1 Mit welchen Teilen des Fußes berühren die Tiere jeweils den Boden?

2 Nenne für jede Gruppe weitere Tierarten.

3 Vergleiche die Lebensweise der Zehengänger, Zehenspitzengänger und Sohlengänger miteinander.

4 Versuche einmal, ob du dich auf deinen Sohlen, deinen Zehen und deinen Zehenspitzen fortbewegen kannst.

B Wälder, Grasländer oder Wüsten sind Lebensräume des Festlands.

1 Welchen Tierarten bieten die Wälder gute Möglichkeiten zum Klettern und Hangeln?

2 Welche Anpassungen an die Baumlebensweise zeigen diese Arten?

C Antilopen, Strauße und Kängurus sind Tiere der Wüsten und Savannen.

1 Welche Probleme ergeben sich für Tiere in solchen Lebensräumen?

2 Welche Fortbewegungsweise wäre hier vorteilhaft?

D Auch der Untergrund ist für die Fortbewegung von Bedeutung. Auf Schneeflächen, Mooren und Sandgebieten besteht die Gefahr einzusinken.

1 Nenne Tiere dieser Lebensräume.

2 Welche Anpassungen ermöglichen diesen Tieren eine Fortbewegung im weichen Untergrund?

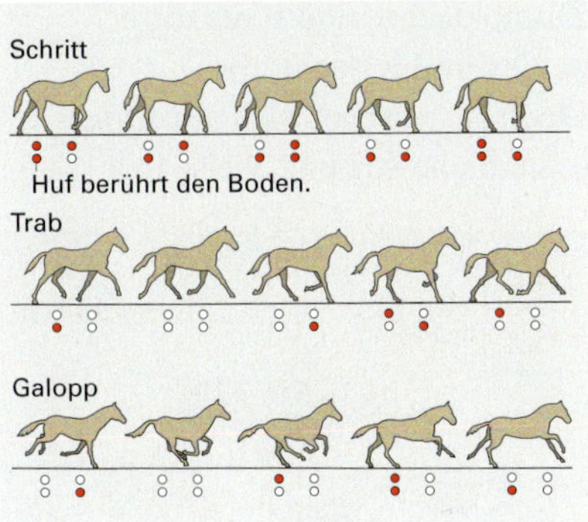

4 Verschiedene Gangarten des Pferdes

5 Maulwurf

Fortbewegung auf der Erde

Wenn *Pferde* sich fortbewegen, berühren sie den Boden nur mit den Zehenspitzen. Man nennt sie *Zehenspitzengänger*. An jedem Fuß besitzen Pferde nur *eine* Zehe, die anderen Zehen sind verkümmert. Die Zehenspitze ist von einem Huf aus Horn umgeben und so vor Verletzungen geschützt. Man zählt Pferde zu den *Unpaarhufern*, weil sie nur auf einer Zehe gehen (und nicht auf zwei Zehen wie z. B. Rinder).
Je nachdem, wie schnell sich die Pferde fortbewegen, tun sie das auf unterschiedliche Art: im *Schritt*, im *Trab* oder im *Galopp*. 4
Im Galopp kann ein Pferd über kurze Strecken Geschwindigkeiten von 55 km pro Stunde erreichen.

Fortbewegung unter der Erde

Der *Maulwurf* ist an seine Leben unter der Erde angepasst. 5 Sein Körper ist walzenförmig. Das samtartige Fell lässt sich gleich gut nach vorne und nach hinten streichen. Er hat keine Ohrmuscheln. Die Ohröffnungen kann er schließen, ebenso seine kleinen Augen, die Schnauze und die Nasenlöcher.
Die Vordergliedmaßen des Maulwurfs sind zu kurzen Grabbeinen mit kräftigen, langen Krallen umgebildet. Die Unterarme sind sehr kurz, die Hände sind schaufelartig verbreitert. Sie stehen waagerecht vom Körper ab.

Fortbewegung über der Erde

Das *Eichhörnchen* ist ein Baumtier. Leichte Knochen und lange Hinterbeine ermöglichen ihm ein gewandtes Klettern und Springen. Der buschig behaarte Schwanz hilft ihm dabei, das Gleichgewicht zu halten. Er dient als Steuerruder. 6
Eichhörnchen können mit Fingern, Zehen oder Krallen geschickt greifen. Das gilt auch für andere kletternde Tiere *(Affen, Faultiere)*. Vielen Affen dient ein langer Schwanz als zusätzliches Greiforgan.

6 Eichhörnchen

E Gangarten des Pferdes 4

1 Wie viele Beine werden jeweils gleichzeitig abgehoben und nach vorne gesetzt? In welcher Reihenfolge werden die Beine bewegt?

2 Bei welcher Gangart steht das Tier am stabilsten? Bei welcher Gangart ist der Raumgewinn am größten? Begründe!

F Stell dich auf die Zehenspitzen und versuche so ein Stück weit zu gehen.

1 Was stellst du fest?

2 Warum macht diese Gehweise den Pferden keine Probleme?

G Der Maulwurf ist an das Leben im Boden angepasst.

1 Skizziere einen Maulwurf und trage wichtige Anpassungsmerkmale ein.

2 Erläutere, warum für den Maulwurf kurze Arme vorteilhaft sind.

3 Nenne weitere Tiere, die ebenfalls unter der Erde leben.
Zu welchem Zweck benutzen sie jeweils ihre unterirdische Wohnung?

Kriechen und Schlängeln

1 Zauneidechse (Weibchen)

Zauneidechse und Kreuzotter – beides sind Kriechtiere. 1–2
Doch sie bewegen sich auf unterschiedliche Art und Weise fort.

2 Kreuzotter

Grundlagen **Fortbewegungsarten der Kriechtiere (Reptilien)**

Kriechtiere
Eidechsen und Schlangen bewegen sich durch schlängelndes Kriechen vorwärts. Deswegen bezeichnet man diese Tiere als *Kriechtiere* (oder *Reptilien*).

Die Fortbewegung der Kreuzotter
Die Kreuzotter *kriecht* durch Winden ihres Körpers vorwärts.
Dabei ziehen sich abschnittsweise Muskeln in der linken und rechten Körperhälfte zusammen. Dadurch werden die Rippen auf die Schuppen des Bauches gedrückt. 3

Die Folge ist, dass sich die Schuppen abspreizen und im Boden verankern. So wird ein Rückwärtsgleiten verhindert. Den restlichen Körper zieht die Schlange in Wellenform nach. Bei ihrer Vorwärtsbewegung stemmt sich die Schlange von Unebenheiten des Bodens ab.

Die Fortbewegung der Zauneidechse
Die Eidechse *schlängelt sich* vorwärts: Anders als die Schlange setzt sie zur Fortbewegung ihre Beine ein. Diese schieben den beweglichen Körper vorwärts. 4

Dabei setzt die Zauneidechse gleichzeitig das linke Vorder- und das rechte Hinterbein vor. Anschließend geschieht das Gleiche mit dem rechten Vorderbein und dem linken Hinterbein.

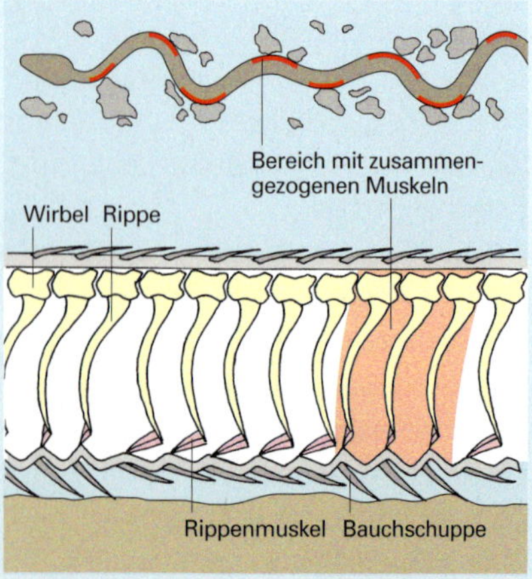

3 Rippen und Muskeln der Schlange

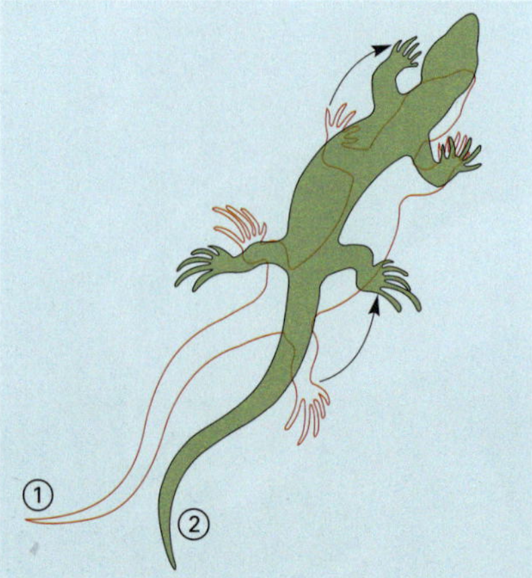

4 Beineinsatz der Eidechse

1 Bauanleitung

Wir bauen ein Eidechsenmodell 5
Führe damit das Kriechen der Eidechse vor. Achte auf die Stellung der Beine und die Biegung des Rumpfes.

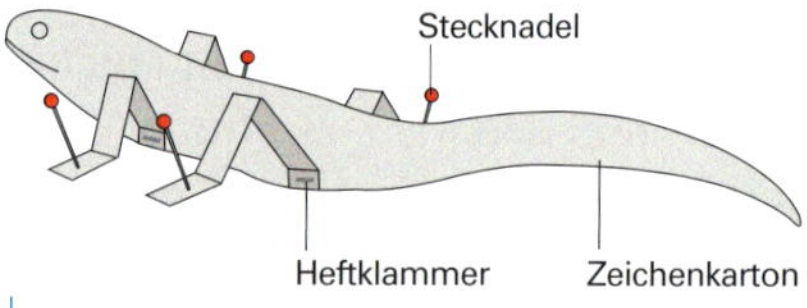

5 Modell einer Eidechse

A Fortbewegung der Schlange: 3
1 Warum muss die Wirbelsäule einer Schlange besonders biegsam sein?
2 Wodurch werden die Bauchschuppen der Schlange bewegt?
3 Warum kommt eine Schlange auf glatter Grasfläche nicht voran?

B Erläutere die Art der Fortbewegung einer Eidechse. 4
Versuche wie eine Eidechse zu kriechen.

Die Mehrfachkönner

Die meisten Tierarten sind auf eine Fortbewegungsart spezialisiert. Sie bewegen sich zu Lande oder zu Wasser oder in der Luft.
Der Grasfrosch und die Stockente sind da vielseitiger. |6–7

|6 Grasfrosch

|7 Stockenten

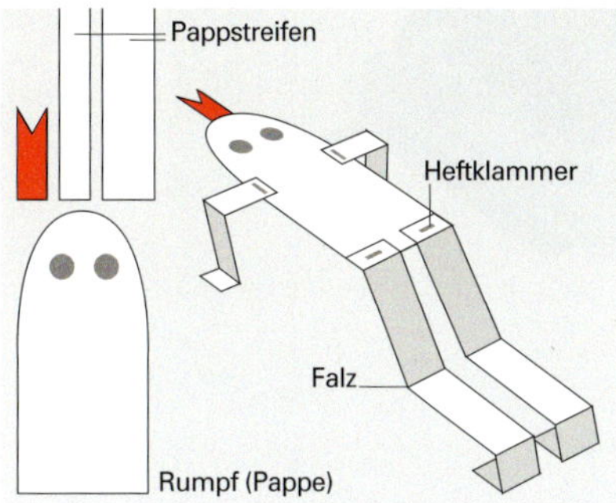

|8 Funktionsmodell zum Froschsprung

Grundlagen **Frosch und Ente**

Der Grasfrosch
An Land bewegt sich der Grasfrosch *gehend* fort. Bei Gefahr kann er aber auch weit *springen*. Außerdem ist er ein guter *Schwimmer*.
Mit den stark entwickelten Hinterbeinen kann ein Grasfrosch bis zu 1 m Meter weit springen.
Zwischen den Zehen der Hinterbeine hat er Schwimmhäute. Deshalb schwimmt und taucht er sehr gut.
Die kurzen Vorderbeine benutzt der Grasfrosch an Land mehr als Stütze als zur Fortbewegung.

Die Stockente
Die *Ente* hat Ruderfüße mit Schwimmhäuten. Sie ist ein guter *Schwimmer* und kann sogar *tauchen*.
An Land bewegt sich die Ente *watschelnd* fort. Mit ihren kurzen Beinen kommt sie allerdings nur langsam vorwärts.
Bei Gefahr erhebt sie sich vom Wasser in die Luft und *fliegt* mit schnellem Flügelschlag davon.

1 Bauanleitung
Wir bauen ein Froschmodell |8
Was stellen an dem Modell die Pappstreifen dar, was die Heftklammern?

2 Mehrfachkönner „Grasfrosch" |9
a Beschreibe, wie der Grasfrosch *springt*. Achte auf seine Hinterbeine und darauf, wie er landet.
b Welche Rolle spielen die Schwimmhäute zwischen den Zehen der Hinterbeine beim *Schwimmen*? Wie müssen die Zehen beim Vorwärtsziehen der Beine stehen, wie beim Zurückschlagen? Beschreibe seinen Schwimmstil.
c Wozu dienen die Vorderbeine beim Springen und beim Schwimmen?

3 Mehrfachkönner „Stockente" |10
a Was macht die Ente zu einem guten Schwimmer? Vergleiche den Fuß einer Stockente mit dem eines Singvogels. Beschreibe die Zehenstellung des Entenfußes beim Schwimmen.
b Der Körper der Ente ist wie ein Kahn geformt. Das dichte Federkleid enthält viel Luft und ist eingefettet. Kahnform, Luftpolster und das Einfetten sind „Schwimmhilfen". Erläutere!

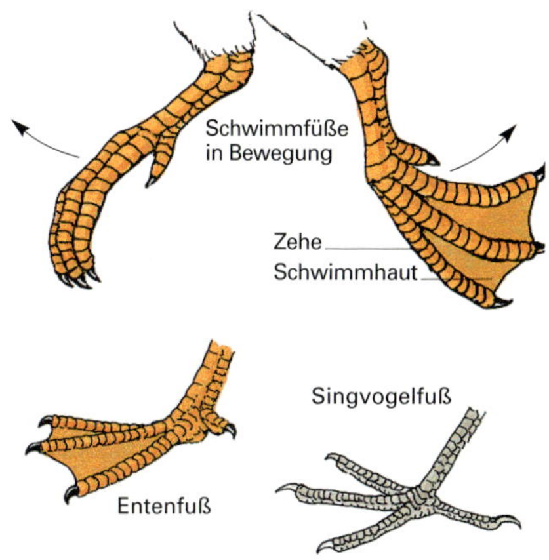

|10 Merkmale eines guten Schwimmers

|9 Der Frosch beim Schwimmen und Springen

Selbst erfinden – Fahrzeuge mit Antrieb

Mit der Energie einer gespannten Mausefalle auf Rekordfahrt! |1

Fahrzeugmodelle mit einfachem Antrieb zu bauen ist gar nicht so schwer. Dazu braucht ihr eine Karosserie aus Holz oder Kunststoff und drei oder vier Räder. Sie sollten möglichst reibungsarm laufen. Für den Betrieb auf dem Schulhof sind Gummireifen mit Profil geeignet. An euren Modellfahrzeugen oder Spielzeugautos könnt ihr interessante Messungen machen: Wer fährt am weitesten, längsten, schnellsten ...?

|1 Eine Mausefalle auf Rädern

1 Bau eines Fahrzeugs mit Gummimotor |2

Das Fahrzeug wird mit der Energie eines gespannten Gummis angetrieben. Um den Gummi zu spannen, muss es zunächst entgegen der Fahrtrichtung geschoben werden.

|2 Fahrzeug mit Gummimotor

2 Bau eines „Raketenautos" |3

Das „Raketenauto" funktioniert so: Wenn der Ballon seine Luft nach hinten wegschleudert, bewegt sich das leichte Fahrzeug nach vorne. Man nennt das *Rückstoßantrieb*: rückwärts stoßen, um vorwärts zu kommen. Richtige Raketen schleudern beim Start große Mengen heißer Verbrennungsgase nach unten heraus.

Wie könnt ihr dafür sorgen, dass euer Raketenauto möglichst weit fährt? Was vermutet ihr? Probiert es aus!

|3 „Raketenauto"

3 Bau eines Propellerwagens |4

Flugzeuge nutzen ebenfalls den Rückstoßantrieb. Propeller oder Turbinen schleudern große Luftmengen nach hinten. Auch auf der Startbahn kommt das Flugzeug auf diese Weise ins Rollen und beschleunigt, bis es abhebt. Erprobt an eurem Modell verschiedene Propellerformen und -größen.

|4 Flugzeug ohne Flügel

4 Bau eines „Dragsters" | 5

Ein kleines Zahnrad („Ritzel") auf der Achse eines Elektromotors treibt das größere Zahnrad auf der Hinterachse des Autos an.
Dadurch dreht sich die Hinterachse langsamer als der Motor – ähnlich wie beim ersten Gang deines Fahrrads. Dein „Dragster" fährt trotzdem so schnell, dass du rennen musst, um ihm zu folgen.

5 Fahrzeug mit Solarantrieb | 6

Die Sonne liefert die kostenlose Antriebsenergie für den Motor. Das Fahrzeug ist mit zwei Solarzellen ausgestattet. Wenn sie rechtwinklig zur Sonnenstrahlung gestellt werden, erreicht es die höchste Geschwindigkeit. Testet eure Solarfahrzeuge auf dem Schulhof.

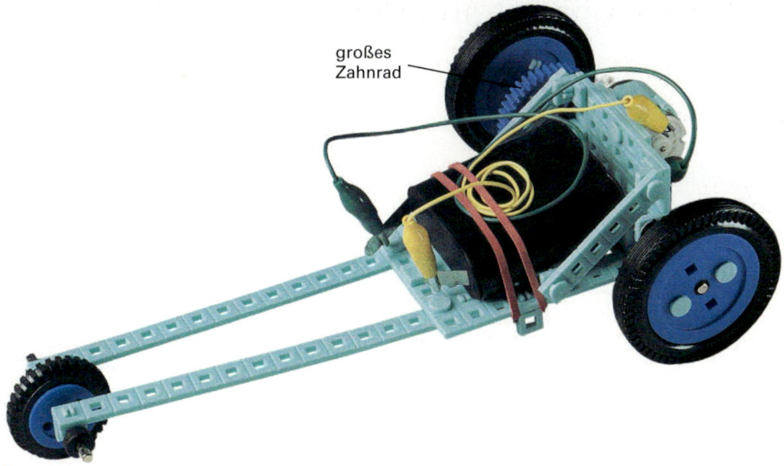

5 „Elektrodragster"

6 Solarfahrzeug

6 Vergleich der Modelle

a Beobachtet und beschreibt den Bewegungsablauf bei euren Fahrzeugen: Start – Fahrt – Abbremsen. Drehen die Räder durch? Kann das Fahrzeug die Richtung halten …?
Erfindet, plant, baut und erprobt auch andere Fahrzeugmodelle.

b Wettbewerbe: Welches Fahrzeug …
- läuft am leisesten?
- rollt auch ohne Antrieb am weitesten (Start von einer Schräge)?
- fährt den steilsten Berg hoch?
- fährt am schnellsten?

Versucht eure Beobachtungen zu erklären und die Modelle zu verbessern.

c Zeichnet auf glattem Boden eine Teststrecke von zwei oder mehr Metern Länge auf.
Ermittelt die Geschwindigkeiten auf dieser Teststrecke.
Welches Fahrzeug war am schnellsten? Versucht das Ergebnis zu erklären.

Fahrzeug	Weg (gemessen)	Zeit (gemessen)	Geschwindigkeit (berechnet)
Fahrzeug mit Gummimotor	2 m	? s	? $\frac{m}{s}$
…	2 m	? s	? $\frac{m}{s}$

Vögel – angepasst ans Fliegen

1 Taube im Flug

Zu fliegen wie ein Vogel – ohne Hilfsmittel gelingt das keinem Menschen! Vögel sind an den Lebensraum Luft auf vielfältige Weise angepasst ...

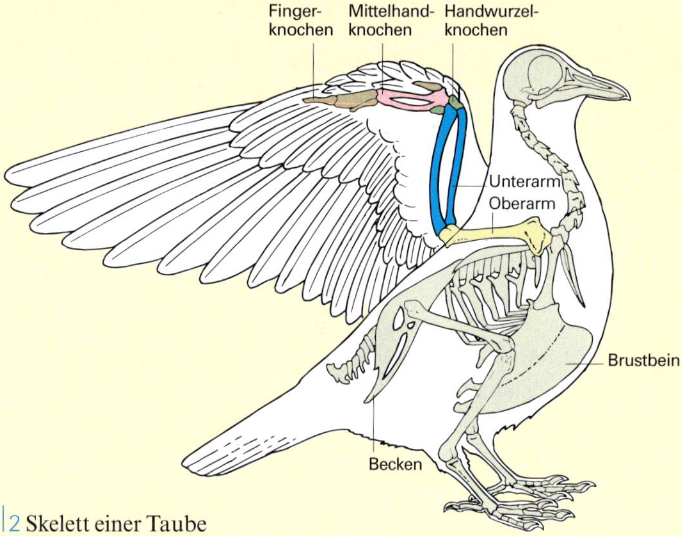

2 Skelett einer Taube

1 Federsammlung

Im Wald findest du häufig Vogelfedern. Lege eine Federsammlung an. Notiere dazu die Vogelart, den Federtyp, den Fundort und das Funddatum. 3

3 Federtypen

2 Bau und Eigenschaften von Federn

a Vergleiche das Gewicht einer Vogelfeder mit dem eines gleich großen Papierstücks.

b Untersuche eine Feder mit der Lupe. Wie ist sie gebaut? Zeichne und beschrifte ihre Teile. Schau dir dazu den Text *Grundlagen* an.

c Wodurch wird die Fahne der Feder fest zusammengehalten?

d Knicke einen Federschaft hin und her, bis er abbricht. Zähle, wie oft du ihn knicken musst. Wiederhole den Versuch mit einem Stück Draht.

e Halte eine große Feder vor eine Kerzenflamme. Versuche mit einem Trinkhalm die Kerze durch die Feder hindurch auszublasen. 4 Führe denselben Versuch zum Vergleich mit einem straff gespannten Taschentuch durch.

4 Versuch: Luft durch eine Feder blasen

3 Körpergewicht von Vögeln

Vergleiche die Körpergewichte etwa gleich langer Säugetiere und Vögel aus der Tabelle. Was stellst du fest? Begründe die Unterschiede.

	Körperlänge	Körpergewicht
Feldhase	67 cm	4000 g
Stockente	60 cm	1200 g
Wildkaninchen	46 cm	1800 g
Rabenkrähe	48 cm	550 g

4 Leichtbauweise

a Ermittle mit einer Balkenwaage die Gewichte zweier etwa gleich großer Knochen eines Vogels und eines Säugetiers.

b Vergleiche den Längsschnitt durch einen Vogelknochen mit dem abgebildeten Flugzeugflügel. 6

c Wo findest du die Leichtbauweise in der Technik?

5 Flügelform

Betrachte an einem ausgestopften Vogelbalg die Form der Flügel. Achte auf die Form der Vorderkante und die der Hinterkante des Flügels. Vergleiche mit dem Querschnitt der Tragfläche eines Flugzeugs.

Federn und Flügel

Vögel sind die einzigen Wirbeltiere mit Federkleid. |5 Die flauschigen *Daunenfedern* hüllen den Körper ein und schützen ihn vor Wärmeverlust. Darüber liegen die *Deckfedern* wie Dachziegel übereinander und nehmen dem Körper die Ecken und Kanten. So erhält er eine strömungsgünstige Form.
Große *Schwungfedern* sitzen an den Unterarm- und Handknochen des Flügels. Sie bilden beim Fliegen die Tragfläche. Die *Schwanzfedern* dienen zum Steuern. Die Federn sind so gebaut, dass kaum Luft hindurchströmen kann. Eine Taube hat rund 4000 Federn, alle zusammen wiegen nur 15 g!

Die Leichtbauweise

Das Skelett eines Vogels ist erheblich leichter als das eines gleich großen Säugetiers. Viele Knochen sind von Hohlräumen durchzogen. |6
Innen sind sie durch Verstrebungen verstärkt. So haben sie trotz des geringen Gewichts genug Stabilität. Am Kamm des Brustbeins setzen gewaltige Flugmuskeln an. Bei einer 400 g schweren Taube wiegen die Brustmuskeln 130 g, das Skelett aber nur 20 g.
Die Schädeldecke der Vögel ist papierdünn. Anstelle eines schweren Gebisses besitzen Vögel einen leichten Hornschnabel. Besonders leicht sind die Federn gebaut.

Anpassungen bei Verdauung und Atmung

Zum Fliegen ist viel Energie nötig. Bei Vögeln laufen daher alle Stoffwechselvorgänge rasch ab. Sie fressen viel und verdauen schnell. Ihre Atmungsorgane sind besonders leistungsfähig. Sie bestehen aus der Lunge und 5 Paar Luftsäcken. Die Luftsäcke wirken wie Blasebälge und sorgen für eine gute Belüftung der Lunge. Das Herz schlägt sehr rasch.

Vogelkörper sind durch Leichtbauweise an das Fliegen angepasst. Die vorderen Gliedmaßen der Vögel sind zu Flügeln umgebildet und wie der ganze Körper mit Federn bedeckt. Federn sind das Kennzeichen aller Vögel. Federn bestehen aus Horn und werden von der Haut gebildet.
Die Lungen der Vögel stehen mit Luftsäcken in Verbindung und sind dadurch sehr leistungsfähig.

A Vergleiche die Atmungsorgane eines Vogels mit denen eines Menschen. Nenne die wesentlichen Unterschiede.

B Das Herz eines Rotkehlchens schlägt bis zu 600-mal in der Minute. Vergleiche seinen Puls mit der Häufigkeit der Herzschläge beim Menschen. Begründe den Unterschied.

C Fasse die Anpassungen des Vogelkörpers an das Fliegen in einer Tabelle zusammen. Kennst du Vogelarten, die nicht fliegen können?

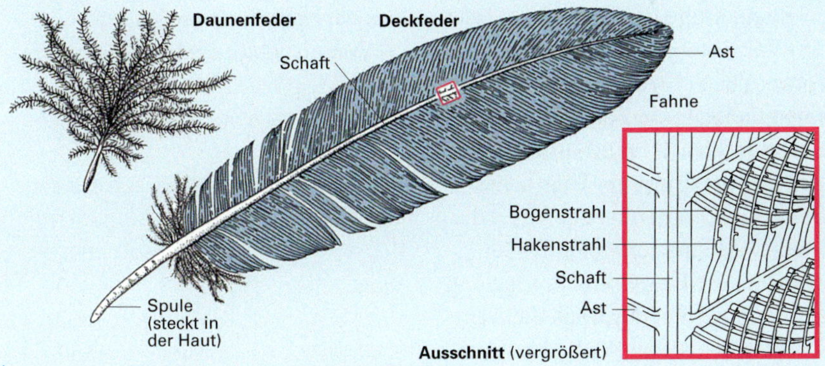

|5 Aufbau einer Feder

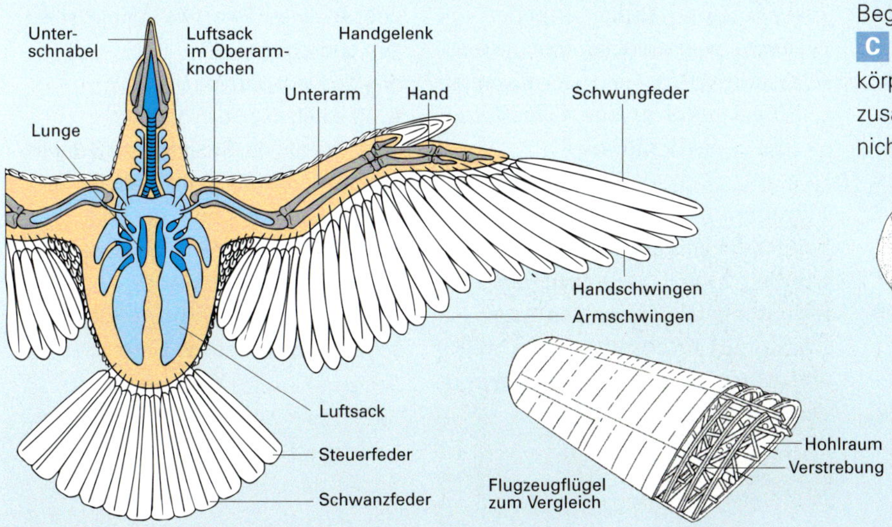

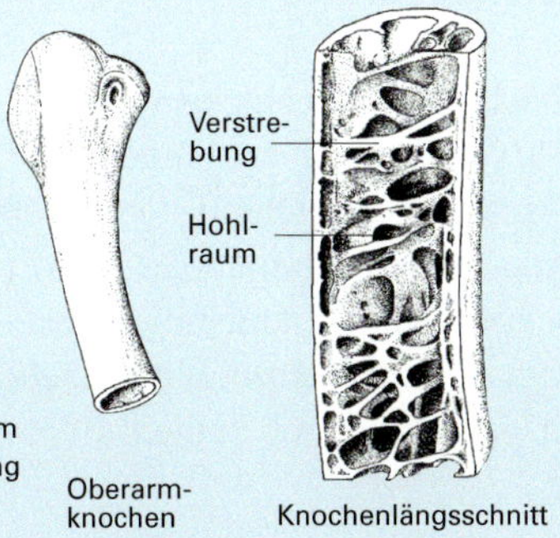

|6 Vögel sind in ihrem Körperbau an das Fliegen angepasst

Wie Vögel fliegen

1 Höckerschwan beim Ruderflug

2 Abschlag

Grundlagen **Vom Vogelflug**

Beim Fliegen muss der Vogel mit drei Problemen fertig werden:

- Sein eigenes Gewicht zieht ihn nach unten.
- Der Luftwiderstand bremst seine Geschwindigkeit.
- Luftwirbel können ihn zum Absturz bringen.

Trotzdem sind die meisten Vögel ausgezeichnete Flieger.
Vogelflügel und Vogelkörper sind strömungsgünstig gebaut. So wird der Vogel beim Vorwärtsgleiten kaum durch den Luftwiderstand gebremst. Um beim Fliegen nicht allmählich an Höhe zu verlieren, nutzen viele Vögel aufsteigende warme Luftströmungen. Aufwinde entstehen auch dort, wo Luft gegen einen Hang strömt.

Beobachtungen am Höckerschwan 1

Der Start: Nach einem langen Anlauf mit ausgebreiteten Flügeln versucht der Schwan genügend Fahrt zu bekommen. Weit ausholend schlägt er kraftvoll mit den Flügeln, bis er sich schließlich in die Luft erhebt.

Der Ruderflug: Der Schlag der Flügel nach unten, der *Abschlag*, lässt den Vogel steigen und bringt ihn voran. Die Schwungfedern bilden einen lückenlosen Fächer, der keine Luft durchlässt. Hand- und Armschwingen wirken als Tragfläche. 2
Beim *Aufschlag* führt der Vogel die Flügel wieder nach oben. Dabei knickt er die Flügel im Handgelenk ein. Jetzt wirken nur noch die Armschwingen als Tragfläche. 3
Steuern: Beim Fliegen steuert der Schwan mit den Schwanzfedern.
Landen: Zum Landen senkt der Vogel die Schwanzfedern. Um die Geschwindigkeit zu verringern, spreizt er Flügel und Schwanz. Gleichzeitig streckt er die Beine vor.

Flügelform

Schnell fliegende Vögel haben spitzwinklige Flügel. Sie setzen dem Auftrieb wenig Widerstand entgegen. Für kurze Entfernungen sind breite, abgerundete Flügel besser. So kann der Vogel schneller abheben.

A Beschreibe mit der Bildfolge oben, wie der Höckerschwan fliegt.

1 Warum nimmt der Vogel einen Anlauf?

2 Wie hält er seine Flügel beim Auf- und beim Abschlag?

B Warum kann ein Mensch nicht aus eigener Kraft fliegen?

1 Wie verschiedene Vögel fliegen

Beobachte im Garten, in einem Park oder an einem See, wie Vögel losfliegen und landen.

a Wie fliegt der Vogel los?

b Wie hält er sich in der Luft?

c Achte auf die Stellung des Schwanzes beim Steigen, Fallen, Abbremsen, Stehen und Wenden in der Luft. Stellst du Unterschiede zwischen den verschiedenen Arten fest?

d Was ist gleich wie beim Höckerschwan, wo findest du Unterschiede?

3 Aufschlag

2 Flugarten im Modellversuch: Gleitflieger

Vögel können durch die Luft gleiten, segeln und rudern, sie können rütteln und schwirren.

Wir untersuchen jetzt das Gleiten. Bastle einen Papierflieger. Achte darauf, dass er symmetrisch ist.

a Finde durch Ausprobieren die beste Wurftechnik heraus.

b Wenn dein Flieger richtig getrimmt ist, fliegt er am weitesten. 4

c Vergleiche unterschiedlich schwere und verschieden große Papierflieger. Baue dazu 4 Flugmodelle aus folgenden Materialien:

Flugmodell 1: ein DIN-A4-Bogen,
Flugmodell 2: zwei übereinandergeklebte DIN-A4-Bögen,
Flugmodell 3: ein DIN-A5-Bogen,
Flugmodell 4: zwei übereinander geklebte DIN-A5-Bögen.

Bestimme das Gewicht deiner Papiermodelle. Vergleiche ihre Flugzeit mit der Stoppuhr. Achte darauf, dass die Flugbedingungen immer gleich sind.

Flugmodell Nr.	Gewicht in g	Flugzeit in s
?	?	?

d Verändere an deinen Papierfliegern die Flügelform und miss erneut.

e Formuliere aus deinen Messergebnissen, welche Bedingungen für einen guten Flieger wichtig sind.

3 Flugarten im Modellversuch: Segelflug im Aufwind

a Durch Erwärmen von Luft kommt es zu Aufwinden. 5 Halte über die Glasröhre eine Daunenfeder. Lass sie los, damit sie in die Glasröhre fällt.

Führe den Versuch einmal bei gelöschter Kerze und einmal bei brennender Kerze durch.

Beobachte und erkläre.

b Stelle ein Buch auf den Tisch. Lass eine Daunenfeder vom Buchrücken auf den Tisch fallen. 6

Wiederhole das Ganze bei eingeschaltetem Föhn.

Erkläre deine Beobachtungen.

Welche Verhältnisse in der Natur soll das Buch darstellen?

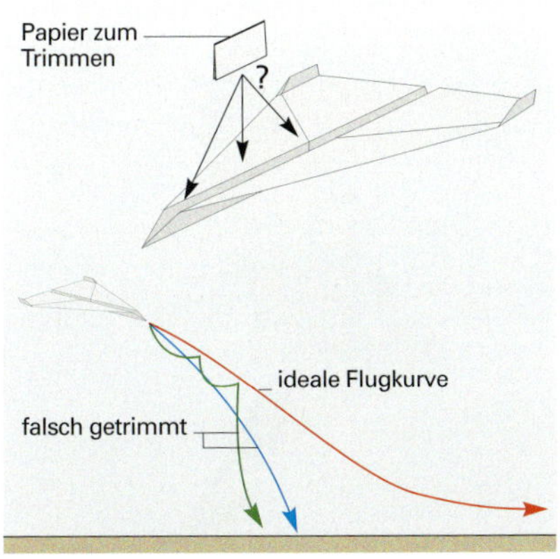

4 Trimmen des Papierfliegers

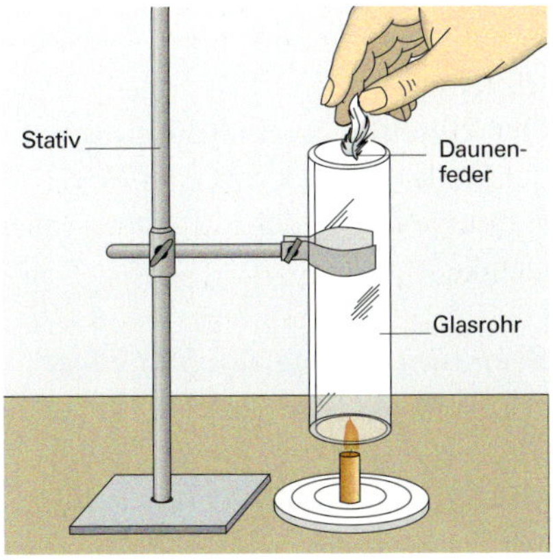

5 Aufwind durch Erwärmung

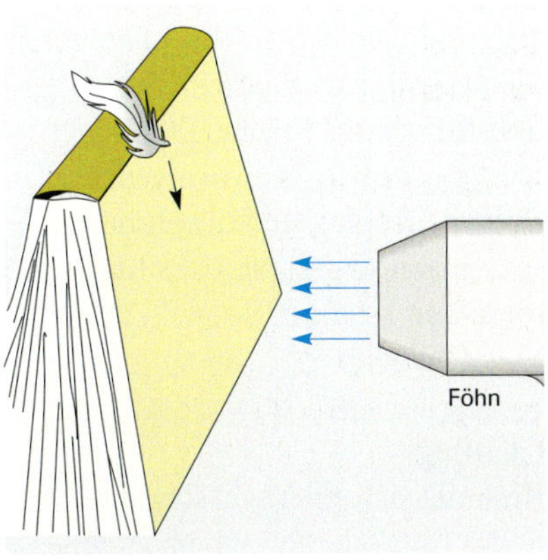

6 Aufwind durch Umlenkung der Luft

Flugformen^Z

1 Rotkehlchen beim Ruderflug

Welche Phasen lassen sich beim Ruderflug des Rotkehlchens unterscheiden?

Grundlagen **Flugformen**

Auf welche Art ein Vogel fliegen kann, hängt von seinem Körpergewicht sowie von der Größe und Gestalt seiner Flügel ab. Zum Beispiel sind kleine Singvögel mit ihren rundlichen Flügeln schlechte Gleitflieger. Segeln können sie überhaupt nicht.

Ruderflug
Der Ruderflug ist die häufigste Flugform der Vögel. Dabei werden die Flügel mit Muskelkraft auf- und abgeschlagen. Beim Abschlag bilden die Federn der Flügel eine luftundurchlässige Fläche. Der Vogel wird nach oben und vorn gedrückt. Beim Aufschlag sind die Handschwingen so gestellt, dass Luft von oben durchströmt. So sackt der Vogel nicht ab.

Gleitflug
Befindet sich ein Vogel schon hoch in der Luft oder auf einem Baum, kann er ohne Flügelschlag herabgleiten. Beim Gleiten benutzt er seine Flügel als starre Tragflächen. Je größer die Flügel im Verhältnis zum Körpergewicht sind, desto länger ist die mögliche Gleitstrecke.

Segelflug
Segelnde Vögel lassen sich ohne Flügelschlag von aufsteigenden Luftströmungen emportragen. Breite Flügel sind dabei eine günstige Voraussetzung. 2

Rüttelflug
Der Rüttelflug ist ein Ruderflug auf der Stelle. Dabei scheint der Vogel für kurze Zeit in der Luft zu stehen. 3

Beim Gleitflug und Segelflug fliegt der Vogel ohne Flügelschlag. Ruderflug und Rüttelflug erfordern Muskelkraft. Rüttelflug ist Fliegen auf der Stelle.

2 Segelnder Mäusebussard

3 Turmfalke beim Rüttelflug

A Beschreibe den Ruderflug der Meise. Achte jeweils beim Ab- und beim Aufschlag auf die Bewegung des Vogels sowie auf die Stellung und Bewegung seiner Flügel.
Übertrage die Tabelle in dein Heft und fülle sie aus.

	Ab-schlag	Auf-schlag
Bewegung des Vogels im Raum	?	?
Flügelstellung	?	?
Flügelbewegung	?	?

B Sicherlich hast du schon verschiedene Flugformen beobachtet. Ordne einigen Vogelarten Flugformen zu.

C Die Flügelform ist eine wichtige Voraussetzung für die Flugform. Vergleiche die Flugbilder von Vogelarten. |4

1 Es gibt zwei Grundtypen von Flügeln. Beschreibe sie.

2 Gib jeweils Vogelarten an, deren Flügel ähnlich sind.

3 Welche Arten sind gute Segler, welche gute Gleiter?

4 Erkläre den Zusammenhang zwischen der Flügelform und der vorwiegenden Flugart der einzelnen Vögel.

D* Von einem 10 m hohen Baum gleiten Vögel unterschiedlich weit. |5
Welche Zusammenhänge erkennst du?

|4 Flugbilder

Interessantes **Was sonst noch fliegt**

|6 Mausohrfledermaus

Die Fledermaus jagt Fluginsekten. |6 Ihre Flughäute werden vor allem mithilfe der Arm- und Handknochen aufgespannt. Die Fledermaus ist ein aktiver Flieger. Sie bewegt ihre Flügel durch Muskeln – genau wie Vögel oder Insekten. Aber es gibt noch eine andere Art, sich durch die Luft zu bewegen: Manche Tiere breiten beim Springen Flughäute oder große Flossen aus und gleiten so ein Stück weit durch die Luft. |7

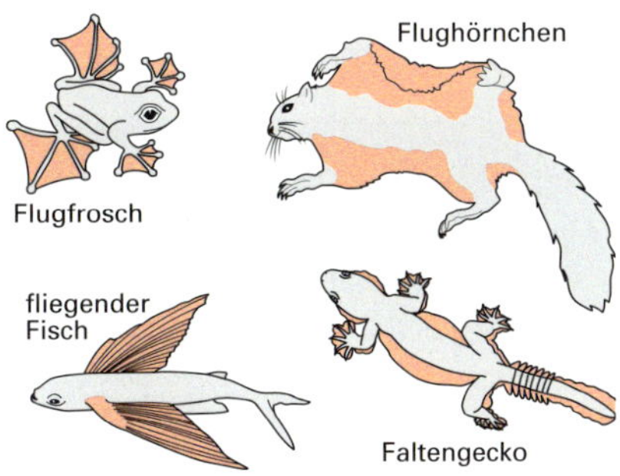

|7 Fliegende Tiere

E Fledermäuse und Vögel sind Flugtiere. Welche Eigenschaften müssen Fledermäuse und Vögel gemeinsam haben?
Was unterscheidet die Fledermaus von den Vögeln?

F* Außer der Fledermaus jagen viele Vögel nach Insekten, ebenso der Grasfrosch und die Libelle, die selbst ein Insekt ist.
Informiere dich über diese Tiere und begründe, warum sie trotz der Konkurrenz untereinander genügend Nahrung finden.

G Welche Flugeinrichtungen ermöglichen Tieren das aktive Fliegen, welche das passive Gleitfliegen?

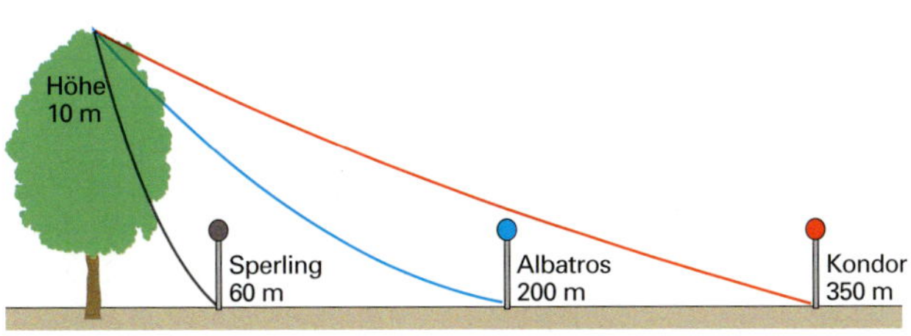

|5 Flugweite beim Gleitflug

Fliegen: Kann die Luft Halt geben?

1 Schwan beim Starten

2 Das Kind hebt nicht ab.

Der Schwan ist mit bis zu 20 kg ein Schwergewicht unter den Vögeln. Bei einer Spannweite von 2 m fliegt er in 2000 m Höhe mit 100 $\frac{km}{h}$.

Und wir Menschen? Sind wir zu schwer, zu schwach oder fehlen uns nur die Flügel?

1 Langsam fallen – mit Fallschirmen
Baue verschiedene Fallschirme aus je einer DIN-A4-Karteikarte, 40 cm Zwirnsfaden und einer Schraubenmutter (als „Passagier"). 3

a Starte deine Fallschirme bei Windstille aus 2 m Höhe. Notiere Flugstabilität und Flugdauer.
Welcher Fallschirm wird von der Luft am besten getragen?

b Versuche aus dem Material noch bessere Fallschirme zu bauen. Beispielsweise haben manche „richtigen" Fallschirme oben ein kleines Loch …

c Deine Fallschirme sinken unterschiedlich schnell. Was hat der Luftwiderstand damit zu tun?

d Auch bei der „Pusteblume" spielen „Fallschirme" und Luftwiderstand eine Rolle. 4 Erkläre!
Schaue dir nach Möglichkeit einen Löwenzahnsamen mit der Lupe an.

2 Bau eines Propeller-Fallschirms 5
Knicke das Papier an den gestrichelten Linien. Die mit „R" gekennzeichneten Flächen ergeben den Rotor, die mit „S" gekennzeichneten den Stiel.

a Lass den Propeller-Fallschirm aus größerer Höhe fallen.

b Wozu braucht man den Stiel und die Büroklammer? Ohne sie wäre der Propellerfallschirm doch viel leichter …

c Baue aus einem zweiten, gleich schweren Papierstreifen einen „normalen" Fallschirm. *Tipp:* Schneide aus dem gleichen Papier einen Streifen von 7 cm · 12 cm aus.
Vergleiche den Flug beider Fallschirme.

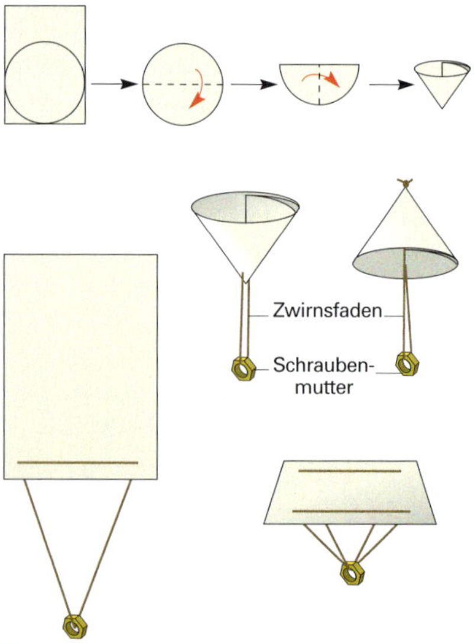

3 Fallschirmmodelle

4 Fliegende Löwenzahnsamen

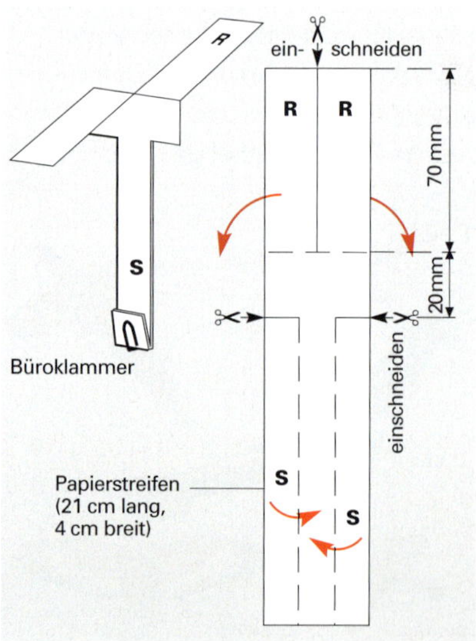

5 Propellerfallschirm

3 Modell des Ahornsamens | 6

Baue das Modell aus festem Papier und einem langen, dünnen Holzstäbchen. Schneide das Papier zu. Falte einen 2 cm breiten Streifen und klebe den Stab in den Falz. Auf das schmale Ende des Rotors klebst du einen Haken, wie man ihn im Bad benutzt. Die Münze kommt an der gleichen Stelle auf die Rückseite als Ballast.

a Beim Start hältst du das Modell an der abgerundeten oberen Ecke fest. Lass den Rotor aus größerer Höhe fallen. Beschreibe sein Flugverhalten und zeichne die Flugbahn auf.

b Miss die Fallzeit für eine Höhe von 5 m (Treppenhaus).

c Ahornsamen „kreiseln" mit 1 bis 2 $\frac{m}{s}$ zu Boden. | 7
Kann sich dein Rotor damit messen?

d Im Freien kannst du den Rotor senkrecht nach oben mit einem dünnen Gummiband abschießen, das hinter dem Klebehaken eingehängt wird. Achte darauf, dass sich niemand in der Schussbahn befindet!

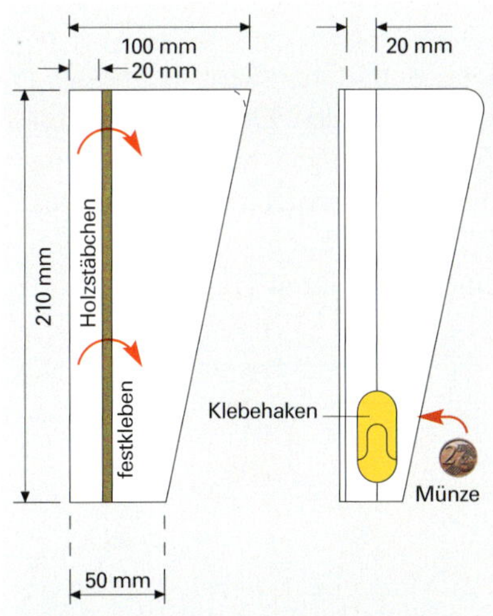

| 6 Rotor – Modell für Ahornsamen

| 7 Ahornsamen

Grundlagen **Langsam fallen**

Alle Gegenstände werden von der Erde angezogen. Diese Anziehung erschwert jeden Flugversuch.
Ein Gegenstand fällt umso langsamer zur Erde, je größer seine *Fläche* quer zur Bewegungsrichtung ist. Die Luft hat dann eine größere „Tragfläche", an der sie angreifen und das Fallen behindern kann. Der Luftwiderstand ist größer.
Ebenso wichtig wie eine möglichst große Querschnittsfläche ist eine stabile Flugbahn. Ein waagerecht sinkendes Blatt Papier kippt beim Fallen. Es stürzt ab.
Große Probleme mit der Flugstabilität hatte auch *André Garnerin*, der 1795 als erster Mensch mit dem Fallschirm aus einem Ballon absprang. | 8
Sein Schirm pendelte gefährlich hin und her, weil er kein Loch oben in die Kappe geschnitten hatte. Die gestaute Luft unter dem Fallschirm entwich mal auf der einen, mal auf der anderen Seite.

Mit einigen „Tricks" kann man das unerwünschte Kippen vermeiden und eine stabile Flugbahn erreichen:
- Schwere Teile des Flugobjekts sollten möglichst tief liegen.
- *Drehbewegungen* stabilisieren die Flugbahn. Das kennst du vom Ahornsamen oder der Frisbeescheibe.
- Auch die *geradlinige Vorwärtsbewegung* beim Sinkflug stabilisiert die Flugbahn. Dafür sorgt z. B. beim Segelflugzeug ein Leitwerk und die V-förmige Flügelstellung. Moderne Fallschirme sind meist nicht rund, sondern rechteckig. | 9 Sie lassen sich bei ihrem Sinkflug recht gut lenken.

| 8 Erster Fallschirmsprung

| 9 Gleitschirmflieger

Fliegen: Länger gleiten durch Auftrieb

Vögel können lange gleiten, ohne ein einziges Mal mit den Flügeln zu schlagen. Das gute Gleitverhalten hängt mit der Flügelform zusammen. Auch Segelflugzeuge nutzen diese Flügelform.

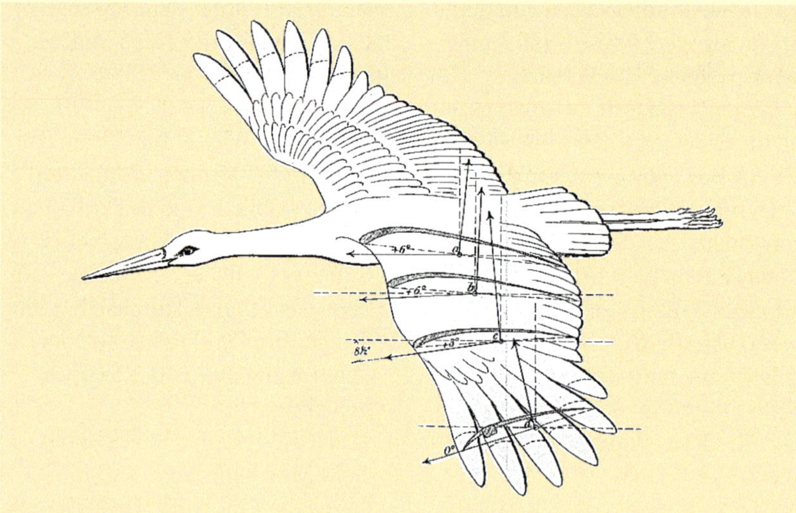

1 Vogelflügel sind gewölbt (Zeichnung von Otto Lilienthal).

1 „Flügel“ im Luftstrom

Baue einen einfachen „Flügel“ mithilfe eines Lineals und eines Stücks Karton (einer Karteikarte). 2

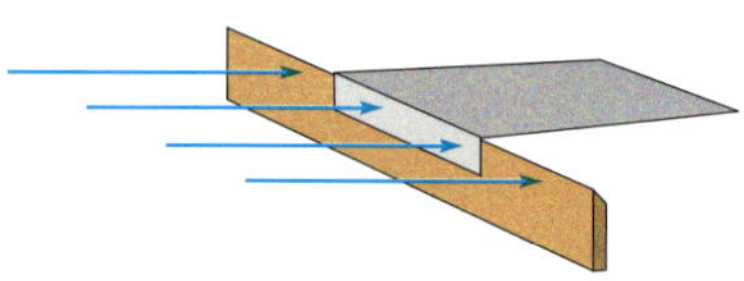

2 „Flügel“ ohne Wölbung

a Blase kräftig knapp über die Oberseite des ungewölbten Kartons hinweg.

b Ziehe den Karton über eine Tischkante, sodass er eine Wölbung nach oben bekommt. Du kannst den hinteren Rand sogar zusätzlich mit einer Büroklammer beschweren. 3
Blase kräftig über den gewölbten „Flügel“ hinweg. Was beobachtest du? Vergleiche mit Teil a.

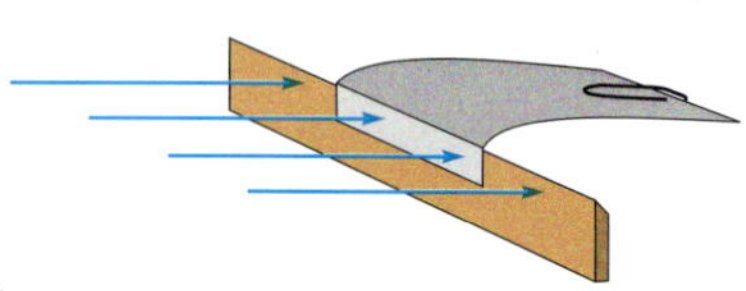

3 „Flügel“ mit Wölbung

2 Vom Luftstrom angehoben

Knote einen Bindfaden an einen aufgeblasenen Luftballon und befestige den Faden mit einem Klebestreifen auf einem Tisch.
Versuche den Ballon mit einem Haartrockner (auf kalt gestellt) vom Tisch anzuheben. 4
Sollte der Luftstrom schräg unter den Luftballon oder über ihn hinweg gerichtet werden?

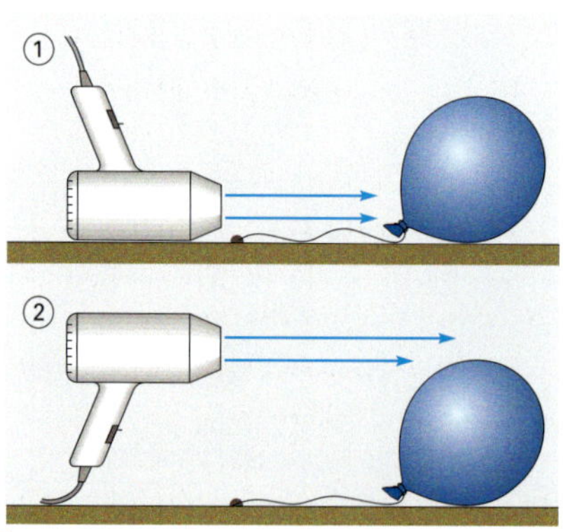

4 Luftballon anheben im Luftstrom

Grundlagen **Der Auftrieb**

Wenn Luft aus einem Luftballon nach unten strömt, fliegt der Ballon nach oben. Auch ein Hubschrauber bläst die Luft nach unten, um aufzusteigen und sich oben zu halten. 5
Immer wenn Luft von einem „Flugobjekt“ nach unten abgelenkt wird, wird es angehoben. Bei einem gewölbten Flügel ist es ähnlich. 6

Die gewölbte Oberseite des Flügels lenkt die Luftströmung nach unten um. Der Flügel wird nach oben getrieben. Man nennt das Auftrieb.

Der Mensch hat diese Art, besser zu gleiten, bei den Vögeln abgeschaut. Alle Flugzeuge vom Segelflugzeug bis zum Düsenjet haben gewölbte Flügel. Der Fachmann spricht von einem gewölbten Tragflächenprofil.

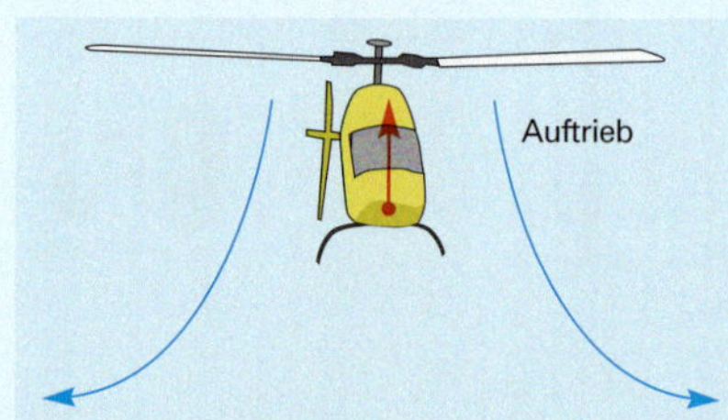

5 Rotor lenkt Luft nach unten.

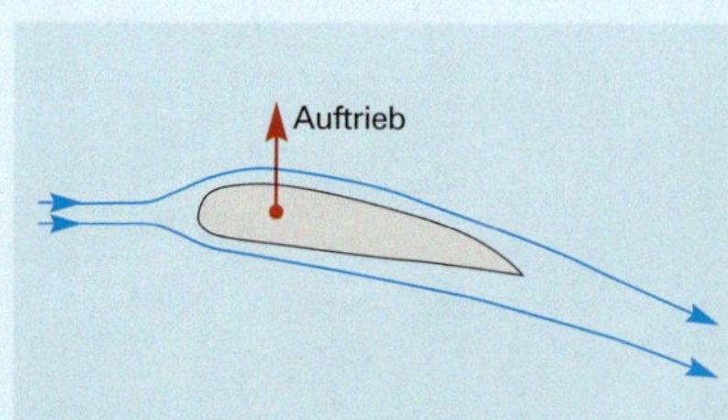

6 Auftrieb durch gewölbte Flügel

Wissenswertes **Vom Vogelflügel zum Propellerflug des Menschen**

7 Otto Lilienthal

8 Gleitschirmflieger im Aufwind

9 Mit Muskeln angetriebenes Flugzeug

Als Schüler träumte Otto Lilienthal davon, wie die Vögel fliegen zu können. Er wurde Maschinenbauingenieur und konstruierte Fluggeräte, um seinen Traum zu verwirklichen. 1874 entdeckte er, dass das Geheimnis des Fliegens in der besonderen Flügelform liegt. 7
Er schrieb: „Der Segelflug ist nicht nur für Vögel da. Es besteht wenigstens die Möglichkeit, dass der Mensch auf künstliche Weise diese Art des Fliegens hervorrufen kann, die nur ein geschicktes Lenken, aber kein kraftvolles Bewegen der Fittiche erfordert."

Eine Weiterentwicklung von Lilienthals Arbeiten ist das moderne Segelflugzeug. Segelfliegen kann man heute auch ohne Flugzeug – mit Gleitschirmen. Durch das Aufziehen beim Start füllen sich die Kammern eines Gleitschirms mit Luft, sodass er die Form eines Flügels annimmt. 8

Bei der Vorwärtsbewegung sorgen die gefüllten Kammern mit ihrer gewölbten Form für den Auftrieb. Flüge bis in 4 km Höhe sind möglich. Sehr leichte Gleitflugzeuge können Spannweiten von mehr als 30 m haben. 1976 gelang mit so einem Flugzeug der erste „Motorflug" ohne Motor: Der Propeller wurde mit den Muskeln angetrieben. Der alte Traum vom Fliegen aus eigener Kraft war in Erfüllung gegangen. 1988 flog ein griechischer Radprofi mit einem 31 kg leichten Muskelkraftflugzeug von der Insel Kreta zur Insel Santorin. Bei diesem Weltrekord legte er eine 199 km lange Strecke in weniger als vier Stunden zurück. 9

Bionik **Der Natur abgeschaut**

Die gespreizten Handschwingen vieler Vogelflügel vermindern die Luftreibung an den Flügelenden und führen zu einem stabileren Flug. Die elegant nach oben gebogenen Flügelspitzen sind das Vorbild moderner Flugzeuge. 10
Zuerst gab es solche Flügelspitzen bei manchen Segelflugzeugen. Diese *Winglets* verbessern die Flugeigenschaften erheblich. Inzwischen werden auch Verkehrsflugzeuge mit Winglets ausgestattet. 11
Dadurch sinkt der Treibstoffverbrauch: Wenn bisher z. B. 80 t Treibstoff am Tag nötig waren, sind es jetzt 76 t. Die Winglets sparen nicht nur eine Menge Geld, sondern sie verringern auch die Abgasmenge. Die Umwelt wird weniger belastet. Es lohnt sich also, die Natur als Vorbild für technische Entwicklungen zu nutzen und *Bio*logie und Tech*nik* zur *Bionik* zusammenzuführen.

10 Aufwärts gebogene Flügelspitzen

11 Besser gleiten durch Winglets

Forschungsprojekt Papierflieger

Wie muss ein guter Papierflieger aussehen? Zu welchen Flugleistungen ist er fähig?

Bei Papierfliegern sind die Tragflächen nicht gewölbt. |1–5
Sie gleiten daher viel schlechter als ein Segelflugzeug. Fliegen können sie dennoch.
Papierflieger sollen vor allem einen stabilen Flug haben. Manche gleiten sehr lange. Andere sinken zwar rasch zu Boden, können aber wegen ihrer Pfeilform sehr schnell und weit fliegen.
Ein Papierflugzeug, das schnell fliegt *und* lange gleitet, wurde noch nicht gebaut. Aber wer weiß …

Tipp: Zur Stabilisierung Büroklammern verwenden!

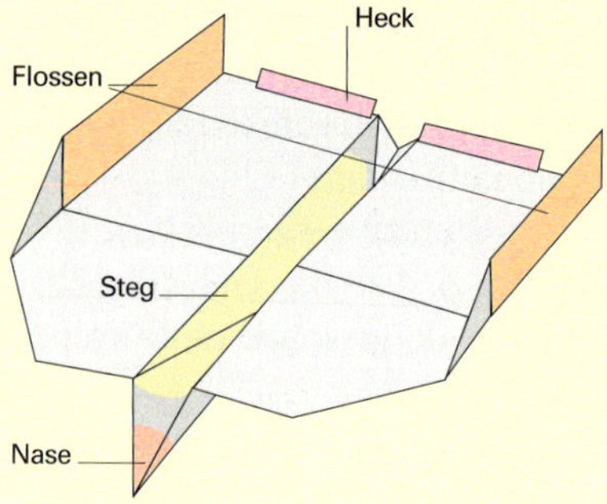

|1 Papierflieger

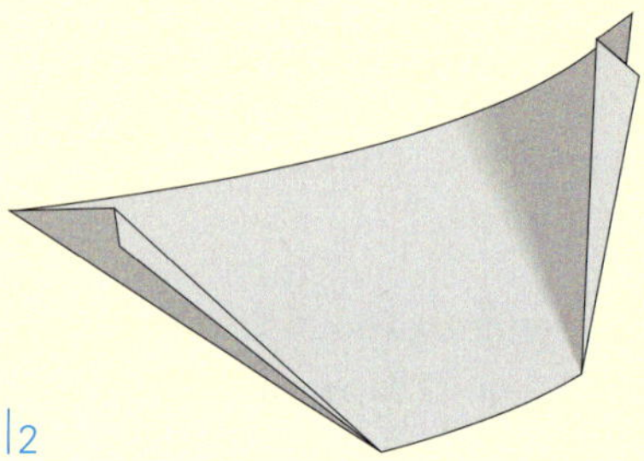
|2

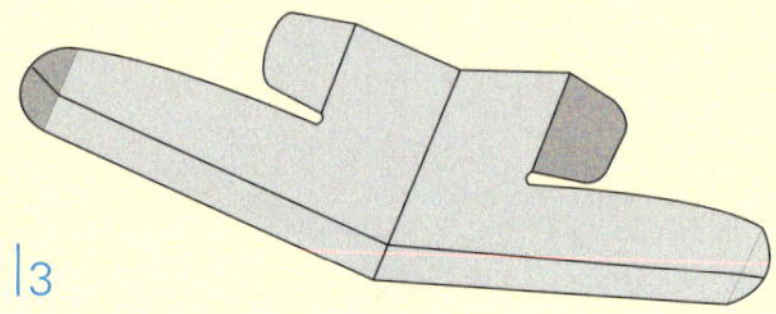
|3

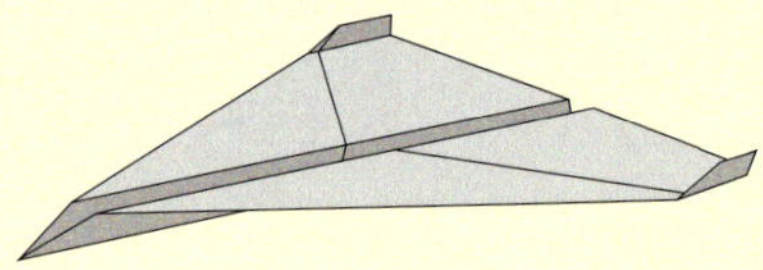
|4

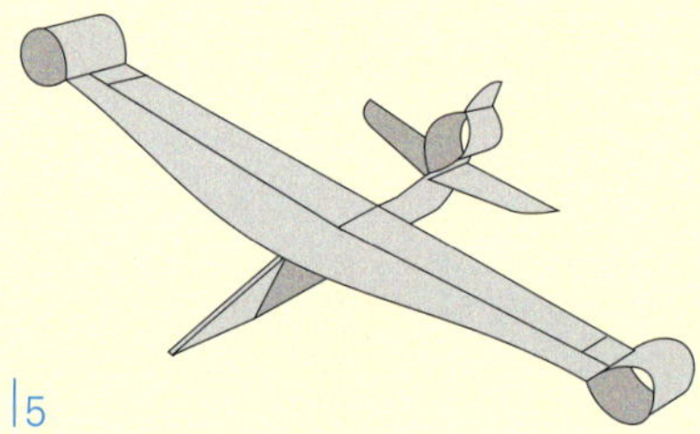
|5

1 Papierflieger – genauer untersucht

Baue den Papierflieger nach und untersuche seine Flugeigenschaften. |6

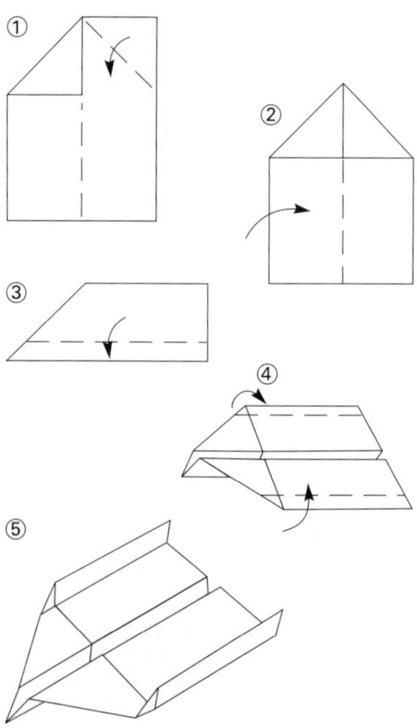

|6 Anleitung für den Papierflieger

2 Leichtes, dünnes Papier oder dickes, schweres?

Baue den gleichen Papierflieger – einmal aus dünnem Schreibmaschinenpapier und einmal aus Tonpapier.

a Vermute zunächst, welcher Flieger weiter fliegt.

b Wirf nun bei Windstille möglichst gerade und mit gleichem Schwung. Miss Flugweite und -dauer und trage die Werte in eine Tabelle ein. |7

3 Wer fliegt am weitesten?

Jeder hat mehrere Versuche mit seinem Papierflieger. Der weiteste Flug zählt.

4 Wer fliegt am längsten?

Jeder hat mehrere Versuche mit seinem Flieger. Der jeweils längste Flug zählt. (Der Weltrekord liegt übrigens bei 28 Sekunden!)

5 Wer fliegt ins Ziel?

Markiert mit einem Putzeimer einen Landeplatz in 2 bis 3 m Entfernung. Werft nun eure Flieger und messt, wie nahe eure Flieger an den Eimer herankommen. Ob es einer schafft, genau im Eimer zu landen?

Flug	Flugweite		Flugdauer	
	dünnes Papier	dickes Papier	dünnes Papier	dickes Papier
1	? m	? m	? s	? s
2	? m	? m	? s	? s
…	…	…	…	…
5	? m	? m	? s	? s

|7

6 Lassen sich Papierflieger „tunen"?

Beginne mit der Grundform. |6

a Wirf den Flieger mehrmals mit gleichem Schwung und miss jeweils die Flugweite. Berechne daraus den Durchschnittswert. (Zähle dazu die Messwerte zusammen und teile durch die Anzahl der Messungen.)

b Nimm nun gezielt jeweils eine kleine Veränderung an den Heckklappen und den Seitenklappen vor. Beschwere es unten mit einer Büroklammer … Bestimme wieder die durchschnittliche Flugweite.

7 Baupläne und Anregungen

Baut nach euren Vorstellungen Papierflieger. Lasst eurer Fantasie freien Lauf, messt und forscht – taucht ein in die Welt des Fliegens!
Baupläne und interessante Informationen gibt es auch im Internet (Suchbegriff: *Papierflugzeug*).

8 Flieger mit Papprumpf und gewölbten Papiertragflächen

Im Internet sind Modell-Segelflugzeuge aus Papier mit gewölbten Tragflächen beschrieben. Manche Modelle sind sogar ferngesteuert!

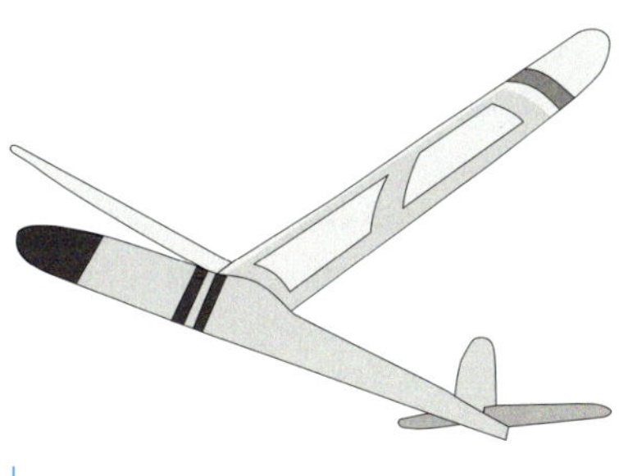

|8 Flieger mit gewölbten Tragflächen

Das abgebildete Modell hat eine Spannweite von 19 cm, eine Länge von 20 cm und gleitet etwa 10 Sekunden lang. |8

9 Flieger mit Druckluftantrieb

Klebe in den Steg deines Papierfliegers |6 einen dicken Trinkhalm ein, der vorn mit etwas Knete verschlossen ist. Versuche den Flieger mit dem Luftstoß aus einer „leeren" Spritzflasche nach vorn zu katapultieren.

Technik **Papierflieger, die stabil fliegen**

Von Papierkonstruktionen mit großen Tragflächen erwartet man gute Gleiteigenschaften. Bei mangelnder Flugstabilität kommen sie dennoch schnell ins Trudeln und stürzen ab. Ein Flugzeug kann sich anders als ein Auto nicht nur nach links oder rechts, sondern auch nach oben oder unten bewegen. Es können also viel mehr „Flugfehler" auftreten, die man jedoch beseitigen kann.

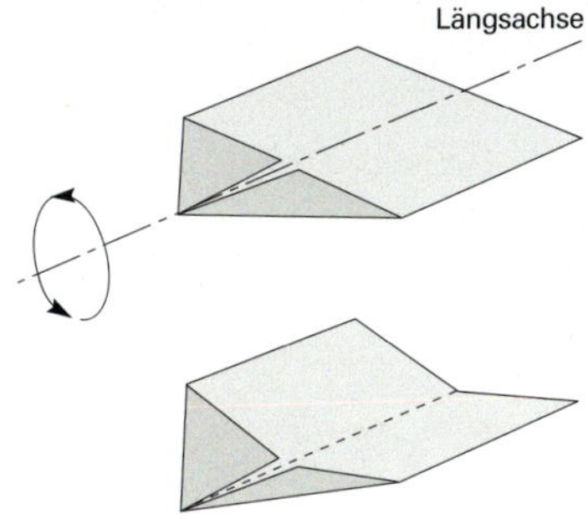

|9 V-Form gegen „Rollen"

V-Form

Ein Papierflieger „rollt", wenn er sich um seine Längsachse dreht. |9 Um dies zu verhindern, faltet man ihn entlang der Mitte. Die Tragflächen erhalten eine V-Form. Damit schaukelt der Flieger nur noch hin und her.

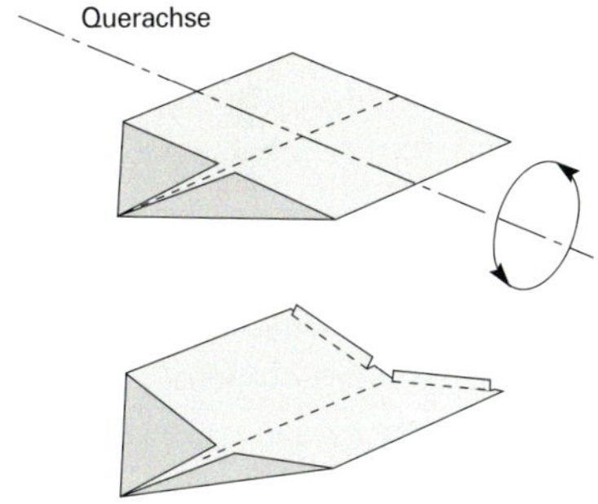

|10 Heckklappen gegen „Nicken"

Heckklappen

Der Flieger „nickt", wenn er sich um seine Querachse dreht. Die Nase hebt oder senkt sich dann. |10 Zur Korrektur biegt man die hinteren Ecken der Flügel nach oben, wenn der Flieger zum Sturzflug neigt. Stellt sich die Nase eher nach oben, biegt man die Ecken nach unten.
Manchmal ist ein Aufwärtssteigen erwünscht, um z. B. ein Looping zu fliegen. Geht der Flug jedoch zu steil nach oben, so kann das Flugzeug absacken und abstürzen.

Seitenklappen und Rumpf

Der Flieger „giert", wenn er sich waagerecht im Kreis dreht. |11 Damit das nicht geschieht, faltet man Flossen an den Flügelrändern oder einen Rumpf – oder beides.

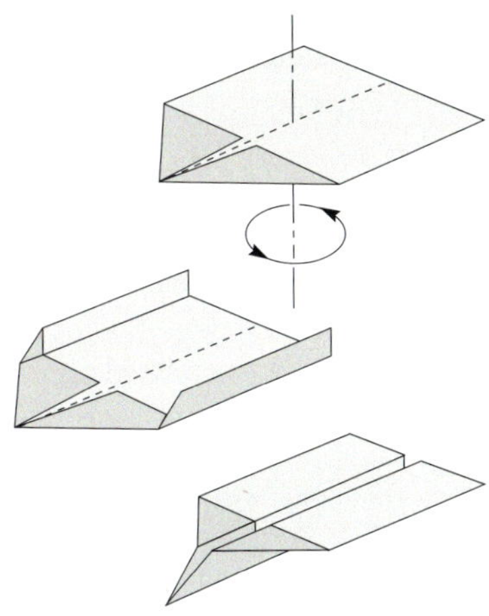

|11 Rumpf und Seitenklappen gegen „Gieren"

Fische im Wasser

1 Im Aquarium

Landtiere brauchen ein kräftiges Skelett, das ihren Körper trägt. Fische kommen mit einem viel schwächer gebauten Knochengerüst aus. Das Wasser trägt sie – sie schweben. Wann schwimmt ein Tier oder ein Gegenstand, wann schwebt er?

1 Beobachtungen an Aquarienfischen – Körperbau

Beobachte einen Fisch im Aquarium. Zeichne den Körperumriss des Fischs. Beschrifte die Flossen. Welche Flossen sind paarweise vorhanden?

2 Was schwimmt, was geht unter?

Untersucht, welche Stoffe im Wasser schwimmen: Eisen, Kupfer, Wachs (Stearin), Holz, Sand, Kohle, Eis, Glas, Gummi, Stein, Kunststoff …
Notiert die Ergebnisse in einer Tabelle.

3 Plastilin muss nicht untergehen!

Eine Kugel aus Plastilin sinkt, wenn sie ins Wasser fällt. Ihr könnt die Form des Plastilins aber so verändern, dass es auf dem Wasser schwimmt und noch belastet werden kann.

4 Wann schwebt ein Körper?

Fische schwimmen nicht im Wasser, sondern sie schweben. Sauge in mehrere Pipetten unterschiedlich viel Wasser ein und bringe sie dann in ein Wassergefäß. 2
Welche der Pipetten schwimmt, welche geht unter? Erkläre.
Wie kannst du eine Pipette dazu bringen, dass sie schwebt?

5 Modell einer Schwimmblase

Fische besitzen eine Schwimmblase, mit der sie in unterschiedlicher Tiefe schweben können.
Führe einen Luftballon samt Schlauch in einen Glaskolben ein. 3 Bringe das Ganze in ein Wassergefäß und blase über den Schlauch Luft in den Luftballon. Was stellst du fest?

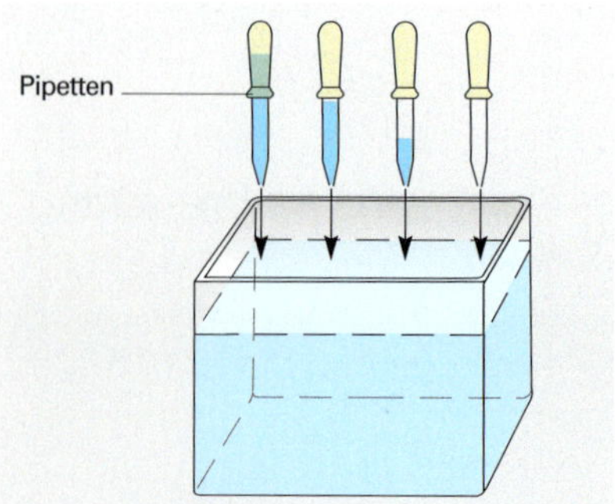

2 Im Wasser schweben

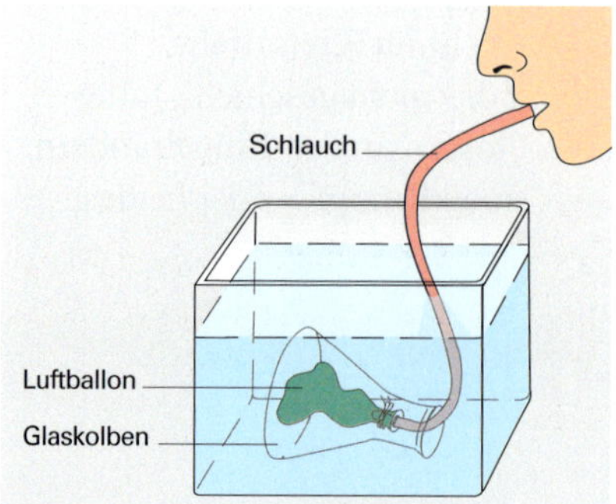

3 Modell einer Schwimmblase

Grundlagen **Schweben**

Im Alltag sagt man: „Eine Schraube sinkt, weil Eisen schwerer als Wasser ist. Und ein Holzklotz schwimmt, weil er leichter als Wasser ist.“
Diese Erklärung ist richtig, wenn man gleiche Rauminhalte vergleicht, also 1 Kubikzentimeter Eisen oder Holz und 1 Kubikzentimeter Wasser. Es kommt also auf die Dichte an. 4
Die *Dichte* gibt an, wie viel Gramm ein Kubikzentimeter eines Stoffs wiegt. Eisen hat eine Dichte von etwa 8 g pro cm^3. Die Dichte von Wasser ist 1 g pro cm^3.

Ein Gegenstand geht im Wasser unter, wenn seine Dichte größer als die Dichte von Wasser ist.
Er schwimmt, wenn seine Dichte kleiner als die Dichte von Wasser ist.
Er schwebt, wenn seine Dichte gleich der Dichte von Wasser ist.

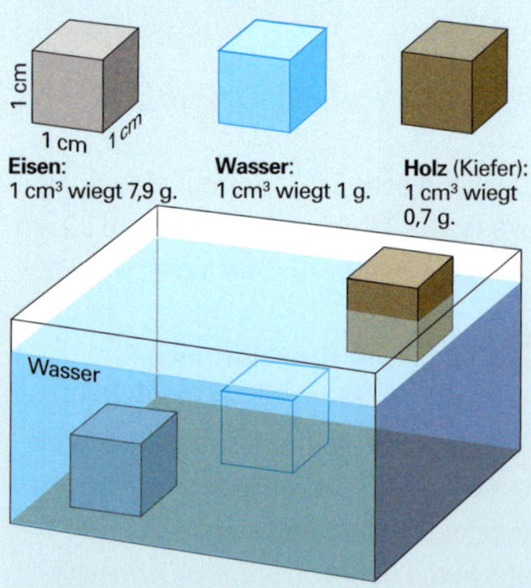

4 Sinken – Schweben – Schwimmen

6 Flossenmodelle

Schneide aus festem Karton unterschiedliche Flossenformen aus. |5 Halte sie nacheinander mit zwei Fingern fest und bewege sie in einem Wassergefäß in alle Richtungen. Welche Bewegungen lassen sich im Wasser leicht, welche schwerer ausführen?

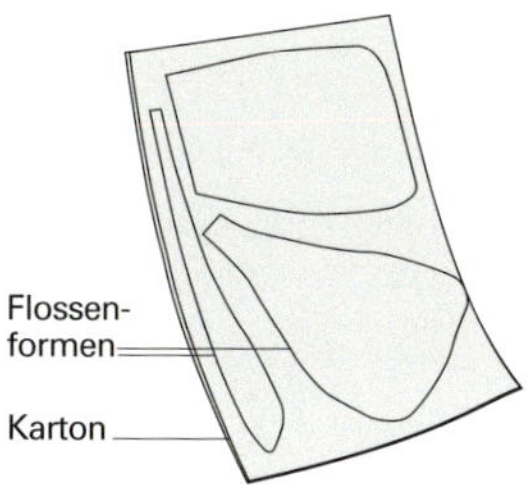

|5 Modelle für Flossen

7 Strömungsgünstige Form

Wiege drei gleich schwere Portionen Plastilin ab. Forme daraus
- eine dünne, lange „Zigarre",
- eine dünne, breite „Scheibe" und
- eine Kugel.

Lass die drei Körper aus gleicher Höhe ins Wasser fallen. Bestimme jeweils die Eintauchtiefe. Welche Form ist also strömungsgünstiger? Erkläre!

8 Körperform und Geschwindigkeit

Forme aus der gleichen Menge Plastilin verschiedene Körper. Knote jeden Körper an einen Faden. An der anderen Seite des Fadens zieht ein Wägestück. Bringe die Modelle in ein langes Gefäß mit Wasser. |6 Veranstalte ein Wettschwimmen mit den verschiedenen Schwimmkörpern. Notiere deine Messergebnisse. Welche Körperform ist für die rasche Fortbewegung im Wasser günstig?

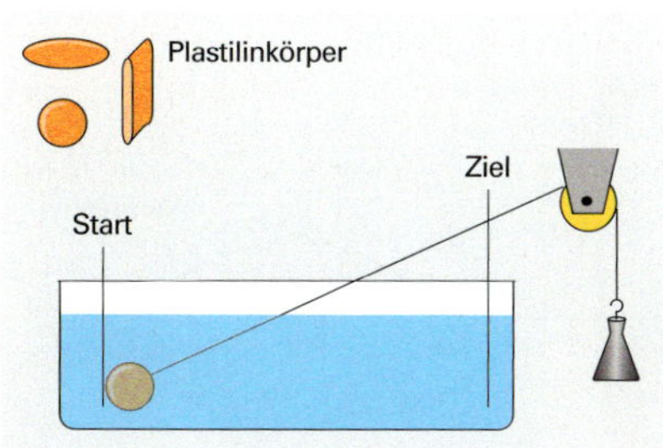

|6 Körperform und Fortbewegung

Grundlagen **Fische sind an das Wasserleben angepasst**

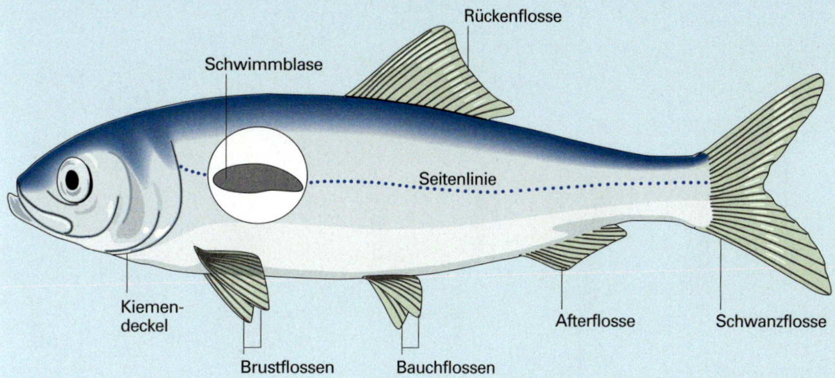

|7 Anpassung an den Lebensraum Wasser

Warum kann ein Fisch im Wasser schweben?

Im Körper der meisten Fische liegt eine Schwimmblase. |7 Sie wird über den Darm mit Gas gefüllt. Mithilfe der Schwimmblase kann der Fisch seine Dichte regulieren. Von der Menge des Gases in der Schwimmblase hängt es also ab, ob der Fisch im Wasser sinkt, ob er schwebt oder ob er nach oben treibt. Enthält die Schwimmblase wenig Gas, ist der Fisch schwerer als Wasser: Er sinkt. Enthält sie viel Gas, ist der Fisch leichter als Wasser: Er steigt. Macht ihn das Gas gerade so schwer wie Wasser, dann schwebt der Fisch im Wasser.

Die Schwimmblase ist also ein Schwebeorgan. Mithilfe ihrer gasgefüllten Schwimmblase können Fische in jeder Wassertiefe schweben.

Angepasste Körperform

Wenn du durch knietiefes Wasser gehst, merkst du, dass Wasser jeder Bewegung einen größeren Widerstand entgegensetzt als Luft. Wassertiere erreichen daher keine so hohen Geschwindigkeiten wie viele Landtiere oder gar die Vögel. Vergleicht man verschiedene Fischarten, erkennt man, dass die schnell schwimmenden Fische besonders strömungsgünstig gebaut sind. Sie haben die Form einer Spindel. Eine strömungsgünstige Form bietet dem Wasser weniger Widerstand, der Körper wird beim Schwimmen vom Wasser weniger gebremst.
In der Haut der Fische stecken Schuppen. Darüber liegt eine Schleimschicht, die den Fisch zusätzlich glitschig macht.

Angepasste Bewegung

Zum Vorwärtsschwimmen schlagen die meisten Fische mit dem hinteren Teil ihres Körpers und der Schwanzflosse kräftig von einer Seite zur anderen. Die Schwanzschläge drücken das Wasser abwechselnd nach hinten rechts und links weg. Dadurch schiebt sich der Fisch nach vorn. Schlägt er mit dem Schwanz zu einer Seite kräftiger aus, macht der ganze Körper eine Wendung.

Beim aktiven Schwimmen dienen die Flossen als Antrieb und Steuer. Die Schwanzflosse dient als Antrieb und Seitensteuer, Brust- und Bauchflossen dienen dem langsamen Antrieb und der Steuerung. Rückenflosse und Afterflosse stabilisieren die Lage des Fischs im Wasser.

Fortbewegung unter Wasser

Wie bewegt sich ein Fisch beim Vorwärtsschwimmen?

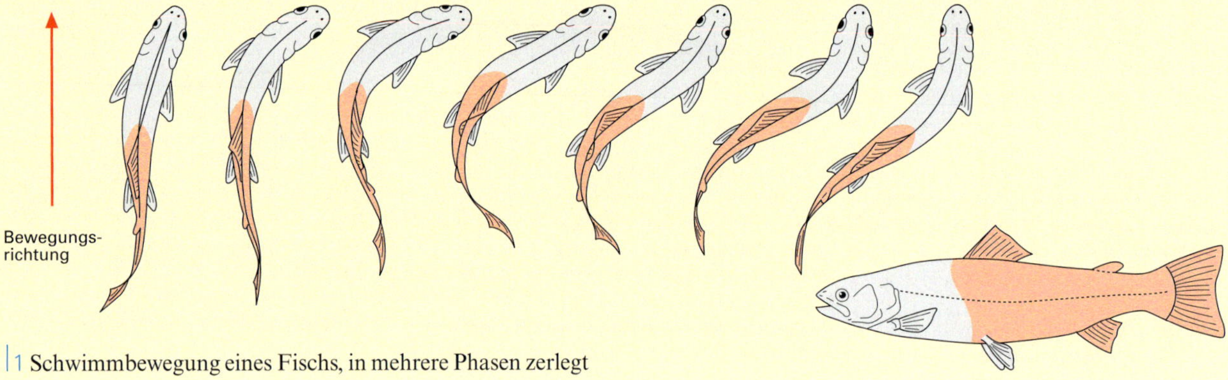

1 Schwimmbewegung eines Fischs, in mehrere Phasen zerlegt

1 Beobachtungen zur Bewegung

a Markiere in einer Zeichnung die Körperteile, die sich beim Fisch bewegen.

b Beobachte die Flossen des Fischs. Welche Flossen bewegt der Fisch …
- beim langsamen Schwimmen?
- beim Vorwärtsschwimmen?
- beim Wenden?

Braucht der Fisch zum Aufsteigen zur Oberfläche und zum Absinken zum Boden auch seine Flossen?

c Welche Flossen bewegen sich während deiner Beobachtung kaum? Kommt ihnen auch eine Aufgabe zu?

d Nenne die unterschiedlichen Aufgaben der verschiedenen Flossen.

e Warum kippt der Fisch im Wasser nicht zur Seite?

f Wie schafft es der Fisch bei Gefahr, im Bruchteil einer Sekunde eine hohe Fluchtgeschwindigkeit zu erreichen?

2 Maul und Kiemendeckel

Beobachte Maul und Kiemendeckel. Wie oft öffnet der Fisch sein Maul in der Minute, wie oft die Kiemendeckel? Besteht ein Zusammenhang zwischen beiden Vorgängen? Zähle einmal während einer Ruhepause des Fischs und einmal nach schnellem Schwimmen.

3 Die Zeitlupe verrät mehr

Die einzelnen Schwimmbewegungen eines Fischs laufen innerhalb einer Sekunde ab. 1 Wie gelingt es dem Fisch, geradeaus zu schwimmen? Warum schwankt er nicht bei jeder Bewegung der Schwanzflosse hin und her?

4 Was die Körperform verrät

Ein Hecht kann aus der Lauerstellung im Versteck blitzschnell auf seine Beute zuschießen. Er erreicht bis zu 20 Kilometer pro Stunde. Ein Karpfen kann nicht annähernd so schnell fliehen.

a Vergleiche die Körperform und die Lage und Größe der Flossen von Hecht und Karpfen miteinander. Suche eine Erklärung für die unterschiedlichen Geschwindigkeiten. 2

b Der Thunfisch ist ein schneller Schwimmer, der Mondfisch ein langsamer. 2 Kannst du einen Zusammenhang zwischen Körperbau, Flossen und Bewegung herstellen?

c* Was vermutest du über den Lebensraum von Thunfisch und Mondfisch, was über ihre Ernährung? Vergleiche deine Vermutungen mit den Angaben im Lexikon.

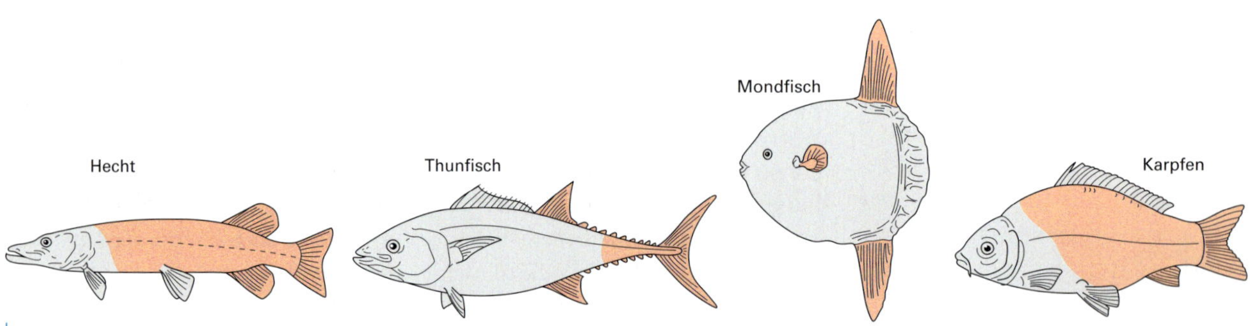

2 Körperform, nicht maßstabsgetreu (rot: wichtig für den Antrieb)

Interessantes **Fortbewegung von Wasserbewohnern**

Süßwasserfische ▶

3 Der **Hecht** wird über 1 m und bis zu 30 kg schwer. Der größte Raubfisch in unseren Gewässern kann blitzartig beschleunigen und ist sehr wendig. Sein Maul ist mit vielen spitzen Fangzähnen besetzt.

4 Die **Rotfeder** lebt in Schwärmen in krautreichen Weihern und Seen. Im Uferschlamm sucht dieser Friedfisch nach Pflanzen und Kleintieren, von der Wasseroberfläche holt er sich Stechmückenlarven.

Wanderfische ▶

5 Der **Aal** verbringt den größten Teil seines Lebens im Süßwasser. Zur Laichzeit zieht er ins Meer und schwimmt bis zu 5000 km weit zu seinem Laichgebiet. Aale werden bis zu 1,50 m lang.

6 Der **Lachs** laicht im Fließgewässer. Die Jungtiere wandern ins Meer und kehren zum Laichen in die Heimatgewässer zurück. Sie überspringen dabei Stromschnellen von bis zu 3 m Höhe. Ihren Heimatfluss finden sie mit dem Geruchssinn.

Meeresfische ▶

7 **Thunfische** sind bis 5 m lang und wiegen bis zu 500 kg. Sie jagen vor allem Makrelen und Heringe und erreichen Geschwindigkeiten bis zu 50 $\frac{km}{h}$. Ihr Hauptverbreitungsgebiet ist das Mittelmeer, aber auch in anderen Meeren kommen sie vor.

8 **Heringe** leben in riesigen Schwärmen in Atlantik, Pazifik, Nord- und Ostsee. Sie wandern zwischen den Laichplätzen in Küstennähe und dem offenen Ozean. Ihre Nahrung sind Schnecken, Fische, Kleinkrebse und Muschellarven.

9 Haie sind Knorpelfische – ihr Skelett ist nicht verknöchert. Da sie keine Schwimmblase besitzen, müssen sie ständig aktiv schwimmen. Der **Weiße Hai** kommt in allen Ozeanen vor. Er macht Jagd auf Robben, Seehunde und Tintenfische.

Andere Wasserbewohner ▶

10 Tintenfische wie der **Gemeine Kalmar** haben kein Skelett und gehören daher nicht zu den Fischen. Sie pressen bei Gefahr Wasser aus ihrer Mantelhöhle heraus und bewegen sich nach dem Raketenprinzip durch Rückstoß vorwärts.

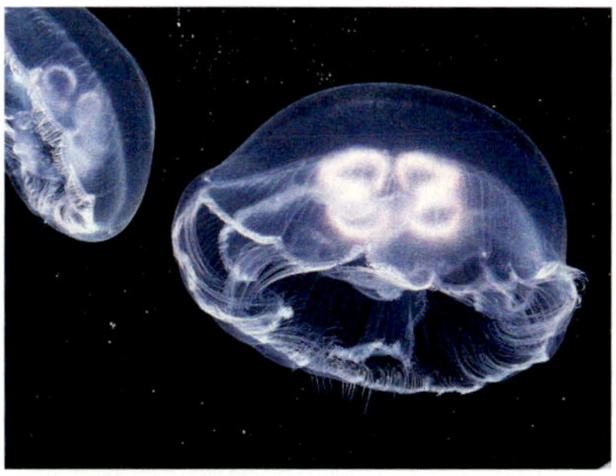

11 Die **Ohrenqualle**, ein weit verbreiteter Meeresbewohner, lebt von Planktonorganismen. Meist lässt sie sich von der Strömung treiben, bewegt sich aber auch durch Rückstoß fort: Sie zieht ihre Schirm zusammen und stößt dabei Wasser aus.

Wasserfahrzeuge

Wenn ihr ein Gewässer in der Nähe der Schule habt, könnt ihr einen Schiffbauwettbewerb veranstalten. Wer baut das schnellste Wasserfahrzeug?

1 „Airboat" in voller Fahrt

1 Bau eines „Airboats"

Befestige einen Propeller mit Batterie auf einem Bootsrumpf aus Holz oder Styropor – fertig ist das „Airboat". „Airboats" werden in sehr flachen Gewässern und Sümpfen eingesetzt. 1

Ist dein Propellerfahrzeug auf dem Land oder im Wasser schneller?

2 Bau eines Katamarans 2

Wegen seiner zwei Rümpfe aus Plastikflaschen lässt sich dieser Katamaran viel einfacher bauen als ein Modell mit nur einem Rumpf.

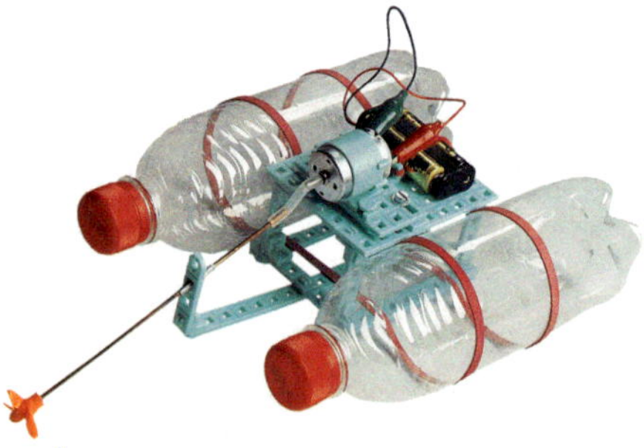

2 Katamaran

Technik **Von U-Booten und Tauchern**

Unterseeboote und Taucher können im Wasser sinken, schweben und steigen.

Das U-Boot ist aus Eisen gebaut – einem Stoff, der normalerweise nicht schwimmt. Wie bei einem Schiff sorgen die Hohlräume dafür, dass das U-Boot auf dem Wasser schwimmen kann. Wie aber sinkt das U-Boot nach unten und wie steigt es nach oben?

Das U-Boot verfügt über große Tanks. 3 Wenn sie mit Wasser gefüllt werden, wird das Boot immer schwerer, bis es sinkt. Mit Pressluft kann man die Tanks leer blasen. Das Boot wird leichter und steigt hoch.

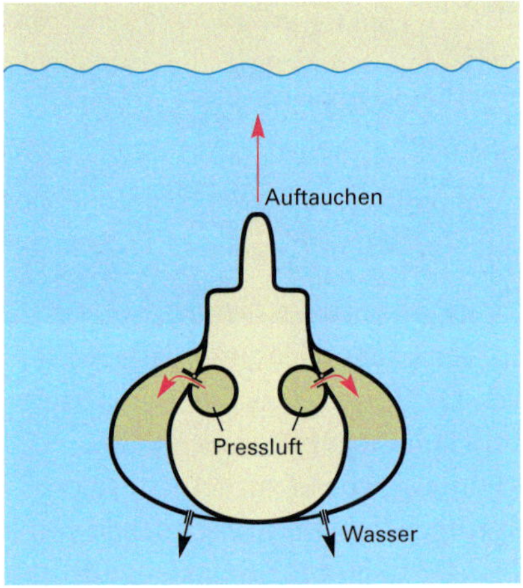

3 U-Boot

Wie schafft es ein Taucher, in die Tiefe zu tauchen und anschließend wieder nach oben zu kommen? Taucher tragen Anzüge aus Neopren. Neopren ist ein Kunststoff mit vielen kleinen Luftblasen. Sie sorgen dafür, dass der Anzug vor Abkühlung schützt. In größeren Tiefen ist das Wasser meistens kalt. Gleichzeitig wirkt er wie ein aufgeblasener Schwimmgürtel: Er vergrößert das Volumen des Tauchers, sodass der Taucher oben auf dem Wasser schwimmt.

Um ohne große Anstrengungen tauchen zu können, trägt der Taucher einen Bleigürtel. Dadurch schwebt er fast wie ein Fisch im Wasser und kann mit leichten Schwimmbewegungen die Tauchtiefe ändern. Bei Gefahr wirft er den Bleigürtel ab. So gelangt er schnell wieder nach oben.

A* Ein U-Boot kann sein Volumen nicht ändern. Trotzdem kann es sinken und steigen. Erkläre!

B Warum benötigt ein Taucher einen Gürtel mit Bleigewichten? Wie kann er schnell auftauchen?

Technik **Schiffe verbinden die Welt**

Die Entdeckungsfahrten im 15. und 16. Jahrhundert wären ohne geeignete Schiffe nicht möglich gewesen. 1492 suchte *Christoph Kolumbus* von Spanien aus einen direkten Seeweg nach Indien – und landete in Amerika. 1620 begann mit der Fahrt der *„Mayflower“* |4 von England aus die dauerhafte britische Besiedlung Nordamerikas.
Die „Savannah“ |5 überquerte 1819 den Atlantik und legte einen Teil der Strecke unter Dampf zurück. Als das Schiff ohne gesetzte Segel Irland erreichte, dachte man, es stünde in Flammen, und schickte Hilfe. Die Retter hatten erhebliche Mühe, die Savannah einzuholen. Jetzt waren die Schiffe nicht mehr nur vom Wind abhängig. Die Zeit der großen Passagierdampfer begann. Sie verkehrten hauptsächlich zwischen Europa und Nordamerika.

A Boote und Schiffe sind seit Jahrtausenden wichtige Verkehrsmittel: Indianerkanus, Binsenboote, Wikingerschiffe, Eskimokajaks, alte Nilschiffe, Dschunken … Besorge dir Informationen über Boote oder Schiffe, die dich interessieren (Bücher, Internet …).
– Aus welchen Materialien wurden sie hergestellt? Welche Eigenschaften haben diese Stoffe?
– Wie wurden sie stabil und schwimmfähig gemacht? Wie wurden sie angetrieben? Zu welchen Zwecken wurden sie benutzt?

B Heute werden die Weltmeere von riesigen Schiffen befahren, die gewaltige Lasten tragen können. Die Tragfähigkeit wird in Deadweighttons (dwt) angegeben. Umrechnung: 1 dwt = 1016 kg.

1 Ein Mittelklasse-Auto wiegt etwa 1100 kg. Berechne die Tragfähigkeit der drei Schiffe |6–8 in „Pkw-Einheiten“.

2 Moderne Schiffe bestehen aus Stahl. Wie ist es möglich, dass die Schiffe überhaupt schwimmen können?

|4 Mayflower

|5 Savannah

|6 Autofähre Europa

|7 Öltanker Arosa

|8 Containerschiff Mercator

Fortbewegung in der Technik

Nicht jede Erfindung war ein Erfolg. Zwei Flügel mit den Armen zu schlagen, das reicht nicht zum Fliegen. |1
100 Jahre nach den Versuchen des Schneiders von Ulm hatte menschlicher Erfindergeist das Reisen in der Luft ermöglicht. Im 20. Jahrhundert schaffte der Mensch auch den Sprung in das Weltall. |2

|1 Fluggerät des Schneiders von Ulm

Alltag **Fortbewegung prägt unser Leben**

Alle Tiere, vom Einzeller bis zum Blauwal, sind auf Fortbewegung angewiesen. Sie nutzen dazu Flossen, Flügel, Beine oder ihren ganzen Körper – stets angepasst an ihren Lebensraum.
Der Mensch hat seine Fortbewegungsmöglichkeiten durch Erfindungen stark erweitert. Mithilfe technischer Geräte kann er sich auf dem Land, im Wasser, in der Luft und sogar im Weltraum bewegen. Von größter Bedeutung war die Erfindung des Rads.
Du erreichst schon mit dem Fahrrad auf ebener Strecke Geschwindigkeiten, bei denen viele Landtiere auf Dauer nicht mithalten können.
Die Fortbewegung mit Muskeln ist jedoch durch körperliche Fähigkeiten begrenzt.
Heute treiben wir Fahrzeuge mit der Energie aus Treibstoffen an. Mit unseren Motorfahrzeugen übertreffen wir sämtliche Lebewesen in Bezug auf Geschwindigkeit und Ausdauer. Besonders das Auto prägt unser Leben. |3
Während jeder Einwohner Deutschlands im Jahr 1950 durchschnittlich rund 1000 km mit Auto oder Bus zurücklegte, waren es im Jahr 2000 schon 10 500 km. Im Mittel hat heute jeder zweite Deutsche ein eigenes Auto. Das deutsche Straßennetz ist so lang, dass es die Erde ca. 15-mal umspannen würde.
Viele Freizeitaktivitäten erhöhen das Verkehrsaufkommen. So kommt es regelmäßig am Ferienbeginn zu langen Verkehrsstaus.

|3 Auto – Fortbewegungsmittel Nr. 1

|2 Spaceshuttle beim Start

A Du kaufst in der Obstabteilung Apfelsinen und Bananen. Was hat das mit Fortbewegung zu tun?

B Fließbänder, Rolltreppen und Aufzüge dienen der Fortbewegung. Beschreibe die Besonderheit solcher Anlagen.

C Wie viel Zeit benötigst du am Tag, um zur Schule, zu Freunden, in den Verein … zu gelangen? Notiere einen Tag lang alle Zeiten.
Für welchen Weg hast du am meisten Zeit gebraucht? Berechne, wie lange du insgesamt unterwegs warst.

D Seit wie vielen Jahrzehnten gibt es Autos?

E* Warum wurde das erste Motorflugzeug nicht mit einer Dampfmaschine angetrieben (s. rechte Seite)?

F Ob in der Steppe, im Urwald oder in den Bergen – kein Tier hat Räder am Körper. Überlege dir mögliche Gründe.

G Das Rad wird nicht nur beim Fahrrad eingesetzt. Finde mindestens fünf weitere Fahrzeuge mit Rädern (nutze auch die rechte Seite).

5000 v. Chr.

Vor 5500 Jahren

In Ägypten kennt man schon Segelschiffe. |4

Vor 4500 Jahren

Die Sumerer nutzen Gefährte mit Rädern. |5

…

1783

Die ersten Menschen heben mit einem Heißluftballon vom Erdboden ab. |6

1800

1800

Das erste U-Boot mit Druckluft zum Atmen und handbetriebener Schiffsschraube wird gebaut. |7

1829

Die ersten Eisenbahnen werden mit einer Dampfmaschine angetrieben. |8

1850

Vorläufer des Fahrrads ist das Hochrad. |9

1900

1886

Karl Friedrich Benz baut eines der ersten Autos. |10

1903

Die Brüder Wright starten ihren ersten Motorflug. |11

1969

Die ersten Menschen landen auf dem Mond. |12

2000

|4 Segelboot in Ägypten (Modell)

|5 Pferdewagen der Sumerer

|7 Unterseeboot „Nautilus“ als Modell

|6 Heißluftballon der Brüder Montgolfier

|9 Hochrad

|8 Stephensons „Rocket“

|10 Automobil von Benz

|11 Flugzeug der Brüder Wright

|12 Erste Mondlandung

Säugetiere, die im Wasser leben^Z

1 Biber

2 Biberburg

Der Biber ist unser größtes Nagetier. Mit seinen kräftigen Nagezähnen kann er dicke Bäume fällen. Er frisst die Baumrinde und baut mit den Ästen der gefällten Bäume Dämme und Wohnburgen. Sogar Wasserkanäle gräbt er.

Welche Anpassungen an das Wasserleben kannst du aus den Bildern ablesen?
Beschreibe die Lage des Wohnkessels in der Biberburg.

Interessantes **Von Robben und Walen**

Der Seehund gehört zu den Robben. Die meiste Zeit jagt er im Meer nach Fischen. An Land kommt er nur, um auf Sandbänken zu ruhen, die Jungen zu gebären und zu säugen. 3
Zum Vorwärtsschwimmen schlägt der Seehund seine Hinterbeine kräftig zusammen. An Land zieht er sie hinterher.
Zum Schutz vor Wärmeverlust ist er mit einem dicht anliegenden Fell bedeckt, darunter liegt ein dickes Fettpolster.

Am stärksten an das Wasserleben sind Wale angepasst. Sie sind reine Wassertiere und verlassen das Meer zeitlebens nie. Zu den Walen zählen auch die Delfine. 4
Trotz ihrer fischähnlichen Gestalt sind die Wale echte Säugetiere. Sie bringen lebende Junge zur Welt und atmen mit Lungen.

A Seehund und Wal sind an das Wasserleben angepasst.
1 Welche Anpassungen erkennst du bei der Körperform und bei den Beinen?
2 Siehst du beim Delfin Hinterbeine? Beschreibe die Schwanzflosse des Delfins. Achte auf die Stellung im Vergleich zur Schwanzflosse bei Fischen.

B Wale bekommen ihre Jungen unter Wasser und säugen sie auch dort.
Warum müssen die neugeborenen Wale sofort nach der Geburt zur Wasseroberfläche schwimmen?

C* Auf den ersten Blick kann man Delfin und Hai miteinander verwechseln. In Wirklichkeit bestehen große Unterschiede zwischen beiden.
Lege in deinem Heft eine Tabelle an und vergleiche Delfin und Hai. Gib dabei an:
Art der Fortpflanzung, Atmung, Körpertemperatur, Anpassung ans Wasserleben.

3 Seehund

4 Delfine

Zusammenfassung

Fortbewegung an Land

Der Körperbau lässt Rückschlüsse darauf zu, wie sich Tiere fortbewegen. Tiere an Land laufen, springen oder kriechen.
Die schnellste Fortbewegungsart ist der *Galopp*. Beim *Gehen* setzen verschiedene Tierarten unterschiedliche Teile des Fußes auf (Sohlengänger, Zehengänger, Zehenspitzengänger).

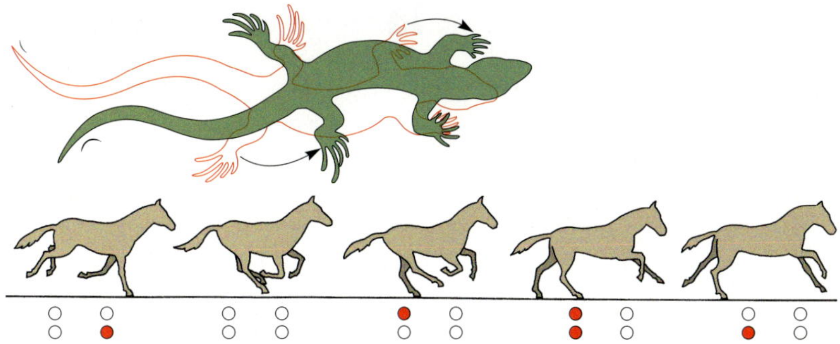
5 Fortbewegung an Land

Fortbewegung in der Luft

Der Körper der Vögel ist an das Fliegen angepasst. Durch hohle Knochen und den leichten Bau der Federn hat ein Vogel nur ein geringes Gewicht.

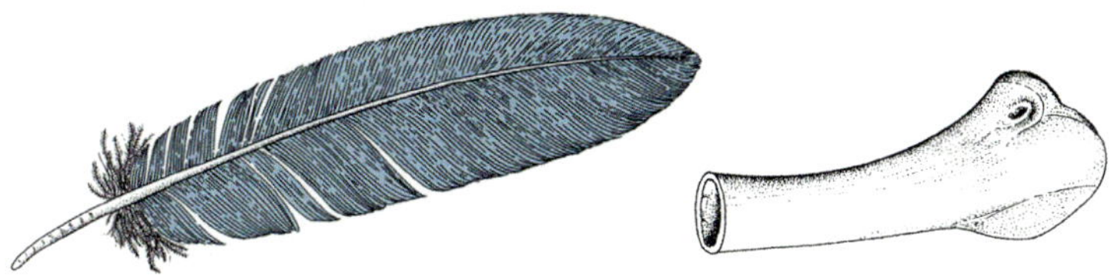
6 Fortbewegung in der Luft – Federn und hohle Knochen

Fortbewegung im Wasser

Fische sind an das Schwimmen angepasst. Die Flossen dienen als Antrieb und Steuerung und stabilisieren die Lage im Wasser. Die Körperform ist strömungsgünstig und bietet dem Wasser wenig Widerstand. Wenn Fische nicht aktiv schwimmen, hängt es von der Gasmenge in ihrer Schwimmblase ab, ob sie steigen, schweben oder sinken.

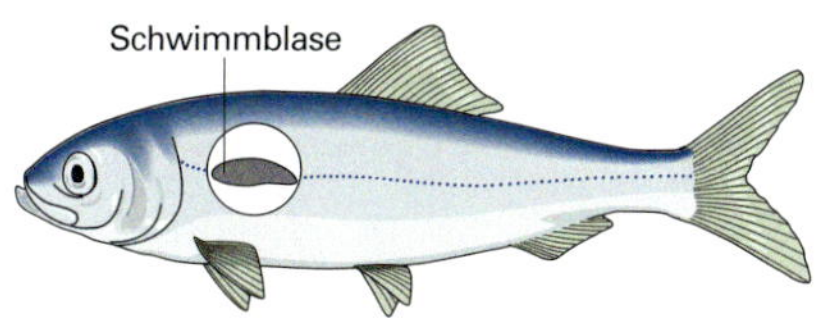

7 Fortbewegung im Wasser

Alles klar?

A Nenne Beispiele für Sohlengänger, Zehengänger und Zehenspitzengänger. Erkennst du einen Zusammenhang zwischen der Art der Fortbewegung und der Geschwindigkeit der Tiere?

B Beschreibe Ruderflug, Gleit-, Segel- und Rüttelflug. Nenne je eine Vogelart, für die diese Flugform typisch ist.

C Vergleiche den Flug eines Habichts mit dem Flug der Flugechse. Nenne Gemeinsamkeiten und Unterschiede.

D Beschreibe, wie die Eidechse kriecht. Worin unterscheidet sich ihre Fortbewegung von der des Fuchses?

E Schlangen haben keine Beine. Wie bewegen sie sich trotzdem fort?

F Ein Fisch schwebt im Wasser.
1 Ist der Fisch schwerer, leichter oder gleich schwer wie das Wasser?
2 Wie kann der Fisch ohne Flossenbewegung an die Oberfläche steigen oder zum Grund sinken? Begründe!

G Warum ist es im Wasser viel schwerer als an Land, sich rasch fortzubewegen?
Was kannst du deshalb über die Körperform schnell schwimmender und langsamer Fische vermuten?

H* Tiere können sich auf verschiedene Weise fortbewegen.
1 Stelle in einer Tabelle Fortbewegungsweisen von Tieren zusammen. Unterscheide nach Fortbewegung an Land, im Wasser und in der Luft. Nenne jeweils eine Tierart als Beispiel.
2 Zwischen dem Bau der Gliedmaßen und der Art der Fortbewegung gibt es einen Zusammenhang. Nenne Beispiele.
3 Nenne jeweils besondere Anpassungen einer Tierart an die Fortbewegung an Land, in Wasser und in Luft.
4 Die Landtiere kann man in Lauftiere, Baumtiere und Grabtiere einteilen. Erläutere diese Einteilung.
5 Bei der Fortbewegung in der Luft erreichen Tiere höhere Geschwindigkeiten als bei der Fortbewegung auf der Erde. Begründe.

Kontrolliere deinen Lernstand

A Tina fährt mit ihrem Fahrrad. Sie braucht für 36 km 120 Minuten. Tim braucht zu Fuß für 36 km 8 Stunden.

1 Wer hat die größere Geschwindigkeit? Begründe, ohne zu rechnen.

2 Berechne die Geschwindigkeiten der beiden in $\frac{km}{h}$.

3 Du willst wissen, ob dein Modellauto schneller ist als Tim oder Tina. Plane dazu einen Versuch, den du auf dem Flur im Schulgebäude durchführen kannst.

4 Warum ist ein Fahrradhelm wichtig? Gehe auf seinen Aufbau ein.

B Tom und Tina haben mit einer Videokamera 1 Minute lang eine Ameise gefilmt. Auf dem Bildschirm eines Fernsehgeräts zeichnen sie mit Folienstift den Weg der Ameise nach.

1 Wie viel Meter hat die Ameise in der Minute zurückgelegt? Tipp: Achte auf den Maßstab! 1

2 Bestimme die Geschwindigkeit mit der die Ameise durchschnittlich vorankrabbelt (in Zentimeter pro Sekunde).

3 Ob die Ameise durchgehend mit der gleichen Geschwindigkeit gekrabbelt ist? (Achte auf ihren Weg!)

C Bewegungen bei Tier und Mensch entstehen auf dieselbe Weise.

1 Wie verändern sich Muskeln, um eine Bewegung hervorzurufen?

2 Fertige eine Skizze des Oberarms vom Menschen mit Knochen, Muskeln und Gelenken an. Beschrifte deine Skizze.
Erkläre anhand deiner Skizze das Gegenspielerprinzip der Muskeln.

3 Lege eine Tabelle zu den Organen an, die an der Armbewegung beteiligt sind.

Organ	Eigenschaften	Aufgaben
?	?	?

4 Viele Menschen zeigen Körperfehlhaltungen. Was versteht man darunter? Nenne Beispiele.

5 Was kannst du für eine gesunde Körperhaltung tun?

1

D Tiere bewegen sich auf unterschiedliche Weise fort.

1 Welche Bedeutung hat die Bewegung bei Tieren? Nenne Beispiele.

2 Nenne verschiedene Fortbewegungsweisen. Führe jeweils eine Tierart als Beispiel an.

3 Beschreibe mit wenigen Sätzen die Bewegungen von Katze und Pferd.

4 Bei der Fortbewegung in der Luft erreichen Tiere eine höhere Geschwindigkeit als im Wasser. Begründe!

5 Wie sind Fische an die Fortbewegung im Wasser angepasst?

6 Wie kann eine Schlange ohne Gliedmaßen vorwärts kriechen?

7 Vögel können auf verschiedene Weise fliegen. Wie unterscheiden sich Gleitflug und Ruderflug?

Schätze deine Kenntnisse und Fähigkeiten ein:

Aufgabe	Ich kann …
A	im Versuch Weg und Zeit bestimmen und daraus die Geschwindigkeit ermitteln.
B	auch bei Bewegungen mit Richtungsänderungen die Durchschnittsgeschwindigkeit bestimmen.
C	das Zusammenspiel von Knochen und Muskeln bei Bewegungsvorgängen erklären.
D	den Zusammenhang zwischen Lebensraum, Körperbau und Fortbewegungsweise bei verschiedenen Tieren erkennen und beschreiben.

Einschätzung

Ordne deiner Aufgabenlösung im Heft ein Smiley zu:

☺ Ich habe die Aufgabe richtig lösen können.

😐 Ich habe die Aufgabe nicht komplett lösen können.

☹ Ich habe die Aufgabe nicht lösen können.

Pflanzen – Tiere – Lebensräume

Themenkreis 4

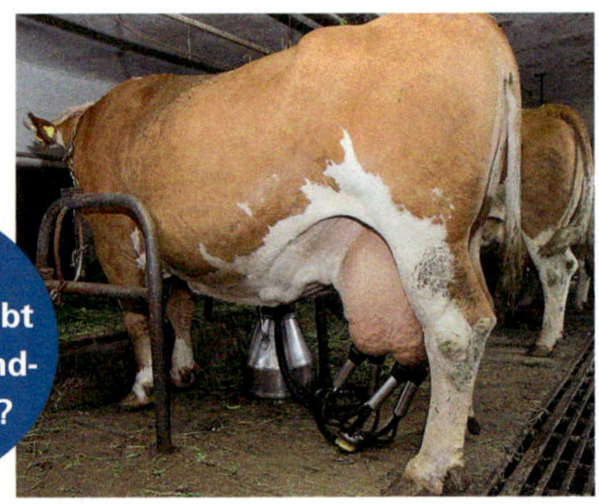

Wie Tiere und Pflanzen leben

Millionen von Tierarten kann man heute unterscheiden. Allein bei den Säugetieren gibt es rund 6000 Arten. Einige Arten kennst du. Sie leben im Haus, in Gärten und Parks, in landwirtschaftlichen Betrieben und im Zoo.

Ohne Pflanzen gäbe es für uns Menschen nichts zu essen. Und auch die Luft zum Atmen ginge uns bald aus. Viele Pflanzen erfreuen uns zusätzlich durch ihre schönen Blüten. Mehr als 240 000 verschiedene Blütenpflanzen haben die Biologen bisher gezählt.

In diesem Kapitel kannst du

- viele Tiere beobachten,
- über Tierhaltung diskutieren,
- ganz unterschiedliche Lebensräume von Tieren kennenlernen,
- das Verhalten der Tiere und ihre Abstammung erkunden,
- Beobachtungen und Untersuchungen an Pflanzen durchführen,
- die Pflege von Zimmerpflanzen erlernen und Pflanzenfamilien kennenlernen.

Was blüht denn da?

Was haben diese Früchte mit Rosen gemeinsam?

Sechs Getreidesorten werden vom Bäcker genutzt.

Verschiedene Arbeitsweisen

Du wirst
- Informationen aus Texten und Bildern herausarbeiten,
- Ausstellungen und Wandzeitungen gestalten,
- über artgerechte Tierhaltung diskutieren,
- Bestimmungsbücher benutzen,
- Gedankenkarten, Steckbriefe und Infokarten anfertigen,
- eine Blattsammlung anlegen.

Ausblicke

Zum Thema „Pflanzen – Tiere – Lebensräume“ gehört noch viel mehr, als du in diesem Buch finden kannst. Vielleicht interessiert dich die Frage, wie die Saurier lebten und warum sie ausgestorben sind.
Du möchtest gerne mehr zu den Themen wissen? Bestimmt findest du Informationen darüber in einem Lexikon, in der Bücherei oder im Internet.

Tierhaltung zu Hause

1 Wellensittiche

Vielleicht wünschst du dir ein eigenes Tier für zu Hause. Vorher müssen folgende Fragen geklärt sein:
- Welches Tier ist für mich am besten geeignet?
- Welche Ansprüche hat das Tier?
- Habe ich genügend Zeit, mich um mein Tier zu kümmern?
- Sind deine Eltern und der Vermieter einverstanden?
- Welche Krankheiten kann das Tier bekommen oder übertragen?
- Was geschieht, wenn ich ein Pärchen habe und dieses Nachwuchs bekommt?
- Welche Kosten entstehen für Kauf, Erstausstattung und Haltung? Denke auch an Folgekosten für den Tierarzt und die Versicherung sowie an Steuern.
- Wer versorgt das Tier im Urlaub?

Regeln für den Umgang mit einem Wellensittich:

1. *Der Vogel sollte einmal am Tag frei im Zimmer fliegen dürfen. Vorher die Fenster schließen!*
2. *Wellensittiche sollte man immer zu zweit halten.*
3. *Erschrecke den Vogel nie! Nach einer Eingewöhnungszeit kommt er von alleine auf deine Hand.*
4. *Den Vogel nie ohne Futter und Wasser lassen!*
5. *Der Käfig muss an einem ruhigen, nicht zu kalten und nicht zu warmen Ort stehen. Nachts wird er mit einem Tuch abgedeckt.*

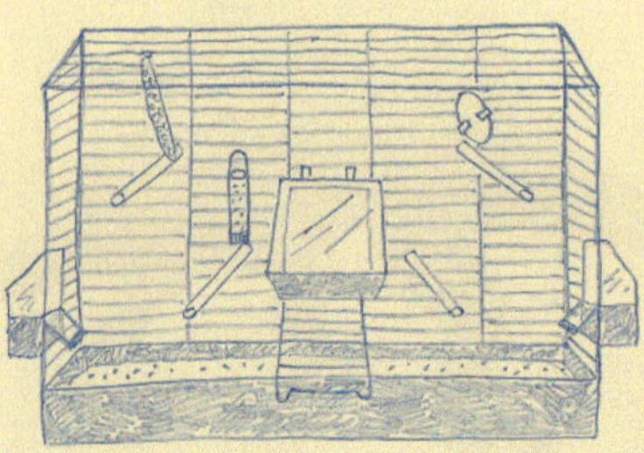

2

Steckbrief Wellensittich

Herkunft: Wellensittiche stammen aus dem trockenen, heißen Australien.
Lebensweise: Sie leben in Schwärmen. Wenn das Weibchen brütet, wird es vom Männchen gefüttert.
Alter: Die Vögel werden bis zu 15 Jahre alt.
Haltung: Vogelkäfig mindestens 50 cm lang, 30 cm breit und 40 cm hoch. Frische Äste zum Klettern und Knabbern, Futter- und Wassernapf, Badewanne, Kalkstein. Näpfe täglich mit heißem Wasser ausspülen!
Nahrung: fertige Samenmischung mit Iodzusatz, gelegentlich ein Salatblatt, ein Stück Apfel oder Kolbenhirse

3

1 Was ist bei Haustieren zu beachten?

Versuche für den Umgang mit Meerschweinchen und Zwergkaninchen fünf Regeln aufzuschreiben.

2 Informationen zu einem Haustier

Informiere dich z. B. im Zoohandel über ein weiteres Haustier, das dich interessiert.
- Wo hält man das Tier?
- Womit füttert man es?
- Wann fühlt sich das Tier wohl?
- Braucht das Tier viel Pflege? Benötigt es besondere Einrichtungen wie Laufrad oder Kratzbaum?
- Welche Kosten verursacht es?
- Erstelle einen Steckbrief über das Tier.

Allergien – trotzdem ein Haustier?
Wenn in eurer Familie immer wieder allergische Krankheiten wie Heuschnupfen, Hautveränderungen oder Asthma auftreten, sollte man vorsichtig mit der Anschaffung eines Haustiers sein. Haustiere können nämlich Allergien auslösen. Oft sind die Haare der Tiere dafür verantwortlich.

A Wirklich „ein Fall von Tierquälerei"? Lies dir den Text oben durch.
1 Was hat Jana falsch gemacht? |4
2 Wie konnte es passieren, dass Jana sich so verhalten hat? Sie wollte doch schließlich nur das Beste für ihr Meerschweinchen …
3 Wie kannst du bei deinem Haustier Fehler vermeiden?
4 Kennst auch du einen Fall von ungewollter Tierquälerei?
Schildere ihn in einem kurzen Protokoll, z. B. so:
- Wie quält die Person das Tier?
- Warum leidet das Tier unter der Behandlung?
- Was weiß der Tierhalter nicht?
- Wie verhält man sich richtig?

|4 Ob das dem Meerschweinchen guttut?

Ein Fall von „Tierquälerei"?
Jana hat zum Geburtstag ein Meerschweinchen bekommen. Es soll sich ausgiebig sonnen können. Deshalb stellt sie es im Käfig auf den Balkon. Sie nimmt auch noch das störende Schlafhaus heraus. Als ihr Vater am Nachmittag nach Hause kommt, ist er entsetzt und spricht ernsthaft mit ihr.

B Stellt Umfragen zum Thema „Die beliebtesten Haustiere" an.
1 Befragt eure Mitschüler, welches Haustier sie am liebsten hätten.
2 Welche Haustiere haben eure Mitschüler?
3 Fasst die Antworten eurer Umfrage in einer Tabelle zusammen. Stellt die Ergebnisse im Klassenzimmer aus.

C Oben siehst du einen Auszug aus dem *Tierschutzgesetz.*
1 Welcher Paragraf des Tierschutzgesetzes verbietet ein Aussetzen von Haustieren? |5
2 Welche Absicht verfolgt man mit diesem Gesetz?
3 Was schreibt das Tierschutzgesetz über die Haltung von Tieren vor?

|5 Traurig – an der Straße ausgesetzt!

Auszug aus dem Tierschutzgesetz
§ 1 Grundsatz
Zweck dieses Gesetzes ist es, aus der Verantwortung des Menschen für das Tier als Mitgeschöpf dessen Leben und Wohlbefinden zu schützen. Niemand darf einem Tier ohne vernünftigen Grund Schmerzen, Leiden oder Schäden zufügen.
§ 2 *Wer ein Tier hält, betreut oder zu betreuen hat, muss das Tier seiner Art und seinen Bedürfnissen entsprechend angemessen ernähren, pflegen und verhaltensgerecht unterbringen …*
§ 3 *Es ist verboten, … ein in Obhut des Menschen gehaltenes Tier auszusetzen oder es zurückzulassen, um sich seiner zu entledigen …*

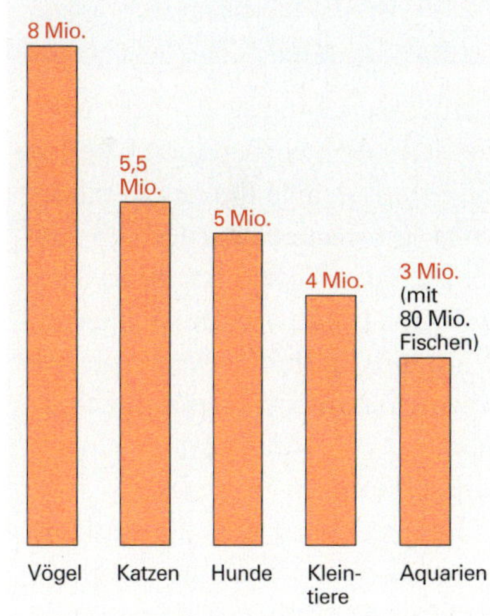

|6 In Deutschland leben Haustiere in etwa 12 Millionen Haushalten.

Partner Hund (Auswahlthema 1)

1 In der Hundeschule

Wer lernt was in der Hundeschule – und warum? 1

1 Besuch in einer Hundeschule

Eine gute Möglichkeit, etwas über Hunde zu erfahren, ist der Besuch einer Hundeschule.
Fragt vorher nach einem Interviewpartner zum Thema „Hunde und ihre Erziehung". Bereitet das Interview gut vor.

Wissenswertes **Partner Hund**

Viele Menschen sehen in ihrem Haustier ein Schmusetier oder sogar Ersatz für fehlende Mitmenschen. Schon vor Tausenden von Jahren begannen Menschen damit, *Hunde* zu halten. Deshalb gilt der Hund als unser ältestes Haustier.
Alle Haushunde stammen vom Wolf ab. Wölfe leben in Rudeln. Innerhalb des Rudels lernen junge Wölfe, wie man sich untereinander verständigt. Und sie lernen sich unterzuordnen.
Dem Haushund fehlt die Erziehung durch das Rudel. Deshalb beginnt man im Alter von 4 bis 6 Monaten mit seiner Erziehung. 1, 3

3 Belohnung

Arbeitsweise **Das Interview**

Wenn du ein Interview führen willst, musst du dich vorbereiten. Überlege dir genau, welche Fragen du stellen willst. Informiere dich deshalb vorher über das Thema des Interviews (z. B. aus Büchern oder im Internet). Während des Interviews werden die Antworten notiert oder aufgenommen.
Einige Tipps für Interviews:

- Frage nicht so, dass die Antwort nur Ja oder Nein lauten kann. Verwende Fragewörter wie „warum", „was", „wie", „wozu".
- Formuliere deine Fragen klar und verständlich auf einem Zettel.
- Gehe nicht allein zum Interview.
- Fertige während des Interviews Notizen an. Ein Kassettenrekorder ist natürlich hilfreich.
- Vielleicht redet dein Gesprächspartner zu lange hintereinander. Dann unterbrich ihn höflich mit einer Zwischenfrage.
- Frage nach, wenn du eine Antwort nicht verstanden hast.
- Bedanke dich am Schluss des Interviews für das Gespräch.
- Fasse die Ergebnisse deiner Befragung in deinem Heft zusammen.

2 Hilfsmittel

Welpen
Nach der Paarung des *Rüden* mit der *Hündin* entwickeln sich im Leib der Hündin 4 bis 10 Junge *(Welpen)*. Bei der Geburt sind diese noch blind, taub und hilflos. Sie werden von der Hündin mit Milch gesäugt. Hunde sind Säugetiere. 4

Der Körperbau des Hundes
Am Skelettbau erkennt man, weshalb der Hund schnell und ausdauernd ist. 5 Die kräftigen Beine sind über Schulter- und Beckenknochen mit der Wirbelsäule verbunden. Beim Laufen treten die Hunde nur mit den Zehen auf. Ihre stumpfen Krallen können sie nicht einziehen.

4 Hündin mit neugeborenen Welpen

Die Sinne des Hundes
Der Hund hat einen ausgezeichneten Geruchssinn. In seiner Nase befinden sich viele Sinneszellen.
Hunde hören auch ausgezeichnet. Selbst hohe Töne, die der Mensch nicht mehr hören kann (Ultraschall), nehmen Hunde noch wahr.

Das Hundegebiss
Beutetiere fängt der Hund mit seinen Eckzähnen (Fangzähne).
Mit den größten Backenzähnen reißt er die Beute (Reißzähne). Er zerkleinert das Fleisch mit allen Backenzähnen. Fleischreste an den Knochen zupft und schabt er mit den Schneidezähnen ab. 6

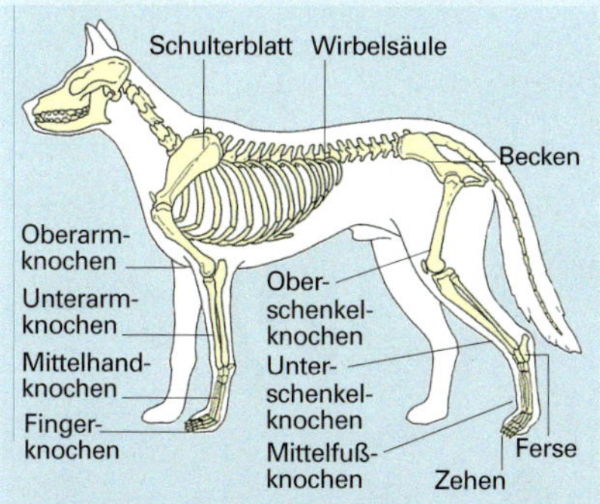

5 Das Skelett des Hundes

So verständigt sich der Hund
Der ganze Körper des Hundes gibt Hinweise auf seine Stimmung. Man erkennt sie an Schwanzhaltung, Ohrenstellung, Lautäußerungen und Gesichtsausdruck. 7
Hunderüden markieren immer wieder mit Harnspritzern an Pfosten und Bäumen ihr Revier. So kennzeichnen sie durch Duftmarken ihren Aufenthaltsort.

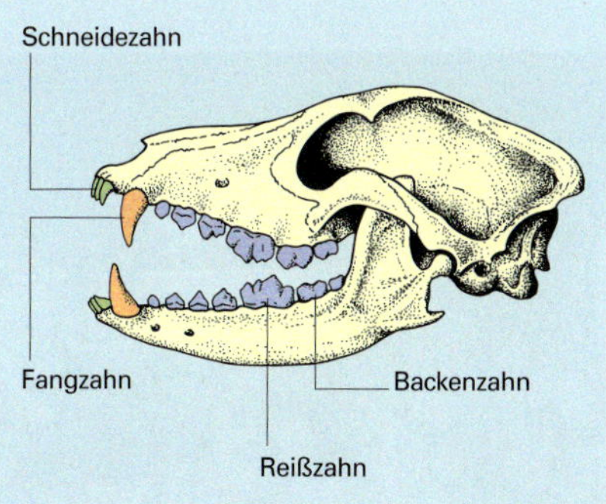

6 Das Gebiss des Hundes

A Hundewelpen sind Nesthocker. Erkläre, was das bedeutet.

B Man bezeichnet Hunde auch als „Nasentiere" oder „Ohrentiere". Was will man damit ausdrücken?

C* Hunde hecheln manchmal. Was bedeutet das? Was wird damit erreicht?

D Welche Bedürfnisse des Hundes müssen beachtet werden, wenn man Hundebesitzer werden möchte?

7 Drohender Hund

Wissenswertes **Der Wolf – Stammvater des Hundes**

Wölfe leben häufig in Rudeln von 5 bis 10 Tieren. 1 Nur so können sie große Huftiere wie Hirsche, Elche und Rentiere jagen. Jedes Rudel hat ein eigenes Jagdgebiet. Die Tiere markieren dieses Gebiet an bestimmten Stellen mit ihren Duftmarken. Der stärkste, ranghöchste Wolf ist das Leittier. Er führt das Rudel an. Die Wölfe müssen möglichst nahe an die Beute herankommen. Während der Jagd verständigen sie sich durch lautes Heulen. Ist die Beute gestellt, wird sie von allen Seiten angegriffen.

An der Spitze eines Rudels stehen ein Männchen und ein Weibchen. Nur dieses eine Paar bekommt Junge. Innerhalb des Rudels herrscht eine strenge Rangordnung. Die einzelnen Tiere kennen sich sehr genau. Der Leitwolf zeigt seine Stellung durch den steil nach oben gehaltenen Schwanz. 2 Alle anderen Wölfe des Rudels ordnen sich dem Leitwolf unter. Nur gelegentlich finden Kämpfe zwischen den Wölfen statt. Dabei wird die Rangordnung neu festgelegt. Meist werden die Rangkämpfe jedoch nur mit Drohgebärden ausgefochten. Es kommt kaum zu Verletzungen.

Schon in der Steinzeit schloss sich der Wolf den Menschen an. Wenn die Steinzeitmenschen auf die Jagd gingen, folgten ihnen vermutlich hungrige Wölfe. An den Lagerplätzen fielen Fleischreste für sie ab. Dadurch wurden sie zutraulicher und gewöhnten sich an den Menschen. Vielleicht nahmen die Menschen Jungtiere mit in ihre Höhle und zogen sie auf. Aus diesen wurden zahme Wölfe.
Irgendwann bemerkten die Menschen, dass der Wolf ihnen nützlich sein konnte. Er half bei der Jagd, schlug Alarm vor Feinden und diente in kalten Winternächten als „Wärmekissen“. Vielleicht waren Jungtiere auch Spielkameraden der Kinder. Besonders zahme und lernfähige Tiere wurden ausgewählt und miteinander verpaart. Im Lauf der Zeit unterschieden sich die zahmen Wölfe immer mehr von ihren Artgenossen in freier Wildbahn. So wurde das Wildtier Wolf in Tausenden von Jahren durch Zähmung und Züchtung zum Haustier Hund.

2 Körpersprache des Wolfs – Beispiele

1 Wolfsrudel

Wissenswertes **Hunderassen**

3 Hunderassen

Der Mensch hat immer neue Hunderassen gezüchtet. Es entstanden immer wieder Tiere mit anderen Eigenschaften. Diese Merkmale nutzte der Mensch beim Abrichten der Hunde für bestimmte Aufgaben. Manche Hunderassen verwendete man als Begleithunde, andere als Jagdhunde, wieder andere als Arbeitshunde.

Obwohl die verschiedenen Rassen des Haushundes ganz unterschiedlich aussehen, können sie sich untereinander fortpflanzen. Alle Hunde gehören daher zu einer einzigen Art. Hunde, die aus der Paarung verschiedener Rassen hervorgehen, bezeichnet man als Mischlinge.

4 Körpersprache des Hundes

A Hunde werden vom Menschen für vielfältige Aufgaben abgerichtet. Nenne Beispiele für solche Aufgaben.

B Bestimmte Hunderassen sind für bestimmte Aufgaben besonders geeignet. Ordne den Aufgaben Hunderassen zu.

C Der Hund ist leichter zu erziehen als andere Haustiere. Begründe!

D* Vergleiche die Körpersprache des Hundes mit der des Wolfs. 2, 4

Arbeitsweise **So liest man einen Text**

In dem Text auf der linken Seite erfährst du etwas über die Abstammung des Hundes.

- Lies den Text durch und verschaffe dir einen groben Überblick vom Inhalt.
- Kläre dann unbekannte Begriffe: zunächst in deiner Arbeitsgruppe, bei Bedarf auch bei deiner Lehrerin oder deinem Lehrer.
- Arbeite den Text gründlich durch. Überlege dir Überschriften zu den Abschnitten.
- Fasse den Inhalt des Textes oder von Abschnitten aus dem Gedächtnis kurz zusammen und berichte deinem Tischnachbarn.

E Beantworte die folgenden Fragen.
1 Wie jagen Wölfe?
2 Beschreibe die Rangordnung in einem Wolfsrudel.
3 Wie haben die Steinzeitmenschen Wölfe gezähmt? Im Text sind zwei Möglichkeiten genannt. Beschreibe sie. Welche hältst du für wahrscheinlicher? Begründe!

F* In dem Text geht es um das Leben im Wolfsrudel und die Entwicklung vom Wolf zum Hund.
Fasse die wichtigsten Aussagen des Textes in zwei Sätzen zusammen.

Haustier Katze (Auswahlthema 2)

1–2 „Schmusekatze"?

Ein Interview mit einem Katzenbesitzer liefert sicherlich interessante Informationen (Aufgabe A).

1 Beobachtungen an Katzen
... bei der Jagd oder beim Jagdspiel

Vielleicht hast du Gelegenheit, eine Katze beim Jagen zu beobachten. Wenn nicht, dann wirf ihr ein Papierbällchen zu, das an einem Faden hängt.

a Beschreibe die Haltung der Katze. Achte auch auf die Stellung von Ohren und Augen.

b Wie schleicht sich die Katze an?
- In welcher Reihenfolge setzt sie die Beine?
- Welche Fußteile setzt sie auf?
- Siehst du ihre Krallen? Beschreibe!
- Aus welcher Entfernung setzt sie zum Sprung an?

2 Beobachtungen an Katzen
... wie sie sich verständigen

Katzen können mit ihrem Körper ausdrücken, wie ihnen zumute ist. Man sagt: Sie gebrauchen ihre „Katzensprache". 3

a Beschreibe die Körperhaltung der Katzen:
- Gib die Stellung der Haare, der Wirbelsäule und des Schwanzes an.
- Wie wehrt sich die Katze?

b Achte auf die verschiedenen Laute einer Katze:
- Wann hörst du sie schnurren?
- Wann faucht die Katze?
- Wann miaut sie?

3 Beobachtungen an Katzen
... im Haus

a Die Katze bei der Körperpflege:
- Wie putzt sich die Katze?
- Welche Körperteile werden geputzt?

b Beobachte sie beim Milchtrinken:
- Wie bewegt sie ihre Zunge?
- Prüft sie die Milch?

c Die Katze beim Schlafen:
- In welcher Stellung schläft sie?
- Hat sie einen festen Schlafplatz?
- Wie reagiert die schlafende Katze auf leise knisternde Geräusche?

d Betrachte die Augen der Katze bei unterschiedlicher Helligkeit. Wie verändert sich die Pupille? 4

3 Drohgebärde der Katze

4 So sieht die Pupille im Dunkeln aus.

So fühlt sich die Katze wohl

Unsere Katze stammt ursprünglich aus dem warmen Ägypten. Katzen wurden bereits zur Zeit der Pharaonen als Haustiere sehr geschätzt. Sie mögen Wärme und sonnen sich gern stundenlang.

Wie der Hund ist die Katze heute ein beliebtes Haustier. Im Unterschied zum Hund lebt sie gern als Einzelgänger. Sie gewöhnt sich zwar an den Menschen, geht aber keine feste Bindung zu ihm ein. Viel eher noch ist sie mit der Wohnung verbunden, in der sie ständig lebt.

Katzen sind Säugetiere. Sie ernähren ihre Jungen mit Muttermilch. 5

5 Eine Katzenmutter säugt ihre Jungen.

Der Körperbau der Katze 6

Die Katze ist ein Schleichjäger. Sie hat eine biegsame Wirbelsäule und starke Muskeln. Das macht ihr das Anschleichen an die Beute und das Springen leicht. Ihre Krallen kann sie einziehen. Die weichen Ballen an den Pfoten machen den Schritt fast unhörbar. Ihr Gebiss ist ein Raubtiergebiss.

Die drei Katzensprachen

Katzen verständigen sich durch die Haltung ihres Körpers, mit ihrer Stimme und mit Duftmarken. Wird eine Katze angegriffen, macht sie einen Buckel und faucht. 7 Andere Katzen verstehen das.

Fühlt sich die Katze wohl, schnurrt sie. Hin und wieder verspritzt sie Harn, um damit ihre Anwesenheit anzuzeigen.

Die Sinnesorgane der Katze

Ihre Umwelt nimmt die Katze durch Hören, Sehen und Tasten wahr.

Das Auge ist ihr schärfstes Sinnesorgan. Bei Dämmerung sieht sie viel besser als der Mensch.

Im Dunkeln orientiert sie sich mit ihrem feinen Gehör.

Mit den Schnurrhaaren der Oberlippe kann sie Hindernisse abtasten.

A Befrage einen Katzenbesitzer nach seinen Erfahrungen mit Katzen:

- Warum wird die Katze gehalten?
- Wo hält sich seine Katze am liebsten auf? Lässt sich das begründen?
- Darf die Katze nach draußen? Jagt sie dort nach Beute?
- Jagt sie auch, obwohl sie regelmäßig gefüttert wird?
- Wie verhält sich die Katze, wenn sie Angst hat?

Hinweise zu Interviews findest du auf Seite 4.

B Wie ändern sich die Pupillen der Katze, wenn sie von der Dämmerung ins Licht kommt?

C Informiere dich über eine Katzenrasse und fertige einen Steckbrief an.

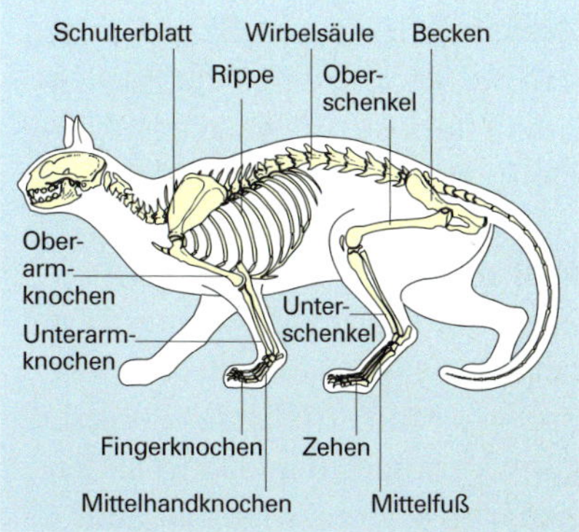

6 Das Skelett der Katze

7 Die Katze zeigt ihre Stimmungslage.

Auf dem Reiterhof (Auswahlthema 3)

1 Reitstunde

2 Arbeit im Wald

Das Pferd – ein Arbeitstier?
Mehr über Pferde könntest du durch ein Interview erfahren (Auftrag 2).

Grundlagen **Wissenswertes über Pferde**

Das Pferd – ein Herdentier
Pferde sind Herdentiere, die bei Gefahr fliehen. Ein Leithengst führt die Herde. Das Fluchtverhalten haben die Pferde von ihren wild lebenden Vorfahren ererbt.

Der Körperbau des Pferdes
Der Körperbau des Pferdes ist auf schnelles Laufen eingerichtet. Deutlich wird das am Beinskelett. 3
An jedem Fuß besitzt das Pferd nur eine Zehe. Diese ist von einem Huf aus Horn umgeben. Dadurch ist sie vor Verletzungen geschützt.
Der Fuß des Pferdes berührt nur mit der Zehenspitze den Boden.

Die Sinne
Der Geruchssinn und der Gehörsinn sind gut ausgebildet. Deshalb kann das Pferd Gefahren rechtzeitig erkennen.
Pferde sehen nicht sehr scharf. Ihre Augen sprechen aber auf Bewegtes stark an. Da sie seitlich stehen, können Pferde fast rundum sehen.

Der Pflanzenfresser
Pferde sind Pflanzenfresser. Mit ihren Schneidezähnen rupfen sie auf der Weide Gras ab. 4 Bei längeren Pflanzen helfen dabei die Lippen mit. Mit den breiten Backenzähnen zerkauen die Tiere das Gras gründlich, bevor sie es schlucken. Beim

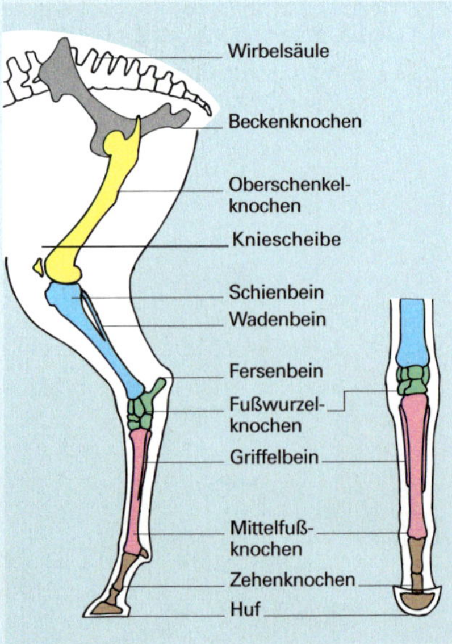

3 Das Hinterbein des Pferdes

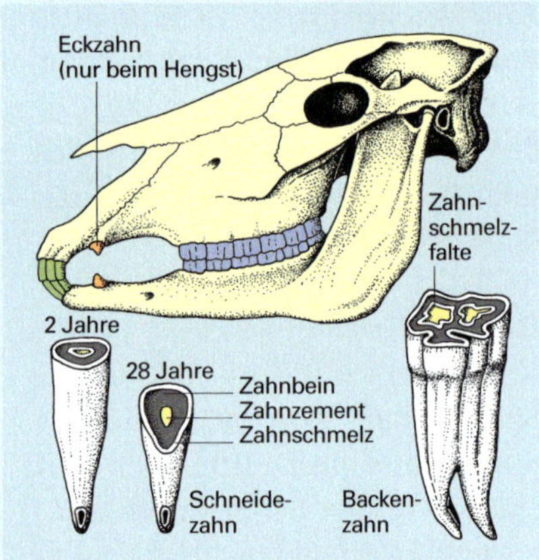

4 Das Pflanzenfressergebiss

Zerreiben des harten Grases nutzen sich die Schmelzfalten der Backenzähne stark ab. Ihr Magen ist klein. Dafür ist der Darm besonders lang.

Fohlen
Nach der Paarung des Hengstes mit der Stute entwickelt sich im Leib der Stute 11 Monate lang das Fohlen. Es kann kurz nach der Geburt laufen und wird 6 Monate lang gesäugt. Pferde sind Säugetiere.

Wissenswertes **Pferde für verschiedene Arbeiten**

|5 Eine Stute säugt ihr Fohlen.

Vor über 5000 Jahren begann der Mensch das Wildpferd zu zähmen. Daraus züchtete er dann das Hauspferd. |5

Die Pferderassen fasst man zu mehreren Gruppen zusammen: *Kaltblut-*, *Warmblut-* und *Vollblutpferde*. Diese Bezeichnungen haben nichts mit der Körpertemperatur zu tun. Sie beziehen sich auf das Temperament der Pferde.

- *Kaltblutpferde* (z. B. das Schwarzwälder Kaltblut) besitzen ein ruhiges Temperament. Sie haben einen kräftigen Körper und sind gut zum Arbeiten geeignet, z. B. zum Holzrücken im Wald. |2
- *Warmblutpferde* (z. B. die Trakehner) werden gerne als Dressur-, Reit- und Springpferde eingesetzt. |6
- *Vollblutpferde* (z. B. die Araber) sind am temperamentvollsten; sie sind besonders schnell. Man bevorzugt diese Pferde bei Pferderennen. |7

Kleinwüchsige Pferderassen (kleiner als 1,50 m) nennt man *Ponys*. |8

|6 Warmblutpferd beim Dressurreiten

|7 Vollblutpferde beim Pferderennen

|8 Pony

1 Wir beobachten Pferde auf dem Reiterhof

a Was tun die Pferde während deiner Beobachtung? Beschreibe ihre Verhaltensweisen.

b Lässt sich eine Rangordnung erkennen? Beschreibe das Verhalten, wenn sich zwei Tiere begegnen.

c Kannst du auffällige Ausdrucksweisen deuten?

2 Wir interviewen einen Mitarbeiter des Reiterhofs

Was bei einem Interview zu beachten ist, findet ihr auf Seite 4. Sicherlich fallen euch viele Fragen selbst ein. Einige Anregungen:

a Warum gehen Pferde leicht „durch", wenn sie erschreckt werden?

b Mit wie viel Jahren kann eine Stute zum ersten Mal ein Fohlen bekommen?

c Welche Bedeutung hatten Pferde früher? Welche haben sie heute?

d Welche Pferderassen gibt es auf dem Reiterhof?

3 Vielleicht darfst du ein Pferd führen …

a Reagiert es bei dir ebenso wie bei einem Pferdeführer des Reiterhofs?

b Gibt der Pferdeführer dem Pferd Signale, die es versteht?

c Warum sollte der Reiter die Körpersprache des Pferdes unbedingt kennen?

Der landwirtschaftliche Betrieb

Nico besucht mit seinen Eltern einen landwirtschaftlichen Betrieb. Neugierig erkundet er das Gelände. |1

|1 Bauernhof

A Welche Tiere hat Nico entdeckt? Trage in eine Tabelle ein:

1 Welche dieser Tiere sind Haustiere?

2 Welche sind Säugetiere?

B In dem landwirtschaftlichen Betrieb werden auch Hühner gehalten. Vergleiche die Ernährung der Küken mit der der Kälber.

C Welche Tätigkeiten führen die Personen in den Bildern auf der rechten Seite aus? Welche weiteren Tätigkeiten fallen in der Landwirtschaft an?

|2

|3

|4

|5

|6

7

8

9

10

11

12

13

14

15

16

1 Wir erkunden einen landwirtschaftlichen Betrieb

a *Erste Überlegungen:*
Gibt es in eurer Nähe einen landwirtschaftlichen Betrieb?
Wie kommt man dahin? Fragt an, ob eure Klasse den Betrieb besichtigen darf. Vereinbart einen Termin, an dem euch jemand für Fragen zur Verfügung steht.

b *Bildung von Arbeitsgruppen:*
Der Besuch des Betriebs ist etwas Besonderes. Fertigt darüber gemeinsam eine *Wandzeitung* an. Sie könnte überschrieben sein: „Besuch beim Landwirt" (s. Nachbarseite).
Dafür solltet ihr Gruppen bilden. Jede übernimmt ein Teilthema, das sie bearbeitet.
Mögliche Teilthemen:
- Aufbau des Betriebs
- Arbeitsweisen in der Landwirtschaft früher und heute
- Vom Erzeuger zum Verbraucher
- Nutztiere in der Landwirtschaft

c *Vorbereitung von Fragen:*
Vor der Erkundung solltet ihr euch Fragen überlegen. Schreibt sie dann in Form eines Fragebogens auf. Einige Beispiele dazu seht ihr rechts.

Gruppe A
Zum Betrieb
- Wie groß ist der Betrieb? Wie viel davon ist Ackerland, Grünland, Wald? Welche Gebäude gehören dazu?
- Wer arbeitet im Betrieb?
- Welche Ausbildung braucht man dafür?

Gruppe B
Zur Tierhaltung
- Welche Tiere werden gehalten?
- Wie werden sie gehalten? Welche Arbeiten sind dafür nötig?
- Womit werden die Tiere gefüttert?
- Wie werden die Erzeugnisse der Tiere vermarktet?
- Wer kauft die Tiere? Wie läuft der Verkauf ab?

Gruppe C
Zu den angebauten Pflanzen
- Welche Pflanzen werden angebaut?
- Wozu wird die Ernte verwendet?
- Welche Arbeiten sind von der Aussaat bis zur Ernte nötig?
- An wen wird die Ernte verkauft?

Grundlagen **Haustiere als Nutztiere**

Der Mensch hat einige wilde Tiere durch Züchtung zu Haustieren gemacht. So entstanden Rassen mit besonders günstigen Eigenschaften.

Das Hausschwein z. B. stammt vom Wildschwein ab, der Hund vom Wolf. |1–2
Auch Hauskatze, Ziege, Rind, Pferd und Schaf sind Haustiere, die durch *Züchtung* entstanden sind.
Haustiere, die der Mensch nutzt, um Fleisch, Milch, Haut oder Wolle zu gewinnen, bezeichnet man als *Nutztiere.*
Hund und Katze, die mit uns Menschen gemeinsam in der Wohnung leben, kennst du als *Heimtiere.*

|1 Wildschweine und Hausschweine

|2 Wölfe und Hunde

Arbeitsweise **Wir gestalten eine Wandzeitung am Beispiel Landwirtschaft**

Bei eurem Besuch in einem landwirtschaftlichen Betrieb sammelt ihr eine Vielzahl von Informationen. In Form einer *Wandzeitung* könnt ihr sie an andere weitergeben.

Wie bereiten wir die Wandzeitung vor?
Eine Wandzeitung soll schön aussehen. Sie soll den Betrachter aber auch anregen. |3
Ein solches Plakat kann ein Einzelner kaum erstellen. Ihr müsst also die Arbeit – vor dem Besuch des landwirtschaftlichen Betriebs – unter euch absprechen und aufteilen.

Informationsbeschaffung
Zunächst müssen Informationen gesammelt werden. Manches findet ihr in diesem Buch. Anderes steht im Lexikon, in Büchern, in Informationsschriften, Zeitungen oder im Internet. |4
Wer einen Landwirt kennt, sollte ihn um Auskunft bitten.

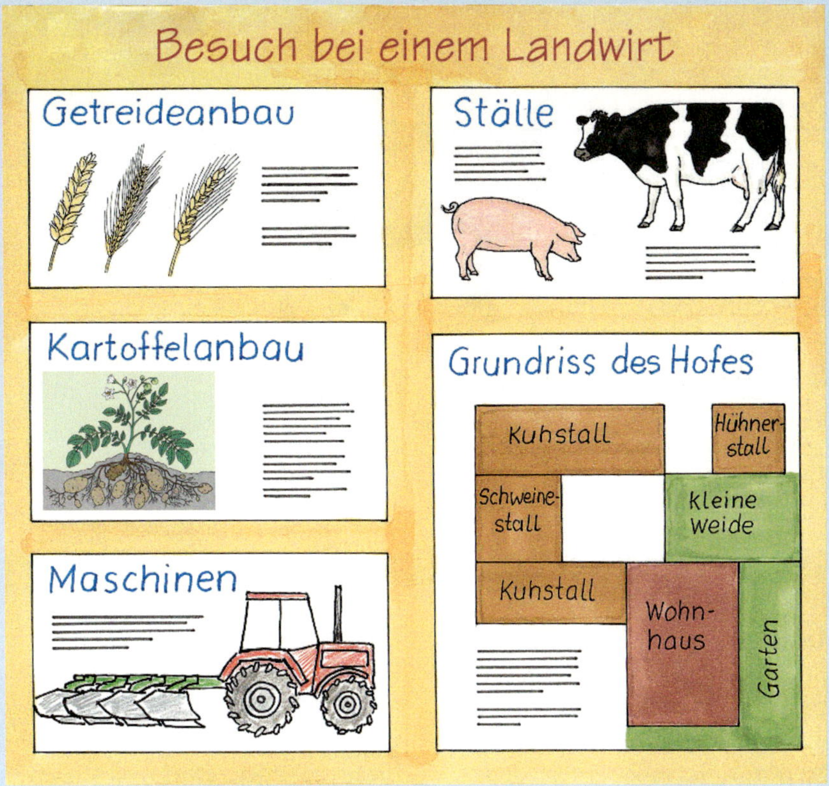

|3 Wandzeitung: „Der landwirtschaftliche Betrieb im Klassenzimmer“

Materialbeschaffung
Gleichzeitig versucht ihr Bildmaterial für euer Teilthema zu sammeln. Wer Bilder zu einem anderen Thema hat, bietet sie denjenigen an, die es bearbeiten. |5
Manches kann man auch während des Besuchs zeichnen, fotografieren oder aufschreiben.

|4 Suche im Internet

Fertigstellung
Besorgt euch Packpapier, ein Papiertischtuch oder Tapeten, Stifte, Scheren, Klebstoff und farbiges Band. Gemeinsam entscheidet ihr:
- Welches Material soll auf dem Plakat veröffentlicht werden? In welcher Form soll das geschehen?
- Wie werden die Materialien übersichtlich angeordnet? Prüft nach, ob die Zeitung aus der Nähe und auch aus der Ferne wirkt.
- Denkt an die Beschriftung der Bilder: Achtet auf Größe und Lesbarkeit der Schrift. Unterscheidet verschiedene Schriftgrößen.

|5 „Das wäre gut für dein Thema.“

Präsentation
Nach der Fertigstellung erläutert jede Gruppe vor der Klasse den eigenen Teil der Arbeit.
Die fertige Wandzeitung soll zeigen, wie heute Landwirtschaft betrieben wird.

Das Nutztier Rind (Auswahlthema 1)

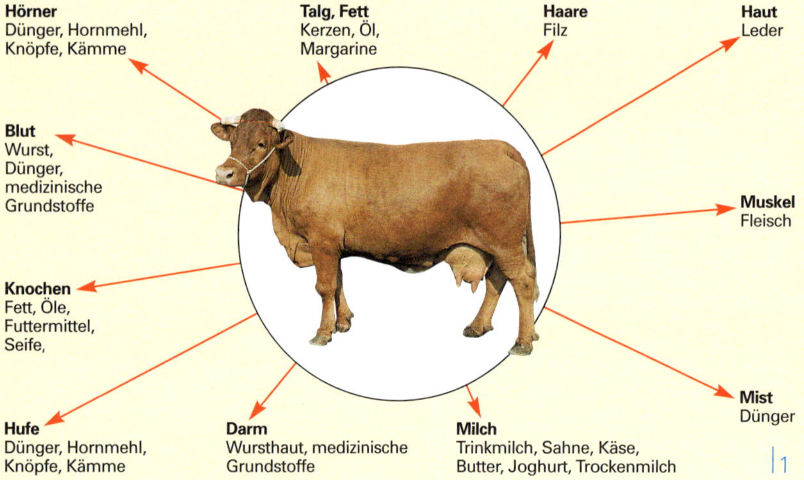

1

2 Rinder auf der Weide

Grundlagen **Das Rind – ein Pflanzenfresser**

Das Rind – ein Wiederkäuer
Stundenlang grast das Rind. Dabei nimmt es ausschließlich Pflanzen auf. Es ist ein *Pflanzenfresser*. Andere Kühe haben sich niedergelegt – und sie kauen immer noch. Warum? Nach dem Fressen stößt ein Rind immer wieder auf. Dabei gelangt verschlucktes Gras vom Magen in das Maul zurück. Jetzt erst wird es ausgiebig zerkaut. Tiere, die ihre Nahrung so verarbeiten, heißen *Wiederkäuer*.
Rinder haben einen sehr großen Magen. Er besteht aus vier Teilen. 3
Durch die Speiseröhre gelangt die Pflanzennahrung zuerst in den *Pansen*. Hier befinden sich Kleinstlebewesen (Bakterien), die die gefressenen Pflanzen zum Teil verdauen. Danach gelangt die Nahrung in den *Netzmagen*. Von hier aus werden kleine Nahrungsballen in das Maul zurückbefördert. Dort wird schließlich die Nahrung gründlich zerkaut. Den eingespeichelten Nahrungsbrei schluckt das Rind nun nochmals.
Er kommt jetzt in den *Blättermagen*, wo ihm das Wasser entzogen wird. Im *Labmagen* und im langen Darm wird die Nahrung endgültig verdaut.

Das Gebiss des Rinds
Das Gebiss des Rinds ist für Pflanzennahrung bestens geeignet. 4
Die Backenzähne stehen dicht beieinander. Ihre breiten Kronen haben harte Zahnschmelzleisten. Dadurch entsteht eine raue Kaufläche, mit der die Pflanzenteile zerrieben werden *(Pflanzenfressergebiss)*.

... und seine Hufe
Beim Grasen treten die Rinder nur mit den Endgliedern zweier Zehen eines jeden Fußes auf. Sie gehen also auf Zehenspitzen. 5
Die Endglieder der Zehen sind zur Verstärkung und zum Schutz mit Horn überzogen. Tiere mit solchen Hufen heißen *Huftiere*.
Weil das Rind an jedem Fuß zwei behufte Zehen hat, nennt man es *paarzehiges Huftier (Paarhufer)*.

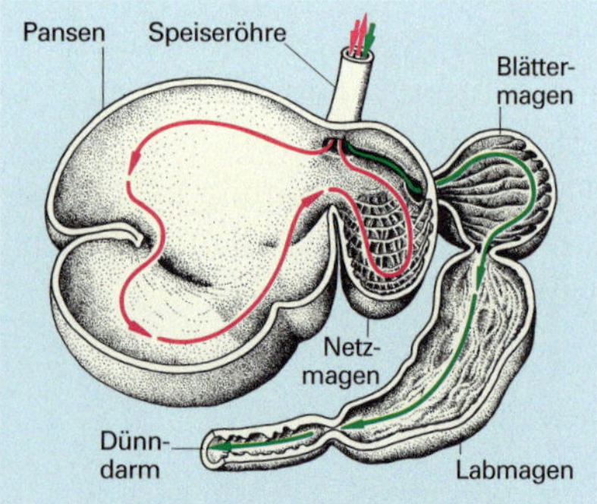

3 Der Weg der Nahrung beim Rind

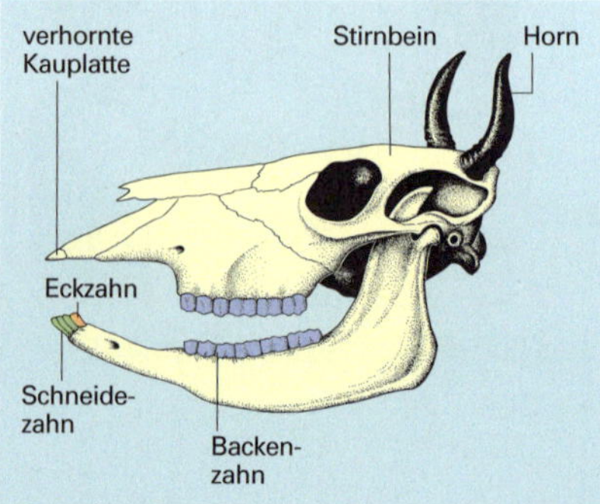

4 Schädel und Gebiss

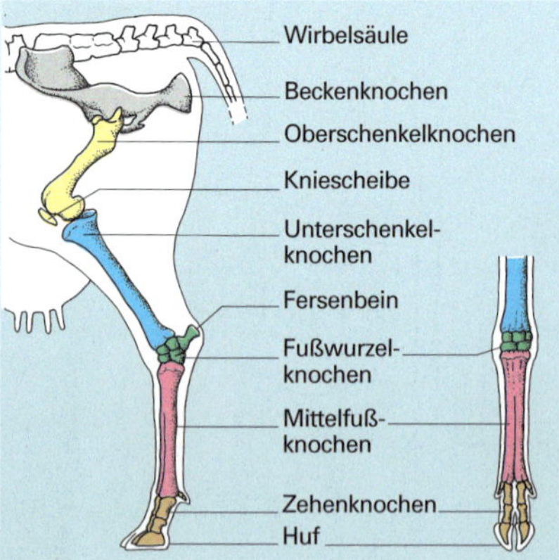

5 Hinterbein

1 Verkostung von Milchproben

Kauft frische homogenisierte Bio-Vollmilch mit 3,8 % Fettgehalt, H-Vollmilch mit 3,5 % Fettgehalt, fettarme H-Milch mit 1,5 % Fettgehalt, entrahmte H-Milch mit 0,3 % Fettgehalt, Buttermilch und Rohmilch.

a Füllt von jeder Milch etwas in verschiedene Gläser, die ihr entsprechend beschriftet.

b Erstellt eine Tabelle über Aussehen, Geruch und Geschmack.

c Verkostet anschließend Molke und vergleicht mit dem Ergebnis der Trinkmilchsorten.

2 Eine Gesichtsmaske aus Quark

Ihr benötigt:
Magerquark, flüssigen Honig, ein Gefäß, Löffel und ein Handtuch.
So wird's gemacht:
Verrührt nun 2 Esslöffel Magerquark und 1 Esslöffel Honig, bis sich eine gleichmäßige Masse gebildet hat. Tragt die Maske auf eure gereinigten Gesichter auf. |6
Beschreibt eure Empfindungen.
Wascht die Quarkmaske nach 5 Minuten mit lauwarmem Wasser ab. Wie fühlt sich die Haut an?

|6 Gesichtsmaske

3 Joghurt – selbst hergestellt!

Besorgt nicht pasteurisierten reinen Joghurt (z. B. in einem Bio-Laden oder einem Bio-Hof), einen Liter haltbare Milch und mehrere kleine, saubere Gläser mit Schraubverschluss.

a Füllt nun die haltbare Milch in die Schraubgläser. Achtet darauf, dass der Rand nicht verschmiert ist.

b Gebt in jedes Glas einen Teelöffel des nicht pasteurisierten Joghurts hinzu. |7

c Verschließt dann die Gläser mit dem Schraubverschluss.
Stellt die verschlossenen Gläser 24 Stunden lang bei 30 bis 35 °C in Heizungsnähe oder – falls vorhanden – in einen Wärmeschrank.
Der fertige Joghurt ist im Kühlschrank mehrere Tage haltbar.
Guten Appetit!

|7 Materialien zur Joghurtherstellung

Die Fortpflanzung

Das männliche Rind heißt *Bulle* oder *Stier*, das weibliche *Kuh*.
Mit etwa eineinhalb Jahren bringt die *Kuh* ihr erstes Kalb zur Welt, nachdem sie von einem Stier befruchtet wurde. Danach kann sie jährlich ein Kalb gebären.
Die Kuh bildet von nun an Milch in den Milchdrüsen ihres Euters. Zwei Monate lang saugt das Kalb.
Danach kann die Kuh zur Milchgewinnung weitergemolken werden.

Das Rind als Nutztier

Rinder liefern vor allem Milch und Fleisch. Kuhmilch enthält zahlreiche wichtige Nährstoffe: Eiweiß, Fett, Zucker, Mineralsalze und Vitamine.
In der Molkerei wird die Milch zu Milchprodukten verarbeitet.
Aus der Haut des Rinds wird Leder hergestellt, aus seinen Haaren Filz.
Die gemahlenen Hörner und Hufe dienen als Rohstoff bei der Produktion von Hornmehl (Dünger).
Eine durchschnittliche Milchkuh liefert etwa 15 Liter Milch pro Tag. Hochleistungskühe geben bis zu 60 Liter Milch und werden zweimal am Tag gemolken.

A Beschreibe den Weg der Nahrung durch den Rindermagen.
Warum nennt man das Rind einen Wiederkäuer?

B* Weshalb ist das Gebiss des Rinds für einen Pflanzenfresser gut geeignet? Welche Besonderheiten erkennst du an seinem Fuß?

C Für das Rind gelten folgende Begriffe: Wirbeltier, Säugetier, Nutztier, Haustier, Pflanzenfresser, Wiederkäuer, Zehenspitzengänger, Paarhufer, Hornträger. Begründe!

D Das Rind ist unser wichtigstes Nutztier. Erstelle eine übersichtliche Tabelle mit den „Rohstoffen" und den Produkten.

E Fertige eine Bildleiste zum Thema „Vom Gras zur Milch" an.

Das Hausschwein (Auswahlthema 2)

|1 Schweine im Maststall …

Unterschiedliche Lebensbedingungen:
Schweine in engen Boxen in einem Maststall und in Freilandhaltung auf der Weide. |1–2

|2 … oder auf der Weide

Landwirtschaft **Das Hausschwein – unser wichtigster Fleischlieferant**

Zusammen mit ihren Ferkeln stehen die Muttersauen auf der *Weide*. Mit ihrer kräftigen Schnauze wühlen sie in der Erde nach Nahrung. Sie fressen Gräser, Kräuter und Wurzeln, aber auch Schnecken, Würmer und Insektenlarven. Schweine sind *Allesfresser*.

Wo eine Schlammpfütze ist, wälzen und suhlen sie sich. Anschließend legen sie sich in den Schatten der Bäume. Die Nacht verbringen die Hausschweine im Stall.
Meistens werden Schweine aber in großen *Mastställen* untergebracht. Hier leben oft viele Tiere auf engem Raum zusammen.

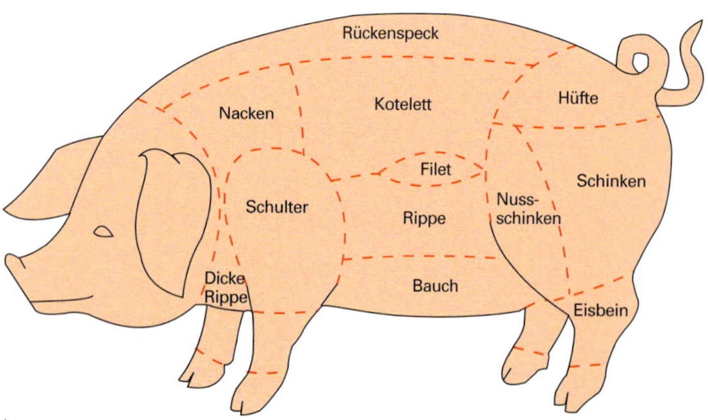

|3 Das Hausschwein als Fleischlieferant

Die Fütterung und Ausmistung erfolgt automatisch. Zweimal täglich bekommen die Tiere Kraftfutter.
Da sie sich wenig bewegen, haben sie nach 5 bis 7 Monaten ihr Schlachtgewicht erreicht (ca. 110 kg).
Durch die Massenhaltung ist das Schweinefleisch recht preisgünstig.
Im Durchschnitt isst bei uns jeder pro Jahr 50 kg Schweinefleisch.
Die meiste Wurst, die wir essen, enthält Schweinefleisch.

A Vergleiche die Lebensbedingungen für das Hausschwein bei der Massentierhaltung und bei der Freilandhaltung. Lege dazu in deinem Heft eine Tabelle an.

B Das Hausschwein ist ein ergiebiger Fleischlieferant. |3
Zu welchen Fleisch- und Wurstwaren wird Schweinefleisch verarbeitet? Erkundige dich dazu bei einem Metzger.

Wissenswertes **Vom Wildschwein zum Hausschwein**

4 Bache mit ihren Frischlingen

Beobachtungen an Wildschweinen
In freier Natur sind Wildschweine sehr scheu. Im Wildgehege aber lassen sie sich gut beobachten.
Oft wälzen sie sich im Schlamm, um das Ungeziefer in ihrem Fell loszuwerden. Mit ihrem langen, kräftigen Rüssel durchwühlen sie den Boden. Wildschweine haben einen feinen Geruchssinn; ihnen entgeht nahezu nichts Fressbares.
Ein Wildschwein frisst fast alles, was es auf und im Boden findet: Wurzeln, Knollen, Insekten, Würmer und Schnecken. Es frisst auch junge Säugetiere wie z. B. Ratten, Kaninchen und Mäuse. Selbst tote Tiere dienen als Nahrung.
Das Gebiss des Wildschweins kann sowohl pflanzliche als auch tierische Nahrung zerkleinern *(Allesfressergebiss)*. 5
Das männliche Wildschwein, den *Keiler*, erkennst du an seinen mächtigen Eckzähnen. Das weibliche Tier, die *Bache*, ist immer etwas kleiner. Anfang April bringt sie in einem nestartigen Wurfkessel ihre Jungen, die *Frischlinge*, zur Welt.
Wildschweine leben in Familienverbänden *(Rotten)*.

Vom Wildschwein zum Hausschwein
Das Hausschwein stammt vom Wildschwein ab. Vor mehr als 6000 Jahren wurde es aus Wildschweinen gezüchtet.
Im Aussehen unterscheiden sich das Hausschwein und das Wildschwein beträchtlich. Das Hausschwein hat z. B. kürzere Beine als das Wildschwein. Es bildet außerdem eine starke Fettschicht aus.
Im Freien zeigen Hausschweine noch Verhaltensweisen, die denen des Wildschweins ähnlich sind.

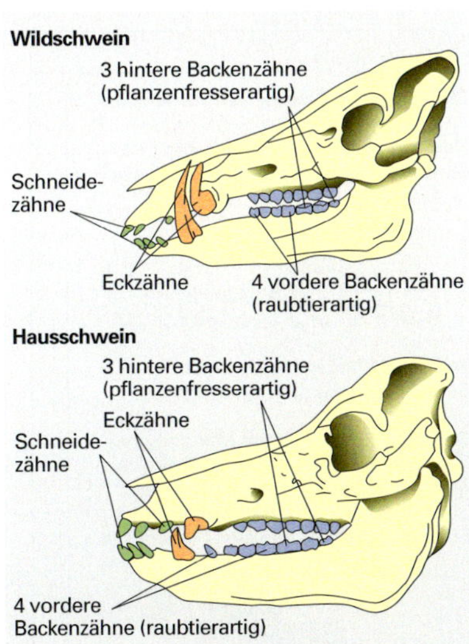

5 Gebiss von Wild- und Hausschwein

Züchtung von Hausschweinrassen
Bei der Züchtung wählt man Tiere aus, die für den Menschen vorteilhafte Eigenschaften besitzen. Man sorgt dafür, dass sich Tiere mit diesen Eigenschaften paaren: Man *kreuzt* sie. Diese Auslese nennt man *Züchtung*. Durch Züchtung lassen sich zahlreiche Körpermerkmale verändern. 6 So entstehen unterschiedliche Rassen.
Die Schweinerasse *Deutsches Edelschwein* wächst schnell heran und hat fettarmes Fleisch. Eine andere Rasse hat 16 statt 12 Rippen. Dadurch lassen sich pro Schlachtschwein 8 Koteletts mehr verkaufen.

6 Das Schwäbisch-Hällesche Schwein

C Lies den Text über die Lebensweise des Wildschweins.
1 Welche Verhaltensweisen des Wildschweins zeigen Hausschweine bei Freilandhaltung ebenfalls?
2 Einige Körpermerkmale wurden durch Züchtung verändert.
Trage Unterschiede und Gemeinsamkeiten von Haus- und Wildschwein in eine Tabelle ein.
3 Welches sind typische Verhaltensweisen des Wildschweins?
4 Welche Ansprüche an eine artgerechte Tierhaltung bei Hausschweinen kannst du daraus ableiten?
Welche dieser Ansprüche können im Schweinemaststall nicht erfüllt werden?

Unser Getreide (Auswahlthema 3)

1 Roggen

2 Gerste

3 Hafer

4 Aus einem Bauernkalender (um 1460): Säen – Schneiden – Dreschen

Welche Getreidearten werden bei uns angebaut? Nenne die Unterscheidungsmerkmale. 1–3

Vom ausgesäten Getreidekorn bis zum fertigen Gebäck sind viele Tätigkeiten erforderlich … 4

Arbeitsweise **Infokarten**

Anfertigen einer Infokarte
- Fertige für jeden wichtigen Produktionsschritt eine Infokarte an.
- Notiere auf der Infokarte die wesentlichen Arbeitsabläufe.
- Versuche die Teilschritte durch Bilder oder Skizzen zu veranschaulichen.

Siehe dazu das Beispiel. 5

Vom Rohstoff zum Endprodukt
- Ordne die Infokarten in der Reihenfolge der Arbeitsschritte (vom Rohstoff zum Endprodukt).
- Vergleiche deine Ergebnisse mit denen der anderen.
- Klebe die Karten in dein Heft.

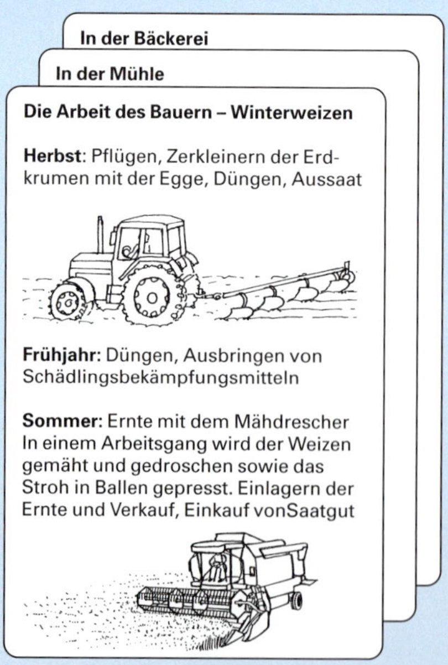

5 Beispiele für Infokarten

1 Vom Getreidekorn zum Gebäck

Den gesamten *Produktionsablauf* vom Getreidekorn bis zum fertigen Gebäck könnt ihr mit Infokarten darstellen. Dazu müsst ihr z. B. Folgendes in Erfahrung bringen:
- Wie erfolgt die Getreideproduktion auf dem Acker?
- Was geschieht mit dem geernteten Getreide?
- Woher bezieht der Bäcker sein Mehl?
- Wie wird Brot gebacken?
- Welche Getreideprodukte gibt es in der Bäckerei?
- Welche Unterschiede bestehen zwischen Weizenprodukten und den anderen Getreideerzeugnissen?

Grundlagen **Weizen als Beispiel einer Getreidepflanze**

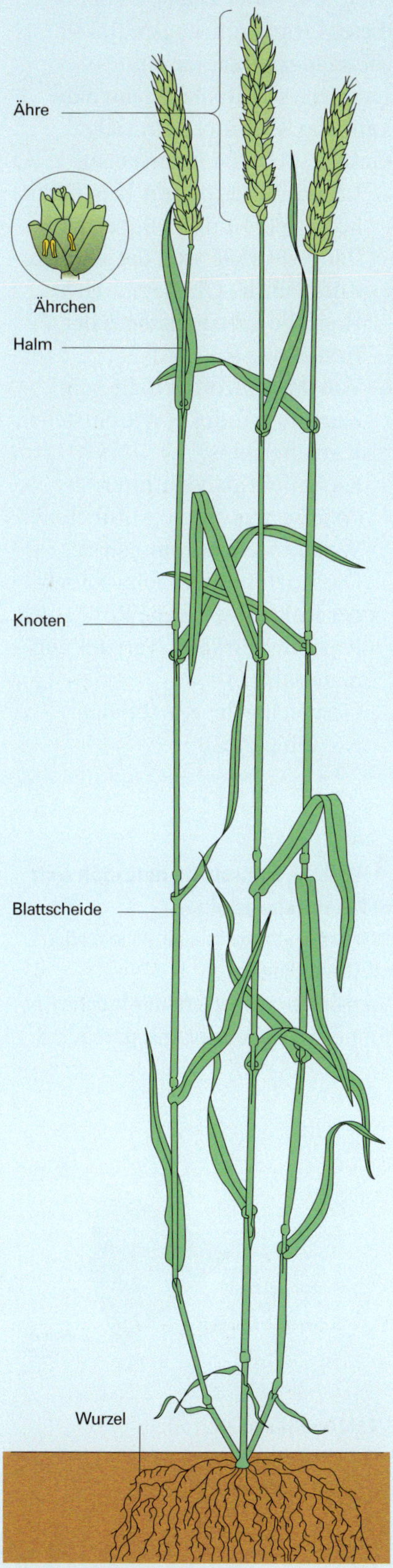

|6 Die Weizenpflanze

Die Weizenpflanze
Der runde Stängel der Weizenpflanze, der *Halm*, ist im Vergleich zu seiner Länge sehr dünn. |6
Er ist biegsam und innen hohl. Verdickungen am Stängel, die *Knoten*, erhöhen seine Festigkeit. Oberhalb der Knoten kann der Stängel in die Länge wachsen. Hier bilden sich auch die schmalen *Blätter*. Mit ihrem unteren Teil umhüllen sie den Halm.
An der Spitze des Halms entwickeln sich die *Blüten*. Viele unscheinbare Einzelblüten bilden einen Blütenstand, die *Ähre*. |7
Aus jeder Einzelblüte entwickelt sich ein *Weizenkorn*.

Das Weizenkorn
Das Weizenkorn ist von einer harten Hülle umgeben. Innen liegt der stärkehaltige Mehlkörper. |8
Am unteren Ende des Weizenkorns kann man den *Weizenkeimling* erkennen.
Je nachdem, wie fein das Korn gemahlen wird, entsteht Weizenschrot, Graupen, Grieß oder Mehl.

A Zeichne eine Weizenpflanze in dein Heft. Beschrifte die Skizze.

B Welche Getreidepflanzen kennst du? Stelle ihre Besonderheiten in einer Tabelle zusammen. Beschaffe dir die nötigen Informationen.

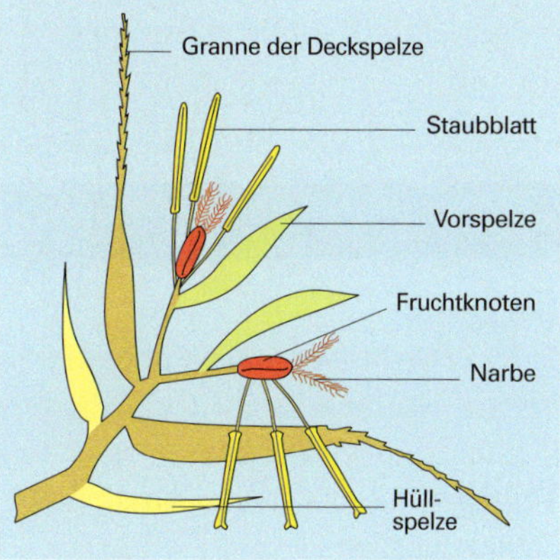

|7 Aufbau eines Ährchens mit zwei Blüten

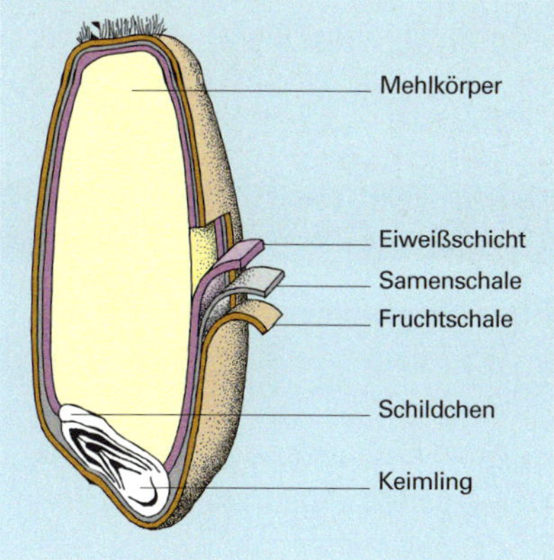

|8 Schnitt durch ein Weizenkorn

2 Wir lassen Weizenkörner keimen

a Lege feuchtes Filterpapier in eine (Petri-)Schale. Lass darauf einige Weizenkörner keimen.
Protokolliere mehrere Tage lang deine Beobachtungen.

b Warte, bis die ersten Wurzeln erscheinen. Pflanze dann die Keimlinge in einen Topf mit Blumenerde.
Führe dein Beobachtungsprotokoll noch einige Tage weiter.

3 Wir untersuchen Weizen

a Schneide den Getreidehalm quer durch. Betrachte den Querschnitt mit der Lupe und zeichne ihn.

b Wie viele Körner enthält eine Weizenähre? Wie sind sie in der Ähre angeordnet?

c Schneide ein Weizenkorn mit einem Messer der Länge nach durch.
Erkennst du den Mehlkörper und den Keimling?

Die „tolle Knolle" Kartoffel (Auswahlthema 4)

|1 Auch ein solches Plakat – eine Wandzeitung – gehört zur Kartoffel-Ausstellung.

Vielleicht könnt auch ihr über dieses Grundnahrungsmittel eine *Ausstellung* durchführen. |1
Es würde sich lohnen, denn man kann die Kartoffel nach vielen Gesichtspunkten untersuchen, z. B.:
- Lebensmittel, die aus Kartoffeln hergestellt sind (Im Supermarkt findet ihr viele. Lest die jeweilige Zutatenliste. Überlegt, welche Rolle die Erzeugnisse bei der Ernährung spielen.)
- Von der Kartoffelknolle zum Kartoffelprodukt (Wie entstehen Kartoffelchips? ...)
- Kartoffeln als Viehfutter (Wie werden sie dazu aufbereitet? Welche Tiere bekommen sie? ...)
- Die Kartoffel als nachwachsender Rohstoff (Welche Rolle spielt Kartoffelstärke als Verpackungsmaterial? ...)
- Geschichte der Kartoffel
- Kartoffelanbau

Arbeitsweise **Wir bereiten eine Ausstellung vor**

Erste Überlegungen
- Wo soll die Ausstellung aufgebaut werden?
- Auf welche Weise kann man die Kartoffelpflanze am besten vorstellen?
- Wie wird in der Schule auf die Ausstellung hingewiesen?
- Wer betreut die Ausstellung, nachdem sie fertiggestellt ist?

|2 „Wie wollen wir's anpacken?"

Los geht's!
Jeder erwirbt Kenntnisse über die Kartoffelpflanze (siehe rechte Seite). Gemeinsam wird überlegt, welche Teilthemen sich für eine Ausstellung eignen würden.
Welche Gruppen könnten für die Erarbeitung gebildet werden?
In den Gruppen wird beraten,
... wer Zeichnungen, Grafiken oder Texte anfertigt;
... wie man lebende Pflanzen ausstellen kann; |2
... wo man Informationen zu einem Teilthema erhalten könnte.

Zu klären ist z. B.:
- Wie wird das betreffende Kartoffelprodukt hergestellt?
- Welche Speisen lassen sich daraus zubereiten?
- Welche Nährstoffe enthält das jeweilige Essen?
- Enthält es auch Vitamine und Mineralstoffe?

1 Welche Nährstoffe befinden sich in Kartoffelprodukten?

In frischen Kartoffeln sind viele Nährstoffe enthalten. |3
Vergleiche diese Werte für frische Kartoffeln mit denen der Fertigprodukte.

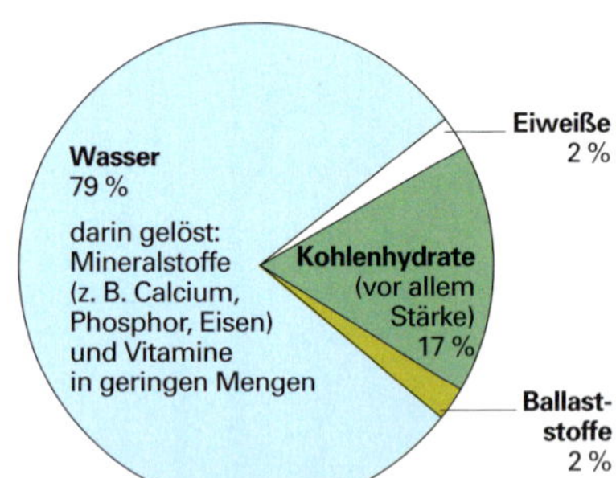

|3 Nährstoffe in Kartoffeln

2 Wir untersuchen eine Kartoffel

Eine Lupe hilft dir, wenn du eine Kartoffel genauer untersuchen willst:

a An deiner Kartoffel wirst du kleine Vertiefungen erkennen – die „Augen“. Welche Organe der Pflanze entwickeln sich wohl aus ihnen?

b Betrachte auch eine austreibende Kartoffelknolle. Was stellst du fest?

c Zeichne eine Kartoffelknolle.

d Aus welchen Kartoffelteilen werden die Knollen der Kartoffel gebildet? (Der Text und die Bilder rechts helfen dir.)

3 Nachweis von Vitamin C und von Stärke in der Kartoffel

Wir untersuchen eine frische, durchgeschnittene Kartoffel.

a Nachweis von Vitamin C |4

Teste noch andere vorher angefeuchtete Kartoffelprodukte. Tauche das Teststäbchen auch in „vitaminhaltigen“ Orangensaft.

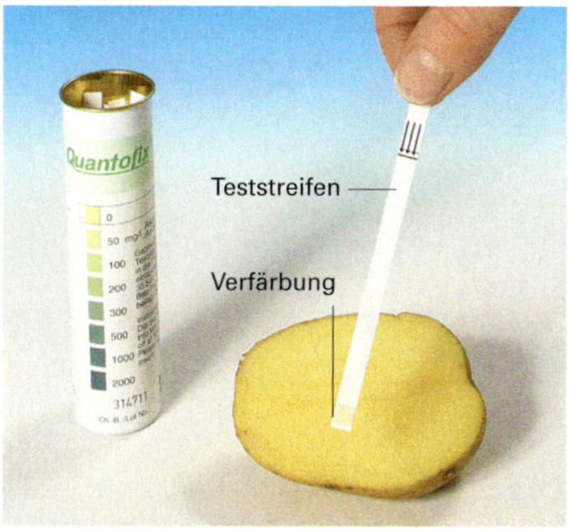

|4 Nachweis von Vitamin C

b Nachweis von Stärke |5

Gib einen Tropfen lugolsche Lösung auf Stücke von Kartoffeln, Äpfeln oder auf Würfelzucker. Vergleiche!

|5 Nachweis von Stärke

Grundlagen **Die Nutzpflanze Kartoffel**

Die Kartoffel gehört zu den wichtigsten Nahrungsmitteln. Sie enthält viele Nährstoffe, die wir zum Leben brauchen. Dazu gehört vor allem die Stärke.

Die Kartoffelpflanze ist einjährig. |6

Nach drei bis vier Monaten sterben alle ihre oberirdischen Teile ab. Blätter und Stängel der Pflanze sind giftig. Aus den Blüten entwickeln sich giftige grüne Früchte. |7–8

Bei der Kartoffelpflanze wächst der sonst grüne Spross unter der Erde weiter. Er bleibt farblos und bildet Ausläufer. Im Frühsommer verdicken sich die Enden dieser Ausläufer und werden zu *Knollen*. |9

Kartoffeln sind umgewandelte, verdickte Sprosse ohne Blätter.

Die Vertiefungen in der Kartoffelknolle nennt man „Augen“. Das sind die Knospen. |10

In der Knolle sind alle Nährstoffe für die Überwinterung gespeichert. Die gespeicherten Nährstoffe reichen dann im nächsten Frühjahr so lange, bis sich die junge Pflanze selbst ernährt.

|7 Blüten

|8 Früchte

|9 Knolle

|10 Keimende Knolle

|6 Kartoffelpflanze

4 Anleitung

Herstellung einer Folie aus Kartoffelstärke

Du brauchst: 1

1 Becherglas (250 ml) mit einem Uhrglas als Abdeckung,
1 Becherglas (400 ml) mit Wasser als Wasserbad,
1 Brenner und Dreifuß,
1 Stativ mit Halter für ein Becherglas,
1 Glasstab,
Schüssel oder Platte aus Kunststoff (PE),
2,5 g Kartoffelstärke,
2,5 ml Glycerin-Wasser-Lösung (1 : 1),
20 ml Wasser,
1 bis 2 ml Lebensmittelfarbstofflösung.

So wird's gemacht:

a Gib das Wasser und die Glycerinlösung in das kleinere Becherglas. Streue die trockene Kartoffelstärke in die Flüssigkeit und verrühre sie.
Falls du farbige Folie herstellen willst, musst du einen Lebensmittelfarbstoff in die Mischung geben.

b Die Mischung deckst du mit dem Uhrglas ab. Das Ganze stellst du in das Wasserbad. Die Mischung wird mindestens 15 Minuten lang gekocht und zwischendurch umgerührt.

c Danach soll das heiße Gel noch so flüssig sein, dass es aus dem Becherglas fließt. Gib sonst etwas Wasser hinzu und koche es noch einmal auf.

d Anschließend wird das heiße Gel auf den Boden der umgedrehten Schüssel oder Platte gegossen.

e Zum Trocknen stellst du die Schüssel bei 100 bis 105 °C in einen Trockenschrank. Du kannst das Gel auch bei Zimmertemperatur über Nacht trocknen lassen.
Die Folie kann dann von der Platte abgezogen werden. 2 Ihren Rand solltest du mit einer Schere beschneiden, um zu dünne oder eingerissene Stellen zu entfernen und weiteres Einreißen zu verhindern.
Du kannst die Stärkemasse auch auf eine Kunststofffolie gießen.

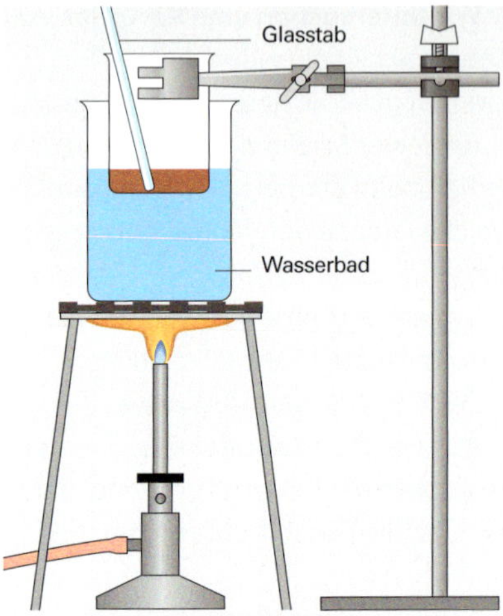

1 Versuchsaufbau

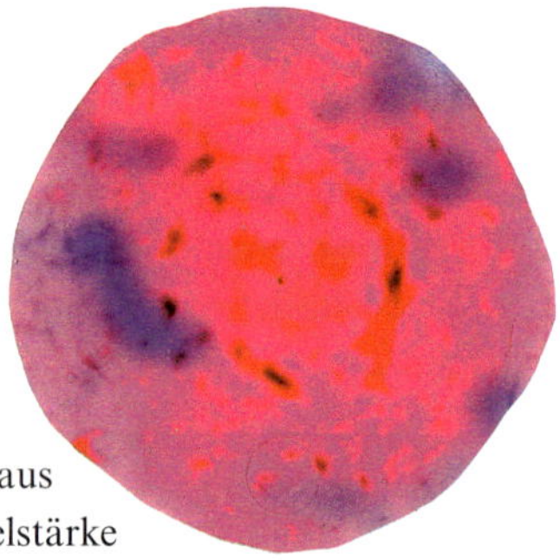

2 Folie aus Kartoffelstärke

Wissenswertes **Kartoffelanbau im Schulgarten**

Mitte Mai Umgraben und Furchen ziehen.
Mai Kartoffeln in die Furchen legen und mit Erde bedecken.
Anfang Juni Unkraut jäten, mit der Hacke den Boden auflockern.
Ab Anfang Juni Erde über den Knollen aufhäufeln.
Juli/August Mit einer Forke die Kartoffelknollen ausgraben.

3

Ab Mitte Mai zieht ihr mit der Hacke 20 cm tiefe Furchen in den Boden (Abstand: ca. 50 cm). 3
In die Furchen legt ihr im Abstand von 30 cm je eine Kartoffelknolle. Sie wird mit Erde bedeckt.
Die Knospen (Augen) an den Knollen beginnen bald auszutreiben.

Nach 3 Wochen erscheinen die ersten grünen Laubtriebe. Jetzt gilt es, den Boden um die jungen Pflanzen herum aufzulockern.
Häufelt von Zeit zu Zeit die Erde um die Pflanzen herum auf. Das ist nötig, damit sich an den unterirdischen Ausläufern viele Knollen bilden.

Bis zur Ernte fallen weitere Arbeiten an: hacken, Unkraut jäten und bei trockener Witterung gießen.
Tipp: Kartoffeln kann man auch in einem großen Blumentopf anbauen.

Geschichte **Als die Kartoffel zu uns kam**

Die Heimat der Kartoffel ist das Hochland von Peru und Bolivien (Südamerika). |4

Mit der Eroberung des Inkareichs durch die Spanier kam sie auch nach Europa (Anfang des 16. Jahrhunderts). |5

Erst ab 1621 wurde die Kartoffel in Deutschland angepflanzt.

Wegen ihrer schönen Blüten und der vielen Blätter schätzte man sie aber zunächst nur als Zierpflanze. Die Knollen blieben unbeachtet.

Es war aber schon bekannt, dass die Kartoffel ein wertvolles Nahrungsmittel ist. Also lud Friedrich II. von Preußen – der „Alte Fritz“ – 1745 seine Hofbeamten zum Kartoffelessen ins Schloss. Er wollte so die Kartoffel als Nahrungsmittel bekannt machen. Die Bauern waren nämlich noch gar nicht vom Wert der Kartoffel überzeugt. Sie fürchteten die Giftigkeit der Pflanze.

Der König ließ den Kartoffelanbau überwachen. |6 Doch die Bauern warfen die geernteten Knollen nur den Schweinen vor.

Im Siebenjährigen Krieg (1756 bis 1763) wurde die Kartoffel aber eine bedeutende Hilfe für die hungernde Bevölkerung. Von nun an nahm ihr Anbau auch in unserem Land zu.

Bald waren die Kartoffeln als Nahrungspflanze so wichtig, dass Missernten bei ihrem Anbau zu Hungersnöten führten.

Heute ist die Kartoffel ein wichtiges Grundnahrungsmittel. Darüber hinaus wird sie vielfach als Rohstoff verwendet. |7

A Erzähle, auf welche Weise die Kartoffel in Europa zur Nutzpflanze wurde.

B Berichte von den Schwierigkeiten bei der Einführung der Kartoffel als Nahrungsmittel.
Was bezweckte Friedrich II. mit dem öffentlichen Kartoffelessen?

C Woher rührten wohl die Bedenken der Bauern?

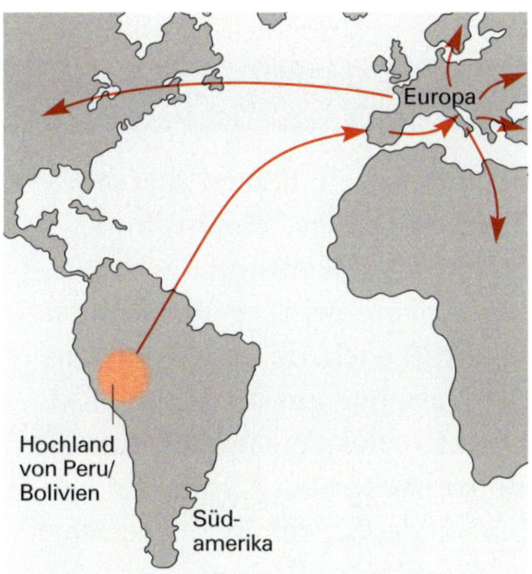

|4 Von Südamerika nach Europa

|5 Inkas beim Pflanzen von Kartoffeln

|6 Der „Alte Fritz“ kontrolliert den Kartoffelanbau.

Die Kartoffel als Rohstoff

Stärke-Industrie	Spiritus-Industrie	Trocknungsindustrie
Kartoffelmehl	Liköre	Kartoffelflocken und -schnitzel
Sago	Essig	Püreepulver
Sirup	Treibstoff	Kartoffelchips
Stärke	Kosmetikerzeugnisse	Pommes frites
Puddingmehl	Brennspiritus	Backhilfsmittel
Textilstärke	diverse chem. Produkte	Kartoffelkloßmehl

|7 Vielseitig verwendbar …

Im Zoo rund um die Erde

1 „Hier ist das Gehege, für das wir zuständig sind!“

Ein Zoobesuch ist immer interessant und anregend, denn man kann dort viel Neues über die Tiere entdecken.

Allerdings sollte man den Besuch des Zoos richtig vorbereiten.
Natürlich könnte man rasch von Tier zu Tier durch den Zoo eilen. Doch du erfährst mehr über ein Tier, wenn du einige Zeit vor seinem Gehege verweilst und genau beobachtest. 1

Dann könnt ihr schließlich auch eine *Wandzeitung* herstellen.

Arbeitsweise **Gestaltung einer Wandzeitung am Beispiel Zoobesuch**

Ein Zoobesuch mit der ganzen Klasse ist etwas Besonderes. Man wird sich auch später gerne an ihn erinnern.
Dazu trägt sicher eine *Wandzeitung* bei, die man anschließend gemeinsam erarbeitet. 2
Ein solches Plakat kann aber ein Einzelner kaum erstellen. Ihr müsst also die Arbeit – noch vor dem Zoobesuch – unter euch aufteilen.
Überlegt deshalb in einer Diskussionsrunde, welche *Teilthemen* zu bearbeiten sind.

Ideensammlung
Die Vorbereitung beginnt im Unterricht. Ihr sammelt Ideen, was man im Zoo alles erkunden könnte.
Sicher wird euch dazu einiges einfallen.
Einige Anregungen könnt ihr auch den Texten und Bildern der Nachbarseite entnehmen.
Ein Plan des Zoos ist hilfreich. Besorgt euch davon möglichst mehrere Exemplare. Ihr könnt ihn auch im Internet abrufen.

Die Arbeit in der Gruppe
Am besten ist es, wenn ihr euch in Gruppen von 3 bis 5 Personen aufteilt. Dann kann jede Gruppe ein Teilthema bearbeiten.
Beschafft euch Bildmaterial zu eurem Thema.
Während des Zoobesuchs solltet ihr dann selber zeichnen, fotografieren und vor allem Notizen anfertigen.

Fertigstellung der Wandzeitung
Nach dem Zoobesuch geht es gemeinsam an die Fertigstellung der Wandzeitung. Dafür benötigt ihr Packpapier, ein Papiertischtuch, alte Tapeten, farbige Schnüre, Stifte, Scheren und Klebstoff.
Ordnet eure Beiträge übersichtlich an. Prüft nach, ob die Zeitung aus der Nähe und aus der Ferne wirkt.
Denkt auch an die Beschriftung der Bilder: Achtet auf Größe und Lesbarkeit der Schrift. Wählt verschiedene Schriftgrößen.

Die Präsentation
Nach der Fertigstellung erläutert jede Gruppe vor der Klasse den eigenen Teil der Arbeit.

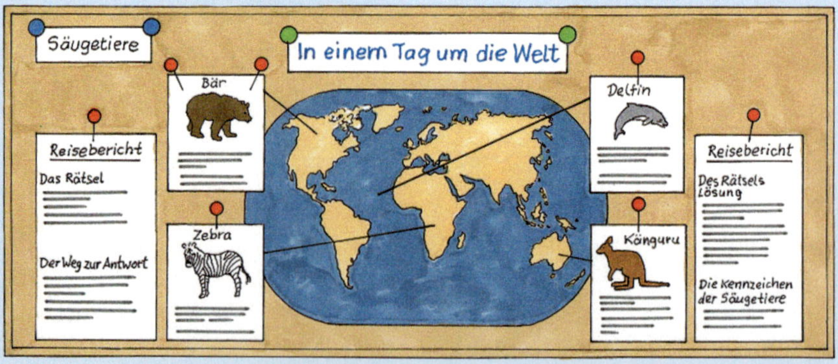

2 So ähnlich könnte eure Wandzeitung aussehen.

1 Der Zoobesuch

a Bereitet den Zoobesuch vor. Überlegt, welches Teilthema ihr bearbeiten wollt, und bildet dafür Arbeitsgruppen. Wahrscheinlich werdet ihr Tiere beobachten wollen – es gibt aber auch andere Themen (siehe rechts).

b Jede Gruppe geht dahin, wo sie ihren Arbeitsauftrag erledigen kann.

c Hinweise zur Vorgehensweise:
- Habt ihr ein „Tierthema" gewählt? Dann betrachtet das Tier eine Zeit lang genau.
- Notiert euch sein Aussehen.
- Beobachtet seine Fortbewegung und Nahrungsaufnahme.
- Welche Verhaltensweisen zeigt es außerdem?
- Wo sind die frei lebenden Artgenossen beheimatet?
- Wie ist das Gehege gestaltet? Ist die Tierhaltung artgerecht?
- Welche Besonderheiten des Tiers gibt es sonst noch?

d Zur Ergebnissicherung verfasst die Gruppe ein Protokoll. Sie zeichnet auch einen Plan des Geheges.

3 Tierpfleger bei der Arbeit

Gruppe A
Mich interessieren Tierrekorde
- Welche Tiere sind besonders schwer und kräftig?
- Welche sind an Land, im Wasser, in der Luft am schnellsten?
- Welche Tiere sind besonders giftig?
- Welche haben eine große Zahl von Nachkommen?

Gruppe B
Ich möchte später mit Tieren arbeiten
- Welche Ausbildung hat ein Tierpfleger oder eine Tierpflegerin?
- Wie kann ich Tierarzt/Tierärztin werden?
- Gibt es im Zoo auch Gärtner oder Gärtnerinnen?

Gruppe C
Mich interessieren die Jungtiere
- Bleiben die Jungen bei ihrer Mutter?
- Wie werden sie großgezogen?
- Was passiert, wenn die Mutter krank wird oder sich nicht um das Junge kümmert?
- Welche Jungtiere müssen von ihren Eltern lernen? Welche können von Geburt an alles?
- Wie spielen die Jungtiere?
- Gibt es Unterschiede beim Spiel zwischen den Tierarten?

Gruppe D
Ich will Raubkatzen untersuchen
- Welche Arten gibt es davon in diesem Zoo?
- Wo kommen sie her?
- Wie unterscheiden sie sich im Fellmuster? Welche Bedeutung hat das Fellmuster?
- Wie werden Raubtiere gefüttert?
- Wie bewegen sie sich?

Gruppe E
Ich will alles über Elefanten wissen
- Wie groß sind sie? Wo leben sie?
- Wie verhalten sich die Elefanten in der Gruppe untereinander?
- Welche Unterschiede gibt es zwischen Afrikanischen und Indischen Elefanten?

Gruppe F
Wie ich mir den idealen Zoo vorstelle
- Wie leben die Tiere im Gehege?
- Werden eine oder mehrere Arten in einem Gehege gehalten?
- Scheinen sich die Tiere wohlzufühlen? Reicht ihnen der Platz? Wie bekommen sie ihr Futter?
- Wie kann man Zootiere beschäftigen? Wie werden sie am Verlassen ihres Geheges gehindert?
- Welche Tiere können vielleicht zunächst nur im Zoo überleben?
- Woher bekommt der Zoo Tiere?

4 Jungtiere – immer wieder beliebt

5 Ein vorbildliches Freigehege

Zootiere aus unterschiedlichen Lebensräumen

1 Eisbären

2 Dromedare (Einhöckrige Kamele) in der Wüste

Eisbären – zu Hause im Eis des Polarmeers, aber auch bei uns im Zoogehege 1

Als „Wüstenschiff" ist das *Dromedar* für die Menschen der Wüste unentbehrlich. 2
Im Zoo erfreuen wir uns an den bizarren, fremdländisch aussehenden Tieren.

3 Eisbär im Zoo

Wissenswertes **Ein Leben in der Kälte**

Lebensraum Arktis
Der Lebensraum des Eisbären ist das ewige Eis am Nordpol. Dort liegen die Sommertemperaturen kaum über dem Gefrierpunkt. Im Winter ist es oft – 40 °C kalt. Die Sonne geht monatelang nicht auf und eiskalte Schneestürme fegen über das Eis. Wenn es so kalt ist, lässt sich der Eisbär einfach mit Schnee zuwehen. Im Sommer gelangt er auf Treibeisschollen oft weit nach Süden. Da er ein guter und ausdauernder Schwimmer ist, legt er den Rückweg im Wasser zurück.

Der Eisbär ist ein Raubtier
Der Eisbär ist ein Einzelgänger. Er legt täglich viele Kilometer alleine auf dem Eis zurück. 3
Mit bis zu 500 Kilogramm Körpergewicht ist der Eisbär das größte Landraubtier der Erde. Er hat sich fast völlig auf Fleischnahrung spezialisiert, vor allem auf Robben. Das weiße Fell tarnt den Eisbären, wenn er sich an die auf dem Eis ruhenden Robben anschleicht. Oft lauert er ihnen an Eislöchern auf – da, wo sie zum Atmen auftauchen.

Fell und Fett als Kälteschutz
Der Eisbär ist an kaltes Wasser und ein Leben auf dem Eis angepasst. Auf dem Eis stellt sein dichtes Fell einen wirksamen Kälteschutz dar. 4
Die feine, dichte Unterwolle wird von Talgdrüsen wasserfest eingefettet. Im Eiswasser schützt das dicke, zottige Fell nicht vor Wärmeverlust. Unter der Haut befindet sich aber noch eine dicke Fettschicht. Sie verhindert die Auskühlung im Wasser.

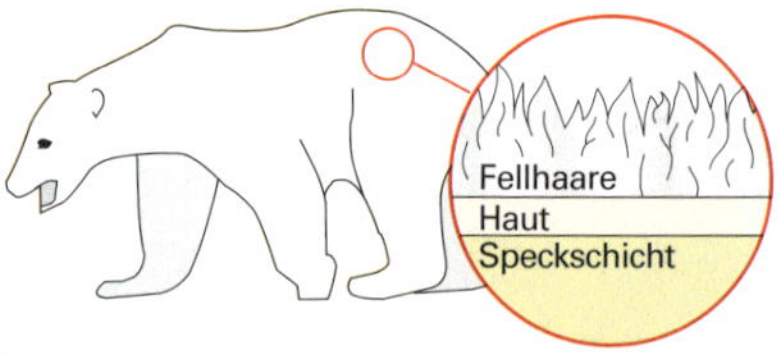

4 Fell und Speckschicht als Kälteschutz

Geburt in der Schneehöhle
Die Eisbärin lässt sich zu Beginn des Winters vom Schnee zuwehen. Sie zehrt dann von dem Körperfett, das sie sich vorher angefressen hat.
Im Monat Dezember bringt sie zwei Eisbärenjunge zur Welt. Diese sind kaum behaart, hilflos, taub und blind. Ernährt werden sie von der fettreichen Milch der Bärin.

A* Vergleiche die Umweltbedingungen im Lebensraum des Eisbären mit denen im Zoo: Welche Verhältnisse findet der Eisbär im Zoo vor und welche nicht?

B Beobachte, wie lange der Eisbär unter Wasser bleibt.
Wie bewegt er sich dort fort?

C Einige Merkmale im Körperbau kennzeichnen den Eisbären als Tier der Eiswüste.
1 Wie ist sein Fell beschaffen?
2 Vergleiche die Größe seiner Ohren mit der anderer Bären.
3 Achte möglichst auch auf die Fußsohlen des Eisbären.
4 Suche nach einer Erklärung für die beobachteten Kennzeichen.

D Der Eisfuchs hat ein sehr dichtes Fell, besitzt aber nur wenig Körperfett. Die Robbe hat nur ein kurzes Fell, dafür aber eine mächtige Speckschicht. Der Eisbär hat sowohl ein dichtes Fell als auch eine mächtige Speckschicht. Warum braucht er das alles?

E* Welche weiteren Tierarten aus kalten Regionen findest du außerdem im Zoo?
Wie sind diese Tiere an ihren kalten Lebensraum angepasst?

Wissenswertes **Ein Leben in der Trockenheit**

Lebensraum Wüste

Die heißen Wüsten Nordafrikas und Arabiens sind der Lebensraum des *Dromedars*.
Dort gibt es nur spärlichen oder gar keinen Pflanzenwuchs.
In dem trockenen Klima steigen die Tagestemperaturen oft bis auf 50 °C. Nachts folgt eine starke Abkühlung.
In den Wüsten wird das Dromedar als Reit- und Tragtier eingesetzt. Außerdem liefert es den Menschen Milch, Wolle, Leder und Fleisch.

Eine Woche ohne zu trinken!

Das Dromedar geht mit dem Wasser im Körper äußerst sparsam um: Es scheidet wenig Urin aus und schwitzt viel weniger als ein Mensch.
Selbst wenn es ein Viertel seines Körperwassers verliert, gerät es nicht in Lebensgefahr. So kann es ohne zu trinken 6 bis 8 Tage in der heißen Wüste überleben. Wenn das Dromedar in einer Oase ans Wasser kommt, kann es auf einmal bis zu 100 Liter Wasser trinken. So gleicht es die großen Wasserverluste wieder aus.

Anpassungen im Körperbau

Auffallend am Körperbau des Dromedars sind die langen Beine, der Rückenhöcker und der hoch aufgerichtete Kopf. 5
Die langen Beine heben den Körper weit ab vom heißen Wüstenboden. Seine Hufe haben eine polsterartige Lauffläche. Beim Auftreten verbreitert sich diese noch. Das trägt dazu bei, dass das schwere Tier nicht im Wüstensand einsinkt.
Der hoch aufgerichtete Kopf ermöglicht eine gute Weitsicht. Bei einem Sandsturm schließt das Dromedar einfach seine Nasenlöcher. Lange Wimpern und viel Tränenfluss schützen die Augen vor Flugsand.
Die Ohren sind im Fell versteckt.
Im Rückenhöcker des Dromedars sind Fettvorräte gespeichert. Bei gesunden Tieren sind die Höcker prall und aufrecht stehend.
Das filzige Fell hält die Tageshitze der Umgebung ab. Und bei Nacht schützt es vor Auskühlung.

F Beobachte Dromedare (Einhöckerige Kamele) im Zoo:
1 Was fressen die Dromedare im Zoo?
2 Sind sie Wiederkäuer?
3 Wie lagert das Dromedar am Boden? Achte auf die Beinstellung.
4 Ob diese Art des Liegens einen Vorteil in der heißen Wüste bringt?
5 Wodurch sind die Sinnesorgane am Kopf vor Sand, Sonne und Kälte geschützt?

G Der Eisbär hat eine Fettschicht unter der Haut, das Kamel aber nicht. Suche dafür eine Erklärung.
Wo speichern die Kamele ihr Körperfett?

H In Wüstenländern ist das Dromedar ein wichtiges Haustier. Warum?

I Zur Gruppe der Kamele zählen auch Trampeltiere und Lamas.
Suche diese Arten im Zoo. Worin unterscheiden sie sich vom Dromedar?

5 Dromedar im Zoo

Schlangen aus aller Welt

1 Königskobra in ihrem Lebensraum …

2 … und im Reptilienhaus im Zoo

Schlangen werden vom Menschen wegen der Giftigkeit einiger Arten zu Unrecht verfolgt und getötet. Im Zoo sind sie ein schaurig-schöner Anziehungspunkt.

Wissenswertes **Ein Leben in der Wärme**

Lebensweise

Die *Königskobra* oder *Brillenschlange* lebt in Waldgebieten Südostasiens. 1–2 Sie wird bis zu 4 m lang und ernährt sich von anderen Schlangen und Eidechsen. Der Biss dieser großen Schlange kann für einen Menschen tödlich enden. Riesenschlangen wie der in Südostasien lebende Tigerpython 3 sind nicht giftig. Der Tigerpython erreicht eine Länge von 6 m und wird bis zu 90 kg schwer. Alle Riesenschlangen erwürgen Beutetiere durch Umwinden.

Schlangen verschlingen ihre Beute im Ganzen. Sie verfügen über einen sehr guten Geruchssinn, den sie beim Züngeln nutzen. Auch über Erschütterungen des Untergrunds nehmen sie ihre Beute wahr. Ansonsten sind sie fast blind und taub.

Der besondere Körperbau

Schlangen sind Wirbeltiere und gehören zu den *Kriechtieren (Reptilien)*. Ihr Körper ist von einer trockenen Haut mit Hornschuppen umgeben. Sie müssen sich häuten und streifen dabei ihre Haut als Ganzes ab. 4

Schlangen haben keine Beine und können sich doch sehr schnell bewegen. Wie sie das machen? Schlangen kriechen auf ihren Rippen! 5

Schutz der Schlangen

Schlangenleder ist sehr beliebt. Viele Menschen halten sich exotische Schlangen auch als Haustiere. So werden diese Tiere in ihrem natürlichen Lebensraum immer seltener. Seit 1973 gibt es das Washingtoner Artenschutzabkommen, das den Handel und die Einfuhr vieler Tierarten (nicht nur der Schlangen) regelt und überwacht.

A Besuche im Zoo das Reptilienhaus und informiere dich über Aussehen, Lebensweise und Vorkommen von mindestens drei verschiedenen Schlangenarten. Stelle eine Tabelle auf.

B Schlangen legen Eier mit einer pergamentartigen Schale. Erläutere!

C Gibt es auch in unserer Heimat Schlangen? Recherchiere!

D Informiere dich über das Washingtoner Artenschutzabkommen. Welche bei uns vorkommenden Tiere sind in ihm verzeichnet?

3 Tigerpython

4 Bei der Häutung abgestoßene Haut

5 Fortbewegung einer Schlange

Großkatzen – wie bringe ich Ordnung in die Vielfalt?

6 Gepard

7 Löwe

8 Tiger

9 Jaguar

10 Puma

11 Leopard

Im Zoo stehen die Namen der Großkatzen auf Schildern am Gehege. Stell dir aber vor, du hättest kein Schild und auch niemanden, den du fragen könntest. Was würdest du tun?

1 Wir erstellen einen Bestimmungsschlüssel

Um Tiere und Pflanzen zu bestimmen, benutzt der Naturwissenschaftler Bestimmungsschlüssel. Dabei führen typische Merkmale zu einem sicheren Ergebnis.

a Entwickle selbst einen Bestimmungsschlüssel für Großkatzen. Überlege, wie du dabei vorgehen willst. *Tipp:* Sieh dir unter anderem die Fellzeichnung der oben abgebildeten Großkatzen an und beschreibe sie ganz genau (Streifen, Flecken, groß und klein, in Gruppen). Schreibe diese Merkmale für jedes Tier auf.

b Nun suche nach auffälligen Unterschieden in der Fellzeichnung.

c Bestimmungsschlüssel sind so gestaltet, dass bei jedem Schritt stets nur ein Unterscheidungsmerkmal geprüft wird. Unten im Kasten siehst du, wie die ersten Schritte eines Bestimmungsschlüssels aussehen könnten. Führe ihn fort.

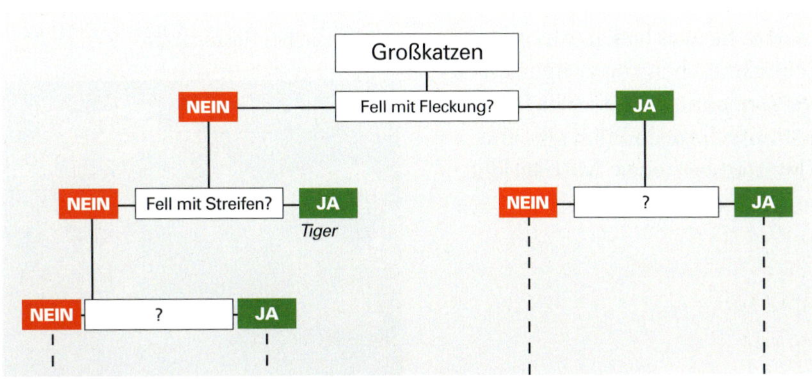

12 Muster für einen Bestimmungsschlüssel – die ersten Schritte

2 Steckbriefe von Großkatzen

Fertige für mindestens zwei Großkatzen einen Steckbrief an.

Erfassen eines Lebensraums

Klassenprojekt Schulgelände

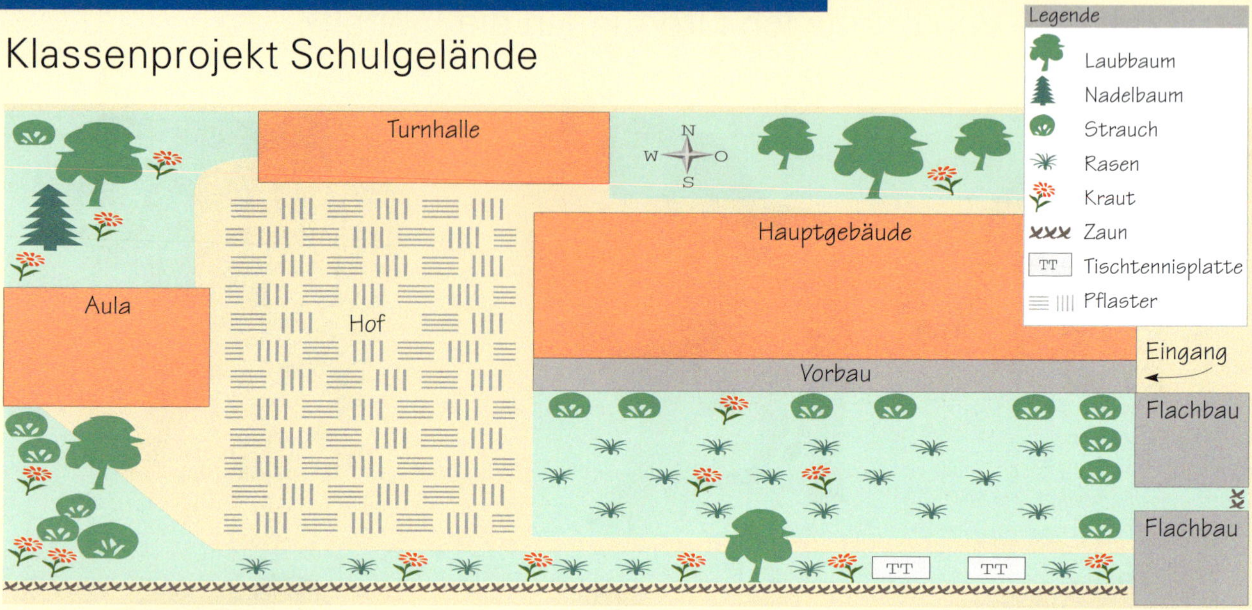

1 Lebensraum Schulgelände

2 Leben zwischen Pflastersteinen

3 Löwenzahn

4 Hausrotschwanz

Das Schulgelände soll nach *Pflanzen* und *Tieren* abgesucht werden. Dabei kommt es auf jede Art an, egal ob ihr sie kennt oder nicht. Ihr werdet selbst an Orten, die kahl und unbewohnbar erscheinen, Pflanzen- und Tierarten entdecken.

Lebewesen suchen sich den Ort aus, an dem sie alles haben, was sie zum Leben brauchen. An geeigneten Orten können so Gemeinschaften mit erstaunlich vielen Pflanzen- und Tierarten entstehen. Man spricht von *Artenvielfalt*.

5 Planzen in Pflasterritzen

6 Kleiner Fuchs

7 Spitzahorn

8 Marienkäfer

1 Klassenprojekt: Wir erarbeiten einen Fahrplan

a Verabredet ein Thema und legt es schriftlich fest.

b Erstellt einen Zeitplan von Beginn bis zum Abschluss der Projektarbeit. |9

c Bildet Arbeitsgruppen mit drei bis vier Mitgliedern. Jede Arbeitsgruppe übernimmt einen Teilbereich des Schulgeländes. Überlegt euch, welche Teilthemen und Aufgaben ihr in eurer Arbeitsgruppe übernehmen wollt. Überprüft dabei, ob die selbst gewählten Aufgaben dem Projektziel entsprechen. Beispiele: *„Pflanzen zwischen Steinplatten"; „Tiere in Rasenflächen"; „Kleintiere in der Rinde".* |10

d Trefft euch in regelmäßigen Abständen und informiert jeweils die anderen Gruppen über den Stand eurer Arbeit. |11

e Am Ende eurer Projektarbeit soll ein „Produkt" entstehen, das eure Erkenntnisse enthält. Jeder Einzelne soll sich darin mit seinem Beitrag wiederfinden. Hier bietet sich die Gestaltung von Plakaten an. |12
Die Plakate stellt ihr anschließend in der Schule oder beim Elternabend vor. Ihr könnt auch ein Verzeichnis aller gefundenen Arten des Lebensraums „Schulgelände" (mit Bildern) auf einer CD zusammenstellen.

Datum	Uhrzeit	Aufgabe
5. 5. 200…	7.45	Wir einigen uns auf eine Projektidee
10. 5. 200…	9.30	Tiere fangen
…	…	…
…	…	…

|9 Zeitplan

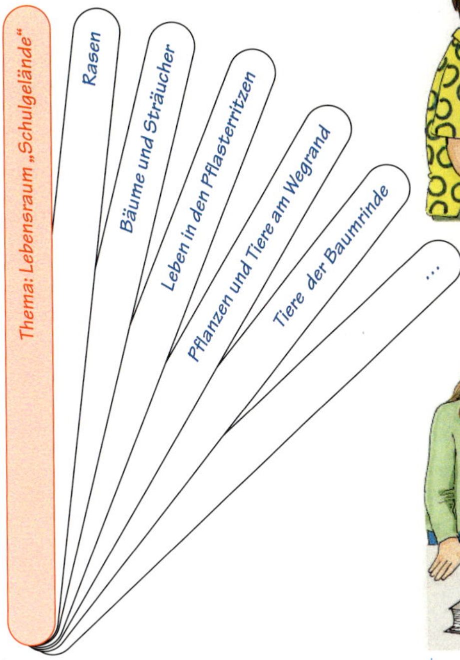

|10 Themenfächer

|11 Beim Austausch von Informationen

|12 Ergebnisse werden dargestellt und erläutert.

Wir fangen Tiere

1 Geräte zum Finden und Fangen

Tiere können klein und groß oder schnell und langsam sein. Sie können sich an unterschiedlichen Orten aufhalten und am Tag oder bei Nacht unterwegs sein. Wer sie fangen will, braucht eine Ausrüstung.

Tiere sind Lebewesen. Lasst alle gefangenen Tiere nach der Untersuchung wieder frei!

1 Wir fangen Tiere

- Viele Kleintiere versuchen sich vor ihren Feinden zu verbergen. Spüre sie auf und fange sie vorsichtig ein. 3 4 Stülpe ein Fangglas über sie oder lass sie vorsichtig hineinkriechen und schließe den Deckel.
- Sammle Raupen, Käfer oder Wanzen in Schnappdeckelgläsern. Gib jeweils etwas vom Fundort dazu, z. B. ein Blatt des Strauchs.
- Sauge sehr kleine Tiere ein 4 oder nimm sie mit Löffel oder Pinsel auf.
- Fange Blütenbesucher am besten mit der Fangschere.
- Nimm Gliedertiere mit weicher Außenhülle mit der Federstahlpinzette auf.

2 Barberfalle

3 Abklopfen von Zweigen mit Leintuch

4 Vorsichtiges Einsaugen von Kleintieren

2 Wir beobachten Tiere

Nicht alle Tiere lassen sich so einfach einfangen.

- Vögel haben einen großen Fluchtabstand. Beobachte sie mit einem Fernglas und vergleiche sie mit den Abbildungen eines Bestimmungsbuchs. Notiere die Namen.
- Andere hinterlassen als Zeichen ihrer Anwesenheit Reste ihrer Mahlzeiten oder andere Spuren. Zeichne oder fotografiere die Reste und Spuren.

Naturschutz **Fangt nicht alle Tiere**

Lurche wie Grasfrosch und Erdkröte, aber auch Kriechtiere wie Eidechse und Ringelnatter unterliegen der Artenschutzverordnung. Sie sind somit ganzjährig geschützt und dürfen auf keinen Fall gefangen genommen werden!
Manche Tiere sind zart und verletzlich. Achte darauf, dass sie nicht zu Schaden kommen. Schmetterlinge solltest du deshalb nicht einfangen, sondern an Ort und Stelle bestimmen oder zeichnen bzw. fotografieren.

Arbeitsweise **Kartieren**

Um den Fundort von Tieren festzuhalten, braucht man einen Plan des Lebensraums. In diesen Plan kann man die Funde genau eintragen. Das nennt man *kartieren.*

Kartiert euer Schulgelände:
- Ihr braucht kariertes Papier, Schreibunterlage, Bleistift, Radiergummi.
- Stellt euch auf den Schulhof und fangt bei eurer Planzeichnung mit dem Schulgebäude an. Achtet darauf, dass ihr groß genug zeichnet. Schulhof, Gebäude, Mauern, Zäune, Bäume, Sträucher und Rasenflächen sollen in ihrer Größe und Lage ungefähr stimmen.
- Die Grünflächen könnt ihr mit Buntstiften färben.
- Kennzeichnet die Einzelheiten mit einem Buchstaben oder Symbol und schreibt eine Erklärung dazu. 5
- Teilt den Plan dann so auf, dass gleich große Teile für die jeweiligen Arbeitsgruppen entstehen. Mit dem Fotokopierer könnt ihr die Teilpläne vergrößern. Jede Arbeitsgruppe trägt nun ihre Tierfunde am Fundort in ihren Teilplan ein. 6
- Setzt die Teilpläne anschließend wieder zu einem Gesamtplan zusammen. Klebt ihn auf einen Karton oder Packpapier. Jetzt habt ihr eine genaue Übersicht über die Tiervorkommen, die es auf eurem Schulgelände gibt. Als Nächstes müsst ihr eure Funde bestimmen. Benutzt dazu ein Bestimmungsbuch mit Bildern.

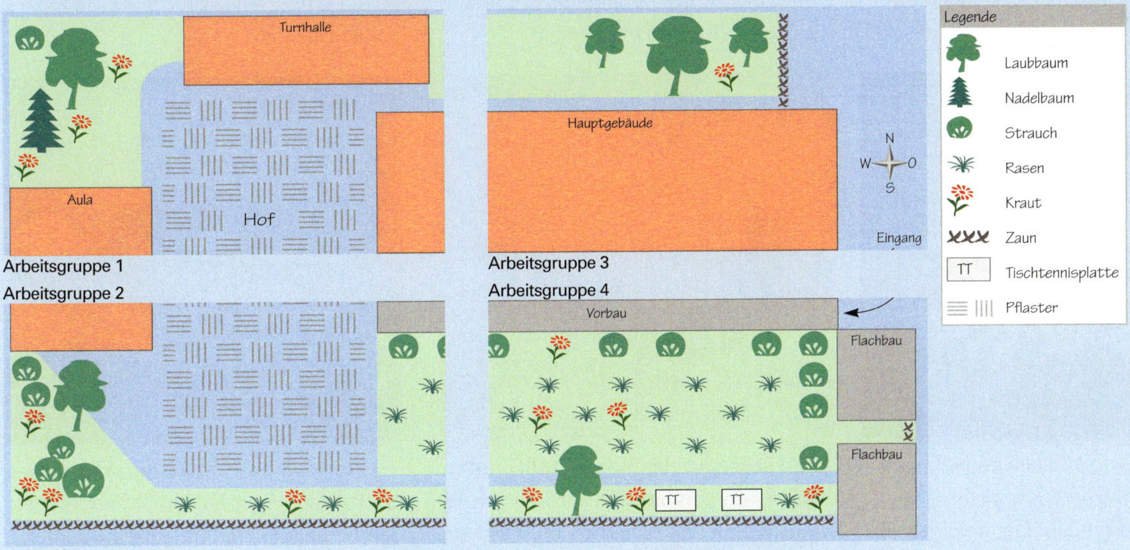

5 Der Gesamtplan wird in Teilpläne aufgeteilt.

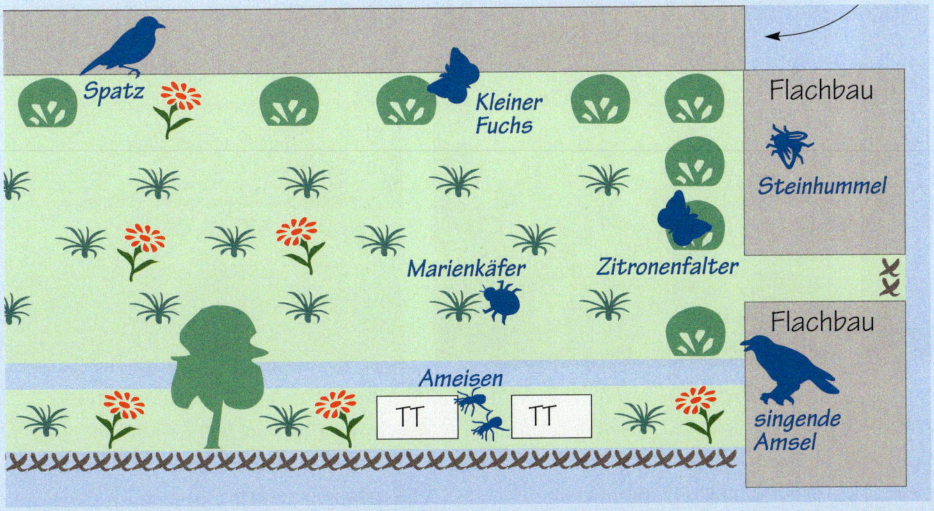

6 In einem Teilplan trägt die jeweilige Arbeitsgruppe ihre Funde ein.

Kennübung **Tiere des Schulgeländes**

1 *Bänderschnecke:* Gehäuse 20 mm breit und 15 mm hoch, mit braunen Längsbändern; frisst grüne Blätter von Kräutern und Gehölzen; Nahrung der Singdrossel, sie schlägt das Gehäuse auf.

2 *Mauerassel:* 3–18 mm groß; gegliederter Körper, Rückenschilder grau oder hell gezeichnet; 7 sichtbare Beinpaare; auffällig gewinkeltes Fühlerpaar; ernährt sich von welken Pflanzenresten.

3 *Streifenwanze:* 9–11 mm groß; auffallend rot-schwarze Färbung; saugt an blühenden Kräutern und Gräsern, indem sie mit ihrem Saugrüssel die Leitungsbahnen ansticht.

4 *Kreuzspinne:* bis 12 mm groß; weißes Kreuz auf dem Hinterleibsrücken; ernährt sich von Fluginsekten wie Fliegen und Hummeln.

5 *Steinkriecher:* bis 30 mm groß; kräftig dunkelrotbraun; mit 15 Paar Laufbeinen; am Kopf ein Paar schnurförmige Fühler; ernährt sich von lebenden Kleinsttieren.

6 *Ohrwurm:* bis 17 mm lang; glänzend braun mit Zangen am Hinterleib; besitzt drei Beinpaare; frisst pflanzliche und tierische Nahrung.

7 *Grashüpfer:* bis 24 mm lang; grünlich, bräunlich oder rötlich; Flügel beim Weibchen kürzer als beim Männchen; flugunfähig; ernährt sich von Pflanzen, vor allem von Gräsern.

8 *Wegameise:* bis 10 mm lang; dunkelbraun bis schwarz; nistet in Erde, Holz und Mauerritzen; ernährt sich vorwiegend vom Honigtau der Blattläuse.

9 *Rüsselkäfer:* bis 9 mm lang; braunschwarz, manche schillernd grün; saugt Pflanzensäfte aus Brennnesseln und anderen krautigen Pflanzen.

Kennübung **Pflanzen des Schulgeländes**

10 *Weißklee:* Schmetterlingsblütengewächs; bis 30 cm hoch; Einzelblüten weiß oder rötlich weiß, bis 13 cm lang; Blättchen abgerundet, leicht gezahnt; verbreitet auf Wiesen und Rasen.

11 *Breitwegerich:* Wegerichgewächs; bis 30 cm hoch; flache Rosette aus kräftigen, gerippten Blättern; Blüte grünlich gelb, klein, Staubblätter hervorstehend; häufig an Fußwegen.

12 *Gänseblümchen:* Korbblütengewächs; bis 10 cm hoch; Zungenblüten weiß, Röhrenblüten gelb; Rosette aus löffelförmigen, gekerbten Blättern; weltweit verbreitet.

13 *Löwenzahn:* Korbblütengewächs; bis 50 cm hoch; gelbe Zungenblüten; Stängel mit Milchsaft; Rosette mit länglichen, unregelmäßig gesägten Blättern; auf Wiesen.

14 *Vogelmiere:* Nelkengewächs; bis 40 cm lang; Blüte weiß, klein; Blätter oval; untere Blätter gestielt, obere sitzend; weltweit verbreitete Pflanze auf Wiesen.

15 *Vogel-Knöterich:* Knöterichgewächs; niederliegend und stark verzweigt; Blüten hellrot bis weiß; Blätter länglich, zugespitzt; an Wegen und auf Wiesen häufig.

16 *Hirtentäschelkraut:* Kreuzblütengewächs; bis 40 cm hoch; Blüten weiß; Blätter unten in einer Rosette, oben stängelumfassend; weltweit verbreitet auf Wiesen und an Wegen.

17 *Strahlenlose Kamille:* Korbblütengewächs; bis 40 cm hoch; nur gelbgrüne Röhrenblüten; Blätter fein gefiedert; süßlicher Duft; häufig an Wegen und Wiesen.

18 *Einjähriges Rispengras:* Süßgräser; bis 90 cm hoch; rauer, aufrechter Stängel; Blüten in einer Rispe; Blätter dunkelgrün, bis 20 cm lang; häufiges Wiesengras.

Wir erfassen Standortfaktoren

Pflanzen und Tiere haben eine Vorliebe für bestimmte Wuchs- und Aufenthaltsorte.
Wenn du Standorte an der Südseite eures Schulgebäudes mit der Nordseite vergleichst, wirst du die Unterschiede am besten feststellen …

1 Süd- und Nordseite des Schulgebäudes

Mit „Messinstrumenten“ kannst du die Unterschiede der Standorte herausfinden und als *Standortfaktoren* messen. Alle Messungen solltest du am selben warmen und sonnigen Tag zur gleichen Uhrzeit durchführen, damit die Ergebnisse vergleichbar sind.

2 Messung der Bodentemperatur

1 Standortfaktor Temperatur

Miss die Luft- und Bodentemperatur an Standorten deines Schulgeländes, die du auf Pflanzen- und Tiervorkommen untersucht hast.

- Achte darauf, dass das Thermometer für die Luftmessung nicht der direkten Sonneneinstrahlung ausgesetzt ist.
- Bohre für die Messung der Bodentemperatur zuerst ein kleines Loch. Stecke dann das Bodenthermometer 10 cm tief in den Boden. 2–3

3 … mit dem Bodenthermometer

2* Standortfaktor Verdunstung

a Stelle ein eigenes Verdunstungsmessgerät her. 4
Du brauchst dazu ein kleines Reagenzglas (z. B. 10 ml), Blumenbindedraht, Filterpapier, Klebeband, Drahtbügel und ein Gummiband.
Fülle das Reagenzglas vollständig mit Wasser und verschließe es mit einem runden Filterpapier (Durchmesser: 4 cm). Mit einer Nadel sichst du in der Mitte ein Loch ins Filterpapier. Befestige das Papier mit Bindedraht.

b Hänge das Verdunstungsmessgerät am Untersuchungsort auf. Den Wasserverlust kannst du mit einem Stift markieren, mit dem Lineal messen und in Millimetern angeben.

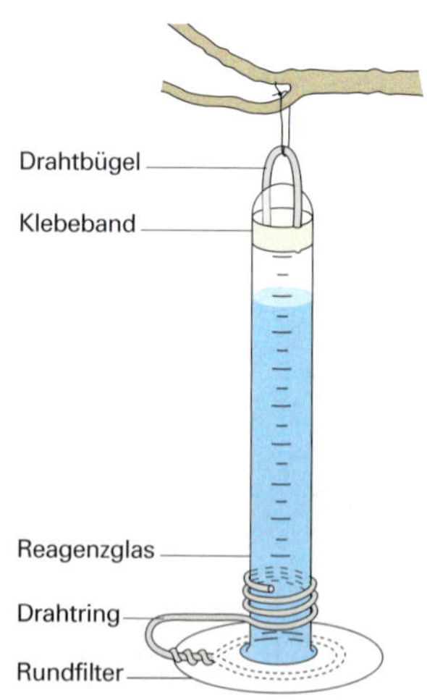

4 Selbst gebautes Verdunstungsmessgerät

Grundlagen **Standortfaktoren**

Wichtige Standortfaktoren sind Licht, Luft- und Bodentemperatur, Bodenfeuchtigkeit und Luftfeuchtigkeit. Sie entscheiden über die Pflanzen- und Tiervorkommen eines bestimmten Standorts.
So braucht ein Grasfrosch eine hohe Luftfeuchtigkeit und Schatten, sonst würde seine empfindliche feuchte Haut austrocknen. |7
Das Einjährige Rispengras hingegen kommt mit der niedrigen Luftfeuchtigkeit an sonnigen Standorten mit wenig Wasser und Boden in den Pflasterritzen des Schulhofs gut zurecht. |8
Pflanzen und Tiere sind also an bestimmte Aufenthaltsorte angepasst und deshalb auch dort anzutreffen.

|7 Grasfrosch

|8 Rispengras

A* Überlege, wie du die Bodenfeuchtigkeit untersuchen kannst.
B An welche Standortfaktoren sind die Kräuter des Waldes, der Obstwiese und des Ackers angepasst? Informiere dich in diesem Buch.
C Welche Standortfaktoren herrschen in einer Wüste, der Antarktis oder im tropischen Regenwald vor? Beschaffe dir Informationen.
D Miss die Standortfaktoren in deinem Klassenzimmer.

3 Standortfaktor Licht

Stelle ein Gerät zur Lichtmessung her. Besorge dir dafür eine Pappröhre (Küchenrolle) und Kopierpapier, auf DIN-A6-Größe geschnitten.

a Für die Messung brauchst du einen sonnigen Tag. Schau durch die Röhre hindurch und richte sie auf den Boden. Halte nun so viele Papierblätter davor, dass du deinen Zeigefinger gerade nicht mehr siehst. Zähle die Papierblätter und notiere die Zahl.

b Die Lichtstärke kannst du auch mit einem im Handel erhältlichen Messgerät, dem Luxmeter, messen. |5

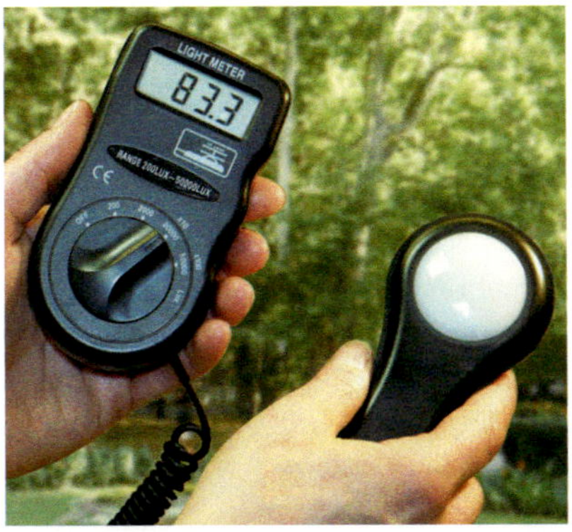

|5 Die Lichtstärke ist einfach zu messen.

4 Auswertung der Messungen

Halte die Messergebnisse aller Standortfaktoren in einer Tabelle fest. |6

Standort	Lufttemperatur in °C	Bodentemperatur in °C	Verdunstung in mm	Lichtstärke (Anzahl der Papierblätter)
Rasen				
Schulhof				
Gebäudesüdseite				
Hecke				
...				

|6 Standortfaktoren im Lebensraum „Schulgelände“

Auswerten und präsentieren

1 Unterscheide das Wichtige vom Unwichtigen!

Du hast ein Tier gefangen. Mit der Becherlupe kannst du es genauer *betrachten.* Dabei fallen dir viele Besonderheiten auf: Kopf mit Fühlern, die in winzige Abschnitte aufgeteilt sind; sechs rotbraune Beine, die aus mehreren Gliedern und einem starken „Schenkel" bestehen; zwei dunkelbraune Flügeldecken mit parallel verlaufenden Rillen …

Dein Gehirn kann die vielen Einzelheiten nur wenige Augenblicke speichern. Wenn du deinen Blick abwendest, vergisst du schon die ersten Merkmale.

Du sollst dir die Gestalt des Tiers merken und konzentrierst dich deshalb auf den Körperumriss. Alle anderen Merkmale musst du zunächst übersehen.

Dein Gehirn übersetzt die Körperform des Tiers in Zeichenbewegungen, die deine Hand mit dem Bleistift ausführt. So entsteht eine *Strichzeichnung.* Du lernst, dass ein Käfer aus drei Abschnitten (Kopf, Brustabschnitt und Hinterleib) und drei Beinpaaren besteht. Du kannst Käfer nun von anderen Gliedertieren unterscheiden.

1 Zeichnen

Wählt in der Klasse ein Tier aus, das ihr zeichnen möchtet.

a Zeichne das Tier mit Bleistift so groß wie deine Hand. Achte darauf, dass klare, durchgehende Linien entstehen. Wenn die Strichzeichnung fertig ist, kannst du sie eventuell schraffieren.

b Vergleicht eure Zeichnungen gemeinsam in der Klasse. Welche Gemeinsamkeiten entdeckt ihr? Schaut noch einmal das Tier an und korrigiert Ungenauigkeiten oder Fehler.

c Beschrifte die Zeichnung: Tiername, Großgruppe, Datum und Fundort.

2 Bestimmen und ordnen

a Nehmt eure Funde mit ins Klassenzimmer. Versucht die Pflanzen und Tiere mithilfe von Bestimmungsbüchern zu bestimmen.

b In den Bestimmungsbüchern, im Internet sowie in zusätzlicher Literatur findet ihr weitere Informationen zu den Lebewesen: Nahrung, Feinde, Standort. Schreibt sie neben eure Zeichnungen.

c Legt für die Pflanzen und Tiere jeweils eine Liste an, in der alle Funde nach Großgruppen geordnet sind.

3 Ergebnisse vorstellen

a Besorgt euch eine Rolle Packpapier als Plakatunterlage, Stifte und Klebstoff.

b Setzt eure Teilpläne wieder zum Gesamtplan des Schulgeländes zusammen und klebt ihn auf das Packpapier.

c Jede Gruppe klebt zu ihrem ursprünglichen Teilplan das ganze Material dazu, das sie erarbeitet hat. Ihr habt nun einen Überblick über die Pflanzen und Tiere, die es auf eurem Schulgelände gibt.

d Stellt euer Poster dem Rest der Klasse in Form eines Kurzreferats vor.

Lebensraum „Schulgelände"

2 Häufige Bewohner des Schulgeländes: Einjähriges Rispengras, Braune Prunella, Raupe (Kleiner Fuchs), Amsel (Schwarzdrossel)

1 Nahrungsketten

a Zeichnet eine Ansicht eures Schulgeländes mit Pflastersteinen, Rasen, Betonflächen, Gehölzen … auf ein großes Plakat.

b Zeichnet eure Pflanzen- und Tierfunde mit Bleistift und Buntstiften auf runde Papierscheiben mit einem Durchmesser von 7 cm. Klebt die Scheiben auf das Plakat jeweils an den Ort, wo ihr sie gefunden habt.

c Sucht nun nach Nahrungsketten und kennzeichnet sie durch rote Pfeile. Die Pfeile müssen immer in die Richtung zeigen, in der die Nahrung aufgenommen wird. Da sich die Nahrungsketten verzweigen, erhaltet ihr das *Nahrungsnetz* eures Schulgeländes. Unten seht ihr ein Beispiel. 3

d In diesem Kapitel findet ihr Bilder von weiteren Tieren des Schulgeländes. Sucht heraus, welche Nahrung sie brauchen. Fügt sie ins Nahrungsnetz ein.

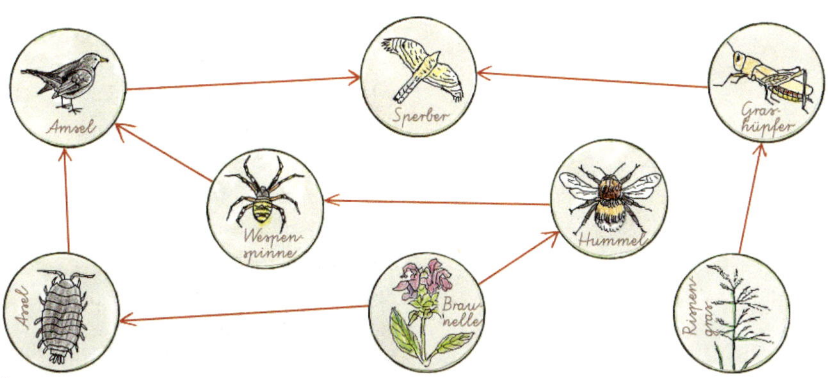

3 Nahrungsnetz (Hinweis: „→" bedeutet „… wird gefressen von …".)

Grundlagen **Lebensraum**

Alle *Pflanzen* brauchen in ihrem *Lebensraum* Licht, Kohlenstoffdioxid aus der Luft sowie Wasser und Mineralsalze aus dem Boden. Außerdem verankern sie sich in der Regel durch ihre Wurzeln. Sie sind also fest an ihren Standort gebunden und müssen mit Hitze, Kälte und Trockenheit im Lauf des Jahres zurechtkommen. Dabei können die Bedingungen sehr unterschiedlich sein. Mit ganz unterschiedlichen Standortfaktoren kommen Bäume und Sträucher zurecht. Sie gedeihen überall dort, wo ihre Wurzeln Fuß fassen können.

Anders als die Pflanzen können Tiere ihren Standort wechseln und teilweise große Strecken zurücklegen. Meist sind sie jedoch dort anzutreffen, wo sie Nahrung und Unterschlupf oder einen Nistplatz finden. Die meisten Tiere sind *Pflanzenfresser.* Sie ernähren sich von allem, was Pflanzen im Jahreslauf bilden. Selten schädigen Pflanzenfresser ihre Nahrungspflanzen so, dass diese absterben. Denn die Pflanzen bilden mehr Nährstoffe, als sie selbst benötigen.

Wenn Tiere andere Tiere fressen, dann sprechen wir von *Fleischfressern* oder *Räubern*. Oft werden die Räuber selbst das Opfer von anderen Fleischfressern.

Die Beziehung zwischen einer Pflanze, einem Pflanzenfresser und einem Fleischfresser nennt man eine *Nahrungskette.*

Die meisten Tiere haben mehrere Nahrungsquellen. Nahrungsketten sind also miteinander verknüpft. So entsteht ein *Nahrungsnetz.* Die Pflanzen und Tiere eines Lebensraums sind eng miteinander verbunden. Sie bilden eine *Lebensgemeinschaft.*

Zusammenfassung

Standortfaktoren

Entscheidend für Pflanzen- und Tiervorkommen sind die Standortfaktoren: Licht, Luft und Bodenbeschaffenheit, Temperatur, Wasser und Luftfeuchte.

Das Schulgelände ist wie unsere Städte und Dörfer stark durch die menschliche Nutzung geprägt. Manche Bereiche sind lebensfeindlich.

1 Dieser Schulhof bietet wenige Lebensräume für Pflanzen und Tiere.

Standortfaktoren für Pflanzen

Damit sich Pflanzen ansiedeln, muss Platz für Wurzeln vorhanden sein. Nur so können sie sich mit Wasser und Mineralsalzen versorgen. Eine Pflanze ist an ihren Standort gebunden. Sie muss an die bestehenden Bedingungen angepasst sein.

Jeder Lebensraum hat seine speziellen Standortfaktoren: Temperatur, Wind, Trockenheit, Bodenbeschaffenheit, Bodenqualität, Sonneneinstrahlung … Die Pflanzenvielfalt wird von diesen Faktoren bestimmt.

2 Lebensraum Pflasterritze

3 Standortfaktor Bodentemperatur

Standortfaktoren für Tiere

Den Pflanzen folgen Tiere, die sich von ihnen ernähren oder die Unterschlupf und Nistraum suchen. Die Zahl der Pflanzenfresser hängt von der Vielfalt der Pflanzenarten ab. Manche Pflanzenfresser sind auf wenige Nahrungspflanzen angewiesen. Wenn sie fehlen, bleibt das Tier aus. Fleischfresser ernähren sich von der großen Zahl der Pflanzenfresser oder von anderen Fleischfressern.

4 Hummel sammelt Nektar.

5 Amsel frisst Assel.

Nahrungsnetze

Pflanzen, Pflanzenfresser und Fleischfresser sind über Nahrungsbeziehungen verknüpft. Viele Tierarten nutzen mehrere Nahrungsquellen.

Zwischen Pflanzen und Tieren besteht ein Netz von Nahrungsbeziehungen, ein Nahrungsnetz. |6

Je mehr Nahrungsquellen vorhanden sind, umso sicherer ist das Überleben von Tier- und Pflanzenarten.

Die Vielfalt von Lebensräumen mit unterschiedlichen Standortfaktoren ist Voraussetzung für die Pflanzenvielfalt. Diese ermöglicht ein reiches Tiervorkommen und stabile Lebensgemeinschaften, in der keine Arten aussterben müssen.

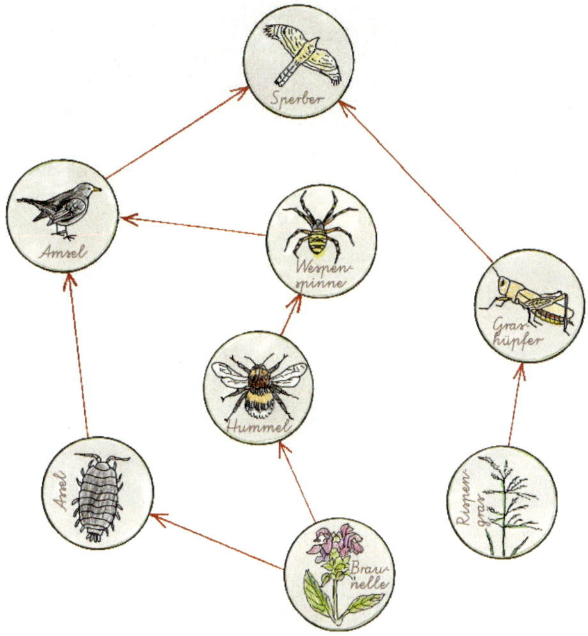

|6 So könnte das Nahrungsnetz eines Schulgeländes aussehen.

Alles klar?

A Wie organisiert man ein Klassenprojekt? Entwickle ein übersichtliches Schaubild, in dem alle wichtigen Vorgehensschritte zu erkennen sind.

B Was sind Standortfaktoren und wovon hängen sie ab?

C Nenne Standortfaktoren für eine selbst ausgewählte Beispielpflanze.

D Nenne Standortfaktoren für das Beispiel eines Tiers.

E Wähle einen Standortfaktor und erläutere, wie und womit man ihn misst und wie man ihn auswertet.

F Ordne die gezeigten Tiere nach Pflanzen- und Fleischfressern. |7 Beobachtungen der Tiere auf dem Schulgelände helfen dir sicher bei der Einteilung.

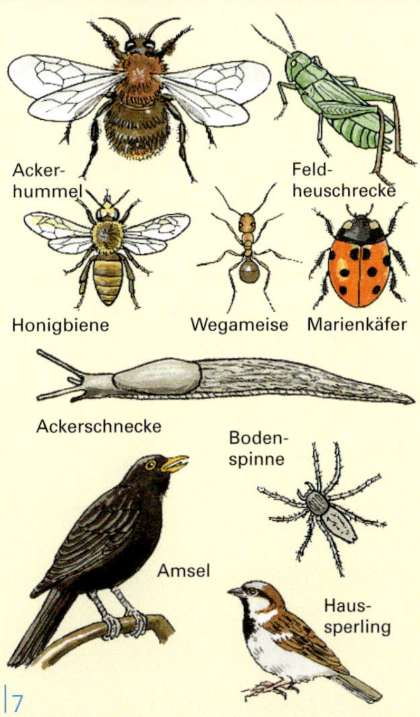

|7

G Erläutere den Begriff Nahrungsnetz an einem Beispiel.

H Angenommen, im Nahrungsnetz fehlt die Amsel. Beschreibe die Folgen. |6

I Du hast ein solches Tier gefangen. |8 Fertige eine Bleistiftzeichnung an.

|8

Klassenprojekt Park

|1

|2

|3

Besonders in großen Städten findet man häufig großzügig angelegte Parks. Sie bieten Lebensraum für viele Pflanzen und Tiere …

1 Der Park in unserer Stadt

a Besorgt euch Informationen vom Grünflächenamt der Stadt:
- Wann und von wem wurde der Park angelegt?
- Wie groß ist die Fläche des Parks?
- Welche Pflegemaßnahmen werden durchgeführt?
- Wer nutzt den Park?

b Kopiert den Grundriss des Parks aus dem Stadtplan heraus und vergrößern ihn. Pläne und Satellitenaufnahmen sind auch im Internet zu finden. Zeichnet nach dem Grundriss eine Karte des Parks und beschriftet sie.

c Erkundet, wie der Park gestaltet ist, und tragt eure Entdeckungen in die Skizze ein. |4

d Wie sieht es mit der Sauberkeit des Parks aus? Welchen Eindruck habt ihr?

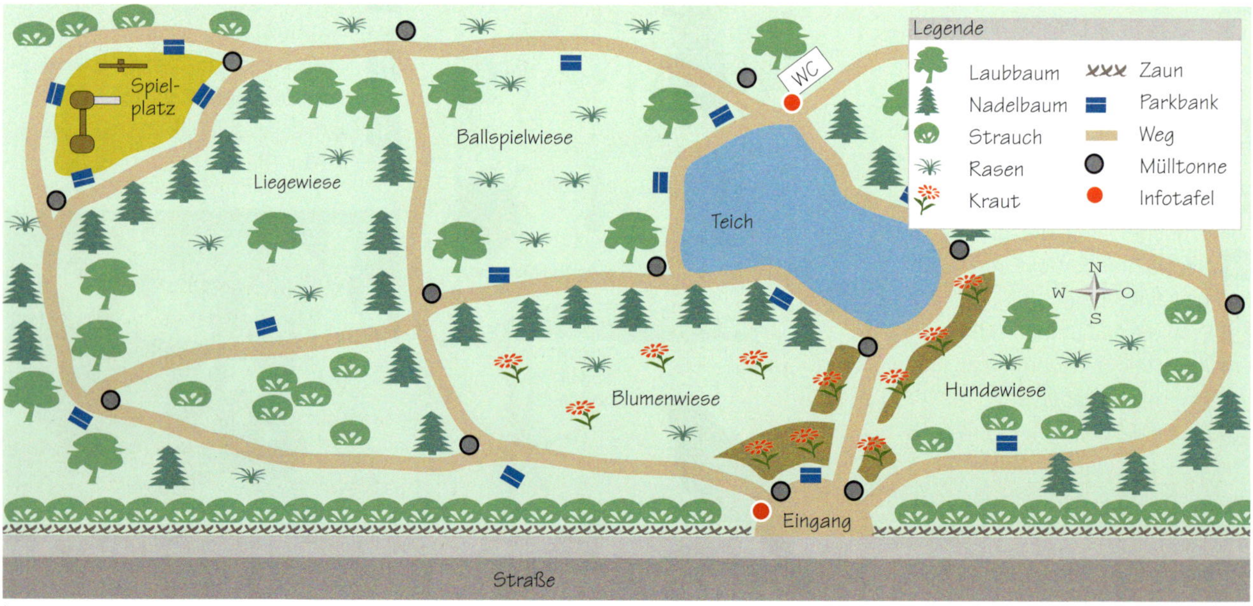

|4 Karte des Parks

e Interviewt einige Besucher des Parks. Informationen zur Durchführung eines Interviews findet ihr auf Seite 4 dieses Buchs. *Führt die Interviews nie alleine, sondern wenigstens zu zweit.* Stellt mindestens folgende Fragen:

- Wie oft und warum nutzen Sie den Park?
- Was gefällt Ihnen am Park, was nicht?

Überlegt euch noch drei bis vier weitere Fragen. Haltet die Antworten fest und fasst die Ergebnisse zusammen.

2 Erfassen des Lebensraums Park

a Führt ein Klassenprojekt zum Thema „Park" durch. Versucht das Thema in Teilthemen aufzufächern. | 5

b Bildet Arbeitsgruppen von drei bis vier Mitgliedern. Jede Gruppe übernimmt einen Teilbereich des Parks und unternimmt dort alle Untersuchungen, oder aber jede Gruppe beschäftigt sich mit einem Teilthema.

3 Welchen Nutzen haben Parks für die Menschen?

Parkanlagen sind für die Menschen wichtig. Findet ihren Nutzen heraus.

a Temperatur im Park
Messt an einem heißen Sommertag die Lufttemperaturen im Innern des Parks und auf einer Straße in der Stadt. Gebt Gründe für den Unterschied an.

b Lärm im Park
Untersucht, ob Bäume und Sträucher Lärm mindern: Stellt einen Kassettenrekorder so laut, dass ihr ihn auf einer Wiese in 100 m Entfernung gerade noch hört. | 6
Hört man ihn bei gleicher Einstellung und Entfernung auch, wenn Bäume und Sträucher dazwischen sind?

c Luft im Park
Staub aus der Luft setzt sich auf den Blättern der Bäume ab. Mit einem durchsichtigen Klebestreifen könnt ihr den Staubfilm abnehmen. | 7 Vergleicht die Staubschichten auf den Blättern im Park mit anderen Standorten.

Bäume und Sträucher
Welche Gehölzarten kommen vor? Sind es heimische Arten? Welche Standortansprüche haben sie?

Krautige Pflanzen
Welche Pflanzen, die nicht verholzen, sind angepflanzt worden? Lieben sie eher schattige oder sonnige Standorte?

Vögel
Welche Vögel kommen im Park vor? Welche Bereiche des Parks bevorzugen sie?

Säugetiere
Welche Säugetiere kann man beobachten? Wo halten sie sich germe auf?

Insekten
Lassen sich Insekten entdecken? Welche sind es und wo leben sie?

Standortfaktoren
Wie sieht es mit den Standortfaktoren Temperatur, Licht und Wasser aus?

Wegenetz, Bänke, Mülltonnen
Sind die Wege sinnvoll angelegt? Gibt es genügend Sitzbänke und Mülltonnen?

| 5 Mögliche Teilthemen für das Klassenprojekt

| 6 Messung der Lufttemperatur

| 7 Untersuchung auf Staub aus der Luft

d Welche Bedeutung hat der Park für die Menschen. Fasst eure Untersuchungsergebnisse zusammen.

4 „Parkführer gefällig?"

Eure Untersuchungsergebnisse solltet ihr einer breiteren Öffentlichkeit zugänglich machen.
Wie wäre es mit der Gestaltung eines Parkführers? Vielleicht erstellt ihr eine Broschüre oder eine Hinweistafel für den Park.

Kennübung **Häufige Tiere in Park und Garten**

1 **Eichhörnchen** Mit Schwanz bis zu 40 cm lang; rotes bis schwarzes Fell; Ohren mit Haarpinsel; tagaktiv; ernährt sich von Samen und Nüssen; in allen bewaldeten Zonen Europas.

2 **Star** 21 cm lang; im Sommer schwärzlich, mit purpurgrünlichem Glanz; im Winter schwarz, dicht weiß getüpfel; übernachtet auf Bäumen; kommt überall im Kulturland vor.

3 **Hausmaus** Mit Schwanz 19 cm lang; braungraues Fell, auf der Bauchseite etwas heller; Augen groß; meist nachtaktiv; ernährt sich vor allem von Körnern; kommt weltweit als Kulturfolger vor.

4 **Kohlmeise** 14 cm lang; rundlich; gelbe Unterseite mit schwarzem Längsband; ernährt sich von Insekten, Knospen und Samen; Höhlenbrüter mit 4 bis 5 Eiern pro Gelege; im Winter oft in Schwärmen.

5 **Große Wegschnecke** Bis 15 cm lang; grau, braun, schwarz oder orangerot; Haut grob höckerig und stark schleimig; große Atemöffnung rechts; ist in Mittel- und Westeuropa häufig.

6 **Kleiber** 14 cm lang; blaugrauer Rücken, kurzer Schwanz; sehr beweglich mit kräftigem Schnabel und großen Füßen; klettert an Bäumen auf- und abwärts; ernährt sich von Insekten der Baumrinde.

7 **Europäischer Maulwurf** 12 bis 15 cm lang; kurzer Schwanz; dunkelgraues bis schwarzes Fell, das sich in alle Richtungen streichen lässt; lebt in unterirdischen Röhrensystemen; ernährt sich von Würmern.

8 **Ringeltaube** 41 cm lang; rundlicher Körper mit kleinem Kopf, kurze Beine; hintere Rückenpartie grau, weiße Halszeichnung, weißes Flügelband; ernährt sich von Blättern, Samen und Früchten.

9 **Europäischer Igel** Bis 27 cm lang; Unterseite mattgelbbraun; Kopfstacheln mit schmalem Scheitel; nachtaktiv; überwintert von Oktober bis April; ernährt sich von Insekten, Würmern, Schnecken.

Kennübung **Pflanzen in Park und Garten**

10 **Stechpalme** Spitz gezähnte, immergrüne Blätter. Wächst langsam und wird bis zu 250 Jahre alt. Rote, giftige Früchte. Heimat: West- und Mitteleuropa.

11 **Sommerflieder** Die zierlichen Blüten dieses Strauches duften stark und locken Schmetterlinge in den Garten. Blütezeit: August. Heimat: China.

12 **Ginkgo** Auffallender Parkbaum mit fächerförmigen, gelappten Blättern, die in Büscheln stehen. Wird bis zu 30 m hoch. Heimat: China.

13 **Zeder** Auffälliger Nadelbaum mit weit ausladenden Zweigen. Kleine, tonnenförmige Zapfen. Nadeln stehen in Büscheln. Heimat: Nordafrika und Asien.

14 **Rosskastanie** In Anlagen häufig. Kerzenförmige Blütenstände, Früchte stachlig. Reagiert empfindlich auf Luftverunreinigung. Heimat: Südosteuropa.

15 **Magnolie** Große, einzeln stehende Blüten. Die vielen weiß bis rosa gefärbten Blütenblätter sind sehr frostempfindlich. Heimat: Ostasien und Nordamerika.

16 **Platane** Robuster, bis zu 35 m hoher Baum mit weit ausladender Krone. In Städten häufig. Blüten unscheinbar in Blütenständen. Rinde löst sich in Platten. Heimat: Nordamerika.

17 **Japanische Zaubernuss** 50 bis 150 cm hoher Strauch. Blüht bei milder Witterung bereits im Januar. Blüten mit gelben Kron- und braunen Kelchblättern. Heimat: Japan.

18 **Rhododendron** Beliebter, bis zu mehrere Meter hoher Zierstrauch in Gärten und Parkanlagen. Die meisten der über 700 Wildformen sind typische Bergwaldpflanzen. Heimat: Europa und Asien.

Blütenpflanzen unserer Heimat

1 Traubenkirsche

2 Wiesenschaumkraut

3 Baldrian

Jede Pflanze hat bestimmte Merkmale, durch die sie sich von anderen Pflanzen unterscheidet. Die Blätter haben unterschiedliche Formen. Bei den Blüten können die Blütenblätter frei stehend oder miteinander verwachsen sein. Man unterscheidet glockige, röhrenförmige oder trichterförmige Blüten. Oft sind mehrere Blüten zu einem *Blütenstand* vereinigt. 4
Man zieht diese Merkmale heran, wenn man erfahren will, zu welcher Art eine Pflanze gehört.

1 Blätter, Blüten und Früchte

a Sammle und beschreibe Blätter.
b Sammle Blüten und Blütenstände verschiedener Arten. 1–3
Untersuche sie auf ihre Bestimmungsmerkmale. Benenne die Blüte mit den in der Grafik angegebenen Begriffen. 4
c* Sammle verschiedene Früchte. Zu welcher Art gehört die jeweilige Frucht?

2 Ratespiel: Welche Pflanze ist gemeint?

Mit euren Pflanzensammlungen könnt ihr ein Ratespiel veranstalten.
Immer zwei bis drei Personen bilden eine Gruppe.
Die erste Gruppe liest aus ihrer Sammlung erst ein Merkmal vor, dann ein zweites – bis die richtige Antwort kommt. Wer als erster den Namen der Pflanze errät, bekommt einen Punkt.

Grundlagen **Bestimmungsmerkmale von Blütenpflanzen**

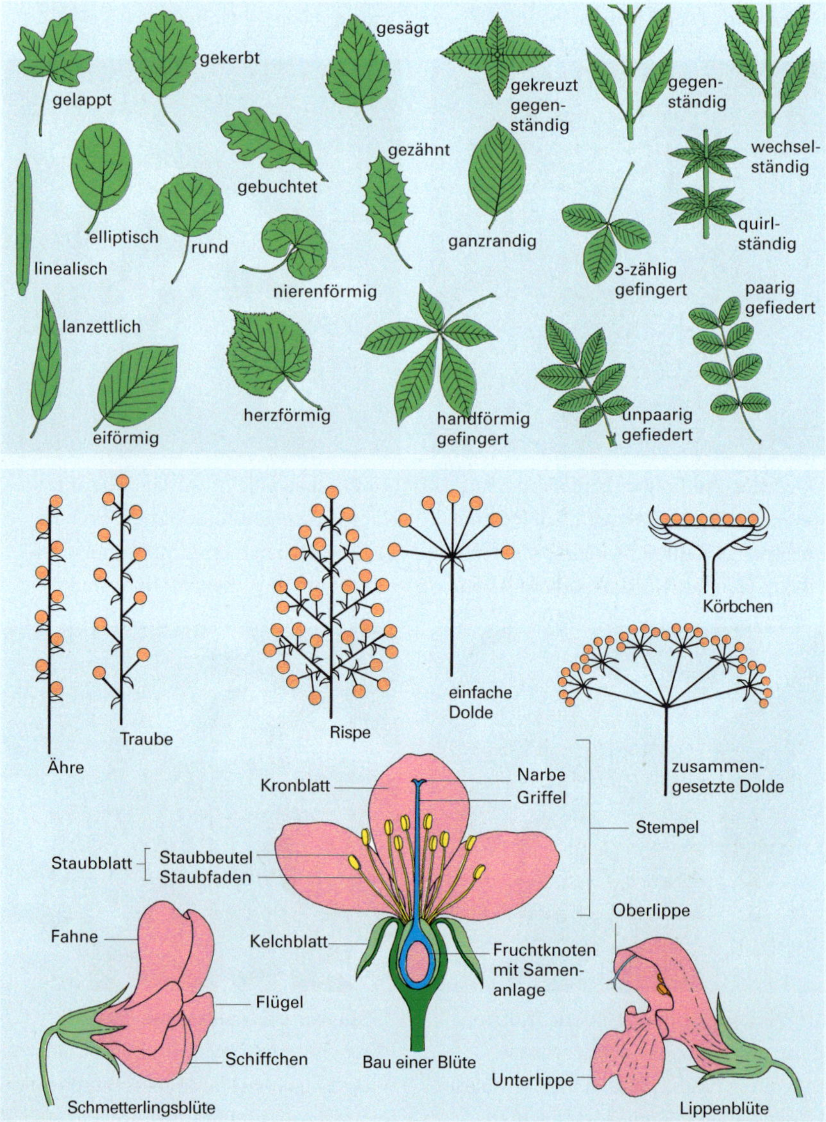

4 Merkmale von Blättern und Blüten

Arbeitsweise **Wir legen eine Blattsammlung an**

Eine Sammlung von Laubblättern hilft dir, Bäume und Sträucher besser kennenzulernen.

So kannst du eine Blattsammlung anlegen:

1. Schritt: Sammeln
Sammle verschiedene Laubblätter. Bestimme sie dann mithilfe eines Bestimmungsbuchs.

2. Schritt: Notieren
Notiere dir Namen, Fundort und Funddatum der Blätter.

3. Schritt: Pressen und Trocknen 5
Lege jedes einzelne Blatt zwischen mehrere Lagen Zeitungspapier. Bedecke den Stapel mit Büchern oder flachen Steinen. Lass die Blätter so zwei bis vier Wochen lang trocknen.

4. Schritt: Aufkleben 6
Sind die Blätter trocken? Dann klebe jedes für sich mit einem Streifen Klebeband auf Zeichenkarton.

5. Schritt: Beschriften 7
Ergänze jedes aufgeklebte Blatt um Artnamen, Fundort und Datum. Schreibe auch Blattmerkmale und Besonderheiten der Pflanzenart auf.

6. Schritt: Rinde aufkleben
Wenn noch Platz ist, kannst du auch ein kleines Stück Rinde des betreffenden Baums aufkleben.

7. Schritt: Aufbewahren
Am besten bewahrst du die Papierbögen mit den gepressten Blättern lose in einer Mappe auf.

5 So kann man eine Blattsammlung anlegen.

6 So ähnlich könnte ein Blatt deiner Blattsammlung aussehen.

Art:	Stieleiche
Fundort:	Waldrand Krähenwald
Datum:	…
Blatt:	sehr kurzer Stiel, Rand unregelmäßig gelappt, Oberseite glänzend dunkelgrün, Unterseite mattblaugrün
Frucht:	Eichel in napfförmigem Becher mit langem Stiel
Rinde:	tief eingerissene braunschwarze Rinde (bei älterem Baum)

7 Beschriftung eines Blattes der Eiche (Beispiel)

Ein Teich im Park

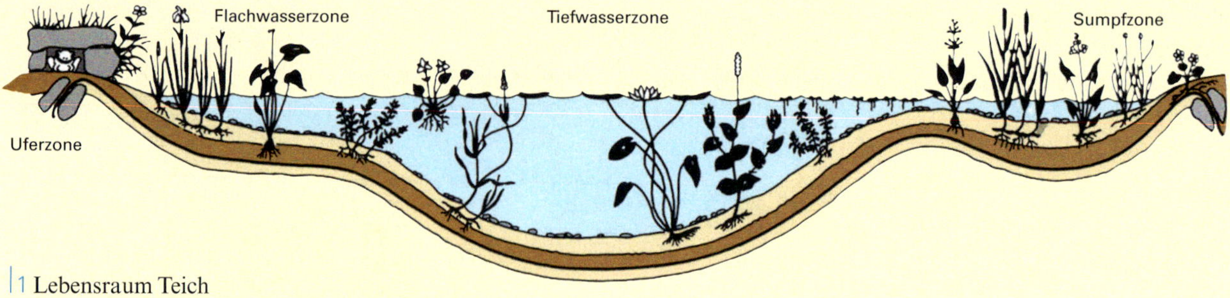

1 Lebensraum Teich

In Gärten und Parkanlagen findest du häufig einen Teich. Dort gibt es viel zu entdecken: Teichrosen, Rohrkolben und Schilfrohr bereichern die Landschaft. Libellen, Frösche und Enten sorgen für ein buntes Treiben. Es lohnt sich, einen Teich genauer zu untersuchen.

1 Wir bestimmen Pflanzen

Bestimmt die Pflanzen in den verschiedenen Randzonen des Teichs. Ihr benötigt kleine Holzpflöcke, Schnur, Notizblock, Stifte, Schreibunterlage, Maßband, Bestimmungsbücher und Fotoapparat. Richtet euch bei der Durchführung nach den Abbildungen. 2–3

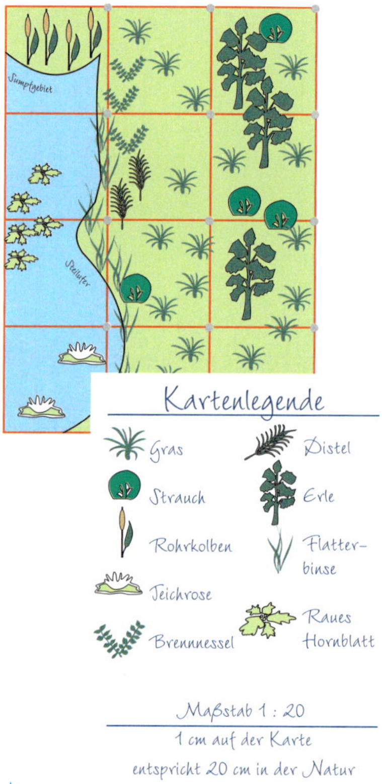

2 Kartieren

4 Wasseruntersuchung

2 Wir untersuchen das Wasser

Untersucht Geruch und Trübung.

a Füllt Wasserproben aus einem Teich, einem Brunnen, einer Badeanstalt und einer Regentonne in Standzylinder. 4 Vergleicht den Geruch. Füllt außerdem einen Standzylinder mit Leitungswasser.

b Stellt alle Zylinder auf weißes Papier. Schaut von oben auf die Zylinder. Gießt von den Wasserproben so viel ab, bis sie so klar wie das Leitungswasser erscheinen. Je weniger Wasser abgegossen wird, desto klarer ist die Probe.

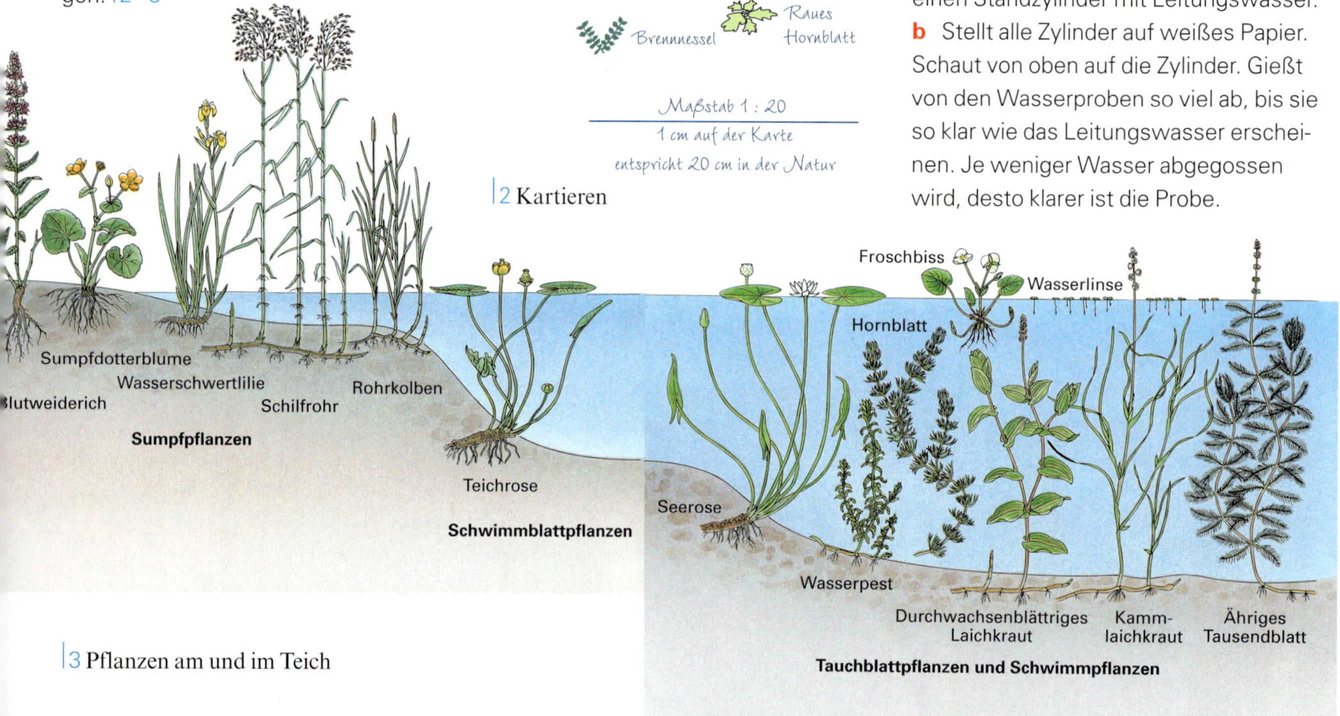

3 Pflanzen am und im Teich

3 Enten beobachten

Beobachtet Enten am Teich. Ihr benötigt Bestimmungsbücher, Schreibmaterial, ein Fernglas, Stoppuhr.

a Beschreibt zunächst Aussehen und Körperform. Fertigt Zeichnungen der Enten an.

b Beobachtet das Flug-, Schwimm- und Tauchverhalten der Enten.

c Wie nehmen sie ihre Nahrung auf? Vergleicht mit der Zeichnung unten.

d Erstellt einen Steckbrief einer Entenart. |5

e Erläutert, wie die Stockente an das Leben im und am Wasser angepasst ist.

Steckbrief

Ort: ... Datum: ... Zeit: ...

Zeichnung
Beschreibung: ...
Name: ...
Schwimmverhalten: ...
Flugverhalten: ...
Nahrungsaufnahme: ...
Besonderheiten: ...

|5 Steckbrief

Wissenswertes **Enten am und im Teich**

|6 Stockentenpaar; vorn: Weibchen, hinten: Männchen

Schnell fliegt ein Stockentenpaar durch die Luft heran und landet auf dem Parkteich. |6 Mit ihrem Schnabel durchwühlen sie den Schlamm am Grund des Teichs nach Würmern, Schnecken, Kleinkrebsen und Wasserpflanzen. |7 Als Nistplatz wählt das Weibchen an Land eine versteckte Stelle. Es watschelt wenig geschickt. Nach 28 Tagen Brutzeit schlüpfen die Küken. Als Nestflüchter verlassen sie sofort das Nest und folgen der Mutter zum Wasser. Sie können gleich schwimmen und sich selbstständig ernähren.
Die Zeichnung unten zeigt verschiedene Entenvögel auf Nahrungssuche. |8

|7 Ans Leben im Wasser angepasst

|8 Entenvögel auf Nahrungssuche

Kennübung **Vögel**

1 Haussperling: Weibchen (oben) und Männchen (14 cm)

2 Zaunkönig (9 cm)

3 Singdrossel (23 cm)

4 Hausrotschwanz (15 cm)

5 Amsel, links männlich (24 cm)

6 Buchfink, männlich (15 cm)

7 Nebelkrähe (50 cm)

8 Blaumeise (11 cm)

9 Dompfaff, männlich (17 cm)

Arbeitsweise **Vögel erkennen und bestimmen**

Häufig wirst du Vögel entdecken, die du noch nicht kennst. Dann benötigst du ein Bestimmungsbuch und etwas Übung. So gehst du bei der Vogelbestimmung vor:

Du brauchst:
Notizbuch, Schreibzeug, Fernglas, Vogelbestimmungsbuch, eventuell MP3-Player und Aufnahmen von Vogelstimmen zum Vergleich.

1. Schritt:
Bestimmungsbuch anschauen
Mache dich mit dem Bestimmungsbuch vertraut. Meist sind die Vögel dort nach ihrer Verwandschaft geordnet und ähnlich aussehende Vögel sind auf den gleichen Seiten abgebildet. Um mit dem Bestimmungsbuch zurechtzukommen, benötigst du einige Fachausdrücke.

2. Schritt:
Beobachtung vorbereiten
In Parks und Gärten kannst du Vögeln oft recht nahe kommen. Du brauchst dazu etwas Geduld und solltest dich möglichst ruhig verhalten. Wenn du einen Vogel entdeckt hast, betrachte ihn möglichst mit dem Fernglas.

3. Schritt: Vögel beobachten
Achte auf folgende Merkmale:
- Größe: Vergleiche mit einer dir bekannten Vogelart (Amsel, Sperling, Taube).
- Gestalt: Ist der Vogel rundlich oder schlank? Welche Form und Länge haben Schnabel, Schwanz und Beine? |10
- Färbung des Gefieders
- Bewegung: Hüpft, trippelt oder schreitet der Vogel? Ist der Flug wellenförmig oder gerade?

4. Schritt:
Im Bestimmungsbuch nachschlagen
Versuche den Vogel im Bestimmungsbuch wiederzufinden.

5. Schritt:
Beobachtungstagebuch führen
Notiere die Namen der beobachteten Vogelarten. Schreibe den Beobachtungsort dazu.
Fertige Steckbriefe von den Arten an, die du sicher erkannt hast. |11

Tipp: „Die häufigsten Gartenvögel auf einen Blick – von der Amsel zum Zilpzalp" kannst du im Internet beim Naturschutzbund Deutschland (Nabu) kennenlernen.

|10

Steckbrief Rotkehlchen
Größe: etwas kleiner als ein Sperling
Kehle und Brust: orangerot – Männchen auffällig gefärbt
Bauch: gräulich weiß
Rücken und Schwanz: olivbraun
Schnabel: spitz

|11

A Ordne die in diesem Kapitel abgebildeten Vögel nach ihrer ungefähren Größe in drei Spalten: Taubengröße (und größer) – Amselgröße – Sperlingsgröße (und kleiner). Ergänze die Tabelle um weitere Vogelarten, die du kennst.

B Wähle drei Vögel von der linken Seite aus und notiere ihre Erkennungsmerkmale.

C* Die Jungvögel der Amsel sind nach dem Schlüpfen noch ziemlich hilflose „Nesthocker". Bei anderen Vogelarten schlüpfen die Jungvögel als recht selbstständige „Nestflüchter". Welche Vogelarten sind Nestflüchter, welche Nesthocker? Informiere dich im Lexikon.

Wissenswertes **Der Teichfrosch – ein hüpfender Lurch**

1 Weiblicher und männlicher Teichfrosch

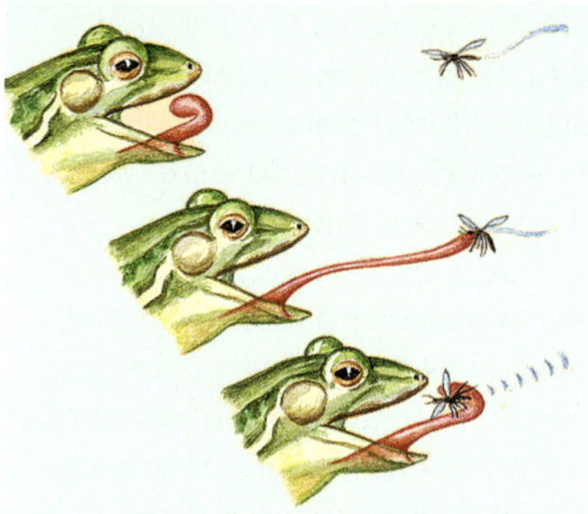

2 Nahrungsaufnahme beim Teichfrosch

3 Feuersalamander

4 Gefährdeter Lebensraum

Lebensraum und Lebensweise
Reglos sitzt ein Teichfrosch auf einem Seerosenblatt. Wegen seiner grünen Färbung, der dunklen Flecken und der hellen Streifen ist er kaum zu entdecken.
Frösche gehören zu den *Lurchen (Amphibien)*, das sind Feuchtlufttiere, die sowohl im Wasser als auch an Land leben. Erwachsene Teichfrösche ernähren sich von Insekten und anderen Kleintieren. Die Beute wird mit der klebrigen Zunge gefangen. 1 2

Körperbau
Der Teichfrosch hat kräftige Hinterbeine und zwischen den langen Zehen Schwimmhäute.

Fortbewegung und Orientierung
Wegen seiner langen und kräftigen Hinterbeine hat der Frosch ein gutes Sprungvermögen. Hüpfend bewegt er sich an Land. Im Wasser dagegen ist er ein guter Schwimmer. Seine großen Augen ragen etwas aus dem Kopf hervor. Dadurch kann der Frosch Beute, aber auch Feinde frühzeitig erkennen. Hinter den Augen liegen die Ohren (Trommelfelle). Mit ihnen nehmen Frösche das Quaken ihrer männlichen Artgenossen wahr.

Haut und Atmung
Die dünne, gut durchblutete Haut ist nackt. Zahlreiche Drüsen sondern einen zähen Schleim ab, der den Körper bedeckt und feucht hält.
Frösche nehmen Sauerstoff über die Mundschleimheit, die Lunge und die feuchte Haut auf.

Frösche gehören zu den Lurchen
Es gibt zwei Gruppen von Lurchen: *Froschlurche* (Frösche, Unken und Kröten) haben einen gedrungenen Körper ohne Schwanz. Ihre Hinterbeine sind länger als ihre Vorderbeine. *Schwanzlurche* haben einen lang gestreckten Körper mit einem langen Schwanz. An Land bewegen sie sich kriechend fort. Zu ihnen gehören Molche und Salamander. 3
Alle Lurche brauchen feuchte Lebensräume.

A Nenne und erläutere anhand der Körpermerkmale die Angepasstheiten des Froschs an das Leben im Wasser und an Land.

B Welche Lurcharten gibt es bei uns? Erarbeite Steckbriefe zu einzelnen Arten.

C Die Lebensräume vieler Lurche sind gefährdet. 4 Beschreibe!
Nenne weitere Gefahren für die Lebensräume.

D Für eine Gemeinde wird eine Umgehungsstraße geplant. Der Naturschutzverband wehrt sich, weil die Straße an einem Laichgewässer vorbeiführen soll.
Teilt die Klasse in zwei Parteien und sucht Argumente für und gegen die Umgehungsstraße. Jede Partei wählt zwei Sprecher, die miteinander über den Bau der Straße diskutieren.

Wissenswertes **Die Krötenwanderung**

Es ist Ende März. In den ersten warmen, regnerischen Frühlingsnächten regt sich etwas unter Laub und Steinen. Es kommt Bewegung in das Winterquartier der *Erdkröten*. Sie beginnen zum flachen Uferbereich von Teichen und Seen zu wandern – zu denselben Gewässern, in denen sie aufgewachsen sind. Unterwegs warten die Männchen auf Weibchen, um sich tragen zu lassen. Am Gewässer legt das Weibchen nach einigen Tagen bis zu 6000 schwarze Eier ab. |5 Diese schalenlosen Eier heißen *Laich*. Das Männchen besamt sie *(äußere Befruchtung)*. Danach wandern die Kröten in ihre Sommerquartiere, meist kühle, feuchte Wälder oder Parks. Aus dem Laich schlüpfen nach 12 bis 18 Tagen fischähnliche Larven, die *Kaulquappen*. |6 Sie atmen durch Kiemen, haben einen Ruderschwanz und ernähren sich von Algen. Nach drei bis vier Monaten bilden sich bei ihnen Lungen und Beine. |7 Die Kaulquappen verwandeln sich zu Kröten, die zum Landleben übergehen. |8

|5 Die Erdkröte hat abgelaicht.

|6 Entwicklungsstadium Kaulquappe

|7 Kaulquappen mit vier Beinen

|9 Rettet die Lurche!

Zur Zeit der Krötenwanderung überqueren häufig Lurche die Straßen. Langsame Arten brauchen für eine 7 m breite Straße 20 Minuten. Zu ihrem Schutz dienen kleine Schutzzäune am Straßenrand. |9 Sie leiten sie zu Auffangbehältern. Helfer tragen jeden Abend die gefangenen Tiere über die Straße. Oft werden die Tiere durch die Zäune auch in kleine Tunnel unter der Straße geleitet. Die fingernagelgroßen Jungtiere sind ebenfalls durch den Straßenverkehr gefährdet.

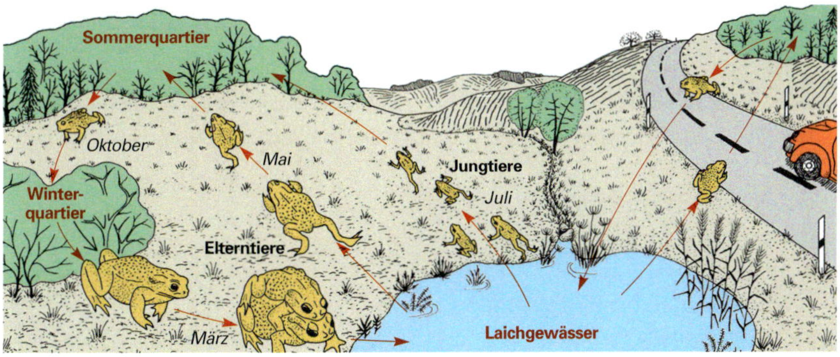

|8 Wanderungen der Erdkröte im Jahreslauf

E Beschreibe das Leben der Erdkröte im Jahreslauf. |8

F Übertrage die Tabelle in dein Heft und fülle sie aus.

	Kaulquappe	Erdkröte
Lebensraum	...	...
Körperform	...	...
Atmung	...	...
Fortbewegung	...	...
Nahrung	...	...

Wissenswertes **Aus dem Leben einer Ringelnatter**

Schlangen sieht man bei uns nur selten. Diese Tiere sind sehr scheu und lassen sich kaum beobachten. Wichtige Abschnitte aus dem Leben einer Ringelnatter zeigt die Bildfolge. |1–|8
Schlangen gehören wie Eidechsen, Schildkröten und Krokodile zu den *Kriechtieren (Reptilien)*.
Kriechtiere sind an das Leben auf dem Land angepasst. Ihr Körper ist mit einem Schuppenkleid aus Horn vor Wasserverlust geschützt.
Die Eier der Kriechtiere werden immer an Land abgelegt. Die Eischale verhindert das Austrocknen.

A Schaut euch den Film „Die Ringelnatter" an. Vorher solltet ihr euch Gedanken machen, welche Themen euch besonders interessieren. Am besten übernehmen verschiedene Schülerinnen und Schüler die Beantwortung unterschiedlicher Fragen.
- Einigt euch, wer zu welchen Fragen die Antworten aufschreibt.
- Merkt euch „eure" Fragen.
- Macht euch während des Films oder gleich danach Stichworte. Später macht ihr ausführlichere Notizen.
- Tragt die verschiedenen Antworten vor und besprecht sie.
- Fasst schließlich die wichtigsten Szenen aus dem Leben der Ringelnatter schriftlich zusammen.

Beispiele für Fragen zum Film

1 Wo lebt die Ringelnatter?
2 Welche Form und Farbe hat sie? Woran kann man sie erkennen?
3 Sind alle Hornschuppen gleich?
4 Wie bewegt sich die Schlange fort?
5 Warum sonnt sie sich?
6 Welche Beute jagt die Ringelnatter? Wie spürt sie ihre Beute auf? Wie bekommt sie die Beute in ihr kleines Maul? Zerkaut sie ihre Beute?
7 Warum häutet sich die Ringelnatter?
8 Welche natürlichen Feinde hat sie?
9 Wo erfolgt die Eiablage? Wie viele Eier sind es? Was kann man über die Eischale sagen?

|1 Lebensraum der Ringelnatter

|2 Kriechende Ringelnatter

|3 Kopf der Ringelnatter

|4 Sonnenbad

|5 Züngelnde Ringelnatter

|6 Ein Frosch wird gefangen.

|7 Ein Feind: der Mäusebussard

|8 Der Nachwuchs schlüpft aus dem Ei.

10 Wie sehen die geschlüpften Jungtiere aus? Kümmert sich die Mutter um ihre Jungen?
11 Wo überwintert die Ringelnatter?

B Hast du weitere Fragen zur Ringelnatter? Überlege, wo du dir Informationen über sie beschaffen kannst.

C* Wie unterscheidet sich die Ringelnatter von anderen einheimischen Schlangen?
Stelle andere einheimische Schlangen in kurzen Steckbriefen vor.

Wissenswertes **Fische im Teich – der Karpfen**

Lebensraum und Lebensweise
Träge schwimmt ein Karpfen im Teich. 9 Mit dem Maul betastet er Pflanzen und Steine. Ab und zu schnappt er nach einer Pflanze, einem Wurm oder einer Insektenlarve. Karpfen leben in stehenden oder langsam fließenden Gewässern. Sie können bis zu 1,20 m lang und 20 kg schwer werden. Ihr Höchstalter liegt bei über 70 Jahren. Karpfen sind wie alle Fische wechselwarm.

Körperbau
Der Körper ist seitlich zusammengedrückt und an Kopf und Schwanz zugespitzt. Diese Form wird spindel- oder stromlinienförmig genannt.

Haut
In der Haut von Rumpf und Schwanz liegen knöcherne Schuppen dachziegelartig übereinander. Die dünne Oberhaut ist von Schleim überzogen.

Fortbewegung und Orientierung
Die Schwanzflosse treibt den Karpfen an, die Brustflossen steuern und die Rückenflosse hält seine Lage im Wasser stabil. Die wichtigsten Sinne sind der Geruchssinn, der Sehsinn sowie der Tast- und Geschmackssinn. Zusätzlich haben Fische noch ein Seitenlinienorgan. Damit nehmen sie Erschütterungen und Wasserbewegungen wahr. Es ist beim Karpfen als dunkle Linie an beiden Körperseiten zu sehen.

Atmung
Fische atmen mit Kiemen, durch die sie Sauerstoff aus dem Wasser in das Blut aufnehmen und Kohlenstoffdioxid aus dem Blut in das Wasser abgeben. 10

9 Karpfen

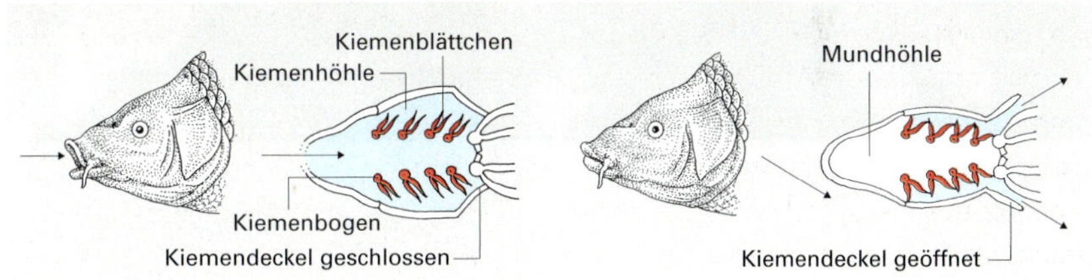

10 Weg des Wassers beim Ein- und Ausatmen

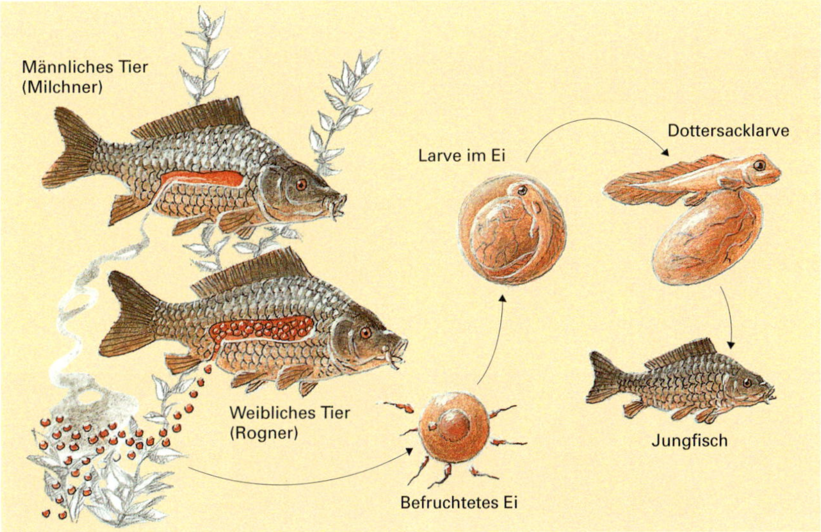

11 Fortpflanzung und Entwicklung eines Karpfens

D Der Karpfen gehört zu den Wirbeltieren. Begründe!

E Beschreibe Fortpflanzung und Entwicklung des Karpfens. 11

F* Informiere dich darüber, wie Karpfen den Winter überstehen.

G Beschreibe mithilfe der Zeichnung den Weg des Wassers beim Ein- und Ausatmen. 10 Gehe dabei auch auf die Stellung der Kiemendeckel ein.

H Durch welche Merkmale ist der Karpfen an das Leben im Wasser angepasst? Erläutere!

Die Heckenrose und ihre Verwandten

|1 Heckenrosenstrauch

An Waldrändern findet man häufig einen sehr schönen Strauch: die *Heckenrose*. |1
Dieser Strauch ist auch als Hecke sehr beliebt, denn ein Heckenrosenstrauch ist so gut wie undurchdringlich.
Seine besonderen Kennzeichen sind: zahlreiche rötliche Blüten, rote Früchte (*Hagebutten* genannt), gefiederte Blätter und Stacheln an verholzten Stängeln.

A* Die Heckenrose kommt in Märchen und Volksliedern oft vor. Nenne Beispiele dafür.

B Die Heckenrose ist für viele Tiere doppelt nützlich. Warum?

C *Hagebutte* nennt man die Frucht der Heckenrose. |2

1 Sieh im Lexikon oder im Internet nach, was *Hag* und *Butte* bedeuten.

2 Erkundige dich, wozu Hagebutten verarbeitet werden.

1 Beobachtungen am Heckenrosenstrauch

a Der Heckenrosenstrauch besitzt junge Triebe, aber auch Zweige aus dem Vorjahr. Worin unterscheiden sie sich? Welche tragen Blüten?

b Beobachte die Blüten der Heckenrose am Abend, am frühen Morgen und an einem sonnigen Mittag. |3
Wie sehen sie aus, wenn am Mittag feuchtes Wetter herrscht? Welche Insekten besuchen die Blüten?

2 Wir untersuchen Blätter, Blüten und Früchte der Heckenrose

a Löse ein Blatt der Heckenrose direkt am Stängel ab. Skizziere es. Beschrifte deine Zeichnung.

b Löse eine Blüte der Heckenrose ab. Betrachte die Blüte von oben. |3
Welche Blütenteile aus der Zeichnung erkennst du dabei? |4

c Schneide die Blüte vorsichtig der Länge nach durch. Zeichne dann einen Längsschnitt. Beschrifte die Zeichnung.

|2 Frucht der Heckenrose (Hagebutte)

|3 Blüten der Heckenrose

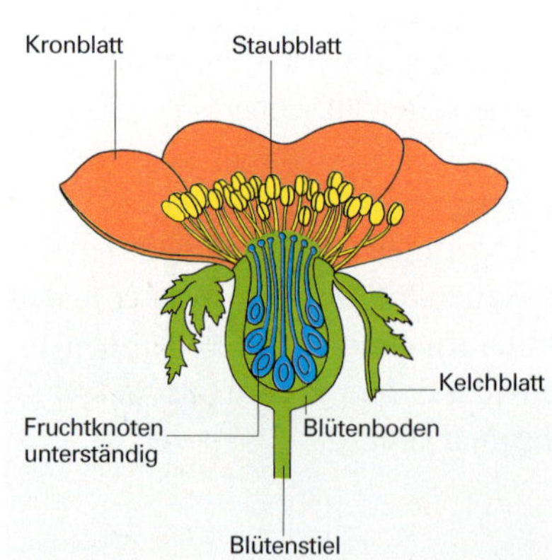

|4 Längsschnitt der Blüte

Familie – Gattung – Art |7

Manche Pflanzen sind einander grundsätzlich ähnlich. So können z. B. ihre Blüten den gleichen Grundbauplan haben. Man fasst solche Pflanzen zu *Familien* zusammen. Bei den Pflanzen einer Familie gibt es auch Unterschiede, z. B. bei den Früchten. Man unterteilt sie deshalb in *Gattungen*.
Sind Pflanzen einander so ähnlich, dass sie sich untereinander fortpflanzen können, gehören sie zu einer *Art*.

Die Familie der Rosengewächse

Die Blüten dieser *Familie* haben als Merkmal fünf Kelchblätter, fünf freie Kronblätter und einen Kranz von Staubblättern. |8–11
Zu ihr gehören alle Rosenarten sowie einige Obstarten und die Beispiele der folgenden Seite.

D Vergleiche die Blüten der gezeichneten Pflanzen. |8–11 Welche gemeinsamen Merkmale erkennst du?

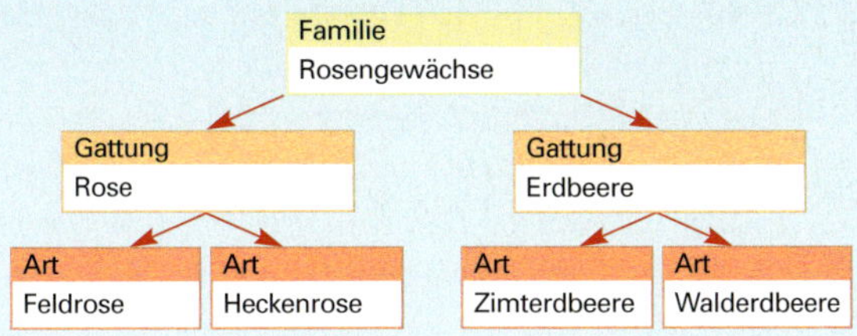

|7 Ordnungsschema für Rosengewächse

3 Wir untersuchen eine Hagebutte

a Schneide eine Hagebutte der Länge nach durch. Zeichne und benenne die Bestandteile der Frucht.

b Warum kann man bei der Hagebutte von einer *Sammelfrucht* sprechen? |5

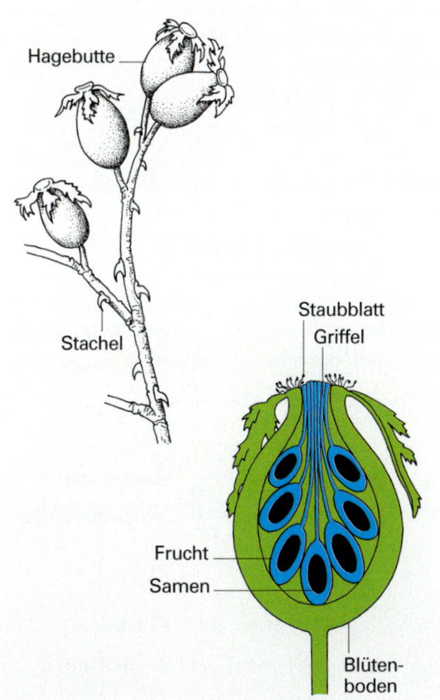

|5 Die Hagebutte und ihre Teile

4 Dornen oder Stacheln?

Dornen entspringen aus dem Holz eines Stängels. Deshalb ist es schwer, den Dorn einer Pflanze abzubrechen. *Stacheln* bilden sich nur aus der Rinde. Sie lassen sich leicht ablösen.

a Schneide mit einem Messer vorsichtig einen Stängel der Heckenrose der Länge nach durch. |6

b Besitzt die Heckenrose nun Dornen oder Stacheln? Begründe!

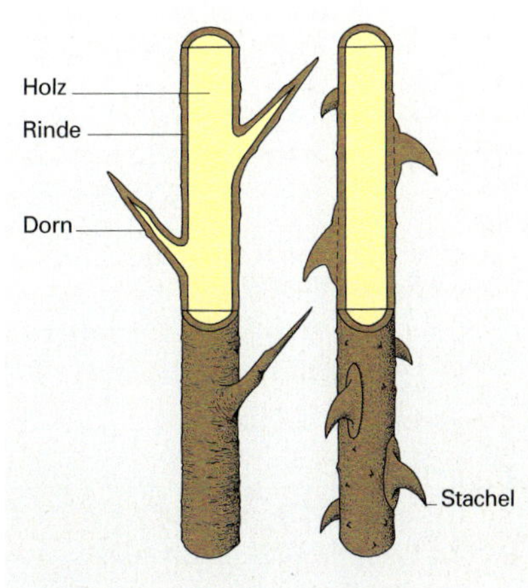

|6 Dornen und Stacheln

Blüten: 5 grüne Kelchblätter, 5 weiße Kronblätter, viele Staubblätter, 1 Stempel
Früchte: Der Fruchtknoten bildet meist eine rote Frucht, die außen fleischig ist. Vom Fruchtfleisch umschlossen, liegt der Samen mit einem harten Gehäuse (Steinobst).
Blätter: eiförmig, gesägt

|8 Kirsche

Blüten: 5 Kelchblätter, 5 weiße Kronblätter, viele Staubblätter, 1 Stempel
Früchte: Sammelfrucht mit vielen Samen
Blätter: gefiedert

|9 Feldrose (auch Kriechende Rose)

Blüten: 2-mal 5 grüne Kelchblätter, 5 weiße Kronblätter, viele Staubblätter, viele Stempel auf kegelförmigem Blütenboden
Früchte: Aus jedem Fruchtknoten wird ein Nüsschen; der Blütenboden bildet das rote Fruchtfleisch (Sammelnussfrucht).
Blätter: dreigeteilt, grob gesägt

|10 Erdbeere

Blüten: 5 Kelchblätter, 5 weiße Kronblätter, viele Staubblätter, 1 Stempel
Früchte: Aus dem Fruchtknoten entsteht eine schwarzblaue Steinfrucht (Steinobst).
Blätter: eiförmig, mit gesägtem Rand

|11 Schlehe (Schwarzdorn)

Arbeitsweise **Wir arbeiten mit einem Bestimmungsschlüssel**

Zu welcher Art eine Pflanze gehört, findest du mit einem Bestimmungsbuch heraus. Das Vorgehen lernst du an einem Beispiel:
Die abgebildete Pflanze ist ein Rosengewächs. |1 Im Bestimmungsschlüssel rechts sind Merkmale beschrieben. Du musst schrittweise überprüfen, welche von zwei Möglichkeiten auf die Pflanze zutrifft.

- Schau dir die Pflanze genau an und entscheide dann, welche der beiden Möglichkeiten passt.
- Lies die Beschreibung immer genau durch. Manchmal kommt es nämlich auf Einzelheiten oder Besonderheiten an.
- Am Ende der Zeile steht dann, wohin du weitergehen musst.

Wenn du diesen Arbeitsweg einhältst, kannst du am Ende des Bestimmungsvorgangs den Namen des Rosengewächses lesen.

A Bestimme die abgebildeten Rosengewächse |1–2 mithilfe des Bestimmungsschlüssels.

|1 Ein Rosengewächs – aber welches?

|2 Welches Rosengewächs ist das?

Bestimmungsschlüssel für Rosengewächse (Beispiel)

Nr.	Beschreibung	Bestimmung
1	Die Pflanze hat rote, gelbe oder grünliche Blüten.	gehe zu **2**
1*	Die Pflanze hat weiße Blüten.	gehe zu **4**
2	Die Pflanze hat rote Blüten. *Die Blüten der krautigen Pflanze stehen in länglichen Blütenköpfchen, die Einzelblüten sind dunkelrot. Die Laubblätter sind unpaarig gefiedert. Die Pflanze wird bis zu 150 cm hoch und wächst auf feuchten Wiesen.*	**Großer Wiesenknopf**
2*	Die Pflanze hat gelbe oder grünliche Blüten.	gehe zu **3**
3	Die Pflanze hat gelbe Blüten. *Die Blüten dieser krautigen Pflanze stehen einzeln und sind langstielig. Die Laubblätter sind gefiedert, die Teilblättchen sind tief gesägt. Die Pflanze wird bis zu 50 cm hoch und kommt an Wegen, Bahndämmen, Schuttplätzen und auf Wiesen vor.*	**Gänsefingerkraut**
3*	Die Pflanze hat grünliche Blüten. *Die kleinen Blüten der krautigen Pflanze sind unscheinbar grünlich. Die Laubblätter sind im Umriss rundlich nierenförmig. Die Pflanze wird bis zu 50 cm hoch und wächst an feuchten Stellen in offenem Grünland.*	**Gemeiner Frauenmantel**
4	Die Laubblätter der Pflanze sind gefiedert oder tief gelappt.	gehe zu **5**
4*	Die Blätter der Pflanze sind anders geformt.	gehe zu **6**
5	Die Laubblätter der Pflanze sind gefiedert. *Die Blüten sind klein und weiß. Die Laubblätter sind gefiedert mit 9–15 Teilblättchen, die kurz gestielt, länglich und spitz gezähnt sind. Die holzige Pflanze wird bis zu 15 m hoch und kommt in feuchten Laubwäldern vor.*	**Wilde Vogelbeere** (Eberesche)
5*	Die Laubblätter der Pflanze sind tief gebuchtet. Die Blüten des Holzgewächses sind weiß und haben nur einen Griffel. Die Laubblätter sind meist drei- bis fünflappig. Die Lappen sind vorn gesägt und spitz. Der dornige Strauch wird bis 8 m hoch und wächst an Wegen und auf Steinhalden.	**Eingriffeliger Weißdorn**
6	Die Laubblätter sind eher länglich.	gehe zu **7**
6*	Die Laubblätter sind eher breit.	gehe zu **8**
7	Die Laubblätter sind länglich und haben die Form einer Lanzenspitze. *Die Blüten sind weiß. Der Strauch kann bis zu 6 m hoch werden. Er kommt in Gebüschen und Wäldern an warmen Standorten vor.*	**Mispel**
7*	Die Laubblätter sind elliptisch. *Die Blüten dieser holzigen Pflanze sind weiß. Die Laubblätter sind elliptisch, kurz gestielt und scharf gesägt. Die Pflanze kommt in Gebüschen und Waldrändern vor.*	**Schwarzdorn** (Schlehe)
8	Die Laubblätter sind verkehrt einförmig. *Die Blüten dieses Holzgewächses sind weiß. Die Pflanze kommt in Laubwäldern und Mischwäldern vor. Sie ist die Wildform der Kulturkirsche.*	**Gemeine Vogelkirsche**
8*	Die Laubblätter sind handförmig. *Die Blüten der krautigen, oft im unteren Bereich auch verholzten Pflanze sind weiß. Die Pflanze kommt an Waldrändern, Äckern, in Gärten und auf Lichtungen vor.*	**Echte Brombeere**

Wissenswertes **Von der Vielfalt der Rosengewächse**

3 *Bachnelkenwurz:* Kraut, 30–50 cm hoch; Blütezeit: April bis Juni; nach unten nickender Blütenstängel; alte Heilpflanze; wächst auf nassen Wiesen und an Bächen.

4 *Odermenning:* Kraut, 30–130 cm; Blütezeit: Juni bis August; Blüten in langen Trauben; alte Heilpflanze, die an sonnigen Waldrändern und Wegrainen wächst.

5 *Kartoffelrose:* bis zu 2,5 m hoher Strauch; Blütezeit: Juni/Juli; Blüten einzeln an Blütenstielen; wächst an sonnigen Standorten.

6 *Traubenkirsche:* Baum, 3–15 m hoch; Blütezeit: Mai; Blüten in hängenden Trauben; wächst an Bachufern.

7 *Himbeere:* Strauch, 50–120 cm hoch; Blütezeit: Mai bis August; rote Stacheln; wächst in lichten Wäldern; Früchte reich an Vitamin C.

8 *Apfel:* Obstbaum bis 6 m hoch; Blütezeit: April bis Juni (rosaweiße Trauben); Wildapfel mit kleinen, säuerlichen Früchten; wächst in Auwäldern und Gebüschen.

9 *Wildbirne:* Obstbaum, bis 20 m hoch; rote Staubblätter; Stammform der Kulturbirne; der Baum wächst in Laubwäldern.

10 *Pflaume (Zwetschge):* Baum, bis 8 m hoch; Blütezeit: April bis Juni; Frucht: aus dem Fruchtknoten wird eine Steinfrucht; kommt in verschiedenen Kulturformen vor (z. B. *Mirabelle, Reneklode*).

Zur Familie der Rosengewächse gehören die Rosen, verschiedene Obstsorten, viele Wildkräuter und Heilpflanzen. 3–10

B Nenne die familiären Gemeinsamkeiten der Rosengewächse.

C Überprüfe diese Gemeinsamkeiten – soweit möglich – anhand der Abbildungen auf dieser Doppelseite.

Kreuzblütengewächse

Familie: Kreuzblütengewächse

Blüte: 4 Kelchblätter, 4 Kronblätter, 4 lange Staubblätter – jeweils kreuzförmig angeordnet; 2 kurze Staubblätter, 1 Stempel
Blütenstand: Traube
Frucht: Schote aus 2 Fruchtblättern

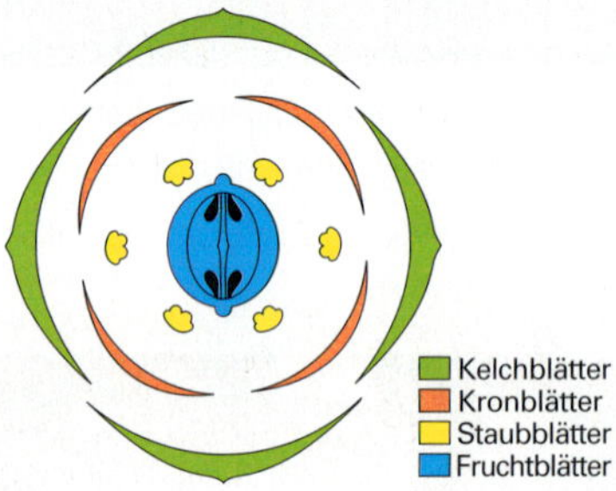

1

Die **Rapspflanze** gehört zur Familie der Kreuzblütengewächse. 1–2
Sie ist ein Lieferant für Speiseöl und Biodiesel sowie eine Futterpflanze. Du erkennst die typischen Familienmerkmale:
Die *Blütenteile* (4 Kelchblätter, 4 Kronblätter, 6 Staubblätter) sind kreuzförmig angeordnet.
Die *Früchte* entstehen aus den beiden miteinander verwachsenen Fruchtblättern des Fruchtknotens. Eine Scheidewand trennt diese Schote in zwei Fächer.
An ihr hängen die ölhaltigen *Samen* links und rechts in vier Reihen.
Nicht nur Raps, sondern auch viele andere Blütenpflanzen besitzen Kreuzblüten und haben *Schoten* als Früchte. 3–6 Sie gehören also ebenfalls zu den „Kreuzblütlern".
Von dieser Familie gibt es in Mitteleuropa etwa 200 Arten.

1 Wir untersuchen eine Rapsschote
Öffne mit der Pinzette eine Rapsschote. Untersuche die Anordnung der Samen an der Scheidewand und zähle die Samen. Zeichne und beschrifte.

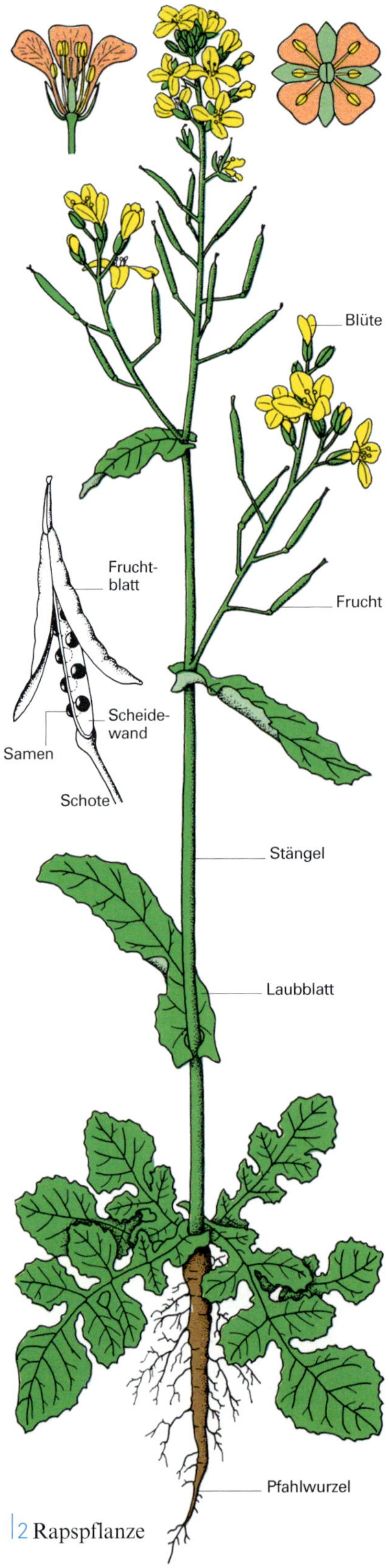

2 Rapspflanze

3 Wiesenschaumkraut

4 Gartenrettich

5 Goldlack

6 Hirtentäschelkraut

Korbblütengewächse

Ein bekannter Vertreter der Korbblütengewächse sind die **Sonnenblume** und der **Löwenzahn.** 7–10
Bei beiden sind die *Blütenstände* aus vielen Einzelblüten zusammengesetzt. Allerdings hat der Löwenzahn fast ausschließlich Zungenblüten.
Die Familie der Korbblütengewächse ist mit etwa 20 000 Arten außerordentlich groß. Fast alle „Korbblütler" sind Kräuter. 11–12
Einige Korbblütengewächse (z. B. das Edelweiß, einige Distelsorten und Arnika) sind geschützt.

Familie: Korbblütengewächse

Viele Einzelblüten bilden körbchenartige Blütenstände. Je nach Art enthalten die Blütenstände Röhrenblüten, Zungenblüten oder beide zugleich.
Beim Löwenzahn gibt es nur Zungenblüten, bei der Kornblume nur Röhrenblüten, beim Gänseblümchen Zungen- und Röhrenblüten.

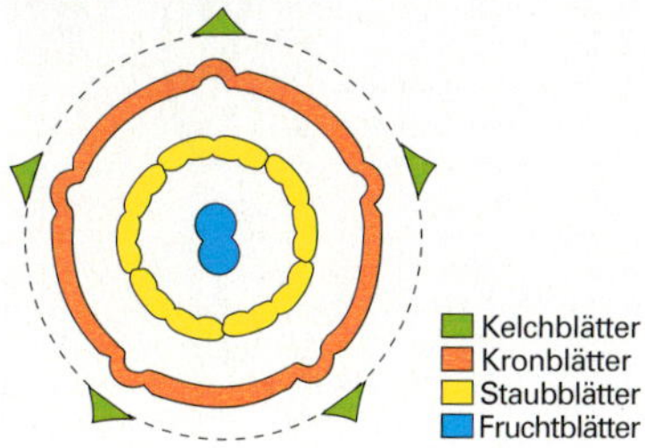

7

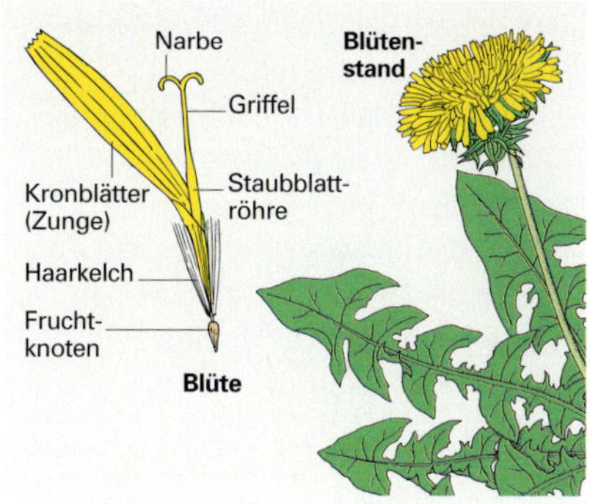

9 Blütenstand des Löwenzahns …

10 … und sein Fruchtstand

11 Kamille

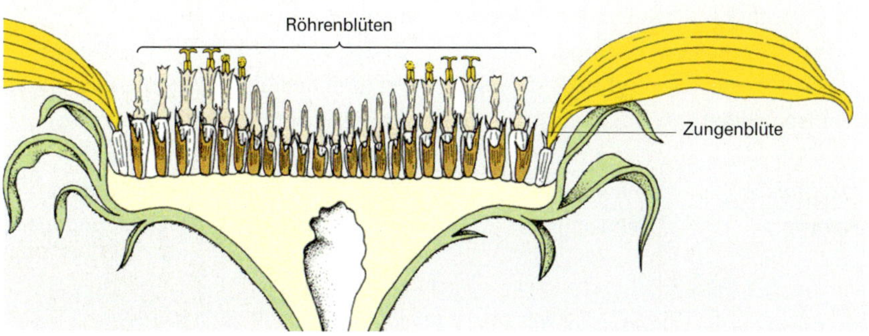

8 Sonnenblume

1 Wir untersuchen die Sonnenblume

a Zupfe aus dem Blütenkorb einer Sonnenblume Blüten aus dem Korbinnern und vom Rand. 13–14
Betrachte die Einzelblüten mit der Lupe.

b Vergleiche deine Blüten mit der Grafik der Blütenkorbhälfte. 8
- Was unterscheidet die Einzelblüten aus der Korbmitte von den anderen?
- Welche Blütenblätter erkennst du?

c Beide Formen der Einzelblüten ergänzen einander:
- Welche Blüten locken Insekten zur Bestäubung an?
- In welchen Blüten kann es zur Befruchtung kommen?

12 Kornblume

13 Sonnenblume

14 Sonnenblumenkorb

Heil- und Giftpflanzen[Z]

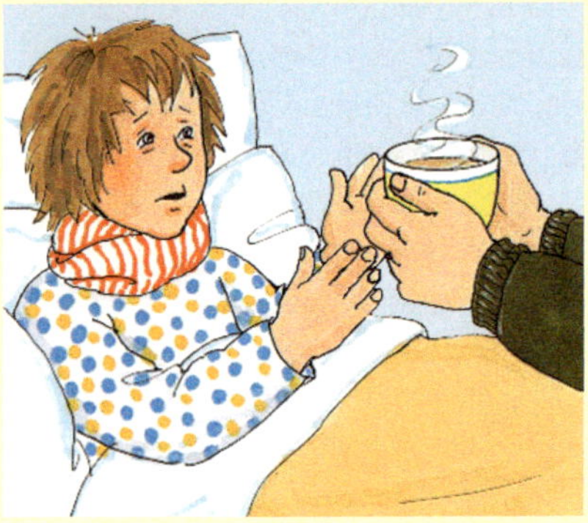

1 Ob der Tee gegen die Erkältung hilft?

Ein Hustentee

Aus getrockneten *Huflattichblättern* und *-blüten* kannst du selbst einen Hustentee zubereiten:
Übergieße dazu 1 Teelöffel Blüten und Blätter in einer Tasse mit kochendem Wasser.
Decke die Tasse ab und lass den Aufguss 5 bis 10 Minuten lang ziehen.
Gieße dann durch ein feines Sieb in eine zweite Tasse ab.

Ein selbst gemachter Hustensaft

Mische 1 Teelöffel getrockneten *Salbei*, 1 Teelöffel *Thymian*, 100 g Zwiebeln und 80 g braunen Kandiszucker mit einem Viertelliter Wasser.
Köchle die Zutaten so lange, bis der Zucker aufgelöst ist.
Seihe die lauwarme Mischung in ein verschließbares Glasgefäß.
Im Kühlschrank hält sich der Hustensaft etwa eine Woche lang.

Kennübung **Heilpflanzen**

Zitronenmelisse 2
Sie soll neben ihrer beruhigenden Wirkung auch bei Erinnerungsproblemen helfen. Außerdem dient die Pflanze als Gewürz.

Johanniskraut 3
Es wächst auf trockenen Wiesen. Ein Tee aus Blüten hilft gegen Gallenleiden. Das Öl des Johanniskrauts heilt Brandwunden.

Baldrian 4
Er gedeiht auf feuchten Wiesen. Aus der Baldrianwurzel gewinnt man ein Beruhigungsmittel, das als Tee getrunken wird.

Ringelblume 5
Sie ist eine ausgezeichnete Heilpflanze zur Behandlung von Quetschungen, Geschwüren, Verbrennungen und schlecht heilenden Wunden.

Knoblauch 6
Man nimmt an, dass Knoblauch das Risiko von Herz-Kreislauf-Erkrankungen verringert. Die frische Blüte des Knoblauchs wird als Arznei verwendet.

Echter Salbei 7
Er hilft bei Erkältungskrankheiten. Außerdem stärkt die Pflanze die Abwehrkräfte; sie wirkt keimtötend und schweißhemmend.

2

3

4

5

6

7

A Heilpflanzen werden vielseitig verwendet. Informiere dich darüber z. B. beim Apotheker, in Gesundheitsläden und in entsprechenden Ratgebern. Lege eine Tabelle an und trage die Ergebnisse deiner Erkundigungen ein. 8

B Beschaffe Teerezepte gegen Magenbeschwerden, Durchfall und Vitamin-C-Mangel.

C Sammelt Bilder von Heilpflanzen und fertigt daraus ein Plakat. Ordnet die Übersicht nach Anwendungsgebieten.

Heilpflanze	*Verwendete Teile*	*Mittel*	*Anwendung*
Kamille	*Blüte*	*Tee*	*bei Entzündungen*
…	…	…	…

8 Muster für die Heilpflanzen-Tabelle

Wissenswertes **Giftpflanzen**

9 *Roter Fingerhut:* Er wächst auf sonnigen Kahlschlägen im Wald. In seinen Blättern und Samen ist ein starkes Gift enthalten. In geringen Mengen ist es als Herzmittel wirksam.

10 *Tollkirsche:* Sie wächst in Wäldern. Vorsicht vor den reifen schwarzen Beerenfrüchten! Sie enthalten nämlich ein Gift, das auf uns Menschen tödlich wirken kann.

11 *Liguster:* Obwohl seine Beeren giftig sind, wird er häufig als Hecke angepflanzt. Wer die schwarzen Beeren isst, bekommt heftige Bauchschmerzen und Krämpfe.

12 *Aronstab:* Er wächst in feuchten Wäldern. Sämtliche Pflanzenteile sind giftig. Die leuchtend roten Früchte verführen dazu, davon zu essen.

13 *Pfaffenhütchen:* Alle Teile dieses Zierstrauchs sind giftig. Vor allem die Früchte enthalten ein Gift, das zu Erbrechen und Durchfall führt.

14 *Goldregen:* Die oft als Zierstrauch angepflanzte Pflanze stammt aus dem Mittelmeergebiet. Alle Teile des Strauchs, vor allem aber die Samen, sind stark giftig.

D Vom Arzt *Paracelsus* (1493–1541) stammt die Aussage: „Allein die Dosis macht, dass ein Ding Gift ist." Erkläre diese Aussage anhand der Wirksamkeit von Digitoxin (Gift des Fingerhuts):
unter 1 mg: Heilwirkung – Verstärkung der Herztätigkeit, vermehrte Urinabgabe;
10–20 mg: Giftwirkung – Appetitlosigkeit, Erbrechen, gestörte Herztätigkeit.
1 g (Gramm) = 1000 mg (Milligramm).

E Untersuche deine Umgebung (Garten, Schulweg) auf Giftpflanzen.

F Womit würdest du einen Spielplatz bepflanzen: Hasel, Hainbuche, Goldregen, Heckenrose, Liguster, Weißdorn, Pfaffenhütchen? Begründe!

Grundlagen **Heilpflanzen sind auch Giftpflanzen!**

Viele Heilpflanzen sind gleichzeitig Giftpflanzen.
Die Dosis (die Menge, die Konzentration) entscheidet darüber, ob eine Pflanze heilt oder schädigt.

Der Mensch nutzt die wirksamen Inhaltsstoffe der *Heilpflanzen*, um Krankheiten vorzubeugen und Beschwerden zu lindern.
Heilpflanzen werden auf unterschiedliche Art und Weise – z. B. in Form von Tees, Spülungen, Bädern oder Tinkturen – angewandt.
Die Arzneimittel-Industrie bemüht sich darum, die schmerzlindernden oder wundheilenden Wirkstoffe der Heilpflanzen in möglichst reiner Form zu erhalten. Dazu sind komplizierte Verfahren erforderlich.
Manche Pflanzen sind *Giftpflanzen.* Sie besitzen nämlich Inhaltsstoffe, die Gesundheitsstörungen hervorrufen können.
Manche Inhaltsstoffe von Giftpflanzen finden auch in Arzneimitteln Verwendung. Die Dosis der Inhaltsstoffe muss dann aber gering sein.

Wir pflegen Pflanzen

1 Zimmerpflanzen auf der Fensterbank

2 Mangelnde Pflege

1 Was muss ich über meine Pflanzen wissen?

Viele Zimmerpflanzen stammen aus fernen Ländern. Damit sie richtig gedeihen, müssen sie die Lebensbedingungen ihrer Heimat haben. Dazu musst du die Namen der Pflanzen kennen und etwas über ihre Ansprüche erfahren.

a Stelle fest, wie die Pflanzen in eurem Klassenzimmer heißen. Beschrifte sie mit kleinen Namensschildern.

b Tipps für die Pflege der Pflanzen bekommst du beim Gärtner oder im Blumenladen. Erstelle für jede Pflanze einen Steckbrief mit Pflegeanleitung.

c Legt fest, wer Pflegeaufgaben für welche Pflanzen übernimmt.

2 Wie pflege ich meine Pflanzen?

Achtet gemeinsam darauf, dass die Pflege regelmäßig und ohne Unterbrechung in den Ferien erfolgt.

a Das Gießen:
Prüfe mit den Fingern, ob die Erde im Topf trocken ist.
Gieße dann so lange, bis die Erde im Topf gleichmäßig feucht ist. Wenn im Untertopf Wasser steht, musst du es ausleeren.

b Das Umtopfen:
Hebe die Pflanze vorsichtig samt ihrem Wurzelballen aus dem Topf.
Wenn dabei viele Wurzeln sichtbar werden, wird es höchste Zeit, die Pflanze umzutopfen. 3

3 Die Vermehrung der Pflanze 4

a *Durch Stecklinge:* Begonien, Buntnesseln und Philodendron kannst du leicht durch Stecklinge vermehren. Beim Zypergras bewurzeln sich abgeschnittene Blattschirme im Wasser. Schneide davon mit einem scharfen Messer längere Triebe ab; stelle sie in einen Wasserbecher. Nachdem sich Wurzeln gebildet haben, pflanzt du die Stecklinge in Blumenerde.

b *Durch Ableger und Ausläufer:* Bei der Grünlilie wächst eine neue Pflanze an der Spitze heran. Beim Brutblatt wachsen an den Blatträndern Tochterpflänzchen. Trenne die Ableger und Ausläufer von der Mutterpflanze ab und stecke sie in lockere Blumenerde.

c *Durch Teilen:* Die Flamingoblume Anthurium z. B. kann man beim Umtopfen teilen. Ziehe dabei den Wurzelballen vorsichtig auseinander.

3 So wird eine Pflanze sachgerecht umgetopft.

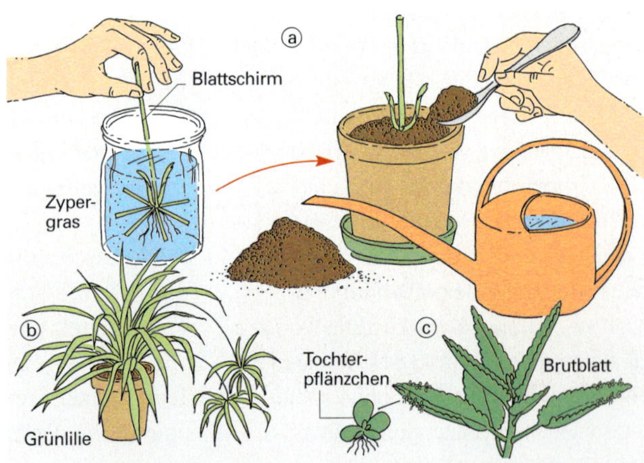

4 So werden Pflanzen vermehrt.

Kennübung **Zimmerpflanzen aus fernen Ländern**

5 Fleißiges Lieschen. Heimat: Bergland Ostafrikas (feuchtes Klima)

6 Usambaraveilchen. Heimat: Bergland Ostafrikas (feuchtes Klima)

7 Aloe. Heimat: Südafrika (trocken-warmes Klima)

8 Flamingoblume. Heimat: Mittel- und Südamerika (tropisch-feuchtes Klima)

9 Igelkaktus. Heimat: Mexiko (trocken-heißes Klima)

10 Orchidee. Heimat: Indien (tropisch-feuchtes Klima)

Steckbrief: Fleißiges Lieschen

Heimat: Gebirge in Ostafrika
Blütenfarben: weiß, rosa und rot
Größe: 30 bis 50 cm
Standort: heller Fensterplatz, keine direkte Sonnenbestrahlung
Temperatur: 15–20 °C, bei tieferen Temperaturen verliert sie ihre Blätter und blüht nicht mehr
Wasser: Der Wurzelballen sollte ständig feucht gehalten werden. Täglich gießen! Keine Staunässe an den Wurzeln verursachen.
Düngen: im Sommer wöchentlich
Vermehrung: aus Samen und durch Stecklinge
Schädlinge: bei trockner Luft anfällig für Blattläuse und Spinnmilben

A Die Aloe kommt aus trockenen und sonnigen Gebieten Südafrikas. Das Dickblatt und der Christusdorn wachsen in Gegenden, in denen es oft über längere Zeit nicht regnet. Stelle eine Pflegeanleitung für diese Pflanzen auf.

B* Wovon hängt der Wasserverbrauch einer Pflanze ab?

C Eine Pflanze muss auch rechtzeitig umgetopft werden. Gib an, warum das Umtopfen für die Pflanze wichtig ist. Worauf musst du beim Umtopfen auf jeden Fall achten?

D* Zimmerpflanzen kränkeln manchmal. Woran ist das zu erkennen? Nenne drei mögliche Ursachen für das Kränkeln von Pflanzen.

E Ein Entwicklungsprotokoll: Wähle eine Zimmerpflanze aus und verfolge ihre Entwicklung. Beginne bei der Vermehrung dieser Pflanze. Fertige immer dann eine Skizze an, wenn sich in der Entwicklung Entscheidendes ändert. (Zeichne z. B. die Bewurzelung des Stecklings.)

F Wollt ihr mehr wissen? Bereitet ein Interview mit einem Gärtner vor und führt es durch.

Zusammenfassung

Die Wirbeltiere

Alle Wirbeltiere haben ein kennzeichnendes Merkmal: die Wirbelsäule.

Die Wirbeltiere unterteilt man in Säugetiere, Vögel, Fische, Lurche und Kriechtiere.

Alle Wirbeltiere haben …

… eine Wirbelsäule.

… einen Schädel am Vorderende der Wirbelsäule.

… einen Rumpf in der Mitte, an den die Gliedmaßen ansetzen.

… ein Nervensystem.

Dazu gehören:

- Gehirn,
- Nerven.

… verschiedene Sinne:

- Lichtsinn,
- Geruchssinn,
- Hörsinn,
- Geschmackssinn,
- Tastsinn,
- Temperatursinn,
- Schweresinn.

1 Kennzeichen der Wirbeltiere

Säugetiere 2

Säugetiere werden nach der Geburt von der Mutter mit Milch gesäugt.

Sie besitzen zwei Paar Gliedmaßen zur Fortbewegung. Säugetiere atmen mit Lungen. Ihr Körper ist mit Haaren bedeckt.

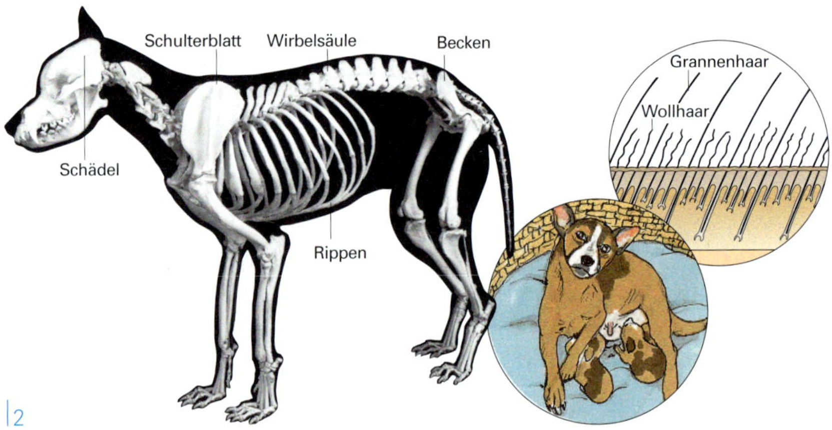

2

Vögel 3

Vögel sind an das Fliegen angepasst: Als Vordergliedmaßen haben sie Flügel; ihr Körper ist mit Federn bedeckt.

Vögel besitzen einen Schnabel. Sie atmen mit Lungen. Vögel legen Eier. Die Jungen werden nach dem Schlüpfen von ihren Eltern betreut.

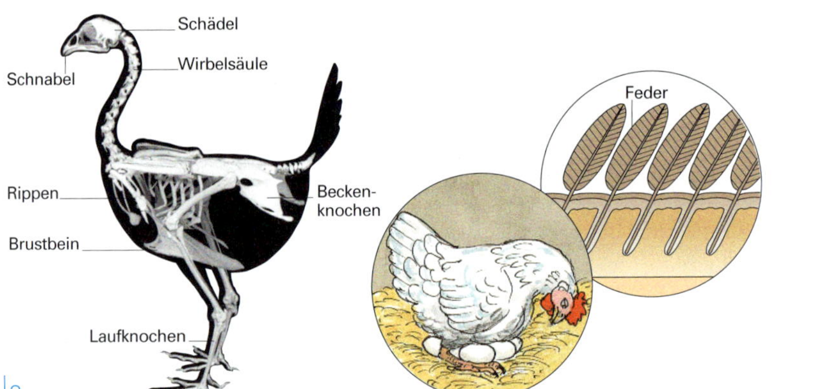

3

Kriechtiere (Reptilien) 4

Kriechtiere (Echsen, Schlangen, Krokodile, Schildkröten) haben vier Gliedmaßen, mit denen sie kriechen.

Ihr Körper ist durch Hornschuppen vor Austrocknung geschützt. Ihre Temperatur hängt von der der Umgebung ab. Das Weibchen legt nach der Befruchtung Eier in den Boden. Die nötige Brutwärme liefert die Sonne. Nach dem Schlüpfen sind die Jungen selbstständig.

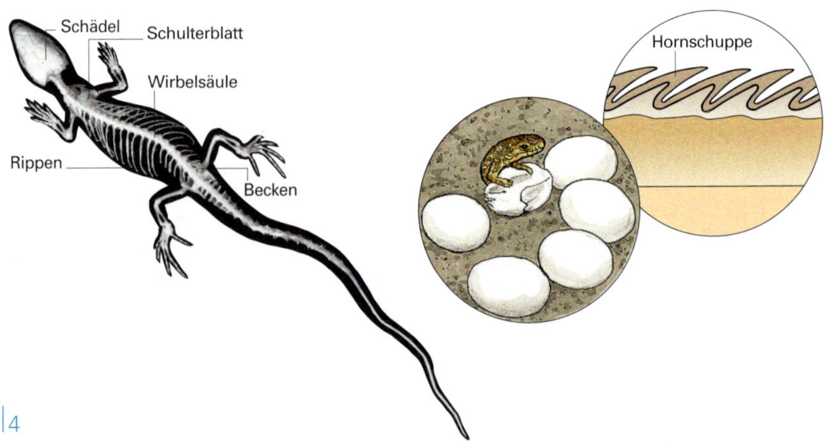

4

Lurche (Amphibien) 5

Lurche sind Landwirbeltiere, die nur in feuchten Gebieten leben.

Larven der Lurche schlüpfen als Kaulquappen aus dem Laich, der im Wasser abgelegt wurde. Sie atmen mit Kiemen.
Aus wasserlebenden Kaulquappen werden landlebende Lurche.
Sie atmen nämlich durch Lungen und über die Haut, die ständig feucht sein muss.

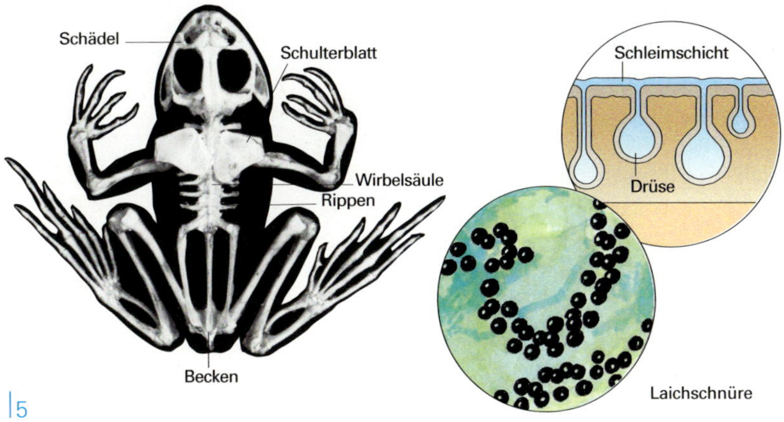

5

Fische 6

Fische sind reine Wassertiere. Sie haben eine strömungsgünstige Körperform. Ihre Flossen entsprechen den Gliedmaßen anderer Wirbeltiere.

Die Haut der Fische mit ihren Knochenschuppen ist von einer Schleimschicht überzogen. Flossen treiben den Körper im Wasser voran. Fische atmen mithilfe von Kiemen. Ihre Körpertemperatur ist von der Temperatur des Wassers abhängig. Aus dem Laich entwickeln sich Larven. Nach dem Schlüpfen ernähren sich diese vom Dotter der Eier.

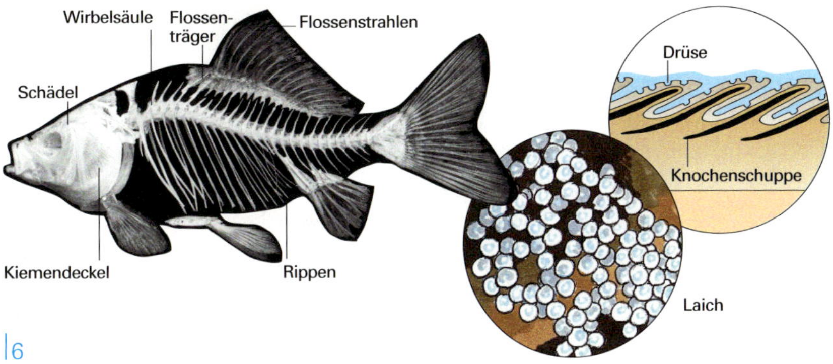

6

Alles klar?

A Was haben alle der Wirbeltiere gemeinsam?
Warum gehören Insekten, Schnecken und Regenwürmer nicht zu den Wirbeltieren?

B Wirbeltiere bewohnen verschiedene Lebensräume. Nenne spezielle Anpassungen an den Lebensraum bei verschiedenen Wirbeltierklassen.

C Wale sind Säugetiere, Haie zählen zu den Fischen.
In welchen Merkmalen unterscheiden sich Säugetiere und Fische?

D* Beispiele für Wirbeltiere sind: Rennmaus, Katze, Pferd, Karpfen, Dromedar, Wellensittich, Hausschwein, Ente.

1 Ordne diese Tierarten den Nutz- oder Heimtieren zu.

2 Welche Bedeutung haben die genannten Tierarten für den Menschen?

3 Ordne den Tierarten die Begriffe Fisch, Lurch, Kriechtier, Vogel, Säugetier zu. Aus welchen Klassen sind keine Arten angeführt?

4 An welchen Merkmalen kann man Fische, Lurche, Kriechtiere, Vögel und Säugetiere erkennen? Nenne jeweils mindestens ein Merkmal.

E* Tiere sind an ihren Lebensraum angepasst.

1 Bestätige diesen Satz durch einen Vergleich von Eisbär und Dromedar.

2 Säugetiere, Fische, Vögel, Kriechtiere und Lurche sind an einen Lebensraum besonders angepasst. Nenne die Hauptlebensräume der fünf Wirbeltierklassen.

3 Welche Körpermerkmale und Eigenschaften sind dabei entscheidend?

F* Entwicklung und Fortpflanzung:

1 Vergleiche die Entwicklung eines Froschs mit der eines Hundewelpen.

2 Beschreibe Fortpflanzung und Entwicklung bei Säugetieren, Vögeln, Fischen, Lurchen und Kriechtieren.

Ordnung in der Pflanzenwelt

Um die Vielfalt der Blütenpflanzen zu ordnen, stellt man die miteinander verwandten Pflanzen zu Familien zusammen. Verwandtschaft lässt sich bei Pflanzen am besten am *Bau der Blüten* feststellen. Pflanzen, die einander so ähnlich sind, dass sie sich untereinander fortpflanzen können, gehören zu einer Art. Ähnliche Arten fasst man zu Gattungen zusammen, ähnliche Gattungen zu einer Familie. |1

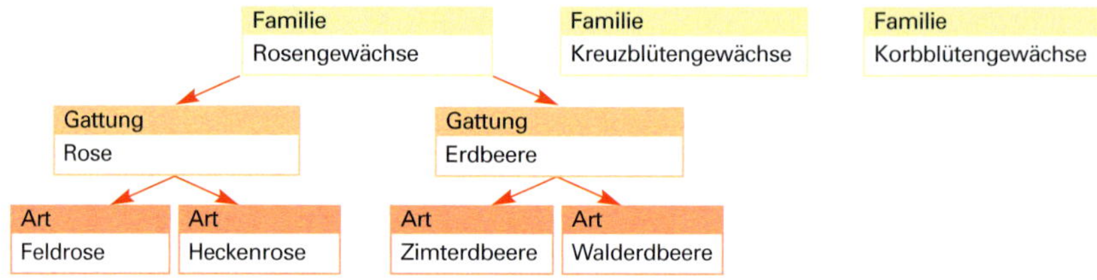

|1

Beispiel: |2

Zur *Familie der Rosengewächse* gehören außer der Heckenrose und den Zierrosen auch viele Nutzpflanzen. Ihr gemeinsames Merkmal sind Blüten mit fünf Kelchblättern, fünf freien Kronblättern sowie ein Kranz von Staubblättern.

|2

Alles klar?

A Kirsche und Birne sind Rosengewächse. Woran kann man das erkennen?

B Nenne Nutzpflanzen unter den Rosengewächsen.

C Zeichne den Blütenbau einer Kirschblüte und einer Rapsblüte. Vergleiche.

D Nenne verschiedene Gift- und Heilpflanzen und ihre jeweilige Wirkung.

E* Der Löwenzahn wächst auf Wiesen.

1 Warum ist die „Blüte“ des Löwenzahns eigentlich ein Blütenstand?

2 Zu welcher Pflanzenfamilie gehört der Löwenzahn?

3 Nenne weitere Arten aus dieser Familie.

F Lies den Steckbrief der Gartenerbse. |3

1 Die Gartenerbse ist eine Nutzpflanze. Erläutere!

2 Die Erbse gehört nicht zu den Rosengewächsen. Begründe!

3* Recherchiere: Zu welcher Familie gehört die Gartenerbse. Welche weiteren Arten aus dieser Familie kennst du?

Steckbrief: Gartenerbse

Blütenfarben: weiß bis blasslila
Blütenaufbau: 5 Kronblätter, davon sind zwei zusammengewachsen, Blüte sieht wie Schmetterlingsflügel aus, 5 verwachsene Kelchblätter, 10 Staubblätter
Größe: bis 2 m
Stängel: kantig, liegt auf dem Boden oder klettert an Stangen empor
Blätter: große, leicht gezahnte Blätter am Stängel, außerdem gefiederte Blätter mit Ranken
Früchte: 3 bis 12 cm lang, 1 bis 2 cm dick, gelblich oder bräunlich, enthalten 3 bis 9 mm große Samen

|3

Kontrolliere deinen Lernstand

A Du sollst die Frage klären: „Wie viel Futter frisst eine erwachsene Rennmaus in einer Woche?"

1 Schreibe Vorschläge auf, wie du diese Frage lösen könntest.

2 Entwirf einen Plan, wie du das Problem experimentell lösen könntest.

3 Welche naturwissenschaftlichen Arbeitsweisen setzt du dabei ein?

4 Welche Angaben muss ein Protokoll deiner Beobachtungen enthalten?

5 Bei einer erwachsenen Rennmaus wird das Körpergewicht in einer Woche nicht zunehmen. Warum nicht?

B Viele Menschen halten sich einen Hund als treuen Freund. Wahrscheinlich stammen alle Hunde vom Wolf ab. Durch langjährige Züchtung entstanden viele verschiedene Hunderassen.

1 Am Körperbau und am Verhalten kann man erkennen, dass Hund und Wolf miteinander verwandt sind. Zähle vier Gemeinsamkeiten auf.

2 Hunde sind viel einfacher abzurichten als Katzen. Erkläre! (*Tipp:* Denke daran, wie die Wildtier-Vorfahren der beiden Haustiere leben.)

3 Der Mensch hält Haustiere zu verschiedenen Zwecken. Nenne mehrere Beispiele.

4 Du wünschst dir einen Hund als Spielgefährten. Was musst du vor dem Kauf bedenken?

C Bei den Wirbeltieren unterscheidet man Säugetiere, Vögel, Fische, Lurche und Kriechtiere.

1 Ordne jedes der abgebildeten Wirbeltiere zu. |4

2 Notiere in einer Tabelle Atmung und Hautbeschaffenheit von Fischen, Lurchen, Kriechtieren, Vögeln und Säugetieren.

3 Beschreibe am Beispiel des Froschs die Fortpflanzung von Lurchen.

|4

|5 Löwenzahn

D Die Abbildungen zeigen drei Pflanzen. |5–6 Wiesenschaumkraut und Ackersenf sind Kreuzblütengewächse.

1 Woran sieht man das in der Grafik?

2 Der Löwenzahn gehört zu einer anderen Pflanzenfamilie. Begründe! Wie heißt diese Pflanzenfamilie?

|6 Wiesenschaumkraut und Ackersenf

Schätze deine Kenntnisse und Fähigkeiten ein:

Aufgabe	Ich kann ...
A	einen Plan entwickeln, um das Verhalten eines Tiers zu beobachten.
B	die Verantwortung einschätzen, wenn man ein Haustier halten will.
C	für die fünf Wirbeltierklassen die Erkennungsmerkmale nennen sowie ihre Fortpflanzung beschreiben.
D	die Verwandschaft von Blütenpflanzen anhand ihres Aufbaus erkennen.

Einschätzung

Ordne deiner Aufgabenlösung im Heft ein Smiley zu:

☺ Ich habe die Aufgabe richtig lösen können.

😐 Ich habe die Aufgabe nicht komplett lösen können.

☹ Ich habe die Aufgabe nicht lösen können.

Sonne – Wetter – Jahreszeiten

Themenkreis 5

Wie schützen sich Tiere vor der Kälte?

Auch wir müssen uns vor der Kälte schützen …

Was ändert sich in der Natur mit den Jahreszeiten?

Wieso ist es im Sommer länger hell?

Wieso ist es im Sommer warm und im Winter kalt?

„Sonne – Wetter – Jahreszeiten“
Klirrende Kälte im Winter, tropische Hitze im Sommer – die Temperaturen in den Jahreszeiten unterscheiden sich stark. Auf dem See, in dem du im Sommer badest, kann du im Winter vielleicht Schlittschuh laufen. Pflanzen und Tiere stellen sich auf die Jahreszeiten ein – und auch wir Menschen passen uns an die unterschiedlichen Temperaturen an.

Wenn du über längere Zeit beobachtest, kannst du erfahren, welchen Einfluss Temperaturen und Sonnenstand auf die Pflanzen und Tiere haben.

In diesem Kapitel kannst du
- beobachten, wie sich ein Baum oder das Wetter im Lauf von Wochen und Monaten verändert,
- untersuchen, wie man mit einem Sonnenkollektor Wasser erwärmt,
- erfahren, wie Tiere und Pflanzen den Winter überstehen,
- einen Test für Schlafsäcke entwickeln.

Verschiedene Arbeitsmethoden

Du wirst

- Langzeitbeobachtungen durchführen und protokollieren,
- deine Beobachtungsergebnisse darstellen,
- an Lernstationen selbstständig arbeiten.

Ausblick

Zum Thema „Sonne – Wetter – Jahreszeiten“ gehören z. B. auch die Klimazonen auf der Erde mit ihren unterschiedlichen Lebensbedingungen. Darauf wirst du in diesem Buch keine Antwort finden.

Du möchtest aber gerne mehr zu diesem Thema wissen?

Sicherlich findest du Informationen in Erdkundebüchern, in der Bücherei oder im Internet.

Wir beobachten die Natur

Jahreszeiten bestimmen das Leben in der Natur und haben auch großen Einfluss auf unser Leben …

In den nächsten Wochen und Monaten sollt ihr viele verschiedene Beobachtungen zu Wetter und Jahreszeiten sammeln. Überlegt euch, für welche der folgenden Langzeitbeobachtungen ihr euch interessiert. Am besten arbeitet ihr in Gruppen zusammen.
In diesem Kapitel findet ihr Hilfen und Hinweise für eure Beobachtungen und Messungen.

1

1. Für die Jahreszeiten ist der Sonnenstand von großer Bedeutung.
   - Wann geht die Sonne auf, wann geht sie unter?
   - Wo am Horizont geht sie auf, wo unter?
   - Wie hoch steht sie mittags am Himmel?
   - Wie ändert sich die Länge von Schatten?

2. Welche Veränderungen können wir in der Natur beobachten?
   - Wie verändern sich die Bäume und Sträucher, wie Pflanzen auf der Wiese?
   - Welche Vögel lassen sich in den verschiedenen Jahreszeiten beobachten?
   - Wie bereiten sich die Tiere auf den Winter vor?

3. Das Wetter ändert sich im Lauf des Jahres, oft auch von Tag zu Tag. Wir wollen das Wetter beobachten.
   - Wie ändern sich die Temperaturen von Luft, Wasser und Boden?
   - Wie viel Niederschlag fällt?

2

3

4

Arbeitsweise **Was bei Langzeitbeobachtungen zu tun ist**

Bei euren Langzeitbeobachtungen werdet ihr verschiedene Arbeitsmethoden anwenden.

Beobachten 5
Ihr könnt zum Beispiel beobachten,
- welche Vögel eine Hecke besuchen,
- wo genau die Sonne aufgeht.

Messen 6
Beispiele für Messungen:
- Wie viele Zentimeter wächst eine Pflanze in einer Woche?
- Wie ändert sich die Wassertemperatur eines Teichs im Lauf eines Jahres?

Vergleichen 7
Ihr könnt zum Beispiel vergleichen:
- die Temperaturen von Luft, Wasser und Boden zu verschiedenen Tageszeiten;
- Möglichkeiten, wie Tiere den Winter überleben können.

Sammeln 8
Sammeln könnt ihr zum Beispiel:
- Blätter zu verschiedenen Jahreszeiten,
- Früchte verschiedener Sträucher und Bäume.

Dokumentieren 9–10
Zum Festhalten eurer Beobachtungen gibt es verschiedene Möglichkeiten. Beispiele:
- Protokollieren der Beobachtungen von Tieren und Pflanzen
- Anlegen von Tabellen der täglich gemessenen Temperaturen oder Niederschläge
- Fotografieren von Pflanzen zu verschiedenen Jahreszeiten
- Zeichnen, um den Ort des Sonnenaufgangs festzuhalten
- Anfertigen eines Temperaturdiagramms

5 Beobachten

6 Messen

7 Vergleichen

8 Sammeln

9 Fotografieren

10 Zeichnen

Vom Stand der Sonne

Tag und Nacht, Sommer und Winter werden durch den Stand der Sonne bestimmt – und auch unser Wetter hängt davon ab.
Im Sommer steht die Sonne viel länger am Himmel als im Winter. Wie kommt das eigentlich?
Geht sie immer an der gleichen Stelle auf? | 1

| 1 Ort des Sonnenaufgangs

1 Die Sonne beobachten

Benötigt werden: 60 cm langer Maßstab (aufgeklappter Zollstock), Kompass, Geodreieck, Fotoapparat.

Durchführung:

a Haltet den 60-cm-Stab senkrecht auf den Boden. Messt und notiert die Länge seines Schattens …

- zunächst an einem sonnigen Tag in stündlichem Abstand,
- später zur immer gleichen Uhrzeit in 14-tägigem Abstand.

Beachtet: 14 Uhr Winterzeit entspricht 15 Uhr Sommerzeit.

b In Tageszeitungen findet ihr die Uhrzeiten für Sonnenaufgang und Sonnenuntergang.
Überprüft die Zeitangaben durch eigene Beobachtungen.

c Beobachtet im Abstand einiger Tage (Wochen, Monate), an welchem Punkt ihr morgens die ersten oder abends die letzten Sonnenstrahlen seht. Stellt euch dazu immer an den gleichen Platz. | 1

Vorsicht, auch mit Sonnenbrille dürft ihr nie direkt längere Zeit in die Sonne schauen! Das Bild der Sonne würde sich in die Netzhaut einbrennen.

Tragt in eine Skizze den Ort von Auf- oder Untergang mit Datum und Uhrzeit ein. Versucht eure Beobachtungen mit Fotos zu belegen.

In welche Himmelsrichtung wandert der Punkt des Sonnenauf- oder Sonnenuntergangs im Lauf der Zeit?

d Haltet ein Geodreick auf eine sonnenbeschienene Fensterbank. Sein Schatten und seine Grundkante müssen in gleicher Richtung verlaufen. | 2
Mit einem Nagel ermittelt ihr dann den „Sonnenstandswinkel". Notiert den Messwert mit Uhrzeit und Datum. Wiederholt den Versuch immer zur gleichen Uhrzeit in wöchentlichem Abstand.

e Stellt eure Beobachtungen z. B. als Wandzeitung dar. | 3

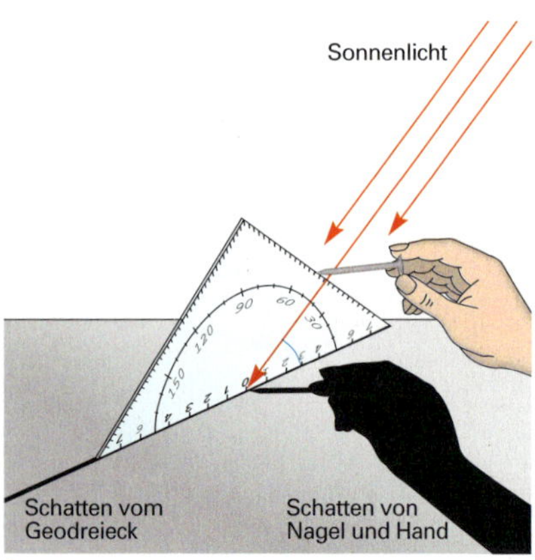

| 2 Messung des Sonnenstandswinkels

Der Sonnenstand im Jahreslauf

Name: … Ort: Köln Uhrzeit: immer 14 Uhr MEZ

	15. Nov.	14. Dez.	12. Jan.	…
Schattenlänge des 60-cm-Stabs	190 cm	?	?	?
Sonnenstandswinkel	18°	?	?	?

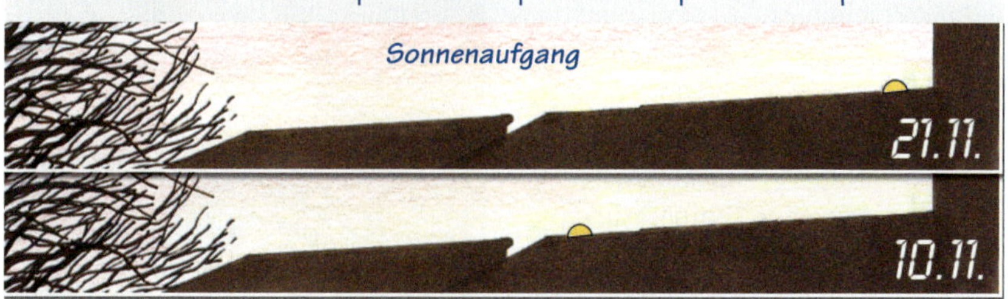

| 3 Beobachtung des Sonnenstands – Wandzeitung

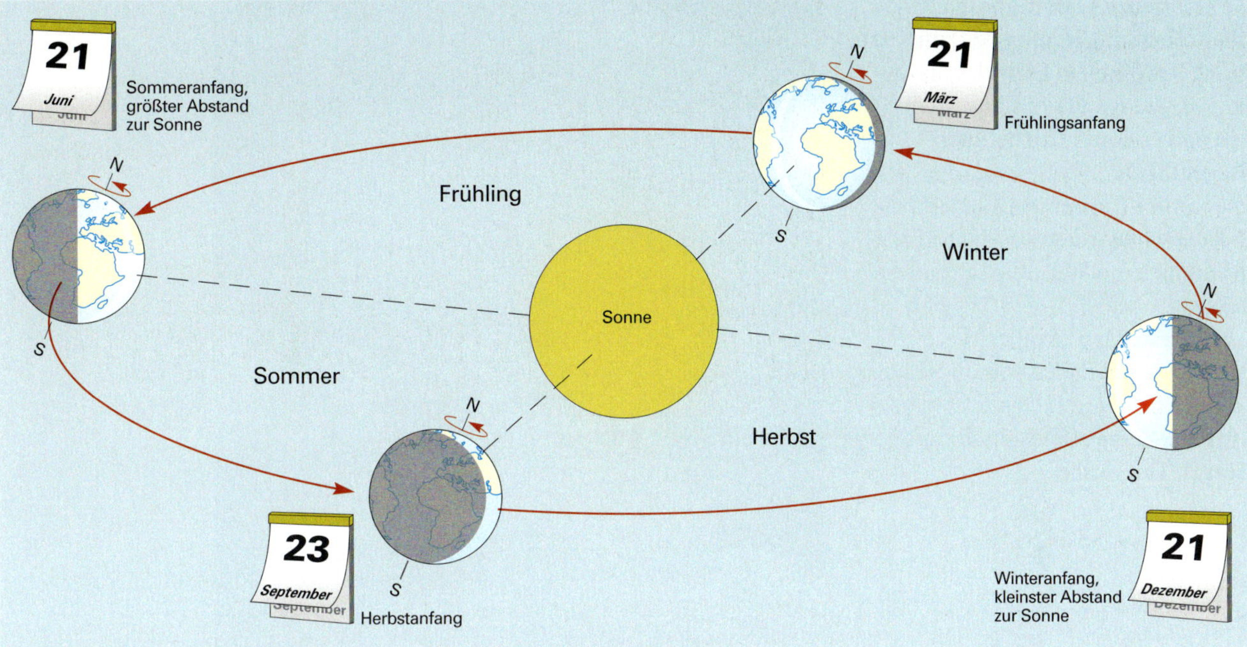

4 Der Lauf der Erde um die Sonne

In 24 Stunden dreht sich die Erde einmal um ihre Achse. Dabei ist immer eine Hälfte im Sonnenlicht (Tagseite), die andere ist im Schatten (Nachtseite).
Wieso aber sind die Nächte im Winter länger als im Sommer? Ursache hierfür ist, dass die Erde eine weitere Bewegung ausführt: 4

Im Lauf von ca. 365 Tagen umkreist die Erde einmal die Sonne. Außerdem steht die Achse der Erde etwas schief.

Im Dezember ist der nördliche Teil der Erde von der Sonne weg geneigt. Bei jeder Erddrehung liegt Deutschland 16 Stunden lang im Dunkeln. Die helle Tageszeit dauert jetzt nur acht Stunden. Die Sonne steht mittags nicht sehr hoch am Himmel. Es ist Winter.
Am 21. März sind Nacht und Tag bei uns gleich lang. Nun beginnt für uns der Frühling.
Am 21. Juni wird es bei uns Sommer. Die nördliche Erdhälfte ist jetzt zur Sonne hin geneigt. Unsere Tage sind mit 16 Stunden länger als zu den anderen Jahreszeiten. Die Nächte sind kurz.
Im Sommer steht die Sonne mittags besonders hoch. Sie strahlt steil auf uns herab. Gleich viel Strahlung trifft dabei auf eine kleinere Fläche als im Winter. Deshalb erwärmt sie den Erdboden im Sommer stärker. 5
Am 23. September sind Tag und Nacht wieder gleich lang; der Herbst beginnt.
Nach 365 Tagen und sechs Stunden steht die Erde wieder in Ausgangsposition. Ein Jahr ist vergangen.

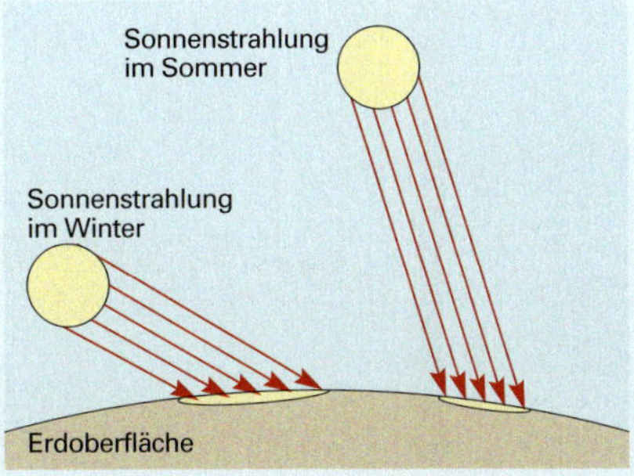

5 Unterschiedliche Sonneneinstrahlung

A „Im Osten geht die Sonne auf, im Süden ist ihr Mittagslauf, im Westen …" Wie geht's weiter? Stimmt der Spruch eigentlich? Begründe!

B Warum wird der Erdboden im Sommer stärker erwärmt als im Winter?

C Ein Jahr dauert ca. 6 Stunden länger als 365 Tage. Was bedeutet das für den Kalender?

D Wenn die Erdachse senkrecht zur Sonne stünde, gäbe es keine vier Jahreszeiten. Erkläre!

Bewölkung und Niederschläge

„Es ist sieben Uhr. Sie hören den Wetterbericht. Heute ist es zunächst stark bewölkt. Im Lauf des Nachmittags setzt starker Südwestwind ein und es kommt zu heftigen Regenfällen …“
Neben der Lufttemperatur sind die Niederschläge das, was die meisten Menschen am Wetterbericht interessiert.
„Niederschläge“ nennen die Wetterforscher alles, was an Wasser aus der Luft kommen kann: Regentropfen, Schneeflocken, Graupel, Hagel, Tau, Nebel …

1 Bei solchen Wolken solltest du eine Regenjacke dabeihaben.

2 Bewölkung und Niederschläge beobachten

Benötigt werden: Regenmesser, 2 6 Fotoapparat, Bücher mit Wolkenbildern.

Durchführung:

a Schreibt nach jedem Regen die Niederschlagsmenge auf und leert danach den Regenmesser.
Addiert die Messwerte für einen Monat. Stellt die Summe in einem Säulendiagramm dar.

b Protokolliert, was der Wetterbericht im Radio und in der Tageszeitung zu Bewölkung und Niederschlag vorhersagt. Notiert auch, wie das Wetter tatsächlich wird. 3–5

c Beobachtet an unterschiedlichen Tagen wenigstens 10 Minuten lang, wie sich eine Wolke verändert.

d Fotografiert Wolken und notiert gleichzeitig die Wetterentwicklung an diesem und dem folgenden Tag.

e Versucht aus der Art der Bewölkung vorherzusagen, ob es bald regnen wird.

f „Morgenrot – schlecht Wetter droht.“ Informiert euch über „Bauern-Wetterregeln“. Prüft, ob deren Vorhersagen zutreffen.

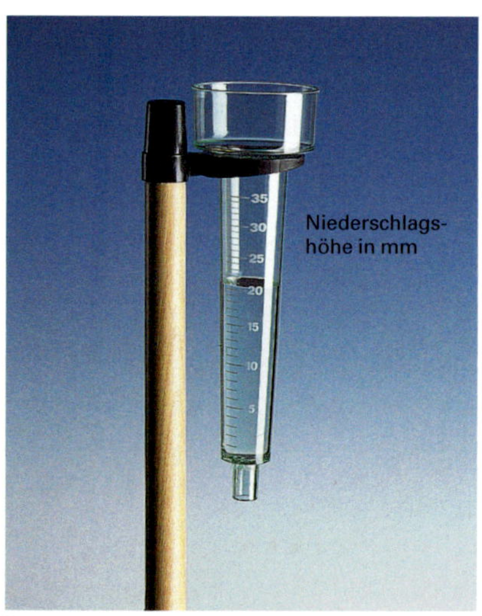

2 Gekaufter Regenmesser

3 Symbole für Bewölkung

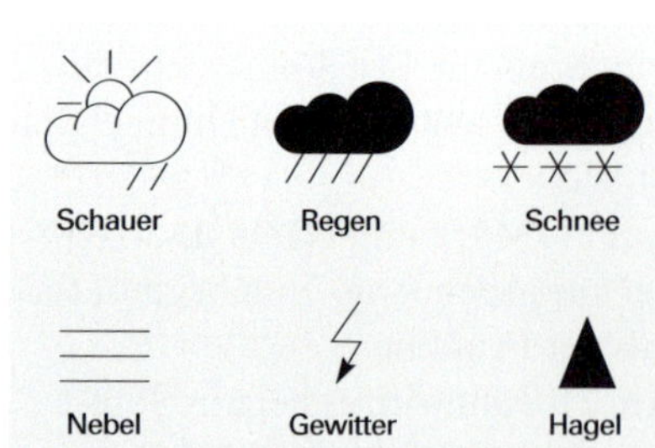

4 Symbole für Niederschlag

Beobachtung von Bewölkung und Niederschlägen

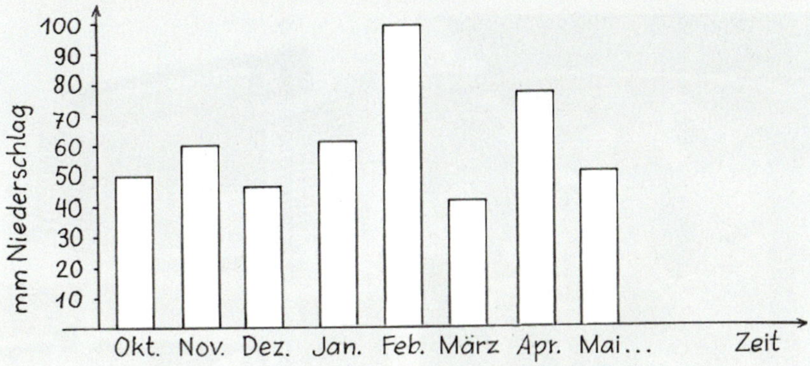

12. Oktober, 15.30 Uhr
Wetter: Es hat später geregnet.

6. Dezember, 16.10 Uhr
Wetter: Abendrot. Am nächsten Tag war schönes Wetter.

Datum	Bewölkung vorhergesagt	Bewölkung tatsächlich	Niederschlag	Besondere Beobachtungen
1. Nov.				Regenbogen
2. Nov.	?	?	?	?
3. Nov.	?	?	?	?

5 Darstellung der Beobachtungen (Wandzeitung)

Alltag **„2 mm Niederschlag"**

„1 Liter Milch, 20 Milliliter Wasser", so gibt man Flüssigkeitsmengen an. Im Wetterbericht jedoch heißt es: „Die Niederschlagsmenge betrug gestern zwei Millimeter."
Was bedeutet das?
Wäre der Regen z. B. auf ein Kuchenblech gefallen, so stünde das Wasser darin 2 mm hoch. Es würde dort aber rasch verdunsten; man müsste die Messung also schnell vornehmen. Deshalb benutzt man ja den Trick mit dem Trichter und der engen Auffangflasche.
Übrigens bedeutet „1 mm Niederschlag", dass auf jeden Quadratmeter Bodenfläche genau 1 Liter Regen gefallen ist.
Meldet der Wetterbericht z. B.: „Der Gewitterschauer brachte 20 Liter Regen pro Quadratmeter", so bedeutet diese Angabe: In einem Schwimmbecken wäre der Wasserspiegel um 20 mm angestiegen.

3 Bauanleitung

Messgerät für Niederschläge

Niederschläge kannst du mit einem selbst gebauten Messgerät auffangen und messen.

a Du brauchst nur eine leere Saftflasche und einen Trichter.
Grabe die Flasche in die Erde ein. Auf diese Weise kann die Sonne sie nicht bescheinen. Setze in den Flaschenhals einen Trichter. 6
Ziehe die Flasche nach jedem Regen aus dem Boden. Notiere jeweils, wie viel Wasser sich gesammelt hat. Schütte dann das Wasser aus.
Zum Abmessen solltest du dir einen Messzylinder ausleihen – oder du holst dir vom Apotheker eine kleine Einwegspritze mit einer Milliliter-Skala. Addiere die Messwerte für jeden Monat.

b Wie viel Regen dein Messgerät auffängt, hängt nicht nur vom Wetter ab, sondern auch davon, wie groß der benutzte Trichter ist.
Frage deinen Lehrer oder deine Lehrerin, wie man die aufgefangene Menge in „Millimeter Niederschlag" umrechnet.

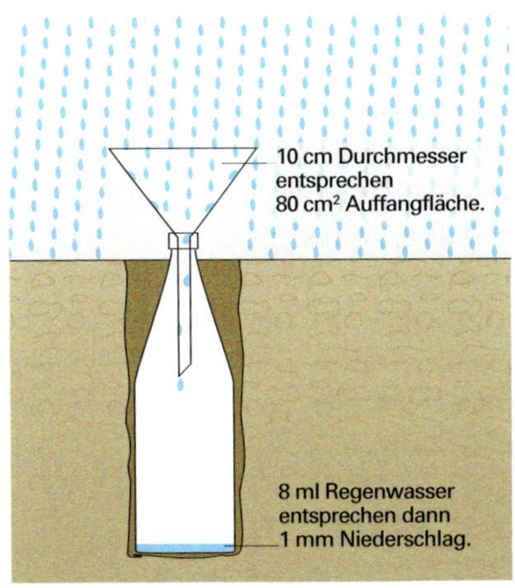

6 Selbst gebauter Regenmesser

Wir messen Temperaturen

Wie kalt wird es im Herbst und Winter, wie warm im Frühjahr und Sommer? Wie viele Tage im Jahr herrscht Frost, wie viele Tage ist Badewetter? Um solche Fragen zu beantworten, muss man Temperaturen messen.

1 Temperaturmessung im Teich

2 Messung der Lufttemperatur

Grundlagen **Die Lufttemperatur**

Temperaturen werden in der Einheit 1 Grad Celsius (1 °C) gemessen.

So misst du die Lufttemperatur
Die Lufttemperatur misst du immer im Schatten. Wetterkundler benutzen ein Wetterhäuschen, in dem sich das Thermometer in 2 m Höhe befindet.
Wenn du das Thermometer direkt in die Sonne hältst, nimmt es Sonnenenergie auf und wird wärmer als die umgebende Luft. Das Thermometer zeigt dann die Temperatur des Fühlers an, aber nicht die der Luft.

So berechnest du die Durchschnittstemperatur eines Tages
Beispiel: Anna und Markus haben am 1. November folgende Temperaturen gemessen:
7 Uhr 4 °C
14 Uhr 10 °C
21 Uhr 5 °C
In der Nacht ändert sich die Temperatur nicht wesentlich. Um nicht nachts messen zu müssen, zählt man die 21-Uhr-Temperatur doppelt und teilt dann die Summe durch 4.
4 °C + 10 °C + 5 °C + 5 °C = 24 °C
24 °C : 4 = 6 °C
Die Durchschnittstemperatur vom 1. 11. beträgt also 6 °C.

4 Luft-, Boden- und Wassertemperaturen messen
Wir wollen über einen längeren Zeitraum die Temperaturen von Luft, Wasser und Boden messen.
Benötigt werden: ein Außenthermometer oder ein Digitalthermometer mit flexiblem Fühler (auch für Wasser- und Bodentemperaturen geeignet), je Woche ein DIN-A4-Blatt zum Protokollieren der Ergebnisse. 3
Durchführung:
a Lufttemperatur: Messt dreimal täglich die Lufttemperatur, möglichst immer zur gleichen Zeit. Sie wird im Schatten 2 m über dem Boden gemessen.
Tragt die Ergebnisse in eure Tabelle ein. Berechnet auch den Tagesdurchschnittswert der Lufttemperatur.
b Bodentemperatur: Messt eine Woche lang dreimal täglich die Bodentemperatur in 10 cm Tiefe (im Garten oder im Blumenkasten).
c Wassertemperatur: Messt eine Woche lang dreimal täglich die Wassertemperatur in 10 cm Wassertiefe (z. B. im Gartenteich oder im Schulteich).
Ab der zweiten Woche messt ihr die Boden- und Wassertemperatur nur noch einmal am Tag.
d Am Ende einer jeden Woche fertigst du ein Diagramm mit den gemessenen Lufttemperaturen an. Verbinde die Punkte.
Zeichne dann mit anderen Farben die Boden- und Wassertemperaturen ein.
e Warum ist es nicht unbedingt nötig, die Wasser- und die Bodentemperatur dreimal täglich zu messen?

Beobachtungsbogen von: .... Ort: ....

Datum	1. 9.	2. 9.	3. 9.	4. 9.	5. 9.	6. 9.	7. 9.
Lufttemperatur							
morgens	4 °C	?	?	?	?	?	?
mittags	10 °C	?	?	?	?	?	?
abends	5 °C	?	?	?	?	?	?
Durchschnitt	6 °C	?	?	?	?	?	?
Bodentemperatur	?	?	?	?	?	?	?
Wassertemperatur	?	?	?	?	?	?	?

3 Muster für den Beobachtungsbogen

Arbeitsweise **Ergebnisse präsentieren – auf Plakaten**

Ihr habt über einen längeren Zeitraum eure Beobachtungen aufgeschrieben.
Ihr könnt eure Ergebnisse auf Plakaten darstellen. Verwendet dazu Bilder, Tabellen, Fotos und Zeichnungen.
Ordnet eure Materialien übersichtlich an und achtet auf die Schriftgröße.
Nach Fertigstellung erläutert ihr vor der Klasse euren Teil der Arbeit. Bei der Elternversammlung wären sicherlich auch eure Eltern neugierig auf eure Ergebnisse …

Eure Beobachtungsobjekte waren recht verschieden. Daher werdet ihr die Ergebnisse auf unterschiedliche Weise darstellen müssen. Einige Beispiele zeigen, wie die Darstellungen aussehen könnten. |4–6
Aber sicherlich habt ihr selbst gute Ideen …

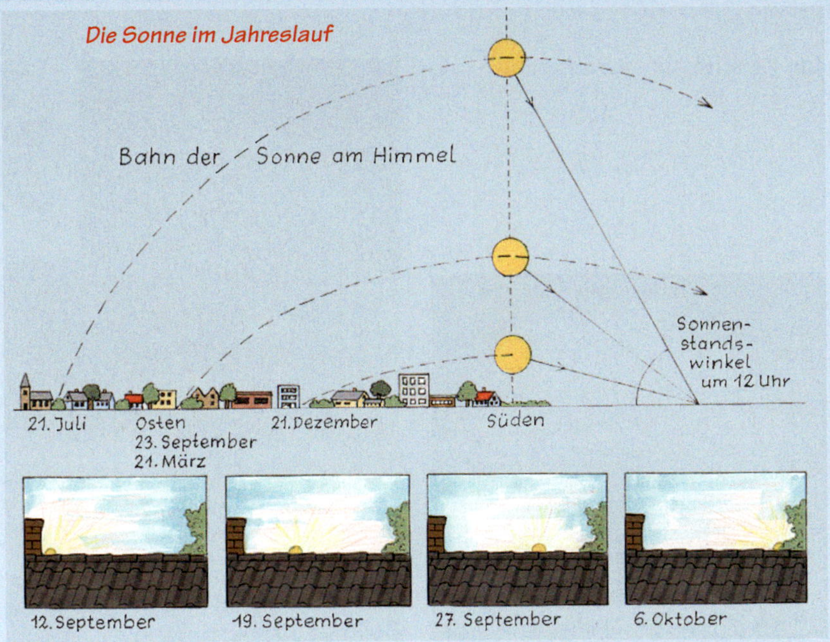

|4 Plakat zur Sonnenbeobachtung

|5 Plakat zur Vogelbeobachtung

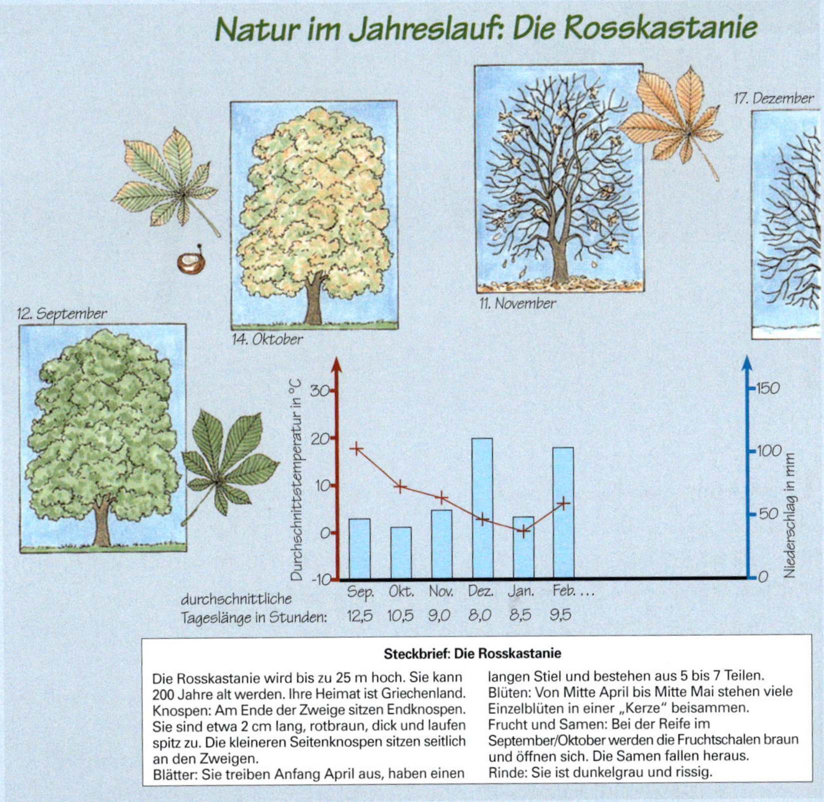

|6 Ein Baum im Jahreslauf – Wandzeitung

Von der Blüte zur Frucht

Ein Kirschbaum im Jahreslauf |1–4

|1 … im Frühling

|2 … im Sommer

|3 … im Herbst

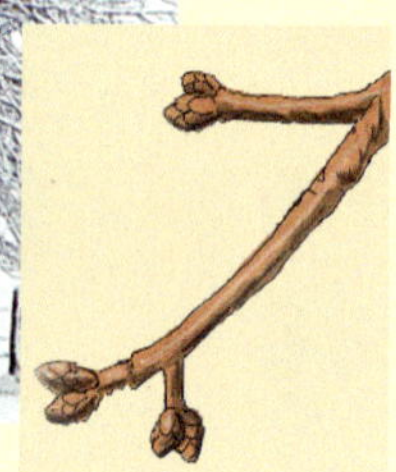

|4 Kirschbaum im Winter

1 Ein Kirschbaum-Monatsbuch

(Langzeitprotokoll, bis ins folgende Schuljahr hinein)

Hinweis: Falls in eurer Umgebung kein Kirschbaum steht, kannst du z. B. mit einem Apfelbaum ein entsprechendes Baum-Monatsbuch führen.

a Lege eine Sammelmappe an, um deine Beobachtungen festzuhalten (Notizen, Zeichnungen, Fotos).
Nach mehreren Monaten fasst du deine Beobachtungen zusammen:
In die *Einleitung* schreibst du, wie der Baum heißt, wo er steht und welche Besonderheiten er hat.
Im *Hauptteil* sollte dein Protokoll darüber Auskunft geben …
… wann der Baum zu blühen beginnt,
… wie die Blüte aussieht,
… wie aus der Blüte eine Frucht wird,
… wie die Früchte aussehen,
… wie die Früchte verbreitet werden,
… wie die Blätter aussehen,
… wann sich die Blätter verfärben,
… wann die Blätter herabfallen,
… welche Pflege im Winter nötig ist,
… wann sich neue Blüten und neue Blätter am Baum bilden.

b Sammle zusätzliche Informationen über den Kirschbaum.

2 Wir untersuchen eine Kirschblüte

Betrachte eine Kirschblüte mit einer Lupe. |5

|5 Kirschzweig mit Kirschblüte

a Welche Blütenteile erkennst du?
b Stelle mit einer Rasierklinge einen Längsschnitt der Blüte her und vergleiche mit der Abbildung. 6
Streife mit dem Finger über ein Staubblatt. Welche Eigenschaft hat der Pollen?
c Sieh dir Kirschblüten am Zweig an: Wie lange bleiben die Blüten am Zweig? Welche Blütenblätter fallen zuerst? Wie verändert sich der Fruchtknoten?

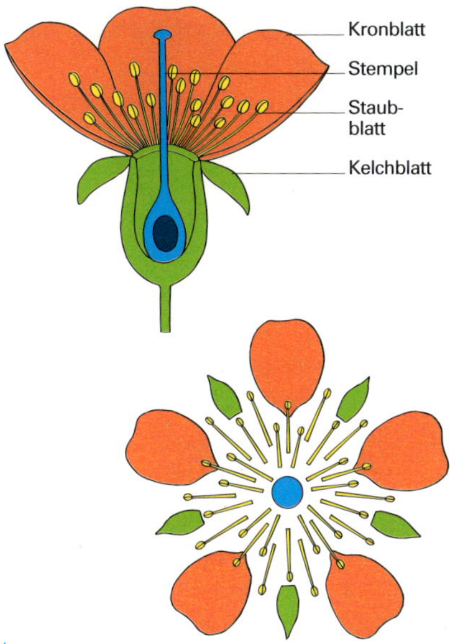

6 Kirschblüte (Längsschnitt, Legebild)

3 Bestäubung und Befruchtung

Beobachte, was geschieht, wenn eine Biene die Kirschblüte besucht. 7
a Wie verhält sich die Biene?
b An welchen Körperteilen ist die Biene mit Pollen bedeckt?
c Wie lange bleibt sie an einer Blüte?
d Wo fliegt sie anschließend hin?

7 Auf der Suche nach Pollen und Nektar

Grundlagen **Von der Kirschblüte zur Kirsche**

Aufbau der Blüte 6
Eine Kirschblüte besteht aus fünf *Kelchblättern*, fünf *Kronblättern*, vielen *Staubblättern* und einem *Fruchtblatt* oder *Stempel* (aus Narbe, Fruchtknoten und Fruchtblatt). Jedes Staubblatt besteht aus einem *Staubfaden* und zwei *Staubbeuteln*. Diese enthalten den Blütenstaub oder *Pollen*. Im Fruchtblatt sitzt die Samenanlage mit einer *Eizelle*.

Aus der Blüte entsteht die Frucht
Die Kirschblüte bildet eine zuckerhaltige Flüssigkeit, den *Nektar*. Dieser stellt für viele Insekten eine wichtige Nahrung dar.
Auf der Suche nach eiweißreichem Pollen und süßem Nektar fliegen Insekten von Blüte zu Blüte. Dabei übertragen sie Pollen einer Blüte auf die Narbe einer anderen Blüte. Dieser Vorgang heißt *Bestäubung*.
Nach der Bestäubung wachsen die Pollen zu *Pollenschläuchen* aus. 8
In den Pollenschläuchen entwickeln sich männliche *Geschlechtszellen*. Im Fruchtknoten verschmilzt dann die männliche Geschlechtszelle *(Pollen)* mit der weiblichen Eizelle. Dieser Vorgang heißt *Befruchtung*.

Bestäubung und Befruchtung sind Voraussetzungen dafür, dass sich aus Samenanlagen Samen entwickeln.

Aus dem Fruchtknoten kann nun die Kirschfrucht entstehen: 9
Aus der befruchteten Eizelle bildet sich der Samen. Die innere Schicht des Fruchtknotens bildet den harten Kirschkern, die mittlere das süße Fruchtfleisch. Die äußere Schicht wird zur Kirschenhaut.

9 Im Juni reifen die Kirschen.

A Die Narbe des Fruchtblatts ist mit einer klebrigen Flüssigkeit bedeckt. Wozu dient sie?
B Von der Blüte zur Frucht. Beschreibe diesen Vorgang.
C* Eine Kirsche entsteht durch geschlechtliche Fortpflanzung. Begründe!
D Ein Kirschzweig wurde mit einem Gazetuch umhüllt …
1 Werden sich an diesem Zweig Kirschen bilden? Begründe!
2 Führe (wenn möglich) den Versuch an einem Kirschbaum im Garten durch.
3* Warum muss der Zweig umhüllt werden, *bevor* die Blüten aufblühen?

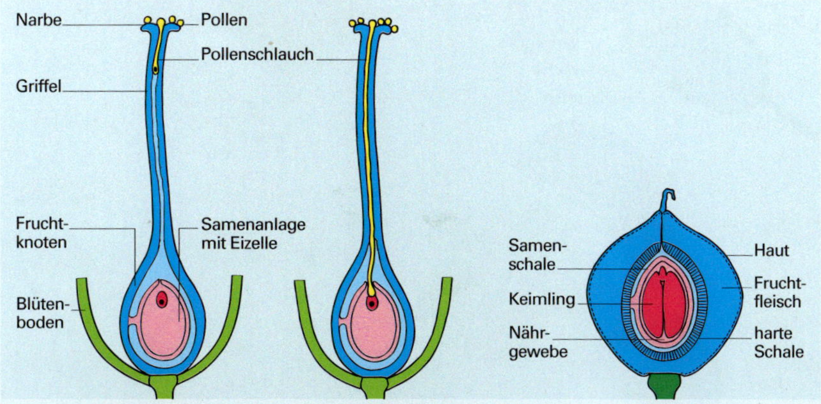

8 Befruchtung und Bildung der Frucht bei der Kirsche

Wissenswertes **Bestäubung durch Insekten oder Wind**

|1 Blüte des Wiesensalbeis

|3 Haselkätzchen mit Blütenstaub

Bestäubung durch Insekten
Auf der Suche nach Nektar steckt die Honigbiene den Kopf in die Blüte des Wiesensalbeis. |1–2
Die langen Staubblätter der Blüte senken sich auf den Rücken des Insekts und bepudern ihn mit Pollen. Auf der nächsten Blüte streift die Biene die Narbe des Fruchtblatts. Mitgeführter Pollen bleibt dabei hängen. Die Blüte wird bestäubt. Da der Pollen von einer anderen Blüte stammt, nennt man diese geschlechtliche Bestäubung *Fremdbestäubung*.

Bestäubung durch den Wind
Der Pollen des Haselstrauchs ist sehr leicht. Schon beim geringsten Windhauch entlassen die männlichen Staubblätter gelbe Wolken davon in die Luft. |3
Am gleichen Strauch sitzen – von den männlichen Blüten getrennt – auch die weiblichen Blüten: Aus kleinen Knospen ragen die Narben als *rote,* klebrige Fäden heraus. |4
Pollenkörner, die vom Wind herangetragen werden, bleiben an den Narben hängen. So ist eine Befruchtung möglich.

A Beobachte an einem sonnigen Tag eine blühende Pflanze:
1 Welche Insekten kommen zur Blüte?
2 Wie viele Insekten besuchen innerhalb von 5 Minuten die Blüte? Vergleiche das mit einer anderen Pflanzenart.
3 Man unterscheidet Bienenblumen, Hummelblumen, Fliegenblumen und Falterblumen. Was meint man damit?

B Was geschieht, wenn eine Biene die Salbeiblüte besucht? |2

C Die männliche Haselblüte bildet riesige Mengen an Blütenstaub. Warum?

D* Gräser sind Windblütler und haben recht unscheinbare Blüten. |5
Warum müssen sie nicht auffallen?

E* Warum sind viel mehr Menschen allergisch gegen Pollen von Gräsern und Nadelbäumen als gegen Pollen von Rosen, Kirschen oder Tulpen?

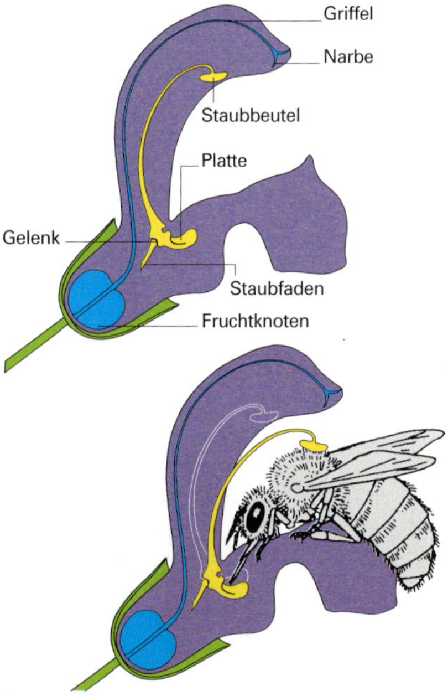

|2 Bestäubung des Wiesensalbeis

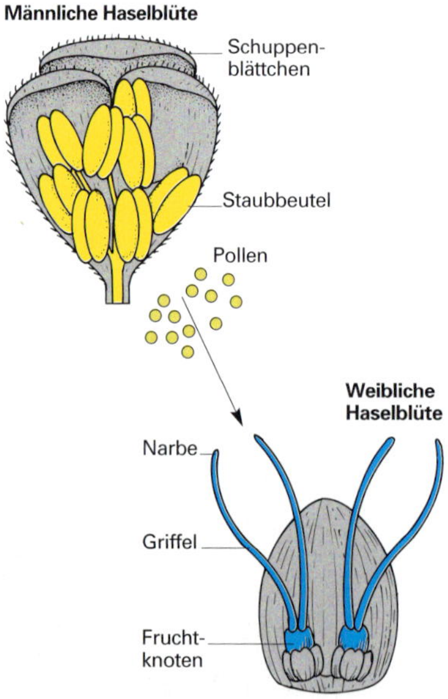

|4 Windbestäubung bei der Haselblüte

|5 Blühendes Rispengras

Die Verbreitung von Samen und Früchten

6 Samen des Löwenzahns …

7 … und des Ahorns unterwegs

Grundlagen **Von der Samenausbreitung zur Vermehrung**

Verbreitung durch den Wind
Manche Früchte und Samen werden vom Wind verbreitet. Bei diesen *Flugfrüchten* erleichtern Anhänge und Fortsätze das Schweben und Fliegen im Wind. 6–7

Verbreitung durch Tiere
Viele Tiere verschleppen Samen und Früchte und sorgen so für deren Verbreitung. Einige Pflanzen locken mit süßen, farbigen Früchten Tiere an. Vor allem Vögel fressen solche Lockfrüchte. 8
Bucheckern, Eicheln und Haselnüsse dienen Eichhörnchen, Eichelhähern und Siebenschläfern als Nahrung. Klettfrüchte werden unbeabsichtigt als „blinde Passagiere" mitgetragen.

Selbstverbreitung
Es gibt Pflanzen, die ihre Samen selbst wegschleudern oder verstreuen. 9

Verbreitung durch Wasser
Die Samen vieler Wasser- und Uferpflanzen (Seerose, Schwertlilie …) besitzen Lufteinschlüsse. Dadurch können sie schwimmen. Wenn die Luft entweicht, sinken die Samen zu Boden und keimen dort aus.

Die Verbreitung von Samen und Früchten erfolgt durch Tiere, Wind, Wasser, durch den Menschen und von selbst. So können Pflanzen neue Standorte besiedeln, sofern es die äußeren Bedingungen zulassen.

8 Amsel an einem Vogelbeerbaum

9 Springkraut – teilweise aufgeplatzt

1 Wir untersuchen Früchte

a Betrachte eine Hagebutte. Wodurch werden Vögel zur Verbreitung der Samen angelockt?
Schneide die Hagebutte durch. Versuche dann einen hellgelben Samen zu zerdrücken. Was stellst du fest?

b Betrachte mit der Lupe eine Löwenzahnfrucht. Wo befindet sich der Samen? Welche Aufgabe hat das weiße Schirmchen?

c Betrachte mit der Lupe die Oberfläche verschiedener Klettfrüchte. Fertige eine Skizze an.
Vergleiche mit technischen Klettverschlüssen.

2 Wir lassen Flugfrüchte fliegen

Sammle im Herbst Flugfrüchte. Stelle Flugversuche mit ihnen an.

a Lass die Früchte jeweils aus gleicher Höhe fliegen. Bestimme mit der Stoppuhr die Zeit, die vergeht, bis die Früchte am Boden ankommen.

b Welche der Früchte sind Schraubenflieger, welche Schirmflieger und welche Gleitflieger?

c Entferne nun die Flugeinrichtungen an den Früchten. Lass die Früchte dann erneut aus gleicher Höhe fliegen und bestimme die Flugzeit.

d Von welcher Bedeutung ist eine lange Flugzeit für diese Pflanzen?

A Alle Pflanzen, die durch den Wind verbreitet werden, erzeugen viele Samen. Warum ist dies für diese Pflanzenarten wichtig?

B Das Springkraut findet man oft entlang von Waldwegen. Wie ist es wohl zu seinem Namen gekommen?

C Amseln fressen Vogelbeeren. 8
Warum ist es wichtig, dass deren Samenkörner unverdaulich sind?

Wie Pflanzen den Winter überstehen

|1 Schneeglöckchen

|2 Bäume im Winter

1 Untersuchung einer Blumenzwiebel (Schneeglöckchen)

a Betrachte die Zwiebel von außen möglichst genau (äußere Hüllblätter, Zwiebelscheibe, vereinzelte kleine Wurzeln).

b Halbiere die Zwiebel der Länge nach und untersuche sie. Finde die Teile des Schneeglöckchensprosses, die in der Zeichnung enthalten sind. |1

c Zeichne deine Schneeglöckchenzwiebel von außen und den Schnitt.

2 Verfolge den Frühlingsanfang!

a Protokolliere die Tageslänge, Temperatur, Sonnenscheindauer …
Achte dabei besonders auf die Pflanzen um dich herum (in Garten, Park, Schulgarten, Wald).

b Bestimme die Frühblüher, die nacheinander oder gleichzeitig blühen. Notiere die Blühzeit der einzelnen Pflanzen (Kalenderdaten).

c* Weshalb blühen abgeschnittene oder abgepflückte Zwiebelpflanzen im nächsten Jahr nicht mehr auf?

3 Laub- und Nadelbäume |2

a Schneide jeweils von einem Laub- und einem Nadelbaum einen kleinen Zweig ab. Gib jeden in einen Gefrierbeutel und lege sie für mindestens einen Tag in ein Tiefkühlfach. Vergleiche nach dem Auftauen Aussehen und Festigkeit der Zweige.

b Vergleiche die Gestalt eines Laubbaums mit der eines Nadelbaums. Erkläre, warum bei Nadelbäumen auch ohne Laubfall kaum Zweige durch Schneelast abgebrochen werden.

4 Untersuchung einer Knospe

Untersuche die Knospe des Seitentriebs einer Rosskastanie. Um die durch Harz verklebten Knospenschuppen leichter entfernen zu können, werden die Knospen einen Tag in Spiritus mit etwas Wasser eingelegt. |3

a Entferne die äußeren harten Knospenschuppen mit einer Pinzette und einem Federmesser. Vergleiche äußere und innere Knospenschuppen.

b Entferne die inneren Knospenschuppen und breite sie vorsichtig aus. Vergleiche sie mit den ausgewachsenen Blättern des Baums. Was kannst du innerhalb der Blättchen noch erkennen? Beschreibe!

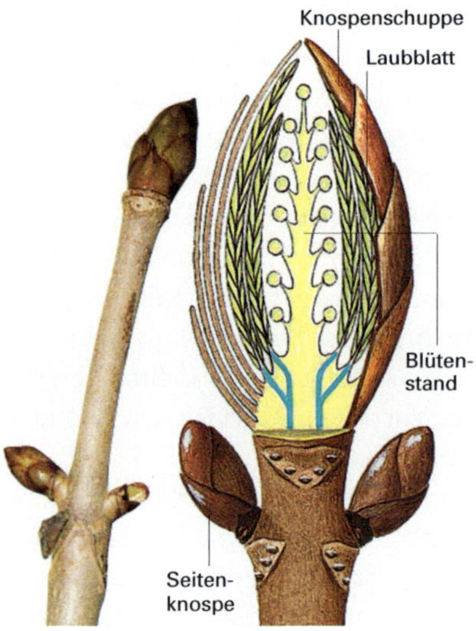

|3

Wissenswertes **Das Schneeglöckchen – der erste Frühlingsbote**

Das Schneeglöckchen ist die erste blühende Pflanze nach der langen Winterzeit. Es verbringt den Winter geschützt in der Blumenzwiebel im gefrorenen Boden. Im Februar oder März erwärmt die kräftiger werdende Sonnenstrahlung den Boden und das Schmelzwasser versickert. Dann schiebt sich der Spross aus der Zwiebel heraus: zwei lange, schmale Laubblätter und ein Blütenstängel mit der Blütenknospe, die glockenförmig zum Boden weist.
Während noch eine dünne Schneedecke den Boden überzieht, blühen schon die ersten Schneeglöckchen. Sie bieten den Bienen, die die Blüten besuchen, die erste Nahrung mit ihrem Pollen und Nektar.
Sobald die Sonne stärker wird, verblüht das Schneeglöckchen, zurück bleibt die grüne Fruchtkapsel, in der der Samen in der warmen Sonne heranreift. Ameisen fressen diese nährstoffreichen Samen und verschleppen sie. Auf diese Weise werden die Schneeglöckchen weiterverbreitet.
Die Laubblätter des verblühten Schneeglöckchens vertrocknen und werden gelb. Die Zwiebel unter der Erde zieht die Nährstoffe zurück. Sie speichert Vorrat für das Aufblühen im nächsten Frühjahr. |4

Die Zwiebel
Die Pflanzenzwiebel ist ein Nährstoff- und Vorratsspeicher. Junge Pflanzen sind in der Zwiebel schon als kurzer Stängel und Blütenknospe zu erkennen. Um die Jungpflanze herum sind saftige Blätter schalenartig angeordnet, sie liefern die wichtige Energie zum Austreiben. Der Pflanzenspross verbreitert sich zur Zwiebelscheibe, an ihr setzen nach außen hin die Wurzeln an. Neben der Zwiebelscheibe liegen die Brut- und die Ersatzzwiebel, die im nächsten Frühjahr auch austreiben können.

Pflanzen, die schon zeitig im Jahr blühen, nennt man Frühblüher. Alle Frühblüher besitzen unterirdische Speicherorgane (Zwiebeln, Knollen, Erdsprosse).

Durch die Speicherorgane haben die Frühblüher einen lebenswichtigen Vorteil: Sie blühen und entwickeln sich, bevor die Laubbäume ihre Blätter entfaltet haben und so den Waldboden abdunkeln.

|4 Das Schneeglöckchen im Jahreslauf

Grundlagen **Pflanzen im Winter**

Im Herbst verfärben sich die Blätter der Laubbäume und fallen dann ab. Die Nährstoffe werden aus den Blättern in die Äste, den Stamm und die Wurzeln transportiert und dort gespeichert. Wenn die vielen dünnen Blätter an den Bäumen blieben, würden sie bei Frost erfrieren oder austrocknen, der Baum würde absterben. Außerdem könnten durch den Schnee auf den Blättern die Zweige zu schwer werden und abbrechen.
Die meisten Bäume und Sträucher bilden im Sommer oder Herbst *Knospen* zur Überwinterung. In ihnen sind vollständige Blüten- oder Blatttriebe für das nächste Jahr angelegt. Die meisten Knospen sind außen von harten und klebrigen Knospenschuppen umgeben. Sie schützen die Knospe vor Austrocknung, Frost und pflanzenfressenden Tieren.
Viele andere Pflanzen sterben nach der Samenreife ab und überwintern als *Samen* (Bohne, Sonnenblume). Von anderen Pflanzen überwintern bestimmte Teile geschützt in der Erde, z. B. Zwiebeln (Schneeglöckchen, Tulpe). Sie enthalten die Nährstoffe, die die Pflanze im Frühjahr zum Wachsen braucht.

Durch den herbstlichen Laubfall sind die Laubbäume im Winter vor Austrocknung und Erfrierungen geschützt. Knospen sind die Überwinterungsorgane vieler Bäume und Sträucher. Andere Pflanzen überwintern mithilfe von Samen oder Speicherorganen.

Vom Samen zum Keimling

1 Feuerbohnensamen

2 Feuerbohnenpflanze

Wettbewerbsaufgabe

Wer zieht aus einem Samenkorn die größte Feuerbohnenpflanze heran?
Zeit: 4 Wochen
Anzahl der Samenkörner: 5

Führt den Wettbewerb am besten in Gruppen durch. Fertigt ein Wachstumsprotokoll an.

1 Wir untersuchen den Samen der Feuerbohne

Die Samen der Feuerbohne lagen einen Tag lang in einer Schale mit Wasser. Dabei sind sie aufgequollen.

a Entferne die Samenschale vorsichtig mit dem Fingernagel; du wirst zwei Bohnenhälften entdecken.
Klappe sie auseinander und untersuche sie mit der Lupe:
- Findest du die kleine Keimwurzel?
- Wo liegen die Keimblätter? Wie viele sind es? Welche Farbe haben sie?
- Fertige eine Skizze an. Beschrifte sie mithilfe der Bilder. 3–4

b Wiege einen trockenen Samen der Feuerbohne ab; miss auch seine Länge. Mache dasselbe mit einem gequollenen Samen. Was fällt dir auf? Erkläre!

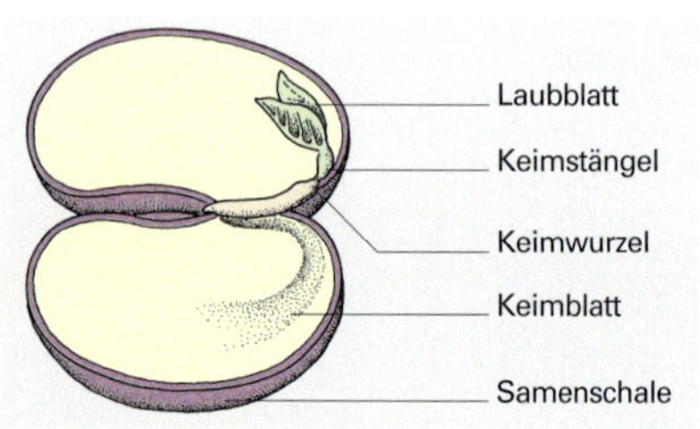

3 Samen der Feuerbohne

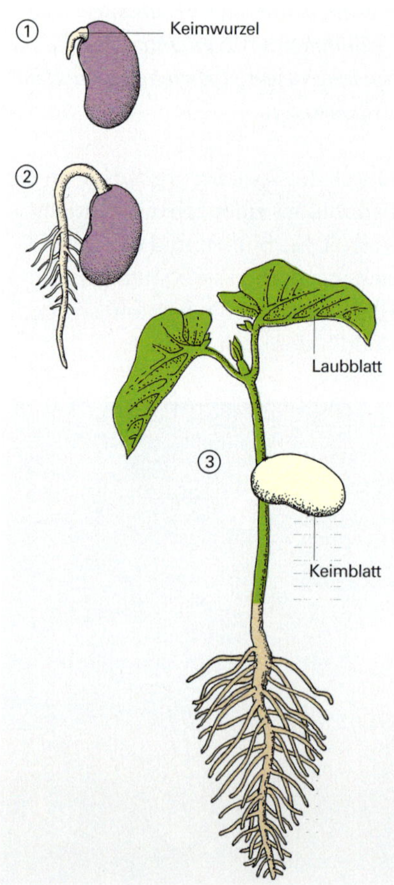

4 Ablauf der Keimung

2 Die Keimung der „Superfeuerbohne“

Wir verwenden wieder Samen der Feuerbohne, die einen Tag lang in Wasser gelegen haben.

a Fülle zunächst ein Einmachglas mit angefeuchteter Watte. Um das Glas herum wickelst du schwarzen Karton. Drücke einige gequollene Samenkörner ein wenig in die Watte hinein.
Halte die Watte während des Versuchs immer feucht. Stelle das Gefäß an einen warmen und hellen Ort.

b Erstelle in deinem Heft ein Wachstumsprotokoll. 5
Miss dazu 3 Wochen lang täglich die Länge des Keimstängels und der Keimwurzel. Trage die Messwerte in die Tabelle ein.

c Fertige immer dann eine Zeichnung des Keimlings an, wenn sich etwas verändert hat. Notiere an jeder Zeichnung das Datum.

3 Was Samen zum Keimen brauchen

Die Bedingungen für das Keimen kannst du mit Kressesamen besonders leicht herausfinden. |6

|6 Kresse wird zum Keimen gebracht.

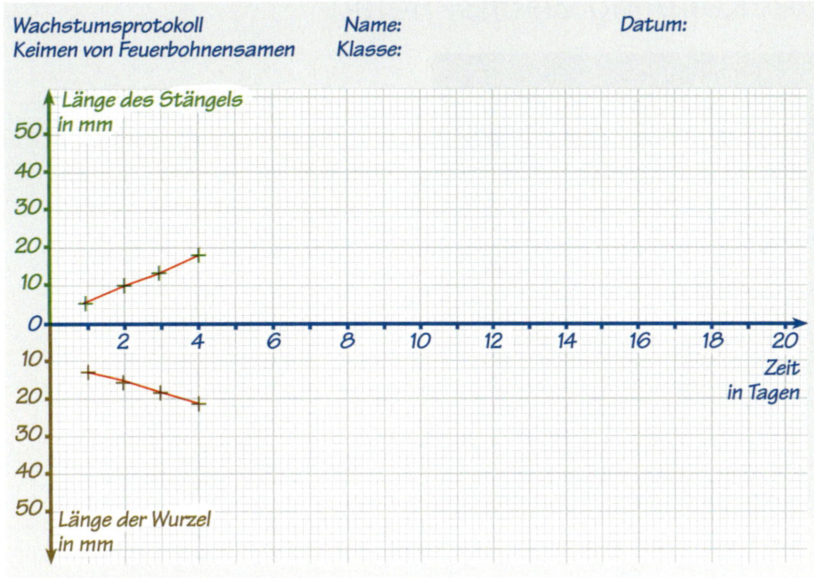

|5 Wachstumsprotokoll (Muster)

Gib je 15 Kressesamen in fünf Petrischalen (oder Untertassen).
Lege die Samen …

- in Schale 1: auf trockene Erde,
- in Schale 2: auf feuchte Erde,
- in Schale 3: auf feuchte Erde und verschließe die Schale mit ihrem Deckel und verklebe den Rand mit Klebeband,
- in Schale 4: auf feuchte Erde und stelle die Schale in den Kühlschrank,
- in Schale 5: auf ein angefeuchtetes Küchentuch,
- in Schale 6: auf feuchte Erde und stelle die Schale ins Dunkle.

Die Samen der Schalen 2–6 darfst du nicht austrocknen lassen.

a Stelle Vermutungen an, welches die besten Wachstumsbedingungen sind. Begründe!

b Erstelle ein Versuchsprotokoll. Notiere jeden Tag, wie viele Samen in den unterschiedlichen Schalen gekeimt sind. |7

c Was brauchen Kressesamen zum Keimen? Bedenke, welche Lebensbedingungen die Samen in den verschiedenen Schalen hatten.

d Warum war es gut, dass du jeweils mehrere Samen genommen hast?

Versuchsprotokoll: *Name:* *Datum:*
Keimen von Kressesamen *Klasse:*

Schale Nr. …	ohne …?	Wie viele Samen sind am … schon gekeimt? 1. Tag	2. Tag	3. Tag	4. Tag	5. Tag	6. Tag
1	Wasser	0	0	0	0	0	0
2	…	…	…	…	…	…	…
3	…	…	…	…	…	…	…
4	…	…	…	…	…	…	…
5	…	…	…	…	…	…	…
6	…	…	…	…	…	…	…

|7 Muster eines Versuchsprotokolls

Der Keimling wächst heran

1

2

3

Die Pflanzen sind unterschiedlich gewachsen. Warum? 1–3

1 Wasserleitung in den Pflanzen

Du benötigst zwei Fleißige Lieschen oder Buntnesseln. Schneide die Wurzeln mit einem scharfen Messer unter Wasser frisch ab. Stelle die eine Pflanze in ein Becherglas mit roter Farblösung (rote Tinte oder Lebensmittelfarbe), die andere zur Kontrolle in ein Becherglas mit Wasser. 4

Schneide von jedem Spross nach einer Stunde ein 2 cm langes unteres Stück des Stängels ab. Spüle es unter Wasser kurz ab. Betrachte mit einer Lupe die frischen Schnittflächen.

Deute die Beobachtungsergebnisse. Wodurch wird das Wasser in der Pflanze nach oben geleitet?

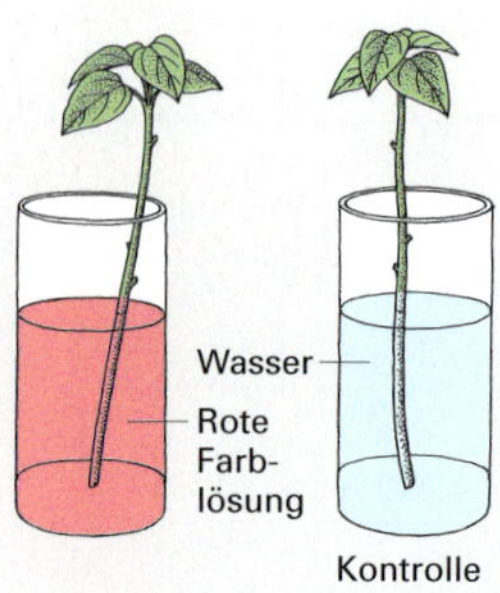

4

2 Durchziehen die Leitungsröhren alle Pflanzenteile?

Schneide den unteren Teil des Stieles einer weißen Blüte (z. B. Nelke) bis zur Hälfte auf.

Lege ein Klebeband um das obere Schnittende, damit sich der Stiel nicht weiter spreizt. Stelle die eine Stängelhälfte in Farbstofflösung, die andere in Wasser. 5

Formuliere eine Vermutung über die Verfärbung der Blüte.

Beobachte nach ein bis zwei Stunden die Veränderungen der Blüte. Warum war deine Vermutung zutreffend bzw. unzutreffend? Begründe!

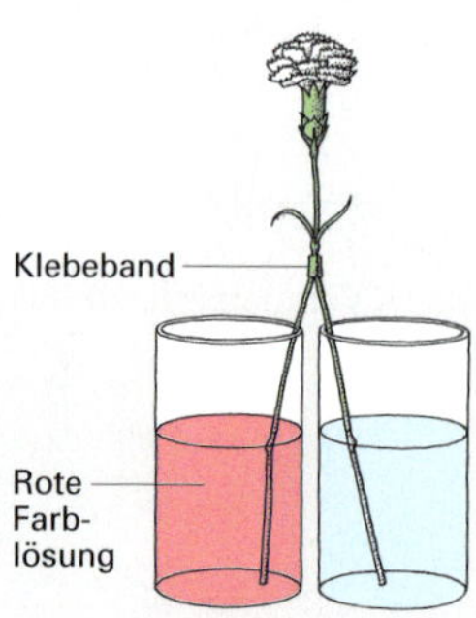

5

3 Wasseraufnahme durch die Wurzeln

Stelle ein Fleißiges Lieschen mit Wurzeln in einen Messzylinder mit Leitungswasser. Fülle zur Kontrolle einen zweiten Messzylinder bis zur gleichen Höhe mit Wasser und markiere den Wasserstand. 6

Vergleiche alle zwei Stunden den Wasserstand in den Zylindern und notiere den jeweiligen Wasserverlust.

Zeichne den Aufbau am Anfang und am Ende des Versuchs. Erkläre den Wasserverlust.

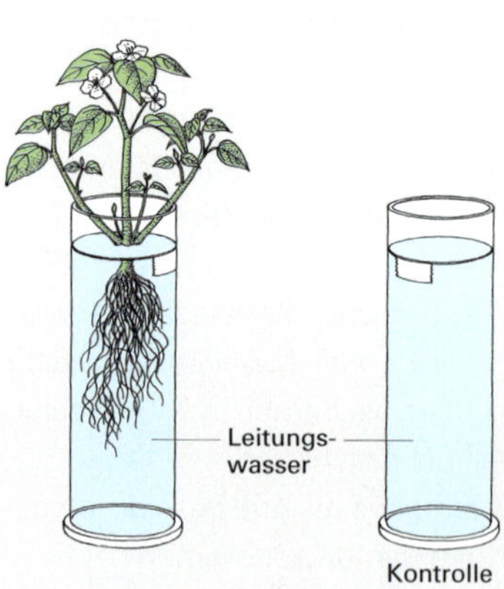

6

Vom Aufbau einer Blütenpflanze
Alle Blütenpflanzen haben denselben Grundaufbau. Die *Wurzel* verankert die Pflanze im Erdboden und versorgt sie mit Wasser. Zum *Spross* gehören *Stängel*, *Laubblätter* und *Blüten*. |7 Wurzel, Laubblätter, Stängel ... sind die *Organe* der Pflanze.

Vom Samen zum Keimling
Alle Blütenpflanzen entwickeln sich aus *Samen*, die in der Blüte gebildet werden. Der Samen enthält den *Keimling* der Pflanze.
Zum Keimen braucht der Keimling Nährstoffe. Während der Keimung ernährt er sich von den Nährstoffen, die in seinen Keimblättern gespeichert sind.
Samen keimen nur, wenn ihnen ausreichend Wasser, Wärme und Luft zur Verfügung stehen. Erst dann wächst die Keimwurzel, die den Samen fest verankert. Gleichzeitig durchbricht der Keimstängel die feste Samenschale, wächst zum Licht hin und treibt bald Blätter aus. Die neue Pflanze entsteht.

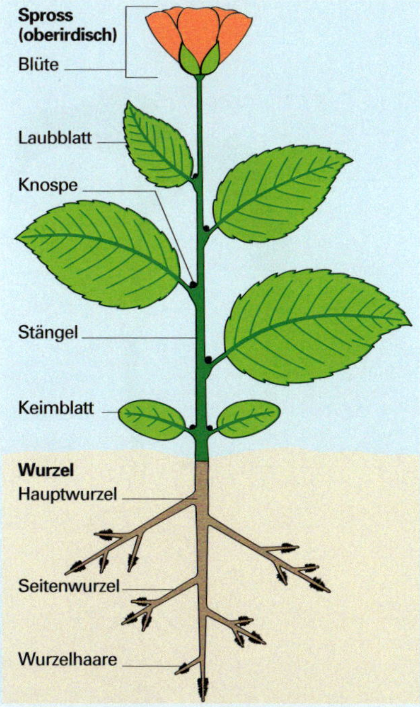

|7 Grundaufbau einer Blütenpflanze

Die Rolle des Wassers
Im Wasser sind Mineralstoffe aus dem Boden gelöst. Wasser und Mineralstoffe nimmt dann die Pflanze mithilfe ihrer feinen Wurzelhaare auf. Der Stängel leitet das Wasser in die Blätter. Dort verdunstet es an der Blattunterseite.
Fehlen lebenswichtige Mineralstoffe im Wasser, ist die Entwicklung der Pflanze gestört.

Die Rolle von Licht und Luft
Tiere und Menschen müssen essen, um leben zu können. Ähnlich geht es den grünen Pflanzen – aber natürlich können sie nicht essen.
Die Pflanzen stellen Zucker, Stärke, Fett und Eiweiß selbst her. Aus Wasser und einem Bestandteil der Luft (Kohlenstoffdioxid) bauen sich grüne Pflanzen die Nährstoffe auf, die sie brauchen. Dafür ist es unbedingt nötig, dass sie im Licht stehen.
Gleichzeitig geben die Pflanzen den für uns lebenswichtigen Sauerstoff ab. |8

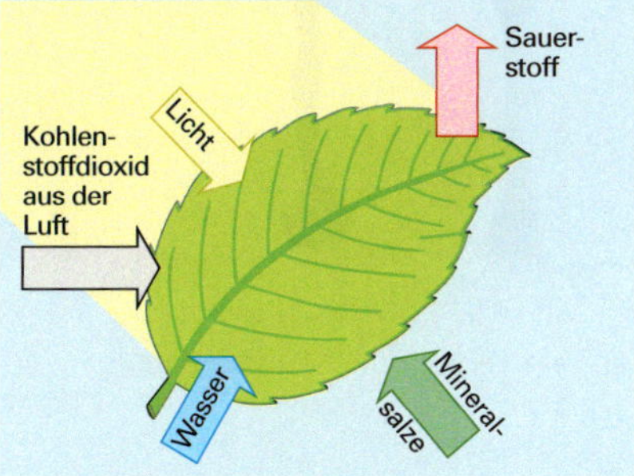

|8 Licht, Luft und Wasser

A Nenne die verschiedenen Teile einer Blütenpflanze und ihre Aufgaben?
B Zeichne einen Querschnitt durch einen Feuerbohnensamen und beschrifte ihn.
C Beschreibe, wie eine Feuerbohne keimt.
Was benötigen Samen zum Keimen?
D* Plane ein Experiment, mit dem du herausfinden kannst, dass Pflanzen Mineralstoffe für ihr Wachstum benötigen.
E Die Pflanze im Bild unten zeigt eine Mangelerscheinung. Was fehlte der Pflanze? |9–10

|9

|10

Zusammenfassung

Aus Blüten werden Früchte 1
Die Blüten besitzen Staubblätter. Diese liefern den (männlichen) Blütenstaub oder Pollen.
Die Fruchtblätter der Blüten enthalten die (weiblichen) Eizellen.

Bei der Bestäubung gelangt Pollen durch Insekten oder den Wind auf die Narbe des Fruchtblatts einer Blüte. Er wächst zum Pollenschlauch aus.

Bei der Befruchtung verschmilzt eine männliche Geschlechtszelle aus dem Pollenkorn mit einer weiblichen Eizelle. Nach der Befruchtung entwickelt sich der Samen.

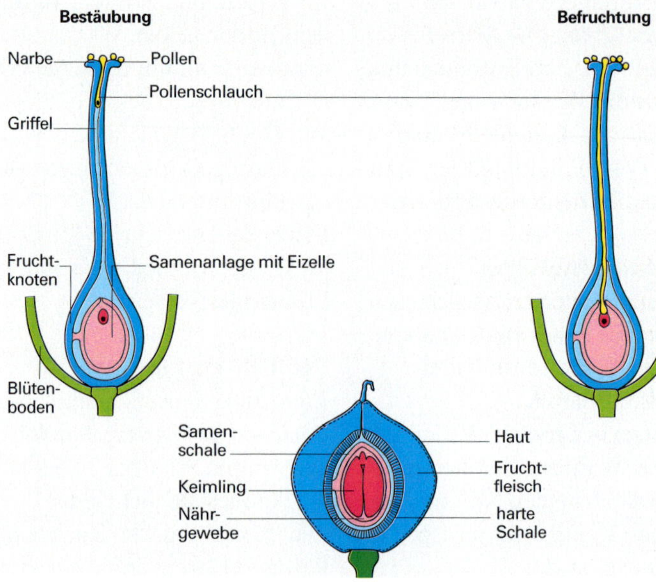

1 Bestäubung und Befruchtung einer Blüte – Frucht

Wie Pflanzen über den Winter kommen
Viele Pflanzen sterben im Winter ab. Nur ihre Samen überstehen diese kalte Jahreszeit.
Bei anderen Pflanzen überwintern Teile. Zwiebeln oder Knollen enthalten die Nährstoffe, die die Pflanze im Frühjahr zum Wachsen braucht
Laubbäume und Sträucher werfen im Herbst das Laub ab. Sie sind so vor Erfrierungen und Austrockung im Winter geschützt. Die Knospen stellen die Überwinterungsorgane dar.

2 Zwiebel, Knolle, Knospe, Samen

Vom Samen zur Pflanze
Pflanzen entstehen aus *Samen*. Zum Keimen benötigen die Samen Wasser, Wärme und Luft.
Bei der Keimung wächst der *Keimling* zu einer jungen Pflanze heran. Die nötigen Nährstoffe erhält er aus den Keimblättern.

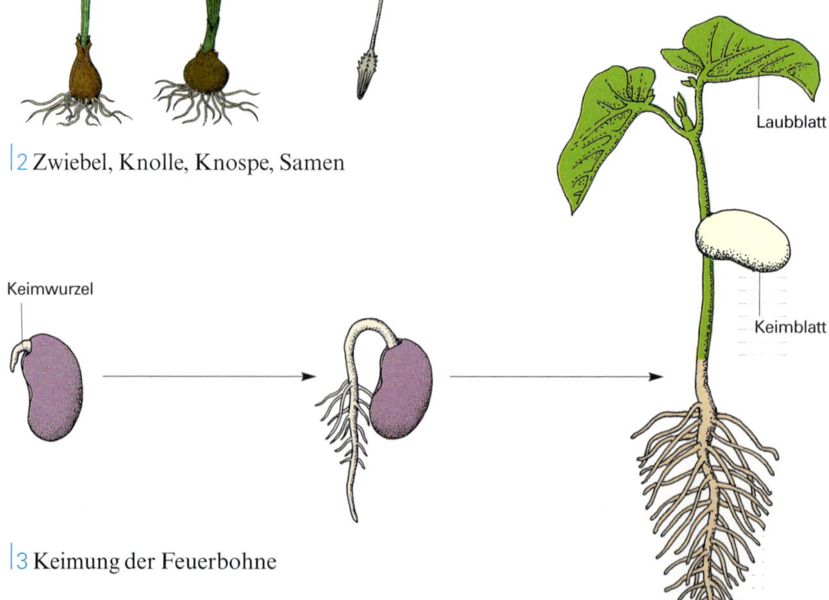

3 Keimung der Feuerbohne

Vom Aufbau der Blütenpflanzen |4

Blütenpflanzen haben Wurzeln und einen Spross. Der Spross besteht aus Stängel, Laubblättern und Blüten. Die Teile (Organe) der Blütenpflanze haben unterschiedliche Aufgaben: Die *Wurzel* verankert die Pflanze im Boden. Von dort nimmt sie Wasser mit gelösten Mineralstoffen auf. Durch den *Stängel* wird das Wasser mit den Mineralstoffen aus den Wurzeln in die Blätter und Blüten transportiert.

Mithilfe der grünen Blätter bildet die Pflanze die zum Leben nötigen Nährstoffe (Stärke, Zucker, Fette). Dazu braucht sie Licht, Luft und Wasser.

Die *Blüten* dienen der Fortpflanzung.

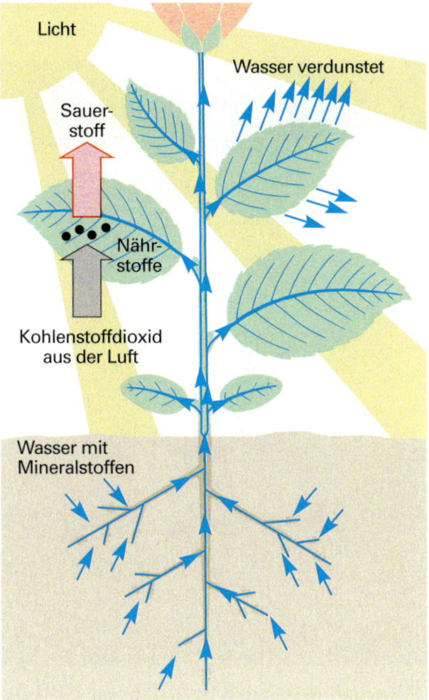

|4 Blütenpflanze

Alles klar?

A Erkläre den Unterschied zwischen Bestäubung und Befruchtung.

B Nenne Möglichkeiten der Bestäubung.

C Beschreibe, wie Frucht und Samen entstehen. Beginne bei der Blüte.

D Wie können Früchte und Samen verbreitet werden? Nenne Beispiele. Welchen Sinn hat die Verbreitung?

E* Der Aronstab ist eine Pflanze, die in feuchten Laubwäldern wächst. Insekten bestäuben ihn. |5 Im Innern des Blütenhüllblatts befinden sich unfruchtbare Blüten mit Sperrborsten. Darunter sitzen die männlichen Blüten (bräunlich) und – noch tiefer – die weiblichen (grünlich). Der obere Teil der Blüte verströmt Aasgeruch. Er ist innen von einem Ölfilm überzogen. Nach einigen Tagen welken die Borsten, sodass sie sich absenken. Auch die Innenwände trocknen dann.

1 Was lockt die Insekten an?
2 Wodurch gelangen sie ins Innere?
3 Wieso kommen sie nicht gleich wieder heraus?
4 Beschreibe, wodurch die weiblichen Blüten bestäubt werden.
5 Wie erfolgt die Befruchtung?
6 Wie kommt es, dass die Insekten die Blüte schließlich verlassen können?

F Wovon hängt der Wasserverbrauch einer Pflanze ab?

G Aus einem Samen ist im Zimmer eine Feuerbohne herangewachsen.

1 Was braucht ein Samen zum Keimen?
2 Beschreibe die verschiedenen Entwicklungsstufen vom Samen zur blühenden Feuerbohnenpflanze.
3 Wohin wächst die Pflanze, wenn Licht von der Seite einfällt? Plane dazu ein Experiment und führe es durch.

|5 Der Aronstab – eine Insektenfalle auf Zeit

Wie Tiere überwintern

|1 Fledermaus beim Winterschlaf

|2 Zauneidechsen in frostsicherer Erdhöhle

|3 Dachs im Winter

1 Wie Zauneidechse, Fledermaus und Dachs überwintern
Sieh dir die Tabelle zu Zauneidechse und Fledermaus an. |4 Übertrage die Diagramme für die Zauneidechse ins Heft und fertige weitere Diagramme für Fledermaus und Dachs an. |5–6

a Was fällt dir auf, wenn du die Werte bei der Zauneidechse vergleichst?
b Was fällt dir an den Werten der Fledermaus auf, was beim Dachs?
c Vergleiche die Diagramme für Eidechse, Fledermaus und Dachs. Welchen Unterschied stellst du fest?

		Zauneidechse		**Fledermaus**		**Dachs**	
Jahreszeit	Außentemperatur	Körpertemperatur	Herzschläge (pro Minute)	Körpertemperatur	Herzschläge (pro Minute)	Körpertemperatur	Herzschläge (pro Minute)
Frühling	15 °C	15 °C	20	39 °C	270	37 °C	130
Sommer	25 °C	25 °C	45	39 °C	270	37 °C	160
Herbst	5 °C	5 °C	12	39 °C	270	37 °C	140
Winter	2 °C	2 °C	weniger als 1	5 °C	10	37 °C	150

|4 Zauneidechse, Fledermaus und Eichhörchen in den verschiedenen Jahreszeiten

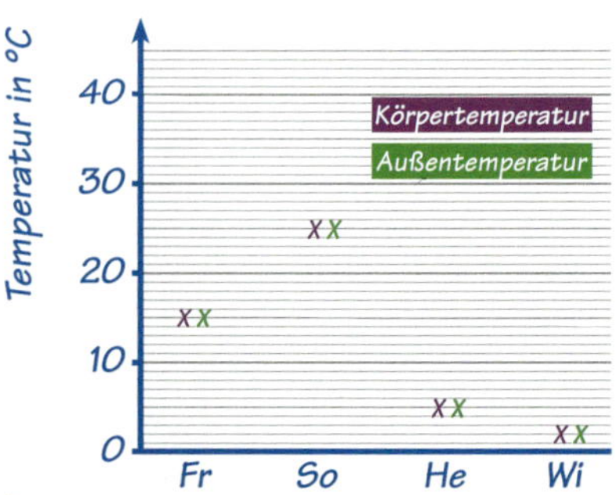

|5 Musterdiagramm Zauneidechse

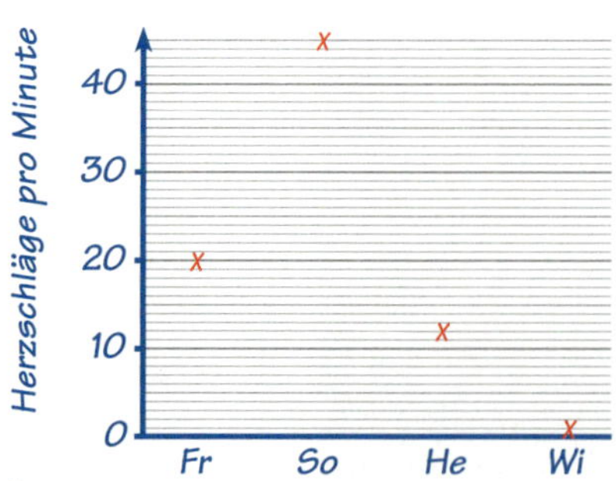

|6 Musterdiagramm Zauneidechse

Wechselwarme Tiere

Kriechtiere, Lurche und Fische sind *wechselwarm*. Ihre Körpertemperatur wechselt mit der ihrer Umgebung. Wenn die Tiere in der Sonne liegen, steigt ihre Körpertemperatur. Sie sinkt im Schatten oder in kühlen Erdhöhlen.
Im Winter werden sie starr und steif; sie verfallen in die *Winterstarre*. Um zu überleben, brauchen sie einen frostsicheren Platz.

Gleichwarme Tiere

Säugetiere und Vögel hingegen sind *gleichwarm*. Ihre Körpertemperatur bleibt immer gleich. Nur die *Winterschläfer* unter ihnen bilden eine Ausnahme: Beim Winterschlaf sinkt ihre Körpertemperatur auf 4 bis 6 °C ab. Die Übersicht zeigt, wie Tiere den Winter überstehen. |7

A Wie überwintert die Zauneidechse? Was passiert, wenn die Temperatur in ihrem Versteck weit unter den Gefrierpunkt sinkt?

B Welche Säugetiere halten einen Winterschlaf, welche eine Winterruhe?

Wechselwarme Tiere

Fische

Winterstarre
- Fische überwintern an tiefen Stellen im Gewässer.
- Ihre Körpertemperatur entspricht der Wassertemperatur.
- Atmung und Herzschlag werden langsamer.
- Die Fische bewegen sich kaum noch.

Lurche – Kriechtiere

Winterstarre
- Die Tiere brauchen weder Fettpolster noch Vorräte.
- Sie verstecken sich an geschützten, frostsicheren Stellen, z. B. im Schlamm eines Teichs.
- Atmung und Herzschlag werden stark verlangsamt.
- Die Tiere werden starr und können sich nicht bewegen.

Gleichwarme Tiere

Vögel
- *Standvögel* bleiben am Ort. Sie schützen sich, indem sie das Gefieder aufplustern und sich eng aneinanderkuscheln.
- *Zugvögel* ziehen in wärmere Gegenden, da sie hier im Winter keine Nahrung finden.

Säugetiere

Winteraktiv

Katze, Hase, Reh, Wildschwein …
- sind das ganze Jahr über aktiv,
- bekommen ein dichtes Winterfell und
- fressen sich ein Fettpolster an.

Winterschlaf

Igel, Haselmaus, Feldhamster, Murmeltier, Fledermaus …
- fressen sich im Spätsommer ein Fettpolster an,
- verschlafen den Winter in frostsicheren Verstecken (oft unter der Erde).
- Atmung und Herzschlag sind stark verlangsamt.
- Die Körpertemperatur sinkt stark ab.
- Bei Temperaturen nahe 0 °C erhöht sich die Körpertemperatur, das Tier wacht auf.

Winterruhe

Eichhörnchen, Bär, Dachs …
- fressen sich Fettpolster an.
- Manche Arten legen Vorräte an,
- manche bekommen ein dickes Winterfell.
- Die Tiere dösen, schlafen, ruhen in einem frostsicheren Bau.
- Atmung und Herzschlag sinken kaum ab.
- Die Tiere wachen bei günstiger Witterung auf und gehen an ihre Vorräte.

|7 Überwinterung: Winterfütterung von Rotwild, Haselmaus beim Winterschlaf, Laubfrosch in Winterstarre, Weißstörche in Afrika

Interessantes **Der Igel in den Jahreszeiten**

Im August wirft die Igelin zwei bis zehn nackte Junge. Jedes wiegt etwa 20 g und ist 6 bis 10 cm lang. Die jungen Igel kommen mit etwa 100 weichen Stacheln zur Welt. Sie fallen später aus und werden durch harte Stacheln ersetzt. In der zweiten Woche öffnen sich Augen und Ohren. Nach vier Wochen wiegen die Jungen bereits 160 g und nehmen von nun an feste Nahrung auf. Dennoch säugt sie die Igelin noch bis zu 6 Wochen. Dann gehen sie eigene Wege, Igel sind Einzelgänger. Sie werden 25 bis 35 cm lang und 1000 g schwer.

In der Dämmerung erwacht der Igel und verlässt sein Versteck unter einer Hecke, am Waldrand oder im Garten. Seine Schnauze hält er dicht über den Boden, wo er mit seiner empfindlichen Nase seine Beute erschnüffelt. Dazu gehören Insekten, Würmer, Schnecken, aber auch tote Frösche, Mäuse und Jungvögel. Auch Bucheckern und reife Beeren stehen auf seinem Speiseplan.

Im Spätsommer und Frühherbst frisst sich der Igel Fettreserven an. Im Oktober oder November zieht er sich mit einem zusätzlichen Gewicht von bis zu 400 g in sein Nest aus Moos, Laub oder Heu zurück. Wenn es dann kälter wird, senkt der Igel seine Körpertemperatur bis auf 6 °C und fällt in den Winterschlaf. Er atmet seltener. Verdauung und Herztätigkeit werden eingeschränkt. Fällt die Körpertemperatur unter 6 °C, so setzt der Weckreiz ein. Die Körpertemperatur steigt an. Der Igel atmet schneller. Mit dem zusätzlichen Sauerstoff wird ein Teil der Fettreserven zur Energieerzeugung genutzt.
Werden die Fettreserven durch Störungen oder lange kalte Winter vorzeitig verbraucht, überlebt der Igel den Winter nicht.

1 Igelmutter mit Jungen

2 Jungtier

Mit zunehmender Tageslänge und steigenden Temperaturen erwachen die Igel im März oder April aus dem Winterschlaf. Sie haben ein Fünftel ihres Gewichts verloren und sind hungrig. Durch das reichliche Nahrungsangebot erreichen sie im Mai wieder ihr ursprüngliches Gewicht. Im Juni und Juli ist Paarungszeit. Auf der Suche nach einem Weibchen wandern die Igelmännchen oft weite Strecken.
Bei Gefahr rollt sich der Igel zu einer Stachelkugel zusammen. Das erschreckte Tier spreizt die Stacheln kreuz und quer ab. So kann es sich gegen fast alle Feinde zur Wehr setzen. Nur Eulen und Greifvögel sowie Füchse, Dachse und Hunde können ihm gefährlich werden.

A Stelle das „Igeljahr" dar. Schreibe zu jedem Monat auf eine Karteikarte, was der Igel tut. Überlege, wie du die 12 Karten des „Igeljahres" an einer Plakatwand übersichtlich gestalten kannst. Ergänze durch weitere Texte, Bilder und Zeichnungen.

B Veranschauliche die Tabelle zur Igelnahrung 3 in einem Diagramm.

C Informiere dich, wie du den Igel sinnvoll schützen kannst. Erstelle dazu ein Flugblatt, das z. B. im Zoohandel Interessierten zur Verfügung gestellt werden kann.

D Ein Garten soll igelfreundlich gestaltet werden. Beachte die Ansprüche des Igels an die Umwelt. Zeichne einen Gartenplan (mit Beschriftung).

Nahrungstier	Anteil
Käfer	39 %
Raupen	24 %
Regenwürmer	19 %
Ohrwürmer	6 %
Käferlarven	5 %
Schnecken	4 %
Fliegenlarven	5 %
Tausendfüßer	1 %

3 Nahrungstiere des Igels

Interessantes **Das Eichhörnchen**

Im Herbst suchen Eichhörnchen Eicheln und Nüsse und vergraben oder verstecken sie als Vorräte.
Eichhörnchen halten Winterruhe. Sie bleiben bei besonders kalter Witterung in ihrem Nest und schlafen. Bei wärmerer Witterung gehen sie auf die Suche nach ihren Vorräten. |4 Die Verstecke haben sie sich nicht gemerkt, sondern sie finden viele Verstecke durch Riechen wieder. Wenn das Nahrungsangebot im Herbst gering ist und ein strenger Winter folgt, sind die Vorräte schnell aufgebraucht und viele der Tiere verhungern.
Ihre kugelförmigen Baumnester bestehen aus Reisig und Heu. Innen sind sie mit Gras, Bast, Moos, Federn und Wolle gepolstert. Die Nester sind wasserdicht und die dicke Wandung schützt vor der Kälte.
Eichhörnchen sind Nagetiere und gehören zu den Allesfressern. Auf dem Speiseplan stehen je nach Jahreszeit Knospen und junge Triebe, Nüsse, Bucheckern, Eicheln und Kastanien, Samen aus Tannen- und Fichtenzapfen, Beeren, Körner und Obst. Sie fressen auch Insekten, Schnecken und Larven.

|4 Eichhörnchen

E Lies den Text durch und verschaffe dir einen groben Überblick über den Inhalt.
Kläre unbekannte Wörter.
Finde zu jedem Abschnitt eine Überschrift.
Fasse die Abschnitte zusammen und berichte deinem Tischnachbarn.

Alltag früher **Aktion Eichhörnchen – der Mensch sorgt für den Winter vor**

Supermärkte halten für uns das ganze Jahr hindurch ein großes Angebot bereit. Selbst im Winter gibt es frisches Obst und Gemüse zu kaufen. Es stammt aus Gewächshäusern oder aus fernen Ländern. Wenn etwas nicht frisch zu erhalten ist, gibt es noch die Tiefkühltruhe.
Das war nicht immer so: Früher stammte die Nahrung aus der näheren Umgebung und wurde oft selbst angebaut. Für den Winter mussten die Menschen vorsorgen, um nicht zu hungern. Heute sind es vor allem Landwirte und Kleingärtner, die noch Nahrungsvorräte für den Winter selbst anlegen.

- Kartoffeln und Rüben lassen sich einkellern oder in Mieten frostgeschützt aufbewahren. |5
- Äpfel kann man im Keller lagern oder in Ringe schneiden und trocknen.
- Marmelade oder Gelee aus Beeren und anderem Obst eignet sich als Wintervorrat.
- Eingekochtes Obst ist viele Monate lang haltbar. Es wird dazu in Gläsern mit Wasser und Zucker erhitzt. Dann verschließt man die Gläser luftdicht mit einem Deckel und einem Gummiring.
- Gurken und Kürbis kann man in Essigwasser aufbewahren.
- Weißkohl wird geschnitten, gesalzen und gestampft. Durch Bakterien entsteht daraus haltbares Sauerkraut.
- Fleisch konserviert man durch Räuchern oder durch Salz (Pökelfleisch).

Kühe lieferten das ganze Jahr über frische Milch. Für den Winter brauchte man aber auch einen Vorrat an Viehfutter.

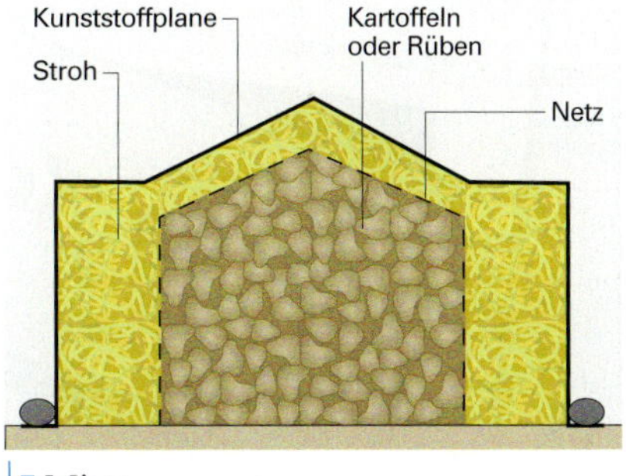

|5 Miete

|6 Eingewecktes Obst

Wissenswertes **Zugvögel**

Im Herbst verlassen viele Vögel ihre Brutgebiete. Manchmal kann man beobachten, wie die Tiere sich sammeln, bevor sie gemeinsam in den Süden fliegen. Warum fliegen die Vögel im Herbst überhaupt von uns weg? Wohin fliegen sie? Welchen Weg nehmen sie?

1 Weißstörche sammeln sich.

Arbeitsweise **Informationen suchen im Internet**

Im Internet kann man bequem nach Informationen suchen. Texte und Bilder sind oft aktueller als in Sachbüchern oder Lexika. Allerdings kann die Fülle der Seiten zu einem Thema enorm sein. Man muss sorgfältig auswählen und prüfen, welche Informationen hilfreich sind.

1. Schritt
Überlege genau, was du herausfinden möchtest, und schreibe deine Fragen auf. Beispiel: Warum ziehen Weißstörche? Wohin fliegen sie und auf welchem Weg?

2. Schritt
Suchmaschinen können dich zu geeigneten Internetseiten führen: *www.google.de, www.altavista.de, www.live.com* oder *www.yahoo.de*. Seiten speziell für Kinder und Jugendliche findet die Suchmaschine *www.blinde-kuh.de*.
Du kannst aber auch bei Institutionen suchen, die etwas mit deinem Thema zu tun haben. Informationen zu Naturschutz oder zu Vögeln findest du beispielsweise beim NABU, bei Euronatur oder bei den Naturdetektiven *(www.nabu.de, www.euronatur.org, www.naturdetektive.de)*.

3. Schritt
Gib ein Suchwort ein. Das Suchwort „Storch" ergibt sehr viele Treffer. Besser sind ein genauerer Begriff oder mehrere Suchbegriffe, zum Beispiel „Weißstorch" und „Zugweg".

4. Schritt
Bewerte die Suchergebnisse kritisch. Viele Internetseiten enthalten keine verlässlichen Informationen.
Drucke geeignete Seiten aus oder speichere sie in einer Textdatei zum späteren Bearbeiten. Denke daran, als Quelle die Internetadresse anzugeben.

5. Schritt
Überfliege die gefundenen Informationen. Markiere die Textstellen, die deine Fragen beantworten. Beispiel: Suche nach Gründen für den Storchenzug, nach Flugzielen und Zugwegen.
Kennzeichne Abschnitte, die weitere interessante Angaben enthalten, mit einer anderen Farbe und schreibe das Thema an den Rand (Beispiel: Flugdauer, Gefahren beim Flug).

6. Schritt
Fasse die Aussagen der Textstellen mit eigenen Worten zusammen. Du kannst deine Texte durch Zeichnungen oder ausgedruckte Bilder ergänzen.

2

Schon im Spätsommer sammeln sich bei uns Zugvögel zum Abflug in ihre Winterquartiere am Mittelmeer oder in Afrika. Die Vögel fliegen oft Tausende von Kilometern weit. Im nächsten Frühling kehren sie in ihre Brutgebiete zurück. |3–6
Viele Graugänse aus Nordeuropa sind Wintergäste bei uns oder in den Niederlanden und Frankreich.
Ob ein Vogel zieht, wann er zum Aufbruch bereit ist und in welche Richtung er fliegt, ist ihm angeboren. Unterwegs orientieren sich Zugvögel am Stand der Sonne und der Sterne, an auffälligen Geländemerkmalen und an den Magnetpolen der Erde.
Der weite Flug ins Winterquartier kostet die Vögel viel Energie. Daher fressen sie sich vorher Fettreserven an. Wenn diese aufgebraucht sind, werden sogar innere Organe abgebaut, um weitere Energie zu gewinnen. Vor allem große Vögel wie Störche nutzen warme Aufwinde, die über Landflächen entstehen. So können sie im Segelflug Energie sparen.
Viele Vögel überleben den Zug nicht. Sie sterben an Entkräftung, werden Opfer von Greifvögeln oder Jägern oder verletzen sich an Hochspannungsleitungen. Sogar Zusammenstöße mit Flugzeugen kommen immer wieder vor.

A Der Vogelzug hängt mit dem Nahrungsmangel zusammen. Erläutere diesen Satz am Beispiel des Weißstorchs.
B Beschreibe die Zugwege von Mäusebussard, Kranich und Rauchschwalbe. Nimm deinen Atlas zu Hilfe und nenne die Länder, die diese Vögel überfliegen. Gib an, wo sie überwintern.
C Erkläre, warum Störche nicht auf direktem Weg nach Afrika fliegen.

|3 Schwalben brechen schon im August auf.

|4 Flugformation von Graugänsen

|5 Weißstorch in Afrika

D Finde heraus, warum Zugvögel beringt werden. |7 Schlage in einem Lexikon nach oder recherchiere im Internet.
E* Störche werden heute nicht mehr beringt. Recherchiere und notiere den Grund für den Verzicht auf die Beringung.

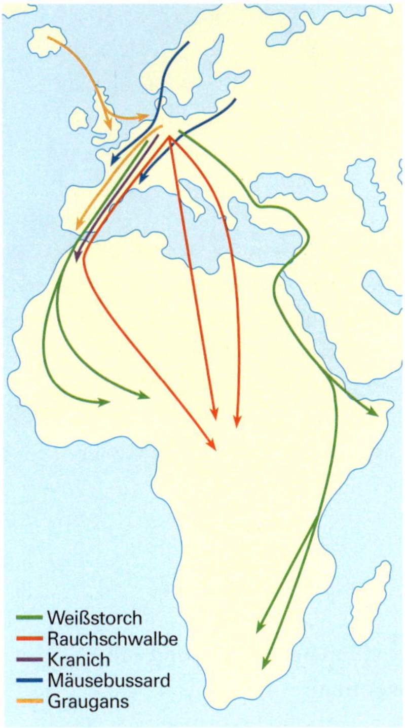

|6 Zugwege verschiedener Zugvögel

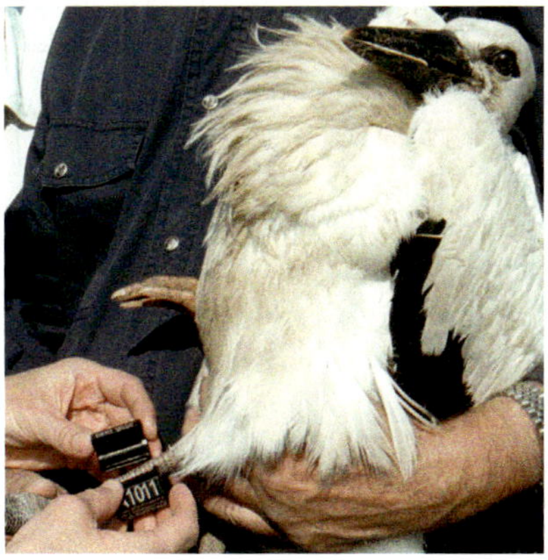

|7 Storch wird beringt.

Wie schützen sich Menschen und Tiere vor Kälte?

1 Gut verpackt durch den Winter

2 Der Dachboden wird wärmeisoliert.

3 Quietschvergnügt auf Eis und Schnee …

Probier's mal!

1 Können Kleidung und Fell wärmen?

Als Ersatz für das Eisbärenfell oder für Winterkleidung dient Wolle oder Watte.

a Fülle zwei Filmdosen mit heißem Wasser und verschließe sie. Wickle eines der Gefäße in Watte ein, das andere bleibt auf dem Tisch stehen. 4

b Nach 30 Minuten prüfst du die Temperatur beider Gefäße, indem du sie an die Wange hältst. Was stellst du fest?

c Wickle das Gefäß wieder ein und prüfe beide Gefäße am nächsten Tag.

d Führe den Versuch auch mit nasser Watte (für ein feuchtes Fell) und Öl (für die Speckschicht) durch.

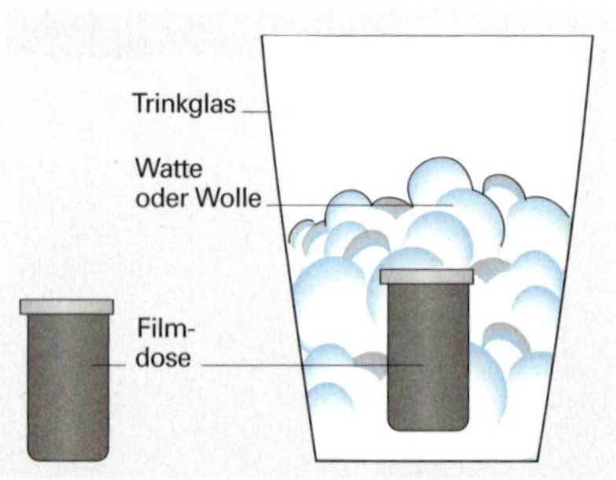

4

2 Wie uns Häuser vor Kälte schützen

Bastle dir ein Versuchshaus aus einem Schuhkarton. 5

Als „Ofen" soll eine Blechdose mit 50 °C heißem Wasser hineinkommen.

a Stelle das „Haus" in einen kühlen Raum. Miss die Anfangstemperatur im „Haus". Um wie viel ist die Temperatur nach einer halben Stunde gesunken?

b Probiere aus, wie du es schaffst, das Haus länger warm zu halten.

c Beschreibe deine Versuchsergebnisse und erkläre sie.

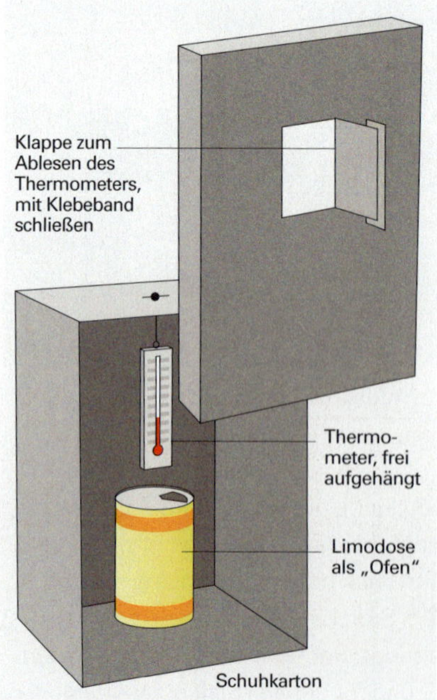

5 Versuchshaus (Bastelanleitung)

3 Auch Doppelfenster halten warm

Findet den Vorteil der Doppelverglasung durch eine Versuchsreihe heraus: Von einer Seite her erwärmt ihr das Fenster mit einem Haartrockner. Auf der anderen Seite messt ihr mit einem elektronischen Thermometer. 6

a Worin unterscheiden sich die drei Versuchsanordnungen?

b Plant selbst die Versuchsreihe. (*Tipp:* Es wird eine Uhr benötigt.)

c Bevor ihr zu experimentieren beginnt: Überlegt, welche Ergebnisse herauskommen könnten.

d Führt die Versuchsreihe durch. Versucht die Ergebnisse zu erklären.

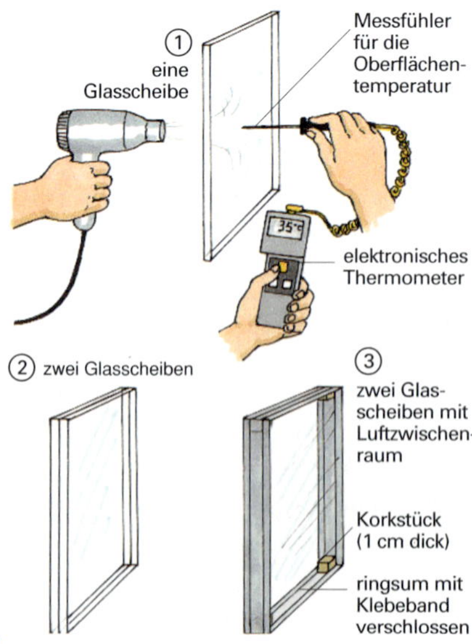

6 Wärmedämmung durch Fenster

Als Kälteschutz besitzt der Eisbär ein dickes Fell. Im eiskalten Wasser hilft ihm das Fell aber wenig. Die bis zu 10 cm dicke Fettschicht verhindert dann weitgehend den Wärmeverlust.
Das Winterfell der Ponys ist viel dichter als das Sommerfell. |7–8
Wir Menschen schützen uns durch bauschige Kleidung.
Kleidung, Fell und Speckschicht dienen der *Wärmedämmung*. Sie verhindern, dass die vom Körper erzeugte Wärme schnell entweicht.

Auch bei Häusern ist die Wärmedämmung wichtig, damit die Heizungswärme möglichst lange in der Wohnung bleibt. Sonst muss die Heizung zu viel Wärme nachliefern. Für die Wärmedämmung verwendet man Materialien, die viel Luft enthalten. |9
Auch in bauschiger Winterkleidung oder im Winterfell der Tiere ist viel Luft gespeichert.

Mit einer Wärmedämmung kann man erreichen, dass die Wärme nur ganz langsam aus einem warmen Bereich in die kältere Umgebung strömt. Sehr gut eignet sich (eingeschlossene) Luft zu Wärmedämmung.

|7 Pony im Sommer

|8 Pony im Winter

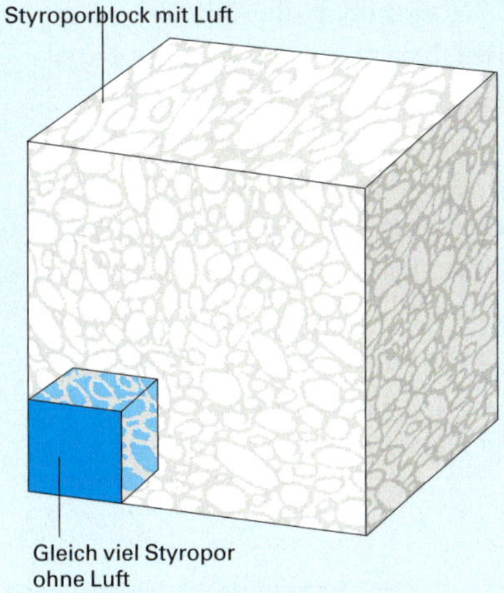

|9 Styropor – „eingeschlossene Luft“

A „Zieh dir eine warme Jacke an!“ Diese Aufforderung kennst du sicher. Doch worauf beruht die Wirkung der Jacke? Wo steckt die Wärmequelle bei der „warmen Jacke“?

B Hier geht es um Kleidung, die zur Wärmedämmung geeignet ist.
1 Wie muss sie beschaffen sein, damit sie im Winter gut warm hält?
2 Das Gewebe gut isolierender Kleidung ist elastisch. Es soll nämlich wieder bauschig werden, wenn man es zusammendrückt und loslässt. Warum?

C Bei strenger Kälte plustern sich Vögel auf. Sie sehen dann dicker aus als normal. |10–11 Wie schützen sich Vögel im Winter vor Wärmeverlusten?

4 Welcher Schlafsack ist besser?
Im Zelt übernachten? In mancher Sommernacht wird es recht kalt. Mit Temperaturen unter dem Gefrierpunkt müssen Bergsteiger rechnen, die in großer Höhe biwakieren. Ein guter Schlafsack ist dann unentbehrlich.
Plant einen Versuch, mit dem ihr verschiedene Schlafsäcke vergleichen könnt. Untersucht, welcher Schlafsack länger warm hält.

|10 Rotkehlchen im Sommer

|11 Rotkehlchen im Winter

Die Sonne wärmt uns auch im Winter

1 Sonnenbaden

Die Luft ist noch ziemlich kalt. Trotzdem fühlen sich die Urlauber in der Sonne wohl. 1

Es ist *nicht* die Umgebungsluft, die hier wärmt!

Probier's mal!

1 Eine Lampe als Wärmequelle

Nimm eine Leuchte als Ersatz für die Sonne.

a Halte deine Hand unter die eingeschaltete Lampe. Wodurch wird deine Hand warm?

b Drehe den Schirm der Leuchte so, wie du es unten siehst. 2 Schließe die Augen und berühre die Lampe nicht. Kannst du dennoch fühlen, ob die Lampe eingeschaltet ist oder nicht?

c Halte Papier zwischen Lampe und Hand. Was fühlst du?

2 Wärmt etwa die Alufolie?

Überziehe eine Postkarte glatt mit glänzender Aluminiumfolie.

a Halte die Postkarte mit der Folienseite nahe an deine Wange. Woher kommt die Wärme?

b Mit der Alufolie kannst du Wärme und Licht „spiegeln": Halte dazu die Postkarte über einen eingeschalteten Toaster. 3 Wackle mit der Postkarte hin und her.

3 Schwarz oder weiß – was wird heißer?

Lege im Freien ein weißes und ein schwarzes Blatt Papier nebeneinander in die Sonne. Unter beide Blätter kommt ein Zeitung – als Isolierung zum Boden. 4

Lass die Papiere 15 Minuten lang liegen. Prüfe dann mit der Wange die Temperatur ihrer Oberfläche.

2 Spürt man, ob die Lampe leuchtet?

3 Ob es die Alufolie ist, die wärmt?

4 Was wird heißer?

4 Welche Rolle spielt die Oberfläche?

Astronauten tragen helle, glänzende Anzüge. Rohre von Sonnenkollektoren zur Warmwasserbereitung sind schwarz. Im Sommer tragen wir meist helle Kleidung.

a Überlegt euch, welche Gründe es dafür geben könnte.

b Plant Versuche, mit denen ihr eure Vermutungen überprüfen könnt (Skizze des Versuchsaufbaus).

Hier seht ihr Geräte und Materialien, die ihr dafür brauchen könnt. |5

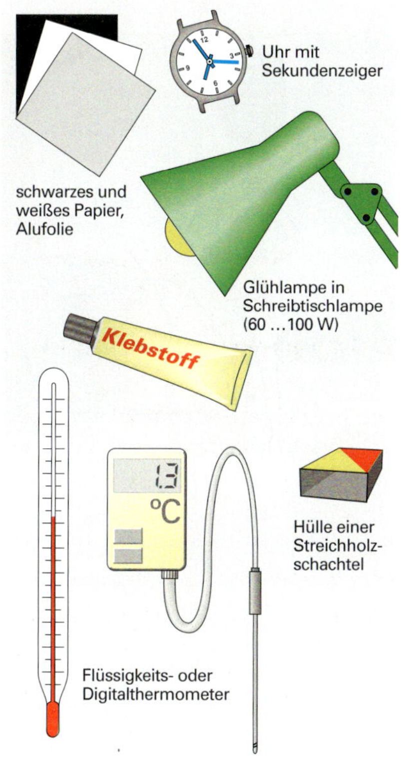

|5 Versuchsgeräte und -materialien

5 Sonnenenergie für Elektrogeräte

Mit einer Solarzelle und einem passenden Motor kann man Sonnenenergie auch in elektrische Energie umwandeln. Wie erreichst du, dass sich der Propeller möglichst schnell dreht? |6

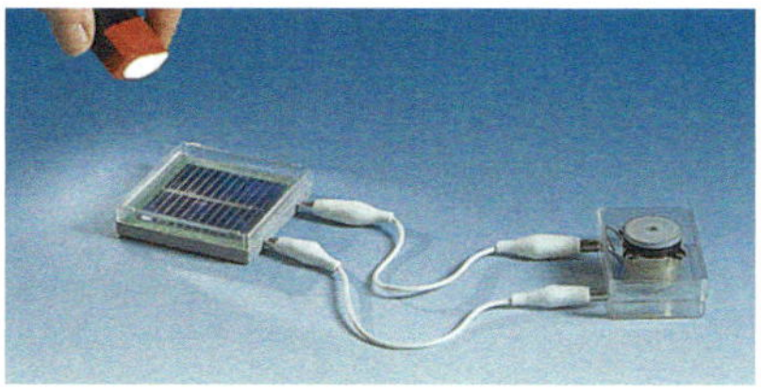

|6

Umwelt und Technik **Sonnenkollektoren für warmes Wasser**

Manche Häuser sind auf ihrer Südseite mit *Solaranlagen* oder *Sonnenkollektoren* ausgestattet. Sie sollen Wasser mithilfe von Sonnenstrahlung erwärmen.
Kollektoren haben die Aufgabe, möglichst viel Sonnenstrahlung aufzunehmen (zu *absorbieren*) und damit Wasser zu erwärmen.

Und so funktioniert ein Sonnenkollektor: |7
Die Sonnenstrahlung dringt durch die Glasscheiben und trifft auf die schwarze Absorberplatte aus Metall; dort wird die Strahlung absorbiert. Die Temperatur der Platte steigt daraufhin an.
Hinter der Absorberplatte wird eine Flüssigkeit in Rohrleitungen vorbeigepumpt. Diese Flüssigkeit kann Wärme sehr gut speichern; sie gefriert auch erst bei viel tieferen Temperaturen als Wasser.
Die Flüssigkeit in den Rohren wird von der Absorberplatte erwärmt. Dann wird sie in den *Wärmetauscher* geleitet. |8 Hier gibt sie die Wärme an das kalte Leitungswasser ab.

A Warum hat man in den Kollektor eine Wärmedämmung eingebaut?

B Durch den Kollektor selbst fließt kein Wasser. Weshalb?

C Wie wird das Leitungswasser erwärmt? Schreibe die folgenden Sätze in der richtigen Reihenfolge auf. (Der erste und der letzte stehen richtig.)
- Die Sonnenstrahlung erhitzt die Flüssigkeit im Kollektor.
- Die heiße Flüssigkeit gibt im Wärmeaustauscher Wärme an das Leitungswasser ab.
- Die Umwälzpumpe pumpt die heiße Flüssigkeit zum Wärmeaustauscher.
- Das Leitungswasser erwärmt sich und steigt im Wärmetauscher nach oben.
- Wenn jemand im Haus heißes Wasser entnimmt, wird kaltes Wasser nachgepumpt.

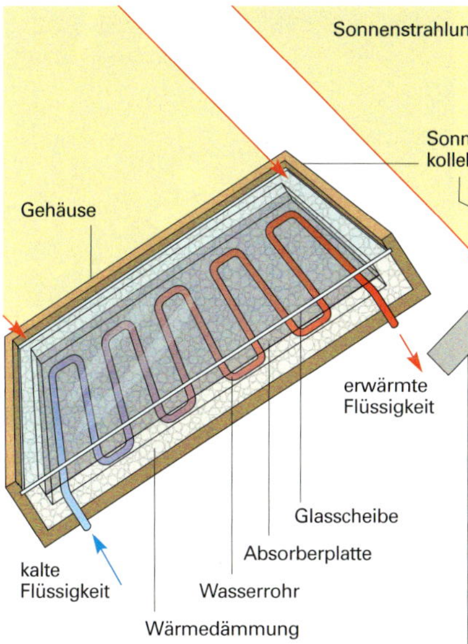

|7 So sieht ein Sonnenkollektor innen aus.

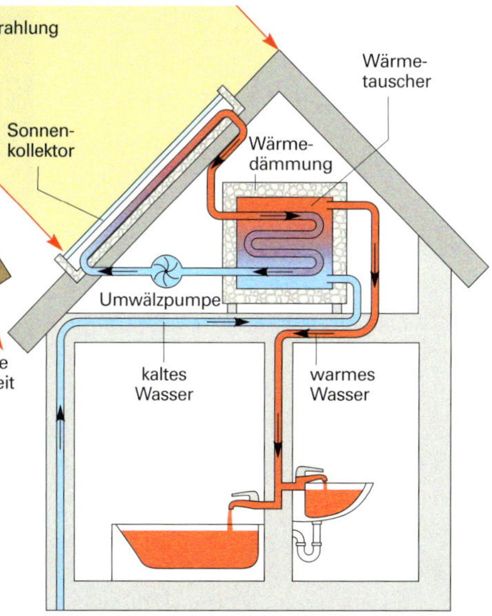

|8 Warmwasserversorgung mit Solaranlage

Grundlagen **Strahlung von der Sonne**

Wenn ein Auto „in der Sonne steht", wird es innen oft heiß. Im Sommer am Strand kann der Sand so heiß werden, dass man kaum noch barfuß darauf laufen kann.
Für beide Beispiele gilt: Gegenstände auf der Erde werden durch die Sonne erwärmt: durch *Strahlung*, die von der Sonne zur Erde gelangt. |1

Energie von der Sonne wird durch Strahlung zur Erde transportiert. Dadurch wird die Erde erwärmt.

Strahlung breitet sich *auch im luftleeren Raum* aus.

Strahlung geht auch von anderen Körpern aus, z. B. von heißen Herdplatten, Glühlampen oder deinem Körper.

Körper, die sehr heiß sind, senden sichtbares Licht aus (z. B. die Sonne oder der Glühdraht einer eingeschalteten Glühlampe).
Wenn die Strahlung auf einen anderen Körper trifft, wird sie von diesem teilweise aufgenommen *(absorbiert)*. Dadurch wird der andere Gegenstand erwärmt. Die dunkle Erde oder der dunkle Sonnenkollektor *absorbieren* viel Strahlung. |2 Dadurch erwärmen sie sich schnell.
Andere Körper, z. B. spiegelnde Wasseroberflächen, *reflektieren* einen Teil der Strahlung (sie werfen ihn zurück). |3

A Warum sind Kühlwagen hell gestrichen und Rohre von Sonnenkollektoren schwarz?
B Nenne drei Körper, die Energie in Form von Wärme oder Licht abstrahlen.
C Was bedeutet absorbieren und was reflektieren?
D Wasser wird im Haushalt z. B. mit Erdgas oder durch Sonnenenergie erwärmt. Bewerte dies im Hinblick auf die Umweltbelastung und Kosten.

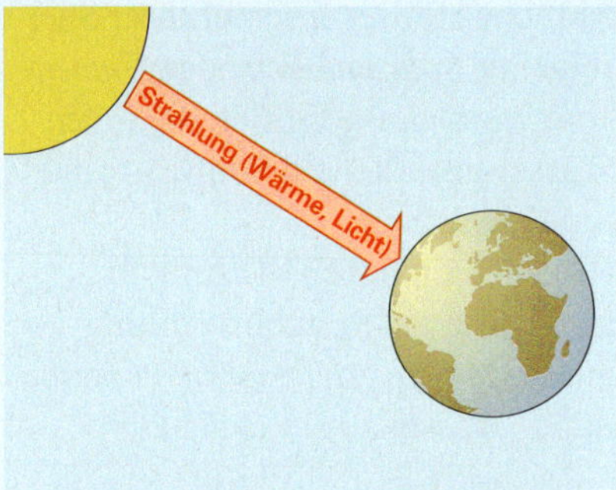

|1 Energietransport durch Strahlung

|2 Dunkle Sonnenkollektoren

|3 Helle, glänzende Astronautenkleidung

6 Die Campingdusche

Peter und Klaus zelten an einem Fluss. Peter hat eine Idee, wie sie am Abend warm duschen können. |4
Probiere aus, ob das Wasser wirklich warm wird: Fülle eine schwarze Plastiktüte zur Hälfte mit Wasser. Miss die Temperatur des Wassers.
Verschließe die Tüte sorgfältig mit Klebeband oder einem Bindfaden, sodass kein Wasser auslaufen kann. Lege die Tüte in die Sonne. Wie warm wird das Wasser im Laufe des Tages?

|4

Zusammenfassung

Wie Tiere überwintern

Tiere sind an den Wechsel der Jahreszeiten angepasst. Sie überstehen den Winter auf verschiedene Weise: Wechselwarme Tiere (Kriechtiere, Lurche, Fische) fallen in die Winterstarre. Gleichwarme Tiere (Säugetiere und Vögel) schützen sich durch ein dickes Fell oder Gefieder. Ein dickes Fettpolster dient als Energievorrat. Viele Säugetiere halten Winterschlaf oder Winterruhe.
Viele Vögel ziehen im Herbst in warme Regionen (Zugvögel).

5 Winterstarre, Winterruhe, Winterschlaf

Wärmedämmung

Gefieder und Fell, Skianorak, Schlafsack und Winterpulli sorgen dafür, dass der warme Körper nur langsam Energie an die kältere Umgebung abgibt. Zur Wärmeisolierung sind besonders gut Materialien geeignet, die viel Luft enthalten.

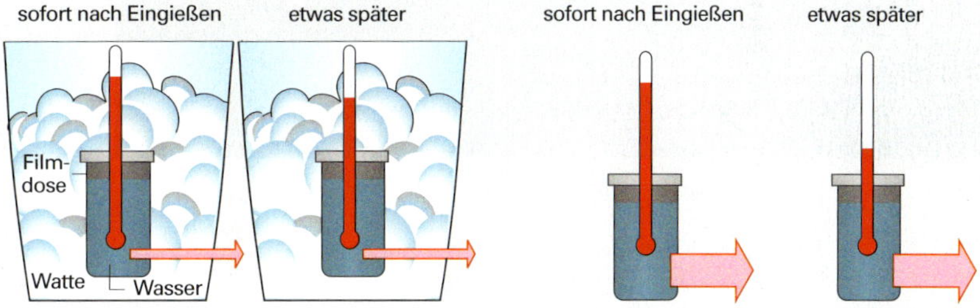

6

Nutzung von Sonnenenergie

Durch die Sonnenstrahlung erhalten wir Energie von der Sonne.
Dunkle und matte Oberflächen absorbieren viel Strahlung, helle werfen einen Teil zurück. Daher erreichen dunkle Gegenstände in der Sonnenstrahlung höhere Temperaturen als dunkle.
Sonnenenergie wird in der Technik auf verschiedene Weise genutzt. Beispiele sind Sonnenkollektoren zum Erwärmen von Wasser und Solarzellen, an die Elektrogeräte angeschlossen werden.

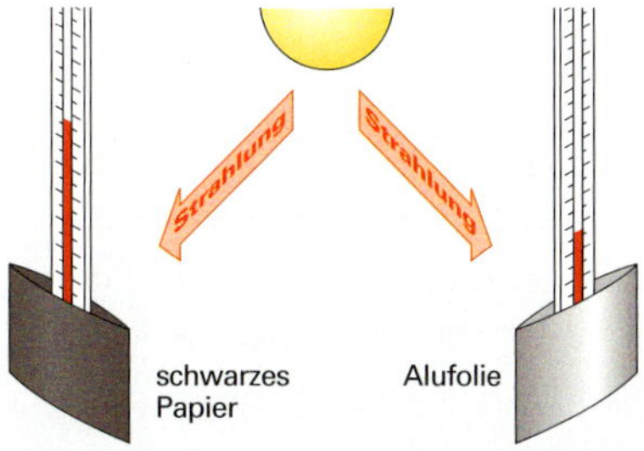

7

Alles klar?

A Warum werden nur die Außenmauern eines Hauses gut wärmeisoliert? Welche Isolierstoffe kennst du?

B Eine dünne Styroporwand isoliert besser als eine dicke Betonmauer. Woran liegt das?

C In Polargebieten können zwar Eisbären und Pinguine leben, aber keine Schlangen und Echsen. Findest du eine Erklärung dafür?

D Sandra und Alex wollen zu Hause einen Behälter bauen. Er soll ihnen im Sommer ihre Getränke länger kalt und im Winter länger warm halten.

1 Was meinst du: Kann das ein und derselbe Behälter leisten? Begründe!

2 Welche Stoffe könnten Sandra und Alex nehmen?

3 Fertige eine Zeichnung an und schreibe die Namen der Stoffe dran. Begründe, warum du gerade diese Stoffe vorschlägst.

4 Beschreibe Versuche, durch die du beweisen kannst, dass der Behälter die gewünschte Wirkung haben wird.

5 Alex behauptet: „Unser Behälter wärmt Früchtetee." Hat er recht? Begründe deine Antwort. Wenn nötig, schreibe die Aussage anders auf.

E* Im Frühjahr reißt der Schneeteppich auf – am schnellsten dort, wo Laub liegt. 8 Erkläre!

8

Wolken, Schnee, Eis – alles nur Wasser

1

2

3

4

Viermal Wasser, das seinen Zustand ändert oder gleich ändern wird …

Probier's mal!

1 Wasser und Wasserdampf

a Miss mit einem Messbecher einen halben Liter Wasser ab. Fülle das Wasser in einen Topf und erwärme es.

b Warum wird der Deckel angehoben, wenn das Wasser kocht?

c Halte einen kühlen Spiegel oder Deckel über den Topf. Was beobachtest du?

d Nach 10 Minuten nimmst du den Topf vom Herd. (Achtung, der Topf ist heiß! Nimm Topflappen und den Deckel zu Hilfe.) Lass das Wasser abkühlen und miss, wie viel Wasser übrig geblieben ist. Wo könnte das restliche Wasser geblieben sein?

2 Wo bleibt das Wasser?

Gib einen Esslöffel Wasser auf eine Untertasse. Stelle das Ganze an einen warmen Platz. Wie lange dauert es, bis alles Wasser verschwunden ist? Erkläre!

3 Wolkenbildung in der Flasche

Du brauchst eine leere Saftflasche mit weiter Öffnung.

a Trockne die Flasche sorgfältig innen und außen ab. Lege sie geöffnet mehrere Stunden lang in den Kühlschrank. So wird die Luft in der Flasche stark abgekühlt.

b Hole die Flasche aus dem Kühlschrank und hauche zwei- oder dreimal in sie hinein. 5
Die Feuchtigkeit deines Atems bildet an der Innenwand der Flasche Nebel wie bei einer Wolke. Du siehst ihn deutlich, wenn du die Flasche gegen das Licht hältst.

c Verschließe die Flasche mit einem passenden Deckel. Stelle sie dann an einen sonnigen, warmen Platz. Was ist nach einiger Zeit zu sehen?

d Lege die verschlossene Flasche zurück in den Kühlschrank.

e Erkläre deine Beobachtungen.

5

4 Ein riesiger Schneekristall

Mische in einem Teller 3 Esslöffel Wasser mit 3 Esslöffeln Spülmittel und 1 Esslöffel Glycerin.

Biege aus Bindedraht eine faustgroße Schlinge mit einem Haltegriff. Ziehe die Schlinge durch dieFlüssigkeit, sodass sich eine Seifenhaut bildet. Die Schlinge mit der Seifenhaut legst du in das Gefrierfach des Kühlschranks.

Grundlagen **Fest – flüssig – gasförmig**

Zustandsformen
Wasser kann in drei Zustandsformen (Aggregatzuständen) vorkommen: als Eis, Wasser und Wasserdampf. Es kann also fest, flüssig und gasförmig sein. 6
Welchen Zustand es hat, hängt von der Temperatur ab. Bei –5 °C ist es fest und bei 10 °C flüssig. Bei 110 °C ist Wasser gasförmig.

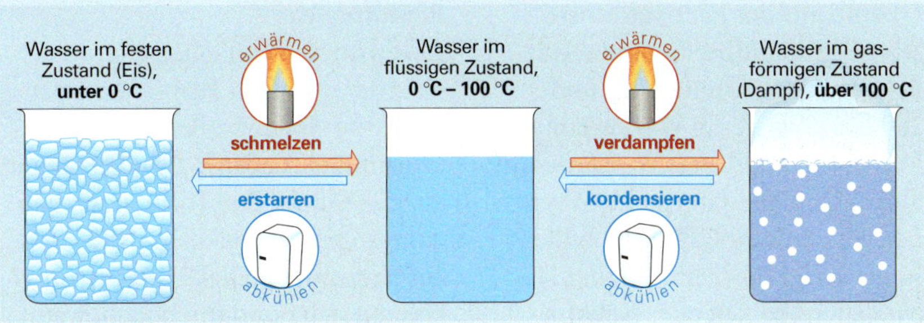

6 Zustandsänderungen von Wasser

Zustandsänderungen
Die Temperaturen, bei denen Stoffe ihren Zustand ändern, heißen:
- *Schmelztemperatur* (wenn ein fester Stoff flüssig wird),
- *Siedetemperatur* (wenn eine Flüssigkeit gasförmig wird).

Diese Temperaturen sind für jeden Stoff unterschiedlich.
Flüssigkeiten können auch unterhalb ihrer Siedetemperatur gasförmig werden. Man sagt dann: Sie *verdunsten* (z. B. Regenwasser).

Wenn Eis schmilzt oder Wasser siedet, ändert sich seine Temperatur trotz Energiezufuhr nicht. Die zugeführte Energie ist nötig, damit das Eis schmilzt oder das Wasser verdampft.

Ein fester Stoff wird flüssig, wenn er seine Schmelztemperatur erreicht. Beim Erreichen seiner Siedetemperatur wird er gasförmig.

A Wenn man als Brillenträger im Winter von draußen in eine warme Wohnung kommt, beschlägt die Brille. Warum?
B* Der Aggregatzustand von Alkohol ändert sich bei –115 °C und bei 78 °C. Wie heißen diese Temperaturen? Welche Zustandsänderungen treten bei diesen Temperaturen ein?
C Beschreibe den natürlichen Wasserkreislauf. 7

Wissenswertes **Der Wasserkreislauf**

Wasser ist für Pflanzen, Tiere und uns Menschen unentbehrlich. Ohne Nahrung kann ein Mensch zwei Wochen auskommen, ohne Wasser höchstens zwei bis drei Tage.
Der allergrößte Teil des Wassers auf der Erde füllt die Ozeane.

Über den Ozeanen verdunstet ständig Wasser. Die dafür nötige Energie liefert die Sonne. Damit beginnt für das Wasser ein Kreislauf, der wieder im Meer endet. 7
Die aufsteigende Luft kühlt ab. Dabei kondensiert das Wasser zu winzigen Tröpfchen. Es entstehen Wolken. Mit dem Wind werden sie über weite Strecken transportiert. Aus den Wolken fällt Regen und Schnee. An Land bilden sich Rinnsale, Bäche und Ströme, die das Wasser wieder ins Meer bringen. Ein Teil des Wassers versickert, wird als Grundwasser gespeichert und fließt ebenfalls ins Meer.
Angetrieben wird dieser gewaltige Wasserkreislauf durch die Sonne. Er stellt ständig sauberes Wasser für das Leben auf der Erde bereit. Der Mensch nutzt den Wasserkreislauf auch mit Wasserkraftwerken und erhält so elektrische Energie.

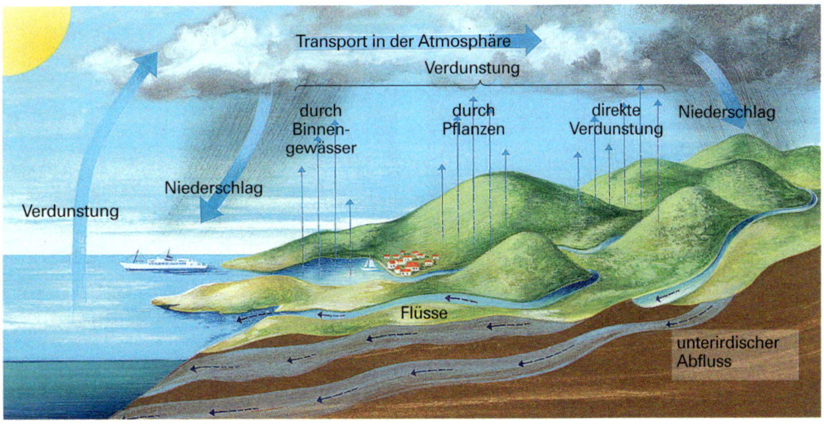

7 Der natürliche Wasserkreislauf

Wetterkunde **Nebel – Wolken – Regen – Hagel – Schnee**

Überall auf der Erde verdunstet Wasser. Ein großer Baum verwandelt an einem Sommertag rund 200 Liter Wasser in Wasserdampf. Die Luft enthält stets Wasserdampf. Sehen kann man ihn nicht. Wenn der Wasserdampf abkühlt, bilden sich winzige Wolkentröpfchen. Es entstehen Wolken oder Nebel.

Nebel
Besonders häufig tritt Nebel im Frühjahr und Herbst in Flusstälern auf. Dort verdunstet dauernd viel Wasser. Wenn das gasförmige Wasser dann in der kühlen Abend- oder Morgenluft abkühlt, kondensiert es zu kleinen Wassertröpfchen. Wir sehen sie als Nebel. |1

Wolken
Wolken entstehen, wenn der Wasserdampf mit erwärmter Luft hochsteigt, in kältere Luftschichten gelangt und dort kondensiert. Es bilden sich winzige Wassertröpfchen und in größeren Höhen auch kleine Eiskristalle. Sie fallen nicht zur Erde, obwohl Wasser schwerer als Luft ist; denn sie werden von der aufsteigenden Luft in der Schwebe gehalten. Wir sehen sie als Wolken. |2

Regentropfen
Regentropfen entstehen erst, wenn viele der winzigen Tröpfchen einer Wolke zu einem großen Tropfen „zusammenfließen" – wie Fettaugen auf der Suppe. Die Tropfen werden dann so schwer, dass sie als Regen zur Erde fallen. Dicke Regentropfen können sich nur dann bilden, wenn in der Wolke neben den Wassertröpfchen auch noch Eiskristalle vorhanden sind: Sie ziehen die kleinen Wassertröpfchen an und wachsen zu Hagelkörnern an. Auf ihrem tiefen Fall zur Erde schmelzen sie in wärmeren Luftschichten und gelangen als dicke Regentropfen auf die Erde.

Hagel
Als Hagel prasseln sie auf uns herab, wenn die Körner sehr dick sind und auf dem Weg zur Erde nicht ganz schmelzen. In Gewitterwolken werden Hagelkörner durch die starken Aufwinde immer wieder hochgerissen und wachsen so immer mehr, weil sich ständig neue Wasserteilchen anlagern. Hagelkörner können so groß wie Tennisbälle sein und großen Schaden anrichten.

Schnee
In großen Höhen betragen die Lufttemperaturen meist weit unter 0 °C. Dort bilden sich dann aus dem Wasserdampf keine Wassertröpfchen, sondern Eiskristalle. Das gasförmige Wasser geht dabei direkt in den festen Zustand über. Der flüssige Zustand wird also übersprungen. Es bilden sich Eiskristalle in vielen unterschiedlichen Formen. |3
Sie vereinen sich schließlich zu Schneeflocken. Wenn sie schwer genug sind, rieseln sie als *Schnee* zur Erde nieder – wenn sie nicht in tieferen Luftschichten schmelzen.

A Lege eine leeres Glas für 5 Minuten ins Gefrierfach. Nimm es dann heraus und stelle es auf den Tisch. Was beobachtest du? Was hat dieser Versuch mit der Wolkenbildung zu tun?

B Vor allem im Sommer sieht man morgens auf Pflanzen und Gras oft Tau. Wieso verschwinden die Tautropfen recht schnell?

C* Wasserdampf ist unsichtbar! Warum sehen wir dann aber die Wolken?

D* Wie bildet sich Schnee? Suche dafür eine Erklärung.

|1 Nebel im Flusstal

|2 Kleine Wolke – 600 t kondensierter Wasserdampf

|3 Eiskristalle in verschiedenen Formen

Grundlagen **Fest – flüssig – gasförmig: ein Modell hilft bei der Erklärung**

Stoffe bestehen aus Teilchen
Ein und derselbe Stoff, z. B. Wasser, kann in verschiedenen Aggregatzuständen auftreten. Dabei bleibt das Wasser immer Wasser.
Ein anderes Beispiel ist das Parfüm. Du kennst es im flüssigen und im gasförmigen Zustand:
In einer geschlossenen Flasche ist es flüssig. Wenn du es aber auf deine Haut tropfen lässt, verdunstet es; es wird gasförmig. Den Parfümgeruch kann man überall im Raum wahrnehmen. Man riecht also das Parfüm – sehen kann man es aber nicht. Es muss sich also ganz fein verteilt haben.
Wir können uns *vorstellen*, dass nun überall im Raum ganz kleine Teilchen (Parfümteilchen) vorhanden sind.
Auch bei der Erklärung anderer Beobachtungen kann uns diese Teilchenvorstellung helfen:

Wir stellen uns vor, dass alle Stoffe aus kleinsten, für uns unsichtbaren Teilchen aufgebaut sind.

Diese kleinsten Teilchen sind so winzig, dass man sie auch mit starken Mikroskopen nicht sichtbar machen kann. Wir wollen sie uns einfach als kleine Kügelchen vorstellen.
Mit diesem *Modell* können wir die Zustandsformen und deren Änderungen erklären. |4–6

Stoffe in festem Zustand

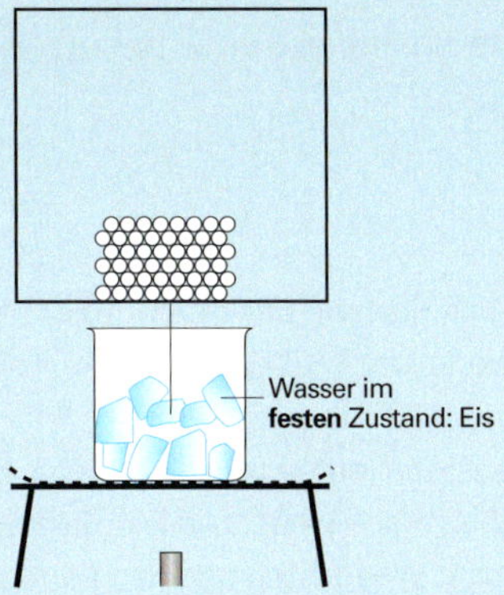

|4

Bei einem Stoff in *festem* Zustand liegen die Teilchen, aus denen er besteht, dicht zusammen.
Die Teilchen haben einen starken Zusammenhalt. Sie können ihren Platz nicht verlassen; ein bisschen können sie sich aber bewegen.
Wenn der feste Stoff erwärmt wird, bewegen sich die Teilchen stärker.
Bei einer bestimmten Temperatur – der *Schmelztemperatur* – wird der Stoff flüssig.

Stoffe in flüssigem Zustand

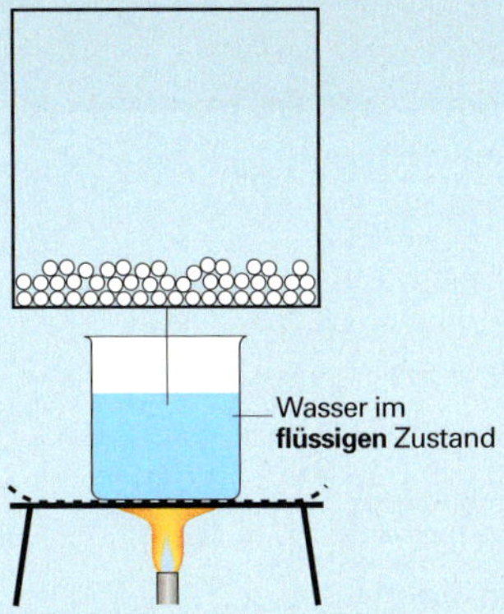

|5

Auch im *flüssigen* Zustand besitzen die Teilchen einen Zusammenhalt.
Er ist aber nicht so groß wie im festen Zustand.
Die Teilchen haben nun keine festen Plätze mehr. Sie können sich gegeneinander verschieben.
Wenn der flüssige Stoff dann weiter erwärmt wird, bewegen sich die Teilchen noch heftiger. Bei der *Siedetemperatur* wird der Stoff schließlich gasförmig.

Stoffe in gasförmigem Zustand

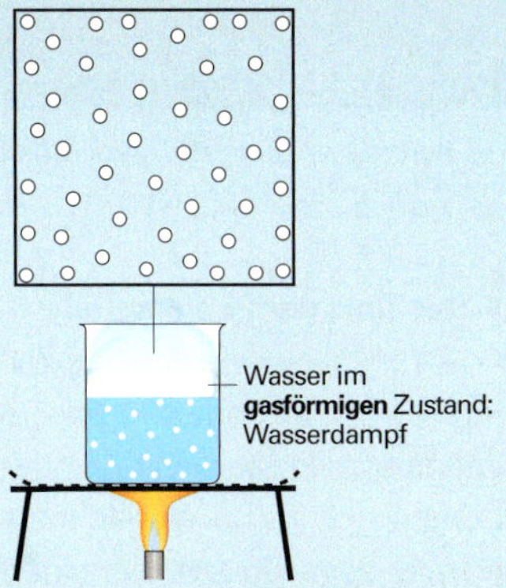

|6

Bei einem Stoff im *gasförmigen* Zustand besitzen die Teilchen keinen Zusammenhalt mehr.
Sie verteilen sich auf den ganzen Raum, der ihnen zur Verfügung steht.

E Das „Teilchenspiel": Einige Schülerinnen und Schüler sollen die verschiedenen Zustandsformen eines Stoffes spielen. Jeder stellt *ein Teilchen* dar. Sie sammeln sich an einer freien Stelle des Klassenzimmers.

1 Macht Vorschläge, wie sie den festen Zustand spielen können. (Lest euch den Text unter den Bildern durch.)

2 Jetzt sollen der flüssige und der gasförmige Zustand gespielt werden. Was muss sich ändern?

F Wie kannst du aus festem Blei flüssiges Blei machen?

G Bei welchem Zustand ist der Zusammenhalt zwischen den Teilchen am größten?
Bei welchem Zustand ist der Zusammenhalt am geringsten?

H Wann ist der Abstand zwischen den Teilchen am größten (kleinsten)?

I* Wasser in einer Untertasse wird auf die Fensterbank gestellt.
Erkläre mithilfe des Modells, warum es mit der Zeit weniger wird.

Wie der Wind entsteht

|1 Gleitschirmflieger nutzen Aufwinde, um emporzusteigen.

|2 Aufwärtsgerichtete Luftströmung

Wie entstehen Luftströmungen und Winde?

1 Der Tanz der Papierspirale

a Schneide dir eine Papierspirale aus. Stecke an ihrem inneren Ende von unten her eine Stecknadel hindurch. So kann sich die Spirale leicht drehen.

b Halte deine Spirale über eine Wärmequelle. |3

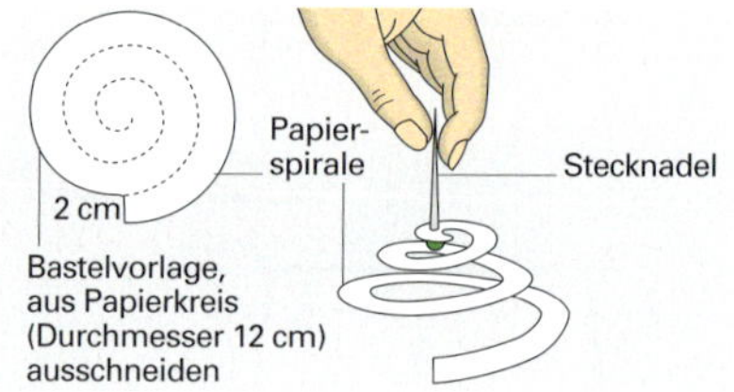

|3

2 Meeresklima – Wüstenklima

Stelle zwei gleich große Gläser auf ein sonniges Fensterbrett. Fülle eines mit Sand, das andere mit Wasser derselben Temperatur.

Miss nun jede Stunde einmal die Temperatur des Sandes und des Wassers. Miss auch noch einmal, nachdem die Sonne untergegangen ist.

3 Luftströmungen am Backofen

Öffne einen heißen Backofen einen Spalt. Untersuche die Luftströmungen zwischen Backofen und Küche. Fahre dazu mit einer Kerze den Türspalt von unten nach oben hoch.

In gleicher Weise kannst du auch die Luftströmungen zwischen anderen Räumen mit verschiedenen Temperaturen untersuchen (unterschiedlich warme Zimmer, Kühlschrank und Küche).

4 Wind im Becherglas

Von der Sonne werden manche Gebiete der Erdoberfläche stärker erwärmt als andere. Die Erdoberfläche heizt dann die darüberliegende Luft auf. Dadurch entsteht Wind.

Eine Kerze und ein Eiswürfel stellen die unterschiedlich erwärmte Erdoberfläche dar. |4 Mit einem Räucherstäbchen weist du die Luftströmung nach.

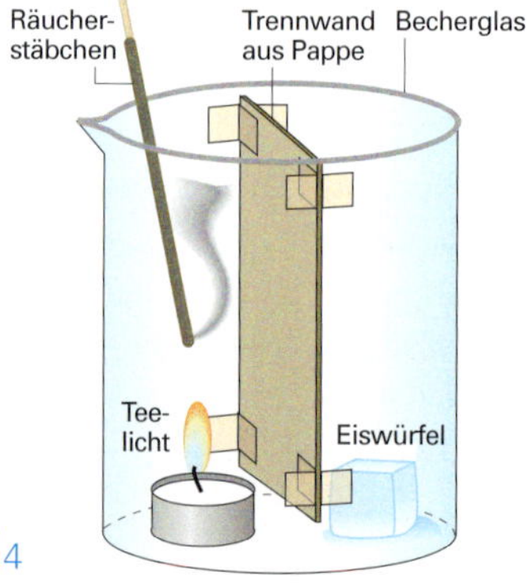

|4

5 Die Flasche mit der Münze

Hokuspokus mit einer Flasche – sicher kannst du das auch … |5

Tipps: Die leere Flasche vorher in den Kühlschrank legen. Die Münze zunächst anfeuchten und dann erst auf die Flasche legen.

6 Luft wird erwärmt

Du brauchst eine Luftballonhülle und eine Glasflasche. Ziehe die Luftballonhülle über die Flaschenöffnung.

Stelle die Flasche erst in warmes Wasser und dann in Eiswasser. Beschreibe deine Beobachtung und erkläre.

|5

Grundlagen **Wenn Luft erwärmt wird …**

Luft, die erwärmt wird, dehnt sich aus. Ihr Volumen nimmt zu.

Die Ausdehnung von Luft ist erheblich stärker als die von festen und flüssigen Stoffen. Mit dem *Teilchenmodell* kann man die Ausdehnung erklären. Wir stellen uns vor, dass die Erwärmung der Luft Einfluss auf die Bewegung der Teilchen hat:

Je stärker Luft erwärmt wird, desto stärker bewegen sich die Luftteilchen.

Bei stärkerer Bewegung brauchen die Teilchen mehr Platz. Das bedeutet, dass sich die Luft ausdehnt. Dazu ein Modellversuch: Kinder stehen dicht beieinander und bewegen sich kaum. |6 Dann beginnen sie, sich stärker zu bewegen …

|6 Modellversuch zur Wärmeausdehnung

Luftströmungen

Über einer heißen Fläche erwärmt sich die Luft. Sie dehnt sich aus und wird leichter. Die kalte Luft aus der Umgebung ist schwerer. Sie schiebt sich unter die warme Luft und hebt sie an. Die warme Luft steigt auf.

Über einer heißen Fläche entsteht eine Luftströmung nach oben.

Umwelt **Die Sonne ruft Winde hervor**

Wenn die Sonne scheint, erwärmt sich die Erde nicht überall gleich: Die Luft über den Landflächen wird heißer als die über dem Meer.
Beim Erhitzen dehnt sich die Luft aus. Zur Seite kann sie nicht ausweichen, denn da ist ja andere Luft. Daher wird die Luftsäule über dem Land höher. Erwärmte Luft steigt nach oben.
Anders ist es draußen über dem Meer. Hier kühlt die Luft ab. Ihr Volumen wird geringer, sie sackt zusammen. Luft sinkt nach unten.
In großer Höhe setzt sich die Luft über dem Land in Bewegung und fließt in Richtung Meer ab. |7
Auf der Luft unten über der Meeresoberfläche lastet nur mehr Luft. Die Luft wird zusammengedrückt, sie gerät stärker „unter Druck". Man spricht von einem *Hochdruckgebiet*. Über der bodennahen Luft an Land lastet weniger Luft. Sie steht weniger „unter Druck". Dort liegt ein *Tiefdruckgebiet*.
Auch unten beginnt die Luft zu strömen. Es weht ein Wind vom Hochdruckgebiet zum Tiefdruckgebiet.

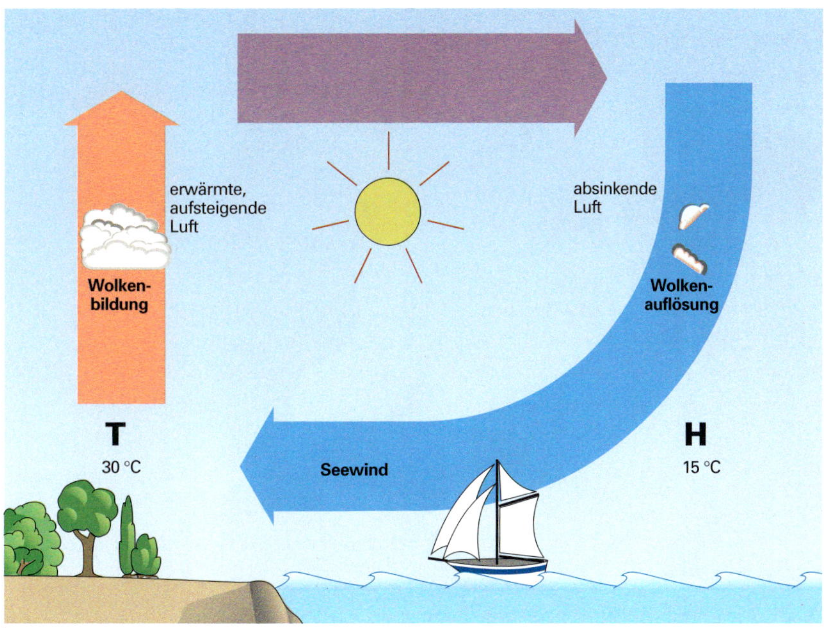

|7 Entstehung von Seewind

Die Sonne treibt den Wind an: Die Erdoberfläche wird unterschiedlich stark erwärmt. So entstehen Gebiete, in denen Luft aufsteigt (Tiefdruckgebiete), und solche, in denen sie absinkt (Hochdruckgebiete). Über dem Boden entsteht Wind, weil die Luft vom Hoch- zum Tiefdruckgebiet strömt. |7

A „Die Sonne treibt den Wind an." Ist das wirklich so? Erkläre!

B Viele Duschen haben einen Duschvorhang. Wenn man warm duscht, klebt einem der Vorhang an den Beinen. Erkläre das mit den Begriffen Hochdruck- und Tiefdruckgebiet.

Wissenswertes **Sonne – Motor des Lebens**

Die Sonne ist ein unerschöpflicher Energielieferant.

Grüne Pflanzen nutzen die Sonnenenergie, um zu wachsen. Mithilfe der Sonnenenergie bauen sie sich selbst die Nährstoffe auf, die sie zum Wachsen brauchen.

Auch Tiere bekommen ihre Energie letzten Endes von der Sonne. Pflanzenfresser erhalten sie von den Pflanzen, Fleischfresser auf dem Umweg über andere Tiere.

Die Sonnenenergie ist auch unsere wichtigste Wärmequelle. Ohne ihre Nähe wäre es bitterkalt und Leben auf der Erde wäre unmöglich.

Sonnenenergie kann auch direkt aufgefangen werden. Auf vielen Dächern findest du Solarzellen, die Sonnenenergie in elektrische Energie umwandeln. In Sonnenkollektoren wird mit Sonnenenergie Wasser erwärmt.

Das Wettergeschehen auf der Erde wird durch die Sonne angetrieben. Mit Windkraftwerken wird Energie „geerntet", die von der Sonne stammt. Auch die Zerstörungen durch Orkane sind Wirkungen der Sonnenenergie.

Wasser verdunstet durch die Energie der Sonne und gelangt so in die Atmosphäre. Dort bilden sich Wolken. Aus ihnen fällt Regen. Auf dem langen Weg des Wassers ins Meer wird mit Wasserkraftwerken Energie gewonnen.

Wenn die Sonne weniger lange scheint und das Sonnenlicht flacher einfällt, wird es bei uns kalt. Es ist Winter.

Wasser im Winter[Z]

Wie können Fische im Winter überleben?

Eisige Kälte, die Lufttemperatur berägt –10 °C.
Trotzdem ist das Wasser im See unter dem Eis nicht gefroren. Dort leben sogar Fische!
Wie warm ist das Wasser im zugefrorenen See?

1

Probier's mal!

1 Temperaturen in unterschiedlichen Wassertiefen

Für den Versuch brauchst du einen hohen Standzylinder. 2
Wo wird man die niedrigste Wassertemperatur messen?
Wo im Standzylinder ist die Temperatur am höchsten?

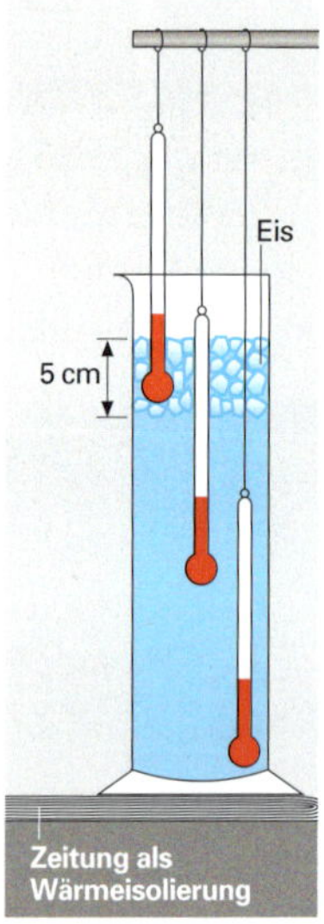

2

2 Wenn Wasser gefriert …

Fülle ein möglichst schmales und hohes Schraubglas (für Gewürze oder Oliven) randvoll mit Wasser. Verschließe es mit dem Deckel. Es soll keine Luftblase im Glas sein. Stelle das Glas ins Gefrierfach. Am nächsten Tag schaust du nach. Das Wasser ist nicht nur gefroren …

3 Erstarren von Wachs und Wasser

a Stelle ein Teelicht auf die Herdplatte. *Kein offenes Feuer verwenden!* Gib in das flüssige Wachs so viele Wachsbrocken, bis es randvoll ist. Nimm die Dose vom Herd und lass das Wachs erstarren. Beschreibe die Oberfläche.

b Untersuche, ob die Oberfläche von erstarrtem Wasser genauso aussieht.

Grundlagen **Wasser – eine ganz besondere Flüssigkeit**

Das Wasser in Seen ist im Winter unten wärmer als oben. Das hängt mit dem außergewöhnlichen Verhalten von Wasser zusammen: Wenn man Spiritus abkühlt, zieht er sich zusammen. 3 Das ist das ganz normale Verhalten von Flüssigkeiten.
Auch Wasser zieht sich beim Abkühlen zusammen, aber nur bis +4 °C. Unterhalb von 4 °C dehnt sich das Wasser beim Abkühlen aus!

Wasser hat bei 4 °C sein kleinstes Volumen. Zwischen 0 °C und 4 °C dehnt es sich beim Abkühlen aus.

Da dieses Verhalten von der „normalen" Gesetzmäßigkeit abweicht, spricht man von einer Anomalie (griech. *a-:* nicht; *nomos:* Gesetz).

Wasser ist bei 4 °C am schwersten.
1 Liter Wasser von 4 °C wiegt mehr als 1 Liter Wasser von 10 °C oder 1 Liter Wasser von 1 °C.

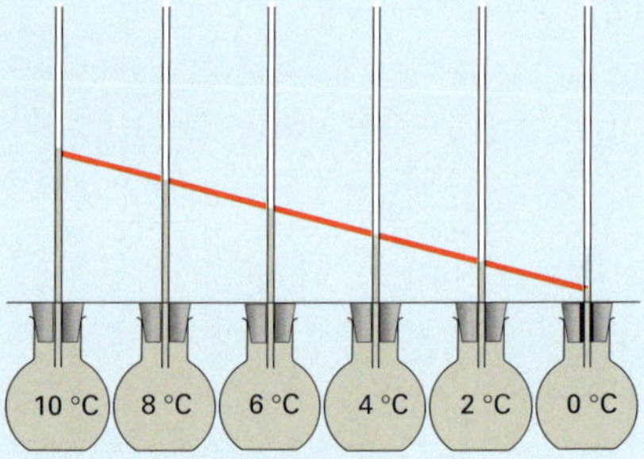

3 Alkohol wird abgekühlt.

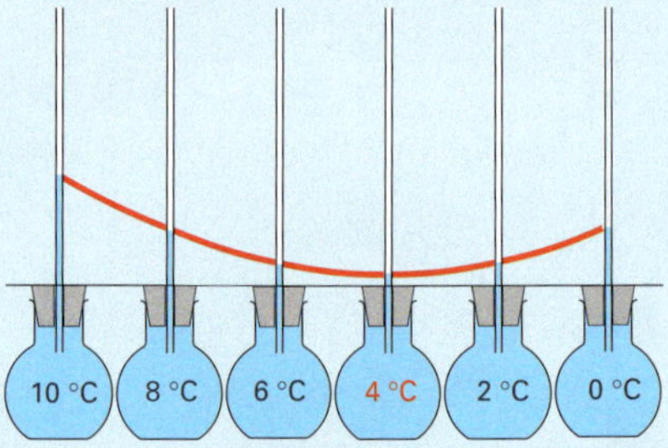

4 Wasser wird abgekühlt.

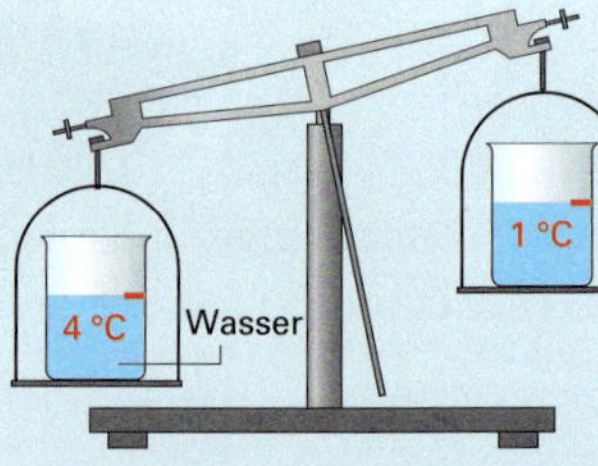

5 1 Liter Wasser – bei 4 °C am schwersten

Umwelt **Wassertemperaturen in einem See**

Im Sommer wird das Wasser in einem See immer kälter, je tiefer du tauchst. |6 Im Winter dagegen nimmt die Wassertemperatur bis zum Grund hin bis auf 4 °C zu. |7 Wie kommt es dazu?

Wenn im Herbst und im Winter die Lufttemperatur sinkt, kühlt das Wasser an der Oberfläche des Sees ab. Dabei zieht es sich zusammen und wird schwerer. Das kalte Wasser sinkt nach unten. Schließlich hat das ganze Wasser im See eine Temperatur von 4 °C.

Wenn das Wasser an der Oberfläche noch weiter abkühlt (auf 3 °C oder 2 °C oder 1 °C), dehnt es sich aus. Es ist dann leichter als das 4 °C warme Wasser weiter unten. Jetzt sinkt das kühlere Wasser nicht mehr ab. Es schwimmt sozusagen auf dem Wasser von 4 °C.

Nun nimmt die Wassertemperatur nur noch in den oberen Wasserschichten ab, und an der Oberfläche erstarrt das Wasser zu Eis. Im See nimmt die Wassertemperatur mit zunehmender Tiefe jetzt bis auf 4 °C zu.

Wenn der Frost anhält, kühlt auch das unmittelbar darunter liegende Wasser weiter ab – die Eisschicht auf dem See wird immer dicker.

Wenn der See tief genug ist, friert er nicht bis zum Boden durch. Dadurch überleben Wasserpflanzen und Wassertiere im Winter im Tiefenbereich des Sees.

A Im Sommer ist das Wasser im See an der Oberfläche wärmer als unten. Versuche eine Erklärung zu geben.

B Am Grund eines zugefrorenen tiefen Sees beträgt die Temperatur 4 °C. Nach oben ist das Wasser kälter. Erkläre!

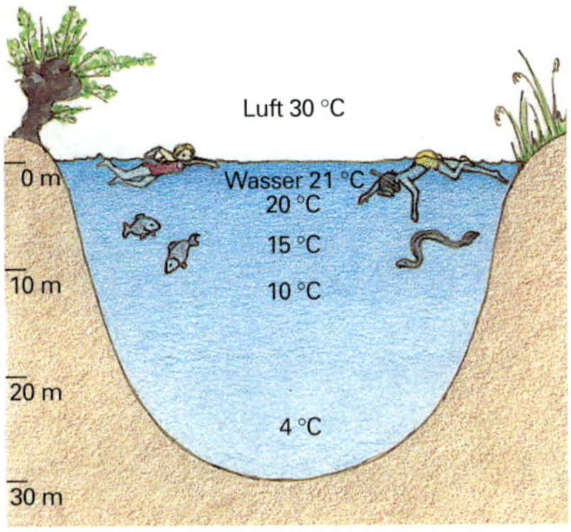

|6 See im Sommer

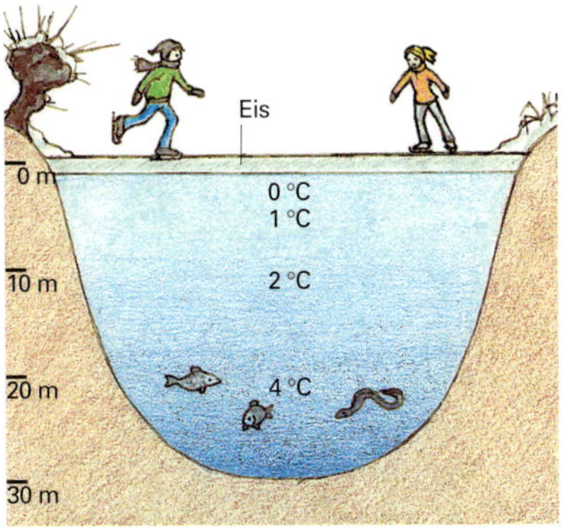

|7 See im Winter

Interessantes **Wenn Wasser gefriert …**

|8

|9 Frostaufbrüche

Bei Frost können Flaschen und über der Erde liegende Wasserrohre im Garten platzen. |8 *Wasser dehnt sich nämlich stark aus, wenn es gefriert.* Bei den meisten anderen Stoffen nimmt das Volumen beim Erstarren ab.

C Frostaufbrüche auf Straßen |9

1 Erkläre mithilfe der Zeichnungen, wie Frostaufbrüche entstehen. |10

2 Frostaufbrüche sind meist erst bei Tauwetter zu erkennen. Erläutere!

D* Zitronenfalter überwintern als Falter, nicht wie andere Schmetterlinge z. B. als Raupe. Sie können überleben, weil ihre Körperflüssigkeit Glycerin enthält und auch bei starkem Frost nicht gefriert. Plane einen Versuch, um die Wirkung von Glycerin auf das Gefrieren von Wasser zu untersuchen.

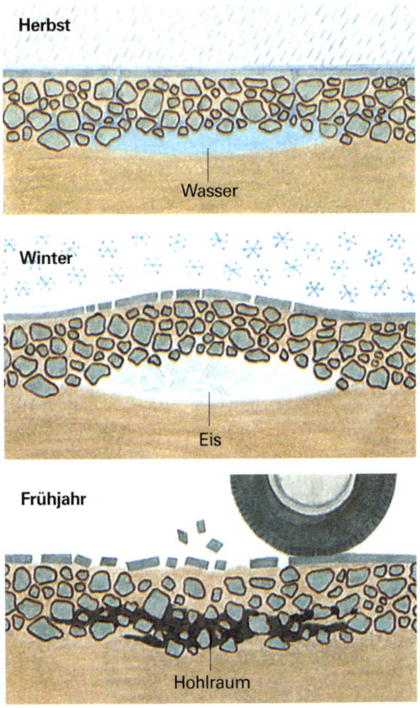

|10 Entstehung des Frostaufbruchs

Kontrolliere deinen Lernstand

A Bild 1 zeigt eine Kartoffelpflanze.
1 Aus welchen Pflanzenorganen setzt sich eine Kartoffelpflanze zusammen?
2 Warum ist die Kartoffelknolle keine Frucht?
3* Wie pflanzt sich die Kartoffel fort? Es gibt zwei Möglichkeiten.

B Nach einem kühlen, stürmischen Frühling trägt der Kirschbaum im Sommer wenig Früchte. Beim Haselstrauch dagegen haben sich trotz des kalten Wetters viele Haselnüsse gebildet.
1 Begründe diesen Sachverhalt.
2 Wie erfolgt die Bestäubung bei der Kirsche, wie bei der Hasel?
3 Warum ist die Verbreitung der Samen für die an einem Ort wachsenden Pflanzen so wichtig?

1 Kartoffelpflanze

C Gib eine Begründung für die folgenden Sätze.
1 Die Sonne ist der Motor für das Pflanzenwachstum.
2 Die Sonne als Motor treibt den Wasserkreislauf an.
3 Die Energie des Windes stammt von der Sonne.

D Wasser kann in drei Zuständen vorkommen.
1 Nenne die Zustände.
2 Bei welchen Temperaturen finden die Zustandsänderungen statt?
3 Beschreibe die drei Zustandsformen im Teilchenmodell.

E Wettererscheinungen
1 In der Nacht hat es 2 mm Niederschlag gegeben. Muss Oma Wagner den Garten gießen? Begründe deine Antwort.
2 Der Bussard kann in größere Höhen aufsteigen, ohne seine Flügel zu bewegen. Erkläre!
3 Nachts kühlt der Erdboden schneller ab als das Meer. Wind weht dann oft vom Land zum Meer. Gib dafür eine Erklärung.

F* Je 10 Samen vom Fleißigen Lieschen wurden in zwei Reihen auf feuchtes Fließpapier geklebt und in einen Glaszylinder mit Wasser gestellt. 2
1 Vergleiche die Ausbildung der Wurzelhaare nach einer Woche.
2 Welche Unterschiede bestehen zwischen den beiden Reihen?
3 Erkläre das Versuchsergebnis.

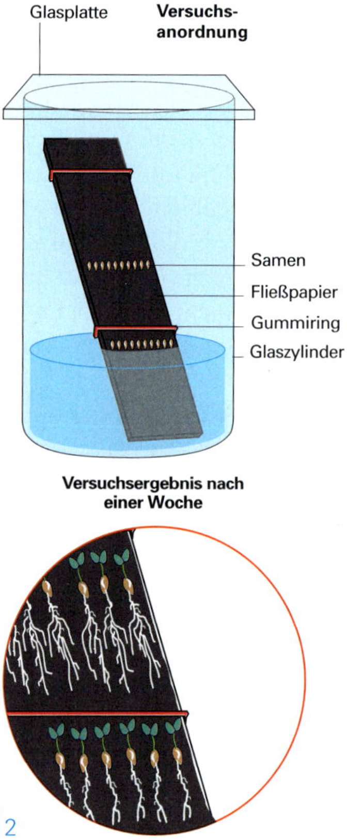

2

Schätze deine Kenntnisse und Fähigkeiten ein.

Aufgabe	Ich kann …
A	den Aufbau einer Blütenpflanze und ihre Vermehrung beschreiben.
B	meine Kenntnisse über die Vermehrung von Blütenpflanzen anwenden und kenne die Bedeutung von Samen und Früchten.
C	die Rolle der Sonne für Pflanzenwachstum, Wasserkreislauf und Wetter erläutern.
D	mir mit dem Teilchenmodell eine Vorstellung von den Zustandsformen des Wassers machen.
E	Wettererscheinungen erklären.
F	aus Versuchen Erkenntnisse zum Pflanzenwachstum gewinnen.

Einschätzung
Ordne deiner Aufgabenlösung im Heft ein Smiley zu:
☺ Ich habe die Aufgabe richtig lösen können.
😐 Ich habe die Aufgabe nicht komplett lösen können.
☹ Ich habe die Aufgabe nicht lösen können.

Geräte und Maschinen im Alltag

Themenkreis 6

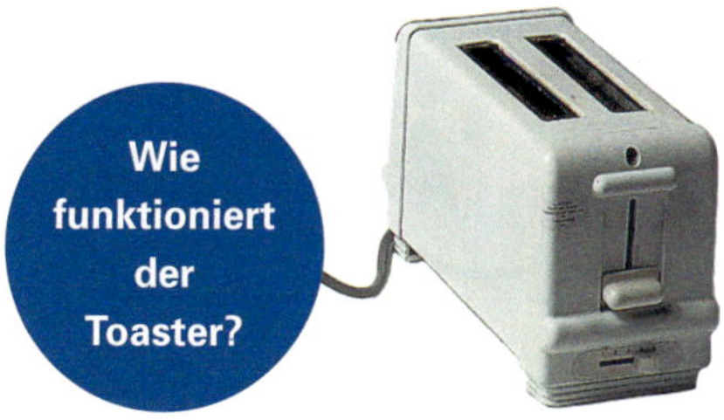

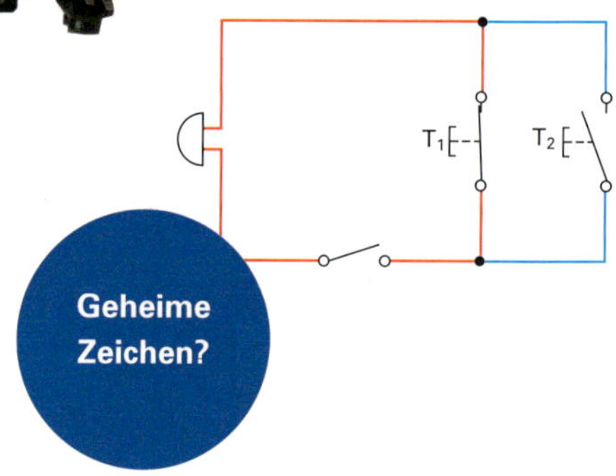

„Geräte und Maschinen im Alltag"
Kannst du dir ein Leben ohne elektrische Geräte vorstellen? Elektrogeräte machen unseren Alltag bequem. Überall findest du Geräte, die elektrisch betrieben werden. Elektrizität steht fast überall zur Verfügung.
Hast du schon einmal überlegt, wie dein Haartrockner mal warme und mal kalte Luft blasen kann? Bist du sicher, dass das Licht im Kühlschrank aus ist, wenn er geschlossen ist?
Magnete sind oft nützliche Helfer im Alltag. Du wirst zum Experten für Magnetismus. Zieht der Magnet das Stück Eisen an? Oder zieht das Eisenstück den Magneten an? Diese und andere Fragen wirst du untersuchen.

In diesem Kapitel kannst du …
- untersuchen, wie Haushaltsgeräte funktionieren,
- erfahren, wieso elektrischer Strom gefährlich ist,
- mit elektrischen Stromkreisen experimentieren,
- erfahren, wie elektrische Energie unser Leben verändert hat,
- viele Versuche zum Magnetismus durchführen.

Betrieb bei Sonnenschein …

Warum geht das Licht aus, wenn die Tür geschlossen ist?

Wie funktioniert eine Taschenlampe?

Starke Magnete

Wie funktioniert der Gong an der Wohnungstür?

Verschiedene Arbeitsmethoden:
Du wirst
- Versuchsreihen durchführen und deine Beobachtungen festhalten,
- Schaltpläne zeichnen,
- knifflige Schaltungen planen und aufbauen,
- die Funktion von Geräten untersuchen und in Tabellen erfassen,
- einfache Maschinen selbst bauen.

Ausblick
Zum Thema „Geräte und Maschinen im Alltag“ kann man viele Fragen stellen. Zum Beispiel: Was können Roboter?
Nicht auf alle Fragen wirst du in diesem Buch Antworten finden.
Du möchtest aber gerne mehr zu den Themen wissen?
Informationen findest du z. B. im Lexikon oder in der Bücherei.

Geräte erleichtern unseren Alltag

|1 Teppichklopfer – Staubsauger

|2 Waschbrett – Waschmaschine

|3 Sense – Rasenmäher

|4 Bügeleisen

|5 Bohrmaschinen

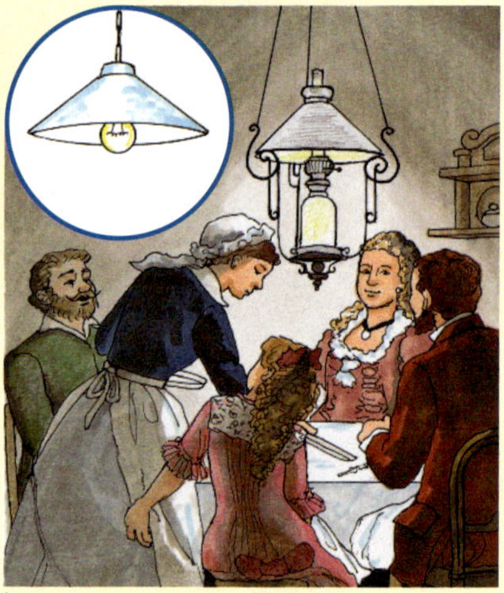

|6 Petroleumlampe – Glühlampe

Geräte sind schon seit Langem „Diener“ des Menschen. Was hat sich durch die technische Entwicklung verändert?

1 Geräte und Maschinen im Haushalt

Fast täglich benutzen wir einige der abgebildeten Geräte. |1–6 Andere sind nicht mehr im Einsatz. Trage die Geräte in eine Tabelle (s. Muster) ein und gib an, welchen Dienst sie uns erweisen.

Gerät	Wozu dient es?
Staubsauger	reinigt die Wohnung
…	…

2 Geräte brauchen Energie

a Damit die Geräte ihren Dienst verrichten können, benötigen sie Energie. Trage in eine Tabelle ein, woher diese Energie jeweils kommt.

Gerät	Antrieb
Teppichklopfer	
Staubsauger	
früher	Muskeln
heute	…

b Geräte wandeln die zugeführte Energie um. Beispiele:

- Die Handbohrmaschine wandelt die Energie aus der Nahrung in die Bewegung des Bohrers um.
- Das Bügeleisen wandelt elektrische Energie in die Wärme der Bügelsohle um.

Finde weitere Beispiele.

3 „Ein Tag ohne elektrische Energie“

Schreibe eine Geschichte für die Schülerzeitung. Beschreibe deinen Tagesablauf ohne Handy, MP3-Player, elektrische Beleuchtung …
Welche Schwierigkeiten gibt es? Gibt es auch Vorteile?

4 Kaffee mahlen wie früher

Viele Geräte werden heute mit elektrischer Energie betrieben. Noch vor 90 Jahren hatten nur wenige Haushalte einen elektrischen Anschluss. Viele Haushaltsgeräte mussten mit Muskelkraft angetrieben werden. Wie das war, könnt ihr in den Versuchen erfahren. Besorgt euch von den (Ur-)Großeltern einige Handkaffeemühlen und bringt elektrische Kaffeemühlen mit in die Schule. Bildet mehrere Gruppen: Die einen mahlen eine Hand voll Kaffeebohnen zwischen zwei Steinen zu feinem Pulver, die anderen mit einer Handmühle. |7–8 Vergleicht die Qualität des Kaffeemehls und die benötigte Zeit. Vergleicht die Ergebnisse auch mit denen der elektrischen Kaffeemühlen.

|7 Mahlsteine

|8 Kaffeemühle

5 Hausarbeit früher

Überlegt euch weitere Versuche, um zu erfahren, wie früher ohne elektrische Energie gearbeitet wurde:

- Bringt 1 Liter Wasser zum Kochen.
- Wascht T-Shirts mit der Hand.
- Wie wird zerknitterte, trockene Wäsche wieder glatt?

Geschichte **Vor 100 Jahren war vieles anders**

Du drückst auf den Lichtschalter – und schon ist es hell. Die Kaffeemaschine wird mit Wasser und Kaffeepulver gefüllt und angestellt – und bald duftet frischer Kaffee in der Küche. Schmutzige Wäsche legt man in die Waschmaschine – und nach einer Stunde ist sie sauber.

Das war nicht immer so. Noch vor hundert Jahren wurde abends beim Schein einer Petroleumlampe gelesen oder Hausmusik gemacht. |9 Radios und Fernseher waren noch nicht erfunden.

Zum Bügeln wurde glühende Holzkohle in Bügeleisen gefüllt oder eine Eisenplatte mit Handgriff erhitzt. Kaffeewasser wurde auf dem Kohleherd erwärmt, die Kaffeebohnen wurden mit Handmühlen gemahlen. Die Kleidung wurde mehrmals gelüftet, bevor sie gewaschen wurde. Ein Waschtag war für die Hausfrau sehr anstrengend: Meist heizte sie schon am Tag zuvor einen Bottich mit Wasser an. Die Wäsche wurde dann in heißer Waschlauge gekocht und anschließend auf dem Waschbrett geschrubbt. Dann spülte die Frau die Wäsche in einem zweiten Bottich, wrang sie mit der Hand aus und hängte sie auf die Leine. Abends spürte sie die Mühen des Waschtags in den Armen und Schultern.

|9 A. von Menzel: Wohnzimmer (1847)

Elektrische Geräte eroberten den Haushalt erst, als immer mehr Häuser an das elektrische Netz angeschlossen wurden. In deutschen Großstädten war 1930 nur die Hälfte aller Häuser mit elektrischer Energie versorgt. Auf dem Land dauerte es noch bis in die 1960-Jahre, ehe alle Häuser angeschlossen waren.

A Stelle Tätigkeiten und die technischen Hilfsmittel vor 100 Jahren und heute in einer Tabelle zusammen.

Tätigkeit	früher	heute
Bügeln	Kohlebügeleisen	?
Musik hören	?	?
Verabreden	?	?

Elektrische Geräte

Elektrische Geräte funktionieren nur, wenn sie an die „passende“ Stromversorgung angeschlossen sind.
Mit welchen Energiequellen werden die Geräte 1–6 versorgt?
Nicht alle Geräte haben einen Stecker. Zwei Kontakte haben sie aber alle. Weißt du, wo sie bei den abgebildeten Geräten sind?

1 Monitor

4 MP3-Player

5 Taschenrechner

2 Modelleisenbahn

6 Fahrradscheinwerfer

3 Taschenlampe

Achtung, Lebensgefahr!
Führe keine Versuche mit der Steckdose als Energiequelle durch!
Bastle nie an Elektrogeräten herum!
Die folgenden Experimente mit Batterien oder Netzgeräten sind ungefährlich.

Probier's mal!

1 Wie werden elektrische Geräte angeschlossen?

Versuche eine Lampe mit einer Flachbatterie zum Leuchten zu bringen. 7
In welcher Anordnung gibt die Batterie Energie an die Lampe ab? Erkläre!

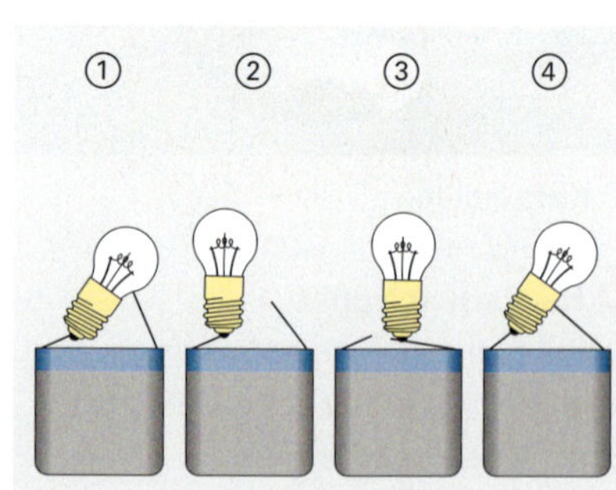

7

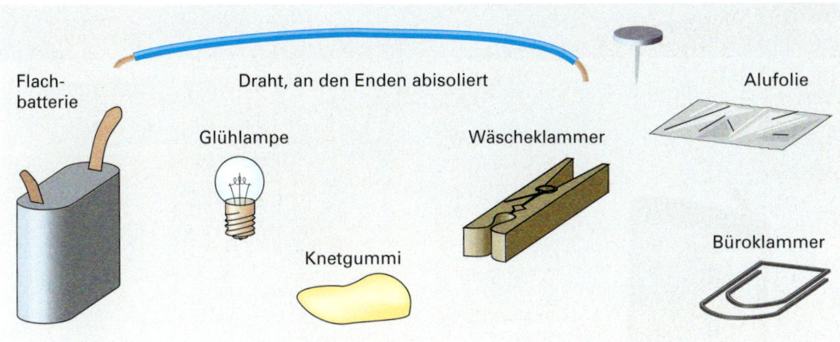

8

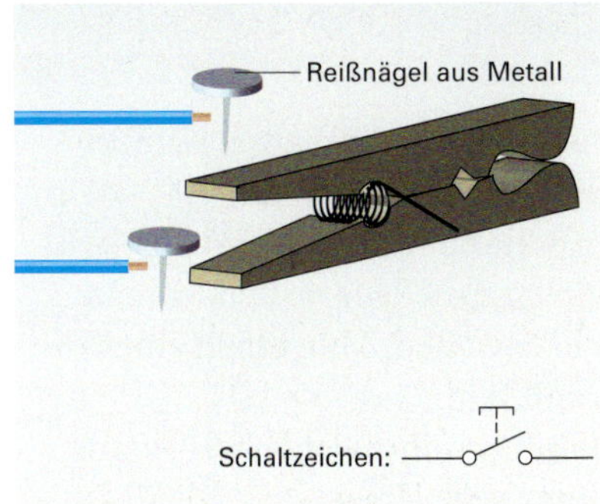

10 Einen Taster selbst bauen

A	·–	K	–·–	U	··–
B	–···	L	·–··	V	···–
C	–·–·	M	––	W	·––
D	–··	N	–·	X	–··–
E	·	O	–––	Y	–·––
F	··–·	P	·––·	Z	––··
G	––·	Q	––·–	Ä	·–·–
H	····	R	·–·	Ö	–––·
I	··	S	···	Ü	··––
J	·–––	T	–	CH	––––
.	·–·–·–				
,	––··––	Anfangszeichen	–·–·–		
?	··––··	Schlusszeichen	···–·–		

11 Morsealphabet

2 Leuchtet die Lampe ohne deine Hilfe?

Eine Glühlampe soll in Betrieb genommen werden, ohne dass du sie an die Batterie halten musst. 8

Erfinde und teste eine Lampenhalterung.

Du kannst zum Beispiel folgende Hilfsmittel verwenden: Draht, Knetgummi, Büroklammern, Wäscheklammern, Aluminiumfolie.

3 Taschenlampenschaltung

Eine Lampe soll wie eine Taschenlampe ein- und ausgeschaltet werden. Erfinde einen Schalter. Du kannst die abgebildeten Gegenstände verwenden. 9

a Baue die Schaltung mit einer Batterie und dem Schalter auf. Prüfe, ob er funktioniert. Zeichne die Schaltung auf.

b Versuche Schalter aus anderen Hilfsmitteln herzustellen.

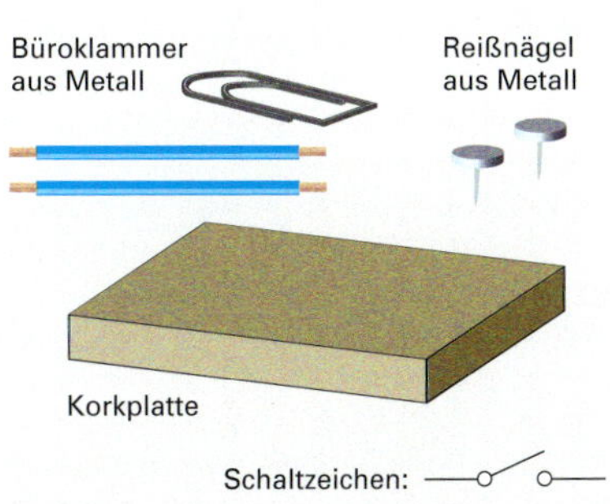

9 Einen Schalter selbst bauen

4 Taschenlampe mit Taster

Manche Taschenlampen haben einen Taster zum Einschalten. Solange der Taster gedrückt ist, leuchtet die Lampe. Wenn du ihn loslässt, geht die Lampe aus.

a Einen EIN-Taster kannst du mit zwei Reißnägeln und einer Wäscheklammer aus Holz bauen. 10 Probiere aus, ob er funktioniert.

b Mit dem Taster und einer Lampe kannst du Morsezeichen aus langen und kurzen Lichtsignalen senden. 11 Übermittle deinem Nachbarn eine Nachricht.

5* Ein Taster macht das Licht aus

Wenn du die Kühlschranktür schließt, ist dann das Licht im Kühlschrank wirklich aus?

a Baue eine Schaltung mit einem AUS-Taster und einer Lampe auf. Wenn du den Taster drückst, soll die Lampe nicht leuchten. 12

b Schau dir den Taster am Kühlschrank an. Beobachte, was beim Drücken passiert.

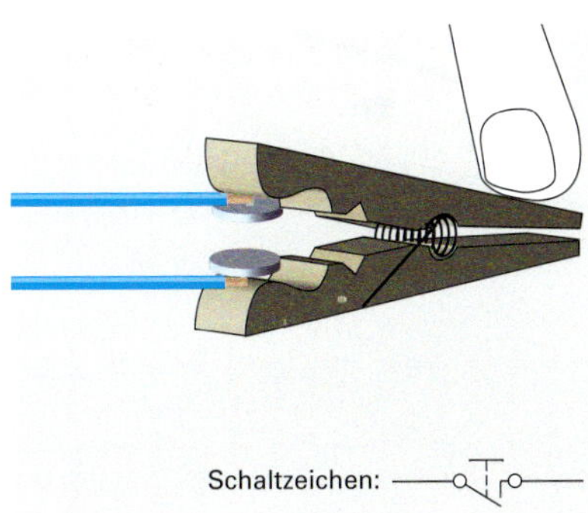

12 AUS-Taster – selbst gebaut

6* Bitte nicht stören!

Ein Gerät auf deinem Schreibtisch soll anzeigen, wenn du nicht gestört werden willst. Baue es mit einem „Spezialschalter". 13

Du brauchst: 1 Flachbatterie (4,5 Volt), 2 Glühlampen (mit einem Folienstift grün und rot eingefärbt), Leitungsdraht und einen Umschalter.

Wenn der Schalter den Kontakt 1 berührt, soll die grüne Lampe leuchten („Man darf mich stören"). Wird der Kontakt 2 berührt, dann leuchtet die rote Lampe („Bitte nicht stören!").

Tipp: Verbinde einen Batteriepol mit dem mittleren Kontakt und schließe die Lampe über die Kontakte 1 und 2 an.

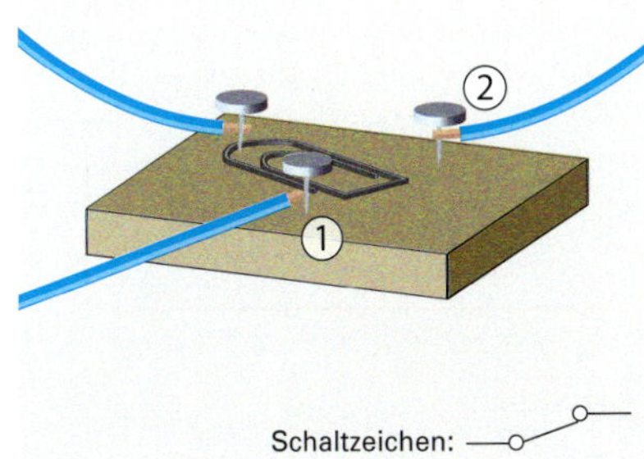

13 Einen Umschalter selbst bauen

Arbeitsweise **Schaltzeichen und Schaltpläne**

Du kannst eine Schaltung sauber abmalen, das dauert lange. |1–2 Um die Schaltung schnell und übersichtlich darzustellen, verwendet man Schaltzeichen. Man erhält einen Schaltplan. |3–4
Leitungsdrähte werden als gerade Linien gezeichnet.

Eine elektrische Schaltung kann man mit Schaltzeichen darstellen. Man erhält einen Schaltplan.

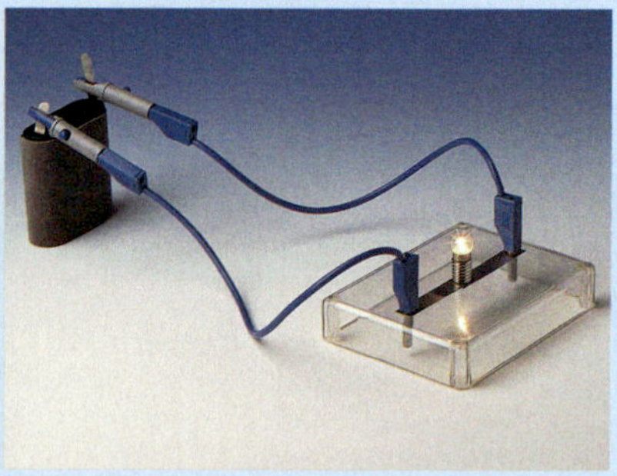

|1 Foto eines Stromkreises

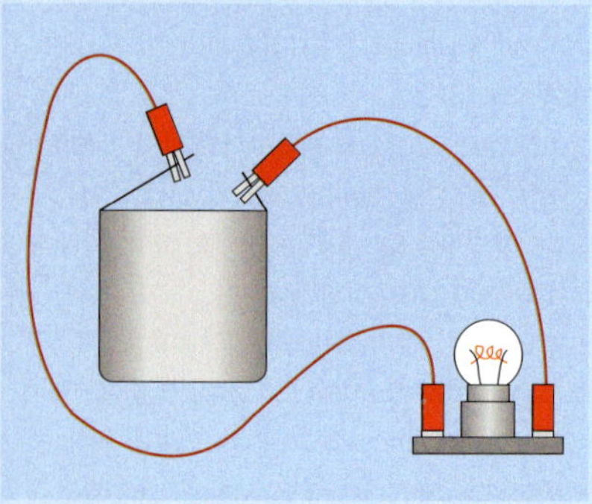

|2 Stromkreis gezeichnet

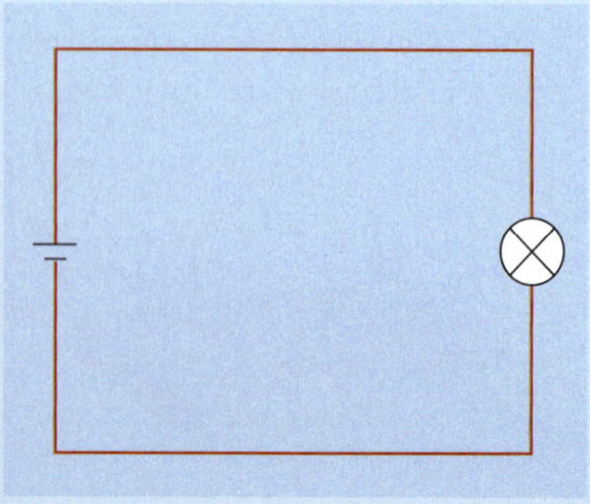

|3 Schaltplan

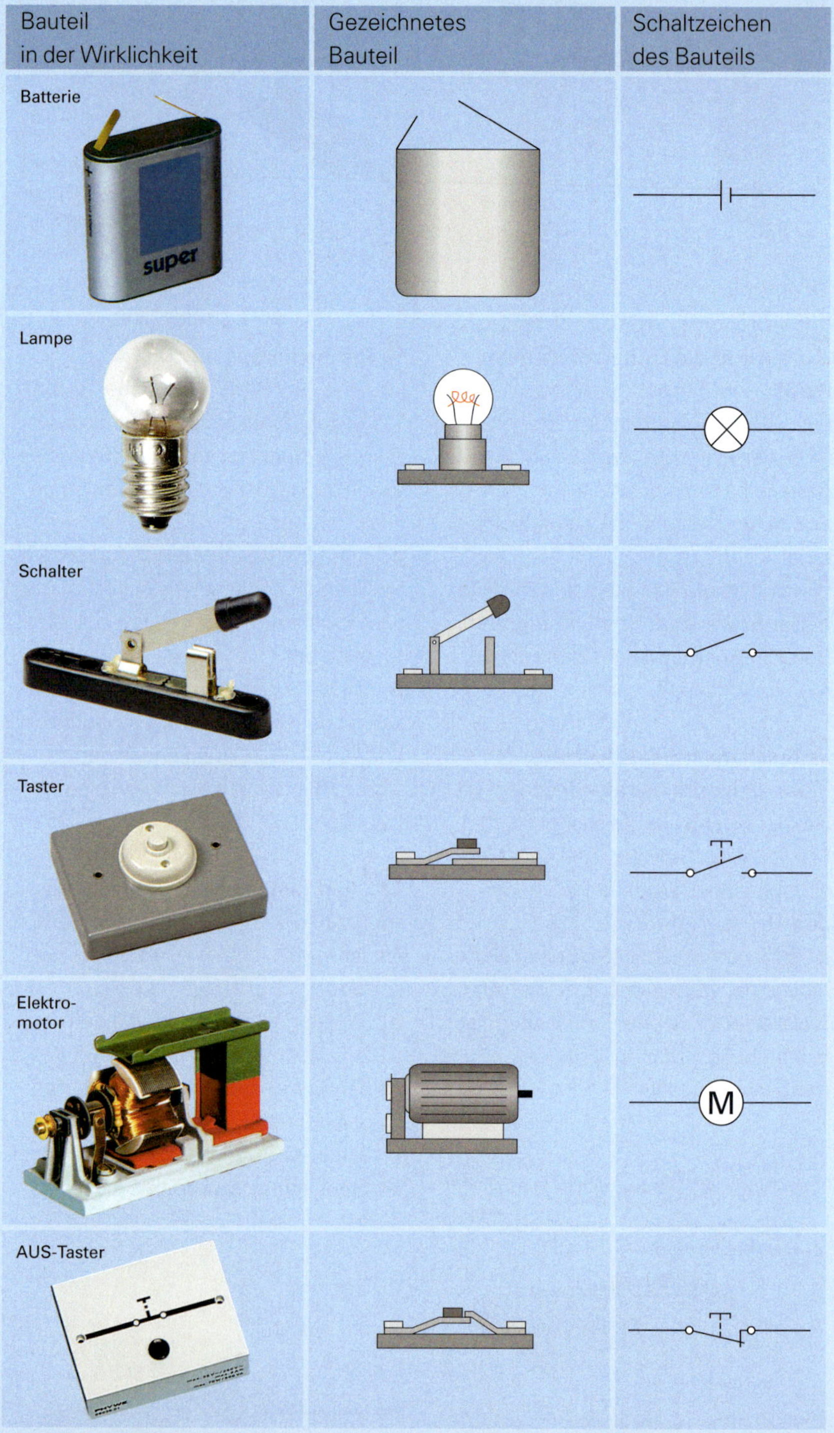

|4 Bauteile und ihre Schaltzeichen

Damit eine Glühlampe leuchtet, muss sie an eine Batterie oder ein Netzgerät angeschlossen sein. Wenn du mit dem Finger von der Batterie über das eine Kabel, die Lampe und das andere Kabel entlangfährst, kommst du zum Ausgangspunkt Batterie zurück. Wir sprechen von einem *Stromkreis* – auch wenn die Schaltung nicht wie ein Kreis aussieht.

Die Lampe kann nur leuchten, wenn ihre beiden Kontakte durch je einen Leitungsdraht mit einem Pol der Batterie (oder einem Netzgerät) verbunden sind. Es muss ein geschlossener Stromkreis vorliegen. |5–6

Einen Stromkreis kannst du mit einer Fahrradkette vergleichen: |7
Das Rad bewegt sich nur, wenn die Kette geschlossen ist und über zwei Zahnräder (vorn und hinten) läuft. Wenn in einem Stromkreis eine der Verbindungen fehlt, leuchtet die Lampe nicht. Der Stromkreis ist unterbrochen.
Auch in der Glühlampe ist der Stromkreis geschlossen. |8–9 Der Gewindesockel der Lampe ist über die Haltedräht und den Glühdraht verbunden.
Der Stromkreis ist ein *System* aus Batterie, Drähten und Elektrogerät.

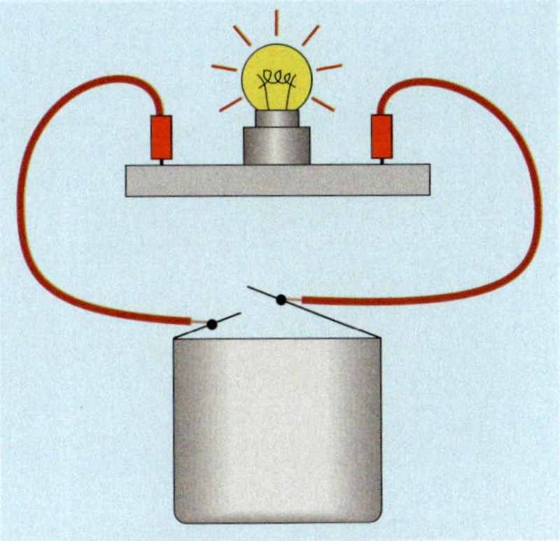

|5 Der Stromkreis ist geschlossen.

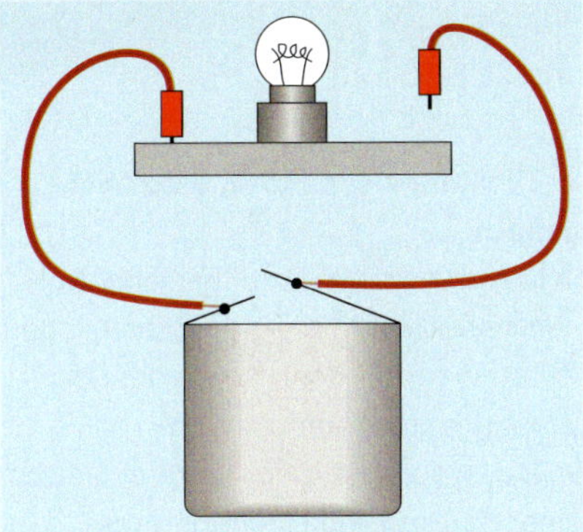

|6 Der Stromkreis ist unterbrochen.

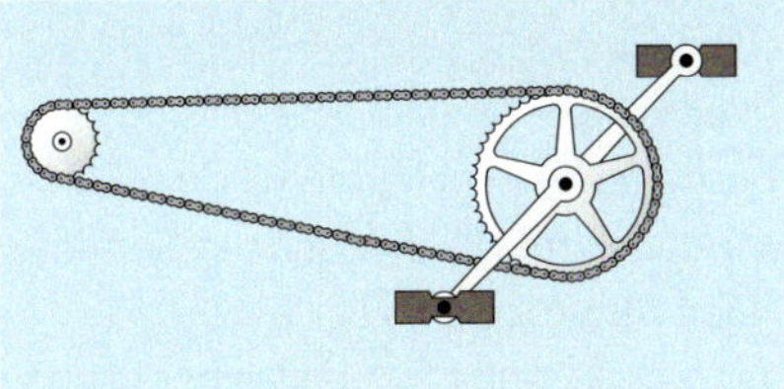

|7 Die Fahrradkette läuft im Kreis.

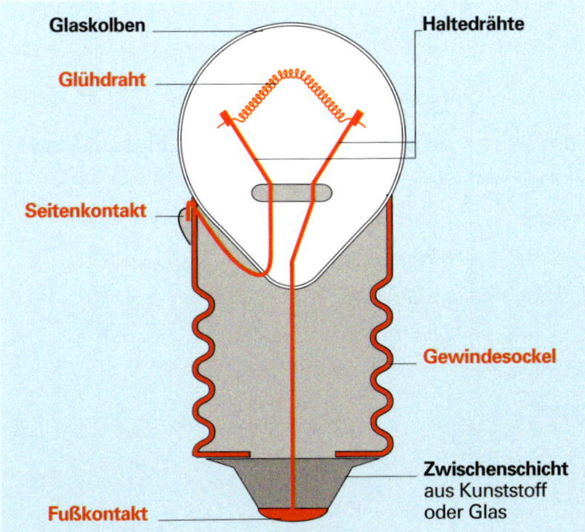

|8 Aufbau einer Glühlampe

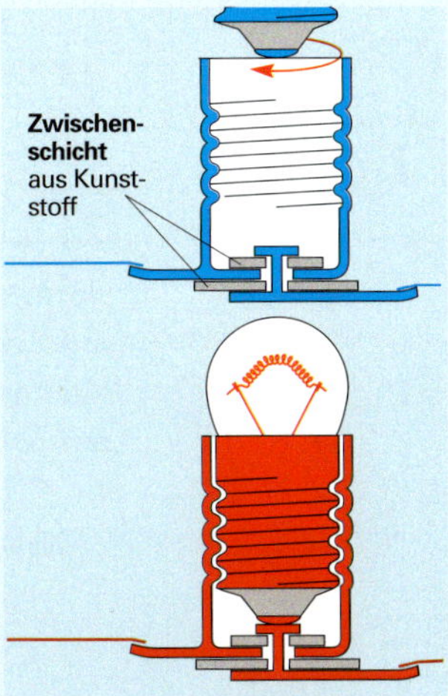

|9 Lampenfassung

A Zeichne für deine Schaltung mit Schalter einen Schaltplan mit den richtigen Schaltzeichen.

B Ein Motor wird über einen Schalter an eine Batterie angeschlossen. Zeichne den Schaltplan.

C* Funktioniert die Schaltung? Überprüfe die Schaltpläne |10–12 und entscheide jeweils, ob die Schaltung funktionieren kann. Baue dann die Schaltung(en) auf, die du für richtig hältst. Probiere sie aus.

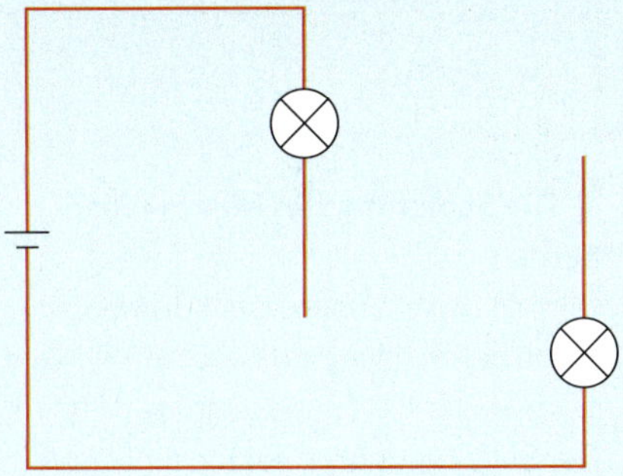

|10

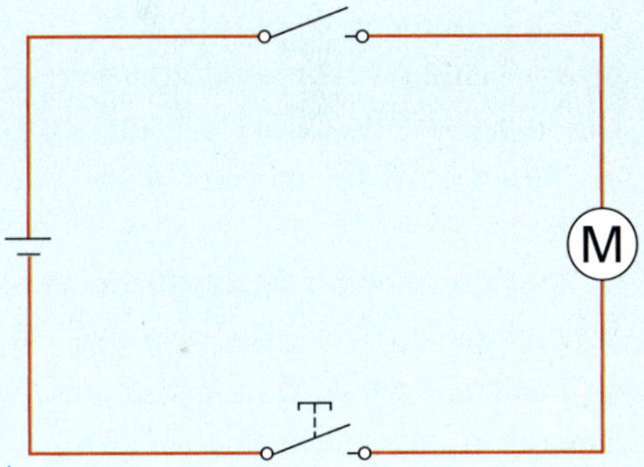

|11

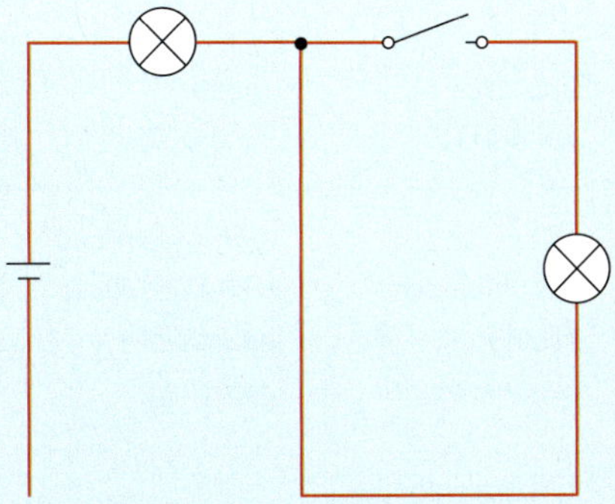

|12

Geräte mit mehreren Schaltern und Tastern

Der Mikrowellenherd ist eingeschaltet, aber der Motor ist noch nicht zu hören …

1

1 Die Schaltung des Mikrowellenherds

Der Mikrowellenherd ist in Betrieb, wenn der Schalter am Gerät auf EIN gestellt und die Tür geschlossen ist. Der Schalter und ein Taster schließen den Stromkreis.

a Baue die Schaltung für den Motor mit einer Batterie, einem Schalter, einem Taster und einem Motor nach. Überlege, wann der Mikrowellenherd in Betrieb ist. Wann darf der Motor laufen?

b Zeichne einen Schaltplan für deine Schaltung.

c Überprüfe die Schaltung. Protokolliere die Ergebnisse in einer Tabelle (Muster unten).

2 Die Klingelschaltung wird nachgebaut

In Mehrfamilienhäusern hat jede Wohnung zwei Klingelknöpfe. 2 Die Klingel läutet, wenn an der Haustür oder der Wohnungstür gedrückt wird.

a Baue die Schaltung mit zwei Tastern, einer Batterie und einem Summer nach. Statt des Summers kannst du eine Lampe benutzen, die das Läuten ersetzt. Überlege, wann es läuten muss. Überprüfe es an deiner Schaltung.

Tipp: Jeder Taster bildet mit dem Summer (oder der Lampe) und der Batterie einen Stromkreis.

b Zeichne einen Schaltplan der Klingelschaltung.

c Protokolliere die Ergebnisse in einer Tabelle.

2 Klingelanlage

Schalter am Gerät	Taster an der Tür	Motor
offen	nicht gedrückt	aus
geschlossen	nicht gedrückt	?
offen	gedrückt	?
geschlossen	gedrückt	?

3 Mustertabelle

Taster an der Haustür	Taster an der Wohnungstür	Klingel / Lampe
nicht gedrückt	nicht gedrückt	aus
gedrückt	nicht gedrückt	?
nicht gedrückt	gedrückt	?
gedrückt	gedrückt	?

4 Mustertabelle

3* Haushaltsgeräte – genauer untersucht

a Schau dir mit deinen Eltern eure Waschmaschine, Spülmaschine oder Brotschneidemaschine an. Was ist zu tun, damit sie in Betrieb gesetzt wird?
b Vergleiche deine Ergebnisse mit denen des Mikrowellenstromkreises. Nenne Gemeinsamkeiten und Unterschiede.
c Wenn ein Gerät anders als der Mikrowellenherd funktioniert, baue die Schaltung nach. Zeichne zu deiner Schaltung einen Schaltplan.

4* Stromkreis mit Tastern im Auto

Die Innenbeleuchtung von Autos wird meistens durch Taster am Rahmen der Vordertüren ein- und ausgeschaltet. Wenn die Türen geschlossen werden, geht das Licht aus. Im Auto sind an den beiden Vordertüren (oder an allen Türen) AUS-Taster angebracht. |5 Das Licht im Innenraum ist ausgeschaltet, wenn beide Türen geschlossen sind.
a Baue eine Schaltung mit zwei AUS-Tastern, einer Batterie und einer Lampe auf. Die Lampe soll ausgeschaltet sein, wenn Taster 1 und Taster 2 gedrückt werden.
b Zeichne einen Schaltplan für deinen Stromkreis.
c Vergleiche die Schaltung mit der Kühlschrankschaltung.
d Überprüfe die Schaltung und protokolliere die Ergebnisse in einer Tabelle.

|5 Schalter an der Autotür

Grundlagen **Sicherheitsschaltung und Klingelschaltung**

Die Sicherheitsschaltung
Für viele Zwecke gehören Schalter oder Taster zum System „Stromkreis". Eine *Sicherheitsschaltung* hilft, Unfälle an gefährlichen Maschinen zu vermeiden (z. B. an Brotschneidemaschinen). Die Maschine arbeitet nur, wenn zwei Taster gleichzeitig gedrückt werden.

Die Taster sind in Reihe geschaltet. Man nennt diese Schaltung UND-Schaltung, weil der Stromkreis nur dann geschlossen ist, wenn Taster 1 und Taster 2 gedrückt werden. |6

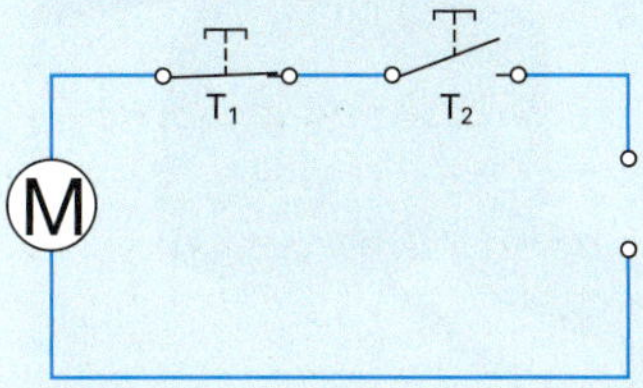

|6 Der Motor läuft nicht.

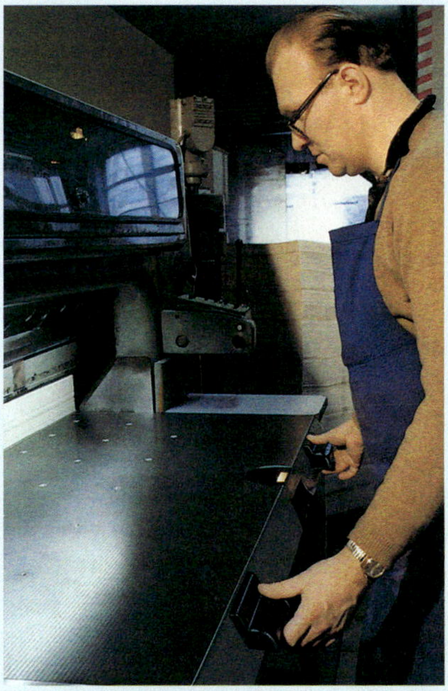

|8 Papierschneidemaschine

Die Klingelschaltung
Auch die *Klingelschaltung* für die Klingel an der Haustür und an der Wohnungstür ist eine Schaltung mit zwei Tastern. Die Klingel läutet schon, wenn einer der beiden Taster gedrückt wird.

Die Taster sind parallel geschaltet. Man nennt diese Schaltung ODER-Schaltung, weil der Stromkreis schon dann geschlossen ist, wenn Taster 1 oder Taster 2 gedrückt ist. |7

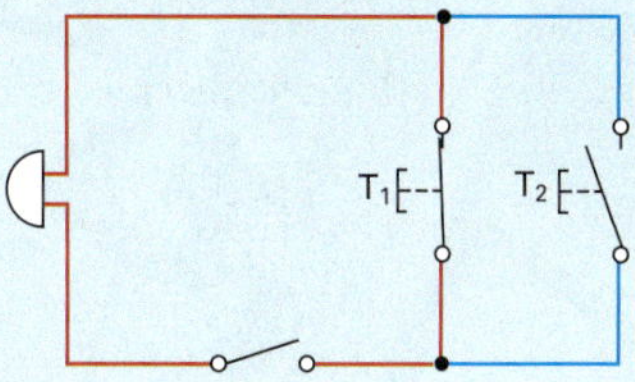

|7 Die Klingel läutet.

A Die Klingelanlage im Haus |2 soll erweitert werden. Man soll auch noch an der Gartenpforte klingeln können. Zeichne einen Schaltplan und baue die neue Klingelanlage auf. Teste mithilfe einer Tabelle, ob sie richtig funktioniert.
B Eine gefährliche Papierschneidemaschine ist besonders gesichert. Ihr Motor läuft nur, wenn der Hauptschalter auf EIN steht und der Maschinenbediener mit der linken und rechten Hand jeweils einen Taster drückt. Zeichne einen Schaltplan und baue die Schaltung auf. Teste mithilfe einer Tabelle, ob sie richtig funktioniert.

Funktioniert die Fahrradbeleuchtung?

1 Fahrradbeleuchtung

Vor der großen Radtour überprüfst du dein Fahrrad genau. Sind Bremsen und Beleuchtung in Ordnung? Der Scheinwerfer leuchtet nicht. Für einen Kenner von Stromkreisen ist das kein Problem.

Doch schau einmal genau hin. Was ist das für ein eigenartiger Stromkreis? Nur ein einziges Kabel führt vom Dynamo zur Scheinwerferlampe …

1 Wo befindet sich der zweite Pol des Dynamos?

Schließe eine Experimentierlampe an einen Fahrraddynamo an. 2

a Finde verschiedene Möglichkeiten, wie du die Lampe zum Leuchten bringst.

b Erkläre, wie der Stromkreis geschlossen wird.

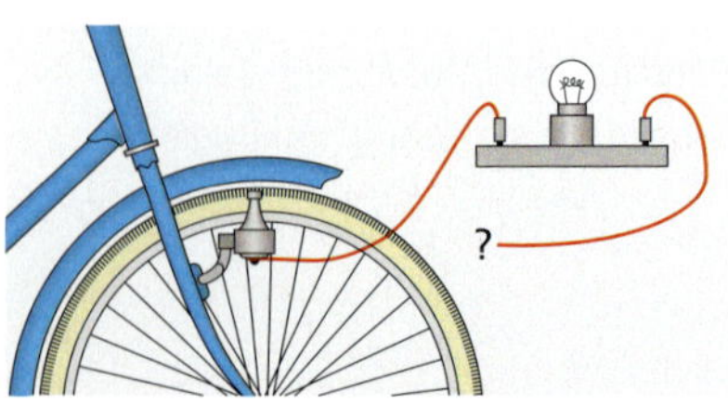

2

2 Wo ist der zweite Anschluss des Fahrradscheinwerfers?

Versuche mit einer Flachbatterie den Fahrradscheinwerfer zum Leuchten zu bringen. 3

a Der Scheinwerfer hat nur einen Anschluss für ein Kabel. Findest du auch hier verschiedene Möglichkeiten, den Scheinwerfer zu betreiben?

b Führe den Versuch auch mit dem Rücklicht durch.

c Beschreibe jeweils die geschlossenen Stromkreise.

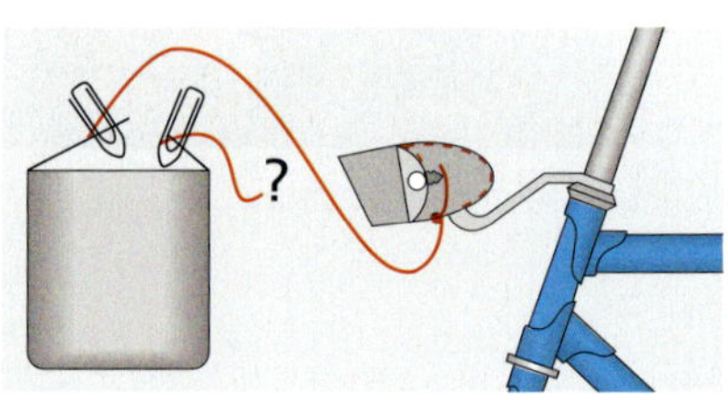

3

Grundlagen **Der Fahrradstromkreis**

Beim Fahrrad sind Dynamo und Scheinwerfer nur durch *einen* Draht verbunden. Die Befestigungsschelle des Dynamos stellt den zweiten Pol dar. Auch der Scheinwerfer hat seinen zweiten Anschluss an der metallischen Befestigungsschelle. Beide sind fest an den Fahrradrahmen geschraubt. Neben dem einen Kabel zwischen Lampe und Dynamo bildet also der Fahrradrahmen die zweite Verbindung und schließt so den Stromkreis.

Stromkreise müssen nicht über Drähte geschlossen sein. Auch Metallteile, wie z. B. der Fahrradrahmen, können Teil eines Stromkreises sein. 4–5

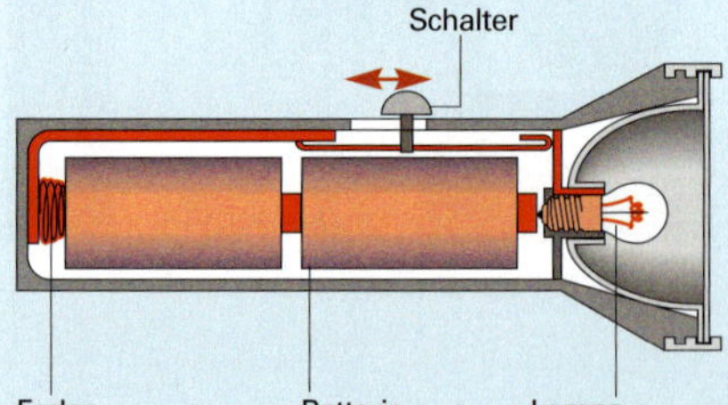

4 Stromkreis einer Taschenlampe

Wissenswertes **Der „Check" für die Fahrradbeleuchtung**

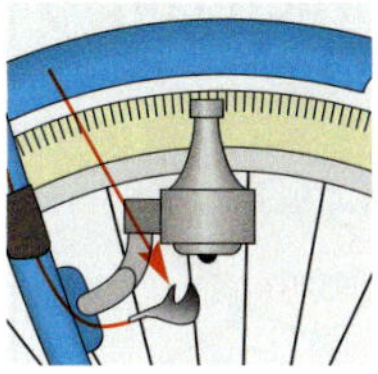
6

7

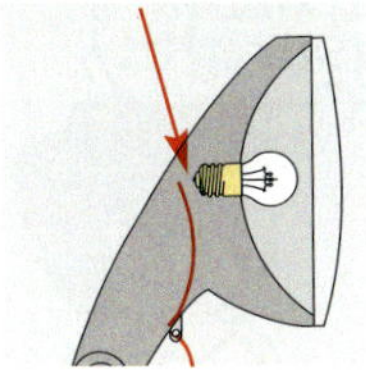
8

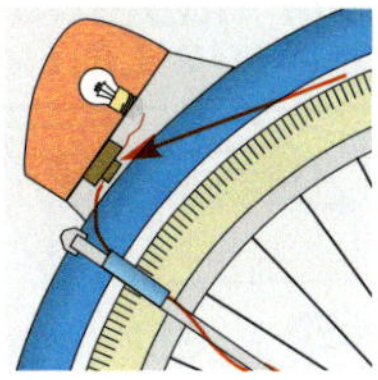
9

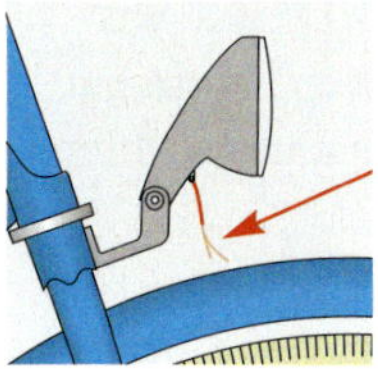
10

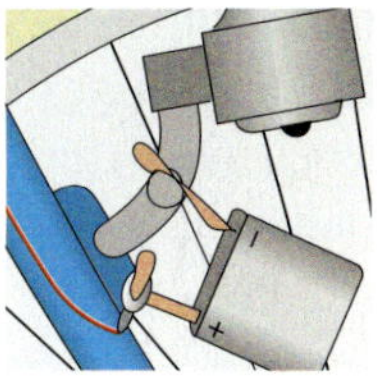
11

Die Fahrradbeleuchtung dient vor allem dazu, *gesehen zu werden*. Sie ist wichtig für deine Sicherheit! Du solltest sie regelmäßig kontrollieren. Wenn eine Lampe nicht leuchtet, hilft dir die folgende *Checkliste*:

1. Überprüfe, ob der Draht vom Dynamo zur Lampe richtig angeklemmt ist. 6
   Sind die Kontaktstellen blank und rostfrei? Den Belag kannst du mit einem Schraubendreher abkratzen.
   Hast du ein Rad mit Kunststoff-Schutzblechen, in die ein Metallstreifen eingelassen ist? Dann könnte sich der Steckkontakt für den Metallstreifen gelöst haben.
2. Öffne den Scheinwerfer des Fahrrads und schraube die Glühlampe heraus. Sieht der Fußkontakt der Lampe blank aus? Ist der Glühdraht in Ordnung? 7
3. Schraube die Glühlampe ein. Achte darauf, dass sie fest in der Fassung sitzt. Der Fußkontakt muss auf den Blechstreifen im Scheinwerfer drücken. 8
4. Der Seitenkontakt des Rücklichts ist über die Halterung der Lampe mit dem Fahrradrahmen verbunden. Die Stelle, an der die Halterung befestigt ist, muss rostfrei sein. 9
5. Prüfe, ob der Leitungsdraht unterbrochen ist – eventuell sogar unter der Isolierung. 10
6. Wenn weder der Scheinwerfer noch das Rücklicht leuchtet, könnte der Dynamo defekt sein. Zur Kontrolle solltest du eine Batterie anschließen. Vergiss dabei nicht den Anschluss der Batterie an den Rahmen. 11

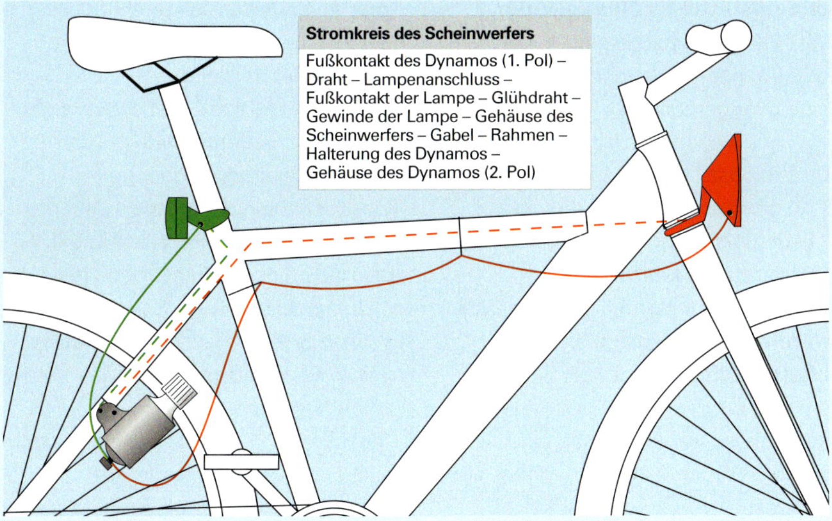

5 Stromkreise der Fahrradbeleuchtung

A Beschreibe den Stromkreis des Rücklichts. 5

B Welche Teile bilden den Stromkreis der Taschenlampe? 4

C Zeichne einen Stromkreis mit Lampe und Batterie, der mit vielen Metallteilen (z. B. Schere, Büroklammer, Nägel) geschlossen wird. Probiere aus, ob es funktioniert.

D* Genauso wie Schalter kann man auch Glühlampen *parallel* oder *in Reihe* schalten.

1 Fertige dazu zwei Schaltskizzen an.

2 „Wenn man eine Lampe herausdreht, geht die andere aus." – „Jede Lampe hat einen eigenen Stromkreis." Ordne die Sätze den Schaltungen zu.

3 Welche Schaltungsart liegt beim Fahrrad vor?

Elektrizität „geht nicht überall hindurch"

Du weißt schon, dass Drähte aus Kupfer den elektrischen Strom gut leiten. Ob dafür auch andere Materialien geeignet sind?

1 Eine Schnur als Kabel?

1 Welche Materialien sind elektrische Leiter?

a Baue einen Leitungstester. Du brauchst zwei Drähte. Wickle jeweils ein Ende um einen Reißnagel. Stich die Reißnägel dann in ein Korkstück. | 2

b Baue dein Testgerät anschließend in einen Stromkreis ein.
Die „Leitungslücke" überbrückst du mit verschiedenen Gegenständen. Drücke sie fest auf die beiden Reißnägel. Notiere die Ergebnisse in einer Tabelle. | 4

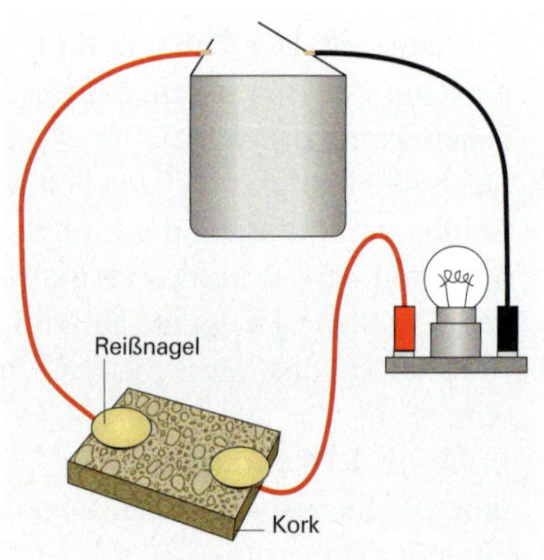

2 Leitungstester für feste Gegenstände

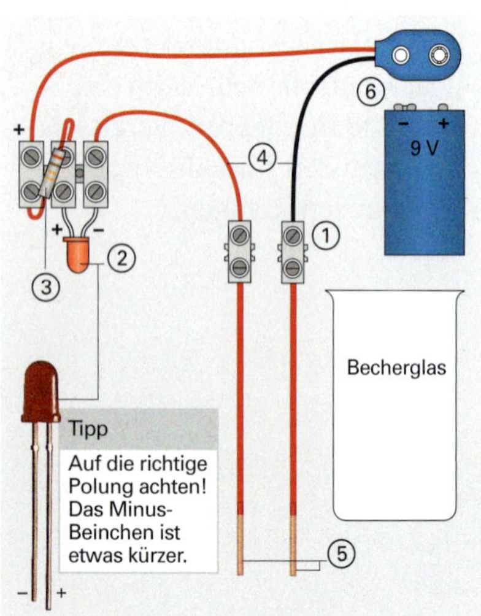

3 Leitungstester für Flüssigkeiten

2* Bauanleitung

Leitungstester für Flüssigkeiten

Mit einer Leuchtdiode statt der Glühlampe kannst du dir ein sehr empfindliches Prüfgerät bauen. | 3

Du brauchst:
5 Abschnitte von Lüsterklemmen ①,
1 Leuchtdiode ②,
1 Widerstand (330 Ohm) ③,
3 flexible und 2 starre Kupferkabel (alle an den Enden abisoliert) ④ ⑤,
1 Batterie (4,5 Volt oder 9 Volt) ⑥.

a Baue das Gerät zusammen. *Achtung:* Verbinde das (kürzere) Minusbeinchen der Leuchtdiode mit dem Minuspol der Batterie!

b Prüfe das fertige Gerät: Wenn sich die blanken Kupferdrähte berühren, muss die Leuchtdiode leuchten.
Tipps zur Fehlersuche: Ist die Leuchtdiode richtig gepolt? Sind alle Kabel abisoliert? Sind die Anschlüsse fest?

c Untersuche, ob z. B. Salzwasser, Apfelsaft, Speiseöl, Seifenwasser leiten. Notiere die Ergebnisse in der Tabelle. | 4

Gegenstand	Material	Lampe leuchtet elektrischer Leiter	Lampe leuchtet nicht Nichtleiter
Schlüssel	Eisen (Stahl)	X	
Korken	Kork	?	?
Knopf	Kunststoff	?	?
Kugel	Glas	?	?
Bleistiftmine	Graphit	?	?
...	?	?	?

4 Leiter – Nichtleiter

Alltag **Elektrogeräte und ihre Gefahren**

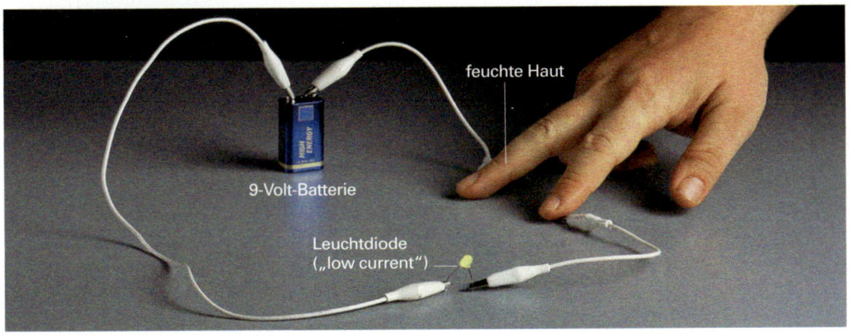

5 Hand als Teil eines Stromkreises

Der Mensch als elektrischer Leiter

Weil unser Körper zu zwei Dritteln aus salzhaltigem Wasser besteht, ist er ein Leiter. 5 Er kann Teil eines Stromkreises werden. Der Strom fließt dann z. B. von einer Hand durch den Körper in die andere Hand. Bei Unfällen mit dem Stromnetz besteht Lebensgefahr. Die Muskeln verkrampfen sich, das Herz kommt aus dem Takt und Verbrennungen sind möglich.

Der menschliche Körper ist ein elektrischer Leiter. Zu einem Elektrounfall kommt es, wenn der Mensch Teil eines Stromkreises wird.

Verhalten bei Stromunfällen

Unterbrich zuerst den Stromkreis: Betätige dazu den Not-Aus-Schalter oder schalte die Sicherung aus.
Auf keinen Fall den Verunglückten vorher anfassen, sonst fließt der Strom auch durch den Helfer!
Notarzt bzw. Rettungswagen rufen.
Bei Atemstillstand sind Wiederbelebungsmaßnahmen erforderlich (Atemspende, Herzdruckmassage).

A Viele Elektrogeräte haben ein Gehäuse aus Kunststoff. Begründe!

B Mit Elektrizität aus der Steckdose muss man vorsichtig umgehen. 6 Schreibe zu den Bildern Verhaltensregeln auf. Erläutere die Gefahren.

C Fertige ein Plakat über die Gefahren des elektrischen Stroms an.

Tot im Bad

Frankfurt. Am Montag wurde in einer Frankfurter Wohnung ein 39 Jahre alter Mann tot in der gefüllten Badewanne aufgefunden. Der Haartrockner lag eingeschaltet im Wasser. Die Kriminalpolizei stellte fest, dass das Gerät keinen technischen Mangel aufwies. Der Elektrotechnikverband VDE bezeichnet die Gewohnheit, sich in der Badewanne die Haare zu trocknen, als lebensgefährliche Dummheit. Sobald der Haartrockner in die Wanne rutscht, fließt Elektrizität durch den Körper. Haartrockner gehören nicht in die Badewanne!

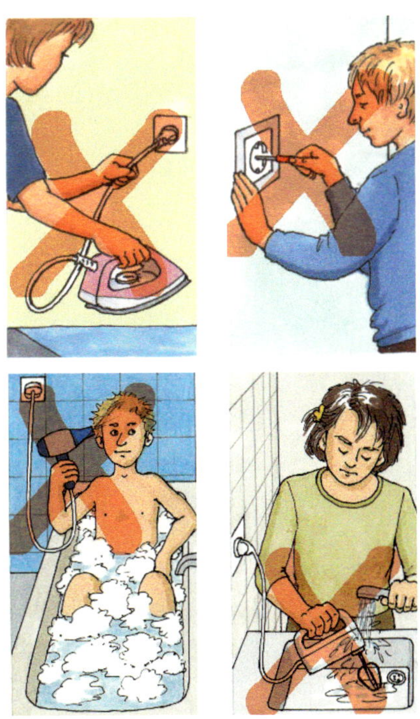

6 Vorsicht mit elektrischen Geräten!

Grundlagen **Nicht alles leitet**

Elektrische Leiter

Immer wenn du deinen Prüfstromkreis mit einem Gegenstand aus Metall schließt, leuchtet die Lampe auf. Bei einer Bleistiftmine aus Grafit leuchtet die Lampe etwas schwächer. Grafit leitet nämlich schlechter als Metalle.

Gute elektrische Leiter sind alle Metalle. Silber und Kupfer gehören zu den besten elektrischen Leitern.

Nichtleiter

Bei Gegenständen aus Kunststoff, Glas, Holz, Gummi oder Kork bleibt die Lampe dunkel. Diese Materialien leiten nicht. Man nennt sie *Nichtleiter* oder *Isolatoren*.
Gummi und Kunststoffe als Nichtleiter sind für elektrische Leitungen genauso wichtig wie die Metalle als Leiter. Kupferkabel werden mit Kunststoff überzogen, sie sind isoliert. Ohne Isolierung wäre es lebensgefährlich, ein Kabel anzufassen, das an eine Steckdose angeschlossen ist. 7

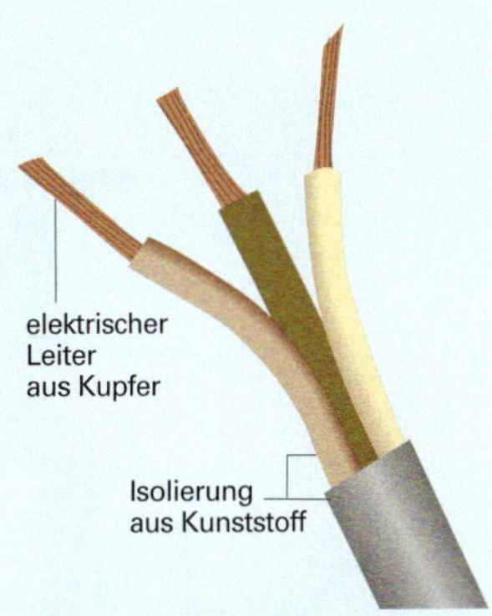

7 Kabel – Leiter und Isolator

Flüssigkeiten – Leiter und Nichtleiter

Auch unter den Flüssigkeiten gibt es Leiter. Beispiele sind Apfelsaft, Essig und Salzwasser.
Öl leitet nicht, reines (destilliertes) Wasser sehr schlecht.

Elektrogeräten ins Innere geschaut

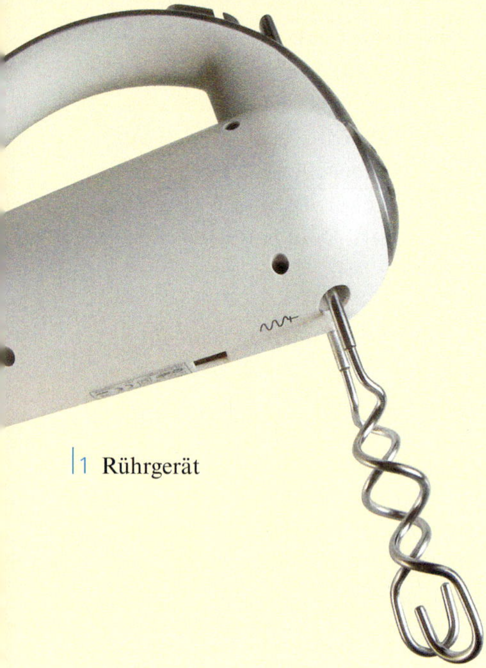

1 Rührgerät

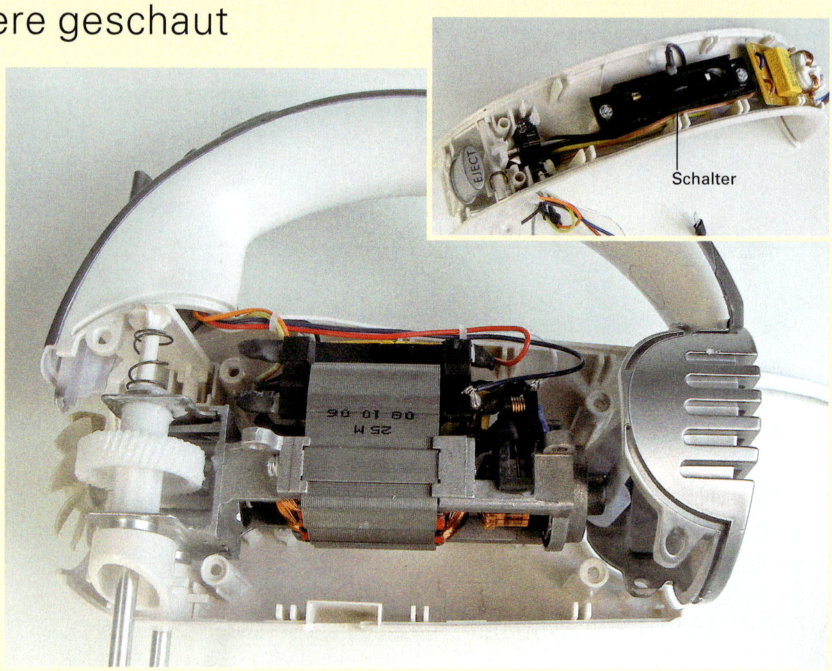

2 Rührgerät – geöffnet

Warnhinweis: Elektrogeräte dürfen nur vom Elektriker geöffnet oder repariert werden.

Wenn ihr in der Schule euch selbst die Bestandteile eines Elektrogeräts anschauen wollt, muss der Stecker abgeschnitten werden. Das Gerät darf dann nicht wieder in Betrieb genommen werden.

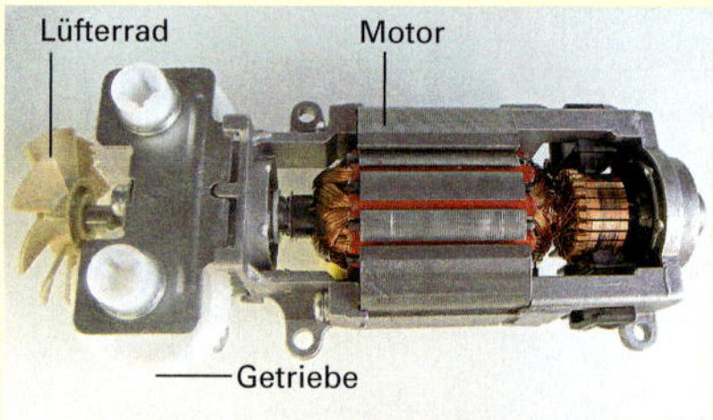

3 Motor, Getriebe und Lüfterrad von unten

4 Motor mit Antriebswelle

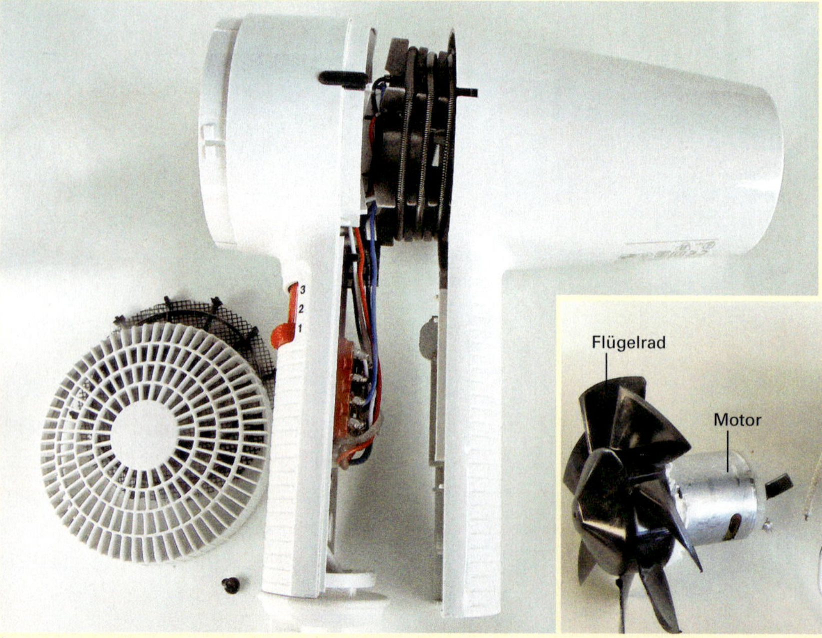

5 Haartrockner – geöffnet

6 Schalter (mit mehreren Stufen)

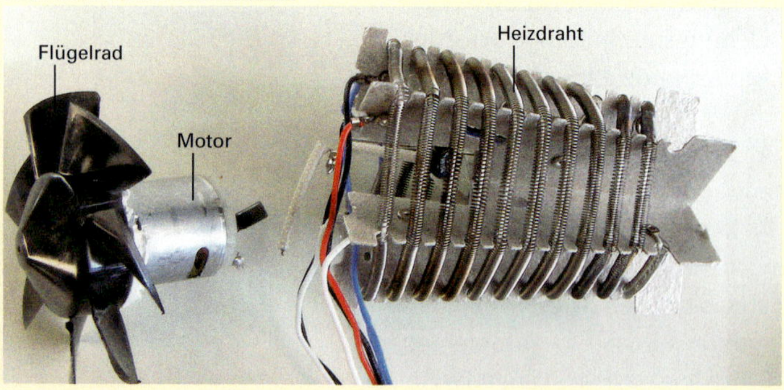

7 Motor mit Flügelrad und Heizung

Grundlagen **Elektrische Geräte und ihre Teile**

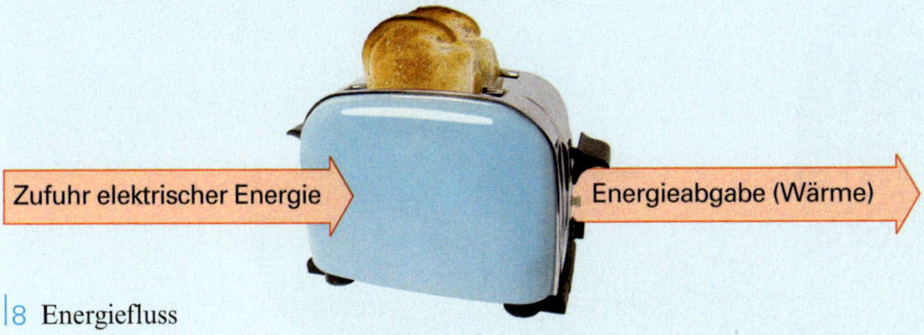

8 Energiefluss

9 Informationsfluss

An vielen Geräten kannst du Ähnlichkeiten im Aufbau erkennen: 8
- Sie besitzen eine *Zuleitung* für die Energieversorgung.
- Mit *Schaltern* und Tastern werden sie ein- und ausgeschaltet.
- Im Zentrum sind oft Motoren als Antrieb angeordnet.
- Je nach Funktion gibt es noch Heizspiralen oder Getriebe.

Auch moderne Geräte wie Computer oder Handys haben einen ähnlichen Aufbau. Neben der Energieversorgung besitzen sie Taster zur Eingabe von Daten (Texte oder Nummern). 9 Im Zentrum befinden sich hier *Prozessoren* und *Speicher* zur Verarbeitung der Daten. Wenn diese Geräte in Betrieb sind, kann man das am *Display* erkennen. Auf einem Bildschirm oder einer elektronischen Anzeige erscheinen Texte, Bilder oder Zahlen.

Elektrische Geräte dienen zum Heizen, Beleuchten, Antreiben oder der Informationsverarbeitung. Bauteile oder Baugruppen in diesen Geräten haben unterschiedliche Aufgaben.

1* **Nachbau eines Mixgeräts**
Baue aus einer Energiequelle, einem Motor und Zahnrädern den Handmixer nach. 10

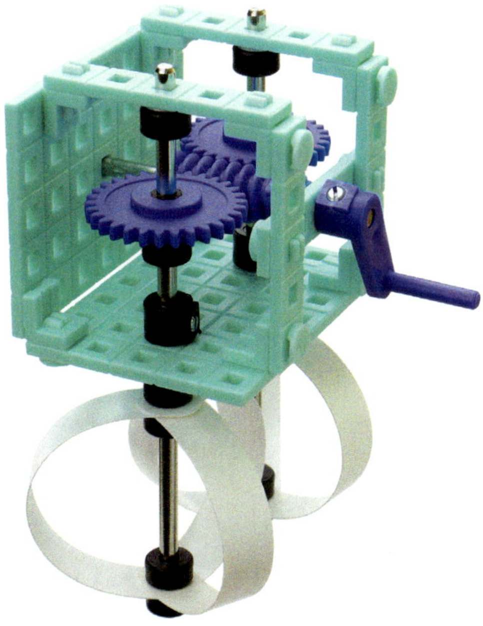

10 Handmixer mit Getriebe

A Übertrage die Zeichnung des zerlegten Haartrockners in deine Mappe und beschrifte die Teile. Den Nachbau lernst du auf den nächsten Seiten.

B Benenne wichtige Baugruppen eines Toasters.

C* Vergleiche einen Dauerläufer und ein elektrisches Gerät, z. B. einen Handmixer. Schreibe Gemeinsamkeiten auf.
Folgende Stichworte können helfen: Motor, Energieversorgung, Muskel, Getriebe, Kabel, Gelenke.

Wir bauen einen Haartrockner nach

Viele von euch benutzen einen Haartrockner fast täglich. Was macht eigentlich ein Haartrockner?

Funktionen des Haartrockners
- Wenn der linke Schalter am Griff betätigt wird, bläst der Haartrockner kalte Luft.
- Wenn *zusätzlich* der rechte Schalter betätigt wird, strömt warme Luft aus dem Gerät.
- Der Haartrockner schaltet automatisch ab, wenn er zu lange sehr nahe an den Haaren gehalten wird. Das ist eine Sicherung, damit das Gerät nicht zu heiß wird.

1 Haartrockner

2 Schalter

Das Basteln an Elektrogeräten ist lebensgefährlich. Solange der Haartrockner ans Stromnetz angeschlossen werden kann, darf er nicht geöffnet werden. Ihr könnt aber seine verschiedenen Funktionen untersuchen und nachbauen.

1 Der Haartrockner bläst kalte Luft

Diese Funktion kannst du leicht nachbauen. Dazu brauchst du einen Schalter, eine Batterie und einen Motor mit Propeller. 3 Prüfe deine Ventilatorschaltung. Zeichne den Schaltplan.

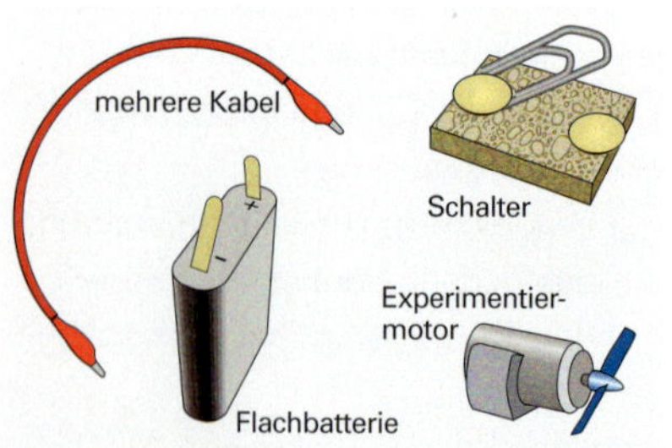

3

2 Der Haartrockner erzeugt Wärme

Von vorne siehst du im Haartrockner eine Drahtwendel. Sie wird durch die Elektrizität zum Glühen gebracht.

a Wickle 50 cm Konstantandraht (0,2 mm dick) eng um eine Stricknadel. Ziehe die Nadel heraus – fertig ist die Heizwendel. 4
Schließe die Wendel an ein Netzgerät an. 5 Drehe den Regler langsam höher und fühle, wie warm sie wird. Vorsicht, berühre die angeschossene Wendel nicht mehr. Verbrennungsgefahr!

b Auch Glühlampen besitzen eine Drahtwendel und erzeugen viel Wärme. Schau dir eine nicht leuchtende Drahtwendel mit der Lupe an.

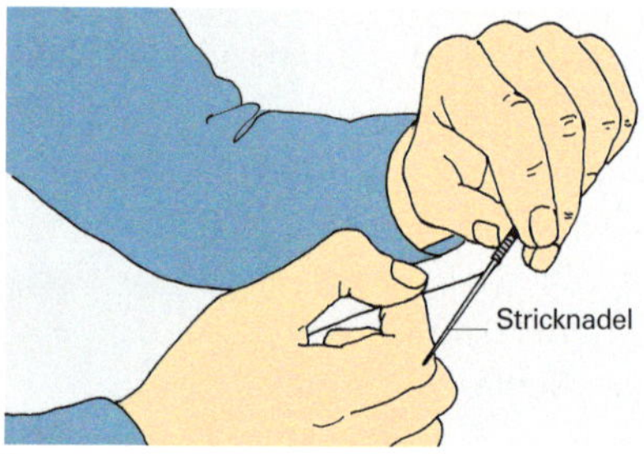

4 Herstellen einer Wendel

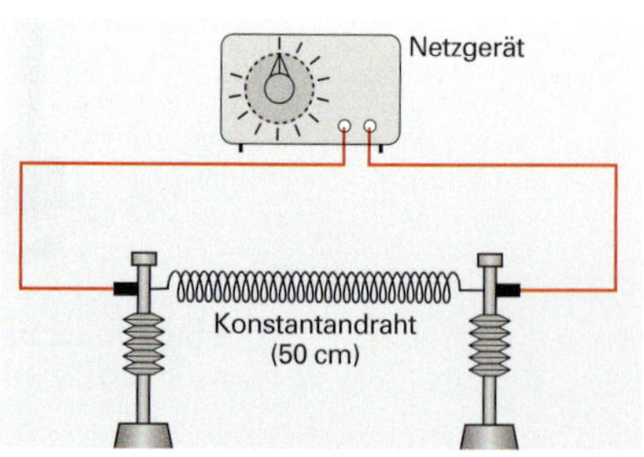

5 Einfache Heizspirale

3 Jetzt bläst er kalt oder warm

a Benutze als „Heizspirale" diesmal eine Glühlampe. Der Haartrockner soll bei Bedarf zusätzlich warme Luft abgeben (d. h., die Lampe soll leuchten). Du musst die Ventilatorschaltung mit der Lampe und einem Schalter ergänzen. Überlege dir die Schaltung und zeichne den Schaltplan. |6

b Die Funktionsweise der Schaltung beschreibt man am besten in einer Tabelle. |7

Übertrage die Tabelle in dein Heft, ergänze sie und prüfe die Schaltung mithilfe der Tabelle.

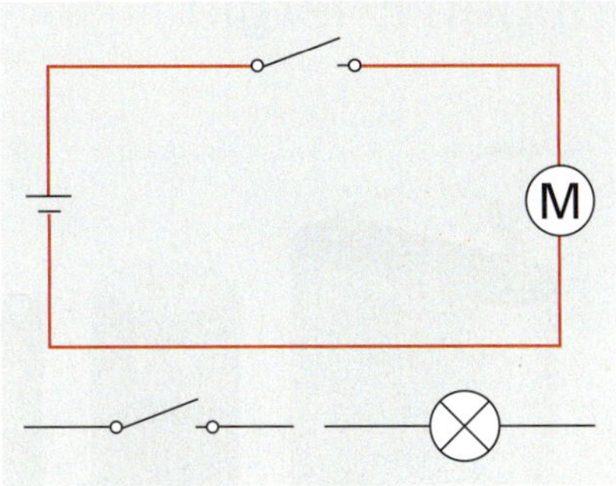

|6 Haartrocknerschaltung

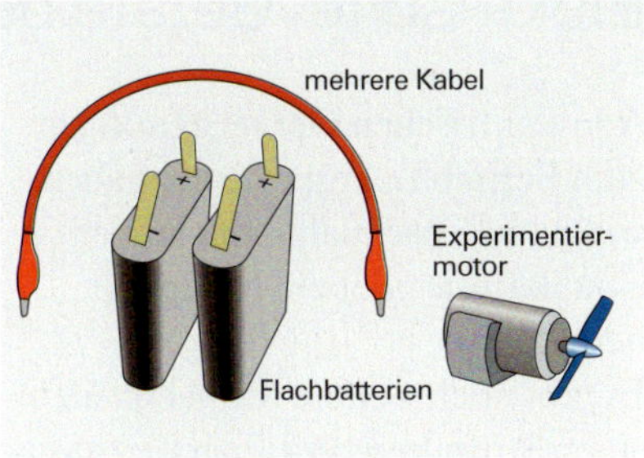

|9 Wie läuft der Motor besonders schnell?

Was wird gemacht?		**Was passiert?**	
Schalter Gebläse	Schalter Heizung	Gebläse (Motor)	Heizung (Lampe)
aus	aus	aus	aus
aus	ein	aus	?
ein	aus	?	?
ein	ein	?	?

|7 Funktionstabelle Haartrockner

4* Der Hitzeschutz für den Haartrockner

Wenn es im Gehäuse zu heiß wird, schaltet der Haartrockner von selbst ab. Das Abschalten übernimmt ein *Bimetallstreifen.* |8

Wenn der Streifen heiß wird, biegt er sich nach oben und unterbricht den Stromkreis. Beim Abkühlen wird er wieder gerade und schließt den Stromkreis. Man spricht von einem *Bimetallschalter.*

Baue den Bimetallschalter so in deine „Haartrocknerschaltung" ein, dass er bei Überhitzung alles ausschaltet.

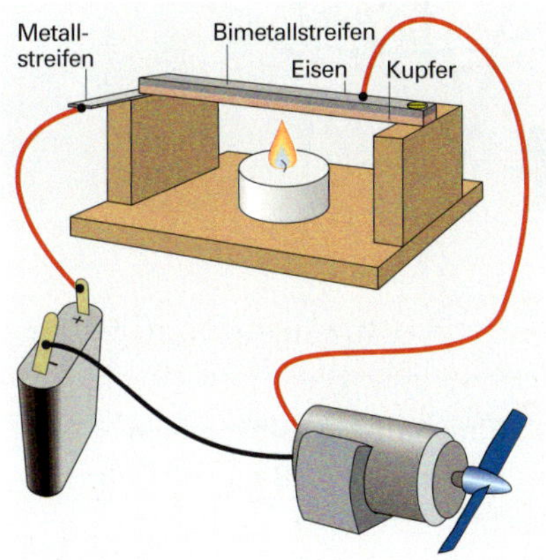

|8 Bimetallschalter

5* Der Haartrockner bläst viel oder wenig Luft

Beim Haartrockner kannst du einstellen, ob viel oder wenig Luft ausströmt. Versuche diese Funktion mit zwei Batterien nachzubauen. |9

Wie kannst du die Motorgeschwindigkeit verändern?

Wie müssen die Batterien geschaltet sein, damit der Motor schnell läuft? Zeichne dafür den Schaltplan.

6* Für Tüftler: der „Stufenschalter"

Ein Umschalter kann in zwei „Stufen" schalten. |10 Wie müssen zwei Batterien, ein Motor und der Schalter verbunden werden, damit der Motor einmal langsam und einmal schnell läuft? Probiere deine Schaltung aus.

7* Euer Haartrockner zu Hause

Vielleicht funktioniert euer Haartrockner zu Hause anders. Besitzt er Schalter, Taster oder Stufenschalter?

a Notiere die verschiedenen Funktionen in einer Tabelle.

b Entwickle eine Modellschaltung zu deinem Haartrockner.

c Baue die Schaltung auf und kontrolliere sie mithilfe der Funktionstabelle.

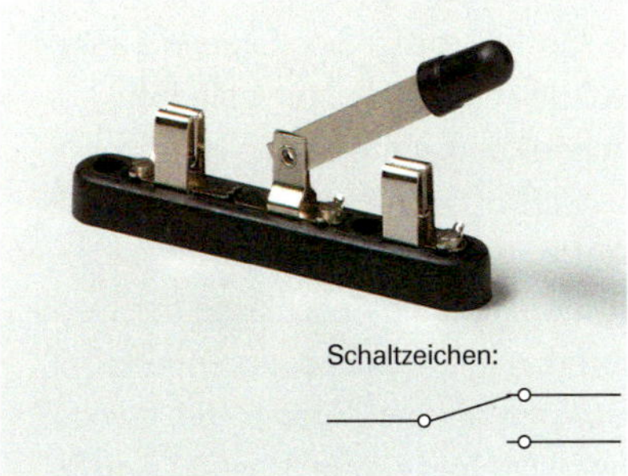

|10 Umschalter

Elektrische Geräte benötigen Energie

Alle elektrischen Geräte benötigen zum Betrieb Energie. Bisher haben wir zum Experimentieren immer eine Batterie oder ein Netzgerät benutzt.
Es gibt noch weitere Möglichkeiten, einen Stromkreis mit Energie zu versorgen. Du kannst Sonnenenergie oder die Energie deines Körpers einsetzen.

1 Batterien und Akkus

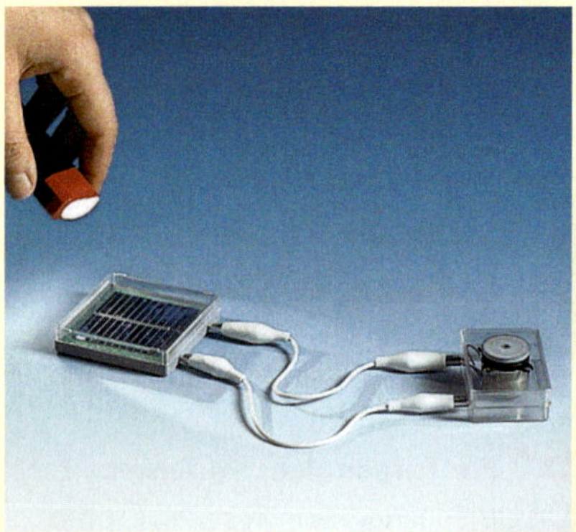
2 Solarzellen

3 Dynamo

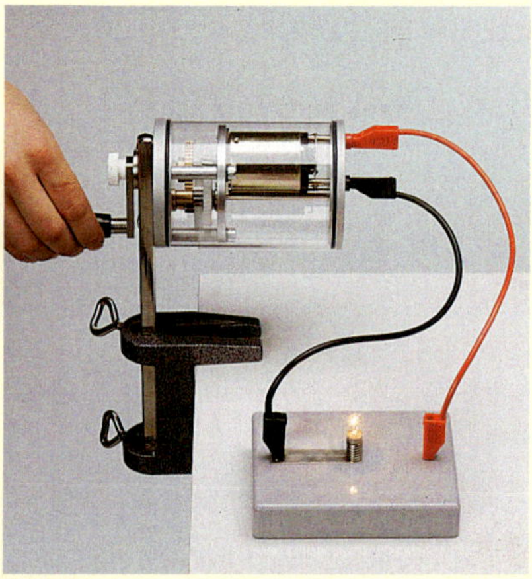
4 Tischgenerator

1 Elektrische Geräte – von Hand betrieben

Mit dem Tischdynamo kannst du wie mit dem Fahrraddynamo elektrische Geräte betreiben.

a Drehe die Kurbel des Dynamos, ohne eine Lampe anzuschließen.

b Schließe jetzt eine Experimentierlampe an. Drehe unterschiedlich schnell und achte auf die Helligkeit.

c Schließe eine Lampe für einen Autoscheinwerfer an.

d Verbinde die Anschlüsse des Generators mit einem Experimentierkabel. Beschreibe den Unterschied, den du beim Drehen spürst. Hast du eine Erklärung dafür?

2 Eine Batterie selbst bauen

a Eine einfache „Batterie" kannst du leicht selbst bauen. 5

b Probiere die „Batterie" mit einem kleinen Elektromotor aus.

c Wenn deine Batterie keine Energie mehr liefert, schaue dir einmal die Metallplatten oder -stifte an.
Säubere sie mit Schleifpapier und baue den Stromkreis erneut auf.

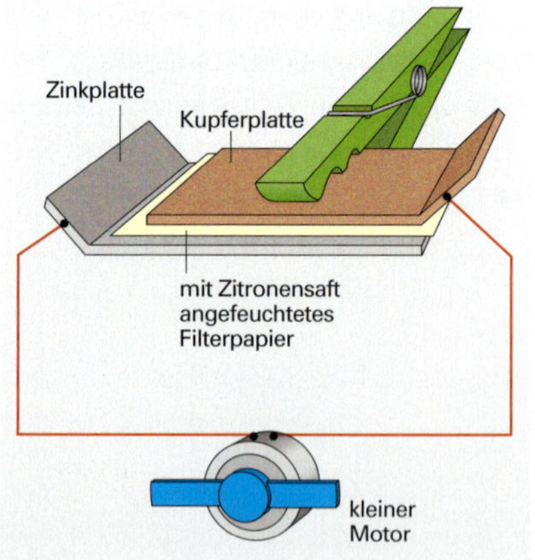

5

3 Energie aus Sonnenlicht

Mit Solarzellen kannst du das Sonnenlicht nutzen und deine Elektrogeräte kostenlos mit Energie versorgen. Zum Experimentieren benutzen wir *Solarmodule*, die aus mehreren Solarzellen bestehen. |6 Mit einer solchen Platte kannst du aus Sonnenlicht elektrische Energie erzeugen.

a Schließe eine kleine Glühlampe an ein Solarmodul an. Sie soll möglichst hell leuchten. Untersuche, wie du das erreichst. Schreibe ein Protokoll deiner Untersuchung.

b Prüfe mit einer Leuchtdiode, welcher der Plus- und welcher der Minusanschluss des Solarmoduls ist. |7

c Schalte mehrere Solarzellen zusammen. Der Pluspol der einen muss immer mit dem Minuspol der nächsten verbunden werden.

d* Wie sind Solarzellen auf Hausdächern ausgerichtet? Erkläre es mit deinen Erfahrungen aus dem Versuch.

|6 Solarmodul

Tipp
Beleuchte das Solarmodul. Verbinde es mit der Prüf-LED. Leuchtet die LED, so steckt der Plusstecker im Plus-Anschluss des Solarmoduls.

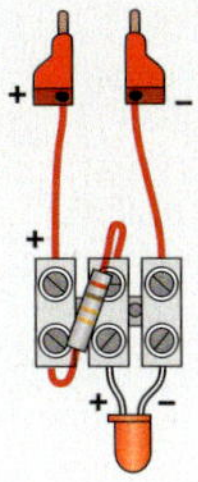

|7 So findet man den Pluspol.

4 Elektrische Energie aus dem Akku

Jede Batterie ist irgendwann verbraucht. |8 Besser ist ein Akkumulator (Akku). Wenn er keine elektrische Energie mehr liefert, kann er mit einem Ladegerät aufgeladen werden.

a Baue einen Stromkreis mit einer Lampe und einem Akku auf.

b Überlege dir, was für den Einsatz von Akkus spricht.

|8 Verbrauchte Batterie

Zur Erinnerung **Ohne Energie läuft nichts**

Nicht nur Lampen und Elektromotoren benötigen Energie, um zu funktionieren. Auch ein Auto fährt nicht von alleine. Damit es sich in Bewegung setzt, muss man vorher tanken. Man braucht Benzin als Treibstoff. |9–10
Auch dein Körper benötigt zum Rennen, Werfen oder Treppensteigen einen „Treibstoff": Du musst essen. Die Nahrung liefert die Energie für deinen Körper.
In Nahrungsmitteln, im Benzin, in Batterien und im Licht steckt Energie. |11–12 Die Energie wird in Bewegung, in Licht oder Wärme umgewandelt.
Energie ist der Treibstoff, ohne den nichts läuft.

|9 Autofahren

|10 Energie fürs Auto

|11 Kugelstoßen

|12 Energie für den Sportler

Grundlagen **Woher kommt die Energie für Elektrogeräte***

Der Dynamo – ein Energiewandler

Von allein leuchtet keine Lampe. Beim Fahrrad muss das Rädchen am Dynamo gedreht werden. Für die Taschenlampe brauchst du eine „volle" Batterie.

Lampen und alle elektrischen Geräte benötigen elektrische Energie. Ein Dynamo liefert sie. Dazu muss ihm Energie durch Drehen zugeführt werden. Energie, die durch einen Stromkreis übertragen wird, nennt man elektrische Energie.

Wenn viele Lampen angeschlossen sind, ist mehr Energie nötig. Du musst kräftiger drehen und so mit deinen Muskeln *mehr* Energie zuführen. Die Energie zum Drehen liefert dein Körper. Er erhält sie mit der Nahrung. Sowohl der Dynamo als auch dein Körper sind *Energiewandler*. |1

Auch die Glühlampe wandelt elektrische Energie um und gibt Energie als Licht und Wärme an die Umgebung weiter.

Bei allen Energieumwandlungen entsteht auch Wärme, die nicht weiter genutzt werden kann.

Die Solarzelle – auch ein Energiewandler

Wenn viel Licht auf die Solarzelle fällt, wird viel elektrische Energie erzeugt. Ein Motor läuft dann schnell und die Lampe leuchtet hell. Die Energieumwandlung mit Solarzellen ist umweltfreundlich. Es entstehen keine Schadstoffe.

Solarzellen wandeln die Energie des Sonnenlichts in elektrische Energie um. |2

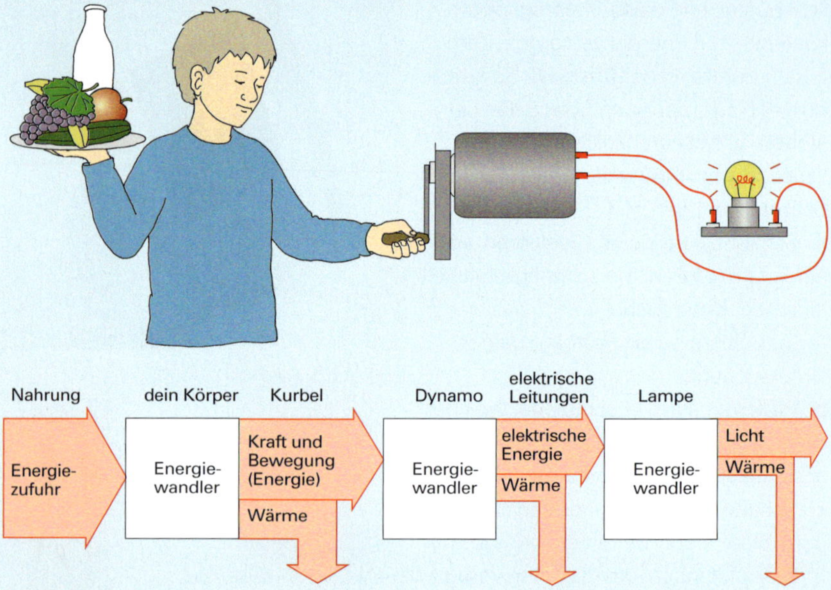

|1 Energieschema: Dynamo

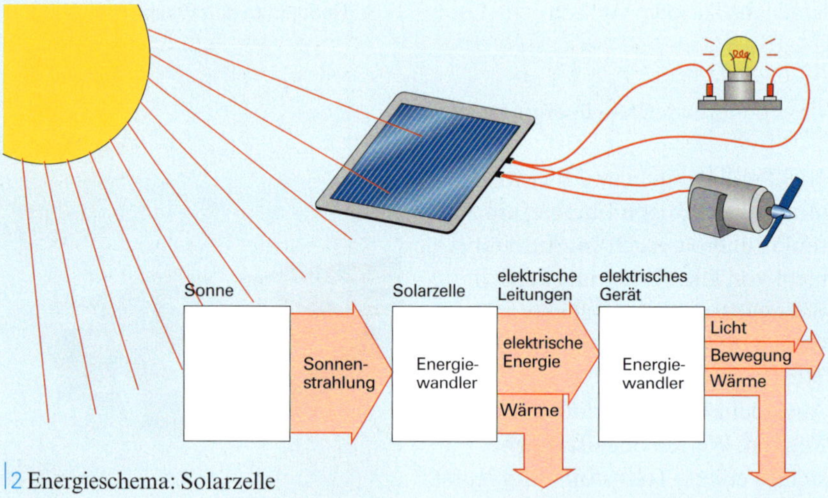

|2 Energieschema: Solarzelle

Batterie und Akku als Energiespeicher
Wenn eine Batterie oder ein Akku elektrische Energie liefert, wandeln sich in ihrem Innern Stoffe um.

Batterien und Akkus speichern Energie. |3

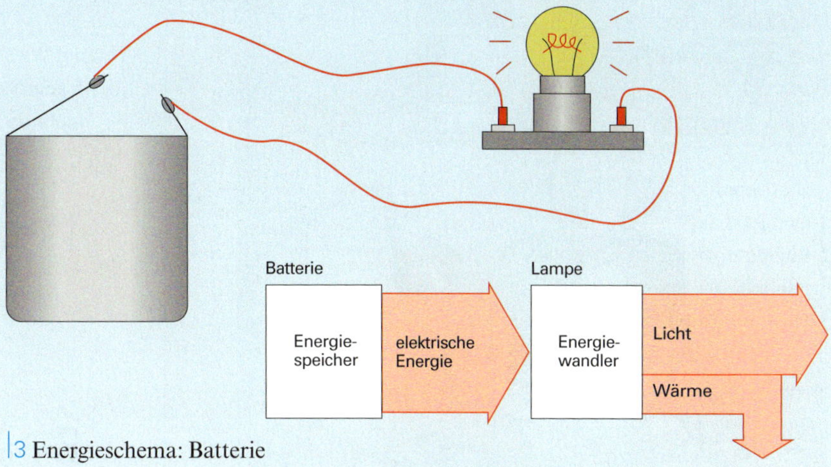

|3 Energieschema: Batterie

Wissenswertes **Batterie, Akku oder Solarzelle***

Für diesen MP3-Player brauchst du eine 1,5-Volt-Batterie. |4
Batterien sind nur einmal zu benutzen. Du kannst auch einen 1,2-Volt-Akku einsetzen. Er ist zwar teurer als eine Batterie, dafür kannst du ihn viele Male wieder aufladen. Mit Akkus sparst du Geld!
In Deutschland werden jährlich 900 Millionen Batterien und Akkus verbraucht. Das sind 1000 große Lastwagen – voll beladen mit verbrauchten Batterien. Dabei sind die Autobatterien nicht mitgezählt.
Batterien enthalten Schwermetalle wie Zink und Nickel, die für die Umwelt gefährlich sind. In den preiswerten Akkus steckt das giftige Schwermetall Cadmium. Batterien und Akkus müssen daher als Sondermüll entsorgt werden. Sie dürfen nicht in den Hausmüll gelangen! In den Geschäften kannst du sie zurückgeben.
Der Umwelt kann man mit einem Akku eine ganze Menge Batterien ersparen. Wenn möglich, solltest du ganz auf Batterien und Akkus verzichten. Betreibe deine Elektrogeräte mit einem Netzteil.

Gut für die Umwelt sind auch Solarzellen. Sollen die Geräte auch im Dunkeln funktionieren, müssen sie einen Akku enthalten, der am Tag von den Solarzellen geladen wird.

A Nenne Geräte, die mit der Sonne betrieben werden.

B Erstelle ein Informationsplakat über die Nutzung von Batterien und Akkus. Gehe dabei auf Umweltprobleme ein. Zeige auch Ersatzmöglichkeiten auf.

C* Frage in Geschäften nach, wie viele Batterien sie im Monat zurücknehmen. Wohin werden sie gebracht?

D* Untersuche einige Geräte, die mit Batterien oder Akkus betrieben werden (Digitalkamera, MP3-Player, ferngesteuertes Auto …) . Welche Batterieart kommt zum Einsatz? Wie viele Batterien sind im Gerät? Mit wie viel Volt wird das Gerät betrieben?

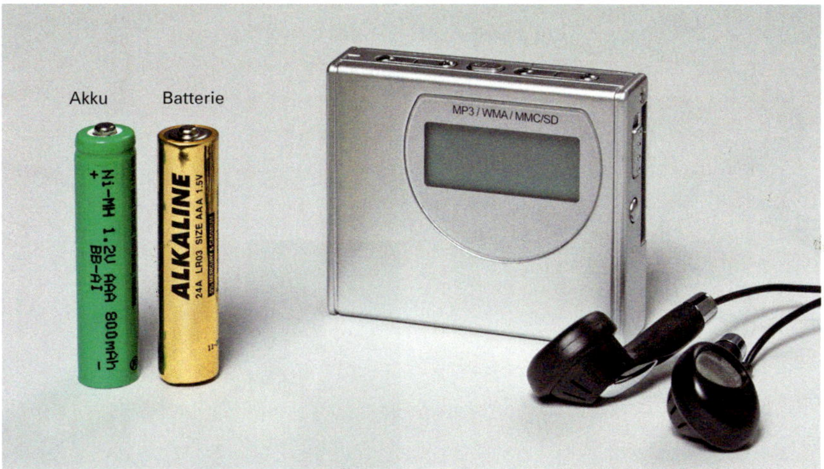

|4 MP3-Player – Batterie oder Akku?

Sicherungen

1

1 Welche Aufgabe haben Sicherungen?

Als Sicherung verwenden wir einen dünnen Alustreifen (Haushaltsfolie). 2
Wenn die Lampe leuchtet, wird für kurze Zeit ein Kurzschluss hergestellt. Dazu verbindest du die beiden blanken Stecker für kurze Zeit mit dem Schraubendreher.
Beschreibe deine Beobachtung und beantworte die Versuchsfrage.

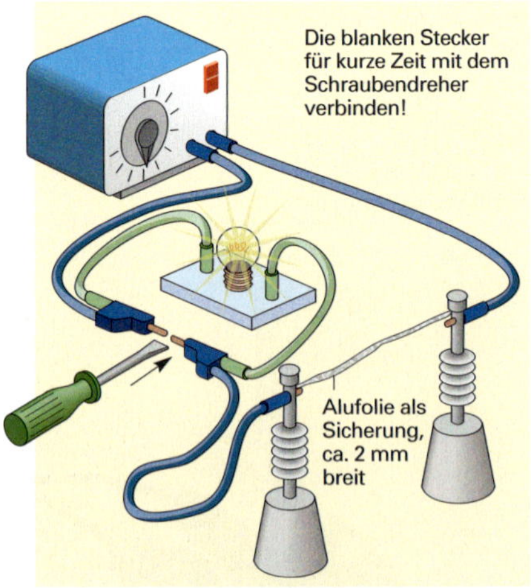

2

2 Kurzschluss trotz längeren Weges

Bei dem Begriff „Kurzschluss" könnte man an einen „kurzen Weg" denken, den der Strom zurücklegen musste.
Bei diesem Versuch ist der Weg aber länger … 3
Überbrücke die Lampe mit einem langen Kabel.
Warum schmilzt die Alufolie trotz des langen Kabels?

3* Was geschieht bei Überlastung?

Wenn man zu viele Lampen anschließt, werden die Leitungen zu heiß. 4
Schließe zu der Lampe weitere Lampen parallel.
Anstelle von Lampen kannst du auch ein Stück Konstantandraht (7 cm, 0,4 mm Durchmesser) parallel zu den Lampen schalten.
Was passiert mit der Sicherung?

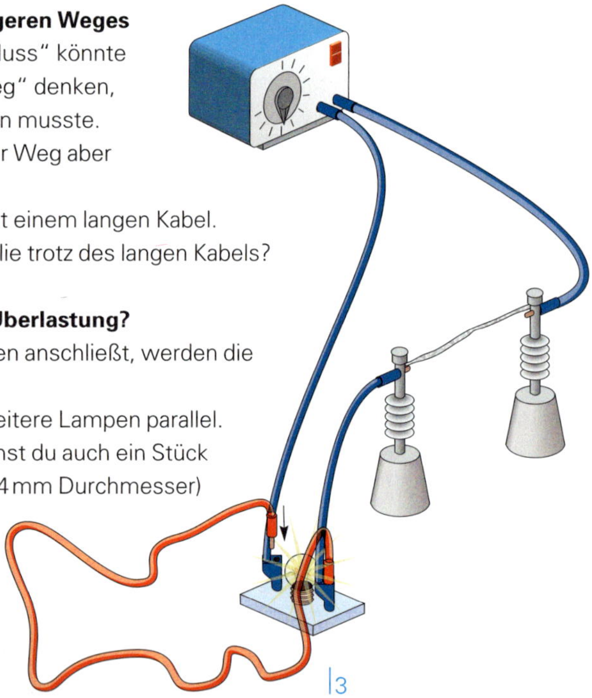

3

4

Wissenswertes **Kurzschluss und Sicherung**

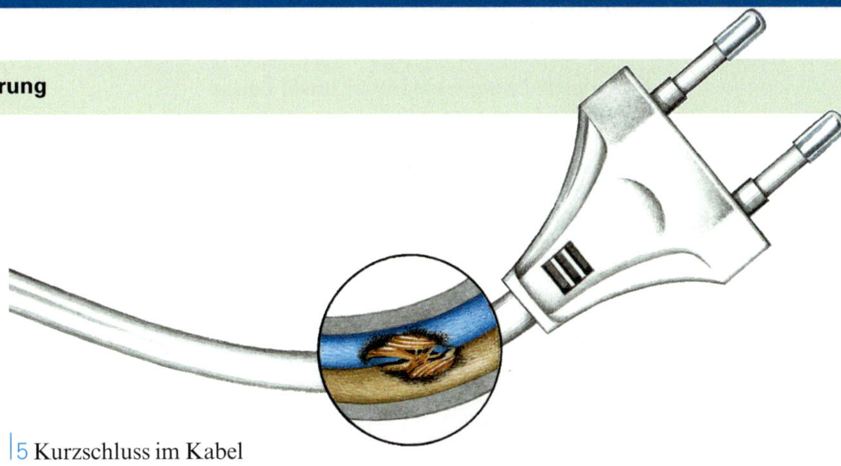

|5 Kurzschluss im Kabel

Kurzschluss

Manchmal wird gedankenlos ein elektrisches Kabel hin- und hergeknickt. Darunter leidet die Isolierung des Kabels. Außerdem altert das Kabel mit der Zeit. Beides zusammen kann dazu führen, dass die Isolierung von Kabeladern beschädigt wird. |5 In einem solchen Fall entsteht ein neuer Stromkreis – von der Steckdose über die beiden Adern wieder zur Steckdose.

Der Strom im Kabel ist bei einem solchen Kurzschluss sehr groß. Dadurch können sich die Leitungen so stark erwärmen, dass es zu einem Brand kommt.

Überlastung

Zu einer Überlastung der Leitungen kommt es, wenn an einer Steckdose zu viele Geräte angeschlossen werden. Um die Leitungen in Wohnungen vor Überlastung zu schützen, werden elektrische Großgeräte auf mehrere Anschlüsse verteilt. Auch die Steckdosen in verschiedenen Zimmern sind meistens nicht über dieselbe Leitung mit dem Hausanschluss verbunden. Zum Schutz der Wohnräume und einzelner elektrischer Geräte baut man in die Leitungen und in die Geräte Sicherungen ein.

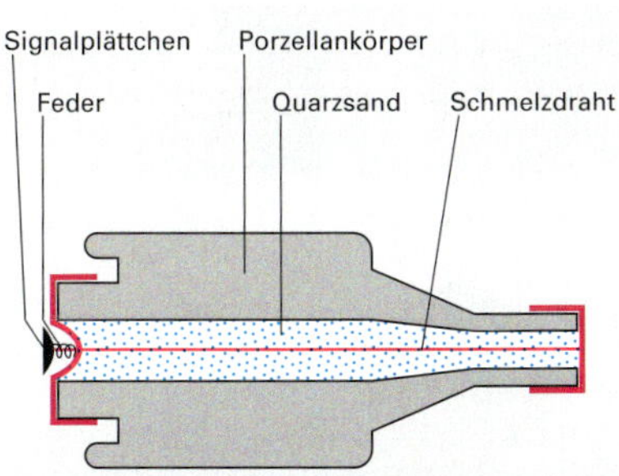

Aufbau einer Schmelzsicherung

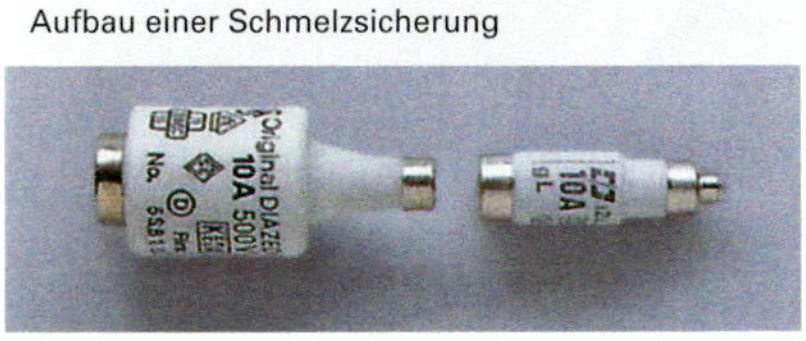

|6 Schmelzsicherungen aus dem Haushalt

Schmelzsicherungen

Schmelzsicherungen enthalten einen Schmelzdraht. Sein Durchmesser ist so gewählt, dass er sich im normalen Betrieb kaum erwärmt. Wenn der Strom zu groß wird, schmilzt der Draht durch. Der Stromkreis wird unterbrochen. |6–8

Sicherungsautomat

Eine Schmelzsicherung ist nur einmal zu gebrauchen. Im Haushalt werden daher meist Sicherungsautomaten eingesetzt. |9 In einem Sicherungsautomaten befinden sich ein Elektromagnet und ein Bimetallstreifen. Der Elektromagnet unterbricht den Stromkreis, wenn der Strom plötzlich größer wird (also bei einem Kurzschluss).

Der Bimetallstreifen unterbricht den Stromkreis, wenn der Strom langsam größer wird.

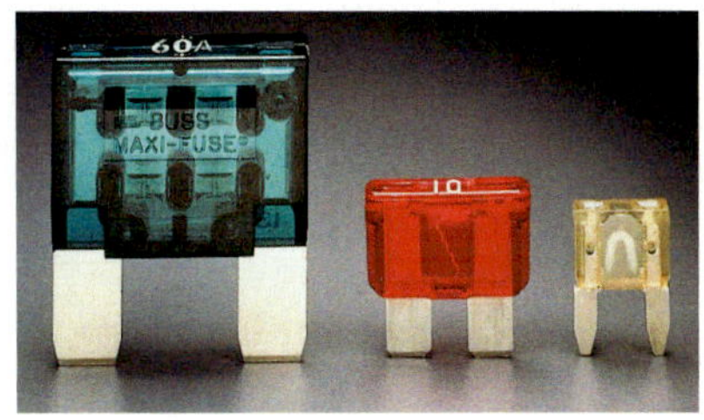

|7 Schmelzsicherungen aus dem Auto

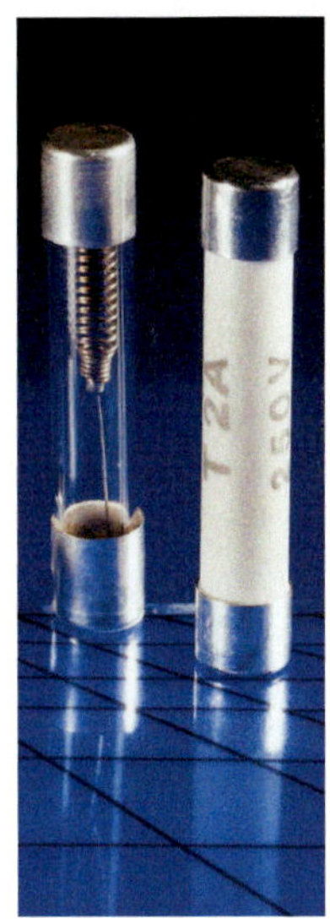

|8 Schmelzsicherung aus Geräten

|9 Sicherungsautomat

Wissenswertes **Elektrische Energie verändert unser Leben**

In jedem Haushalt erleichtern elektrische Geräte die Arbeit. Doch das war nicht immer so. Noch vor 100 Jahren gab es kaum Häuser mit elektrischer Energieversorgung. Der Tagesablauf war damals anders, als du ihn gewohnt bist. 1–3

Heute wirst du dir ein Leben ohne elektrische Energie kaum noch vorstellen können. 4–6

1 Küche um 1900

4 Moderne Küche

2 Einen Brief schreiben

5 Mitteilungen schreiben heute

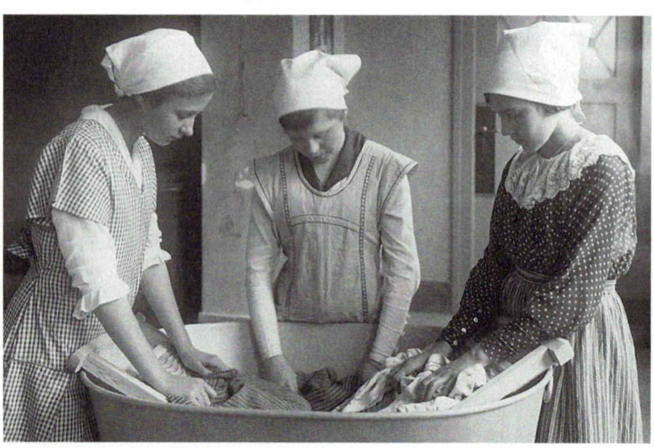

3 Haushaltsunterricht: Wäsche waschen

6 Moderne Waschmaschine

Disko ohne Lightshow? Großstadtleben im Dunkeln? 7–8 Mit Freunden verabreden ohne Handy? Ein Abend ohne Fernseher oder Computer? Ist solch ein Dasein lebenswert? Doch hat unser schönes Leben auch Folgen. Leben wir über unsere Verhältnisse? Die Energie für unsere moderne Welt gewinnen wir meist aus Kohle, Erdöl oder Erdgas. Beim Verbrennen in Heizungsanlagen, Automotoren oder Elektrizitätswerken entstehen Abgase. die die Umwelt belasten.
Die Energievorräte sind begrenzt und können nur einmal verbraucht werden. Und dann?

7 Berlin, Potsdamer Platz: Gemälde von 1884

8 Berlin, Potsdamer Platz: heute

A Nenne Vor- und Nachteile des Einsatzes der elektrischen Energie in Deutschland (Tabelle). Bewerte!

B Lass dir von deinen Großeltern berichten, wie ein Waschtag vor 50 Jahren aussah. Frage sie auch, wie sie in deinem Alter ihre Freizeit verbrachten. Schreibe dazu einen Bericht für eure Schülerzeitung.

C* Wie hat sich die Nutzung der elektrischen Energie in privaten Haushalten und in der Industrie in den letzten 30 Jahren verändert? Informiere dich bei eurem regionalen Stromversorger. Präsentiere die Ergebnisse auf einem Plakat.

D* Der Alltag einer Familie, die Arbeitswelt und die Freizeitgestaltung haben sich in den letzten 100 Jahren verändert. Sucht in Geschichtsbüchern, in Lexika und im Internet nach Bildern, die diese Veränderungen zeigen. Gestaltet mit euren Materialien eine Zeitleiste zum Thema „Elektrische Energie verändert die Welt". 9

9

Zusammenfassung

Elektrische Stromkreise

Eine Glühlampe leuchtet nur, wenn ihre beiden Kontaktstellen durch zwei Drähte an die beiden Kontakte einer Batterie oder eines Netzgeräts angeschlossen sind.

Damit die Lampe leuchtet, muss der Stromkreis geschlossen sein.

Mit Schaltern und Tastern werden Geräte ein- und ausgeschaltet.
Ein Taster schließt den Stromkreis, solange er gedrückt ist.
Der Fahrradscheinwerfer ist nur mit einem Kabel an den Dynamo angeschlossen. Der Stromkreis wird über den Fahrradrahmen geschlossen.

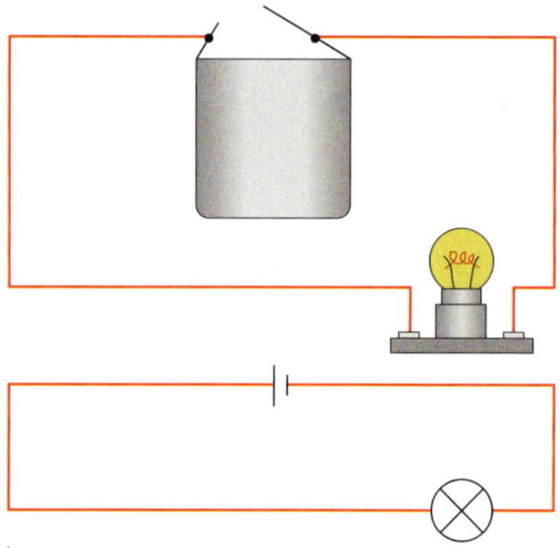

1 Stromkreis geschlossen

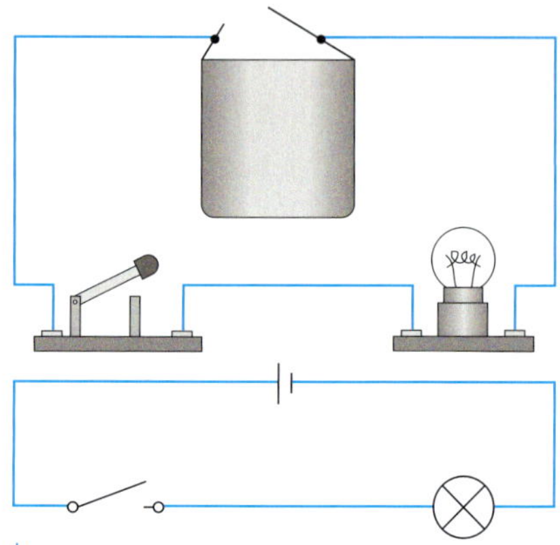

2 Stromkreis unterbrochen

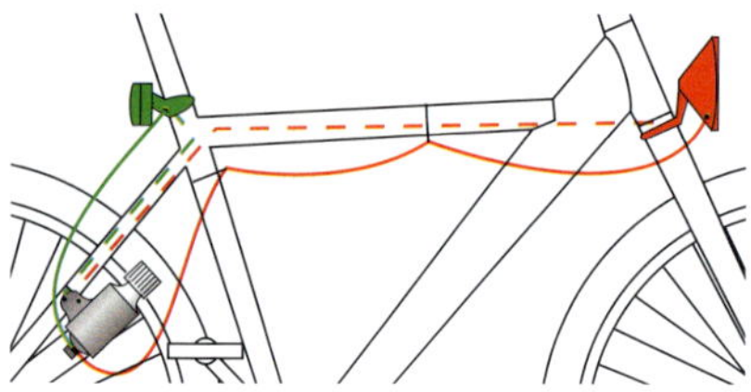

3 Fahrradstromkreis

Elektrische Leiter

Alle Gegenstände aus Metall sind Leiter. Auch salzige oder saure Flüssigkeiten gehören zu den Leitern.

Lebensgefahr besteht, wenn der menschliche Körper Teil eines Stromkreises mit der Steckdose wird.

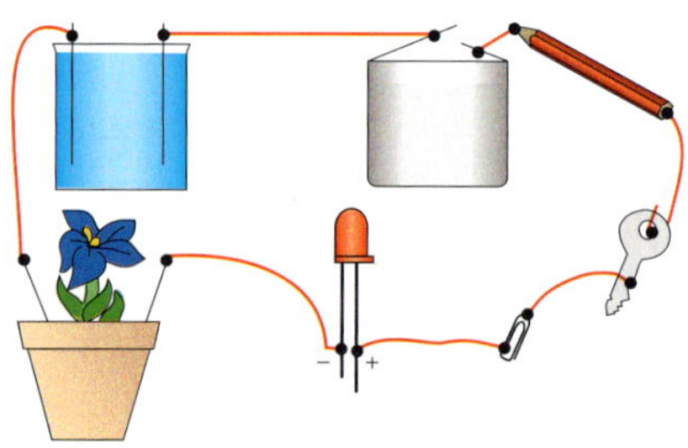

4 Elektrische Leiter

5

Elektrische Energie

Ein Dynamo (Generator) liefert elektrische Energie. Dazu muss ihm durch Drehen Energie zugeführt werden. Elektrogeräte wandeln die elektrische Energie in andere Energieformen um (Licht, Wärme, Bewegung …).

Im *Kraftwerk* wird mit Generatoren die elektrische Energie für die Haushalte bereitgestellt. *Batterien* und *Akkus* haben Energie gespeichert. Wenn sie elektrische Energie liefern, wandeln sich in ihnen Stoffe um. *Solarzellen* wandeln die Energie des Sonnenlichts in elektrische Energie.

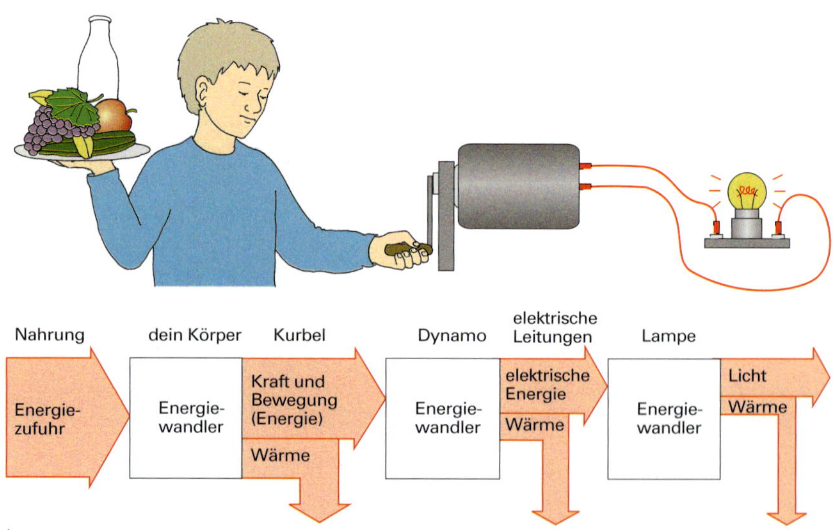

6 Energieschema

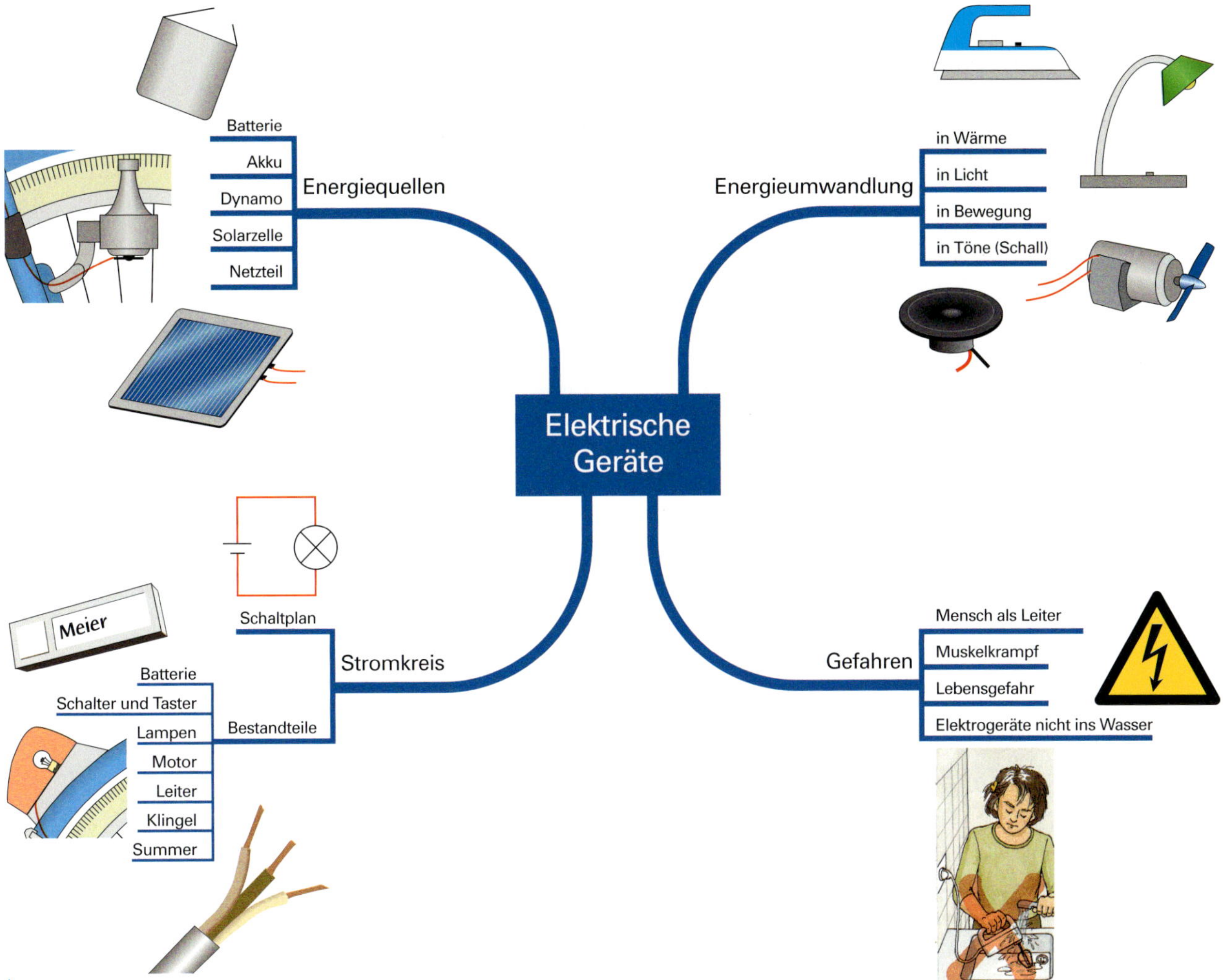

7 Mindmap „Elektrische Geräte“

Alles klar?

A Die Lampe leuchtet nicht. 8
Welche Gründe könnte das haben?

B Das Rücklicht deines Fahrrads leuchtet nicht. Beschreibe die Schritte, mit denen du den Fehler suchst.

C Der Mixer ist voller Teigspritzer und muss abgewaschen werden. Gib Tipps, wie man ihn säubert.

D* Stelle in einer Tabelle Vor- und Nachteile von Solarzellen als Energiequelle zusammen.

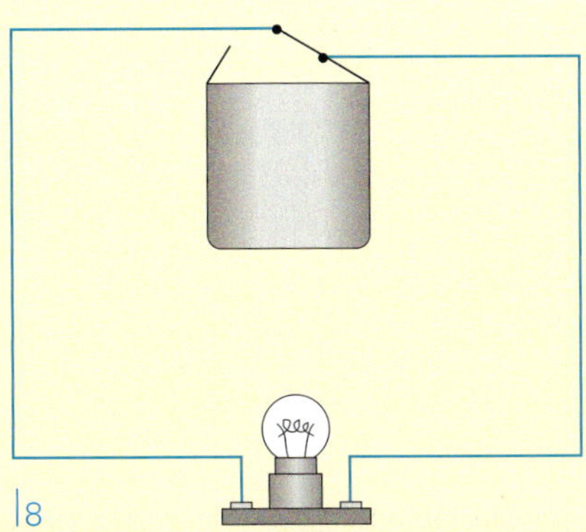

8

E* In einer Akku-Bohrmaschine wird elektrische Energie in Bewegung umgewandelt.

1 Nenne Vorteile und Nachteile einer solchen Bohrmaschine.

2 Aus welchen Bestandteilen ist der Stromkreis in der Bohrmaschine aufgebaut? Zeichne den Stromkreis mit Schaltsymbolen. (*Tipp:* Die Maschine kann an- und ausgeschaltet werden.)

Steckbriefe von Magneten

1 Verwendung von Magneten

Hier siehst du Magnete für unterschiedliche Zwecke.
Welche Eigenschaften von Magneten kennst du?
Welche Eigenschaften von Magneten werden gezeigt?

Probier's mal!

1 Magnete im Haushalt

In jedem Haushalt gibt es eine Vielzahl von Magneten.

a Welche der gezeigten Magnete gibt es bei euch zu Hause? 1
Beschreibe, wozu sie benutzt werden.

b Welche weiteren Magnete findest du bei euch im Haushalt? *Tipp:* Sie können auch versteckt angebracht sein. 2

2 Versteckte Magnete

Für einen „Steckbrief" untersuchen wir die Eigenschaften eines Stabmagneten. Die Versuchsreihe könnt ihr auch als Stationenarbeit durchführen.

2 Welche Gegenstände kann ein Magnet anziehen und welche nicht?
Untersuche möglichst viele unterschiedliche Gegenstände mit dem Stabmagneten.
a Welche Gegenstände werden angezogen, welche nicht? |3–4
Überlege dir, aus welchem Material (Stoff) die Gegenstände bestehen. Trage deine Beobachtungen in eine Tabelle ein. |5
b Erkennst du eine Regel, welche Materialien der Stabmagnet anzieht? Schreibe sie unter die Tabelle.

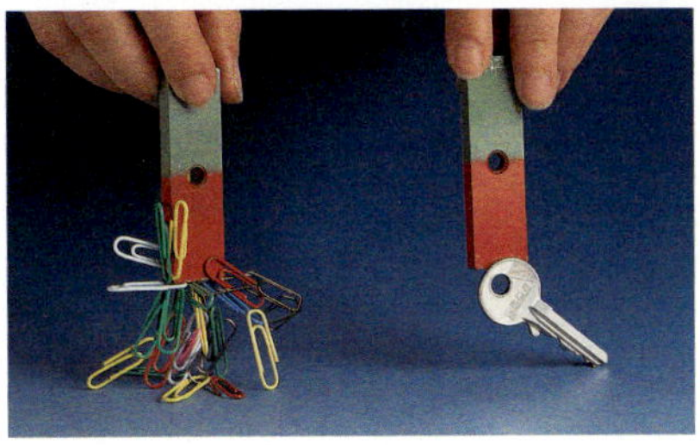

|3 Magnete ziehen manche Dinge an …

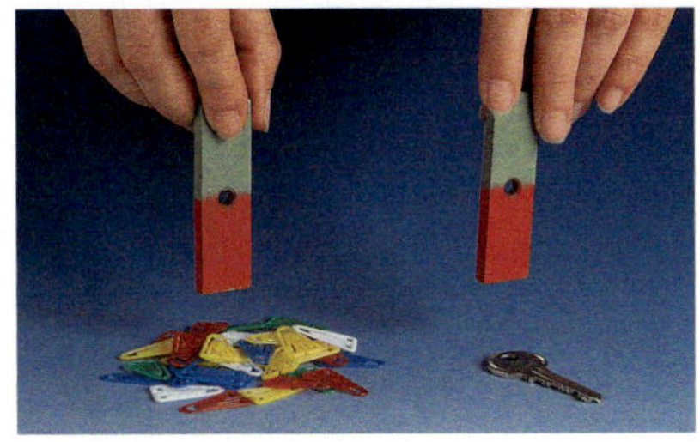

|4 … und manche nicht.

Vom Magneten werden angezogen		Vom Magneten werden nicht angezogen	
Gegenstand	Material (Stoff)	Gegenstand	Material (Stoff)
Schere	Eisen (Stahl)	Ohrring	Silber
Nagel	?	Bleistift	Holz
Büroklammer	?	Büroklammer	?
Schmuckkette	Nickel (silbrig, glänzend)	…	?

|5 Mustertabelle zu Versuch 2

3 Zieht ein Magnet überall gleich stark an?
a Binde einen Eisennagel an einen Faden und versuche die Mitte des Magneten zu treffen. |6
Was stellst du fest? Gib dafür eine Erklärung.
b Die Stellen, an denen die Anziehung am stärksten ist, heißen *Magnetpole* oder kurz Pole. Notiere Anzahl und Lage der Magnetpole.

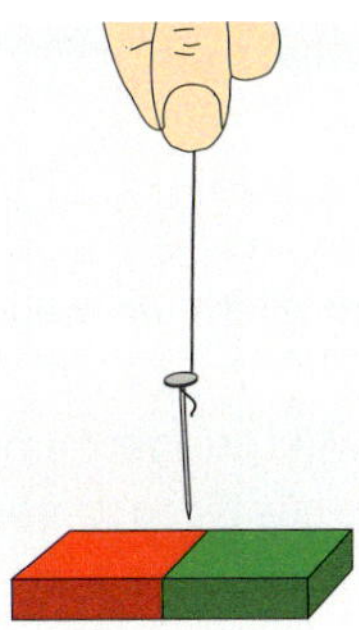

|6

4 Wie verhalten sich zwei Magnete, wenn sie zusammenkommen?
Experimentiere mit zwei Stabmagneten auf kleinen Rollen.
a Nähere die Magnetwagen mit der gleichen Farbseite. |7
b Führe sie dann mit den verschiedenen Farben zusammen. |8
c Schreibe deine Beobachtung in einer Tabelle auf. |9
d Man unterscheidet *Nordpol* und *Südpol*. Bei Experimentiermagneten ist der **S**üdpol gr**ü**n und der **N**ordpol r**o**t lackiert.
Formuliere eine Regel, wie Nord- und Südpol sich zueinander verhalten.

|7 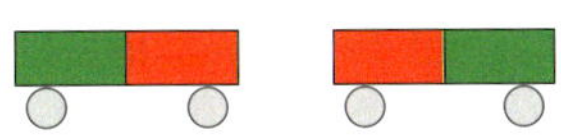

|8 

5* Wie verhalten sich drei Magnete zueinander?
Die Skizzen zeigen Vorschläge, wie du die Frage untersuchen kannst. |10
Du kannst auch zwei Magnete mit den gleichen Polen zusammendrücken und mit Klebefilm zusammenfügen.
Notiere wieder genau, was du machst und was du beobachtest.

|10

Was ich tue	Was ich beobachte
Die rote Magnetseite nähere ich der roten Magnetseite.	?
Die rote Magnetseite nähere ich der grünen Magnetseite.	?
Die … Magnetseite …	…

|9 Mustertabelle zu Versuch 4

6 Wie wird die magnetische Wirkung durch einen anderen Magneten verändert?

Ein Magnet kann eine ganze Reihe von 1-Cent-Münzen halten. Was passiert, wenn ein zweiter Magnet in seine Nähe kommt? Baue den Versuch auf. |1

a Hänge so viele Münzen an einem Pol untereinander, wie der Magnet gerade noch halten kann.
Nähere dich mit einem zweiten Magneten mal mit dem gleichen Magnetpol und mal mit dem anderen.
Notiere deine Beobachtungen.

b Versuche eine Erklärung zu finden.

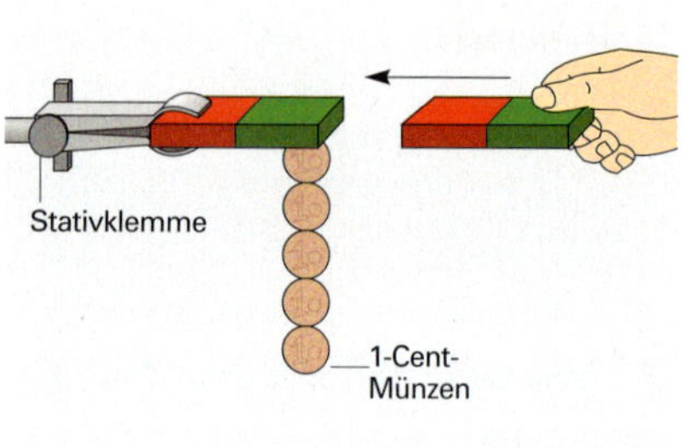

|1

7 Zieht ein Stück Eisen einen Magneten an?

„Nicht nur der Magnet zieht ein Stück Eisen an, sondern auch das Eisen zieht den Magneten an."
Ob diese Aussage stimmt, soll hier überprüft werden. |2
Schreibe deine Beobachtungen auf und gib eine Antwort.

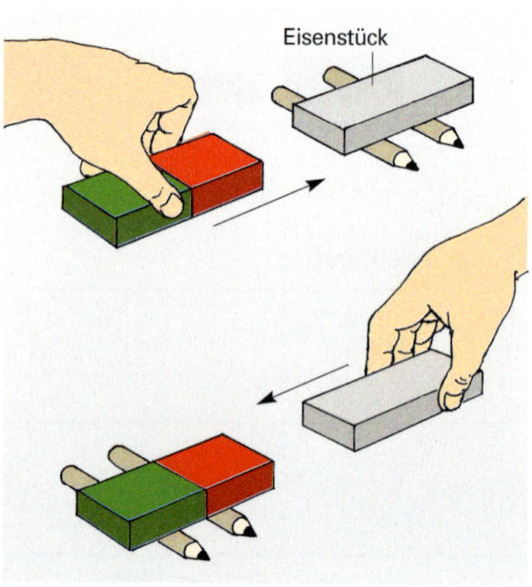

|2

8* Wohin zeigt ein frei hängender Magnet?

a Hänge einen Magneten an einem Faden auf. Achte darauf, dass keine Eisenteile in seiner Nähe sind. |3 Lass den Magneten auspendeln, bis er zur Ruhe kommt. Wohin zeigt sein Nordpol, in welche sein Südpol?
Führe den Versuch an verschiedenen Stellen des Raums oder auf dem Schulhof durch.

b Welche Ausrichtung nimmt der Magnet ein? Vergleiche z. B. mit der Richtung, in der mittags die Sonne steht.

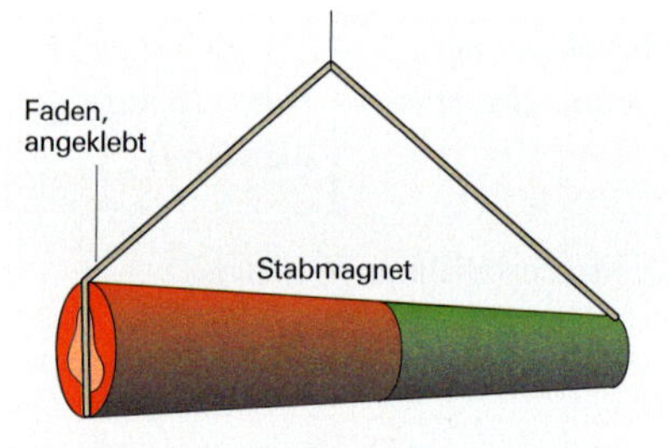

|3

9* Wie weit reicht die magnetische Wirkung?

Ein Magnet wirkt aus der Ferne auf Gegenstände aus Eisen. Untersuche, wie weit die erkennbare Wirkung des Magneten reicht.
Lege eine Büroklammer oder einen kleinen Nagel aus Eisen an den Nullpunkt deines Lineals. Schiebe den Magneten langsam auf den Gegenstand zu.
Notiere den Abstand, bei dem sich der Gegenstand bewegt. |4

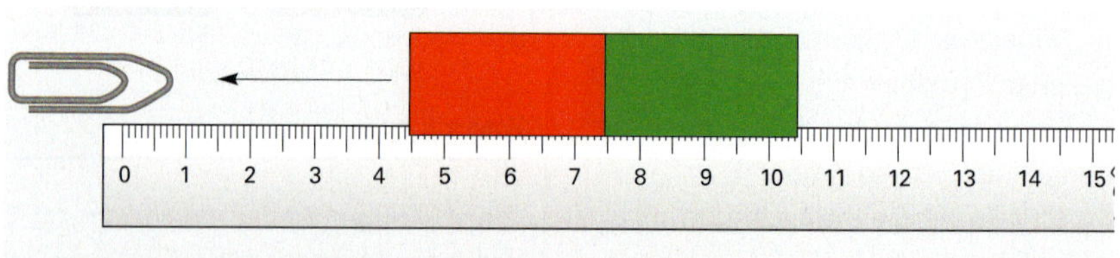

|4

10 Wirkt ein Magnet durch Dinge hindurch?

Zunächst musst du mit einem Stabmagneten eine Büroklammer aus Eisen zum Schweben bringen. |5

a Schiebe flache Gegenstände aus verschiedenen Materialien zwischen Magnet und Büroklammer (z. B. Papier, Holz, Aluminium, Eisen). Hält der Magnet die Büroklammer immer?

b Protokolliere deine Beobachtung in einer Tabelle.

c Welche Materialien lassen die magnetische Wirkung nicht hindurch? Vielleicht hast du eine Erklärung.

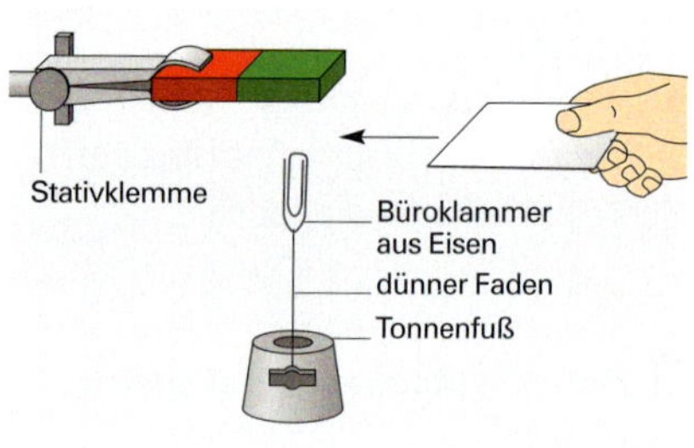

|5

11 Steckbriefe eines Magneten

Die untersuchten Eigenschaften des Stabmagneten könnt ihr in einem Steckbriefplakat zusammentragen und in der Klasse ausstellen. |6

12* Weitere Steckbriefe

Erstellt auch Steckbriefe für Scheibenmagnete, Bügelmagnete und Hufeisenmagnete. So bekommt ihr eine Magnete-Infowand.

Grundlagen **Die Eigenschaften des Stabmagneten**

Magnete können dir bei der Suche nach bestimmten Stoffen helfen.
Ein Magnet zieht nämlich nur Eisen und Stahl stark an. Nickel (und Cobalt) zieht er schwach an.

Die Stellen eines Magneten, an denen die magnetische Wirkung am größten ist, heißen Pole.
Jeder Magnet besitzt zwei Pole, einen Nord- und einen Südpol.

Wenn man zwei Magnete zusammenbringt, beobachtet man Folgendes:
Nordpole oder Südpole stoßen einander ab. Nord- und Südpol ziehen einander an.

Steckbrief: Stabmagnet 

Eigenschaften:
- *Er zieht Gegenstände aus Eisen und Nickel an und wird selbst auch von ihnen angezogen.*
- *An den Enden ist er am stärksten. Die Enden heißen Nord- und Südpol.*
- *Wenn er auf einen anderen Magneten trifft und sich gleiche Pole begegnen, stoßen sie sich gegenseitig ab.*
- *Wenn unterschiedliche Pole aufeinandertreffen, ziehen sie sich gegenseitig an.*
- *Seine anziehende Wirkung reicht über einige Zentimeter. Sie durchdringt fast alle Materialien – außer Eisen und Nickel. Zwei Magnete können ihre Wirkung verstärken, aber auch schwächen …*

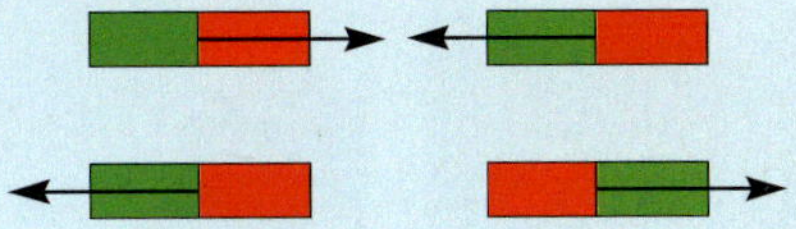

6 Steckbrief Stabmagnet

A Wie von Geisterhand geführt, bewegt sich die Figur aus Eisen auf dem Karton. 7 Erkläre das Kunststück.

B Baue ein Geschicklichkeitsspiel, bei dem ein kleines Auto aus Eisen durch eine kurvenreiche Rennstrecke auf einem Karton geführt werden muss. Fallen dir weitere Spiele und Zaubereien mit Magneten ein?

C Die Einzelteile eines Fahrrads sind aus verschiedenen Materialien hergestellt. Wie könntest du die Eisen- oder Stahlteile herausfinden? Beschreibe die Untersuchungsmethode und notiere die Ergebnisse in einer Tabelle.

Gegenstand	Material
Lenker	Stahl
Rahmen	?
Sattel	?
Sattelstütze	?
Schutzblech	?
Klingel	?
Felge	?
Speiche	?
Rücklicht	?
Pedal	?
…	?

D* Im Buch *Jim Knopf und die Wilde 13* beschreibt Michael Ende eine geniale Erfindung: Von einem Magnetberg nehmen Jim und Lukas zwei Brocken mit. Sie bauen daraus einen Magnetmotor für ihre Lok. 8 Wie soll der Antrieb funktionieren? Ob es wohl klappt? Beschreibe einen Versuch, mit dem du diese Frage überprüfen kannst.

E* Überprüfe die Eigenschaften von Haushaltsmagneten. Wo sind Nord- und Südpol? Wie weit reicht die Wirkung? … Fertige ein Protokoll an.

7 Figur, die sich bewegt

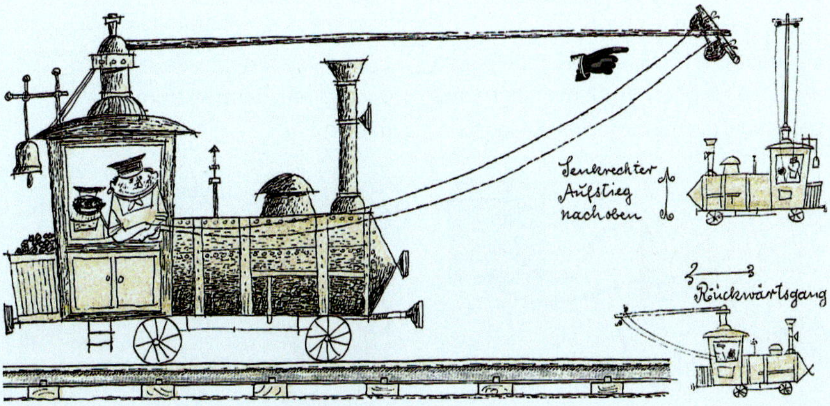

8 Erfindung – Magnetantrieb für Lokomotive

Der Elektromagnet

| 1–2 Elektromagnet für Eisenschrott

Ein Elektromagnet ist kein Magnet wie jeder andere …

Probier's mal!

1 Baue einen Elektromagneten

Wickle 15 m lackierten Kupferdraht (0,3 mm Durchmesser) auf eine Eisenschraube (oder einen Nagel). An den Drahtenden musst du die Isolierung entfernen. |3

Schließe den Elektromagneten immer nur kurz an die Batterie an, sonst geht ihre Energie schnell verloren.

a Untersuche, welche Materialien der Elektromagnet anzieht.

b Prüfe nach, ob die Eisenschraube zum Magneten geworden ist.

c* Ist die angeschlossene Drahtspule allein ein Magnet? Prüfe mit einer Kompassnadel (sie ist ein kleiner Magnet).

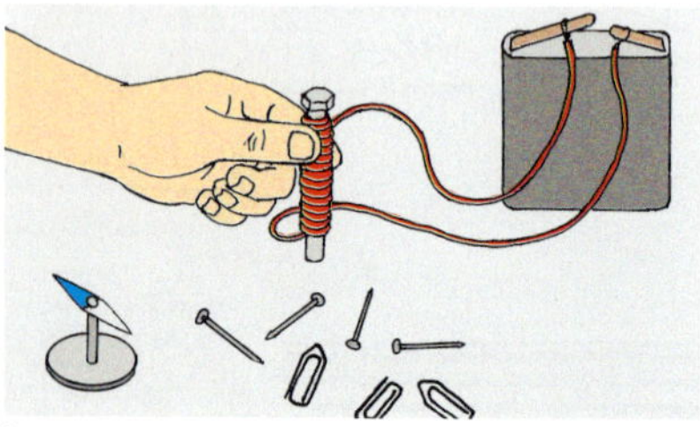

|3

2 Welche Eigenschaften hat ein Elektromagnet?

Ein starker Elektromagnet besteht aus einer Spule mit vielen Windungen und einem Eisenkern.

Deine Untersuchungen kannst du z. B. mit Büroklammern, Nägeln oder Reißnägeln durchführen. |4

a Führe eine Versuchsreihe zu den Eigenschaften von Elektromagneten durch.

b Protokolliere deine Versuche. Schreibe immer eine Untersuchungsfrage auf, skizziere den Versuch und beschreibe deine Beobachtung.

c Trage die Ergebnisse in einem „Steckbrief" des Elektromagneten zusammen.

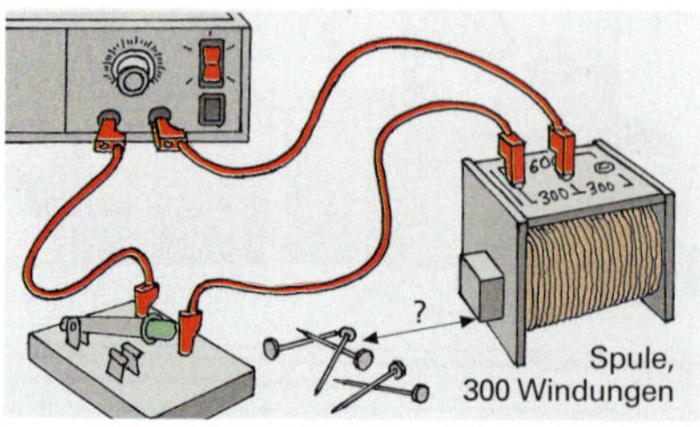

|4

A Es gibt zwei Arten von Magneten. Gib ihnen die richtigen Namen. |5

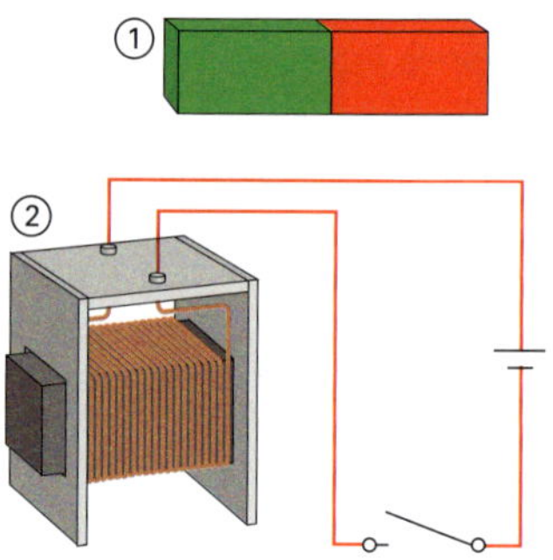

|5

B Plane einen Versuch, mit dem du herausfinden kannst, ob ein Elektromagnet einen Nord- und Südpol hat.

C Prüfe in einem Versuch, wo Nord- und Südpol eines Elektromagneten liegen. Vertausche die Anschlüsse an der Batterie oder am Netzgerät und prüfe wieder.

Technik **Lasthebemagnete***

|11 Lasthebemagnet

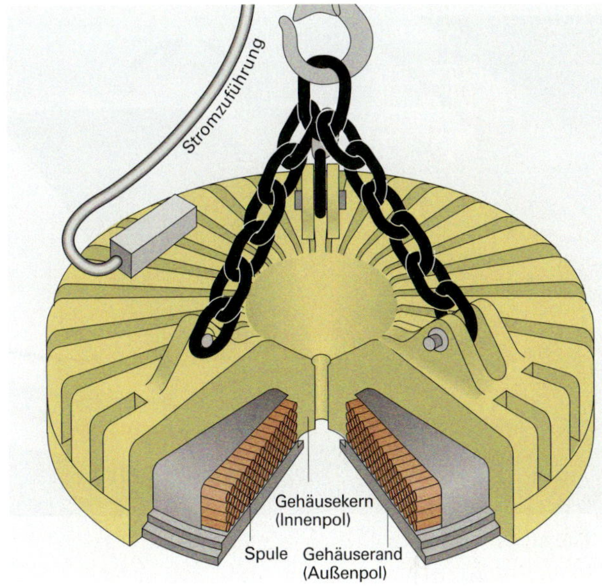

|12

Auf Schrottplätzen und in Stahlwerken werden große Elektromagnete als Kräne eingesetzt. Sie halten ihre Last nicht mit einem Greifer, sondern mit der magnetischen Anziehung. So ist sicher, dass nur Eisenschrott zur neuen Stahlgewinnung benutzt wird. |11

Der Lasthebemagnet besteht aus einer Spule und dem Gehäusekern. |12

Zum Aufnehmen der Eisenteile wird der Stromkreis der Spule geschlossen. Das Stahlgehäuse ist dann magnetisch. Die angezogenen Eisenteile werden gehoben und transportiert. Zum Ablegen der Teile wird der Stromkreis unterbrochen. Der Lasthebemagnet ist nicht mehr magnetisch.

Ein solcher Magnet kann Lasten bis zu 30 Tonnen heben – so viel wiegt ein schwer beladener, großer Lkw.

D* Dauermagnete haben verschiedene Eigenschaften. |6–10

Plane Versuche, mit denen du überprüfen kannst, ob Elektromagnete die gleichen Eigenschaften haben.

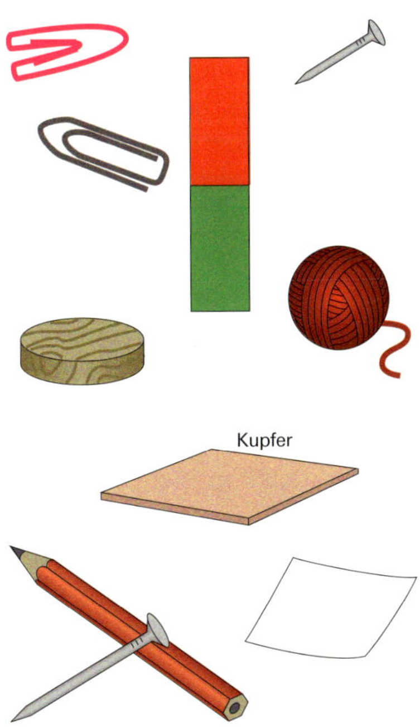

|6

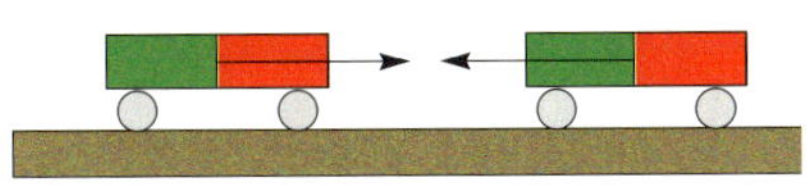

|7

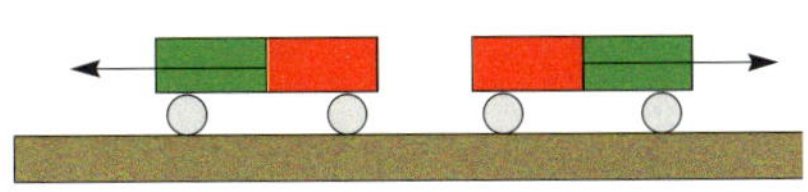

|8

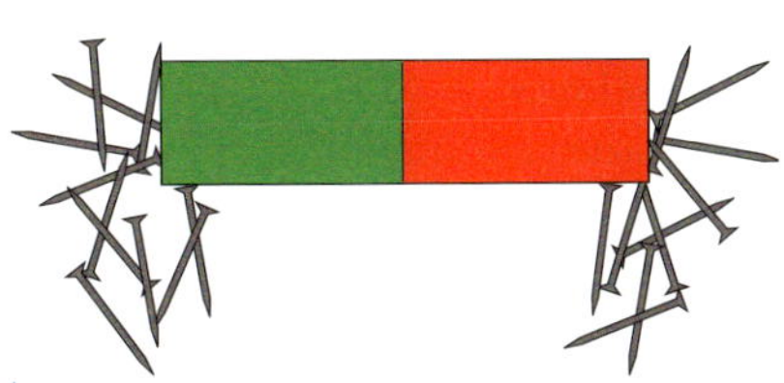

|9

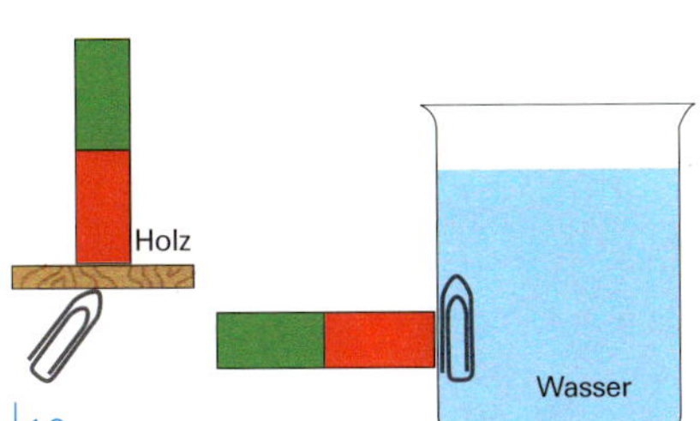

|10

Wissenswertes **Elektromagnete im Einsatz***

1 Transrapid

Der Transrapid hat keine Räder, sondern schwebt über die T-förmige Fahrbahn. 1–2 Für das Schweben sind zwei Arten von Elektromagneten nötig: die *Tragmagnete* am Fahrzeug und die *Fahrbahnmagnete*. Wenn der Tragmagnet eingeschaltet ist, wird der Zug durch die Anziehung zwischen Fahrbahnmagnet und Tragmagnet angehoben. Kurz bevor der Tragmagnet den Fahrbahnmagneten berührt, wird er abgeschaltet. Der Zug fällt aber nicht weit herab, denn der Tragmagnet wird im nächsten Moment wieder angeschaltet. Dieses Wechselspiel wiederholt sich so rasch, dass der Zug praktisch in gleichbleibender Höhe schwebt.

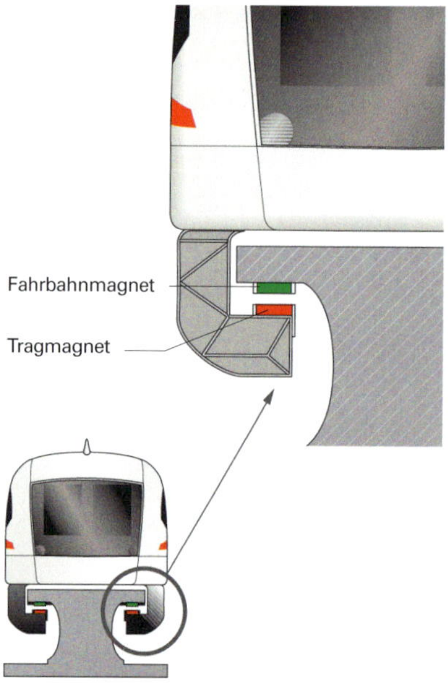

2 Magneten am Transrapid

A Wenn man den Klingelknopf an der Wohnungstür drückt, ertönt oft ein „Ging-Gong". Die Töne entstehen dadurch, dass zwei Metallplatten von einem Eisenrohr angeschlagen werden. 3

Bringe die folgenden Sätze in deinem Heft in die richtige Reihenfolge:

1 Die Klingeltaste wird gedrückt.
2 Das Eisenrohr wird in die Spule hineingezogen und schlägt gegen die Platte.
3 Der Ton „Ging" entsteht.
4 Der Stromkreis ist geschlossen und die Spule wird zum Magneten.
5 Die Klingeltaste wird wieder losgelassen.
6 Der Eisenkern wird durch die Feder aus der Spule herausgedrückt und schlägt gegen die andere Platte.
7 Der Stromkreis ist unterbrochen und die Spule verliert ihre magnetische Wirkung.
8 Der Ton „Gong" entsteht.

3 Türgong

Zusammenfassung

Eigenschaften von Magneten

Gegenstände aus Eisen (Nickel oder Cobalt) und ein Magnet ziehen sich gegenseitig an.

Die Stellen eines Magneten, an denen die magnetische Wirkung am größten ist, heißen Pole. Jeder Magnet besitzt einen Nordpol und einen Südpol.

Gleichnamige Pole stoßen einander ab. Ungleichnamige Pole ziehen einander an.

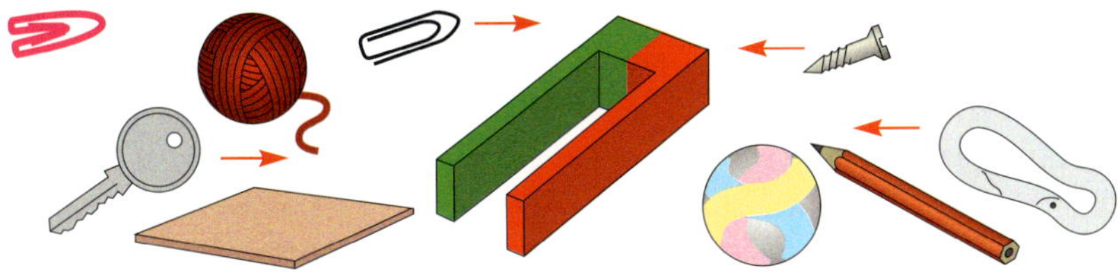
4 Magnetisch – unmagnetisch

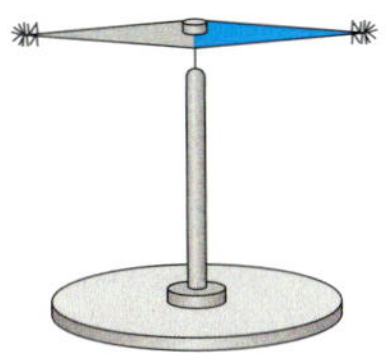
5 Nord- und Südpol

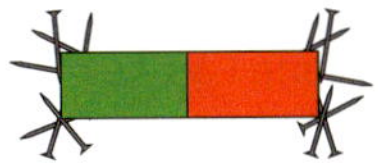
6 Nord- und Südpol

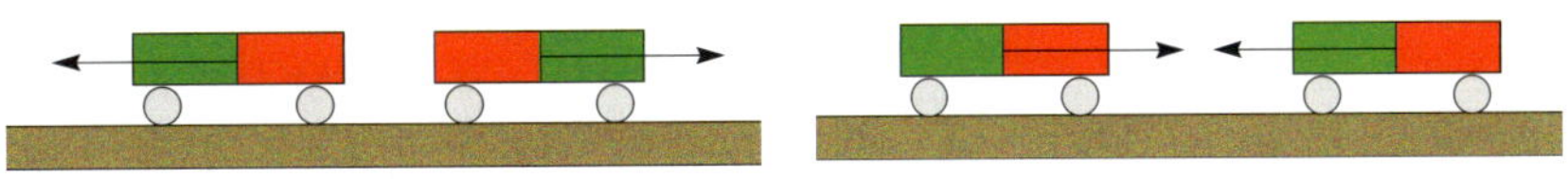
7 Abstoßung und Anziehung

Der Elektromagnet

Eine Spule, die an eine elektrische Energiequelle angeschlossen ist, wirkt wie ein Magnet. Die Wirkung lässt sich durch einen Eisenkern verstärken.
Wenn der Stromkreis unterbrochen wird, verliert die Spule ihre magnetische Wirkung; auch der Eisenkern wird wieder unmagnetisch.

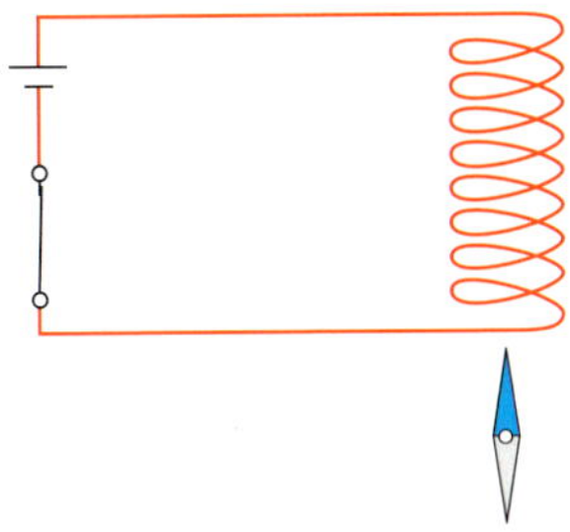
8

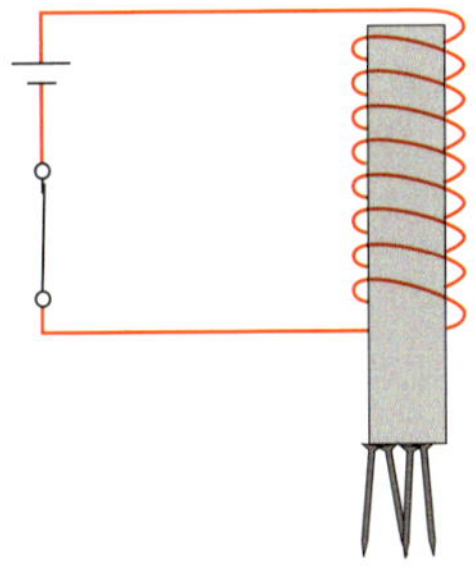
9

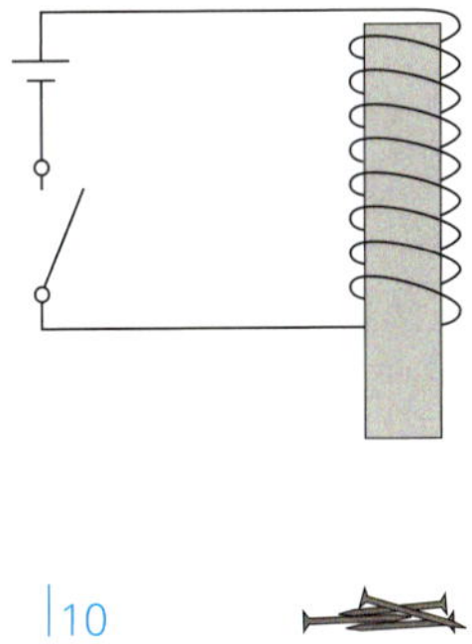
10

Alles klar?

A Manche Geldstücke sehen aus, als seien sie aus Messing oder Kupfer. Sie werden aber von Magneten angezogen. Was kannst du daraus schließen?

B Ton- und Videobänder, Disketten, Scheckkarten und Parkscheine enthalten dünne magnetische Schichten. In diesen sind Töne, Bilder, Texte oder auch Zahlen gespeichert.
Warum dürfen solche „Datenspeicher" nicht in die Nähe von Magneten gebracht werden?

C Die blaue Spitze einer Kompassnadel ist selbst ein magnetischer Nordpol. Von welchem Magnetpol der Erde kann sie deshalb nur angezogen werden? Wo liegt dieser Magnetpol?

D Deine Freundin behauptet, ihr Magnet ist stärker als deiner.

1 Ob sie recht hat? Beschreibe zwei Versuche, mit denen ihr den stärkeren Magneten herausfindet.

2* Wie könnt ihr mit den beiden Magneten einen noch kräftigeren bauen?

E Bei vielen Stabmagneten ist die eine Hälfte rot und die andere grün lackiert. Andere Stabmagnete sind unlackiert.

1 Erkläre, was die Farben bedeuten.

2 Du sollst die schwarzen Magnete auch rot und grün lackieren. Wie gehst du vor, damit die richtige Farbe auf die richtige Seite kommt?

3* Wie kannst du einen Stabmagneten als Kompass verwenden?

Kontrolliere deinen Lernstand

A „Mit elektrischer Energie kann man doch nichts anderes anfangen, als eine Lampe zum Leuchten zu bringen!"

1 Was meinst du zu dieser Behauptung?

2 Nenne verschiedene Elektrogeräte und beschreibe, was beim Betrieb mit der elektrischen Energie geschieht.

3 Zeichne einen Stromkreis mit einem der genannten Geräte.

B In einer Kiste findest du mehrere Kupferkabel, verschiedene Lampen und eine Flachbatterie.

1 Du sollst testen, ob die Lampen funktionieren. Wie gehst du vor?

2 Wenn keine der Lampen leuchtet, sind alle kaputt! – Oder?

3 Zeichne einen Schaltplan für deinen Lampentester.

C Dein Freund behauptet, es sei möglich, mit einer Batterie und einem Kabel eine Lampe zum Leuchten zu bringen.

1 Ist das tatsächlich möglich?

2 Gibt es solch einen Stromkreis in der Praxis? Wenn ja, nenne ein Beispiel.

3 Kannst du den Stromkreis aufbauen? Zeichne dazu eine Schaltskizze.

4 Erkläre, wie der Stromkreis funktioniert.

D Die Spülmaschine läuft erst, wenn der Geräteschalter auf EIN steht und die Tür geschlossen wird.

1 Welche weiteren Geräte kennst du, die so funktionieren?

2 Nenne die Bauteile, mit denen du die Schaltung nachbauen kannst. Für die Maschine wird ein Motor eingebaut.

3 Zeichne eine Schaltskizze des Stromkreises auf und baue ihn danach auf.

E* „Elektrische Energie gibt es nicht umsonst."

1 Erkläre, was damit gemeint ist. Nutze dazu ein bekanntes Beispiel.

2 Gilt die Aussage auch für eine Solarzelle? Begründe deine Antwort.

3 Wie wird in einem Auto elektrische Energie bereitgestellt? Erkundige dich bei deinen Eltern und zeichne ein Energieschema für die Autobeleuchtung.

F* „Nordpol bleibt Nordpol und Südpol bleibt Südpol!"

1 Gibt es Magnete, die Nord- und Südpol vertauschen können?

2 Wie kannst du herausfinden, welcher Pol der Nordpol ist? Nenne die Hilfsmittel und beschreibe dein Vorgehen.

3 Wie könntest du herausfinden, ob ein Magnet seine Pole vertauscht?

4 Wenn du einen Magneten kennst, der seine Pole vertauschen kann: Beschreibe einen Versuch, mit dem du dies deinen Mitschülern vorführst.

Schätze deine Kenntnisse und Fähigkeiten ein:

Aufgabe	Ich kann ...
A	... mein Wissen über elektrische Energie anwenden.
B	... Versuche mit elektrischen Schaltungen planen und Schaltpläne zeichnen.
C	... ungewöhnliche Stromkreise erkennen.
D	... die Sicherheitsschaltung einer Maschine mit zwei Schaltern erklären.
E	... Energieschemas zur elektrischen Energieversorgung erstellen.
F	... Versuche zum Umpolen eines Elektromagneten beschreiben.

Einschätzung

Ordne deiner Aufgabenlösung im Heft ein Smiley zu:

☺ Ich habe die Aufgabe richtig lösen können.

😐 Ich habe die Aufgabe nicht komplett lösen können.

☹ Ich habe die Aufgabe nicht lösen können.

Stoffe im Alltag

Themenkreis 7

„Stoffe im Alltag“

Stoff – das ist nicht nur der Baumwollstoff deiner Jeans. Zu den Stoffen gehören auch Klebstoffe, Farbstoffe, Baustoffe, Brennstoffe, Duftstoffe …

Die ganze Welt besteht aus Stoffen! Auch Sand und Silber, Erdöl und Eichenholz, Zucker und Zitronenlimonade sind Stoffe.

Noch niemand hat gezählt, wie viele verschiedene Stoffe es gibt. Aber man hat sie in Gruppen geordnet: Es gibt z B. Metalle, Hölzer, Kunststoffe.

Jede Stoffgruppe, ja jeder einzelne Stoff hat ganz bestimmte Eigenschaften. Die Eigenschaften bestimmen, wofür man die Stoffe benutzt und wie man sie bearbeitet. Und sie helfen uns auch, wenn wir Stoffgemische trennen wollen.

In diesem Kapitel kannst du …

- Stoffe an ihren Eigenschaften unterscheiden lernen,
- einen Kunststoff selbst herstellen und seine Eigenschaften untersuchen,
- Smarties in ihre Inhaltsstoffe zerlegen,
- einen Badezusatz nach eigenem Rezept herstellen,
- Salz und Trinkwasser aus Meerwasser gewinnen.

Wie mischt man eine Limonade?

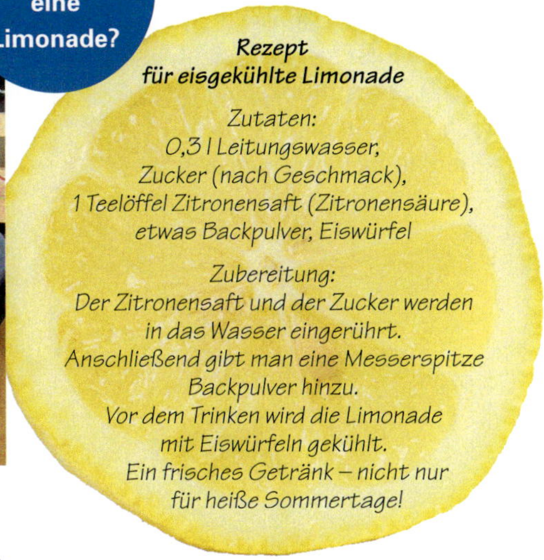

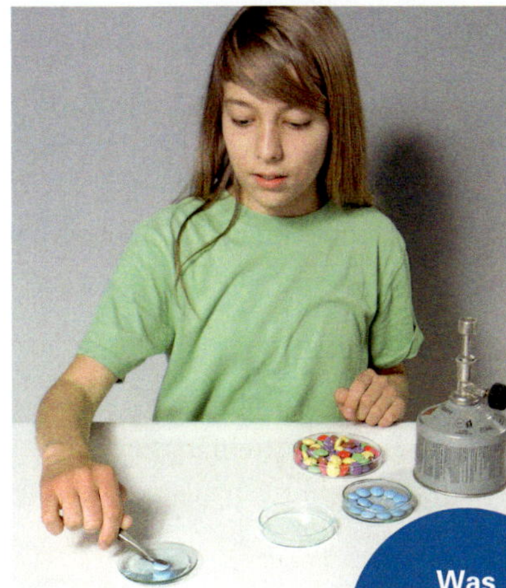

Was steckt im Smartie?

Wir trennen Abfälle …

Trinkwasser aus Meerwasser?

Milchstein – ein selbst hergestellter Kunststoff

Verschiedene Arbeitsmethoden:
Du wirst
- Versuchsreihen durchführen und deine Beobachtungen festhalten,
- Sicherheitsregeln kennenlernen,
- „Steckbriefe" für unterschiedliche Stoffe erstellen,
- dir eine Vorstellung vom Aufbau der Stoffe machen.

Ausblick
Zum Thema „Stoffe im Alltag" kann man viele Fragen stellen. Zum Beispiel: „Woraus besteht eine Wunderkerze und wieso brennt sie so hell?"
Nicht auf alle Fragen wirst du in diesem Buch Antworten finden.
Du möchtest aber gerne mehr zu den Themen wissen?
Informationen bekommst du im Lexikon oder in der Bücherei.

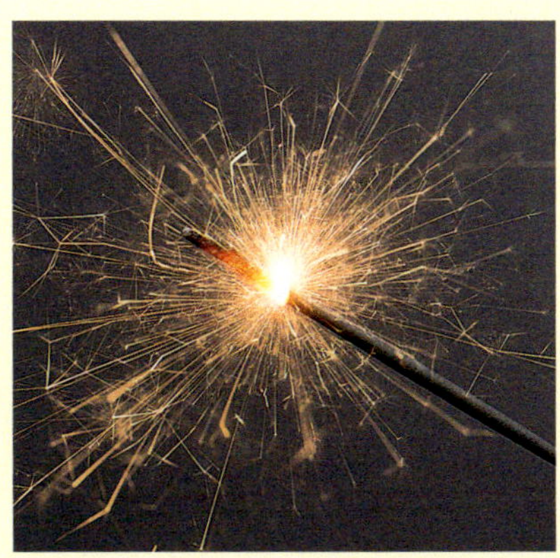

Arbeitsweise **Sicheres Experimentieren**

Früher versuchten die Alchemisten, Eisen, Kupfer und andere Stoffe in Gold umzuwandeln. Gelungen ist diese Umwandlung nicht, aber sie entdeckten viele Stoffe und chemische Vorgänge.
Heute beschäftigt sich die Chemie z. B. mit der Herstellung von Kunststoffen, Düngemitteln, Arzneimitteln und Kunstfasern aus geeigneten Rohstoffen.

Damit bei chemischen Experimenten nichts passiert, musst du die Sicherheitsvorschriften beachten. Mit dem Laborführerschein weist du nach, dass du dich mit dem Arbeiten im Fachraum auskennst.

Vor dem Experimentieren

➪ Vor dem Experimentieren den Tisch leer räumen. Die Versuchsanleitung genau lesen oder besprechen. Den Versuchsaufbau immer vom Lehrer bzw. von der Lehrerin kontrollieren lassen!

So nicht!

1

➪ Immer eine Schutzbrille aufsetzen!

So nicht!

2

➪ Lange Haare müssen zusammengebunden werden, sonst könnten sie vom Gasbrenner angezündet werden.

So nicht!

3

Beim Experimentieren

➪ Achtung, in naturwissenschaftlichen Fachräumen nicht essen oder trinken, auch nicht schminken. Probiere nie den Geschmack von Chemikalien!

➪ Erhitzen von Flüssigkeiten im Reagenzglas: Halte das Glas schräg. Schüttle den Inhalt vorsichtig hin und her. Die Glasöffnung nie auf Personen richten!

So nicht!

4

➪ Willst du eine Geruchsprobe durchführen? Niemals die Nase direkt über das Gefäß halten! Fächle dir aufsteigende Dämpfe zu.

So nicht!

5

➪ Arbeite immer nur mit kleinen Mengen! Schütte Reste nie in die Gefäße zurück! Fasse Chemikalien nicht mit den Fingern an. Benutze dafür einen sauberen Spatel (Löffel)!

So nicht!

6

➪ Entsorge Chemikalien nur in die dafür vorgesehenen Behälter. Melde jede „Panne“ sofort!

So nicht!

7

Nach dem Experimentieren

➪ Räume deinen Arbeitsplatz auf, wische den Tisch ab und wasche dir die Hände.

Arbeitsweise **Der Gasbrenner**

Es gibt unterschiedliche Arten von Gasbrennern.
Deshalb kann es sein, dass an eurer Schule andere Brenner benutzt werden als der, der hier dargestellt ist. Dann müsst ihr euch genau zeigen lassen, wie sie bedient werden. Das muss natürlich geschehen, bevor ihr damit arbeitet! 1

1 Wie funktioniert dieser Gasbrenner?

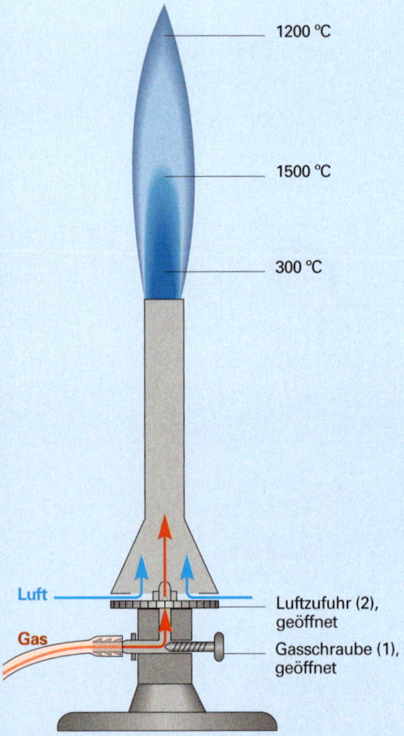

2 Gasbrenner

Bedienungsanleitung

- Die Gasschraube (1) und die Luftzufuhr (2) müssen geschlossen sein. Überprüfe es!
- Öffne den Gashahn am Tisch. Entzünde dann ein Streichholz oder ein Feuerzeug. Öffne dann die Gasschraube am Brenner und halte die Flamme von der Seite an das ausströmende Gas.
- Mit der Gasschraube am Brenner stellst du die Höhe der rötlich gelben Flamme ein (auf ca. 10 cm). Diese Flamme ist rund 1000 °C heiß; sie rußt stark.
- Öffne jetzt vorsichtig die Luftzufuhr, bis die Flamme eine bläuliche Farbe hat. Die Flamme ist jetzt viel heißer (1200 bis 1500 °C) und rußt nicht mehr. Am heißesten ist sie etwas unterhalb der Spitze.
- Vergiss nicht, Gasschraube und Luftzufuhr am Brenner nach dem Versuch zu schließen.

Sicherheitsmaßnahmen

➪ Informiere dich für den Notfall, wo Feuerlöscher und Löschdecke sind. Du solltest auch wissen, wo sich der nächste „Not-Aus-Knopf" befindet.
➪ Schutzbrille tragen! 3
➪ Lange Haare müssen zusammengebunden werden. 4
➪ Lass offene Flammen nie unbeaufsichtigt.
➪ Schließe den Gashahn, wenn die Flamme deines Brenners erlischt.
➪ Beachte beim Wiederanzünden: Zuerst die Gasschraube (1) und die Luftzufuhr (2) schließen!
➪ Bei Gasgeruch: Schließe sofort den Gashahn und informiere die Lehrerin oder den Lehrer. Fenster öffnen!

3 Schutzbrille tragen!

4 Lange Haare zusammenbinden!

Arbeitsweise **Der Tauchsieder**

Tauchsieder sind nur zum Erwärmen von Wasser geeignet. 5
Im spiralförmigen Tauchsiederrohr wird ein Draht elektrisch erhitzt. Die entstehende Wärme muss sofort an das Wasser weitergegeben werden, sonst kann der Draht durchglühen.

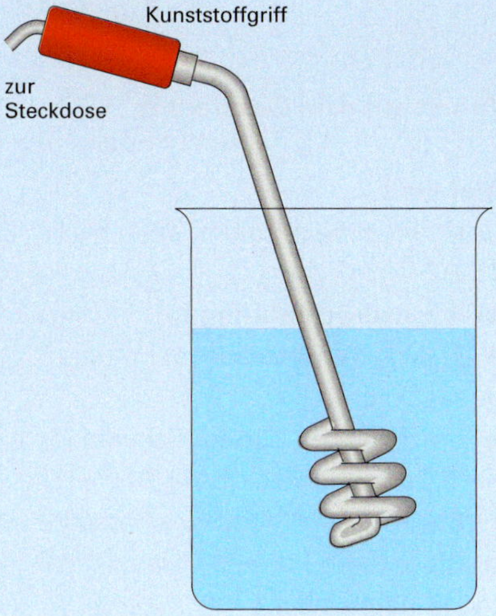

5 Tauchsieder

Bedienungsanleitung

- Vor dem Anschließen muss der Tauchsieder in Wasser eintauchen. Seine Spirale muss immer ganz im Wasser stecken.
- Wenn das Wasser ausreichend warm ist, ziehst du zuerst den Stecker aus der Steckdose (aber nicht am Kabel!). Dann erst nimmst du den Tauchsieder aus dem Wasser.

Sicherheitsmaßnahmen

➪ Tauchsiedern sieht man es nicht an, ob sie heiß sind. Fasse sie deshalb immer nur an ihrem Kunststoffgriff an.

➪ Der Stecker darf nicht nass sein und nicht mit nassen Händen in die Steckdose gesteckt oder aus ihr herausgezogen werden.

A Die Flamme eines Brenners darf man nicht wie eine Kerzenflamme ausblasen. Erkläre!

B Zu den Grundregeln beim Experimentieren mit offenen Flammen gehören zwei wichtige Dinge:
– Schutzbrille tragen! 3
– Lange Haare zusammenbinden. 4
Begründe diese Regeln.

C Prüfung für den *Brennerführerschein*
Wenn du die folgenden Fragen beantworten kannst, bestehst du die Prüfung bestimmt.

1 Was musst du tun, bevor du den Brenner anzündest?
2 Mit welcher Schraube regelt man die Gaszufuhr, mit welcher die Luft?
3 Welche Flamme ist heißer, die gelbrote oder die blaue? Wo ist sie am heißesten und wie heiß ist sie ungefähr?
4 Im Notfall musst du unbedingt wissen: Wo sitzt der nächste Not-Aus-Schalter? Wo sind Löschdecke und Feuerlöscher?
5 Was musst du tun, wenn deine Flamme plötzlich erlischt?

Sicherheit beim Experimentieren – Lernen an Stationen

1

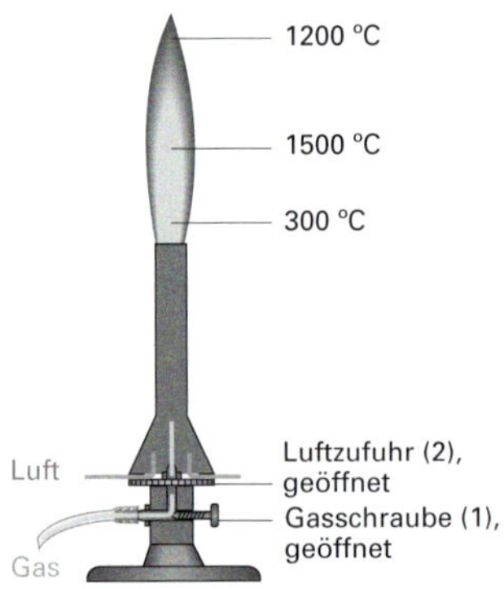

Arbeit mit dem Gasbrenner

Material:
Gasbrenner, Schutzbrille, Zündhölzer

Versuchsdurchführung:
a Lies dir die Bedienungsanleitung genau durch.
b Entzünde das Gas am Gasbrenner nach Bedienungsanleitung.
c Stelle die leuchtende Flamme ein.
d Stelle die rauschende, nicht leuchtende Flamme ein.
e Beende die Arbeit mit dem Brenner in der richtigen Reihenfolge.

Auswertung:
Wie heiß ist die nicht leuchtende Flamme?
Wann stellst du beim Arbeiten mit dem Gasbrenner die leuchtende Flamme ein?
Welche Sicherheitsvorkehrungen musst du bei der Arbeit mit dem Gasbrenner noch treffen?

2

Erhitzen von Stoffen im Reagenzglas

Material:
Gasbrenner, Schutzbrille, Reagenzgläser, Reagenzglasklammer, Reagenzglasständer, Zündhölzer, Wasser, Zucker

Versuchsdurchführung:
a Entzünde den Gasbrenner nach Bedienungsanleitung.
b Fülle ein Reagenzglas zu einem Drittel mit Wasser. Befestige die Reagenzglasklammer weit oben am Reagenzglas.
c Stehe während des Versuchs. Halte das Reagenzglas schräg in die nicht leuchtende Flamme und bewege es immer leicht. Richte die Reagenzglasöffnung nicht auf Personen!
d Stelle das Reagenzglas in den Ständer, wenn das Wasser zu sieden beginnt.
e Wiederhole die Versuchsabfolge mit Zucker statt Wasser. Stelle das Reagenzglas in den Ständer, sobald der Zucker karamellisiert.

Auswertung:
Warum muss die Reagenzglasklammer weit oben am Reagenzglas befestigt werden?
Warum soll das Reagenzglas beim Erhitzen leicht bewegt werden?
Erkläre, warum die Reagenzglasöffnung auf keine Person gerichtet werden darf.

3

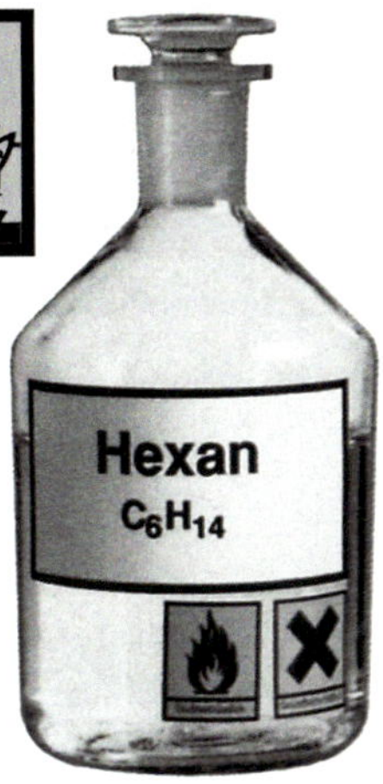

Gefahrensymbole entschlüsseln

Material:
Schulbuch, Nachschlagewerk, Chemikalienflaschen mit Gefahrensymbolen

Auftrag:
Auf den Etiketten der Chemikalienflaschen findest du Gefahrensymbole.

a Trage die jeweiligen Gefahren in die Tabelle ein. Informiere dich in den vorliegenden Büchern.

b Auf dem Tisch stehen Stoffe (Chemikalien). Suche den aus, der das Gefahrensymbol auf seinem Etikett hat. Notiere den Stoff neben dem entsprechenden Gefahrensymbol.

c Ordne folgende vier Erläuterungen den Gefahrenhinweisen zu:
① Reizwirkung auf die Haut, die Atmungsorgane und die Augen
② Hautgewebe und Geräte werden nach Kontakt zerstört.
③ Andere brennbare Stoffe werden entzündet, ausgebrochene Brände werden gefördert.
④ Gesundheitsschäden durch Einatmen, Verschlucken oder Aufnahme über die Haut

d Solltest du noch Zeit haben, kannst du ebenfalls für die restlichen Gefahrensymbole die Erläuterungen heraussuchen.

Gefahrensymbol	*Gefahr*	*Stoff*	*Erläuterung (Nr.)*
N	*?*	*?*	*?*
F	*?*	*?*	*?*
Xi	*?*	*?*	*?*
C	*?*	*?*	*?*

4

Hinweis auf Fluchtwege

Not-AUS-Schalter

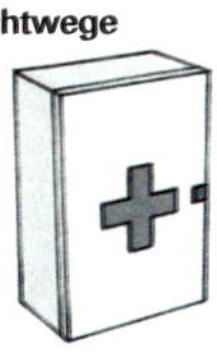
Erste-Hilfe-Kasten

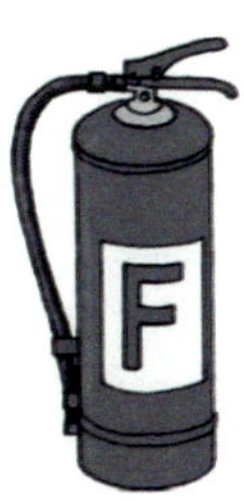

Feuerlöscher

Notfalltelefon

Sicherheitseinrichtungen der Naturwissenschaftsräume

Material:
Raumplan, Infoblatt „Sicherheitsausstattung des Fachraums"

Auftrag:
Liste alle Sicherheitseinrichtungen eines Fachraums auf. Zeichne in den vorliegenden Raumplan deines Fachraums ihre Lage ein.

Lies den Fluchtplan und schreibe den genannten Fluchtweg auf.
Notiere dir Fragen, die du zur Sicherheitseinrichtung hast.

Tausende Stoffe für unseren Alltag

Nicht nur „Jeansstoff" hat etwas mit Stoffen zu tun. In unserem Haushalt begegnen uns weit über 3000 verschiedene Stoffe. Dazu gehören z. B. Farbstoffe, Klebstoffe, Putzmittel, Medikamente, Kunststoffe, Werkstoffe oder Lebensmittel.
Um welche Stoffe geht es in den Bildern? | 1–7

| 1 Stoffe, die Leben retten

| 2 Stoffe zum Waschen, Pflegen, Stylen

| 3 Stoffe, die Spaß machen

| 4 Stoffe zum Schminken

| 5 Stoffe, die schmecken und sättigen

| 6 Stoffe für jeden Zweck …

| 7

Die Gegenstände von Bild | 8 haben alle eines gemeinsam.

In Bild | 9 gibt es auch eine Gemeinsamkeit. Es ist aber eine andere …

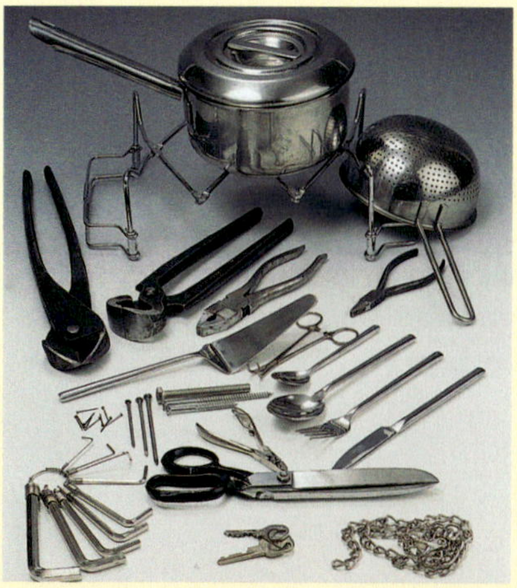

| 8

| 9

Probier's mal!

1 Auf Stoffsuche

Nicht nur „Jeansstoff" hat etwas mit Stoffen zu tun. Das verraten dir die vielen Begriffe, die auch mit „-stoff" enden. Finde mindestens fünf solcher Begriffe.

2 Dein Fahrrad – nicht nur aus einem einzigen Stoff

a Versuche herauszufinden, aus welchen Stoffen (Eisen, Aluminium, Gummi, Glas, Kunststoff ...) dein Fahrrad besteht.

b Warum bestehen die einzelnen Teile deines Fahrrads gerade aus diesem Stoff? Was vermutest du?

3 Aus welchen Stoffen bestehen Stifte?

a Nimm dir z. B. einen Füller oder einen Kugelschreiber. Schraube ihn vorsichtig auseinander. Fertige eine Skizze der Teile an.

b Untersuche alle Teile. Was ist wohl ihre Aufgabe? Aus welchen Stoffen könnte der Stift bestehen: Holz, Kunststoff, Farbstoff, Metall (Eisen?), Filz, Tinte, Glas, Pappe?

c Fertige eine Tabelle zu den Teilen und ihren Stoffen an.

Grundlagen **Alle Körper bestehen aus Stoffen**

In den naturwissenschaftlichen Fächern nennt man alle Gegenstände, Pflanzen und Lebewesen „Körper".

Becher und Tassen sind Körper – ebenso ein Brett, ein Buch, eine Schraube, das Mineralwasser in einer Flasche, Luft im Ballon ... Man erkennt Körper an ihrer Form. Gefäße sind innen hohl und oben offen. In alle Gefäße kann man etwas hineinfüllen.

Sämtliche Körper bestehen aus Materialien. Man sagt: Sie bestehen aus Stoffen.

Der Körper „Becher" kann z. B. aus den Stoffen Porzellan, Kunststoff, Glas oder Aluminium bestehen. Viele Körper setzen sich aus mehreren Stoffen zusammen. |10

Es gibt unendlich viele Stoffe. Um sie zu unterscheiden, muss man ihre Eigenschaften kennen. Jeder Stoff hat nämlich Eigenschaften, die ihn von anderen Stoffen unterscheiden.

|10 Körper und Stoffe

A Was versteht man unter *Stoff*

1 ... im Alltag?

2 ... in der Fachsprache?

B Im „Kasten der Stoffe" haben sich leider sechs falsche Begriffe eingeschlichen. |11

1 Schreibe die echten Stoffe heraus.

2 Welche dieser Stoffe eignen sich für einen Fahrradrahmen? Begründe!

Baum	*Bonbon*	*Gold*
Wasser		*Zucker*
Rohr		*Stuhl*
Hose	*Stofftier*	*Eisen*
Sauerstoff		*Öl*

|11 Körper oder Stoff?

4 Ein Stoff – verschiedene Formen

a Schau dich zu Hause um, welche Gegenstände zum Teil oder ganz aus Glas bestehen. Erstelle eine Liste.

b Woran kann man erkennen, dass ein Gegenstand aus Glas und nicht aus Kunststoff ist?

c Wo wird Glas noch verwendet? Informiere dich z. B. in einem Lexikon.

d Welche Berufe haben mit dem Stoff Glas zu tun?

5 Gleiche Form – gleicher Stoff?

a Welche Materialien (Stoffe) kennst du, aus denen der Körper *Becher* gemacht sein kann?

b Welche würdest du für ein Picknick im Freien auswählen? Warum?

c Campinggeschirr gibt es aus Metall (Aluminium oder Stahl) und Kunststoff. Welche Eigenschaften sprechen für Geschirr aus Metall, welche sprechen dagegen?

Stoffe erkennen

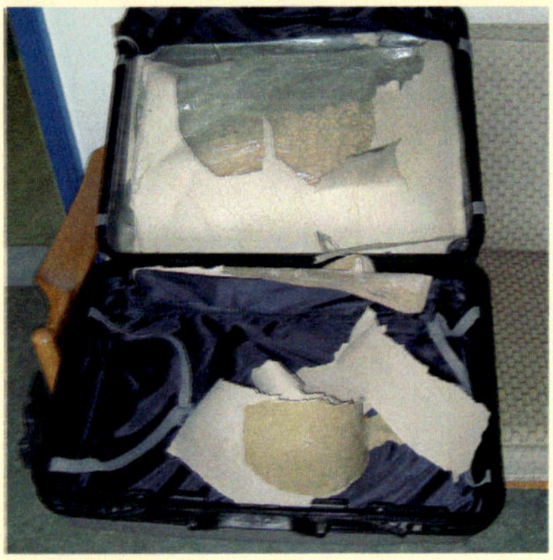

1 **Fund am Flughafen**

Eine Tüte mit weißem Pulver im Handgepäck – für die Zollbeamten am Frankfurter Flughafen ist das Alltag. Waschpulver, Mehl, Zucker – es könnte harmlos sein.
Im Kriminalfilm probiert der Kommissar solche Substanzen oft mit dem Finger – in Wirklichkeit wird nicht probiert, das Pulver könnte giftig sein …

1 Mehl oder Puderzucker

Wie kannst du es herausbekommen, ohne zu schmecken?

2 Stoffe erkennen mit den Sinnen

a Versucht Stoffe mit den Sinnesorganen zu unterscheiden. Nicht probieren oder schmecken!
Wählt aus jeder Gruppe einen Stoff aus. Beschreibt, an welchen Eigenschaften ihr ihn erkennt. Welche Sinnesorgane setzt ihr jeweils ein?
- Mehl, Puderzucker, Salz, Grieß, Reis, Brausepulver
- Zitronensaft, Apfelsinensaft, Apfelsaft, Salzwasser, Essigwasser
- Eisen, Kupfer, Aluminium, Silber
- Seide, Wolle, Glaswolle
- Holz, Kohlenstoff
- Styropor, Glas

b Sucht Namen für die Stoffgruppen.

3 Stoffe erkennen – durch Versuche

Du brauchst: verschiedene Geräte 2, Proben von Stoffen: Glas, Eisen, Holz, Papier, Kunststoff, Aluminium, Zucker, Wachs, Salz …
Überlegt euch Versuche zu folgenden Stoffeigenschaften:
- hart / weich,
- schmelzbar / nicht schmelzbar,
- magnetisch / nicht magnetisch,
- in Wasser löslich / nicht löslich,
- brennbar / nicht brennbar,
- elektrisch leitend / nicht leitend.

Jede Gruppe schreibt zu einem Stoffeigenschaftspaar ein Versuchsprotokoll.

Versuchsprotokoll
Namen: Deniz, Vanessa

Untersuchte Eigenschaft:
hart – weich

Untersuchte Stoffe:
Glas, Holz, Eisen, Aluminium, Holz, …

Versuchsdurchführung:
Mit einem Nagel versuchen wir, ein Strichmuster in den Stoff zu ritzen.

Versuchsergebnis:
Stoffe vom härtesten zum weichsten angeordnet:
Glas …

4 Gesucht wird …

Wählt einen Stoff aus. Schreibt über ihn auf OH-Folie einen ausführlichen Steckbrief.
Dann deckt einer von euch die Folie auf dem OH-Projektor schrittweise ab. Erraten die anderen Gruppen schon, welcher Stoff gemeint ist? Oder sind noch mehr Tipps nötig?

Steckbrief

Gesucht wird ein Stoff mit folgenden Eigenschaften:

Farbe	*weiß*
Zustand bei Raumtemperatur	*fest*
Oberfläche	*glatt*
Härte	*gering*
Verhalten in Wasser	*löst sich nicht*
Verhalten beim Erhitzen	*schmilzt schnell*
Brennbarkeit	*brennbar*
Leitung des elektrischen Stroms	*Nichtleiter*

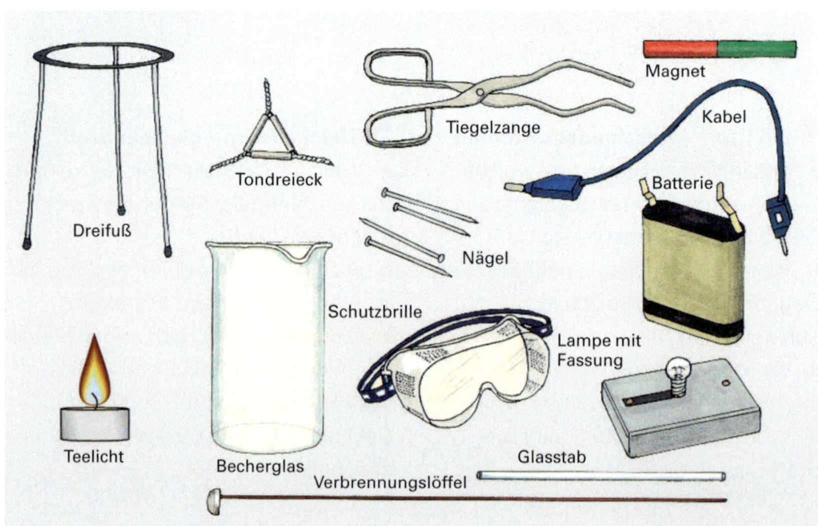

2 Mögliche Versuchsgeräte

5 Stoffe raten

a Einer Schülerin (oder einem Schüler) wird ein Stoff „an die Stirn geschrieben" (Glas, Holz, Eisen, Kunststoff, Gold, Baumwolle …). |3 Sie weiß nicht, um welchen Stoff es sich handelt. Durch Fragen soll sie ihn herausfinden. Ihre Mitschüler dürfen nur Ja oder Nein antworten.

b Notiert Eigenschaften, nach denen gefragt wurde. Vielleicht könnt ihr einige Eigenschaften jeweils unter passenden Überschriften zusammenfassen (z. B. Farbe).

c Schreibt die Stoffe, die erraten wurden, in einer Tabelle auf. Was wird aus ihnen hergestellt?

Stoff (Material)	*Was daraus hergestellt wird*
Holz ?	*Stuhl*

|3

Grundlagen **Stoffeigenschaften**

Jeder Stoff hat viele Eigenschaften. Kennt man einige seiner Stoffeigenschaften, so hat man eine Art „Fingerabdruck". Mit ihm kann man den Stoff von anderen unterscheiden und erkennen. Form oder Größe spielen dabei keine Rolle. So ist z. B. Zucker (ob als Würfelzucker oder als Zuckerwatte) immer wasserlöslich und schmeckt immer süß.

Erkennen mit den Sinnesorganen

Einige Eigenschaften von Stoffen können wir mit unseren Sinnesorganen erkennen:

- *Mit der Nase* erkennen wir *seinen Geruch.* Wir stellen z. B. fest, ob der Stoff stechend riecht oder geruchlos ist.
- *Mit der Hand* erkennen wir …
  … *die Beschaffenheit seiner Oberfläche.* Wir fühlen, ob der Stoff rau oder glatt ist.
  … *die Reißfestigkeit* des Stoffs.
- *Mit den Augen* erkennen wir …
  … *seine Farbe.*
  … *seine Zustandsform*; wir sehen, ob ein Stoff fest, flüssig oder gasförmig ist. Wir geben die Zustandsform immer bei Zimmertemperatur an.
  … *wie die Oberfläche aussieht.* Einige Stoffe glänzen, andere sehen matt aus.

Erkennen mit Hilfsmitteln

- *Mit Brenner oder Kerze* stellen wir fest, ob ein Stoff brennbar ist oder schmilzt.
- *Mit einem Magneten* ermitteln wir, ob ein Stoff magnetisch ist.
- *Mit einem Nagel* vergleichen wir die Härte von festen Stoffen (Ritzprobe).
- *Mit Wasser* stellen wir fest, ob …
  … ein Stoff *wasserlöslich* ist.
  … ein Stoff auf Wasser *schwimmt* oder *sinkt* (ob er also leichter oder schwerer ist als Wasser).
  … seine Oberfläche Wasser aufsaugt oder abperlen lässt.
- *Ein elektrischer Stromkreis* zeigt, ob ein Stoff ein elektrischer *Leiter* oder ein *Nichtleiter* ist.

A Worin unterscheiden sich Kandiszucker und Salz? Worin stimmen sie überein?

B Zum Knobeln: „Unter etwas Alufolie verbirgt sich ein dunkelbrauner Stoff. Er lässt sich leicht ritzen, schmilzt allmählich bei Handtemperatur und schmeckt gut …"

1 An welchen Stoffeigenschaften hast du diesen Stoff erkannt?

2 Wähle selbst einen Stoff zum Knobeln aus. Beschreibe seine Stoffeigenschaften möglichst genau. Wer erkennt deinen Stoff?

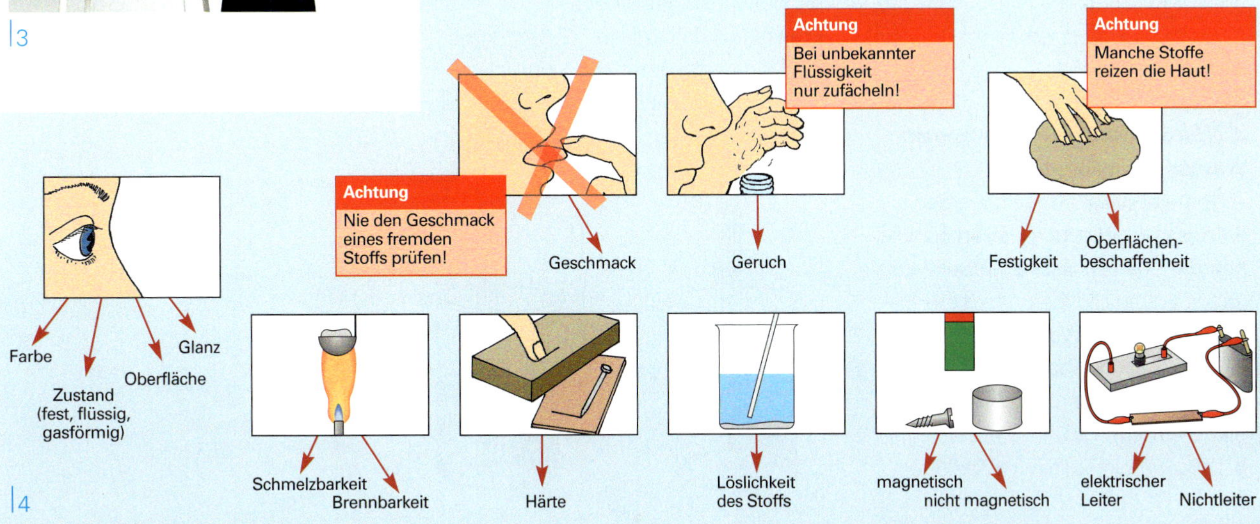

|4

Stoffeigenschaften messen – Schmelz- und Siedetemperatur

1 Festes Zink

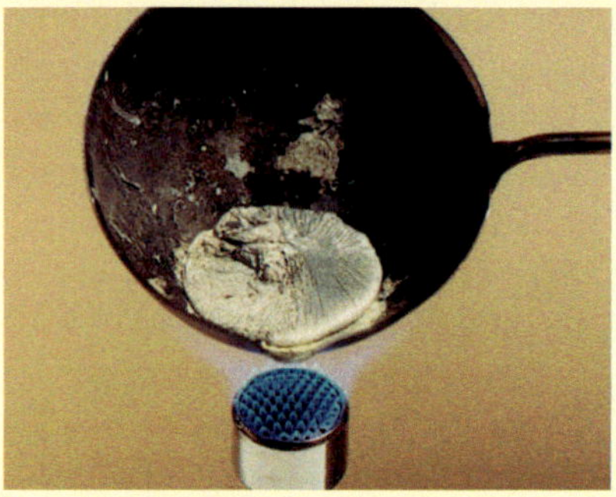
2 Schmelzendes Zink

Ein Stück Zink wird in einer Eisenkelle geschmolzen. 1–2
Dazu ist sicherlich eine höhere Temperatur erforderlich als bei Eis. Schätzt!

Eisen und selbst Steine können flüssig sein – wenn man sie stark genug erhitzt. 3–4
Können *alle* Stoffe flüssig sein?

3 Flüssiges Eisen

4 Vulkanausbruch

Probier's mal!

1 Schmelzen von Mehl?

Kann man Mehl, Zucker oder Holz schmelzen?
Erhitze eine kleine Portion Mehl oder Zucker vorsichtig in einem alten Kochtopf. Erhältst du flüssiges Mehl?

2 Werden Nudeln in gesalzenem Wasser schneller gar?

Tom meint dazu: „Nudeln werden in Salzwasser gekocht. Das verkürzt die Kochzeit, da Salzwasser heißer wird als reines Wasser." Überprüfe diese Behauptung in zwei Versuchen.

a Gib zu 200 ml Wasser einen halben Teelöffel Salz und rühre. Miss den Siedepunkt.

b Wiederhole Teil a mit 5 Teelöffeln Salz.

3 Siedetemperatur von Spiritus

Achtung: Spiritus (Alkohol) ist leicht entzündlich! Raum während des Versuchs gut lüften! Keine offene Flamme verwenden!
Stelle ein Reagenzglas mit etwas Spiritus in ein Becherglas mit Wasser. 5
Füge ein Siedesteinchen zu. Es sorgt für gleichmäßiges Sieden.
Erhitze nun das Wasser. 6 Bestimme die Siedetemperatur von Spiritus. Beschreibe deine Beobachtungen und vergleiche deinen Messwert mit den Werten auf der rechten Seite.

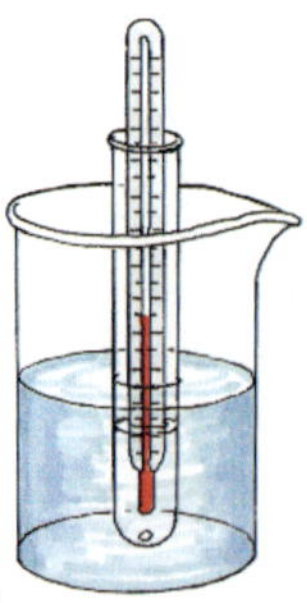
5

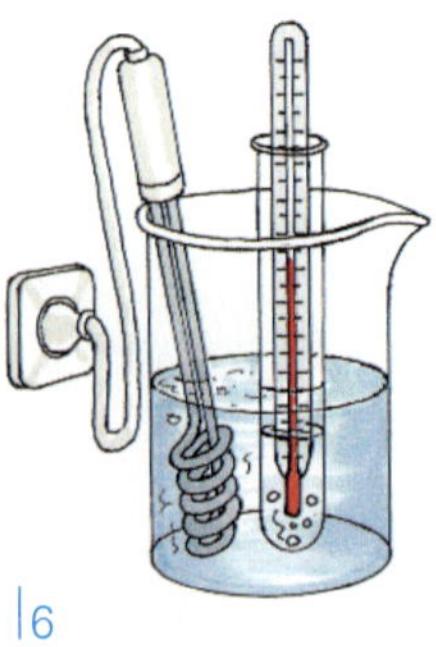
6

4* Schmelzen von Kerzenwachs

Zünde ein Teelicht an und warte, bis der größte Teil des Wachses geschmolzen ist.
Puste die Kerzenflamme vorsichtig aus und tauche schnell die Spitze eines Thermometers (Messbereich 0 °C bis mindestens 100 °C) in das flüssige Wachs.
Wenn die Temperatur nicht mehr steigt, kannst du sie ablesen. Schreibe die Schmelztemperatur in Grad Celsius (°C) auf.

Grundlagen **Schmelz- und Siedepunkt**

Viele Stoffe können fest, flüssig oder gasförmig sein. Wenn man z. B. flüssigen Alkohol erhitzt, verdampft er. Kühlt man ihn ab, erstarrt er. 7

Je nach Stoff unterschiedlich sind allerdings die Temperaturen, bei denen diese Zustandsänderungen eintreten. Während z. B. Eis bei 0 °C schmilzt, liegt die Schmelztemperatur von Alkohol bei –114 °C.

Viele Stoffe lassen sich anhand der Schmelz- und Siedetemperaturen unterscheiden.

Es gibt auch Stoffe, die sich nicht schmelzen lassen. Mehl z. B. zersetzt sich beim Erhitzen. Flüssiges Mehl gibt es also nicht.

A Du findest eine unbeschriftete Flasche mit einer farblosen Flüssigkeit. Wie kannst du – ohne zu schmecken – testen, ob es Wasser sein könnte?

B Schmelz- und Siedetemperaturen können sehr unterschiedlich sein. 8

1 Welche Stoffe sind bei 20 °C (Zimmertemperatur) flüssig?

2 Welche Stoffe sind bei 150 °C gasförmig?

3 Welche Stoffe sind bei 1000 °C (Brennerflamme) flüssig?

Technik **Feste Stoffe verformen – durch Verflüssigen**

Glocken werden gegossen. Das Metall für die Glocke wird geschmolzen und in eine Form gegossen. Auch andere feste Stoffe kann man schmelzen und in der gewünschten Form erstarren lassen.

Auch Glas kann man erhitzen und dann verformen. Bei etwa 1200 °C ist Glas eine zähe Flüssigkeit, die sich in jede erdenkliche Form *gießen* lässt.

Das Fensterglas wird nach dem *Schwimmverfahren* hergestellt: Eine Glasschmelze wird auf flüssiges Zinn (ein Metall) geleitet, das eine völlig glatte Oberfläche hat. Dort schwimmt das Glas als endloses Band. 9

9 Herstellung von Fensterglas

Auf seinem Weg auf dem Zinn kühlt sich das Glas auf ca. 600 °C ab. Das endgültige Abkühlen auf Raumtemperatur erfolgt in Kühlöfen und auf einem offenen Rollengang.

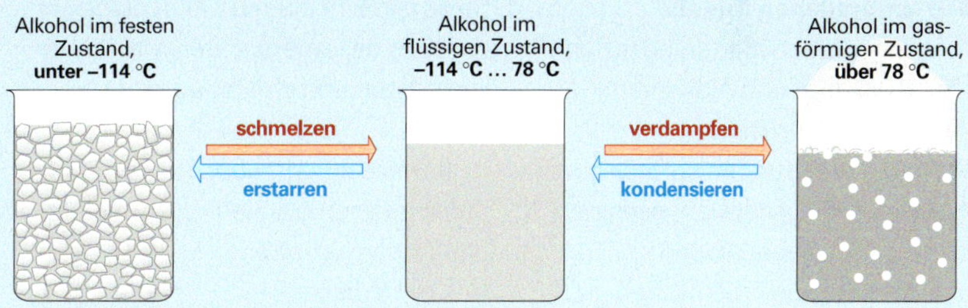

7 Zustandsänderungen von Alkohol

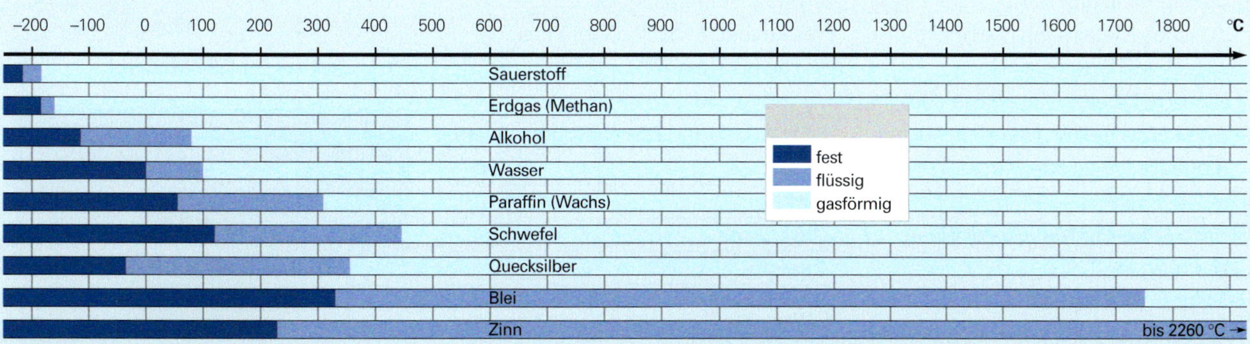

8 Aggregatzustände einiger Stoffe

Es ist nicht alles Gold, was glänzt

1 Metalle für viele Zwecke

2 Welche Metalle lassen sich leicht sägen?

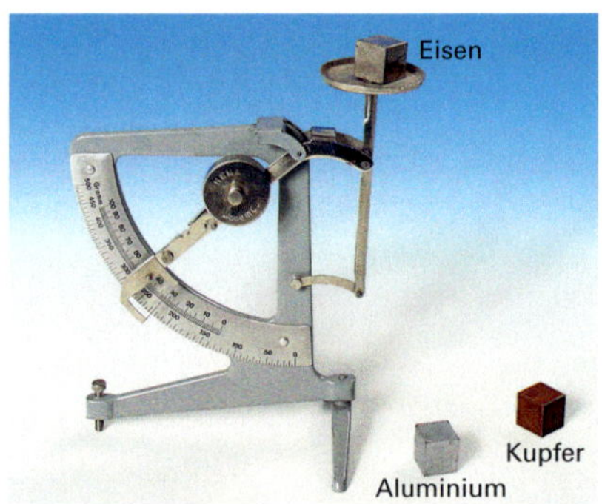

3 Wie schwer sind die Metalle?

4

1 Wir untersuchen Metalle

Du benötigst Blechstreifen oder Rohre aus Eisen, Kupfer und Aluminium.

a *Farbe und Oberfläche*

Säubere die drei Streifen sorgfältig mit Stahlwolle. Du wirst sehen, dass sich dadurch ihr Aussehen ändert. Beschreibe nun die Oberflächen und Farben der drei Metalle.

b *Biegsamkeit und Härte*

- Welches Metall kann man leicht sägen, welches nicht? 2
  Nimm dafür eine Metallsäge oder eine Laubsäge mit Metallsägeblatt.
- Biege die Metallstreifen einige Male hin und her.
- Ritze jedes der Metalle mit einem Nagel an.

c *Masse von 1 cm³*

In der Schulsammlung gibt es meistens kleine Metallwürfel. 3
Überlege: Welchen Vorteil hat es, solche Metallwürfel zu verwenden?
Stelle mithilfe einer Balkenwaage fest, welches der untersuchten Metalle am leichtesten und welches am schwersten ist.

d *Metalle an Luft und Wasser*

Stelle je einen blanken Eisen-, Kupfer- und Aluminiumstreifen in ein Becherglas mit Wasser. 4
Die Streifen sollen ein Stück weit aus dem Wasser herausragen.
Was kannst du nach ungefähr einer Woche erkennen?

	Eisen	Kupfer	Aluminium
Farbe	?	?	?
Oberfläche	?	?	?
Gewicht	?	?	?
Veränderungen			
... an der Luft	?	?	?
... im Wasser	?	?	?

Grundlagen **Die Metalle – Gemeinsamkeiten und Unterschiede**

Die Metalle – eine Stoffgruppe
Zur *Stoffgruppe* der Metalle gehören verschiedene Stoffe: Eisen, Kupfer, Aluminium, die „Edelmetalle“ Gold und Silber sowie das flüssige Quecksilber.

Metalle haben Eigenschaften, in denen sie übereinstimmen: Sie leiten den elektrischen Strom und die Wärme. Sie haben eine metallisch glänzende Oberfläche (wenn diese gesäubert ist).

In anderen Eigenschaften *unterscheiden* sich die Metalle:
Nur Eisen ist magnetisch (neben dem seltenen Cobalt und Nickel). Farbe und Härte sind verschieden. Sie sind unterschiedlich schwer. 5
Einige Metalle bilden an der Oberfläche eine Schicht, wenn sie mit Wasser und Luft in Berührung kommen.

Metall	1 cm^3 wiegt
Aluminium	2,7 g
Eisen	7,6 g
Kupfer	8,9 g
Blei	11,3 g
Gold	19,3 g

5 Masse eines Metallwürfels

Die Herkunft der Metalle
Die meisten Metalle kommen nicht als Metall in der Erde vor. Sie müssen erst aus ihren *Erzen* gewonnen werden (z. B. Eisen aus Eisenerz). 6

C Trage einige Metalle mit ihren Eigenschaften in eine Tabelle ein.
D „Ich nehme ein Stück Blech“, sagt Jan und meint damit Eisen. Was sagst du zu dieser Sprechweise?

6 Eisenerz

Technik **Feste Stoffe verformen – durch Verflüssigen**

Was ist eine Legierung?
Bronze kennst du vielleicht aus dem Sport: Bei den Olympischen Spielen z. B. wird dem drittbesten Sportler eine *Bronzemedaille* verliehen. 7
Vielleicht meinst du, auch Bronze sei ein reines Metall. Das stimmt aber nicht: Bronze besteht aus *zwei* Metallen – aus Kupfer und Zinn, die miteinander verschmolzen sind. Sie bilden eine *Legierung*.

Eine Legierung mit langer Geschichte
Bronze stellte man schon vor mehr als 4000 Jahren her. Damals fertigte man daraus Waffen und Werkzeuge. Auch für Schmuck und Gefäße nahm man Bronze. 8 Durch diese vielseitige Verwendung wurde schließlich ein ganzes Zeitalter nach der Bronze benannt: die *Bronzezeit* (1800–700 v. Chr.).

Weiterere Legierungen
Aus Kupfer und Zink entsteht *Messing*, aus Eisen und anderen Stoffen *Stahl*. Legierungen werden hergestellt, um die Eigenschaften bestimmter Metalle zu verändern. So ist die Legierung Stahl härter als das Metall Eisen, aus dem Stahl entstanden ist.

2 Wärmeleitfähigkeit
Erhitze Wasser in einem Becherglas auf etwa 60 °C. Stelle einen Holz-, einen Glas-, einen Eisen- und einen Kupferstab in das warme Wasser. Überprüfe vorsichtig, wie warm das obere Ende der Stäbe ist.

A Welche gemeinsamen Eigenschaften haben die Metalle?
B Nenne jeweils mindestens zwei Unterschiede zwischen
- Kupfer und Eisen,
- Kupfer und Aluminium,
- Eisen und Aluminium.

7 Bronzemedaille

8 Schwert aus der Bronzezeit

9 Messingtrompete

Kunststoffe – Stoffe nach Maß

Aus dem Kunststoff *Milchstein* 1 wurden früher Schmucksteine und Alltagsgegenstände hergestellt.

Wie wird Milchstein erzeugt? Aus Milch?

1

1* Ein Kunststoff entsteht

Durch die Zugabe von Essigsäure verändert sich das Eiweiß in der Milch. Mit etwas Geschick kannst du so einen Biokunststoff herstellen.
Fertige ein Versuchsprotokoll an.
Du brauchst:
2 Töpfe, 1 Küchenhandtuch aus Baumwolle, Herdplatte, 1 feinmaschiges Küchensieb, Löffel oder Glasstab, einen Viertelliter Vollmilch, 3 Esslöffel Essig.
So wird's gemacht:
a Wenn du willst, kannst du den Viertelliter Milch z. B. mit Rotkohlwasser färben. Lass die Milch kurz aufkochen, gib 3 Esslöffel Essig dazu und rühre um. Achte auf Geruch und Aussehen.
b Lass die Mischung einige Minuten abkühlen und gieße sie langsam durch das Küchensieb in den zweiten Topf. Der klumpige Stoff im Sieb ist der Milchstein. Die ungiftige wässrige Brühe kannst du in den Ausguss schütten.
c Den Brei gibst du auf ein Küchenhandtuch. Presse die restliche Molke heraus (über dem Spülbecken).
d Forme aus dem leicht krümeligen Brei Figuren.
e Nach dem Trocknen stellst du den Milchstein zum Aushärten bei 90 °C in den Backofen. Sehr schnell gelingt das Aushärten in der Mikrowelle – ohne vorheriges Trocknen. Vorsicht, Milchstein verkohlt dabei schnell!

2 Der Rohstoff für *Milchstein*

2* Eigenschaften von Milchstein

Ist Milchstein sehr hart, schwimmt er, löst er sich in Wasser auf …?
a Untersuche diesen Stoff mit deinen Sinnen. Beschreibe Aussehen und Geruch. Wie fühlt er sich an?
b Plane einfache Versuche und trage deine Ergebnisse in eine Tabelle ein. 3
c Sind seine Stoffeigenschaften eher wie bei einem Stein, Holz, Kunststoff (Joghurtbecher) oder gar einem Metall?
d Wozu lässt sich unser Milchstein am besten nutzen? Lass deiner Fantasie und Kreativität freien Lauf!

	Milchstein	Holz	Kunststoff (PP oder PS)
lässt sich mit einem Nagel ritzen	?	?	?
schwimmt in Wasser	?	?	?
in kochendem Wasser …	?	?	?
lässt sich sägen, bohren …	?	?	?
zerbricht beim Fall aus 1 m Höhe	?	?	?
lässt sich gut mit Wasserfarbe bemalen	?	?	?

3 Mustertabelle

3 Kunststoffe im Test

Beschaffe dir veschiedene Kunststoffproben, z. B. einen dünnen Kunststoffbecher, Styropor.
Untersuche und vergleiche die Eigenschaften von Kunststoffen. |4

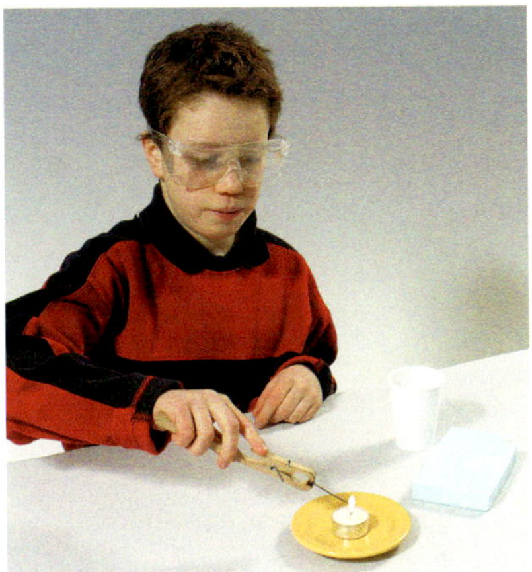

|4 Was wird der heiße Nagel anrichten?

Grundlagen **Kunststoffe sind verschieden**

Kunststoffe haben gemeinsam, dass sie künstlich von Menschen hergestellt werden. Es gibt aber so viele Kunststoffe, dass man *nicht* sagen kann: Alle Kunststoffe haben ähnliche Eigenschaften.

Kunststoffe sind maßgeschneiderte Werkstoffe. Sie werden mit den Eigenschaften für den jeweiligen Verwendungszweck hergestellt.

Es gibt viele verschiedene Kunststoffsorten:
Harte Kunststoffe werden auch beim Erhitzen nicht weich (Griffe von Töpfen, Gehäuse von Elektrogeräten). |5–7
Andere Kunststoffe werden weich und schmelzen, wenn man sie erhitzt (Plexiglas, Verpackungsmaterial, Styropor). |8–12
Elastische Kunststoffe kann man zusammendrücken – danach nehmen sie wieder ihre ursprüngliche Form ein (Schaumstoff). |13–14

|5 Kunststoffhelm

|6 Kunststoff zur Isolierung

|7 Kunststoff als Hitzeschutz

|8 Kunststoffe als Datenspeicher

|9 Kunststoffe beim Bau

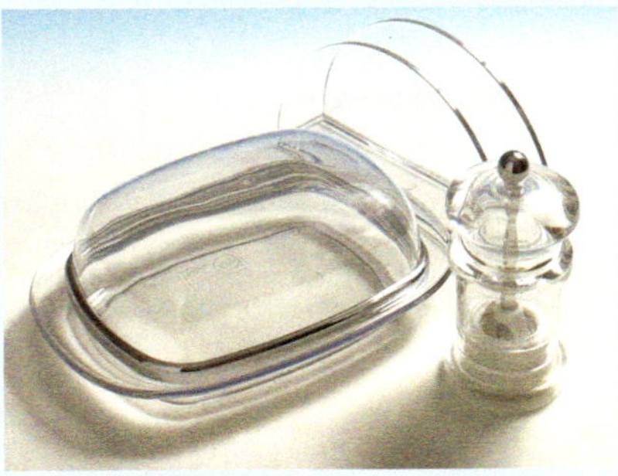

|11 Gegenstände aus Acrylglas

|13 „Isomatte" aus Schaumstoff

|10 Verformen eines Kunststoffstabs

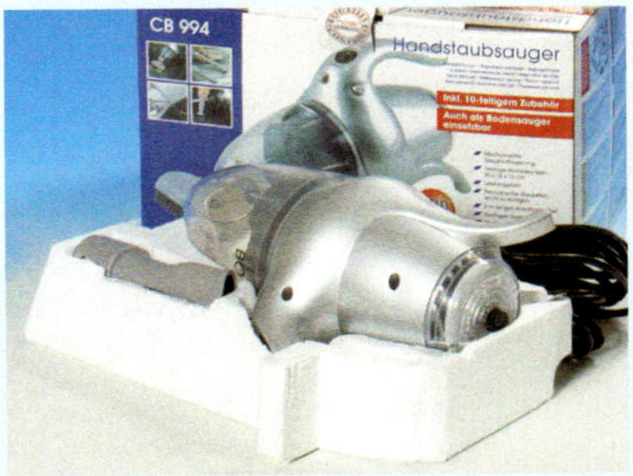

|12 Verpackungsmaterial aus Styropor®

|14 Elastischer Kunststoff: Gummistiefel

Knitterfrei und reißfest

1 In der Stoffabteilung eines Kaufhauses

„Ich brauche Stoff für einen Kissenbezug!"

Probier's mal!

1 Wie ist die Reißfestigkeit der Stoffsorten?
Plane ein Verfahren, durch das du verschiedene Stoffsorten auf ihre Reißfestigkeit hin untersuchen kannst. Was musst du bei der Versuchsdurchführung beachten, wenn du die Stoffe miteinander vergleichen willst?

2 Wir untersuchen Stoffsorten auf ihre Saugfähigkeit
Lege je ein hellen Streifen Baumwolle, Wolle, Seide und Chemiefaser (z. B. Polyamid) auf eine saugfähige Unterlage, z. B. ein Löschpapier.
Gib auf jede Stoffprobe einen Tropfen Tinte aus deinem Füller. 2 Bewege dann die Stoffe etwas hin und her.

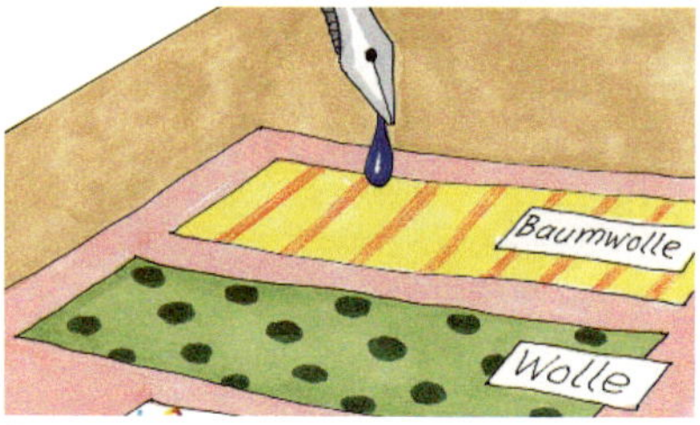

2 Wie ist die Saugfähigkeit ?

3 Wie lassen sich die Stoffsorten verarbeiten?
Knicke jede Stoffprobe in der Mitte. Bleibt der Knick sichtbar?
(Wenn ja, dann ist dies von Vorteil für die Verarbeitung, für das Nähen.)

4 Knittern die Stoffsorten?
Knülle jede der Stoffproben zusammen. Lege die Streifen dann nebeneinander auf den Tisch.
Welche Stoffsorte knitterte nur wenig, welche stark?

5 Vertragen die Stoffsorten Hitze?
Ein Tischset soll möglichst viel Wärme vertragen. Manchmal will man ja einen heißen Topf draufstellen.

a Lege gleich große Stoffproben auf eine Unterlage. Die Unterlage soll glatt und gegenüber Wärme unempfindlich sein. Schalte ein Bügeleisen auf mittlere Wärme und bügle die Stoffe eine Zeit lang. 3
Kannst du danach an den Stoffproben Veränderungen erkennen?

3 Wie lassen sich die Stoffsorten bügeln?

b Erhitze etwas Wasser auf mindestens 60 °C und lege die Stoffproben hinein. 4 (Achte darauf, dass du dich nicht verbrühst!) Lass die Proben einige Minuten lang im Wasser liegen.
Lege nun die nassen Stoffproben auf Papier oder hänge sie auf.
Vergleiche die gewaschenen, trockenen Stoffproben.

4 Kann man sie heiß waschen?

Natur und Technik **Baumwolle**

Woher stammt die Baumwolle?
Baumwolle ist die wichtigste Pflanzenfaser. Sie stammt von kleinen Bäumen und Sträuchern, die in warmen Gebieten (China, USA, Indien, Pakistan ...) angebaut werden.

Von der Pflanze zum Baumwollstoff
Baumwolle wird aus den Früchten des Baumwollstrauchs gewonnen. Wenn die Früchte reif sind, springen die Kapseln auf, sodass die vielen Baumwollhärchen zu erkennen sind. |5–6 Die Härchen sind bis zu 6 cm lang.
Die Kapseln pflückt man maschinell, teilweise auch noch von Hand. In Fabriken werden die Samenhaare gereinigt und die Samen selbst entfernt. Dann werden die Samenhaare dicht gepresst und zu Ballen verpackt. |7
In Spinnereien spinnen Maschinen aus den Samenhaaren das Garn. Daraus werden in Webereien oder Strickereien Stoffe hergestellt.
Die Stoffe werden oft mit Chemikalien behandelt, um die Eigenschaften zu verbessern. Das kann mit Gefahren für die Käufer der Stoffe verbunden sein.

|5 Baumwollsamen

|6 Fruchtkapseln am Baumwollstrauch

|7 Baumwollballen für den Transport

Grundlagen **Textilien**

Woraus bestehen Textilien?
Textilien stellt man aus *Fasern* her. Diese werden zu Garn, d. h. zu langen Fäden gesponnen. Aus den Garnen macht man die Stoffe.

Naturfasern und Chemiefasern
Unter den *Naturfasern* gibt es die *pflanzlichen* Fasern (Baumwolle, Leinen, Jute, Hanf, Sisal ...) und die *tierischen* Fasern (Wolle, Seide, Kamelhaar, Mohair und Kaschmir von Ziegen ...).
Zu den *Chemie-* oder *Kunstfasern* gehören Polyester, Polyamid oder Polyacryl.
Die Textilien unterscheiden sich in ihren Eigenschaften: Baumwolle und Leinen knittern leicht, Seide kaum, Polyamid nicht. Baumwolle hält kaum warm, Wolle aber sehr. Die Naturfasern sind saugfähig, Polyamid dagegen kaum. Seide und Polyamid sind leichter als die anderen Stoffe. Baumwolle verträgt beim Waschen in der Regel große Hitze. Wolle, Seide und Chemiefasern vertragen sie weniger.

|8 Bei der Schafschur

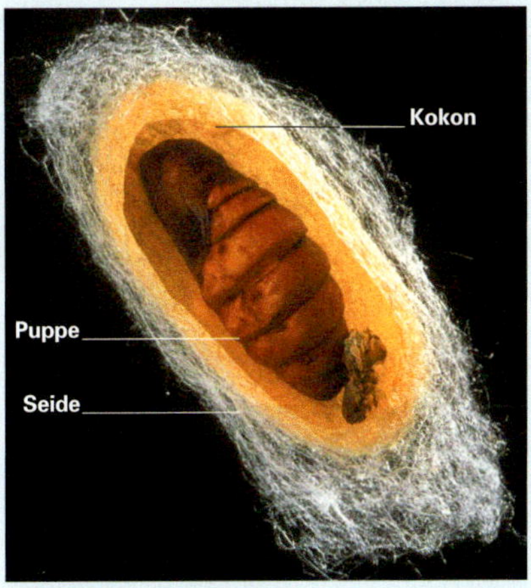

|9 Kokon der Seidenraupe

A Von welchen Tieren werden Naturfasern gewonnen? |8–9
B Lege eine Tabelle an, in der du die Eigenschaften von Baumwolle und Polyamid einander gegenüberstellst.
C Stelle aus Watte einen möglichst langen Faden her.
D Kennst du außer Baumwolle noch andere Pflanzen, aus denen Textilien hergestellt werden? Nenne sie.

Glashart?

1 Glas – biegsam

2 Glas – zerbrechlich und schön

4 Glas – sehr stabil

3 Glas – fast undurchdringlich

1 Glas im Härtetest

a Versuche ein Stück Glas, z. B. einen Objektträger, mit dem Fingernagel zu ritzen. Wiederhole das Gleiche mit einem Stahlnagel.

b Ritze eine Glasplatte mit dem Glasschneider. Versuche dann das Glas entlang der Ritzspur über einer Kante zu brechen. (Achtung, Glas mit Schutzhandschuhen anfassen! Schutzbrille!)

2 Wir schneiden Glasröhrchen zu

a Miss zunächst die gewünschte Länge des Glasröhrchens ab. Dann hältst du das Glasrohr so fest, dass dein Daumennagel genau dort liegt, wo du das Glasrohr abschneiden willst. Ziehe an dieser Stelle eine Dreikantfeile mit einer Kante mehrmals über das Glasrohr. 5
Es entsteht eine Einkerbung, die du leicht fühlen kannst.

b Nach dem Ritzen nimmst du das Glasrohr in beide Hände. Die eingeritzte Stelle muss zwischen deinen beiden Daumen liegen. Zum Schutz vor Verletzungen legst du ein Tuch zwischen Daumen und Glasrohr. 6
Ziehe nun die Enden des Glasrohrs unter leichtem Biegen vom Körper weg auseinander. Zum Schluss hältst du die scharfen Enden des Glasrohrs in die nicht leuchtende Brennerflamme. So werden Bruchstellen gerundet.

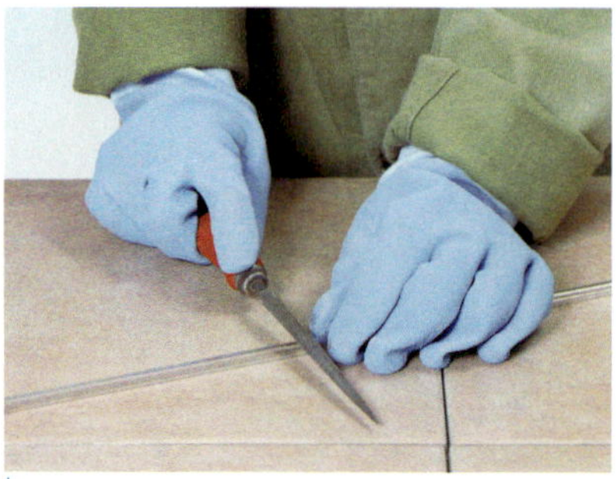

5 Eine Einkerbung entsteht.

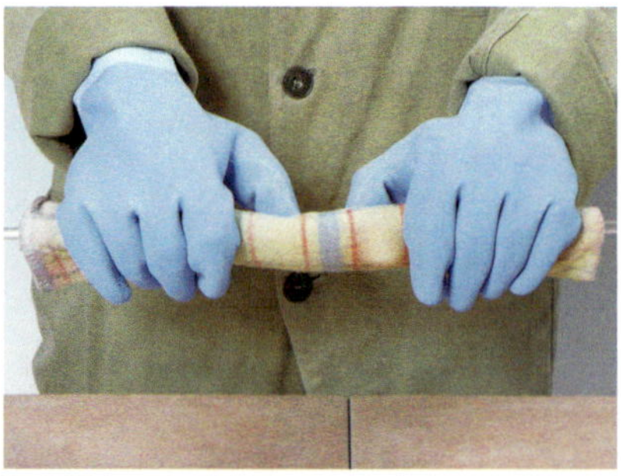

6 Biegen – vom Körper weg!

3 Wir erhitzen Glas und formen es

Halte mit beiden Händen ein Glasrohr in eine Flamme.

a Welches ist der geringste Abstand zwischen Finger und Flamme, den du noch gut aushalten kannst?

b Erhitze das Glas eine Zeit lang an derselben Stelle. Was stellst du fest?

c Erhitze das Glasrohr in der Mitte kräftig. Ziehe es dann mit beiden Händen auseinander. Wie verhält es sich?

d Erhitze nun ein anderes Glasstück. Versuche es nach dem Erhitzen an der heißen Stelle zu biegen.

e Jetzt wird ein Reagenzglas an seinem runden Boden stark erhitzt. (Das Glas dabei ständig drehen!)
Was kannst du beobachten, wenn du danach kräftig in das Reagenzglas hineinbläst? |7

4* Bauanleitung

Wir biegen Glasröhrchen

Ein Röhrchen zu biegen ist nicht einfach, denn oft wird es an der Biegestelle verengt. Wenn du ein größeres Stück des Glasrohrs gleichmäßig erhitzt, lässt es sich leichter biegen.

Du brauchst:
1 Brenner mit Schlitzaufsatz, 1 feuerfeste Unterlage und 1 Schutzbrille.

a Halte das Glasrohr in die nicht leuchtende Brennerflamme – und zwar mit der Stelle, an der es gebogen werden soll. Dabei musst du das Glasröhrchen ständig drehen, damit es von allen Seiten gleichmäßig erwärmt wird.

b Wenn das Glas weich geworden ist, hebst du es an beiden Enden an. So kann sich das Röhrchen langsam durch sein eigenes Gewicht biegen. |8

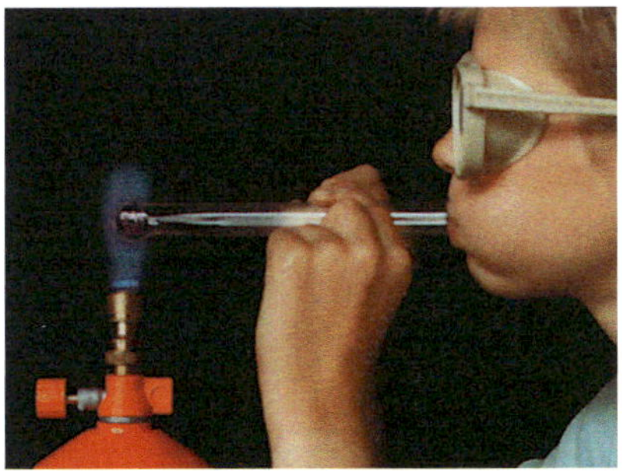

|7 So kann das Glas geformt werden.

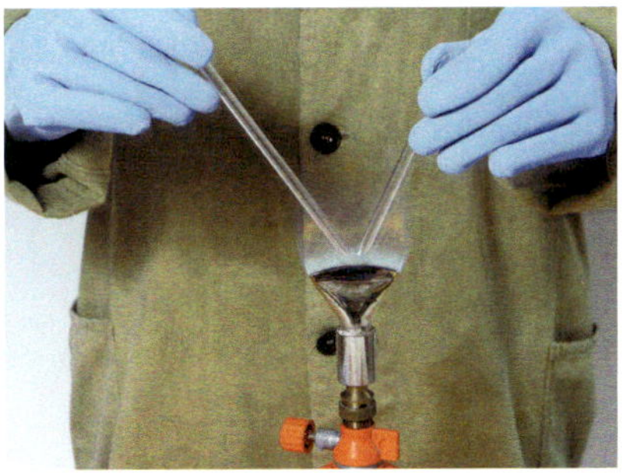

|8 Brenner mit Schlitzaufsatz

Grundlagen **Das Besondere am Glas**

Ein solcher Glasbrocken entsteht, wenn man reinen Sand bei etwa 2000 °C schmilzt und dann wieder abkühlen lässt. |9 Meist mischt man noch Kalk und andere Stoffe hinzu. Dieses Gemisch schmilzt dann bereits bei 1500 °C.
Das Besondere am Glas ist: Wenn man es erwärmt, wird es nicht bei einer bestimmten Temperatur flüssig (wie z. B. Eis). Vielmehr wird das Glas zuerst *weich*. Glas ist dann ein *Werkstoff*, der nicht mehr fest, aber auch noch nicht flüssig ist. Diese Glasmasse lässt sich biegen, ziehen und sogar zu Kugeln aufblasen.

|9 Glasbrocken

Technik **In der Glasbläserei**

Die meisten Geräte aus der Schulsammlung werden geblasen. Das ist möglich, weil Glas gut formbar ist, wenn man es erhitzt.
Heute werden nur noch besonders geformte und kostbare Glasgefäße mit dem Mund geblasen. Das geschieht in einer *Glasbläserei*. |10–11

|10 Ein glühender Glastropfen …

|11 … wird zu einer Kugel aufgeblasen.

Zusammenfassung

Körper und Stoff

Man unterscheidet zwischen Körpern (Gegenständen) und den Stoffen (Materialien), aus denen sie bestehen. |1–2
Es gibt Tausende von Stoffen: lebenswichtige (Luft, Wasser), nützliche (Kunststoffe, Metalle), angenehme (Duftstoffe), giftige (Lösemittel).

|1

|2

Stoffeigenschaften

Stoffe erkennt man an ihren Eigenschaften. Dadurch kann man sie voneinander unterscheiden. |3

Mit unseren *Sinnesorganen* erkennen wir z. B. die Farbe eines Stoffs, ferner seinen Geruch, seine Zustandsform und die Beschaffenheit seiner Oberfläche.
Mit *Hilfsmitteln* bestimmen wir in Experimenten z. B. die Härte und die Reißfestigkeit eines Stoffs.
Wir ermitteln auch, ob ein Stoff magnetisch ist, sich in Wasser löst oder brennbar ist.
Mithilfe eines elektrischen Stromkreises kann man feststellen, ob ein Stoff ein elektrischer Leiter oder ein Nichtleiter ist.
Viele Stoffe lassen sich anhand der *Siedetemperatur* und der *Schmelztemperatur* unterscheiden.

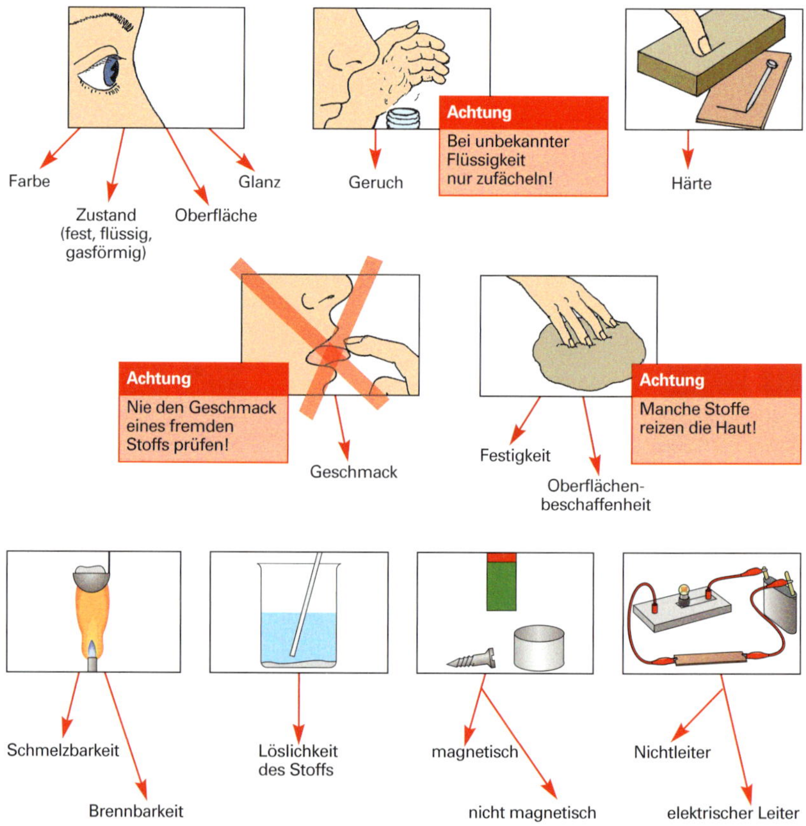

|3 Stoffeigenschaften erkennen – mit den eigenen Sinnen und mit Hilfsmitteln

Einige Stoffgruppen

Stoffe kann man zu Stoffgruppen zusammenfassen – also zu Stoffen, die ähnliche Eigenschaften haben.

Metalle 4
Alle Metalle haben eine glänzende, „metallische" Oberfläche und leiten den elektrischen Strom und die Wärme. Nur Eisen ist magnetisch (auch Cobalt und Nickel). Bronze und Messing sind *Legierungen* („Metallmischungen").

Glas
Glas besteht hauptsächlich aus Sand. Es kann zerbrechlich und schön, aber auch sehr stabil sein. Wenn man Glas erhitzt, wird es formbar.

Textilien
Textilien stellt man aus Naturfasern (z. B. Baumwolle) oder aus Chemiefasern (z. B. Polyamid) her.
Die Fasern unterscheiden sich z. B. in ihrer Reißfestigkeit, ihrer Saugfähigkeit, ihrem Verhalten gegenüber Hitze und ihren Wascheigenschaften.

Eisen (Stahl)
Eigenschaften:
- grau
- recht hart
- magnetisch
- rostet
- schmilzt bei 1536 °C

Verwendung, z. B.:
- Schienenbau
- Brückenbau

Aluminium
Eigenschaften:
- silbrig
- recht hart
- nicht magnetisch
- nicht rostend
- schmilzt bei 659 °C

Verwendung, z. B.:
- Fensterrahmen
- Fahrradrahmen

Kupfer
Eigenschaften:
- rötlich
- recht weich
- nicht magnetisch
- nicht rostend
- schmilzt bei 1083 °C

Verwendung, z. B.:
- elektrische Kabel

Gold
Eigenschaften:
- goldgelb
- weich
- nicht magnetisch
- nicht rostend
- schmilzt bei 1064 °C

Verwendung, z. B.:
- Zahnkronen
- Schmuck
- Medaillen

4

Steckbrief Glas

Farbe:	*durchsichtig*
Härte:	*ziemlich hart*
magnetisch:	*nein*
Verhalten beim Erwärmen:	*wird weich und formbar*

Glas besteht hauptsächlich aus Sand.

Alles klar?

A Zähle Stoffeigenschaften auf, die wir mit unseren Sinnesorganen wahrnehmen können.

B Worauf musst du achten, wenn du beim Experimentieren eine Kerze oder einen Gasbrenner einsetzt?

C Beschreibe die Erkennungsmerkmale von Metallen.
Zähle einige Metalle auf.

D Blech, Röhre, Kupfer, Holz, Wasser, Baum: Gib an, welches davon Stoffe sind und welches Körper.

E Die Metalle Zink und Eisen sehen ziemlich ähnlich aus.
Mit welchem einfachen Versuch kann man sie sofort voneinander unterscheiden?

F Beschreibe einen Versuchsaufbau, mit dem man feststellen kann, ob ein fester Stoff den elektrischen Strom leitet. Lege auch eine Skizze an.

G Zähle fünf Stoffe auf, die den elektrischen Strom nicht leiten.

H Warum wird ein Eisentor gestrichen oder mit einer Schutzschicht überzogen – ein Topf aus Kupfer, der im Garten steht, jedoch nicht?

I* Bei Weltmeisterschaften und Olympischen Spielen erhalten die drei ersten Sportler Medaillen.
Woraus werden die Medaillen jeweils hergestellt?
Handelt es sich bei allen wirklich um reine Metalle? Begründe!

J Aus Stoffresten sollen Geschirrtücher für die Küche genäht werden. Begründe, für welchen Stoff du dich entscheiden würdest.

K Martina hat in der Küche eine Tüte mit einem weißen Stoff gefunden, vermutlich Salz oder Zucker. Wie könnte sie – ohne zu kosten – feststellen, um welchen Stoff es sich handelt?

L* Die Minen von Bleistiften bestehen meist aus dem Stoff Grafit.
Bleistiftminen aus Grafit leiten den elektrischen Strom.
Ist Grafit ein Metall? Begründe deine Antwort.
Untersuche Grafit genauer. Entwirf einen Steckbrief für Graphit.

Getränke und Kuchen – selbst gemischt

Auch beim Backen kommt es auf die richtige Mischung an …

1

Probier's mal!

1 Wir stellen eine Limonade her

Stelle eine eisgekühlte Zitronenlimonade her. Auf Seite 1 findest du ein Rezept. Dabei kannst du einiges beobachten:

a Was geschieht, wenn du den Zucker in Leitungswasser gibst und umrührst?

b Was passiert, wenn du Zitronensaft und Backpulver dazugibst?

2 Orangensaftkonzentrat entsteht

Du brauchst: Orangensaft, 1 kleinen Kochtopf, eine Herdplatte, Wasser.

a Probiere, wie der gekaufte Orangensaft schmeckt. Hebe dir ein bisschen davon auf.

b Fülle etwas Orangensaft in den Topf und stelle ihn auf die Herdplatte. Dampfe den Saft auf etwa die Hälfte seines Volumens ein.

c Was geschieht während des Erwärmens mit dem Orangensaft? Schreibe deine Beobachtungen auf.

d Gib in den abgekühlten, eingedampften Orangensaft wieder Wasser. Hast du jetzt den gleichen Saft wie zuvor?

e Was ist der Unterschied zwischen unserem Orangensaftkonzentrat und dem Konzentrat aus der Saftfabrik?

3 Ein Softdrink für deine Party

Du brauchst: je ein Glas mit Orangensaft, naturtrübem Apfelsaft, Ananassaft sowie eine Scheibe von einer Orange.

a Gieße die Säfte mit einigen Eiswürfeln in ein Gefäß und rühre kräftig um.

b Fülle den Drink in das Glas. Schneide die Orangenscheibe bis zur Mitte ein und stecke sie auf den Glasrand. 2

4 Wir mischen einen Badezusatz

Besorge dir einen sauberen Becher, zum Abmessen 1 Messbecher, 1 Teelöffel und 1 Esslöffel, zum Rühren einen Schneebesen oder eine Gabel, ca. 50 ml Schlagsahne (oder 100 ml Milch), 1 Esslöffel Olivenöl, 1 Teelöffel Badezusatz sowie einige Tropfen ätherisches Öl (z. B. Lavendel).

2 Orangensaft – selbst gemacht

a Gib die Sahne und das Öl in den Becher und rühre kurz. Vermische nun das Ganze mit dem Badezusatz zu einer einheitlichen Masse. Das ätherische Öl kann nach Belieben hinzugefügt werden, muss aber nicht. Teste das Sahnebad in einer Schüssel Wasser und tauche deine Hände ein. Wie fühlt es sich an?

b Erforsche, warum der Badezusatz zugegeben wird: Wie mischt sich etwas Öl mit Wasser? Wie mischen sich Öl und Wasser mit einigen Tropfen Badezusatz?

Natur **Orangen und Orangensäfte**

3 Orangenbäume

Wo kommt der Orangensaft her?
Der Orangensaft, den du trinkst, kommt meist aus Brasilien, dem größten Land Südamerikas.
Dort werden die Orangen in großen Plantagen angebaut und von Mai bis Januar geerntet. Dabei müssen alle mithelfen, auch die Kinder. Ein Plantagenarbeiter pflückt in der Woche ungefähr 10 000 kg Orangen. Er bekommt dafür etwa 25 Euro. Das reicht dort gerade für die wichtigsten Dinge.
Nach der Ernte werden die Orangen zunächst sortiert, gewaschen und ausgepresst. Dem Saft wird Aroma und Wasser entzogen, es entsteht ein Sirup.

Orangensaft, Fruchtnektar, Orangensaftgetränk
Die Aromastoffe und das Konzentrat werden tiefgekühlt und in Schiffen nach Deutschland transportiert. In Deutschland werden dem Konzentrat wieder das Aroma und Wasser hinzugefügt. Je nach Menge des Wassers entstehen so Orangensaft, Orangennektar oder Orangensaftgetränk.
Wenn gerade die entzogene Menge an Wasser zugesetzt wird, entsteht wieder *Orangensaft*. Auf den Verpackungen steht dann: „100 % reiner Orangensaft – aus Konzentrat hergestellt“.
Fehlt der Zusatz „aus Konzentrat hergestellt“, dann wurde der Orangensaft selbst transportiert. Der Transport des Safts ist aber teuer.
Fruchtnektar klingt zwar hochwertiger, doch enthalten 100 ml Nektar nur 25 bis 50 ml Orangensaft. Der Rest ist Wasser und vielleicht etwas Zucker. 4
Orangensaftgetränk enthält am wenigsten Orangensaft: In einem Trinkglas voll Getränk sind nur vier Teelöffel Orangensaft enthalten. Orangensaftgetränk besteht vor allem aus Wasser und etwas Zucker.

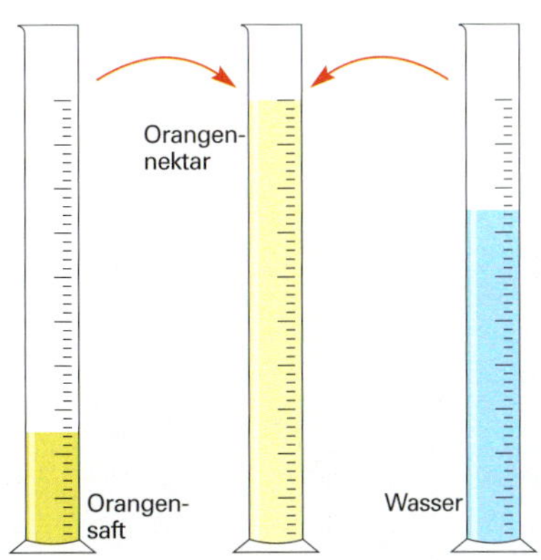

4 Fruchtnektar – ein Gemisch

Grundlagen **Gemische**

In unserer Umwelt gibt es fast nur Stoffgemische. Zur Herstellung von Brausepulver, Tütensuppen oder Limonaden werden verschiedene Stoffe miteinander gemischt. Beispiele für solche Gemische zeigt die Zeichnung. 5

Gemische bestehen aus mindestens zweierlei Stoffen.

Reine Stoffe wie Zucker, Salz oder Gold kommen in der Natur selten vor und müssen erst aus Stoffmischungen abgetrennt werden. Sie enthalten dann keine zusätzlichen Stoffe mehr.

5

A Beschreibe, auf welche Weise man in Saftfabriken Orangensaftkonzentrat herstellt.
B Zähle Gemische auf, die es in eurer Küche gibt. Nenne die Stoffe, aus denen sie bestehen.
C Erstelle ein Ablaufdiagramm …
1 für die Herstellung einer Limonade oder eines Kuchenteigs,
2 für die Produktion von Orangensaft. Lies dazu den Text „Orangen und Orangensäfte“.

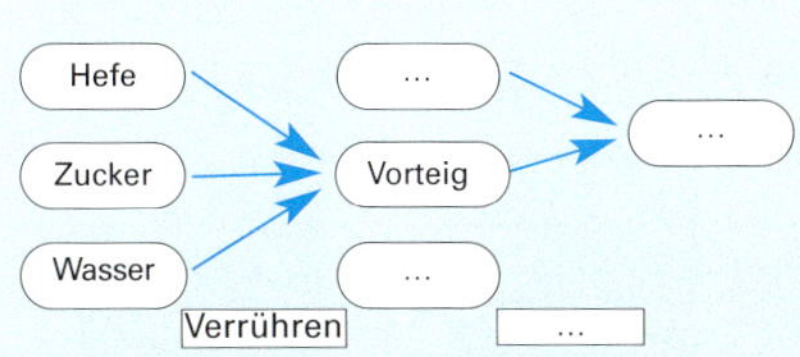

6 Schema eines Ablaufdiagramms

Trinkwasser aus Meerwasser? (Auswahlthema)

1 Ob sie tatsächlich noch Trinkwasser bekommen?

Gestrandet auf einer Insel – zwar mit Proviant und ein paar Küchengeräten, doch ohne Trinkwasser! Das Meerwasser um sie herum ist ja ungenießbar …

Warum können die Schiffbrüchigen das Meerwasser nicht trinken oder zum Kochen verwenden?

Werden die drei schließlich verdursten müssen? Was könnten sie probieren?

Probier's mal!

1 Bekommst du das Salz aus dem Salzwasser heraus?

a Stell dir „Meerwasser" her: Gib je einen Teelöffel Kochsalz in zwei Gläser mit Wasser. Meerwasser enthält auch Schmutzteilchen. Füge deshalb einige Sandkörner hinzu. Rühre gut um. 2

b Versuche nun die Bestandteile voneinander zu trennen:
- Lass eines der Gläser einige Tage lang ruhig stehen.
- Nimm das zweite Glas und gieße einen Teil des „Meerwassers" durch verschiedene Filter und Siebe oder durch ein Tuch. 3

2 Trinkwasser – durch Verdampfen?

Etwas Salzwasser befindet sich in einer Schale, die auf einem Dreifuß steht.

a Erhitze das Wasser mit einem Brenner, bis es verdampft ist.
Beschreibe das Ergebnis. Würden die Schiffbrüchigen mit diesem Verfahren ihr Problem lösen?

b Einer der Schiffbrüchigen hat einen Vorschlag, wie sie salzfreies Wasser bekommen können. Kannst du dir denken, was er vorhat? Plane entsprechende Versuche mit den abgebildeten Geräten. 4 Führe sie durch.

c Nimm statt des „Meerwassers" auch Wasser, das mit etwas Tinte angefärbt wurde.

2 So stellst du dir „Meerwasser" her.

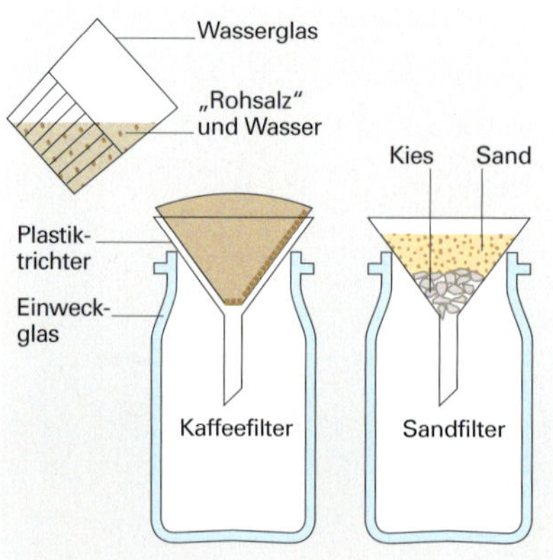

3 Ob das so geht?

4 Versuchsgeräte

Grundlagen **Wie man Lösungen trennen kann**

Ein Sand-Wasser-Gemisch (eine *Aufschlämmung*) kann man auf einfache Weise in seine Bestandteile zerlegen: Man filtriert das Gemisch.
Mit *Lösungen* (z. B. Salz in Wasser) geht das nicht so einfach. Wenn man das Salz gewinnen will, muss man die Lösung *eindampfen*. |5

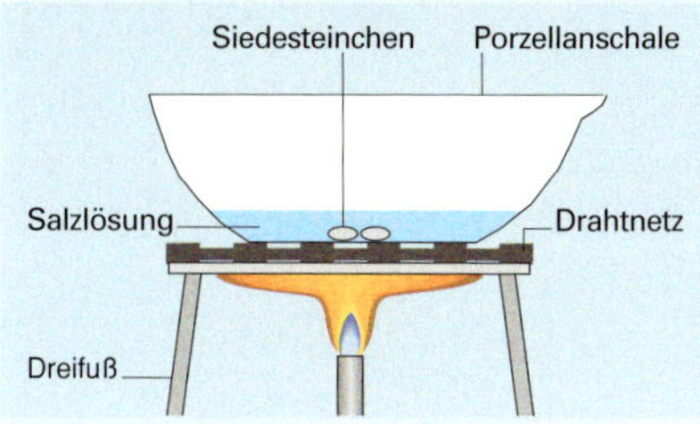

|5 Eine Lösung wird eingedampft.

Man kann die Lösung auch einfach stehen lassen; so verdunstet das Wasser mit der Zeit.
Beim Eindampfen geht aber das Wasser verloren.
Wie kann man auch das Wasser gewinnen?
Man hält ein kaltes Gefäß in den aufsteigenden Wasserdampf. Die Folge ist: An der kalten Gefäßwand tröpfelt salzfreies Wasser herab. Man nennt es *destilliertes Wasser*.
Um das Verfahren zu verbessern, kühlt man den Wasserdampf ab. |6
In der Fachsprache bezeichnet man dieses Trennverfahren als *Destillation*.

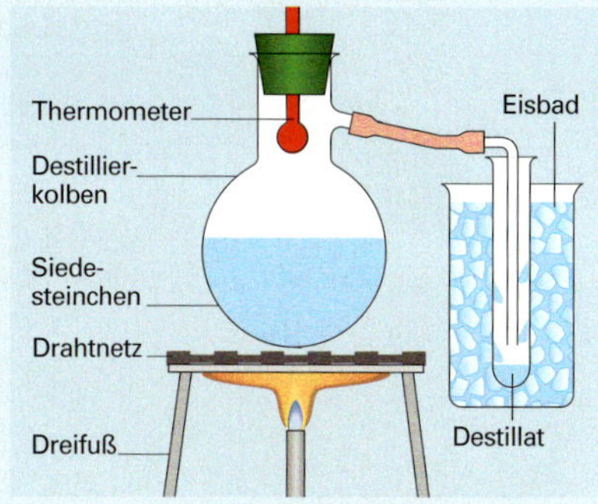

|6 Salzwasser wird destilliert

A Beschreibe, wie man bei dem oben gezeichneten Verfahren destilliertes Wasser erhält. |6

B Fragen zu Versuch 2:

1 Beschreibe deine Beobachtungen während des Verdampfens.

2 Wie muss der Versuch abgeändert werden, damit man das Wasser erhält?

3 Wir haben das Salzwasser mit einem Brenner erhitzt. Welche Wärmequellen stehen in den warmen Ländern für die Trinkwassergewinnung zur Verfügung?

4 Das erzeugte Wasser kann man – so, wie es ist – nicht als Trinkwasser verwenden. Warum? (*Tipp:* Lies das Etikett einer Mineralwasserflasche.)

C Du kennst den Wasserkreislauf.

1 An welcher Station dieses Kreislaufs entsteht destilliertes Wasser?

2 Wie gelangen die Mineralsalze ins Trinkwasser? (Dazu ein *Tipp:* Trinkwasser wird meistens aus Grundwasser gewonnen, das aus dem Erdboden kommt.)

Umwelt und Technik **Wenn es an Trinkwasser fehlt …**

Trinkwassergewinnung …
Eine ausreichende Versorgung der Menschen mit Süßwasser ist eines der dringendsten Probleme vieler Länder. Zu ihnen gehören z. B. Israel sowie anderer Länder des Nahen Ostens. Das Gleiche gilt für viele Inseln.
In speziellen Anlagen wird dort das Meerwasser zu Trinkwasser aufbereitet. |7 Dazu erwärmt man das Wasser mithilfe der Sonne, bis es verdampft. Der Wasserdampf wird abgekühlt, und man erhält reines Wasser ohne Zusatzstoffe. Vor dem Verzehr wird das Wasser noch mit Mineralien angereichert.

… einmal anders
Man stellt Plastikhauben auf feuchten Boden oder über Schalen mit Schmutzwasser. |8 Durch die Sonneneinstrahlung verdunstet das Wasser. Der dabei entstehende Wasserdampf wird durch die Hauben aufgefangen. An ihrer Innenwand bilden sich daraufhin Tropfen, die in eine Auffangrinne geleitet werden.

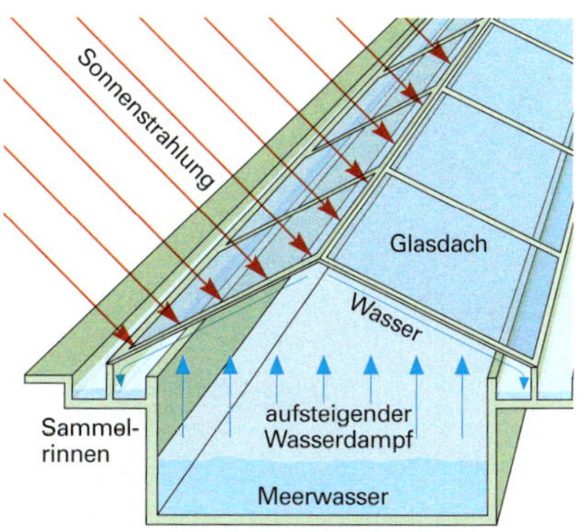

|7 Trinkwasser aus Meerwasser

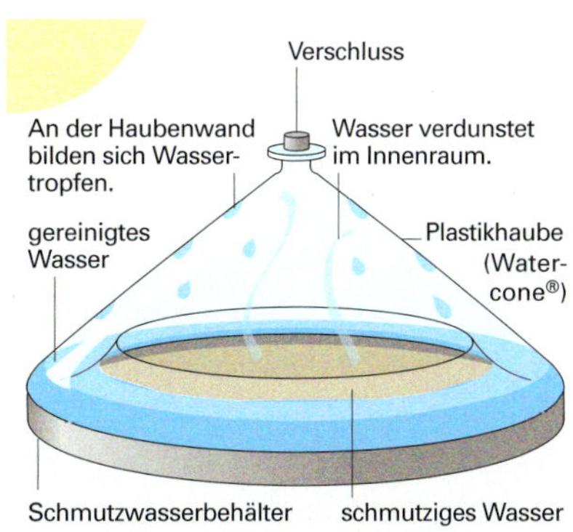

|8 Trinkwasser aus Schmutzwasser

„Was ist da drin?" (Auswahlthema)

1

Ein mehrfarbiger Halbedelstein?

Dieser unbekannte Gegenstand besteht aus unterschiedlichen Stoffen. Woran erkennst du das?
Wie viele verschiedene Stoffe sind es mindestens?

Probier's mal!

1 Mehrere Inhaltsstoffe?

Informiere dich über die Inhaltsstoffe von Smarties® und von Vollmilchschokolade. Schau z. B. auf der Verpackung nach.

2 Ein trennbares Gemisch?

Zerdrücke auf einer weißen Untertasse einige Smarties gleicher Farbe mit einem Löffel.

a Sieh dir die Bruchstücke genau an, am besten mit einer Lupe.

b Offenbar sind Smarties kein Reinstoff, sondern ein Gemisch mehrerer Reinstoffe. Da ist etwas Buntes (ein Lebensmittelfarbstoff), etwas Weißes und etwas Braunes zu sehen. Überprüfe, ob man zerkleinerte Smarties durch einfaches Auslesen in ihre Bestandteile zerlegen kann. Geht es vielleicht mit einer Pinzette?

c Gib zerkleinerte Smarties in ein grobes Sieb. Lässt sich das Gemisch durch Sieben trennen?

3 Wir zerlegen Smarties

Wir versuchen nun das Gemisch „Smartie" auf andere Weise zu zerlegen – nämlich durch Lösen in Wasser und anschließendes Eindampfen. 2

a Schwenke ein unzerdrücktes blaues Smartie in sehr wenig kaltem Wasser (ein Esslöffel voll). Wende es gegebenenfalls, bis der Farbstoff sich vollständig gelöst hat.
Durch vorsichtiges Abgießen wird das überstehende Wasser vom Smartie abgetrennt.

b Schwenke das Smartie kurz in etwas heißem Wasser, bis es seine weiße Farbe verliert. Gieße die Lösung ab und dampfe sie vorsichtig ein.
Welcher Stoff bleibt zurück?
Du kannst die Farbstofflösung aus dem Smartie weiter untersuchen. Um das Verfahren kennenzulernen, verwenden wir Farbstoffe von Filzstiften.

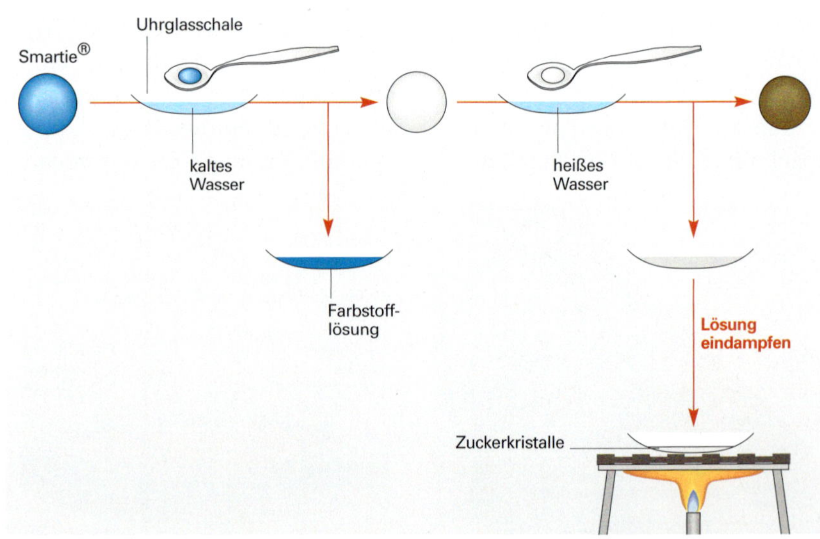

2

4 Dem Täter auf der Spur

Jemand hat dir mit Filzstift in dein Tagebuch gekritzelt. Mit *Chromatografie* kannst du herausfinden, mit welcher Sorte Filzstift der Täter geschrieben hat. Du brauchst dazu: farbige Filzstifte von unterschiedlichen Herstellern, ein Stück saugfähiges Küchenpapier, ein Glas, Wasser und Spiritus.

a Schneide Küchenpapier so zurecht, dass es in das Becherglas passt. |3

b Klebe eine schmale Seite des Papiers um den Bleistift. |4

c Unten ziehst du 1 cm vom Rand entfernt mit Bleistift eine dünne Linie. Setze mit den verschiedenen Filzstiften jeweils einen Farbpunkt auf die Linie. |5

d Hänge das Papier ins Glas mit Wasser als Fließmittel. |6

e Wiederhole den Versuch mit Spiritus (leicht entzündlich!) als Fließmittel.

f Erstelle ein Ablaufdiagramm für die Chromatografie.

5 Wir untersuchen Farbstoffe

Untersuche die Farbstofflösung vom Smartie oder von Lebensmittelfarben mit dem Verfahren von Versuch 4.

Wenn du Lust auf mehr hast:

6 Wie kann man Schmutzwasser reinigen?

a Stelle dir Schmutzwasser her: Fülle einen Becher mit einem Viertelliter Wasser. Füge etwas Sand, Gartenerde, Kochsalz und – wenn möglich – fein zerriebene Holzkohle hinzu. Rühre dann das Gemisch kräftig durch.

b Probiere aus, ob sich der Schmutz mit der Zeit am Boden absetzt. Du kannst dann das Wasser vorsichtig abgießen.

c Das Schmutzwasser zu sieben oder zu filtern wären noch weitere Möglichkeiten. |7

d Prüfe jeweils den Rückstand und das filtrierte Wasser mit der Lupe. Gib einige Tropfen des Wassers auf ein Glasschälchen. Lass es dort verdunsten. Bleibt ein Rückstand?

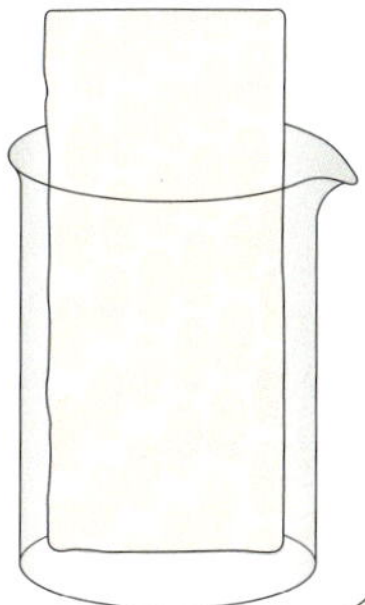
|3

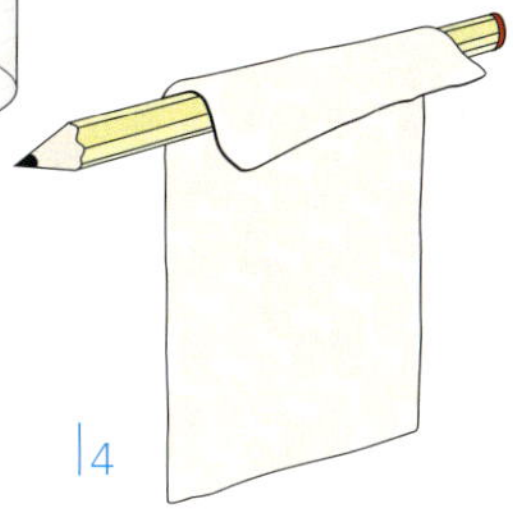
|4

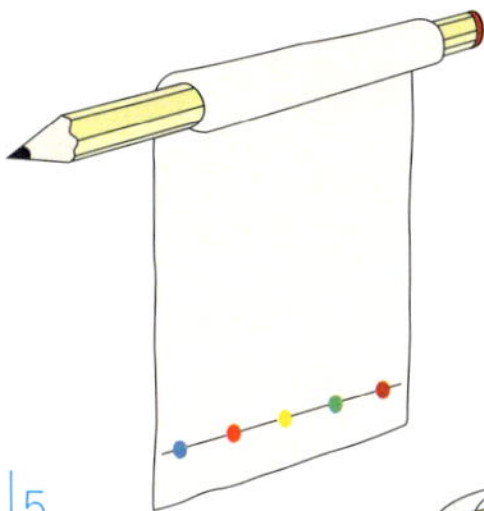
|5

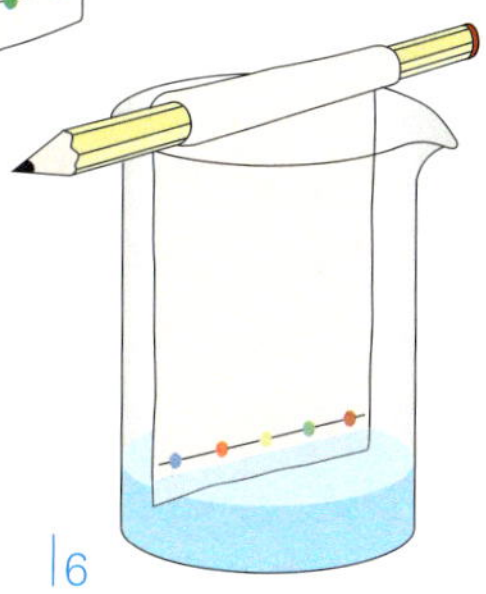
|6

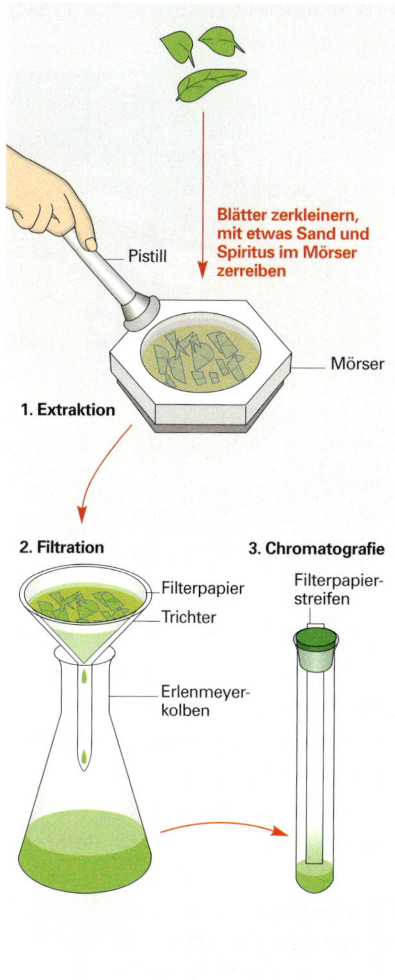

|7 Farbstoffuntersuchung in 3 Schritten

7 Was ist in Limonade enthalten?

Gieße etwa 50 cm^3 Limonade in eine leere Konservendose. Vorsicht, die Ränder haben scharfe Kanten.
Erhitze die Flüssigkeit, bis alles Wasser verdampft ist. Was bleibt zurück?
Führe den Versuch mit verschiedenen Limonaden und Colagetränken durch und vergleiche die Rückstände.

8 Wir untersuchen Blattgrün

Grüne Gummibärchen enthalten den Farbstoff „Blattgrün", abgekürzt „E 140".
Enthalten auch Pflanzenblätter diesen Farbstoff? Oder färbt vielleicht ein Gemisch aus blauen und gelben Farbstoffen die Blätter grün?
Haltet euch bei eurer Untersuchung genau an die dargestellten Schritte. |7

Aus Rohsalz wird Kochsalz (Auswahlthema)

1 In der Abbaukammer eines Salzbergwerks

2 So sieht das Rohsalz aus.

1 Reines Salz aus Rohsalz

Stelle aus einem Steinsalzbrocken reines Salz her. Du musst dabei mehrere Trennverfahren benutzen.
Notiere die Versuche, die du durchführst. Schreibe auch deine Beobachtungen auf.

Umwelt und Technik **Rohsalz (Steinsalz)**

Rohsalz in Salzlagern

An manchen Stellen findet man in der Erde – in Salzlagern – Rohsalz. Es hat sich im Lauf der Zeit dort abgelagert. Das Rohsalz wird auch Steinsalz genannt, da es ein Gemisch aus Steinen und Salz ist.
Bei uns gewinnt man Salz durch zwei unterschiedliche Verfahren:

1. Bergmännischer Abbau

Steinsalz wird z. B. in Salzbergwerken „unter Tage" abgebaut. Das im Bergwerk abgebaute Steinsalz wird nach oben transportiert und dort in Wasser gelöst. Die entstehende Salzlösung heißt Sole. Das Trennen durch Herauslösen bezeichnet man als *Extrahieren*.
Die Sole wird nun von Steinen und anderen Stoffen befreit. Anschließend dampft man sie ein.
Früher wurde die Sole in großen Pfannen gekocht. So erklärt sich der Begriff „Kochsalz". Heute verdampft man sie in geschlossenen Gefäßen; dann wird der übrig gebliebene „Salzbrei" getrocknet.

2. Die Bohrlochsolung

In tiefe Bohrungen lässt man Wasser fließen. Dadurch wird das Salz bereits unter der Erde gelöst. Anschließend pumpt man die Sole nach oben, wo sie – wie bereits beschrieben – weiterverarbeitet wird. 3

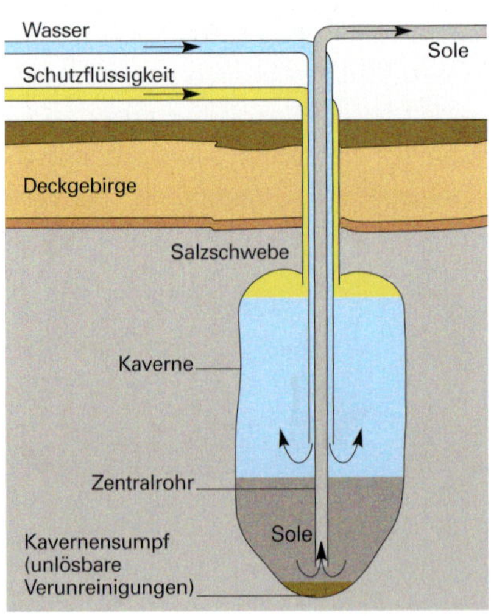

3 Bohrlochsolung

Interessantes **Die Sonne hilft**

Warst du schon einmal am Meer? Dann weißt du, dass Meerwasser salzig schmeckt. Alle Meere enthalten nämlich gelöste Salze.
Wo die Sonne sehr stark scheint, wird Salz durch Verdunstung aus dem Meerwasser gewonnen:
Man lässt Meerwasser in flache Becken einströmen und hindert es am Rückfluss. In diesen *Salzgärten* verdunstet das Wasser und das Meersalz scheidet sich ab. 4
Arbeiter häufen das Salz mit Schaufeln und Rechen zu kleinen Bergen auf. Meist werden dabei Spezialmaschinen eingesetzt.
Etwa zwei Drittel der Weltproduktion an Salz stammen aus solchen „Meeressalinen". Bei uns spielen Salzgärten kaum eine Rolle, da es hier riesige Steinsalzvorkommen gibt.

A Auf welche Weise wird Salz in Salzgärten gewonnen?

4 Das Salz wird aufgehäufelt.

Mischen und Trennen im Teilchenmodell

5 Die Stoffe Zucker und Wasser

6 Zuckerwasser

7 Eine Woche später

Grundlagen **Gemische und Reinstoffe**

Wenn man Salz und Wasser oder Mehl und Zucker mischt, erhält man ein Stoffgemisch. In manchen Stoffgemischen sind die Bestandteile deutlich erkennbar, z. B. in Granit. In anderen Gemischen sind sie nicht mehr zu erkennen (z. B. in Salzwasser).

Im Gemisch behalten die Stoffe ihre Eigenschaften, daher kann man die Stoffe wieder trennen.

Reine Stoffe sind nur aus einem Stoff aufgebaut. Man spricht von *Reinstoffen*. Sie kommen in der Natur nur selten vor.
Im Teilchenmodell stellen wir uns vor, dass unterschiedliche Reinstoffe aus unterschiedlichen Teilchen aufgebaut sind. Wir nehmen an, dass die Teilchen unterschiedlich groß sind.

Reinstoffe bestehen aus einer Teilchensorte, Gemische aus mehreren.

Beim Lösen von Zucker in Wasser schieben sich Wasserteilchen zwischen die Zuckerteilchen. Die Zuckerteilchen werden von Wasserteilchen umgeben und verteilen sich. 8

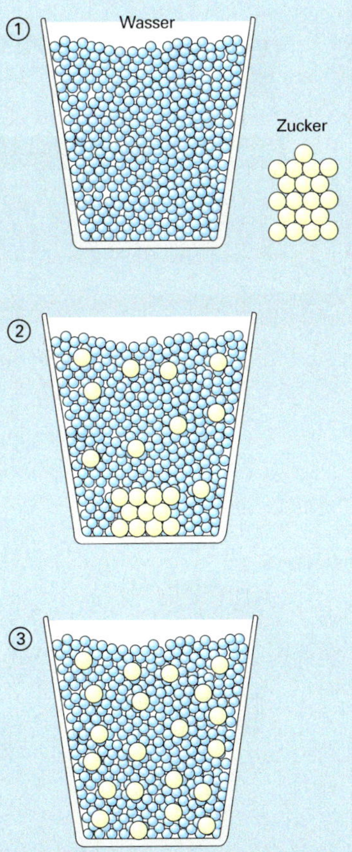

8 Auflösen eines Zuckerkristalls (Teilchenvorstellung)

1 Salzgewinnung im Teilchenmodell
Erkläre im Teilchenmodell, wie aus Salzwasser Salz wird.

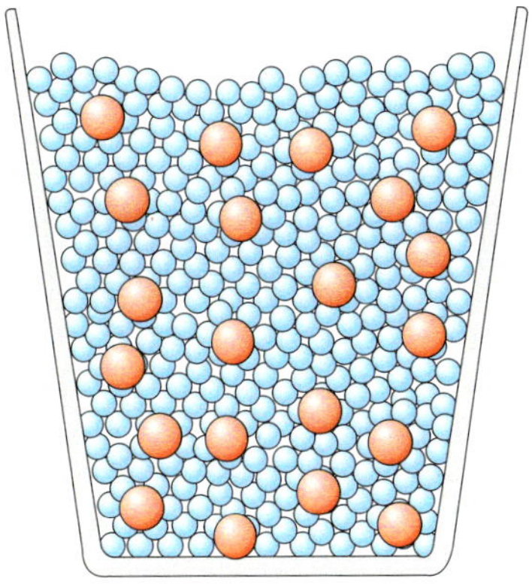

9 Salzwasser im Teilchenmodell

Wohin mit dem Müll?

1

1 Müll sortieren – aber richtig

a Schreibe zu allen Müllsorten so viel Beispiele auf, wie dir einfallen: Restmüll: volle Staubsaugerbeutel, Holzreste …

b Viele Bestandteile des Mülls werden wiederverwertet (man spricht von „Recycling"). Beschreibe die verschiedenen Möglichkeiten. 2

c Erkundigt euch bei euren Eltern, wie viel ihr für die Entsorgung des Mülls im Jahr bezahlt.

d Malt Plakate für die Klasse (Schule, Küche): Was kommt in welche Tonne? Informiert euch dazu bei eurer Stadt- oder Gemeindeverwaltung.

2 Betriebserkundung

Der meiste Müll wird heute in Verbrennungsanlagen gebracht. Wie sie arbeiten, siehst du auf der Nachbarseite. Erkundigt euch, wo bei euch die nächste Müllverbrennungsanlage ist. Dort werden auch Führungen für Schulklassen veranstaltet oder ihr bekommt von dort Informationsmaterial zuschicken.

3* Maschinelle Mülltrennung

Sowohl beim Verpackungsmüll als auch beim Restmüll werden Maschinen eingesetzt, um Müll zu trennen. 3

Stelle „Müll" in einem 1-Liter-Becherglas zusammen: Papierschnitzel, Bonbonpapier, Styroporreste, Kies, Büroklammern und Nägel.

Plane einen Modellversuch zur Mülltrennung und führe ihn durch.

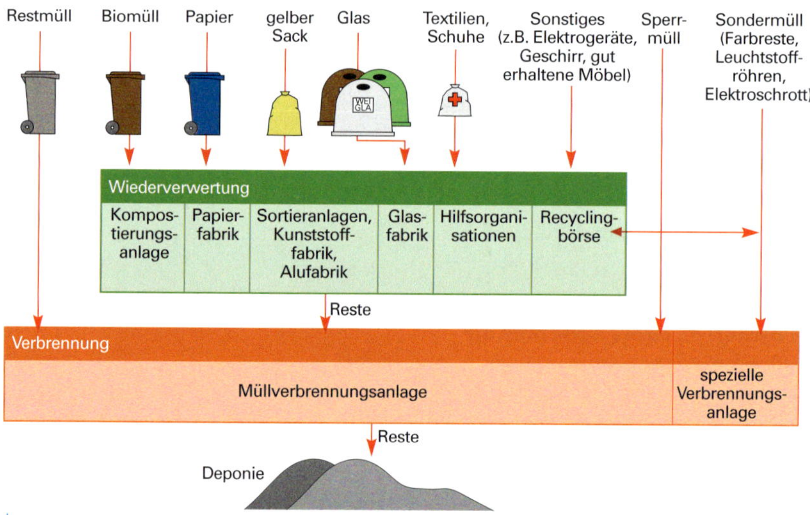

2 Müllentsorgung – nach Stoffgruppen getrennt

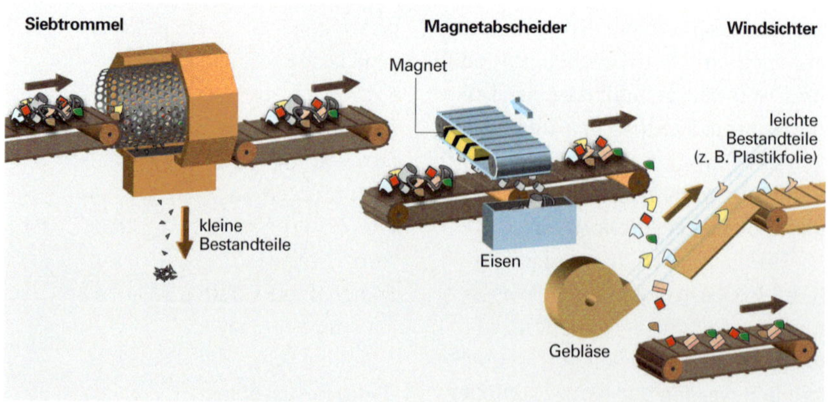

3 Maschinelle Trennverfahren

Technik **Der Restmüll wird vorbehandelt – in der Müllverbrennungsanlage**

4 So hat sich die Zeichnerin eine Müllverbrennungsanlage vorgestellt.

Früher wurde der meiste Müll einfach auf Deponien gefahren. Das ist aber seit 2005 nicht mehr erlaubt. Was vom Müll nicht recycelt wird, muss wenigstens „vorbehandelt“ werden: Von 100 kg werden dann etwa 80 kg verbrannt.
Nur Müll, der „vorbehandelt“ wurde, darf dann noch auf Deponien gelagert werden. Dazu gehören z. B. die Rückstände aus der Müllverbrennung.

A Das Bild oben stellt natürlich keine moderne Müllverbrennungsanlage dar. Es zeigt aber auf lustige und witzige Weise die wichtigsten Stationen. 4

1 Versuche sie zu erkennen.

2 Welche gefallen dir besonders gut?

B An den einzelnen Stationen findest du Ziffern. 4
Die fetten Buchstaben haben mit Teil 2 der Aufgabe zu tun.

1 Bringe die Ziffern und die Begriffe in die richtige Reihenfolge. Schreibe so:
Nr. 1: Müllbunker
Nr. 2. …

Beschreibung der Stationen:
***M**üllbunker:* Der Müll wir**_d_** gesammelt.
*Ra**u**chwaschanlag**e**:* Der Rauch wird hier mithilfe von Kalk und Wasser von schädlichen Abgasen gereinigt.
*Kra**n**:* Er befördert den Müll in den Brennraum.
Dynamo (Generator): Er erzeugt elektrische Energie.
*Kesse**l**:* Hier wird heißer Dampf für die Turbine erzeugt.
*Blas**e**ba**l**g:* Er versorgt das Feuer mit der notwendigen Luft.
*Brenn**r**aum:* Hier **_v_**erbrennt der Müll bei ungefähr 1000 °C.
*Da**m**pfturb**i**n**e**:* Antrieb des Dynamos.
*Schlackenwag**e**n:* In diesem Wagen werden die Verbrennungsrückstände gesammelt. Wenn 100 kg verbrennen, entstehen ungefähr 35 kg Schlacke und Staub. Sie werden zum Teil im Straßenbau genutzt.
Schornstein: Hier entweichen die Abgase, überwiegend Wasserdampf und Kohlenstoffdioxid. (Wenn 100 kg Müll verbrennen, entstehen mehr als 70 kg Kohlenstoffdioxid.)

2 Wenn du die fett gedruckten Buchstaben richtig ordnest, entstehen zwei Wörter. Sie sagen dir, was besser ist als „Müll verbrennen“.
Hinweise: Das erste Wort beginnt mit „M“ und das zweite mit „v“; statt „ü“ wird „ue“ verwendet.

Müll vermeiden oder verwerten – besser als verbrennen

1

Wer verhält sich umweltgerecht?

Technik **Flaschen und Gläser aus Altglas**

Für die Herstellung von Getränkeflaschen verwendet man Recyclingglas. Das ist gut so, denn das viele Altglas belastet die Müllberge. Deshalb stehen fast überall die farbigen Sammelbehälter.
Das dort gesammelte Glas wird in *Wiederverwertungsanlagen* zu Recyclingglas aufgearbeitet. 2
Das Recyclingglas wird dann zusammen mit anderen Stoffen in einem Schmelzofen erhitzt. So lassen sich aus dem Glas neue Flaschen formen. Eine grüne Flasche z. B. enthält 9 von 10 Teilen Altglas. Auf diese Weise wird der Hausmüll entlastet. Und es werden Energie und Rohstoffe gespart, die man viel besser für hochwertige Erzeugnisse einsetzt.

A Beschreibe, wie die Anlage für Glasrecycling arbeitet. 2

B Der Weg des Glases verläuft wie ein Kreislauf. 3 Glasrecycling stellt einen solchen *Stoffkreislauf* dar. Übertrage das Bild ins Heft und ergänze.

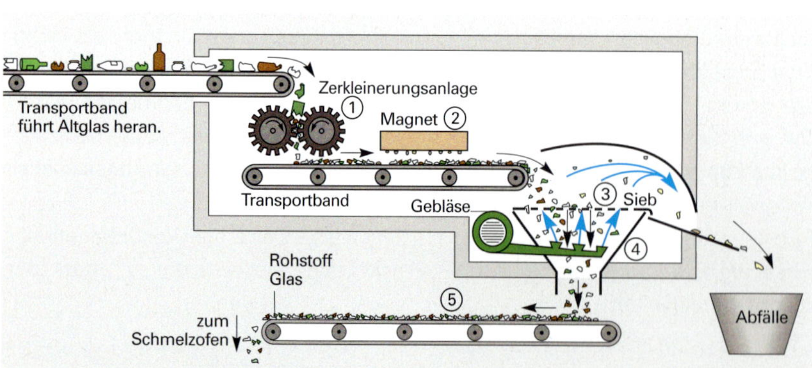

2 Aus Altglas wird Recyclingglas.

1 Müll muss nicht sein!

Das muss nicht sein: Getränke in Dosen, Zahnpastatuben in Schachteln, Wegwerfgeschirr …

a Suche weitere Beispiele für überflüssigen Müll und nenne dafür bessere Möglichkeiten:

Überflüssiger Müll	Bessere Lösung
Einkaufs-plastiktüte	Einkaufskorb oder -tasche
?	?

b Fertigt ein Plakat zur Müllvermeidung an.

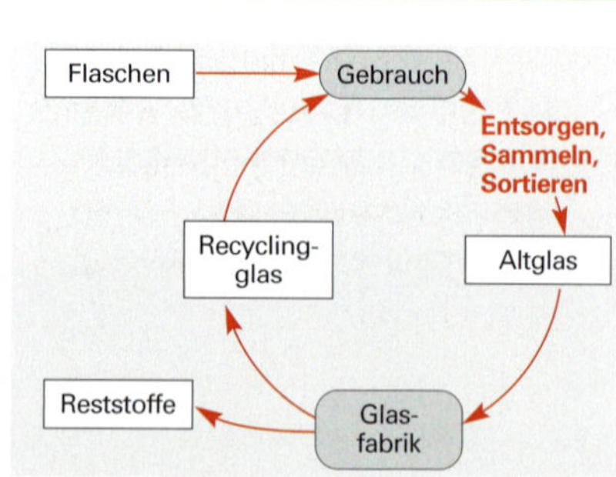

3 Ein „Stoffkreislauf“

2* Papiermachen aus Altpapier

Ihr braucht:

1 Messbecher, 1 elektrischen Mixer, 1 große Kunststoffschüssel, 1 Papiersieb (siehe den Bauplan), 2 saugfähige Pappen (Filzpappe, etwa im DIN-A3-Format), 1 saugfähiges Tuch (Küchentuch), 1 Teigrolle, 2 Wäscheklammern, Zeitungspapier.

Zwei Hinweise:

1. Materialien für die Papierherstellung kann man auch kaufen. Mit gekauften Sieben erzielt man bessere Ergebnisse als mit selbst gefertigten.
2. Vorteilhaft ist ein Spritzschutz für den Mixer. |4–5

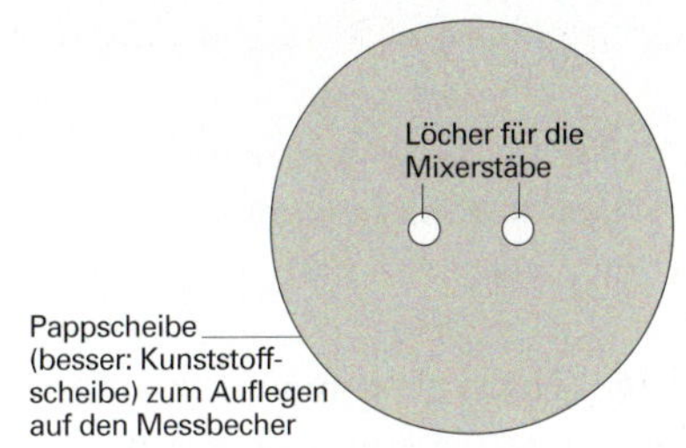

|4 Bau des Spritzschutzes

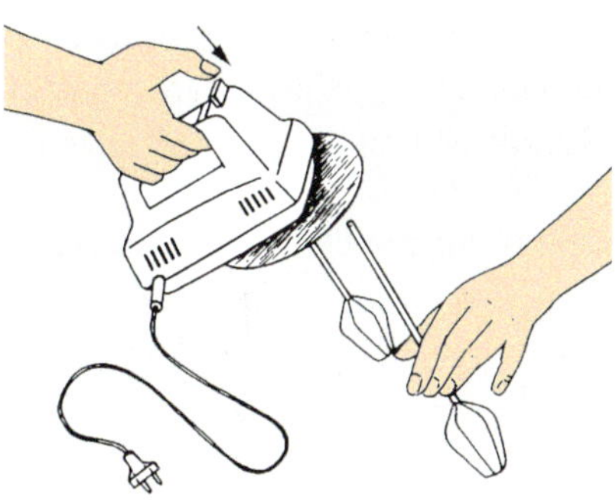

|5 So wird der Spritzschutz angebracht.

So wird ein Papiersieb hergestellt

Der verleimte und vernagelte Holzrahmen darf nicht zu groß sein. |6 Er muss in die Kunststoffschüssel passen.
Auf dem Rahmen befestigt ihr mit Heftzwecken ein möglichst engmaschiges Gewebe (Gardinenstoff oder Fliegennetze). Die Maschen sollten nicht größer als 1 mm sein.

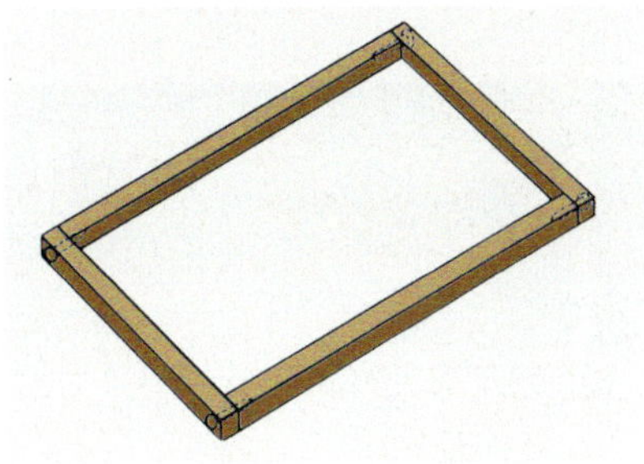

|6 Rahmen für das Papiersieb

Am besten bastelt ihr einen zweiten gleich großen Rahmen ohne Bespannung. Er wird beim Eintauchen in die Papiermasse auf das Sieb gedrückt. Dadurch könnt ihr verhindern, dass der Brei beim Herausnehmen wegfließt.

Durchführung: das Papiermachen

a Zerkleinert eine Zeitungsdoppelseite. Die Schnipsel füllt ihr in den Messbecher und fügt 0,75 Liter Wasser hinzu. Das Ganze kocht ihr 10 Minuten lang.

b Mit einem elektrischen Quirl rührt ihr den Brei 3–5 Minuten lang gut durch.

c Jetzt schüttet ihr den Papierbrei in die große Kunststoffschüssel und gebt 3–5 Liter Wasser hinzu. Je mehr Wasser ihr nehmt, desto dünner wird das Papier.

d Rührt den Brei durch und taucht das Sieb ein. Hebt das Sieb vorsichtig waagerecht aus dem dünnen Brei heraus.
Lasst es abtropfen. Ein Helfer wischt mit einem saugfähigen Tuch so lange unten über das Sieb, bis kein Wasser mehr herausläuft. |7

|7 Das Sieb wird unten abgewischt.

e Das Sieb wird jetzt über der Filzpappe umgedreht und auf die Pappe gedrückt. |8 Damit sich die Papiermasse von dem Gewebe löst, könnt ihr vorsichtig mit dem Daumen über das Sieb streichen.

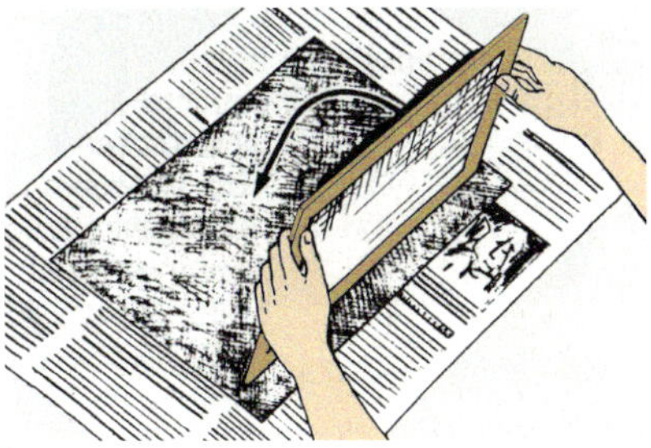

|8 Umdrehen des Siebes

f Danach hebt ihr das Sieb vorsichtig an. Eine Schicht Papierbrei bleibt auf der Pappe zurück.

g Euer „Papier" muss noch getrocknet und gepresst werden. Legt die zweite Filzpappe obendrauf, dazu noch einige Blatt Zeitungspapier. Das Ganze presst ihr dann mit einer Teigrolle.

h Löst vorsichtig die Ecken des Papierblatts. Zieht es ganz langsam von der Filzpappe ab. |9 Auf glatter Unterlage könnt ihr das Papier noch glätten. Dann hängt ihr es zum Trocknen auf.

|9 Abziehen von der Filzpappe

Stoffe verändern sich

1 Brot kann verkohlen.

2 Brausetablette in Wasser

3 Holzkohle verbrennt.

1 „Verbrauchte" Luft

Befestige eine Kerze auf einer Glasplatte, zünde sie an und stülpe ein Becherglas darüber. Wenn die Kerze erloschen ist, lässt du das Becherglas abkühlen. Dann drehst du es samt Glasplatte um. Halte dann eine brennende Kerze in das Glas. 4 Erkläre deine Beobachtung.

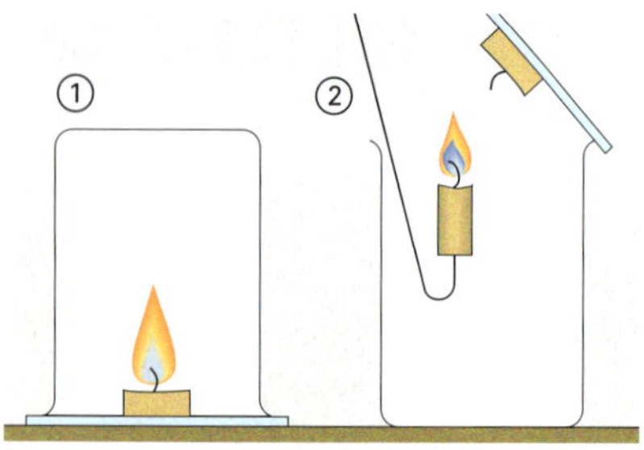

4

2 Feuer in Luft und in Sauerstoff

Ein Standzylinder ist mit Luft gefüllt, ein zweiter mit Sauerstoff (aus der Gasflasche). Halte eine Kerze nacheinander in beide Zylinder. Was beobachtest du?

3 Beim Verbrennen entsteht etwas!

a Halte ein kaltes Becherglas kurz über eine brennende Kerze. Was beobachtest du? Was vermutest du?

b Lass eine lange Kerze in einen Standzylinder einige Zeit brennen. Nimm sie dann heraus, gib etwas Kalkwasser in den Zylinder und schüttle kurz. *Hinweis:* Kalkwasser trübt sich, wenn Kohlenstoffdioxid vorhanden ist.

Grundlagen **Stoffe wandeln sich um**

Stoffumwandlung
Beim Erhitzen verhalten sich Stoffe unterschiedlich:
Wasser verdampft, Glas wird weich und verformbar, Eisen fängt an zu glühen. Bei diesen Beispielen bleiben die Stoffe erhalten. Beim Abkühlen erhält man wieder flüssiges Wasser, festes Glas und das Eisen ist immer noch Eisen.
Aus Kuchenzutaten wird beim Backen der fertige Kuchen. Wenn man Mehl oder Zucker zu heiß werden lässt, verkohlen die Stoffe. Aus Brausetablette und Wasser entsteht ein sprudelndes Getränk. Eisen wandelt sich mit Luft und Wasser zu Rost um.
Bei solche Vorgängen entstehen Stoffe mit anderen Eigenschaften. Die Ausgangsstoffe wandeln sich in andere, neue Stoffe um. Man spricht von einer *Stoffumwandlung*.

Bei Stoffumwandlungen entstehen aus den Ausgangsstoffen neue Stoffe mit anderen Eigenschaften.

Bei Mischungen bleiben dagegen die Stoffe erhalten und können auf einfache Weise voneinander getrennt werden.

Die Verbrennung – ein Beispiel für eine Stoffumwandlung
Zum Verbrennen braucht man nicht nur einen Brennstoff, sondern auch Luft. Genau genommen wird das Feuer nur von einem Bestandteil der Luft gefördert, dem Sauerstoff. 5
Der andere Luftbestandteil, der Stickstoff, ermöglicht keine Verbrennung.
Bei der Verbrennung entstehen neue Stoffe. Bei einer Kerze werden aus dem Brennstoff Kerzenwachs und dem Sauerstoff der Luft zwei Stoffe. Wir können Wasserdampf und das Gas Kohlenstoffoxid nachweisen.

Aus dem Kerzenwachs und dem Sauerstoff der Luft entstehen beim Verbrennen Kohlenstoffdioxid und Wasser.

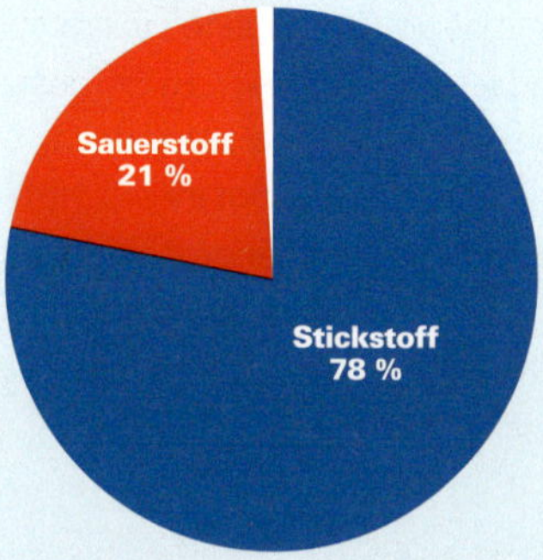

5 Zusammensetzung der Luft

Zusammenfassung

Sieben
Durch Sieben können Feststoffe wie Sand und Kies getrennt werden. 6

Absetzen lassen
Soll eine Bodenprobe „aufgetrennt“ werden, verrührt man sie mit Wasser. Nach längerem Stehen können sich die unlöslichen Bestandteile absetzen. 7 Die überstehende klare Lösung wird abgegossen.

Filtrieren
Besser als das Absetzenlassen ist das Filtrieren. Ein Filterpapier wirkt wie ein feines Sieb. An seinen kleinen Poren bleiben die festen Bröckchen hängen. Die Flüssigkeit, die durch den Filter läuft, ist nun klar. 8

Extrahieren
Hier wird ein Stoff aus einem Stoffgemisch herausgelöst und anschließend z. B. durch Filtrieren abgetrennt. 9

Chromatografieren
Sollen Farbstoffe getrennt werden, so reicht es, eine winzige Menge davon auf ein saugfähiges Papier zu tupfen. Saugt das Papier nun Wasser auf, so nimmt das Wasser auf seinem Weg die verschiedenen Farbstoffe unterschiedlich weit mit. 10

Eindampfen
Ist ein fester Stoff in Wasser gelöst, so lässt er sich nicht durch Filtrieren abtrennen. Man kann jedoch durch Erhitzen das Wasser verdampfen. Zurück bleibt der feste Stoff, oft in Form von kleinen Kristallen. 11

Destillieren
Wenn man Meerwasser erhitzt, verdampft nur das Wasser. Das Salz bleibt in der Flüssigkeit zurück. Der Wasserdampf wird aufgefangen und abgekühlt – man erhält Trinkwasser.

6 Sieben

7 Absetzenlassen

8 Filtrieren

9 Extrahieren

10 Chromatografieren

11 Eindampfen

Alles klar?

A Zähle Gemische auf, die es in eurer Küche gibt. Nenne die Stoffe, aus denen sie bestehen.

B Für Nudeln verwendet man einen Durchschlag oder ein großes Sieb, für Kaffee einen Filter. Wieso?

C Rohsalz enthält außer Kochsalz noch andere Stoffe, z. B. Sand. Mit welchem Trennverfahren würdest du reines Kochsalz gewinnen?

D Beschreibe den wesentlichen Unterschied zwischen Eindampfen und Destillieren.

E Nenne mehrere Möglichkeiten, wie man Meerwasser entsalzen kann.

F* Oft läuft beim Filtrieren die Flüssigkeit erst schnell, dann immer langsamer durch den Filter. Woran liegt es?

Kontrolliere deinen Lernstand

A Dein Fahrrad besteht aus unterschiedlichen Stoffen. |1

1 Zähle möglichst viele auf.

2 Warum sind die einzelnen Teile deines Fahrrads nicht aus anderen Stoffen gemacht?

3 Welche Vorteile hat ein Fahrradrahmen aus Aluminium?

4 Welche Stoffeigenschaften sollte der ideale Fahrradrahmen haben?

|1

B Du findest im Nawi-Raum zwei unbeschriftete Gläser mit farblosen Flüssigkeiten. Die beiden Etiketten „destilliertes Wasser" und Alkohol" sind leider abgefallen und liegen daneben.

1 Warum darfst du zur Unterscheidung keinesfalls deinen Geschmackssinn nutzen?

2 Plane zwei Versuche zur Unterscheidung der beiden Stoffe.

3 Welche Stoffeigenschaften werden zur Unterscheidung verwendet?

|2

C Auf einem Abflussreiniger steht folgendes Symbol: |2

1 Auf welche Gefahren weist es hin?

2 Was bedeutet das für den Umgang mit diesem Reiniger?

D Ein spitzer, harter, glänzender Gegenstand – eine farblose und geruchlose Flüssigkeit – ein unsichtbares Gas.

1 Könnte damit ein und derselbe Stoff gemeint sein?

2 Welcher Stoff könnte es sein?

3 Mit welchen Versuchen könntest du deine Vermutung überprüfen?

4 Erkläre die unterschiedlichen Aggregatzustände mit dem Teilchenmodell.

E Hänge einen Beutel Schwarztee in heißes Wasser.

1 Beschreibe die Beobachtungen.

2 Beim Entstehen des fertigen Getränks sind zwei Trennverfahren wichtig. Welche sind es?

F Aus Salzwasser kann man reines Wasser gewinnen.

1 Nenne zwei Trennverfahren, mit denen die Gewinnung von reinem Wasser gelingen kann.

2 Warum kann man durch Eindampfen kein reines Wasser gewinnen?

3 Beschreibe das Eindampfen mit dem Teilchenmodell.

Schätze deine Kenntnisse und Fähigkeiten ein:

Aufgabe	Ich kann …
A	die Begriffe „Material" oder „Stoff" und „Körper" richtig verwenden.
C	mit vielen Stoffen, auch mit manchen Gefahrstoffen, richtig umgehen.
B, C, E	mindestens zehn unterschiedliche Stoffeigenschaften nennen.
B, D	Stoffe anhand von Eigenschaften unterscheiden.
F	Versuche planen und durchführen, z. B. um Meerwasser zu entsalzen.
D, F	Beobachtungen mit dem Teilchenmodell erklären.

Einschätzung

Ordne deiner Aufgabenlösung im Heft ein Smiley zu:

☺ Ich habe die Aufgabe richtig lösen können.

😐 Ich habe die Aufgabe nicht komplett lösen können.

☹ Ich habe die Aufgabe nicht lösen können.

Körper und Gesundheit

Mein Körper – meine Gesundheit

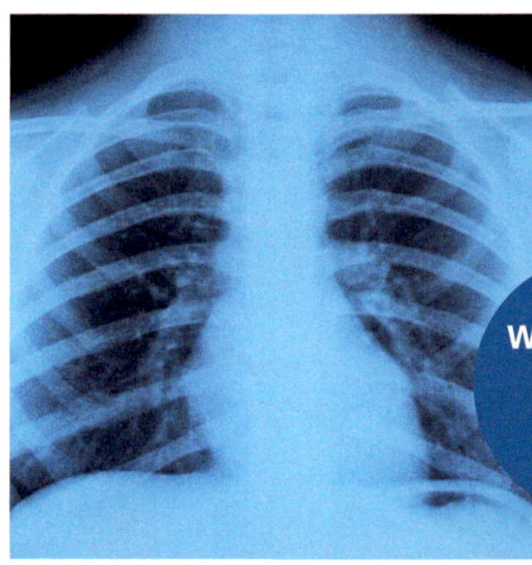

Mein Körper – meine Gesundheit

Wenn du deinen eigenen Körper kennst, kannst du besser auf deine Gesundheit achten und fit bleiben. In diesem Kapitel erfährst du, wie dieses Wunderwerk funktioniert. Dein ganzes Leben lang schlägt dein Herz. Du musst ständig atmen und Tag für Tag essen und trinken. Was die einzelnen Teile des Körpers dabei leisten, ist erstaunlich. Noch viel erstaunlicher ist aber ihr perfektes Zusammenspiel …

Wer sich richtig ernährt, bleibt gesund, fühlt sich wohl und kann in der Schule und im Beruf sein Bestes geben.

Unser Körper bleibt nicht gleich, er durchläuft verschiedene Phasen der Entwicklung. Mit der Pubertät beginnt eine aufregende, manchmal auch schwierige Zeit.

In diesem Kapitel kannst du

- ein Frühstück zusammenstellen, das fit hält,
- Versuche zu Atmung und Verdauung durchführen,
- erkunden, wozu Blut gut ist und wie der Kreislauf funktioniert,
- dich mit dem Themenkreis „Erwachsen werden“ befassen.

Verschiedene Arbeitsmethoden

Du wirst

- Essgewohnheiten protokollieren,
- verschiedene Nährstoffe in Lebensmitteln nachweisen,
- dich mit dem Erwachsenwerden in Rollenspielen auseinandersetzen.

Ausblick

Das Thema „Mein Körper – meine Gesundheit" umfasst viel mehr. Wovor können Impfungen schützen? Was versteht man unter Blutgruppe? Auf diese und andere Fragen wirst du in dem Buch für die Klassenstufe 5/6 keine Antworten finden.
Wenn du aber mehr darüber wissen willst, findest du Informationen z. B. in Jugendsachbüchern und im Internet.

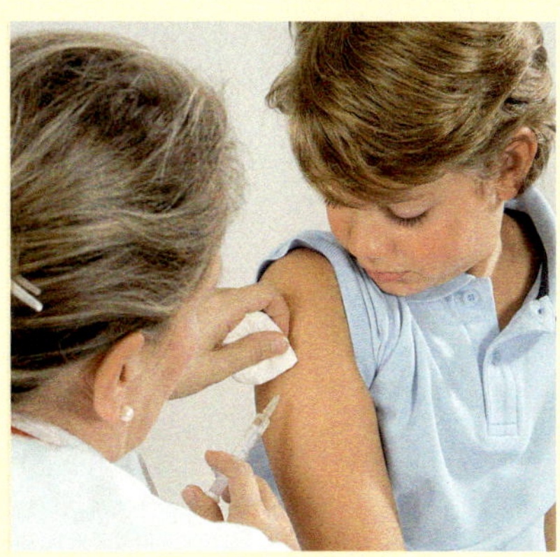

Fit in den Tag

Dein Frühstück sollte dir schmecken und gesund sein! 1–6
Obst, Nüsse, Milch- und Vollkornprodukte sind für die Zähne besser geeignet als Süßigkeiten und Limonade. Wenn du vor Schulbeginn noch nicht viel essen magst, ist das zweite Frühstück umso wichtiger. Frühstücke doch einmal gemeinsam mit deinen Klassenkameraden.

1

Doppeldecker

Bestreiche eine Scheibe Vollkornbrot dünn mit Butter und belege sie mit Camembert. Darauf kommen Radieschenscheiben und eine Scheibe Knäckebrot. Dazu gibt es eine Mandarine.

Vollkornmüsli

Vermische 4 Esslöffel Vollkornmüsli mit je einem Teelöffel Rosinen, Nüssen und Sonnenblumenkernen oder Kokosflocken. Gib Bananen-, Apfel-, Birnen- und Orangenstückchen dazu und gieße Milch, Joghurt oder Fruchtsaft darüber.

2

1 Frühstücksgewohnheiten
Was frühstückst du morgens zu Hause und in der Schule? Führe eine Woche lang Protokoll darüber.
Vergleicht eure Protokolle. Gibt es Gemeinsamkeiten?
Was gehört zu einer gesunden Ernährung?

Tag	Zu Hause	In der Schule
Montag	?	?
Dienstag	?	?
Mittwoch	?	?
…		

2 Unter welchen Bedingungen schmeckt das Essen?
Ob das Essen schmeckt, hängt nicht nur von den Nahrungsmitteln und Getränken ab. Wichtig ist unter anderem, …
- in welcher Umgebung gegessen wird,
- mit wem die Mahlzeit eingenommen wird,
- wie lange die Mahlzeit dauert.

Führt eine Befragung in eurer Klasse durch, wie euren Mitschülern Mahlzeiten gefallen und was sie beim Essen gar nicht mögen.
Schreibt Essensregeln auf.

3 Plant ein gemeinsames Klassenfrühstück
Das Frühstück sollte möglichst abwechslungsreich sein. Was wollt ihr anbieten? Einige Anregungen findet ihr auf dieser Doppelseite. Sucht nach weiteren Rezepten für ein gesundes Frühstück.
Wie viel Nahrungsmittel müssen beschafft werden? Wie sollen die Tische gedeckt werden? Was muss dazu mitgebracht werden?

4 Frühstücken in anderen Ländern
Was wird in anderen Ländern gefrühstückt? Bereitet ein kleines Angebot zum Probieren vor. Vielleicht können euch Eltern dabei unterstützen.

Süß oder herzhaft

Bestreiche die Hälften eines Vollkornbrötchens mit Doppelrahmkäse. Belege sie je nach Geschmack mit Apfel- oder Bananenscheiben, Salatblättern, Tomaten- oder Gurkenscheiben, Paprikastreifen oder Keimlingen.

3

5

Gemüse mit Dipp

Schneide Kohlrabi, Gurke, Möhren, Paprika in mundgerechte Streifen und spieße sie auf einen Zahnstocher.
Für den Dipp vermischst du Naturjoghurt mit etwas Crème fraîche, etwas Zitronensaft, Salz und Pfeffer.

Getränke zum Durstlöschen

Wasser oder Mineralwasser, Gemüsesäfte, Obstsäfte mit Mineralwasser, Früchte- oder Kräutertee

4

Joghurt mit frischen Früchten

Gib Beeren oder klein geschnittene Früchte in den Joghurt. Rühre dann noch Sonnenblumenkerne und etwas Obstsaft unter den Joghurt.

6

5 Wandzeitung
Bereitet für den nächsten Elternabend eine Wandzeitung zu eurem Klassenfrühstück vor.
Was habt ihr ausprobiert? Was hat besonders gut geschmeckt?
Sicherlich könnt ihr Empfehlungen für ein gesundes Pausenfrühstück geben.

Frühstück und Zwischenmahlzeiten sind wichtig
Unsere Leistungsbereitschaft hängt von der Tageszeit ab. 7 Ohne Frühstück erreichst du nicht das Leistungshoch am Vormittag. Wenn lange Pausen zwischen den Mahlzeiten liegen, sinkt die Leistungsbereitschaft in den Pausen deutlich ab. Mit Frühstück und kleinen Zwischenmahlzeiten kannst du mehr leisten!

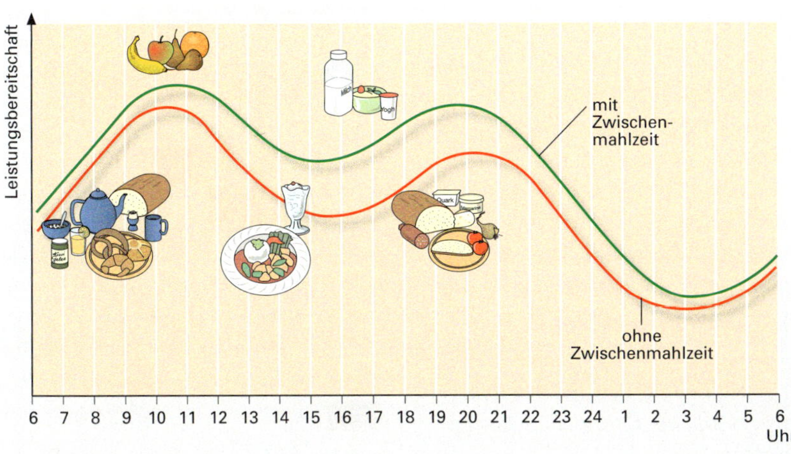

7 Leistungsfähig durch kleine Mahlzeiten

Hygieneregeln
Beim Zubereiten von Speisen sollen keine Krankheitserreger verbreitet werden. Deshalb müsst ihr einfache Regeln einhalten:
- Wascht eure Hände gründlich mit Seife.
- Verwendet Einmalhandtücher.
- Lebensmittel sollten so lange wie möglich gekühlt werden.
- Für das Klassenfrühstück darf keine Rohmilch und kein rohes Ei verwendet werden.
- Fleisch muss vollständig durchgegart sein.

Woraus besteht unsere Nahrung?

1

2

Wieso müssen wir essen?

1 Angaben auf Lebensmittelverpackungen

Auf Verpackungen von Lebensmitteln findest du Angaben über
- die enthaltenen Nährstoffe Kohlenhydrate (Stärke und Zucker), Fette, Eiweiß (Protein) und
- den Energiegehalt. 3

a Notiere die Angaben von fünf verschiedenen Lebensmitteln.

b Vergleicht die Angaben in der Klasse miteinander und stellt Gemeinsamkeiten heraus.

c Welche Nahrungsmittel enthalten jeweils besonders viele Kohlenhydrate, viel Fett oder Eiweiß?

3 Angaben auf Lebensmitteln

Grundlagen **Nährstoffe**

Unsere Nahrung kann von Tieren oder von Pflanzen stammen. Sie kann roh oder gekocht, fest oder flüssig sein. Beim Essen und Trinken nehmen wir verschiedene Stoffe auf. Der Körper braucht sie, z. B. um zu wachsen oder um sich zu bewegen. Für eine gesunde Ernährung brauchen wir zwei Stoffgruppen: Nährstoffe und Ergänzungsstoffe (z. B. Vitamine).

Nährstoffe für den Aufbau

Nährstoffe werden für das Wachstum des Körpers gebraucht. Dazu gehören auch das Heilen einer Wunde, der Aufbau von Muskeln und die Erneuerung von Hautschichten. Für den Aufbau des Körpers sind vor allem *Eiweiße (Proteine)* nötig.

Nährstoffe als Energielieferanten

Energie brauchen wir, wenn wir laufen, Treppen steigen, einen Gegenstand anheben … Auch zum Denken ist Energie notwendig. Das Herz benötigt Energie, um Blut durch die Adern zu pumpen. Energie ist auch nötig, damit die Körpertemperatur gleichmäßig hochgehalten werden kann.

Unser Körper erhält die nötige Energie aus den Nährstoffen. Die Nährstoffe werden im Körper verbrannt – allerdings ohne Flamme. Für diesen Vorgang ist Sauerstoff aus der Luft nötig – genauso wie zum Verbrennen von Kohle. Beim Verbrennen wird Energie abgegeben.

Für die Energiegewinnung nutzt der Körper die *Kohlenhydrate* (Stärke und Zucker) sowie *Fette*.

Lebensmittel unterscheiden sich in ihrem Gehalt an Nährstoffen.* 4 *Zu den Nährstoffen gehören Kohlenhydrate, Fette und Eiweiße. Die Nährstoffe werden für den Aufbau des Körpers und als Energielieferanten benötigt.

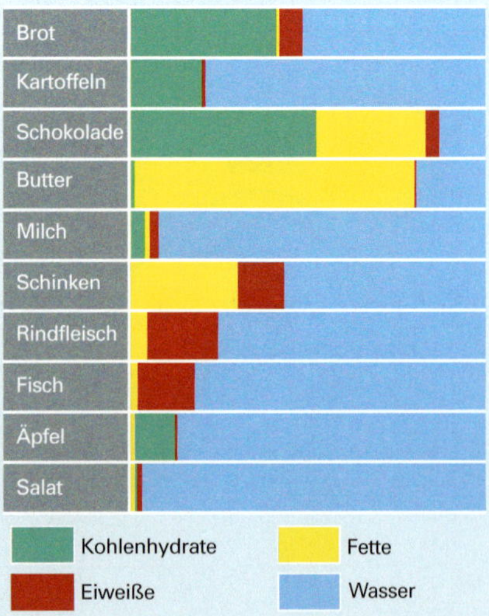

4 Nährstoffgehalt in Lebensmitteln

Welche Nährstoffe in Lebensmitteln enthalten sind, könnt ihr in Versuchen nachweisen. Führt den Nachweis zunächst an reinen Stoffen wie Stärke, Traubenzucker, Eiweiß und Fette (Öl) durch.

Danach könnt ihr mit den Nachweisverfahren Lebensmittel untersuchen. Bildet Teams und verteilt die Aufgaben. Ein Mitglied des Teams führt ein Versuchsprotokoll, das die anderen Gruppenmitglieder später übernehmen.

2 Wir weisen Stärke nach

Stärke gehört zu den Kohlenhydraten. Sie lässt sich mit Lugol-Lösung nachweisen. (Diese Chemiekalie ist gesundheitsschädlich und umweltgefährlich!)

a Gebt einen Teelöffel Stärke auf ein Schälchen und fügt zwei oder drei Tropfen der Lösung hinzu. |5

Notiert die Beobachtung im Protokoll.

b Zur Kontrolle wiederholt ihr den Versuch mit Traubenzucker.

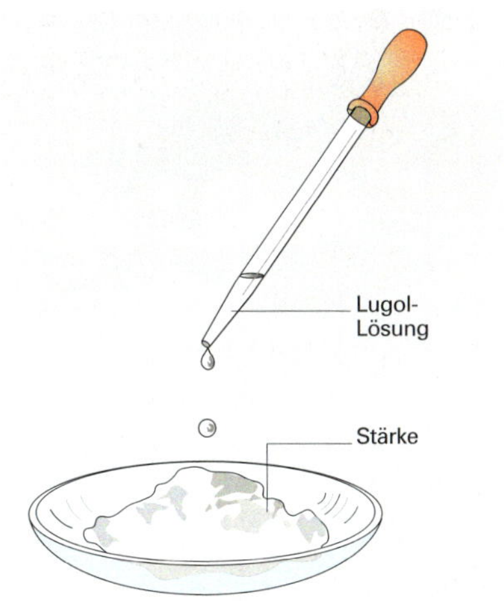

|5 Nachweis von Stärke

3 Wir weisen Traubenzucker nach

Auch Traubenzucker gehört zu den Kohlenhydraten. Er lässt sich einfach mit Teststreifen nachweisen. Man bekommt sie in der Apotheke. |6

Die Teststreifen funktionieren aber nur in Flüssigkeiten. Daher musst du zuerst eine Zuckerlösung herstellen.

a Löse einen Teelöffel Traubenzucker in einem kleinen Becherglas mit Wasser. Halte den Teststreifen hinein und notiere die Beobachtung im Protokoll.

b Zur Kontrolle kannst du den Streifen auch in Wasser halten.

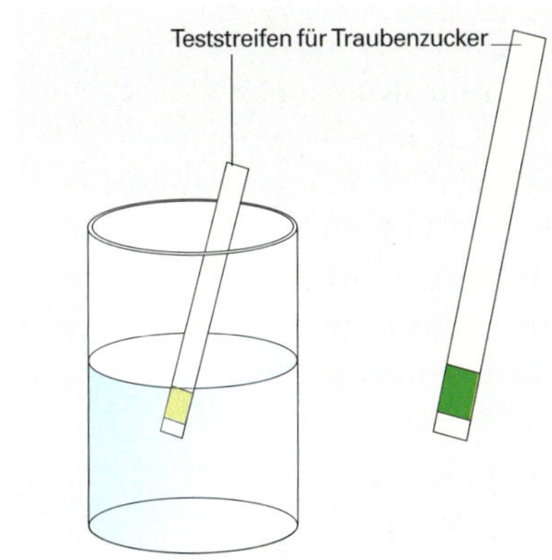

|6 Nachweis von Traubenzucker

4 Wir weisen Eiweiß nach

Eiweiß ist in vielen Lebensmitteln enthalten. Es lässt sich mit Zitronensaft oder Essig nachweisen.

a Füllt ein Reagenzglas 2 cm mit Eiklar und verdünnt es mit der gleichen Menge Wasser. Schließt das Reagenzglas mit einem Stopfen und schüttelt.

Füge einige Tropfen Zitronensaft oder Essig hinzu. Eiweiß wird dadurch angezeigt, dass sich Flocken bilden.

b Zur Kontrolle wiederholt ihr den Versuch mit Traubenzucker und Stärke.

5 Wir weisen Fette nach

Fettige Lebensmittel hinterlassen auf Papier durchscheinende Flecken. Das Fett saugt sich im Papier fest und verdunstet nicht wie z. B. Wasser.

Diese Eigenschaft nutzt man, um Fette (z. B. Öl oder Margarine) in Lebensmitteln nachzuweisen.

a Gebt einen Tropfen Öl und zur Kontrolle einen Wassertropfen auf ein Stück Filterpapier. |7 Kennzeichnet die Stelle mit einem Stift.

b Wartet eine Viertelstunde und notiert eure Beobachtung im Protokoll.

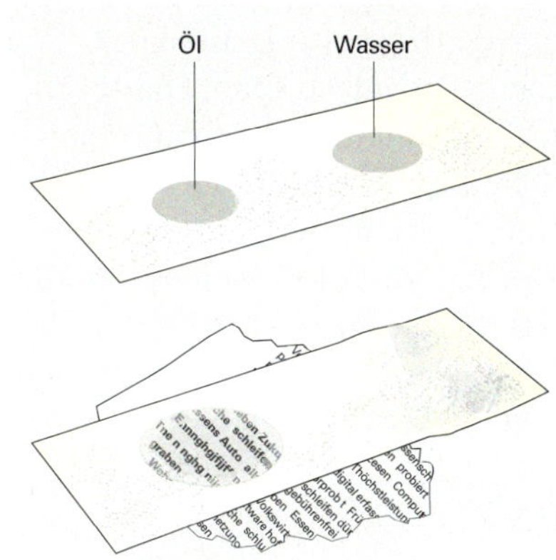

|7 Nachweis von Fett

6 Wir prüfen den Nährstoffgehalt von Nahrungsmitteln

Suche Lebensmittel aus, die du auf den Gehalt der einzelnen Nährstoffe untersuchen möchtest. Für den Fettnachweis reicht es, wenn du ein Stück auf das Filterpapier drückst und zerreibst. Für die anderen Nachweise müssen feste Lebensmittel wie Brot oder Gemüse zuerst zerkleinert und in Wasser gegeben werden – mit einer Küchenreibe oder einem Mörser.

Fertige eine Tabelle an. |8

Lebensmittel	*Stärke*	*Traubenzucker*	*Eiweiße*	*Fette*
z. B. Kartoffel	++	–	–	–

Zeichenerklärung: ++: enthält sehr viel; +: enthält viel; +/–: enthält etwas; –: nicht nachweisbar

|8 Mustertabelle

Wissenswertes **Eiweiße, Kohlenydrate, Fette**

Kohlenhydrate

Kohlenhydrate braucht unser Körper vor allem als Energielieferanten. Sie sind in Getreideprodukten wie Brot, Haferflocken und Reis sowie in Kartoffeln, Obst und Gemüse enthalten, aber auch in Süßigkeiten. |1

Kohlenhydrate wie Haushaltszucker, Trauben-, Frucht- und Malzzucker kann der Körper schnell verwerten. Zu den Kohlenhydraten gehört auch die Stärke. Der Körper muss sie erst umwandeln, bevor er aus ihnen Energie gewinnen kann. Daher sättigt Brot länger als eine Tüte Gummibärchen.

Zu viel zugeführte Kohlenhydrate speichert unser Körper in Form von Fett.

Fette

Fette können von Tieren stammen wie Butter, Speck und Schmalz. Sie werden aber auch aus dem Samen von Sonnenblumen oder Rapspflanzen sowie aus dem Fruchtfleisch und den Kernen von Oliven oder den Früchten der Ölpalme gepresst. |2

Fette enthalten doppelt so viel Energie wie die gleiche Menge Kohlenhydrate. Für größere körperliche Anstrengungen sind Fette als Energiespeicher wichtig. Sie dienen auch als „Vitaminträger", da manche Vitamine sich nur in Fett lösen. Überschüssige Fette aus der Nahrung wird als Körperfett gespeichert. Damit du nicht zu viel Fett isst, solltest du auf die „unsichtbaren" Fette in Fleisch, Wurst, Käse, Eiern, Sahne, Nüssen, Kuchen und Schokolade achten.

Eiweiße

Für den menschlichen Körper sind Eiweiße unentbehrlich. Sie dienen dem Aufbau von Knochen, Muskulatur und Organen, ermöglichen das Funktionieren von Gehirn und Blutkreislauf, dienen der Abwehr von Krankheitserregern ...

Unser Körper verwendet Eiweiße auch für die Energiegewinnung. Sind keine Energiereserven in Form von Fetten vorhanden, baut der Körper in Hungerzeiten Muskulatur ab. Eiweiße sind in großer Menge in Milch, Eiern, Fleisch und Fisch enthalten, aber auch in Hülsenfrüchten. |3

|1 Kohlenhydrate in Lebensmitteln

|2 Fette in Lebensmitteln

|3 Eiweiße in Lebensmitteln

A Zähle die Nährstoffe auf und ordne sie in „Baustoffe" und „Betriebsstoffe".

B Begründe, warum eiweißhaltige Nahrung für Kinder besonders wichtig ist.

C* Wie sollte sich der Speiseplan eines Bauarbeiters von dem eines Büroangestellten unterscheiden?

D* Wie wirkt sich das Kochen auf den Vitamin-C-Gehalt von Speisen aus? Führe eine Versuchsreihe mit Vitamin-C-Teststreifen aus der Apotheke aus. Verwende z. B. Zitronensaft und Sauerkraut.

Wissenswertes **Ergänzungsstoffe gehören dazu**

Zu den Ergänzungsstoffen in der Nahrung gehören: Vitamine, Mineralstoffe, Ballaststoffe und Wasser.

Vitamine

Vitamine werden für viele Vorgänge im Körper gebraucht. |4 Vitamin A verstärkt unter anderem die Sehleistung. Es dient auch dem Aufbau der Haut und der Schleimhaut. Vitamin D sorgt dafür, dass genügend Kalk in die Knochen eingelagert werden kann. Vitamin C stärkt die Abwehrkräfte gegen Krankheiten.
Fehlen die Vitamine in der Nahrung, kann der Mensch krank werden. So waren früher die Seeleute oft monatelang unterwegs, ohne frisches Obst oder Gemüse zu bekommen. Viele litten unter Skorbut. Diese Krankheit tritt bei Mangel an Vitamin C auf. Das Zahnfleisch beginnt zu bluten, die Zähne werden lose und können ausfallen, man fühlt sich schlapp und müde.

Mineralstoffe

Genauso wie die Vitamine sind auch die Mineralstoffe für unsere Gesundheit notwendig. |5
Calcium gibt Knochen und Zähnen Festigkeit.
Eisen ist wichtig für den roten Farbstoff im Blut, der den Sauerstoff transportiert.
Fluor macht den Zahnschmelz hart und Iod wird für den richtigen Ablauf von Wachstum und Entwicklung gebraucht. In unseren Nahrungsmitteln sind diese beiden Mineralstoffe nur in geringen Mengen vorhanden. Sie reichen häufig für die Versorgung des Körpers nicht aus. Daher wird in manchen Ländern dem Trinkwasser Fluor zugesetzt und das Speisesalz wird mit Iod angereichert.

Ballaststoffe

Zu den Ballaststoffen gehören Schalen und Fasern (z. B. von Obst, Gemüse, Vollkornbrot). Nahrung mit vielen Ballaststoffen muss gründlich gekaut werden, wodurch das Gebiss gekräftigt wird. Ballaststoffe regen die Darmtätigkeit an und verhindern, dass du nach dem Essen gleich wieder Hunger bekommst.
Viele Ballaststoffe enthalten Vollkorn-, Leinsamen- und Roggenbrot, Vollkornkekse, Brombeeren, Erdbeeren, Feigen, Erbsen und Kartoffeln. Ballaststoffarm sind z. B. Weißbrot, Blätterteigtaschen, Pudding, Kopfsalat und Salatgurke.

Wasser

Täglich gibt der menschliche Körper 2,5 Liter Flüssigkeit in Form von Schweiß und Urin sowie mit der Atemluft ab. Diese Verluste müssen ersetzt werden. Verdünnte Fruchtsäfte und Mineralwasser sind dabei zu bevorzugen.

Vitamine und Mineralstoffe liefern im Gegensatz zu den Nährstoffen keine Energie. Dennoch müssen wir sie täglich in kleinen Mengen über die Nahrung zu uns nehmen. Zu einer gesunden Ernährung gehören auch Ballaststoffe.

Vitamin A

Leber, Butter, Margarine, Eigelb, Milch, Paprika, Melone, Mohrrübe

Vitamin D

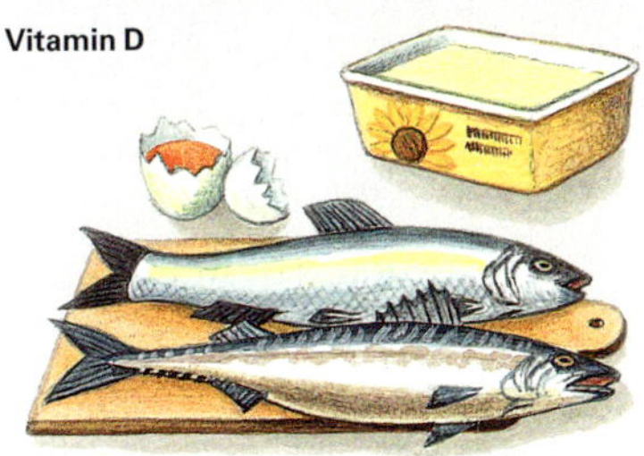

Hering, Makrele, Eigelb, Milch und Milchprodukte, Butter, Margarine

Vitamin C

Apfelsine, Zitrone, Schwarze Johannisbeere, Paprika, Kartoffel

|4 Vitamine in Nahrungsmitteln

Calcium

Milch, Milchprodukte, Brokkoli, Grünkohl, Fenchel, Mineralwasser

Eisen

Fleisch, Leber, Vollkornbrot, Haferflocken, Salat, Spinat, Hülsenfrüchte

Iod

Hering, Seelachs, Milch, Iodsalz und damit hergestellte Lebensmittel

|5 Mineralstoffe in der Nahrung

Gesundheit **Gesunde Ernährung – was gehört dazu?**

Zur gesunden Ernährung gehört eine „vollwertige“ Nahrung. Sie muss alle Nährstoffe und Ergänzungsstoffe enthalten, die wir brauchen. Ernährungswissenschaftler haben dazu den „Ernährungskreis“ entwickelt. |1 Die Mahlzeiten sollten an jedem Tag Lebensmittel aus allen Feldern des Kreises enthalten – aus den breiten Feldern größere Mengen, aus den schmalen Feldern kleinere Mengen.

Gesunde Ernährung heißt aber auch, dass man zur richtigen Zeit isst. Auch wenn ständig Energie im Körper gebraucht wird, müssen wir nicht ununterbrochen essen. Leber, Muskeln und Fettgewebe enthalten Reservestoffe. Sie liefern Energie, wenn keine Nahrung aufgenommen wird. Nach der Nachtruhe sind diese Reserven größtenteils aufgebraucht und müssen durch ein ausreichendes Frühstück ersetzt werden.
Besser als die üblichen drei Hauptmahlzeiten sind mehrere kleine Mahlzeiten. Große Mahlzeiten belasten die Verdauungsorgane und machen müde. Bei langen Pausen zwischen den Mahlzeiten sinkt deine Leistungsfähigkeit ab. Wenn du stundenlang nichts isst, bekommst du so richtig Hunger – und isst womöglich mehr, als dir lieb ist.

A Nenne zwei Gründe dafür, dass fünf kleine Mahlzeiten am Tag günstiger sind als zwei sehr große.

B Warum empfehlen Ernährungswissenschaftler, zu den Mahlzeiten Rohkostsalate und Frischobst zu reichen?

C Kopiert den Ernährungskreis mehrfach, schneidet die „Tortenstücke“ aus und schreibt auf die Rückseite jeweils ein Nahrungsmittel. Stellt daraus die Mahlzeiten zusammen, die euch schmecken. Wer hat die leckerste Kombination?

|1 Ernährungskreis

Vielseitig – aber nicht zu viel.

Weniger Fett und fettreiche Lebensmittel.

Würzig – aber nicht salzig.

Wenig Süßes.

Viele Vollkornprodukte.

Reichlich Obst, Gemüse und Kartoffeln.

Weniger tierisches Eiweiß.

Reichlich Flüssigkeit.

Öfter kleinere Mahlzeiten essen.

Schmackhaft zubereiten und Nährstoffe schonen.

|2 Ernährungsregeln der *Deutschen Gesellschaft für Ernährung*

Gesundheit **„Fastfood"**

„Fastfood" heißt wörtlich übersetzt „schnelles Essen". Es wird schnell zubereitet und ohne großen Aufwand verspeist. |3 Zu solchen Gerichten gehören Pommes frites, Hamburger und Currywurst. Diese Nahrungsmittel enthalten sehr viele Fette und Kohlenhydrate und damit viel Energie.

Fastfood kann aber auch Obst, Salate, Milchgetränke und Joghurts sein. |4 Es kommt also auch beim Fastfood darauf an, richtig auszuwählen, wenn man sich gesund ernähren will.
Den Begriff „schnelles Essen" sollte man jedoch nicht ganz wörtlich nehmen. Zur gesunden Ernährung gehört es nämlich auch, dass die Mahlzeiten in sauberer Umgebung und ohne Hast eingenommen werden. Der Magen und die anderen Verdauungsorgane brauchen immer ein wenig Zeit, damit sie die Nahrung aufnehmen und gut verdauen können.

|3 Fastfood – so …

|4 … oder so

Produkt	Energie in kJ	Eiweiße in g	Fette in g	Kohlenhydrate in g
Hamburger	1087	13,3	9,7	28,9
Pommes frites (mittlere Portion)	1454	3,5	16,2	44,6
Currywurst	2378	19,0	49,0	8,0
Cola-Getränk (0,25 l)	552			33,0
Banane	409	1,3	0,2	22,6
Joghurt (natur, 150 g)	381	5,0	5,3	6,0
Müsliriegel	398	1,8	2,8	15,5
Vollmilch (0,25 l)	669	8,0	8,8	11,8

|5 Verschiedene Fastfood-Produkte im Vergleich

D Notiere einen Tag lang alles, was du isst. Entspricht dein „Speiseplan" einer gesunden Ernährung?

E Lies die Regeln zur gesunden Ernährung. Wie sollten sich deine Ernährungsgewohnheiten verändern. Formuliere Empfehlungen.

F Wenn dem Körper viele Kohlenhydrate zugeführt werden, kann er dann eher auf Eiweiße oder eher auf Fette in der Nahrung verzichten? Begründe deine Meinung.

G Beurteile die dargestellten kleinen Mahlzeiten. |3–4

H „Fünf am Tag" und „fit kid" – was steckt hinter diesen Aktionen? Recherchiert und beschreibt.

Gesundheit **Naschen und knabbern**

Wer isst nicht gerne beim Fernsehen Salzstangen, Chips oder Erdnüsse? Und wer kann schon Süßigkeiten wie Bonbons, Eis und Schokolade widerstehen?
Die Nahrungsmittel sollten aber nur in geringen Mengen gegessen werden, da sie sehr viel Energie enthalten. Beispielsweise besitzen 100 g Schokolade ungefähr 2200 kJ, 100 g Kartoffelchips sogar etwa 2400 kJ.

|6

Der Weg des Pausenbrots in meinem Körper

Welche Aufgaben haben die einzelnen Organe bei der Verdauung?

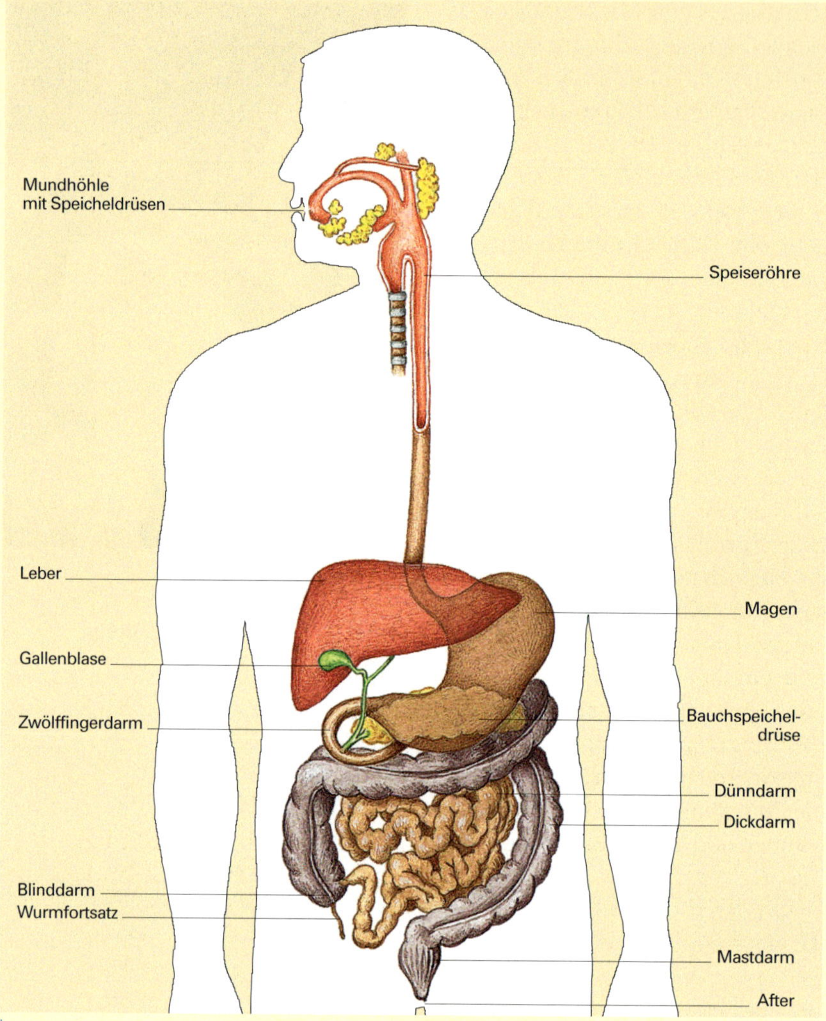

1 Die Verdauungsorgane des Menschen

Die Reise des Schinkenbrötchens

Einst lag ein Schinkenbrötchen einsam und verlassen in einer Schultasche. „Ach“, dachte das Brötchen, „niemand mag mich. Dabei habe ich alle Nährstoffe, die der Mensch zum Leben braucht: Kohlenhydrate, Fette und Eiweißstoffe.“
Und während das Brötchen traurig vor sich hin döste, packte es ein hungriger Schüler und schob es in den Mund.
„Was kommt denn da auf mich zu?“, rief das Brötchen erschreckt. „Die Zähne zerkleinern mich und durch den Speichel werde ich ganz schleimig. Er zerlegt meine Stärke in kleinere Teile. Aus ihr wird Zucker!“
Schon geht es weiter – einen langen Schlauch hinunter. Natürlich, das ist die Speiseröhre. Das Brötchen weiß kaum, wie ihm geschieht:
„Wohin komme ich jetzt? Dieser Schlauch ist ja noch größer. Das muss wohl der Magen sein. Und wie es hier riecht – ganz schön sauer!“
Klar, der Magensaft enthält Salzsäure. Sie tötet die Bakterien – eine wichtige Aufgabe.
„Hilfe, was macht der Magensaft mit mir! Der zerlegt ja das ganze Eiweiß. Mein schönes Schinkenfleisch zerfällt. Zum Glück greift der Magensaft meine Kohlenhydrate und mein Fett nicht an. Puh, das war ganz schön anstrengend. Ich denke, ich bleibe hier drei Stunden liegen.“
Doch schon nach zweieinhalb Stunden wacht das Brötchen von einem heftigen Rütteln und Drücken auf. „Ach, es geht wieder los. Ich merke es ganz deutlich, ich zerfalle immer weiter. O Schreck, hier im Dünndarm gibt es auch Verdauungssäfte. Sie kommen aus der Darmwand und aus der Bauchspeicheldrüse. Meine Kohlenhydrate und das Eiweiß werden in noch kleinere Bauteile aufgespalten und verschwinden durch die Darmwand. Als Nächstes kommt der grüne Gallensaft, der das Fett in kleinste Fettkügelchen zerteilt.
Und was schlüpft da durch die Darmwand ins Blut?“ Es sind die Vitamine und Mineralstoffe. Sie sind so klein, dass sie hindurchpassen. Sie brauchen keine Verdauungsstoffe.
„Es geht zu Ende mit mir. Ich bin kaum da. Schon werde ich in den Dickdarm gedrückt. Muss der mir denn auch noch das ganze Wasser entziehen? O weh, wenn mich jetzt einer sehen könnte – total fest und zusammengestampft! Ich bestehe nur noch aus unverdaulichen Resten. Ich weiß genau, wo ich gleich lande …“

Der Weg, den die Nahrung im Körper zurücklegt, ist etwa 5 bis 6 m lang. Auf diesem Weg werden ihre Nährstoffe in kleine Bestandteile gespalten und zusammen mit den Ergänzungsstoffen ins Blut abgegeben. Diese Vorgänge laufen in den Verdauungsorganen ab. |1

Mundhöhle

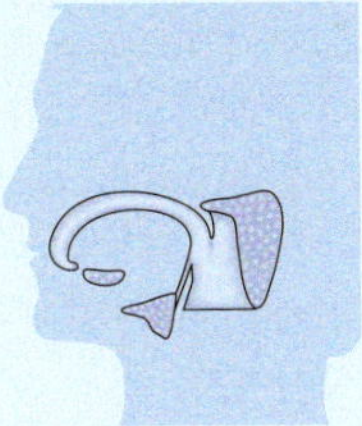

Die Verdauung beginnt im Mund. Dort wird die Nahrung von den Zähnen zerkleinert. Der Speichel hüllt die Nahrungsbröckchen ein, weicht sie auf und macht sie gleitfähig. Die Zunge bewegt die Nahrung dabei hin und her. Es entsteht ein Nahrungsbrei.
Die Speicheldrüsen geben oft schon dann Speichel ab, wenn man eine Speise nur sieht oder riecht. Manchmal braucht man nur vom Essen zu reden, damit einem „das Wasser im Mund" zusammenläuft.
Der Speichel kann Stärke zerlegen, dabei entsteht Zucker.

Speiseröhre

Der Nahrungsbrei wird aus dem Rachenraum durch Schluckbewegungen in die Speiseröhre gedrückt.
Die Speiseröhre zieht sich zusammen und transportiert auf diese Weise den Speisebrei bis in den Magen.

Magen

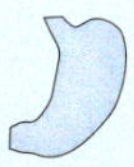

Wenn der Magen leer ist, liegen seine Wände aneinander. Er kann sich aber so weit ausdehnen, dass er ein bis zwei Liter Nahrung aufnehmen kann.
Der Magen ist mit einer Schleimhaut ausgekleidet. |2 Sie enthält viele Drüsen, die Schleim sowie Magensaft abgeben. Der Magensaft enthält Salzsäure und tötet Krankheitserreger ab. Außerdem bereitet der Magensaft die Spaltung der Eiweiße in ihre Bausteine vor. Der Schleim schützt die Magenwand vor Selbstverdauung. In der äußeren Magenwand liegen Muskeln, die sich in regelmäßigen Abständen zusammenziehen. So wird der Nahrungsbrei durchmischt und zum Magenausgang gedrückt.

Darm

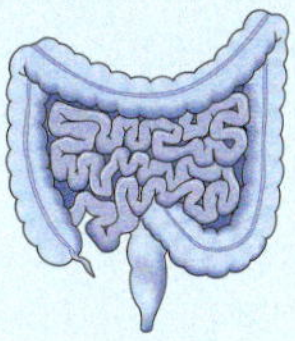

Der Dünndarm ist 4 bis 5 m lang. Im Dünndarm wird in der Darmschleimhaut der Darmsaft gebildet. Er vollendet die Zerlegung der Nährstoffe.
Der Anfang des Dünndarms heißt *Zwölffingerdarm*. Zusätzlich werden in den Zwölffingerdarm auch Bauchspeichel aus der Bauchspeicheldrüse und Gallensaft aus der Leber abgegeben. Beide Säfte sind ebenfalls an der Zerlegung der Nährstoffe beteiligt.
Die Schleimhaut des Dünndarms besitzt sehr viele, sehr dünne Ausstülpungen, die Zotten. |2 Durch diese Zotten ist die innere Oberfläche des Darms stark vergrößert. Die Bausteine der Nährstoffe gelangen durch die dünnen Wände der Darmzotten in die Blutgefäße und werden vom Blut weitertransportiert.
Zuletzt gelangt der nun dünnflüssige, nährstoffarme Nahrungsbrei in den Dickdarm. Hier wird ihm das Wasser entzogen. Die unverdaulichen Reste der Nahrung werden im Mastdarm gesammelt und als Kot über den After ausgeschieden.

Mundhöhle, Speiseröhre, Magen und Darm sind Verdauungsorgane. In ihnen wird die Nahrung zerkleinert, durchmischt und in ihre Bausteine zerlegt. Die Zerlegung erfolgt mithilfe von Speichel, Magen- und Darmsaft sowie durch Bauchspeichel und Gallensaft. Über den Dünndarm gelangen die Bausteine der Nährstoffe ins Blut und damit zu allen Teilen des Körpers.

A Beschreibe den Weg der Nahrung im Körper.

B Nenne die einzelnen Verdauungsorgane. Erläutere die Funktionen jedes Organs.

C Erkläre, was du unter Verdauung verstehst.

D Beschreibe die Veränderungen der Nahrung in der Mundhöhle. Welche Bedeutung haben diese Veränderungen?

E Warum müssen die Nährstoffe in ihre Bausteine zerlegt werden?

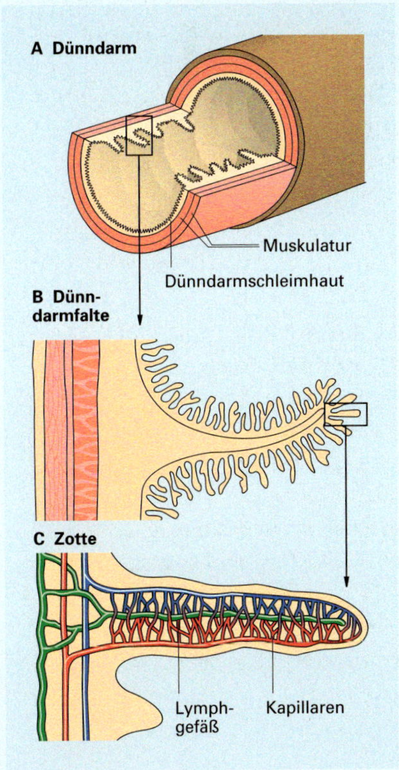

|2 Zotten im Dünndarm

1 Wirkung des Mundspeichels

Material: Petrischale, Lugol-Lösung, Pellkartoffeln, Weißbrot

Sicherheitshinweis: Die Lugol-Lösung ist schädlich für die Gesundheit und gefährlich für die Umwelt! Nicht auf die Haut bringen oder verschlucken.

a Lege in eine Schale eine Scheibe einer Pellkartoffel und eine Scheibe Weißbrot. Gib auf jede Scheibe an zwei Stellen einen Tropfen Lugol-Lösung.

b Beträufle dann eine dieser Stellen auf jeder Scheibe mit Mundspeichel.

c Beobachte und notiere das Ergebnis.

Erläutere, welcher Nährstoff durch Mundspeichel zerlegt wird.

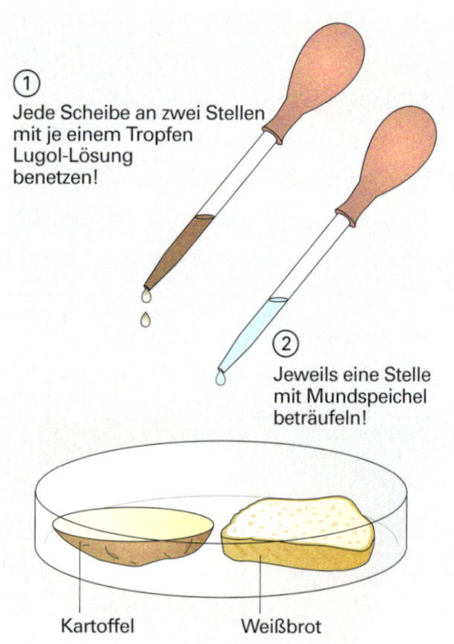

1

2* Wirkung des Bauchspeichels

Material: 5 Reagenzgläser, Messer, Mörser und Pistill, wasserfester Stift, gekochtes Ei, Bauchspeichelextrakt, Wasser

a Beschrifte fünf Reagenzgläser mit Buchstaben von A bis E. Entferne von einem halben gekochten Ei das Eigelb und teile das Eiweiß in vier gleiche Portionen.

b Fülle eine Portion möglichst unzerteilt in Glas A. Die zweite Portion kommt grob zerkleinert in Glas B, die dritte fein zerhackt in Glas C. Die vierte wird im Mörser zerrieben und in Glas D gefüllt. Glas E bleibt leer.

c Gib in jedes der fünf Gläser eine Spatelspitze Bauchspeichelextrakt, fülle sie zu zwei Dritteln mit Wasser und schüttle den Inhalt leicht durch.

d Beobachte nach einer halben Stunde, nach einem Tag und nach zwei Tagen. Notiere jeweils.

e Wie wirkt Bauchspeichel? Ziehe aus den Beobachtungen Schlussfolgerungen.

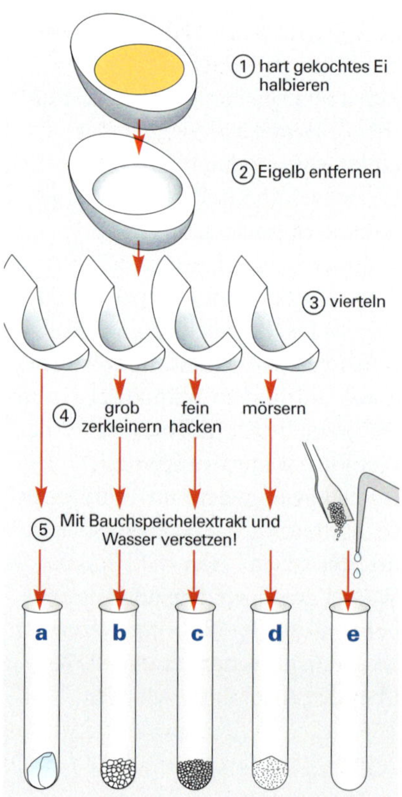

2

3 Wirkung des Gallensafts

Material: Reagenzglas, Wasser, Speiseöl, Gallensaft oder getrocknete Galle

Sicherheitshinweis: Gallensaft nicht auf die Haut bringen oder verschlucken!

a Fülle ein Reagenzglas zur Hälfte mit Wasser. Gib mit einer Pipette fünf Tropfen Speiseöl dazu und schüttle kräftig.

b Beobachte sofort und nochmals nach fünf Minuten.

c Gib eine Spatelspitze getrocknete Galle dazu (oder einige Tropfen Gallensaft). Schüttle erneut. Beobachte sofort und nach fünf Minuten.

d Notiere deine Beobachtungen, vergleiche sie und erläutere die Wirkung von Galle.

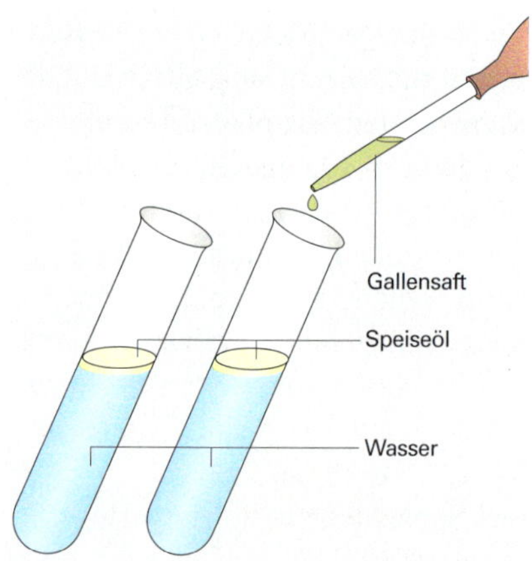

3

4 Was lässt die Darmwand durch?

Material: Naturdarm für Wurst (vom Fleischer), Stärke, Traubenzucker, Wasser, 2 Bechergläser, Spatel, Teststreifen für Traubenzucker, Lugol-Lösung (gesundheitsgefährlich, umweltschädlich)

a Schneide ein 20 cm langes Stück Darm ab. Verknote es an einem Ende. Fülle in den Schlauch Traubenzuckerlösung (2 Spatel auf 200 ml). Verknote ihn an der offenen Seite und wasche ihn gut ab.

Fertige ebenso eine „Wurst" mit einem Stärke-Wasser-Gemisch an.

b Lege die Würste jeweils in ein Becherglas mit Wasser. Prüfe, ob Traubenzucker oder Stärke im Lauf der Zeit ins Wasser übergeht.

c Erkläre deine Beobachtungen.

Gesundheit **Ein gesundes Gebiss**

„Gut gekaut ist halb verdaut." Je länger man die Nahrung kaut, desto kleiner werden die Nahrungsbröckchen. Auf die zerkleinerte Nahrung kann der Speichel besser einwirken. Ein gesundes Gebiss ist also eine wichtige Voraussetzung für die Verdauung. |5–6

Kinder haben 20 Zähne als Milchgebiss. Ab dem 6. Lebensjahr wird es von einem Dauergebiss mit 32 Zähnen ersetzt. |4

Jeder Zahn ist in *Krone*, *Hals* und *Wurzel* gegliedert und besteht aus mehreren Schichten: Harter *Zahnschmelz* hüllt die Krone ein und bildet die Kaufläche. Eine dünne Schicht *Zahnzement* schützt die Wurzel. Den Hauptbestandteil des Zahns bildet das *Zahnbein*. Es umgibt das *Zahnmark* mit den Blutgefäßen und Nervenfasern. |6

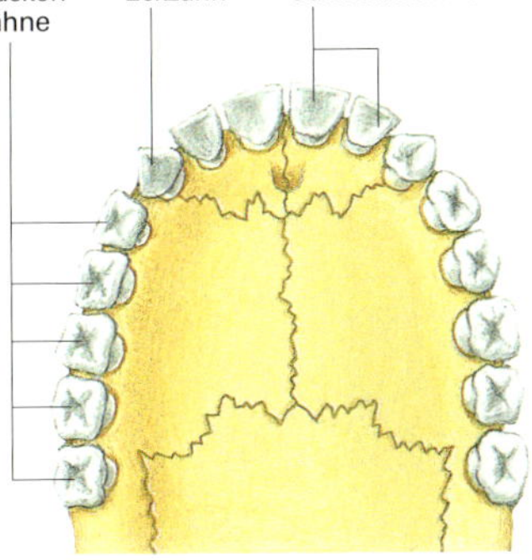

|5 Erwachsenengebiss im Oberkiefer

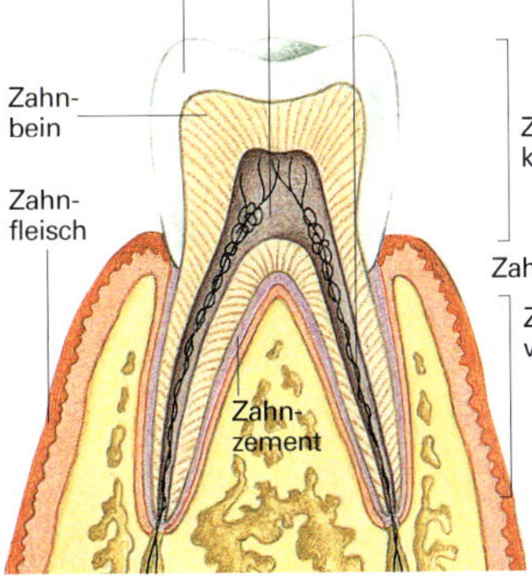

|6 Schnitt durch einen Backenzahn

|4 Kraftvoll zubeißen

Karies – Ursachen und Folgen

Karies (Zahnfäule) wird durch Bakterien verursacht. Die Kariesbakterien leben von Nahrungsresten an den Zähnen und in den Zahnzwischenräumen. Sie vermehren sich besonders stark, wenn man zwischen den Mahlzeiten oder nach dem abendlichen Zähneputzen noch Süßigkeiten oder süße Getränke verzehrt.

Die Bakterien wandeln Zucker aus den Nahrungsresten in Säuren um. Diese zerstören den Zahnschmelz. Durch Risse können die Bakterien und die Säuren immer tiefer in den Zahn eindringen und ihn zerstören.

Schutz vor Karies

Zahnschäden müssen nicht sein. Wenn du feste Nahrung ausreichend lange kaust, wird das Zahnfleisch gut durchblutet. Es schließt sich eng um den Zahnhals und schützt den Zahn vor dem Eindringen von Krankheitserregern. Nach jeder Mahlzeit, mindestens aber nach dem Frühstück und dem Abendessen solltest du die Zähne putzen, um Speisereste und Zahnbelag zu entfernen. |7

Möglichst zweimal im Jahr sollte ein Zahnarzt dein Gebiss kontrollieren. Bei Zahnfleischbluten oder Zahnschmerzen gehst du am besten gleich zum Zahnarzt.

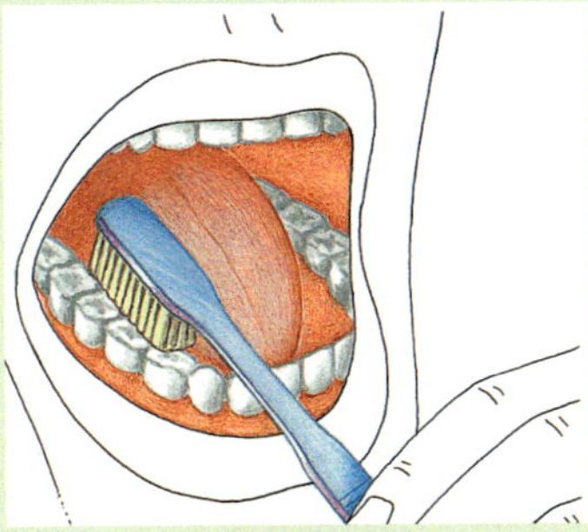

Mindestens 3 Minuten lang die Zähne putzen. Bürste zuerst auf den Kauflächen hin und her – erst oben und dann unten.

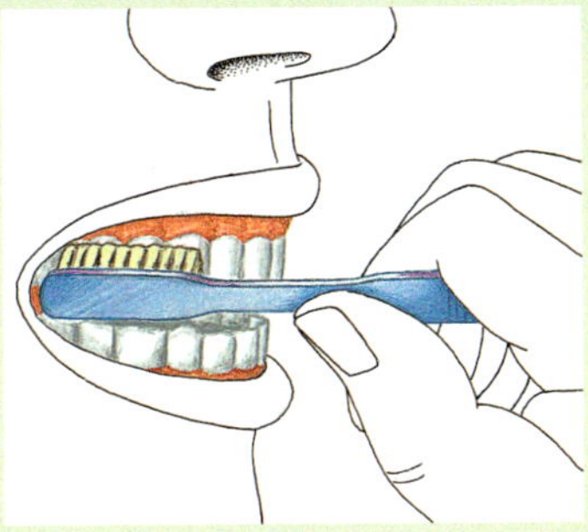

Bürste nun die Außenflächen mit kreisender Bewegung von hinten nach vorn und vom Zahnfleisch zum Zahn.

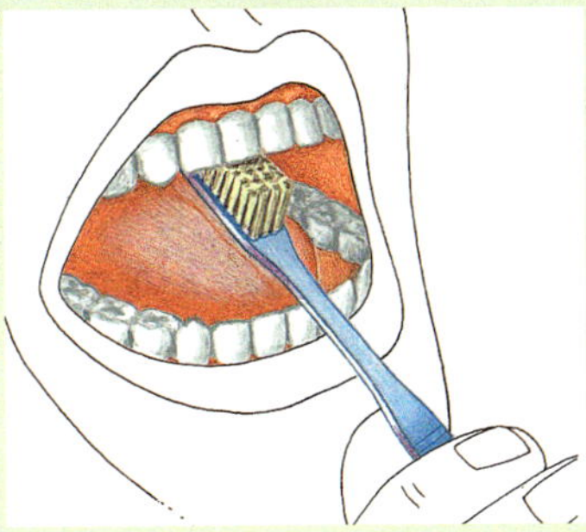

Beginne bei den Innenflächen der Zähne hinten. Führe dabei die Bürste auch vom Zahnfleisch zum Zahn.

|7

A Welchen Teil der Zähne sieht man, wenn man in den Mund schaut?

B Stelle die Aufgaben des Gebisses dar.

C Wofür benutzt man Zahnseide? Recherchiere!

Wenn Essen zum Problem wird …

|1 Lisa …

Lisa ist 11 und kennt ihr Gewicht ganz genau – morgens, mittags und abends. Sie schreibt jeden Bissen auf und rechnet ihn in Kalorien um. Kein Apfel und kein Bonbon entgehen ihr, Schokolade würde sie sowieso nicht mehr essen. Sie möchte auf keinen Fall so werden wie ihre zwei Jahre ältere Schwester, die früher auch schlank war und jetzt in ihren Augen pummelig ist. Die Kontrolle macht Lisa stark, die Sorgen ihrer Familie überhört sie. Dabei ist Lisa doch schon so dünn …

|2 … und Jan – zwei Gegensätze?

Jan ist 11. Wenn er aus der Schule kommt, hat ihm seine Mutter schon das Mittagessen in den Kühlschrank gestellt. Er muss es nur aufwärmen. Jan nimmt sich erst mal eine Packung Kekse und eine Cola, dann spielt er am Computer. Als alles leer ist, macht er sich doch noch die Lasagne warm und isst vorm Fernseher. Zum Fußball hat er keine Lust, die anderen wollen ihn eh nicht im Team haben und verspotten ihn …

1 Selbstbewusstsein „tanken" – zum Schutz der Gesundheit

Manchmal fühlen wir uns richtig gut, manchmal auch eher unsicher und einsam. In schwierigen Momenten müssen wir Selbstvertrauen „tanken". Allerdings gibt es dafür geeignete und weniger geeignete „Tankstellen". |3

a Erläutere die Abbildung mit eigenen Worten.

b Welche Tankstellen hältst du bei Einsamkeit und Angst für gut geeignet? Welche würdest du am liebsten aufsuchen?

c Überlege, welche Gefühle Lisa und Jan haben. Womit könnten sie ihren Seelentank füllen?

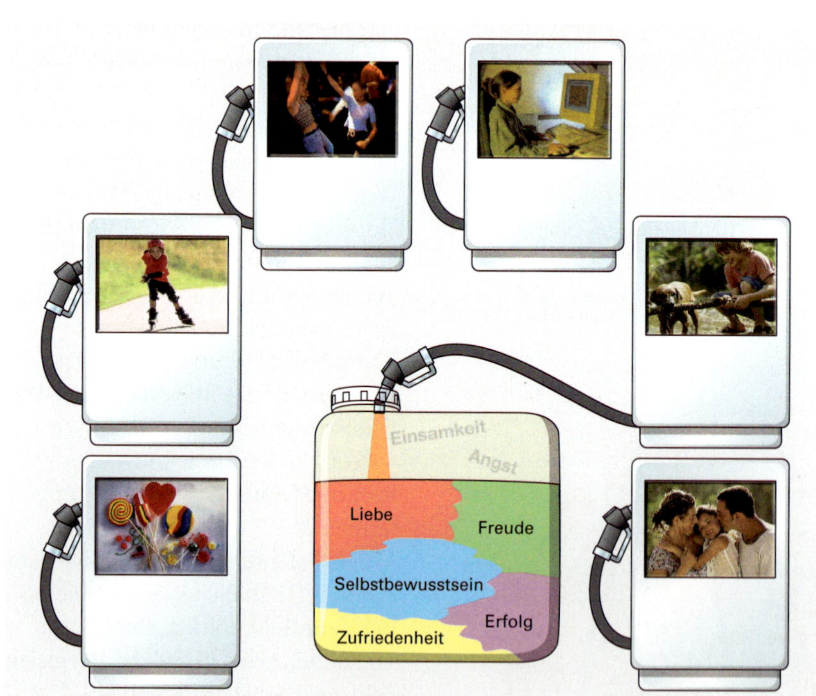

|3 Der „Seelentank" kann von verschiedenen Tankstellen gefüllt werden.

2 Die Geschichten von Lisa und Paul

Wie könnten die beiden Geschichten weitergehen? Überlegt euch ein Ende. Stellt eure Ideen vor und besprecht sie anschließend in der Gruppe.

3 Ein Rollenspiel

Peter wird wegen seiner abstehenden Ohren und seiner Körperfülle von einigen Kindern der Klasse nur „Dumbo" genannt. Er schämt sich deshalb, lässt sich seine Gefühle aber nicht anmerken. Er zieht sich immer mehr zurück. Überlegt in der Gruppe Handlungsmöglichkeiten für folgende Personen: ein Mitschüler, der Peter helfen möchte, Peter und der Klassenlehrer. Spielt die Situation mit verteilten Rollen. |4

|4 Rollenspiel mit „Zuschauern"

Wissenswertes **Wenn essen zum Problem wird ...**

Viele Menschen machen es sich gern bequem. Sie sitzen gerne vor dem Fernseher oder spielen am Computer. Bewegung und Sport kommen oft zu kurz. Essen steht meist im Überfluss zur Verfügung. Deshalb steigt die Anzahl an übergewichtigen Erwachsenen und Kindern – und Übergewicht kann zur Zuckerkrankheit führen.
Gleichzeitig erkranken immer mehr Menschen an Essstörungen wie Magersucht oder Ess-Brech-Sucht (Bulimie). Die Betroffenen werden immer jünger. Lisas Geschichte ist kein Einzelfall, wie alarmierende Zahlen beweisen:

- Die Hälfte aller 11-Jährigen hat sich mit Diäten beschäftigt.
- Ein Viertel aller Mädchen unter 12 Jahren hat eine Diät ausprobiert.
- Die Hälfte aller normal- und untergewichtigen Mädchen empfinden sich als zu dick. Sie eifern Vorbildern aus Zeitschriften oder Filmen nach.
- Nur eine von 100 Frauen ist rundum zufrieden mit ihrer Figur.
- Über die Hälfte aller Jugendlichen quälen sich mit einem Makel an ihrem Körper, über den sie nicht sprechen möchten.

„Schlankheitsdiäten" bilden bei Kindern und Jugendlichen häufig den Einstieg in eine ernsthafte Essstörung und sind daher gefährlich.

Selbstvertrauen tanken

Vor allem Mädchen meinen oft, dass die Persönlichkeit stark vom Aussehen abhängt. Sie glauben das Problem durch Abnehmen beseitigen zu können. Dabei hat die Unzufriedenheit meist ganz andere Ursachen. „Dünnsein" ist die falsche „Tankstelle" für das Selbstbewusstsein. |3
Bessere Tankstellen sind Familie und Freunde. Sie schätzen dich und deine Fähigkeiten, deine Ideen, deinen Humor, deine ganze Art. Bei Problemen helfen sie wirksam und uneigennützig.
Überlege einfach, warum du deine Freunde gern hast. Doch sicher nicht (nur) wegen ihres Aussehens – oder?

Wer sich wohlfühlt, aktiv und lebensfroh ist, sollte sich nicht durch superschlanke Models in Zeitschriften verunsichern lassen. Einige Pfunde mehr zu akzeptieren, das gehört auch zum Selbstbewusstsein.

|5

„7 Kilo in 7 Tagen"?

Dieses Motto vieler „Crashdiäten" ist vollkommen unmöglich. Körperfett kann niemals so schnell abgebaut werden:
1 kg Körperfett enthält 24 000 kJ. Dein Körper braucht täglich im besten Fall vielleicht 10 000 kJ Energie. Du müsstest also nicht einen Tag, sondern zweieinhalb Tage gar nichts essen, um 1 kg zu verlieren. Crashdiäten sind daher sinnlos und eher gefährlich!

A Einseitige Diäten sind gesundheitsschädlich. Erkläre diesen Satz mit deinem Wissen über gesunde Ernährung.

Gesundheit **Lecker und gesund**

1

Gemüsepizza
Für 6 Personen benötigst du:
300 g Vollkornmehl, 200 g Weizenmehl, 40 g Hefe, Salz, Gemüse und Käse.
Zubereitungszeit: etwa 60 Minuten
So wird's gemacht:
Löse 40 g Hefe in einem Viertelliter warmem Wasser auf. Vermische das Mehl und 1 Teelöffel Salz miteinander. Forme eine Mulde und gieße die Hefe hinein.
Verknete alles gründlich mit der Hand oder einem Knethaken.
Lass den Teig unter einem Tuch zwei bis drei Stunden (bis zu 24 Stunden) ruhen.
Knete den aufgegangenen Teig nochmals gut durch und rolle ihn auf einer bemehlten Fläche aus.
Fette das Backblech ein oder lege es mit Backpapier aus. Gib den ausgerollten Teig auf das Blech, belege es mit Gemüse und Käse und backe 30 bis 40 Minuten bei 200 °C.

Am besten backst du die Gemüsepizza gemeinsam mit Freunden. Viel Spaß!

Folienkartoffeln mit Füllung
Je Person benötigst du: eine große Kartoffel, Alufolie.
So wird's gemacht:
Stich die Kartoffeln mit einem Holzspieß rundherum ein. Wickle jede Kartoffel einzeln in Alufolie und backe sie etwa eine Stunde bei 250 °C im Backofen.
Öffne danach die Folie und schneide die Kartoffeln kreuzweise ein. Jede Kartoffel wird nach unten etwas zusammengedrückt. Die Kartoffeln kannst du nach Belieben füllen.

2

Buchweizenpfannkuchen
Für 4 bis 6 Personen benötigst du:
500 g Buchweizenmehl, 40 g Hefe, einen gestrichenen Teelöffel Meersalz, 100 g Butter, 600 g Wasser, 3 Eigelb, 3 Eiweiß und Öl zum Ausbacken.
Zubereitungszeit: etwa 30 Minuten
So wird's gemacht:
Vermenge Mehl, Hefe, Meersalz, Butter, Wasser und Eigelb zu einem Teig. Schlage das Eiweiß zu steifem Schnee und hebe es unter den Teig. Gib etwas Öl in eine Pfanne und backe darin kleine Pfannkuchen aus.

4

Hirse mit Früchten
Für 4 Personen benötigst du: 300 g Hirse, 0,5 l Wasser, 50 g Rosinen, 2 Bananen, 2 Esslöffel Mandelsplitter, 150 g Beeren nach Wahl und abgeriebene Zitronenschale (unbehandelt).
Zubereitungszeit: 60 Minuten (viel kürzer wird es, wenn die Hirse schon vorbereitet wurde)
So wird's gemacht:
Gib die Hirse mit dem Wasser in einen Topf. Lass das Ganze aufkochen und 5 bis 10 Minuten bei kleinster Hitze köcheln. Nimm die Hirse vom Herd und lass sie weitere 20 Minuten quellen. Lass dann den Topf abkühlen.
Schneide die Bananen in Scheiben. Hebe Rosinen, Bananenscheiben, Beeren, Zitronenschale und Mandelsplitter vorsichtig unter die abgekühlte Hirse. Wenn du magst, kannst du das Ganze mit Sahne garnieren.

3

Zusammenfassung

Bestandteile der Nahrung

Unsere Nahrung enthält als *Nährstoffe* Kohlenhydrate, Eiweiße und Fette sowie *Ergänzungsstoffe*. 5
Nährstoffe benötigen wir
- für den Aufbau des Körpers, z. B. das Wachstum (vor allem Eiweiße) und
- als Energielieferanten (vor allem Kohlenhydrate und Fette).

Zur Energiegewinnung werden die Nährstoffe im Körper mit Sauerstoff aus der Luft „verbrannt".
Zu den Ergänzungsstoffen zählen Vitamine, Mineralstoffe, Ballaststoffe und Wasser.

5 Nährstoffe

Der Weg der Nahrung im Körper

Zu den Verdauungsorganen gehören die Mundhöhle, die Speiseröhre, der Magen und der Darm. 6 In ihnen wird die Nahrung zerkleinert und mithilfe von Verdauungssäften in ihre Bausteine zerlegt.
Über den Dünndarm gelangen die Bausteine der Nährstoffe ins Blut und damit zu allen Teilen des Körpers.

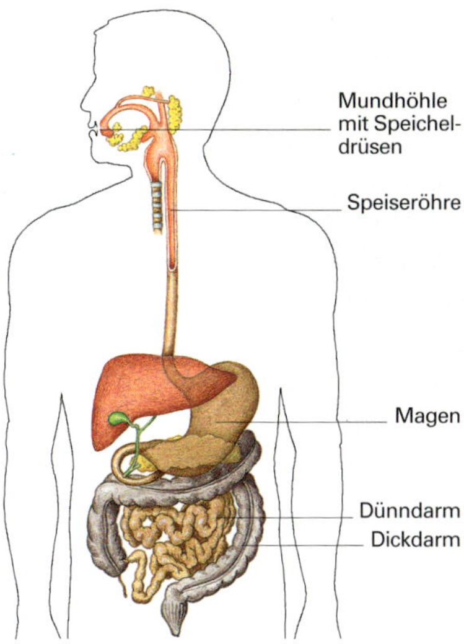

6 Verdauungsorgane

Alles klar?

A Säuglinge oder Junge von Säugetieren werden ausschließlich von Muttermilch ernährt.
1 Erkläre, welche Bestandteile in der Milch enthalten sein müssen, damit ein heranwachsendes Baby oder Jungtier ausreichend ernährt werden kann.
2 Wie kannst du deine Antwort überprüfen? Beschreibe eine Möglichkeit.

B Nenne ballaststoffreiche Nahrungsmittel.
„Ballaststoffe in der Nahrung tragen dazu bei, den Körper gesund zu erhalten." Erläutere diesen Satz.

C Ein gesundes Frühstück ist wichtig.
1 Warum solltest du frühstücken und nicht nüchtern zur Schule gehen?
2 Welche Nährstoffe liefern dem Körper Energie für den Tag?
3 Warum sollte man zum Frühstück kohlenhydratreiche Nahrung essen?
4* Warum ist es ratsam, morgens wenig zuckerhaltige Dinge und lieber Vollkornprodukte zu essen?
5 „Das Frühstück sollte vitaminreich sein und auch Milch oder Milchprodukte enthalten."
Bewerte diese Aussage.
6* „Ein gutes Frühstück hält schlank! Ist die erste Malzeit des Tages das Mittagessen, so steigt die Gefahr, übergewichtig zu werden." Eine Mahlzeit weglassen und trotzdem dick werden? Erläutere diesen scheinbaren Widerspruch!

Luft zum Leben

|1 Atmen gehört zum Leben …

|2

|3

1 Wie viel Luft benötigen wir?

Eine 5-Liter-Kunststoffflasche wird vollständig mit Wasser gefüllt, mit der Hand verschlossen und umgekehrt in eine Schale mit Wasser gestellt. Durch einen Schlauch oder dicken Trinkhalm kannst du Luft in die Flasche blasen. (Saubere Mundstücke verwenden!)

a Atme ganz normal ein und dann durch den Schlauch auch aus. Lies den Wert ab.

b Zähle, wie oft du in jeder Minute atmest. Berechne, wie viel Luft du in 1 Minute brauchst.

c Ermittle nun die Luftmenge, die du bei Belastung in 1 Minute benötigst.

d Vergleiche die Ergebnisse mit denen deiner Mitschülerinnen und Mitschüler.

|4

2 Atembewegungen

a Atme tief ein und miss den Umfang des Brustkorbs. Wiederhole die Messung, nachdem du ausgeatmet hast.

b Lege eine Hand auf deinen Bauch und die andere auf den Brustkorb. Versuche tief einzuatmen, ohne den Brustkorb zu bewegen.

c Du hast gerade die *Brustatmung* und die *Bauchatmung* kennengelernt. Beschreibe beide Arten der Atmung.

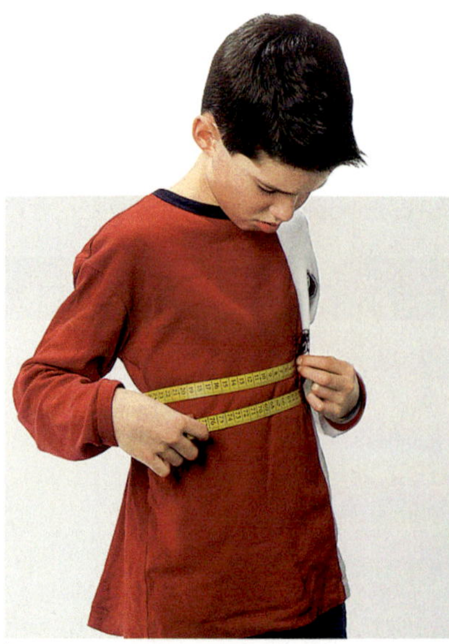

|5

3 Wie ändert sich Luft beim Atmen?

Fülle einen Glaskolben zu einem Drittel mit Kalkwasser. (Vorsicht, ätzend!) Mit ihm weist du das Gas Kohlenstoffdioxid nach, das du von Limonaden kennst.

a Blase mit einem Glasröhrchen und einem Gummiball 10 Sekunden lang Frischluft in das Kalkwasser. Welche Veränderung stellst du fest?

b Leite das Gas aus einer Sprudelflasche über einen Schlauch in Kalkwasser ein. Schüttle dazu vorsichtig die Flasche. Was beobachtest du?

c Wechsle das Kalkwasser aus. Atme tief ein und halte die Luft an. Atme dann vorsichtig durch das Glasröhrchen in das Kalkwasser aus (Mundstück wegwerfen). Beschreibe deine Beobachtung.

|6

Weg der Atemluft

Meist wird die Luft durch die Nase eingeatmet. 7
Dort bleibt der Staub im Nasenschleim hängen – die Luft wird gereinigt. Außerdem wird sie in den Nasenhöhlen angefeuchtet, erwärmt und durch den Geruchssinn geprüft. Am Eingang zur Luftröhre liegt der Kehlkopf mit den Stimmbändern. Beim Schlucken verschließt der Kehldeckel die Luftröhre. So kann keine Nahrung hineingelangen. Die Luftröhre ist durch Knorpelspangen verstärkt. Innen ist sie mit einer Schleimhaut und Flimmerhärchen versehen, die zur Reinigung der eingeatmeten Luft dienen. Im Brustkorb teilt sich die Luftröhre in zwei Äste, die Bronchien. Jede Bronchie führt zu einem Lungenflügel.

Die Luft gelangt über die Luftröhre und die Bronchien in die Lunge.

Brust- und Bauchatmung

Die Lunge hat keine Muskeln. Sie kann also nicht durch eigene Bewegungen ein- oder ausatmen. Aber die Lunge ist sehr elastisch. Sie funktioniert ähnlich wie ein Blasebalg. Hat sie Platz, um sich auszudehnen, strömt Luft in die Lunge hinein. Beim Platzschaffen hilft das *Zwerchfell* – eine Muskelschicht zwischen Lunge und Bauchraum. Normalerweise ist es nach oben gewölbt. Wenn sich seine Muskeln verkürzen, ist das Zwerchfell gespannt und fast waagerecht. Es drückt die Baucheingeweide nach unten und der Bauch wölbt sich vor. Dadurch wird der Raum für die Lunge vergrößert. Man spricht von *Bauchatmung*. 8
Die vielen kleinen Muskeln zwischen den Rippen helfen den Lungenraum zu vergrößern. Wenn sie sich zusammenziehen, werden die Rippen angehoben, der Brustraum wird größer und frische Luft gelangt in die Lungen *(Brustatmung)*. 9

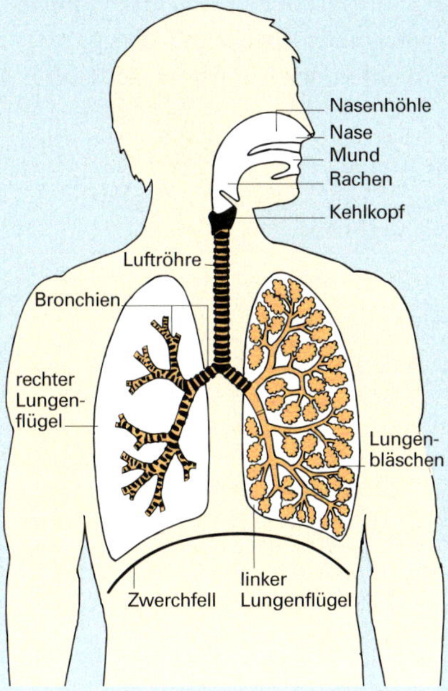

7 Atmungsorgane

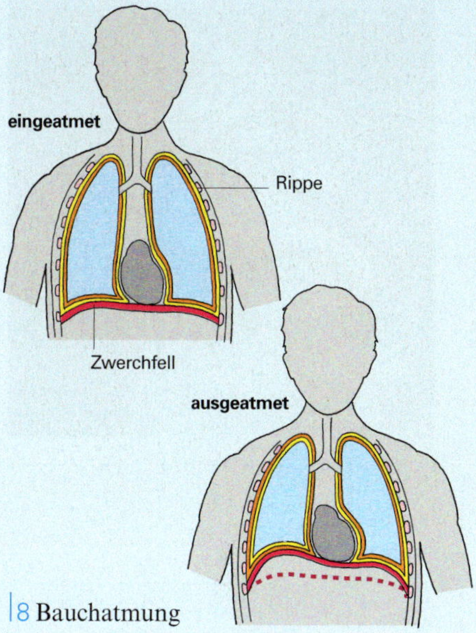

8 Bauchatmung

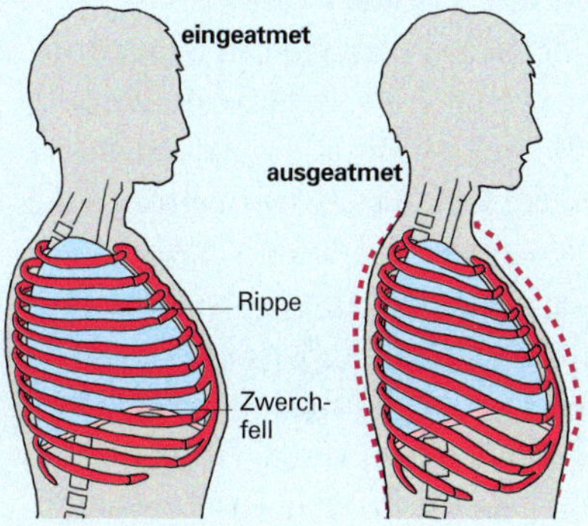

9 Brustatmung

Atemvolumen

Bei normaler Atmung atmet man pro Atemzug einen halben Liter Luft ein. Wenn man tief einatmet, kann man zusätzlich etwa zwei Liter Luft in die Lunge aufnehmen. Bei starkem Ausatmen stößt man bis zu 5 Liter aus. Trotzdem bleibt auch dann noch ein Rest Luft in der Lunge.

	Luftmenge pro Atemzug	Anzahl der Atemzüge pro min (ohne Belastung)
Erwachsener	500 ml	ca. 15
Jugendlicher	300–400 ml	15–20
Grundschulkind	200–300 ml	ca. 20
Kleinkind	100–200 ml	ca. 25
Säugling	ca. 20 ml	40–60

10 Eingeatmete Luftmenge

Tätigkeit	Volumen
Schlafen	5 Liter
Sitzen	7 Liter
Gehen	17 Liter
Radfahren	19 Liter
Schwimmen	36 Liter

11 Luftbedarf eines Erwachsenen pro Minute (Durchschnittswerte)

Wie kommt der Sauerstoff ins Blut?

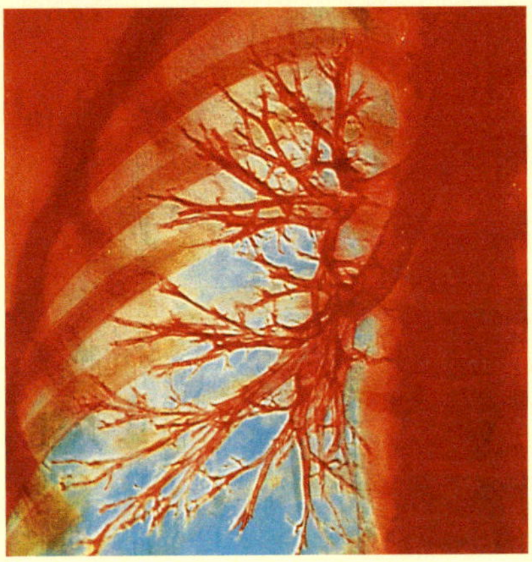

1 Verzweigungen der Bronchien

Wie unterscheidet sich ausgeatmete Luft von frischer Luft? Was geschieht in der Lunge mit der Luft?

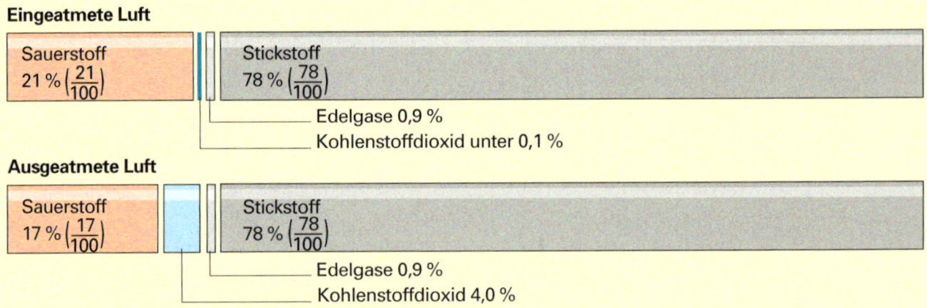

2 Zusammensetzung der Luft

Grundlagen **Die Lunge – Austauschplatz für Atemgase**

Zufuhr von Sauerstoff
Frische Luft ist reich an Sauerstoff, sie enthält 21 % Sauerstoff. Beim Einatmen gelangt die sauerstoffreiche Luft durch die Luftröhre, die Bronchien und deren Verzweigungen bis in die Lungenbläschen. 3
Die Lungenbläschen sind von einem Netz kleiner Blutgefäße umgeben. Der Sauerstoff durchdringt die dünnen Wände der Lungenbläschen und der Blutgefäße und gelangt so ins Blut. Vom Blut wird er an alle Stellen des Körpers transportiert.

Abgabe von Kohlenstoffdioxid
Muskeln, Gehirn und innere Organe brauchen Sauerstoff, um aus den Nährstoffen Energie für ihre Aufgaben (Bewegung, Denken, Verdauung …) zu gewinnen. Dabei entsteht als Abfallstoff Kohlenstoffdioxid. Er wird von den Körperzellen ins Blut abgegeben und mit dem Blutstrom zu den Lungenbläschen transportiert. Genau wie Sauerstoff durchdringt auch Kohlenstoffdioxid die Wände der Blutgefäße und der Lungenbläschen. Die Ausatemluft enthält daher 4 % Kohlenstoffdioxid und nur noch 17 % Sauerstoff.

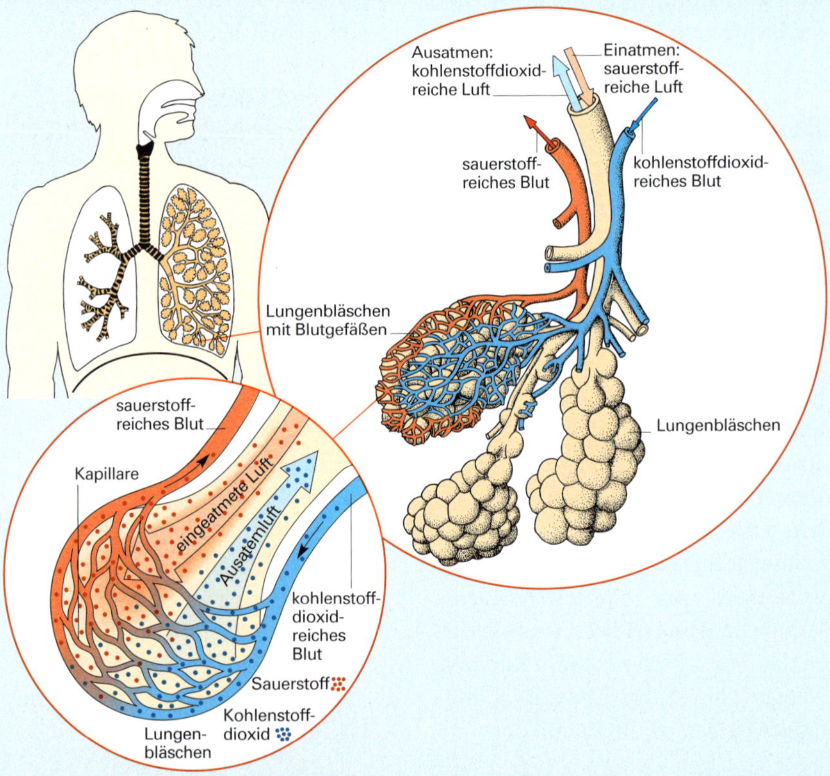

3 Aufbau der Lunge – Lungenbläschen

In den Lungenbläschen geht Sauerstoff von der Atemluft ins Blut über. Dort gibt auch das Blut Kohlenstoffdioxid an die Luft ab.

A Im Alltag spricht man von „frischer Luft" und „verbrauchter Luft". Was ist damit gemeint?

B Was geschieht in den Lungenbläschen mit dem Sauerstoff, was mit dem Kohlenstoffdioxid?

1 Wir bauen das Modell eines Lungenbläschens

a Baue das Modell eines Lungenbläschens aus den abgebildeten Materialien. |4 Zähle Vorteile und Nachteile dieses Modells auf.

b* Wie könntest du die Durchlässigkeit der Lungenbläschen für Sauerstoff und Kohlenstoffdioxid besser darstellen?

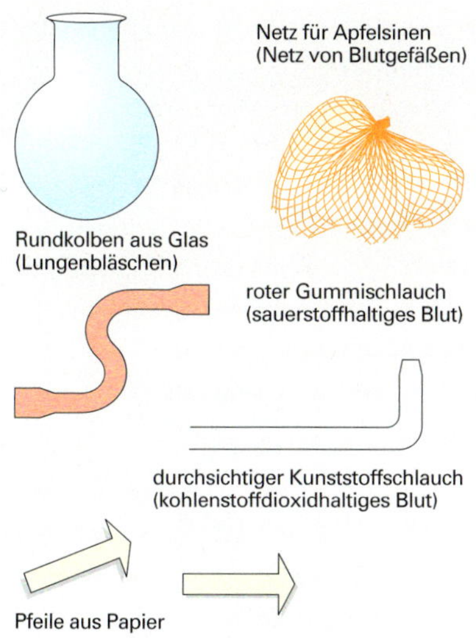

|4 Modell eines Lungenbläschens

2 Teerstoffe im Zigarettenrauch

Der Rauch einer Zigarette (ohne Filter) strömt durch ein Glasrohr mit Kochsalz und mehreren Lagen Verbandmull. |5

a Den abgelagerten Teer erkennst du an der Verfärbung.

b Das Kochsalz aus dem Glasröhrchen wird in Wasser aufgelöst. Tauche den Zeigefinger in die Stoffe, die an der Wasseroberfläche schwimmen. Reibe sie zwischen den Fingern. Wie fühlen sich die Stoffe an und wie riechen sie?

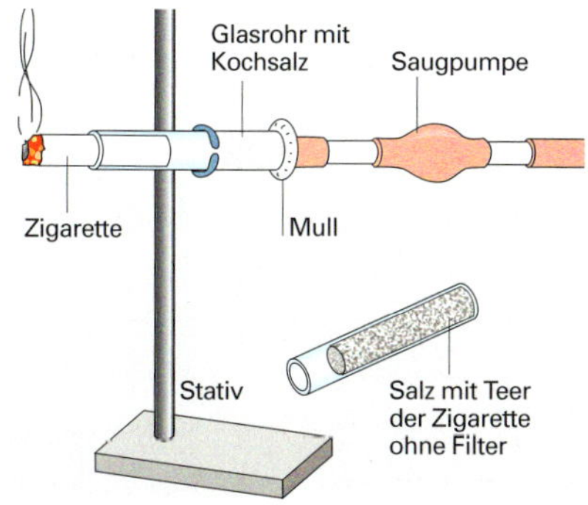

|5 Teerstoffe werden sichtbar.

Interessantes **Die Lunge in Bildern**

Die Lunge eines Erwachsenen enthält 500 Millionen Lungenbläschen. Wenn man alle Lungenbläschen nebeneinander ausbreiten könnte, würde man eine Fläche von 150 m^2 brauchen – das entspricht der Fläche eines Volleyballfelds.
Die Bilder auf dieser Seite zeigen dir auch, wie eine Lunge und wie Lungenbläschen aussehen. |6–7

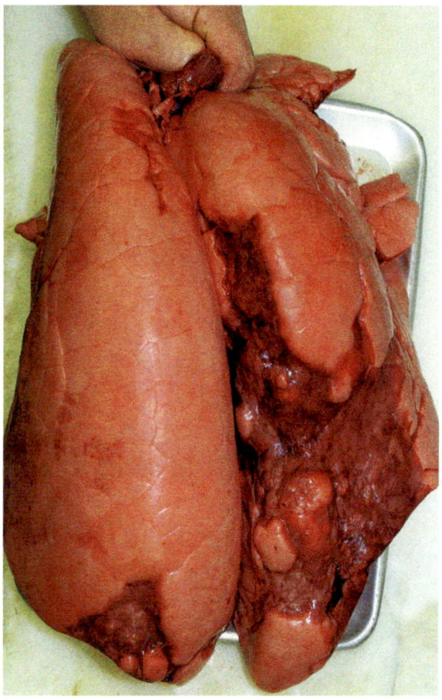

|6 Schweinelunge, teilweise mit Strohhalm „aufgeblasen"

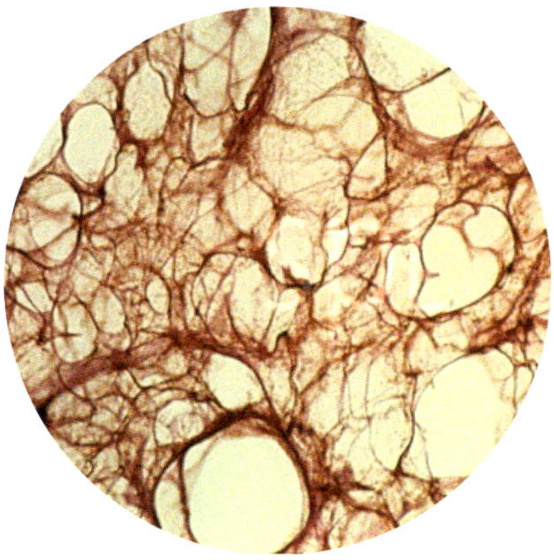

|7 Lungengewebe unter der Stereolupe

Interessantes **Rauchen schadet**

Mit jedem Zigarettenzug gelangen Teerstoffe, Nikotin und Kohlenstoffmonooxid über die Atemwege in die Lungenbläschen. |8–9
Die Teerstoffe verkleben die Flimmerhärchen in der Luftröhre und in den Bronchien. Die Härchen können dann nicht mehr Schleim und Staubteilchen nach außen befördern. Bakterien nisten sich ein. Die Bronchien entzünden sich.
Einige Stoffe im Tabakteer sind krebserregend. 90 % der Menschen, die an Lungenkrebs sterben, sind Raucher!
Nikotin ist ein starkes Gift. Nur weil das Nikotin beim Rauchen nach und nach zugeführt und im Körper ständig abgebaut wird, kommt es selten zu einer akuten Vergiftung. Die Gewöhnung des Körpers an Nikotin führt zur Abhängigkeit.
Durch Nikotin kommt es sofort zu einer Verengung der Blutgefäße und langfristig zum Verschluss von Blutgefäßen. Aufgrund der gestörten Durchblutung kann ein Bein von den Zehen her absterben. Jährlich müssen in Deutschland 20 000 „Raucherbeine" amputiert werden. Außerdem verursacht Nikotin Herzinfarkte.
Das Kohlenstoffmonooxid aus dem Zigarettenrauch blockiert den Sauerstofftransport im Blut. Durch Sauerstoffmangel im Körper ist man müde und unkonzentriert.

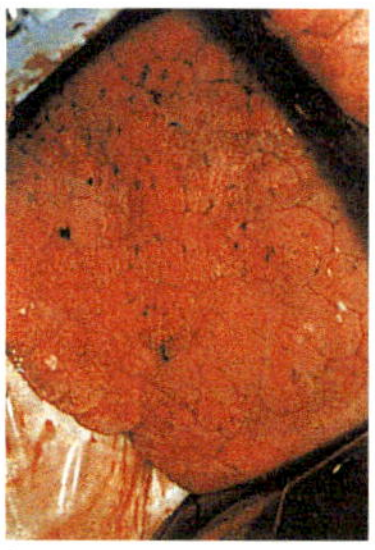

|8 Nichtraucherlunge

|9 Teer in Raucherlunge

Blut bringt meinen Körper in Schwung

1

2

Bei großer Anstrengung schlägt uns das Herz bis zum Hals. Wir spüren den Puls (lat. *pulsus:* Schlag). Was geschieht im Körper?

Probier's mal!

1 Wo lässt sich die Durchblutung erkennen?

a Suche Stellen deines Körpers, die stark durchblutet sind. Schau dir dazu dein Gesicht und deine Hände an. Woran erkennst du starke Durchblutung?

b An manchen Stellen kannst du das fließende Blut unter der Haut mit den Fingern spüren. Suche solche Stellen.

c Lege einen Becher über ein Ohr. Was hörst du? Wie erklärst du dir das Geräusch?

2 Zähle deine Pulsschläge am Handgelenk

Auch in Ruhe lässt sich der Puls an den Schlagadern ertasten, die nahe an der Körperoberfläche verlaufen. Am Handgelenk fühlst du den Puls so: Fahr mit Zeige- und Mittelfinger den Unterarm auf der Daumenseite entlang abwärts. Wenn du den Sehnenstrang und den Handknöchel gleichzeitig fühlst, presst du die Finger etwas fester und wartest eine Weile … 3

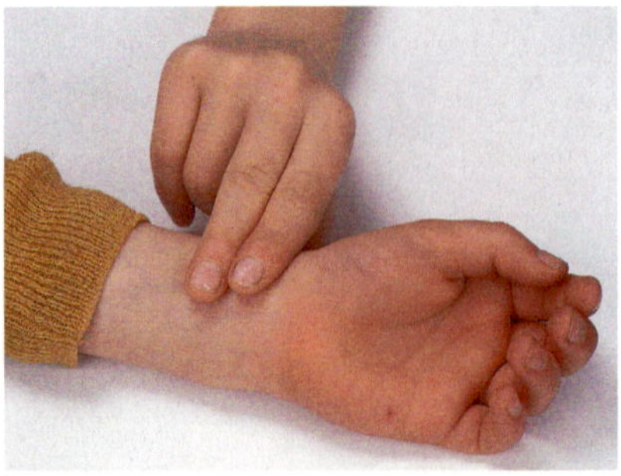

3 Puls zählen

3 Wie kommt der Pulsschlag zustande?

Zur Erklärung, was du eigentlich fühlst, kann dir ein Modell weiterhelfen. 4

a Was spürst du, wenn du auf den Kolben presst und gleichzeitig kurz vor dem Stopfen leicht auf den Schlauch drückst? Was ist die Ursache dafür?

b Was geschieht, wenn du den Kolben fester drückst?

c Vergleiche das Modell mit der Zeichnung. 5 Was kann das Modell zeigen? Wo ist das Modell unvollständig?

d Erkläre, wie der Druck in den Blutgefäßen zustande kommt und warum du ihn an der Hand spüren kannst.

e* Weshalb fließt das Blut in den Schlagadern nur in eine Richtung?

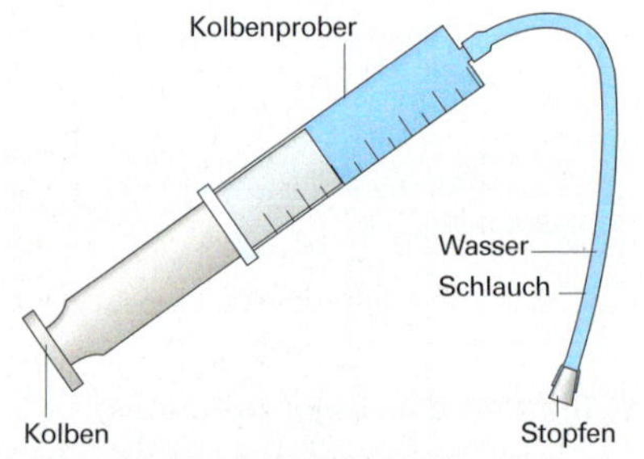

4 Modell zum Pulsschlag

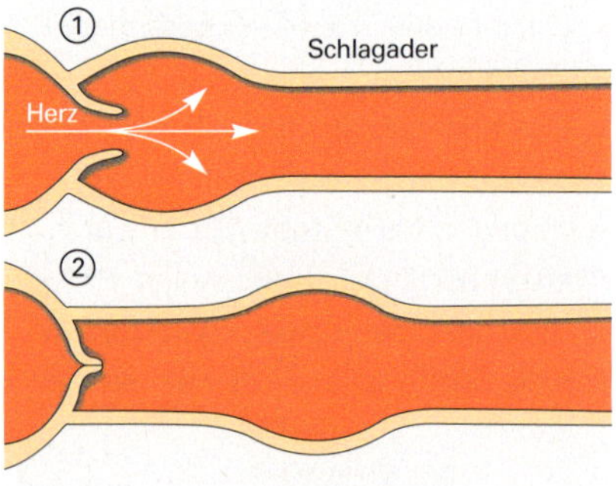

5 Fortschreitende Pulswelle

Grundlagen **Der Blutkreislauf**

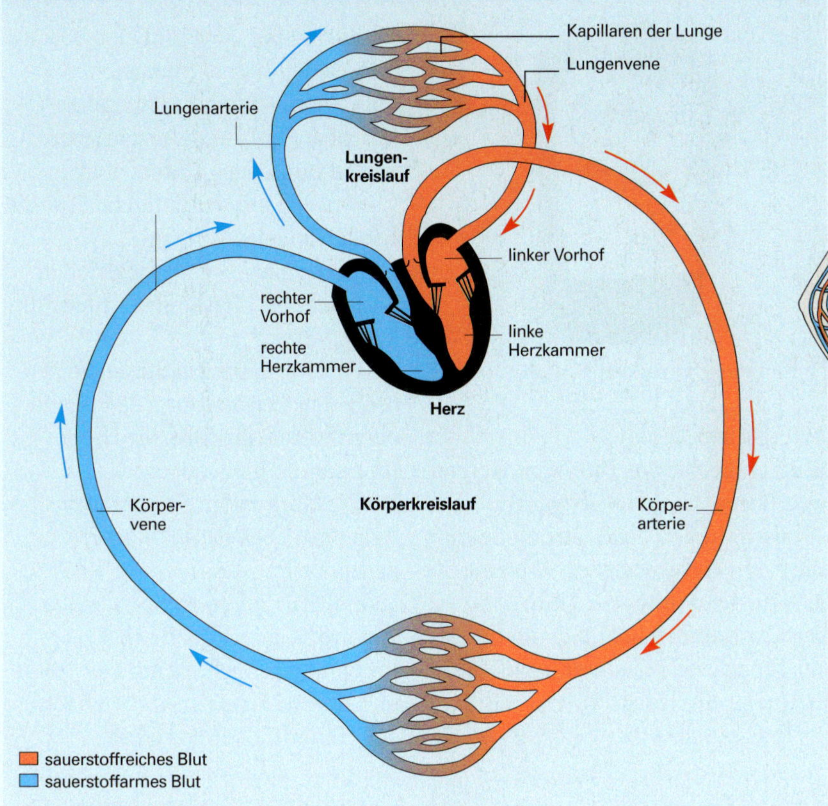

6 Herz und Kreislauf

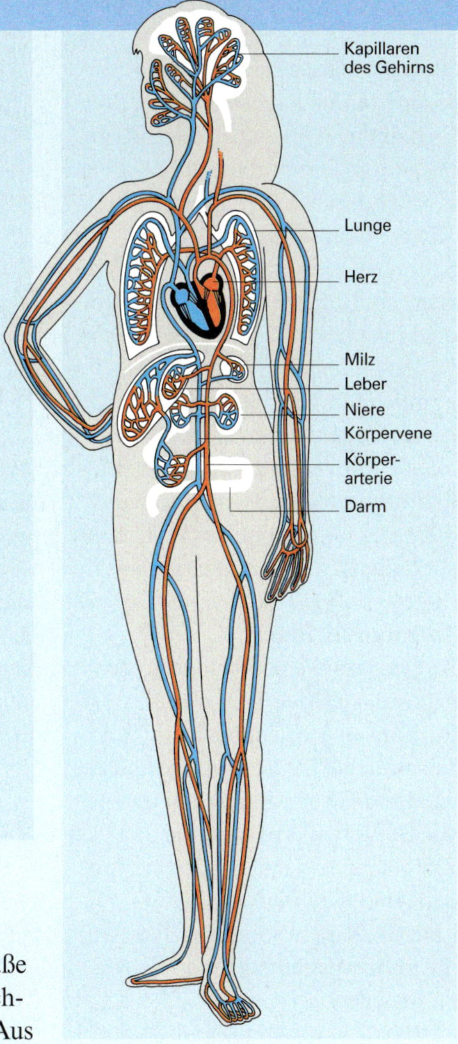

7 Der Blutkreislauf im Körper

Das Herz – Motor des Blutkreislaufs
Das Blut selbst wird durch das *Herz* in Bewegung gehalten – ein Leben lang. Dein Herz ist etwa so groß wie deine Faust. Es liegt, mit der Spitze nach links, in der Mitte des Brustkorbs. Innen ist es hohl. Eine *Trennwand* teilt es in eine linke und in eine rechte Hälfte. Jede dieser Herzhälften besteht aus einem *Vorhof* und einer *Kammer*. Das Herz zieht sich zusammen und weitet sich. So pumpt es das Blut durch die Adern.

Der Körperkreislauf des Bluts
In jeder Minute schlägt dein Herz etwa 80-mal. Bei Zusammenziehen presst es das Blut aus der linken Herzkammer in die große Körperarterie. Diese verzweigt sich im Körper in rund 40 große Arterien, die zu allen Organen in Kopf, Rumpf und Gliedmaßen führen. 6–7 Auf ihrem Weg zu den Organen zweigen sich die Arterien in immer dünnere Blutgefäße auf. Die dünnsten Blutgefäße sind dünner als ein Haar und durchziehen alle Bereiche des Körpers. Aus diesen *Haargefäßen* oder *Kapillaren* gibt das Blut die zerlegten Nährstoffe und Sauerstoff ab. Kohlenstoffdioxid und Abfallstoffe werden vom Blut aufgenommen und durch die wegführenden Kapillaren abtransportiert. Die Kapillaren vereinen sich zu den *Venen*. In ihnen gelangt das Blut zur rechten Herzkammer. Damit ist der *Körperkreislauf* des Bluts geschlossen.

Der Lungenkreislauf des Bluts
Die Trennwand im Herzen teilt das Herz in zwei Kammern. Das sauerstoffarme Blut der rechten Herzhälfte wird in die Lunge gepumpt, wo es Kohlenstoffdioxid abgibt und Sauerstoff aufnimmt. Das sauerstoffreiche Blut strömt dann zurück zum Herzen – in die linke Herzkammer. Dieser zweite Kreislauf heißt *Lungenkreislauf*. Nun beginnt der doppelte Kreislauf des Bluts von Neuem.

Das Blut transportiert lebensnotwendige Stoffe und wehrt Krankheitserreger ab. Das Herz pumpt es in zwei Kreisläufen durch den Körper.

A Verliert man mehr als 2 Liter Blut, so besteht Lebensgefahr. Begründe!

B Der Mensch hat zwei Blutkreisläufe. Erkläre, was damit gemeint ist.

C Beschreibe den Weg des Bluts durch den Körper.

D Nenne Kreisläufe in Natur und Technik und vergleiche sie mit dem Blutkreislauf.

Interessantes **Blut hat viele Aufgaben**

Blut und Blutgerinnung
Jeder Mensch hat etwa *5 Liter Blut*. Es fließt in *Blutgefäßen* oder *Adern*, die wie ein feinmaschiges Netz den Körper durchziehen. Blut ist im Körper überall vorhanden.
Schon bei kleinen Verletzungen sickert ein Blutstropfen aus der Wunde. Meist hört es aber rasch wieder auf zu bluten. Das Blut enthält nämlich Stoffe, die es fest werden lassen, sobald es aus einer Wunde tropft. Man sagt, das Blut *gerinnt*. Dadurch wird die Wunde „abgedichtet", sodass man bei Verletzungen möglichst wenig Blut verliert.

Aufgaben des Bluts
Auf seinem Weg durch den Körper *bringt* das Blut *lebenswichtige Stoffe* dorthin, wo sie gebraucht werden. Verbrauchte Stoffe transportiert es wieder ab. Wenn Krankheitserreger wie Bakterien oder Viren in den Körper eindringen, werden sie von den *Abwehrstoffen* im Blut bekämpft. Zudem sorgt das Blut dafür, die im Körper entstehende *Wärme* zu verteilen.

Blut als Transportmittel
Die in kleinste Teilchen zerlegten Nährstoffe sowie Vitamine und Mineralstoffe treten durch die Wand des Dünndarms ins Blut über. Das Blut transportiert sie überall hin, z. B. zu den Muskeln. Aus einem Großteil der Nährstoffe wird *Energie* für die Lebensvorgänge gewonnen. Der nötige *Sauerstoff* wird ebenfalls durch das Blut von der Lunge herangeführt. Bei der Energiegewinnung entsteht schädliches *Kohlenstoffdioxid*. Das Blut transportiert es zurück zur Lunge, wo es ausgeatmet wird.

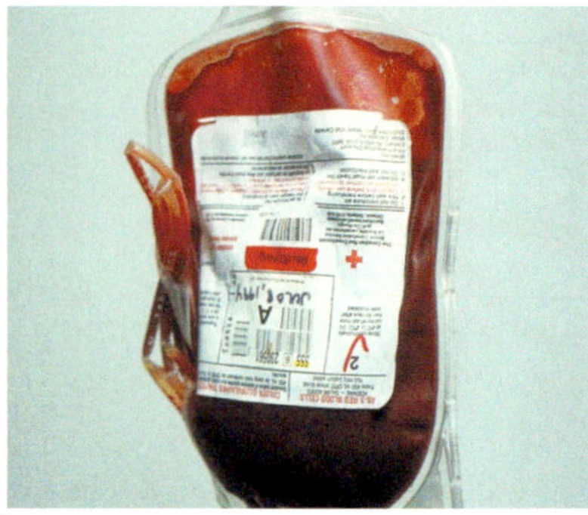

1 Blutkonserve für den Notfall

Arterien und Venen
Blutgefäße, die das Blut vom Herzen wegführen, heißen *Schlagadern* oder *Arterien*. In den *Venen* strömt das Blut zum Herzen zurück. Wo eine Arterie dicht unter der Haut verläuft, wie an den Schläfen oder an der Innenseite des Unterarms, fühlst du das stoßweise Strömen des Bluts als Pulsschlag.

Blutmenge	
Frau	65 ml je kg Körpergewicht
Mann	75 ml je kg Körpergewicht

Vom Herzen beförderte Blutmenge je Minute …	
… in Ruhe	ca. 5 l
… bei Anstrengung	bis 30 l
… am Tag	ca. 10 000 l
… in 70 Jahren	ca. 250 000 000 l

Herzschlag je Minute …	
… beim 14-Jährigen	ca. 80-mal
… beim Erwachsenen	ca. 70-mal
… bei Anstrengung	bis zu 250-mal

Haargefäße	
Zahl	ca. 30 Milliarden
Durchmesser	ca. 0,008 mm
Gesamtlänge	ca. 1200 km

2 Blut und Blutkreislauf in Zahlen

A Stelle die Aufgaben zusammen, die das Blut erfüllt.

B Welche Farbe hat deine Haut, wenn sie kalt ist? Begründe!

Interessantes **Blut und Leben**Z

Von alters her wird Blut eine besondere Bedeutung beigemessen. So wurden im Mittelalter manche Verträge mit Blut unterschrieben. Damit bürgte der Unterzeichner symbolisch mit seinem Leben für die Einhaltung des Vertrags.
Der Sage nach badete Siegfried in Drachenblut. Dadurch wurde er unverwundbar.
Die Wörter *Blutsbande* oder *Blutrache* drücken aus, dass Personen bereit wären, ihr Blut, ihr Leben füreinander hinzugeben.
Im 15. Jahrhundert versuchte ein Arzt das Leben des im Sterben liegenden Papstes *Innozenz VIII.* zu verlängern, indem er ihm das Blut von drei Knaben übertrug. Das Ergebnis war verheerend: Der Papst und die drei Knaben starben nach dem Eingriff. Der Arzt floh.
Bis ins 19. Jahrhundert wurde Blut von Schafen auf kranke Menschen übertragen. Für die Patienten endeten die Versuche tödlich. Das Menschenblut vertrug sich nicht mit Tierblut – es verklumpte. 3

3 Tödlicher Versuch (1671): Einem Menschen wird Tierblut übertragen.

Interessantes **Bewegung hält mich fit und gesund**

4 Austoben macht Spaß.

5 „Sport ist Mord"?

Im Leben des Menschen spielte Bewegung immer eine große Rolle. Als Jäger, Sammler oder Ackerbauern haben sich Menschen in ihrem Alltag immer viel bewegen müssen. Heute überwiegen dagegen sitzende Tätigkeiten und viele Menschen leiden unter Bewegungsmangel.

Bewegung – warum?
Bewegung in der Freizeit wirkt sich vielfältig positiv auf unseren Körper aus. Die Liste der Vorteile ist lang und könnte noch weiter ergänzt werden:
- Bewegung stärkt die Abwehrkräfte des Körpers. Man hat seltener Erkältungen und andere Krankheiten.
- Bewegung verbessert den inneren Aufbau der Knochen und schützt so vor Knochenbrüchen.
- Durch regelmäßige Bewegung werden deine Muskeln aufgebaut.
- Regelmäßige Bewegung an frischer Luft hilft Stress abzubauen. Man ist besser gelaunt.
- Unser Herz-Kreislauf-System wird durch regelmäßige Bewegung trainiert. Es kann mehr leisten und es kann über längere Zeit eine hohe Leistung erbringen.
- Jugendliche, die sich viel bewegen, sind meist mit ihrem Aussehen zufriedener. Sie haben weniger Angst, dick zu werden.
- Die Konzentrationsfähigkeit und die schulischen Leistungen steigen.
- Sportliche Menschen achten auf ihre Ernährung und rauchen seltener.

Gesundheitsfördernde Wirkungen werden schon durch regelmäßige sportliche Freizeitaktivitäten wie Joggen, Schwimmen, Radfahren und Spielen auf dem Bolzplatz erzielt.

Bewegung ist für eine gesunde Entwicklung des Menschen sehr wichtig. Kinder und Jugendliche, die sich viel bewegen, sind ausgeglichener, leistungsfähiger und insgesamt gesünder.

Ausdauersport
Beim Radfahren, Schwimmen und Joggen ist Ausdauer erforderlich. Solche Sportarten sind als Gesundheitssport besonders geeignet. Tipps für Anfänger: Nicht übertreiben! Nur so schnell laufen, dass man sich ohne Atemnot noch unterhalten kann. Trainierte können Ausdauerbelastungen (etwa bis zu 30 Minuten) leicht durchhalten. In den ersten 10 Minuten das Training langsam beginnen. Bei Hitze (über 25 °C) sowie bei Erkrankungen oder kurz nach dem Essen nicht trainieren. Am meisten Spaß macht es gemeinsam in der Gruppe!

C Sport macht und ist gesund. Trotzdem bewegen wir uns oft zu wenig. Untersucht selbst, warum das so ist und wie man das ändern könnte.

1 Führe eine Woche lang ein Bewegungsprotokoll. Erstelle dazu eine Tabelle und trage die Zeiten ein, in denen du dich bewegt hast (Gehen, Treppensteigen, Ballspiele …). Notiere auch die bewegungsarme Zeit (Lesen, Hausaufgaben, Musikhören, Fernsehen, Telefonieren …).

2 Vergleiche deine Ergebnisse mit denen deiner Mitschüler.

D Was sind die typischen „Bewegungsbremsen"? Wie viel Bewegung ist gut? Wie lässt sich der Spaß am Sport erhöhen?
Überlege dir Antworten auf diese Fragen. Besprecht eure Antworten in der Gruppe.

Zusammenfassung

Die Aufgabe der Lunge

Beim Einatmen gelangt die sauerstoffreiche Luft durch die Luftröhre, die Bronchien und deren Verzweigungen bis in die einzelnen Lungenbläschen.

Die Lungenbläschen sind von einem Netz kleiner Blutgefäße umgeben. Der Sauerstoff durchdringt die dünnen Wände der Lungenbläschen und der Blutgefäße und gelangt so ins Blut. Vom Blut wird er an alle Stellen des Körpers transportiert.

Der Körper benötigt Sauerstoff, um Energie zu gewinnen. Dabei entsteht als Abfallstoff Kohlenstoffdioxid. Es wird ins Blut abgegeben und mit dem Blutkreislauf zu den Lungenbläschen transportiert. Auch das Kohlenstoffdioxid durchdringt die dünnen Wände der Blutgefäße und der Lungenbläschen. Er wird beim Ausatmen abgegeben.

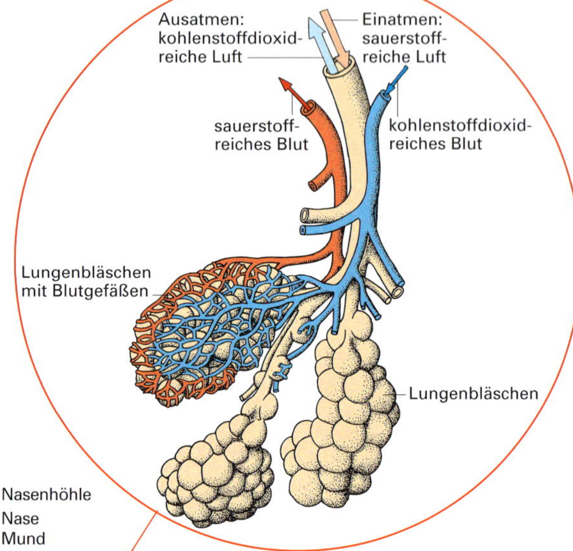

2 Gasaustausch in der Lunge

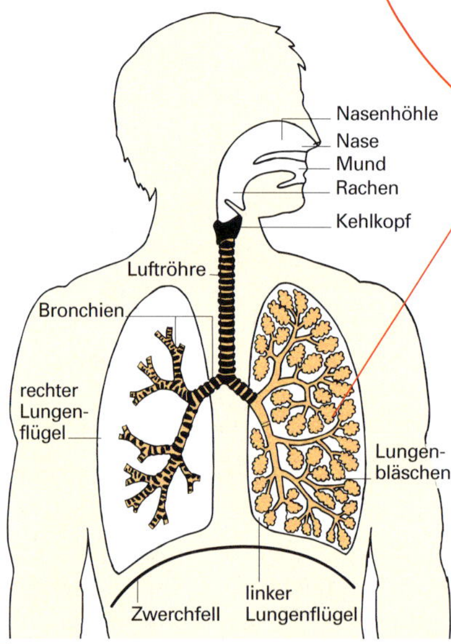

1 Atmungsorgane

Herz und Blutkreislauf

Das Blut durchströmt den Körper in zwei Kreisläufen, dem *Lungen-* und dem *Körperkreislauf*. Dabei wird es durch das *Herz* angetrieben.
Die *Arterien* führen das Blut vom Herzen weg, die *Venen* führen es zum Herzen hin. *Kapillaren* nennt man die feinsten Verzweigungen der Blutgefäße.
Das Blut versorgt alle Organe mit Sauerstoff und Nährstoffen.

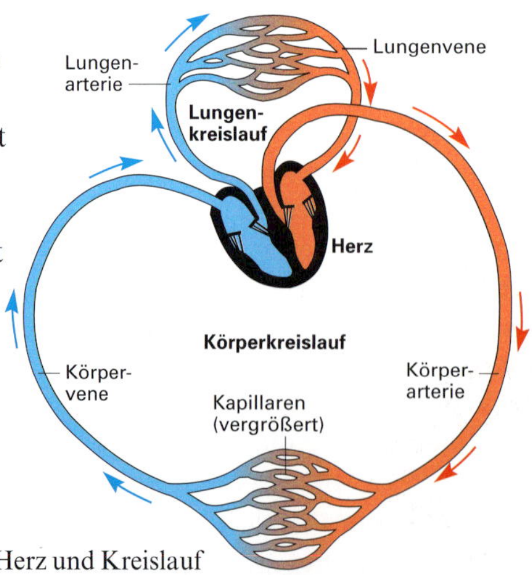

3 Herz und Kreislauf

Alles klar?

A Das Klassenzimmer sollte regelmäßig gelüftet werden. Begründe!

B Warum sollte man durch die Nase einatmen?
Wann ist es notwendig, durch den Mund einzuatmen?

C „Atmung ist Gasaustausch."
Welche Gase werden getauscht?
Wo findet der Gasaustausch statt?

D* Wenn du einatmest, hebt sich dein Brustkorb. Wird das durch die einströmende Luft bewirkt? Begründe!

E* Welche Folge hätte es für die Atmung, wenn der Brustraum (z. B. durch einen Stich) ein Loch hat?

F Aus einer Wunde tritt stoßweise Blut aus. Welche Art von Blutgefäß ist verletzt? Begründe!

G Beschreibe den Weg des Bluts durch den Körper.
Gib an, an welchen Stellen jeweils ein Gas- und ein Stoffaustausch erfolgt.

Zusammenspiel der Organsysteme

Gehirn und Nervensystem
Alle Lebensvorgänge werden von Gehirn und Nervensystem überwacht und gesteuert.

Blut
Das Blut ist das Transportsystem des Körpers.

Verdauung und Atmung
Die Verdauungsorgane zerlegen die Nahrung in kleinste Bausteine. Aus ihnen werden körpereigene Stoffe aufgebaut und Energie für Lebensvorgänge gewonnen. Den zur Energiegewinnung notwendigen Sauerstoff nehmen wir über die Lunge auf. Kohlenstoffdioxid atmen wir aus.

Skelett
Das Skelett stützt den Körper und schützt die inneren Organe. Die Knochen sind über Gelenke beweglich miteinander verbunden.

Muskulatur
Die Muskeln sind die „Motoren" unseres Körpers. Sie sorgen dafür, dass wir uns bewegen können.

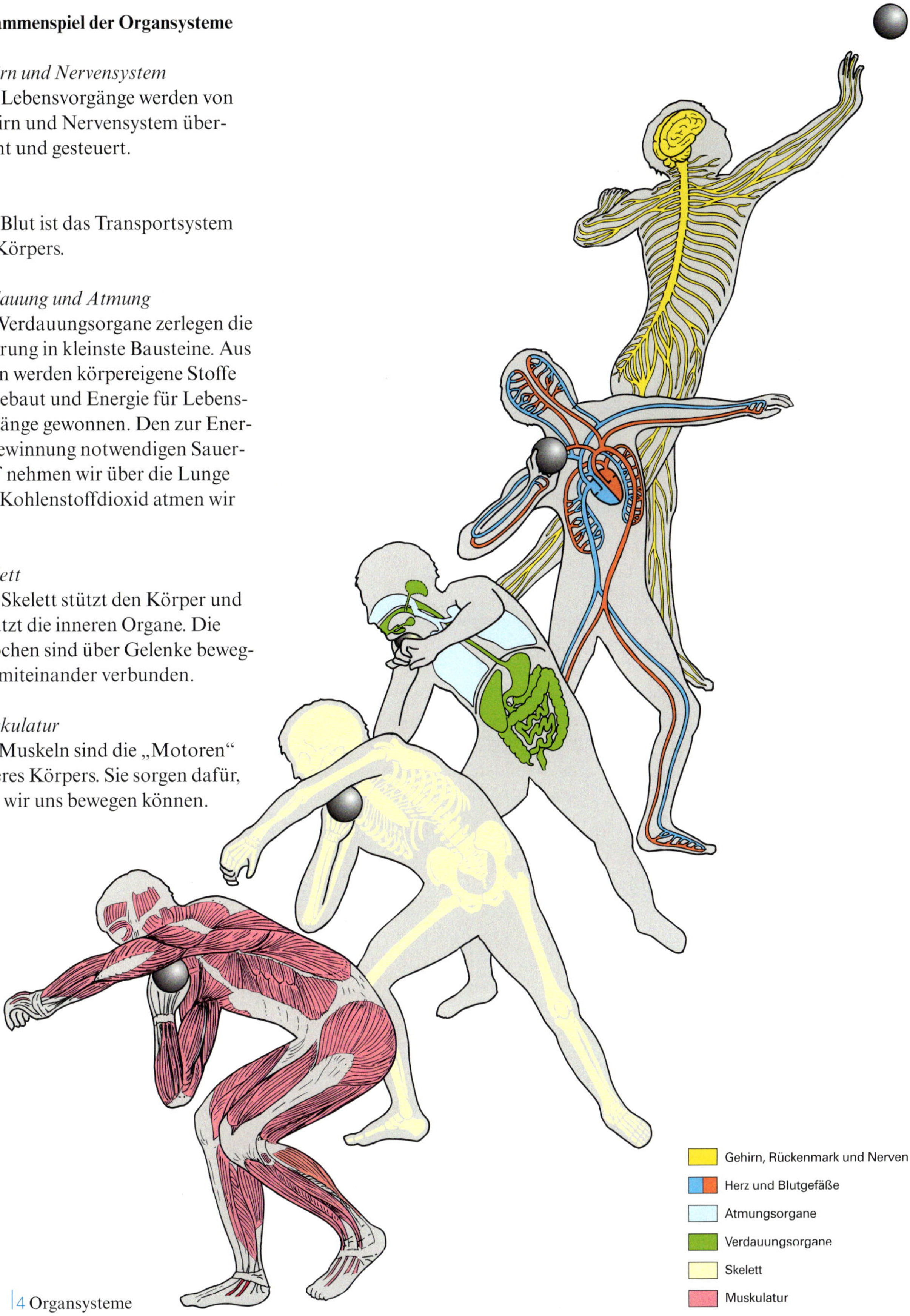

Ich bin kein Kind mehr!

1 Paula – früher und heute

Im Alter zwischen 9 und 14 Jahren ändert sich allmählich der kindliche Körper. Er nimmt jetzt mehr und mehr die Gestalt eines Erwachsenen an.
Auch die Interessen und Wünsche ändern sich: Mit den Eltern etwas zu unternehmen ist auf einmal langweilig. Mit Freunden zusammen sein, Musik hören, mit der Clique weggehen ist viel interessanter. Mädchen und Jungen werden neugierig aufeinander. Vieles passiert zum ersten Mal: die erste Verabredung, der erste Kuss …
Mit der *Pubertät* oder *einsetzenden Geschlechtsreife* beginnt eine aufregende, oft auch schwierige Zeit.

A Seht euch die Fotos von Paula an. 1 Welche Unterschiede fallen euch auf? Wie alt dürfte Paula sein? Wonach habt ihr euch beim Schätzen gerichtet?
B Auch das Interesse an Spielsachen ändert sich. Womit habt ihr früher gespielt und womit heute?
C Bringt Babyfotos mit. Versucht zu erraten, zu wem die Fotos gehören.

Grundlagen **Reifezeit und Zeit des Wandels**

Alles wird anders
Die Körper von Mädchen und Jungen sind in der Kindheit sehr ähnlich. 2–6 Man kann sie häufig nur an ihren Geschlechtsorganen unterscheiden.
Der Beginn der Geschlechtsreife ist häufig mit einem auffälligen Wachstumsschub verbunden. Die Geschlechtsreife setzt nicht bei allen Kindern zur gleichen Zeit ein.
Mit dem Beginn der Geschlechtsreife wachsen unter den Achseln und im Schambereich Haare. Die Flaumhärchen auf den Unterarmen und Beinen werden – vor allem bei den Jungen – kräftiger und dunkler. Bei den Mädchen ändert sich die

2 Junge oder Mädchen?

3 „Junge Dame“

4 „Junger Mann“

Alltag **Wo kommen plötzlich die Pickel her?**

Die Veränderungen, die in der Pubertät vor sich gehen, werden durch die *Hormone* ausgelöst. Hormone sind körpereigene Botenstoffe, die viele Abläufe im Körper steuern. Hormone werden vor allem in *Drüsen* produziert. Sie kreisen mit dem Blut durch den Körper. An einigen Stellen bewirken die Hormone dann Veränderungen. Es gibt z. B. Drüsen für Geschlechtshormone und Drüsen für Wachstumshormone.
Die Geschlechtshormone sorgen dafür, dass sich die Geschlechtsorgane weiterentwickeln. Während der Kindheit sind sie noch in „Wartestellung". Durch vermehrte Hormonbildung werden dann die Geschlechtsorgane angeregt, das weibliche Hormon *Östrogen* oder das männliche Hormon *Testosteron* zu bilden. Diese lassen *Eizellen* bzw. *Samenzellen* heranreifen. Somit werden Mädchen und Jungen zeugungs- und fortpflanzungsfähig.
Und die *Pickel*? Als Nebenprodukt dieser Umstellung kommt es zu vermehrter Fettbildung auf der Haut: Die Haare werden schneller fettig, die Poren der Haut verstopfen und entzünden sich. Schließlich bilden sich unschöne Pickel auf der zarten Gesichtshaut, dem Dekolletee oder dem Rücken.

Aus einem Tagebuch (Lisa, 12 Jahre)

Meine Eltern behandeln mich immer noch wie ein Baby. Dabei bin ich schon 12 Jahre alt. In die Disko vom Jugendtreff darf ich nicht, aber auf meine kleine Schwester aufpassen soll ich – dafür bin ich offenbar alt genug. Früher habe ich mich so gut mit meinen Eltern verstanden. Doch jetzt …
Keiner versteht mich. Meine Mutter kramt ständig in meinen Sachen herum und ist beleidigt, wenn ich sie mal anfahre, dass sie mich einfach mal in Ruhe lassen soll. Und mein Vater zieht mich laufend damit auf, dass ich Schlabberpullis trage. Ich verstehe mich manchmal selbst nicht. Ist das so, weil ich in der Pubertät bin?

Form der Augenbrauen: Sie erhalten einen Schwung.
Bei den Jungen beginnt der Bart zu wachsen. Bei den Mädchen wachsen die Brüste.
Die Stimme wird jetzt tiefer – bei Jungen und Mädchen. Das bemerkt man vor allem bei den Jungen; man sagt, sie sind „im Stimmbruch".
Die Schweiß- und Talgdrüsen arbeiten jetzt stärker und viele Jugendliche entdecken ihre ersten Pickel.

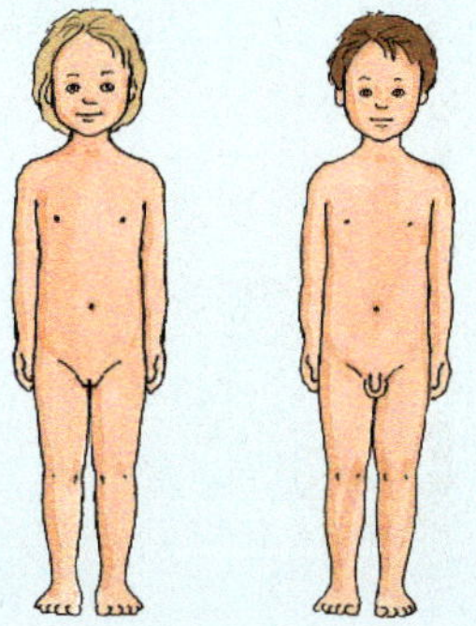

5 Mädchen und Junge, 4 Jahre alt

Die Gefühle fahren Achterbahn
Nicht nur der Körper verändert sich. 5–6 Auch die Gefühle und Empfindungen erfahren einen Wandel. Plötzliche Gefühlsumschwünge sind nun an der Tagesordnung. Jugendliche können einerseits sehr gereizt und launisch sein, andererseits aber auch voller Kraft und Tatendrang. Alles wird jetzt angezweifelt und kritisiert. Vor allem die Eltern scheinen plötzlich recht „rückständig" zu sein.
Alles soll sich ändern. Gleichzeitig soll aber auch alles so bleiben, wie es ist. Das Leben schwankt zwischen dem Wunsch, „cool" zu sein, und Angst, zwischen Gehorsam und Auflehnung, zwischen Langeweile und fantastischen Ereignissen. Eine Zeit der Extreme!

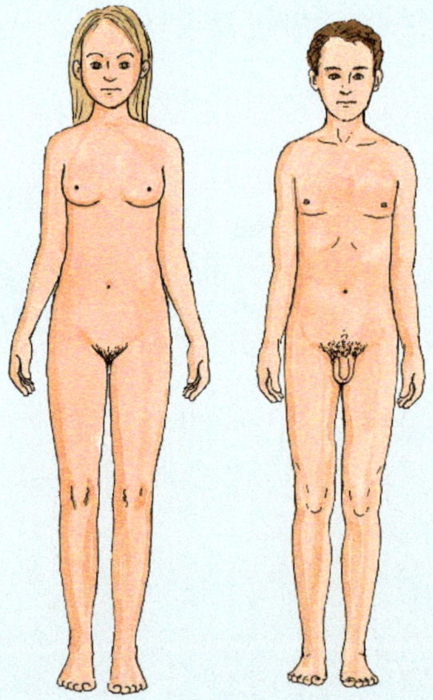

6 Mädchen und Junge, 14 Jahre alt

D Überlege dir, was man unter dem Begriff *Pubertät* versteht.

E Was ist an dieser Entwicklungsstufe besonders typisch? (Siehe auch den obigen Tagebuchauszug.)

Ich werde eine Frau – Ich werde ein Mann

1 Sie sind ein Paar: junge Erwachsene am Strand

Während der Pubertät hat sich das Aussehen von Mädchen und Jungen verändert. 1 Ihr Körper ist dem der Erwachsenen immer ähnlicher geworden.
Sowohl beim Mädchen als auch beim Jungen zeigt sich das an den *primären* und den *sekundären Geschlechtsmerkmalen*.

Grundlagen **Primäre Geschlechtsmerkmale**

Unterschiede schon im Mutterleib
Eine (weibliche) Eizelle muss erst von einer Samenzelle befruchtet werden, damit ein Kind entstehen kann.
Schon in dieser Eizelle ist der Unterschied der Geschlechter angelegt.
In den ersten sechs Wochen der Entwicklung des Kindes im Mutterleib sind aber noch keine äußeren Unterschiede erkennbar.
Ab der 12. Woche gibt es aber eine Wende: Es bilden sich die *primären* (zuerst vorhandenen) Geschlechtsmerkmale aus.

Die Pubertät ist die Übergangszeit zwischen Kindheit und Erwachsenwerden. Die Geschlechtsmerkmale prägen sich jetzt aus:
Die Eierstöcke der Mädchen beginnen mit der Produktion von Eizellen, die Hoden der Jungen produzieren Samenzellen (Spermien). Die Jugendlichen sind von nun an körperlich in der Lage, Kinder zu zeugen.

Weibliche Geschlechtsmerkmale 2
Beim Mädchen sind äußerlich die Schamlippen zu erkennen.
Scheide, Gebärmutter, Eileiter und Eierstöcke liegen im Körperinnern. In den Eileitern bilden sich die *Eizellen*.
Die Gebärmutter und die schlauchförmige Scheide sind mit einer Schleimhaut ausgekleidet.

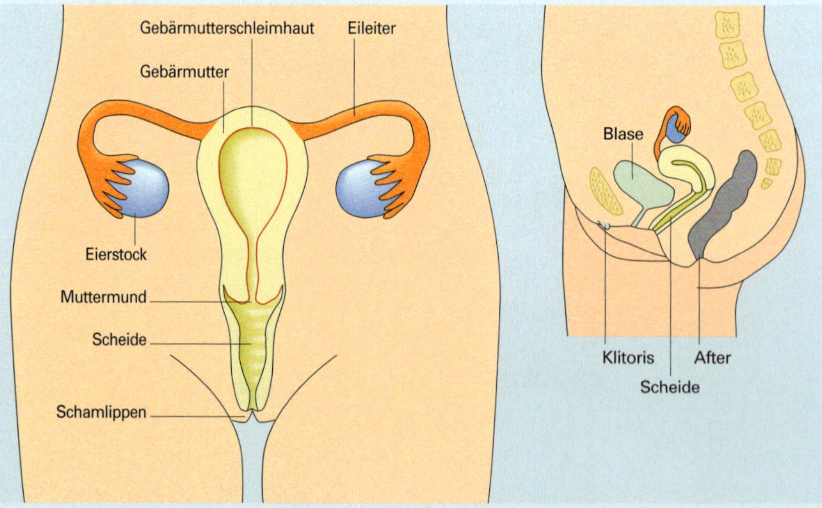

2 Die weiblichen Geschlechtsorgane im Unterleib (von vorne und von der Seite)

Grundlagen **Sekundäre Geschlechtsmerkmale …**

In den ersten Lebensjahren unterscheiden sich Mädchen und Jungen nur durch die primären Geschlechtsmerkmale. Das ändert sich mit dem Beginn der Pubertät. Nun setzt auch die Ausbildung der *sekundären* (als Zweites vorhandenen) Geschlechtsmerkmale ein.

… beim Mädchen

Bei ihr wachsen nun Haare unter den Achseln und um die Scheide herum *(Schamhaare)*.
Fettpolster lagern sich ab. Der Körper wird damit runder, die Brüste vergrößern sich, die Hüften werden breiter, die Oberschenkel kräftiger.
Auch das Körpergewicht des Mädchens nimmt zu.
In den Eierstöcken reift nun jeden Monat eine Eizelle. Das Mädchen wird jetzt alle 4 Wochen seine *Periode (Menstruation)* bekommen. Meist dauert es einige Monate, bis dies regelmäßig geschieht. Gleichzeitig verstärken sich sexuelle Gefühle.

… beim Jungen

Bei ihm wachsen jetzt Achselhaare, Schamhaare und Barthaare. Die Körperbehaarung an Brust, Bauch, Armen und Beinen wird dichter.
Der Kehlkopf vergrößert sich und die Stimmbänder werden länger.
Es tritt der Stimmbruch ein; die Stimme wird deutlich tiefer.
Die Haut wird fettiger und die Muskulatur wird kräftiger – in der Regel mehr als bei den Mädchen.
Der Penis und die Hoden vergrößern sich. Die Hoden produzieren nun Millionen von Spermien.
Auch beim Jungen werden die sexuellen Gefühle stärker.

Neue Erfahrungen und Gefühle

Bis sich die Gestalt eines Erwachsenen entwickelt hat, dauert es Jahre. In dieser Reifezeit fühlen sich Jugendliche oft unwohl in ihrer Haut. Viele sind unzufrieden mit ihrem Körper.
Es fällt ihnen nicht immer leicht, mit ihrer „neuen" Gestalt fertig zu werden. Sie erleben auch, dass Verliebtsein mit sexuellen Empfindungen verbunden sein kann.
Es ist manchmal schwierig, mit diesen aufregenden Gefühlen zurechtzukommen.

Männliche Geschlechtsmerkmale 3

Beim Jungen sind äußerlich das *Glied* (der *Penis*) und der *Hodensack* zu sehen. Im Hodensack befinden sich die beiden Hoden, in denen die *Spermien*, die Samenzellen, gebildet werden.
Im Körperinnern liegt der *Samenleiter* mit den verschiedenen Hilfsdrüsen.

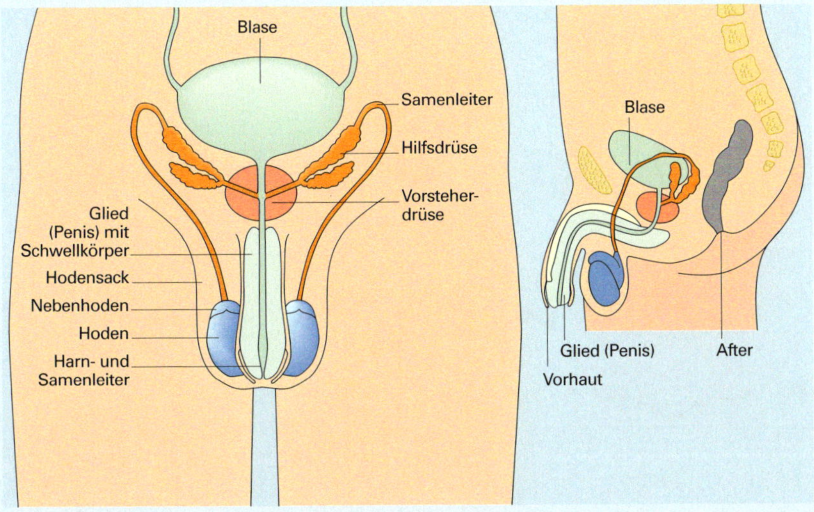

3 Die männlichen Geschlechtsorgane (von vorne und von der Seite)

A Geschlechtsmerkmale:

1 Was bedeuten die Ausdrücke „primäre Geschlechtsmerkmale" und „sekundäre Geschlechtsmerkmale"?

2 Nenne die Fachbegriffe für die primären Geschlechtsmerkmale von Mann und Frau.

3 Nenne sekundäre Geschlechtsmerkmale von Mann und Frau.

B Gib an, nach welcher Veränderung Mädchen und Jungen geschlechtsreif sind.

Menstruation

1 In der Drogerie

Da Jasmine in Kürze wieder „ihre Tage“ bekommt, geht sie in die Drogerie. 1
Weißt du, was sie dort kaufen will?

Menstruationsbeschwerden
Manche Mädchen und Frauen fühlen sich während der Regel nicht sehr wohl. Andere klagen über ein Ziehen im Unterleib, über Rückenschmerzen oder Bauchkrämpfe. Dagegen helfen meist leichte Bewegung, sanfte Massagen, ein warmes Bad, eine Wärmflasche oder etwas Kräutertee.

Grundlagen **Der Menstruations- oder Monatszyklus**

Der Eisprung
Etwa alle vier Wochen löst sich eine Eizelle aus einem der Eierstöcke. Das ist der *Eisprung*. Die Eizelle wandert dann durch den Eileiter hindurch und gelangt in die Gebärmutter. Am Tag nach dem Eisprung steigt die Körpertemperatur der Frau um etwa 0,5 °C an. 2

Woher kommen die Blutungen?
Bis zum Zeitpunkt des Eisprungs ist die Schleimhaut in der Gebärmutter dicker geworden; sie ist jetzt besonders stark durchblutet. Damit wurde sie auf eine mögliche Einnistung der Eizelle gut vorbereitet.

Eine Eizelle nistet sich nur ein, wenn sie innerhalb von 12 bis 24 Stunden nach dem Eisprung befruchtet wird. Das ist aber normalerweise nicht der Fall. Wenn sie nicht befruchtet wird, stirbt sie ab. Die vorbereitete Gebärmutterschleimhaut wird damit überflüssig. Sie löst sich nach einiger Zeit unter *Blutungen* ab und wird über die Scheide ausgeschieden.
Die Blutung dauert 3 bis 7 Tage. Sie wird als *Regel* bezeichnet, als *Menstruation* oder *Periode*. Frauen und Mädchen sagen dazu auch: *„Ich habe meine Tage.“*
Sie benutzen Binden oder Tampons, um das Blut aufzufangen.

Etwa alle vier Wochen findet bei der Frau ein Eisprung statt. Die Eizelle wandert dann durch den Eileiter in die Gebärmutter.
Wenn die Eizelle nicht von einer Samenzelle befruchtet wird, stirbt sie ab. Die Gebärmutterschleimhaut löst sich dann ab und wird unter Blutungen aus der Scheide ausgeschieden.

A Erkläre den Begriff „Eisprung“. 2
Woran ist unter anderem zu erkennen, dass ein Eisprung erfolgt ist?

B Die Schleimhaut in der Gebärmutter wird im Lauf des Monats dicker. Was geschieht mit ihr, wenn sich keine befruchtete Eizelle einnistet?

C Beschreibe den Monatszyklus der Frau. 2
Warum spricht man von der „Regel“?

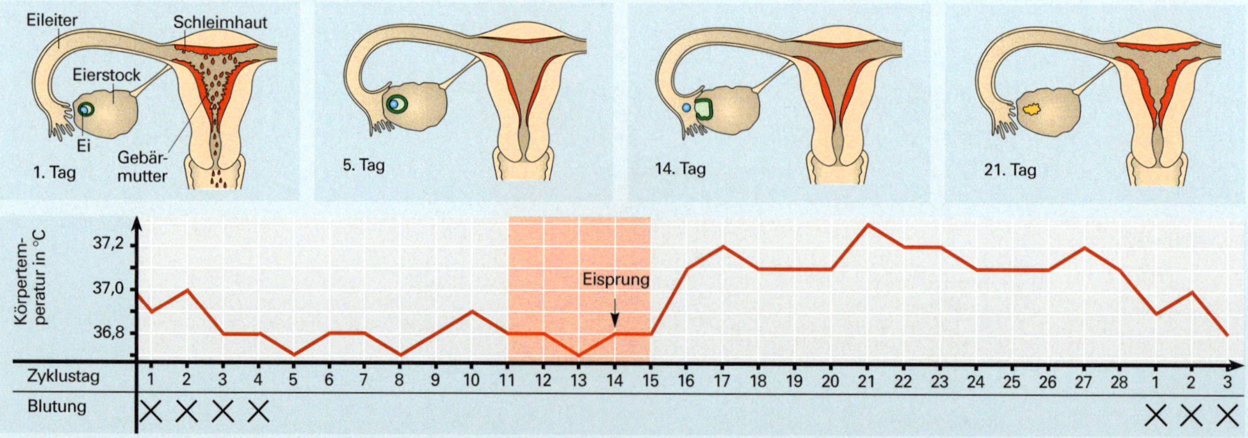

2 Monatszyklus einer Frau (hier: 28 Tage angenommen) – Zusammenhang mit der Körpertemperatur

Empfängnisregelung

Grundlagen **Empfängnisregelung**

Schwangerschaft – ja oder nein?
Schwangerschaft und Geburt sind für die Mutter und den Vater eine wunderbare und schöne Erfahrung – vorausgesetzt, die Beziehung der Eltern ist in Ordnung.
Anders sieht es aus, wenn der Zeitpunkt der Schwangerschaft ungünstig ist. Das ist z. B. der Fall, wenn die werdende Mutter zu jung ist, wenn die Schwangerschaft nicht gewollt wird oder medizinische Gründe gegen sie sprechen. Dann muss die Schwangerschaft vermieden werden.

Ab wann ist eine Frau fruchtbar?
Mädchen können schon von der ersten Periodenblutung an – also ab dem 10. /11. Lebensjahr – schwanger werden, wenn sie mit einem Jungen oder einem Mann Geschlechtsbeziehungen haben. Darum steht die *Empfängnisregelung* in jungen Jahren im Vordergrund.
Beim ersten Zusammensein mag es unromantisch sein, über *Verhütung* zu reden. Doch das ist sehr wichtig! Eine frühe Schwangerschaft würde das Leben des jungen Mädchens und des zukünftigen Vaters in andere Bahnen lenken als vorher geplant.

Verhütungsmethoden |3
Es gibt verschiedene Methoden zur Verhütung einer Schwangerschaft:

1. Die Barrieremethode: Ein Kondom (ein dünner Gummischutz) wird über den Penis des Mannes gestreift. Er fängt die Spermien auf. Hierbei bleibt ein geringes bis mittleres Risiko. Ein großer Vorteil ist: Das Kondom bietet einen Schutz vor Aids oder anderen sexuell übertragbaren Krankheiten.
2. Die hormonelle Methode: Das Mädchen oder die Frau nimmt täglich eine Antibabypille – das heißt eine Hormonpille – ein. Antibabypillen verhindern den Eisprung. Wenn die Pillen genau nach Anleitung eingenommen werden, besteht nur ein geringes Risiko einer ungewollten Schwangerschaft. Durch die künstliche Hormonzufuhr kann es zu starken Nebenwirkungen kommen. So kann z. B. bei Jugendlichen das Knochenwachstum zu früh beendet werden. Das führt dann zu erheblichen psychischen Problemen. Über die Einnahme der Pille muss daher immer ein Arzt entscheiden.

Es ist nicht möglich, mit ausreichender Sicherheit die Tage zu ermitteln, an denen der Eisprung stattfindet und nur an diesen Tagen Geschlechtsverkehr zu vermeiden. Die „fruchtbaren" Tage können sich nämlich verschieben.

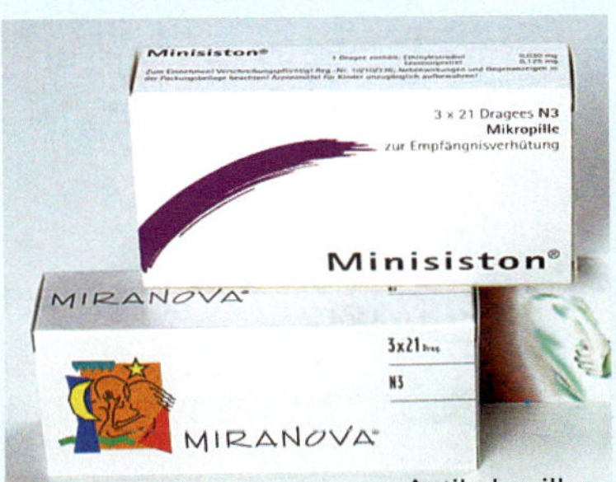

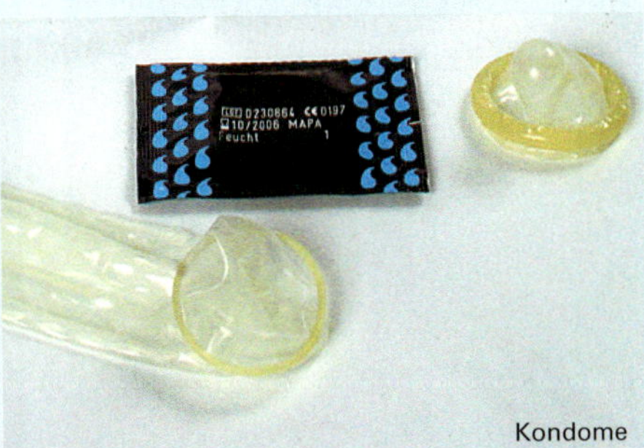

|3 Verhütungsmittel

Erweiterung **Die Befruchtung**

Im Körper der Frau wird jeden Monat eine Eizelle reif. Sie kann durch eine männliche Samenzelle befruchtet werden.
Wenn beim *Geschlechtsverkehr* keine *Empfängnisverhütung* vorgenommen wird, können die Spermien des Mannes eine Eizelle der Frau befruchten. Beim Geschlechtsverkehr führt der Mann seinen Penis in die Scheide der Frau ein. Dort erfolgt dann bei ihm ein Samenerguss.
Die Samenzellen bewegen sich mithilfe ihres Schwanzteils von der Scheide durch die Gebärmutter in die Eileiter.
Samenzellen haben eine Lebensdauer von etwa 12 Stunden. Nur die schnellsten und kräftigsten unter ihnen erreichen die Eizelle und nur eine dringt in sie hinein. Eizelle und Samenzelle verschmelzen dann miteinander. Das heißt: Die Eizelle ist nun befruchtet. |4
Sobald eine Samenzelle die Wand der Eizelle durchbrochen hat, fällt ihr Schwanzteil ab.
Die Eizelle bildet sofort eine Schutzhülle, damit andere Samenzellen nicht mehr hineingelangen. Sie sterben ab und lösen sich auf.
Aus der befruchteten Eizelle kann nun ein neuer Mensch entstehen.

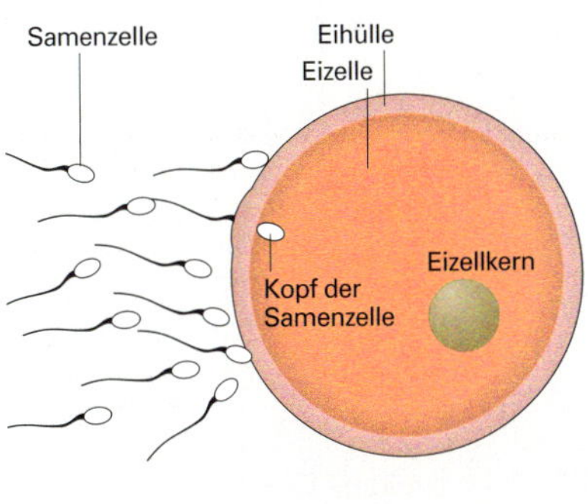

|4 Eizelle und Samenzelle verschmelzen.

Was in der Schwangerschaft geschieht

1 Eine besondere Zeit für die ganze Familie

Kennst du eine Frau, die gerade schwanger ist?
Vielleicht erwartet sogar deine Mutter zurzeit ein Baby?
Was hast du bemerkt? Was hat sich geändert? Wie geht es ihr?
Erzähle davon.

Die folgenden Bilder und Texte helfen, über das Thema zu sprechen.

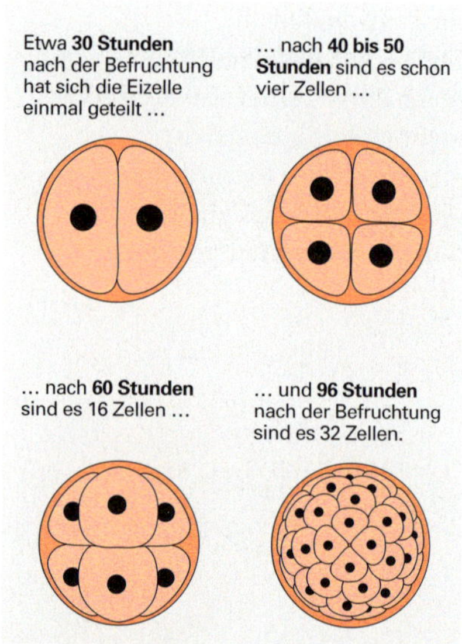

2 Eine befruchtete Eizelle teilt sich.

Mit der Körperflüssigkeit wird die befruchtete Eizelle in 3 bis 6 Tagen durch die Eileiter zur Gebärmutter getragen. Dort teilt sie sich und verdoppelt immer wieder ihre Zellen. 2
Gleichzeitig wächst sie an der Innenwand der Gebärmutter fest.
Manchmal kommt es vor, dass sich die befruchtete Eizelle bei der ersten Teilung vollständig in zwei Teile trennt. Dann entwickeln sich *eineiige* Zwillinge („aus einer Eizelle entstanden"). Dadurch erklärt sich ihre große Ähnlichkeit. 3
Es passiert auch, dass zufällig zwei Eizellen durch die Eileiter wandern und dort befruchtet werden.
Dann entstehen zweieiige Zwillinge. Zweieiige Zwillinge sehen sich einfach nur ähnlich – wie andere Geschwister auch. 4

3 Eineiige Zwillinge

4 Zweieiige Zwillinge

Der Körper der Mutter stellt sich während der Schwangerschaft durch Einflüsse verschiedener Hormone um.
Das Kind – in den ersten drei Monaten Embryo, später Fötus genannt – wächst in einer mit Fruchtwasser gefüllten Fruchtblase heran. Das Fruchtwasser dient dem Schutz des Kindes. 5

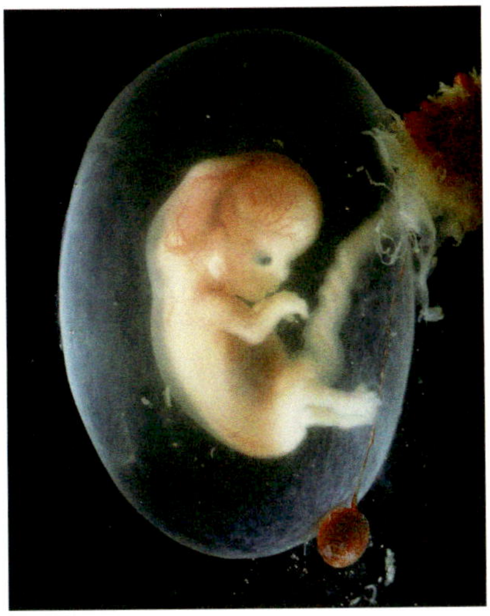

5 In der Fruchtblase

Ab dem 1. Monat bewegt sich das Kind. Ab dem 5. Monat ist das Gehör voll funktionsfähig. Die Nabelschnur zwischen dem Bauchnabel des Kindes und der Gebärmutterwand ist die körperliche Verbindung von Mutter und Kind. Durch die Blutgefäße in der Nabelschnur wird das Ungeborene mit Sauerstoff und Nährstoffen versorgt. 6 Der Blutkreislauf der Mutter ist jedoch nicht direkt mit dem Blutkreislauf des Kindes verbunden. Die Stoffe dringen durch die Blutgefäßwände wie durch ein Filter vom mütterlichen Blut in das kindliche Blut. Giftstoffe wie Alkohol, Zigaretteninhaltsstoffe und Drogen gehen denselben Weg und bedeuten eine große Gefahr für das werdende Kind.

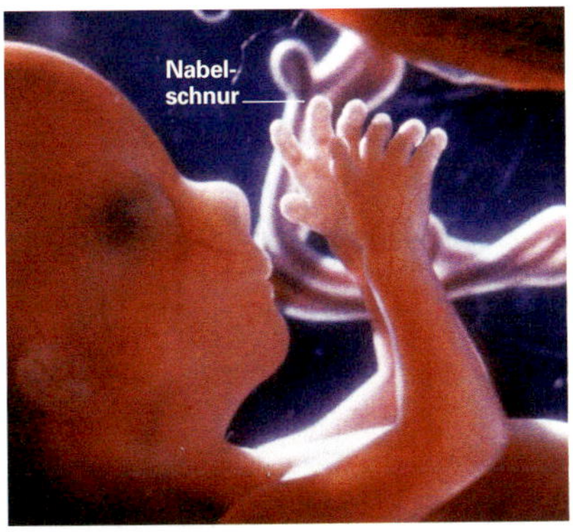

6 Die Nabelschnur

Die Schwangerschaft dauert etwa neun Monate (40 Wochen).
Im Lauf dieser Zeit hat sich der Embryo zu einem lebensfähigen Kind entwickelt. 7 Ob es ein Mädchen oder ein Junge wird, steht schon im Augenblick der Befruchtung fest. Doch erst vom 5. Monat an ist das Geschlecht äußerlich zu erkennen.
Im 8. Monat wiegt das Kind ungefähr 2 kg.
Es dreht sich nun so im Mutterleib, dass es mit dem Kopf nach unten in der Gebärmutter liegt.
Nun ist die Schwangerschaft beinahe beendet: Die Mutter bekommt Wehen. Die Fruchtblase platzt und das Fruchtwasser läuft aus.
Mithilfe einer Hebamme, einer Ärztin oder eines Arztes kommt das Kind auf die Welt.

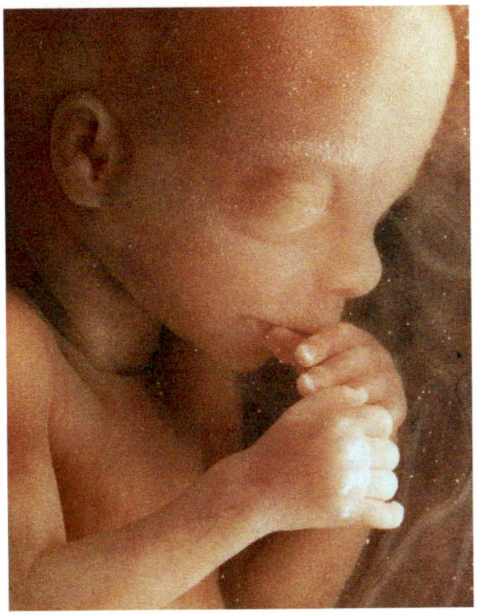

7 Das Kind wächst heran.

Die letzten stärkeren Wehen pressen das Kind aus dem mütterlichen Körper heraus.
Das Neugeborene fängt an zu schreien – ein Zeichen dafür, dass seine Lunge ihre Arbeit beginnt.
Die Nabelschnur wird durchtrennt und das Kind wird als Erstes der Mutter kurz in die Arme gelegt.
Dann wird es gewaschen, gewogen und untersucht.
Endlich können die beiden Eltern ihr Baby etwas länger in den Armen halten. 8

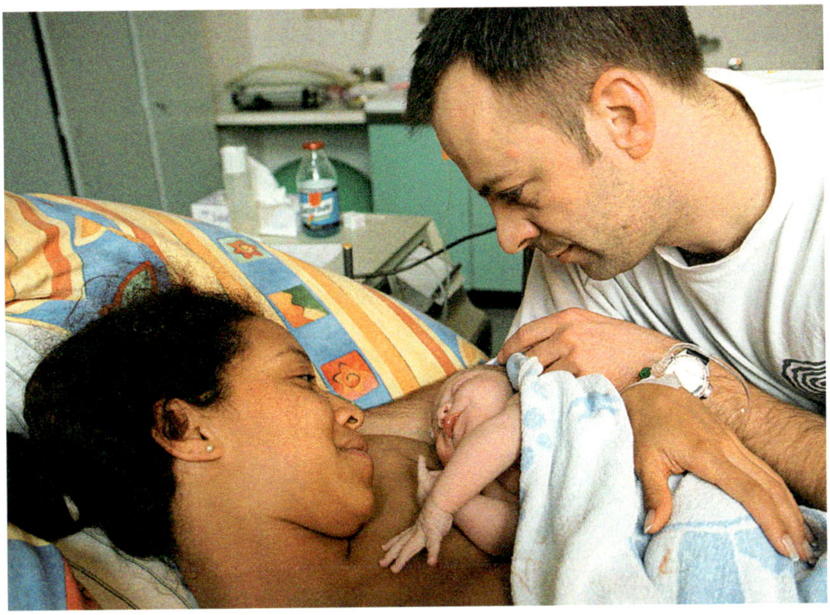

8 Endlich geschafft!

Mein Körper und meine Gefühle

1 Die tägliche Körperpflege …

2 … auch mit Reinigungsmilch!

Körperpflege ist in der Pubertät besonders wichtig. Das gilt aber nicht nur für die Pflege des Gesichts. 1–2
Vor allem der Intimbereich und die Achselhöhlen müssen gewaschen werden!

Hygiene **Regelmäßige Körperpflege**

In der Pubertät musst du auch lernen selbst für deinen Körper zu sorgen. Schweiß- und Talgdrüsen *(Hautfettdrüsen)* beginnen nämlich verstärkt zu arbeiten. Du schwitzt bei körperlicher Anstrengung oder wenn du aufgeregt bist.
Vor allem in den Achselhöhlen entwickeln sich dadurch Duftstoffe, die sehr unangenehm riechen können. Deshalb sollten Gesicht, Hals, Achselhöhlen, Hände, Geschlechtsorgane und Füße täglich gewaschen werden. Regelmäßiges Duschen mit einer milden Reinigungslotion ist ebenfalls zu empfehlen.
Die Jungen müssen jeden Tag die Absonderungen zwischen Eichel und Vorhaut entfernen. Sonst können sich dort Entzündungen bilden.

Die Scheide der Mädchen kann sich innerlich selbst reinigen. Äußerlich muss sie aber jeden Tag gewaschen werden. Besonders wichtig ist dies während der Menstruation – sonst könnten Krankheitskeime von außen in die Gebärmutter eindringen. Regelmäßiges Wechseln von Unterwäsche, Slipeinlagen, Binden und vor allem Tampons ist unerlässlich.

3 Duschen säubert und erfrischt.

Tipps zur Körperpflege
- Dusche oder bade dich mindestens zwei- bis dreimal pro Woche.
- Wasche dir mindestens zwei- bis dreimal pro Woche die Haare.
- Wasche täglich die Achselhöhlen. Nimm bei Bedarf zusätzlich ein Deo.
- Putze dir regelmäßig die Zähne.
- Verwende Hautpflegemittel nur ganz wenig und gezielt.
- Nach dem Gang zur Toilette darfst du nicht das Händewaschen vergessen.
- Reinige und kürze regelmäßig die Finger- und Zehennägel.
- Zieh täglich frische Unterwäsche an.

Tipps für Mädchen
- Wasche die Hautfalte zwischen den großen und kleinen Schamlippen täglich mit Wasser.
- Wasche den Intimbereich während der Menstruation morgens und abends.
- Binden oder Tampons müssen je nach Stärke der Blutung alle zwei bis sechs Stunden gewechselt werden.

Tipps für Jungen
- Wasche den Penis täglich. Zieh dabei die Vorhaut vorsichtig zurück und spüle die Talgabsonderungen mit Seifenwasser ab.

Zusammenleben **Körperkontakte**

Die meisten Menschen haben das Bedürfnis, eine Person, die sie sehr mögen, zu berühren. Sie möchten auch gerne von ihr berührt werden. Umarmen und zärtliches Streicheln kann Freude bereiten. Es kann beruhigen, manchmal auch erregen. Unsere Haut ist überall empfindlich für Berührungen. Während der Pubertät machen Mädchen und Jungen auch auf diesem Gebiet ganz neue Erfahrungen.
Jeder Mensch hat intime Körperteile. Sie haben für ihn eine ganz persönliche Bedeutung. Bei Mädchen und Frauen sind dies die Scheide, das Gesäß und die Brüste. Auch die Lippen und die Zunge sind äußerst empfindsam.
Wenn diese Körperteile berührt werden, kann dies besonders angenehm und lustvoll sein. Deshalb ist es sehr wichtig, diese Stellen nicht jedem preiszugeben! Das erreichst du dadurch, dass du sie nicht von jedem berühren lässt. Vor allem solltest du nur das erlauben, was du wirklich möchtest.

Hilfe bei Kindesmissbrauch
Sprich mit jemandem, dem du vertraust, z. B. mit deinen Eltern, einem Lehrer oder einer Lehrerin.
Nutze das kostenlose Info-Telefon des
- Deutschen Kinderschutzbundes (www.kinderschutzbund.de) 0800 1110333 oder 116111.

Wende dich an eine Beratungsstelle:
- *Wildwasser*, Ludwigshafen 0621 628165,
- *Kinderschutzdienst*, Kirchen 02741 930046,
- *Frauennotruf*, Mainz 06131 221213.

Zusammenleben **Vom Neinsagen**

Was Ela erlebt hat
Ela geht mit ihrer Familie gern zu ihrem Onkel Klaus. Auch im Kindergarten erzählt sie immer voller Freude von diesen Wochenendbesuchen.
Wieder ist ein Wochenende vorüber. Der Erzieherin Marion fällt auf, dass Ela heute gar nicht wie sonst von diesen Besuchen erzählt. Vielmehr hockt sie still in einer Ecke und will nicht mitspielen.
Marion geht zu ihr und Ela kuschelt sich sofort in ihre Arme. Allmählich erfährt Marion, warum Ela so durcheinander ist. Sie will nicht mehr zu „diesem doofen Onkel", der sie plötzlich so komisch geküsst hat – „ganz nass und sabbelig". Es war ihr eklig. Und als sie weglaufen wollte, hat er sie festgehalten, sodass es ihr richtig wehtat.
Ela war ganz still vor Schreck und wusste nicht, was sie tun sollte …

Falsche Kinderfreunde
Liebe und Zärtlichkeit sind etwas sehr Schönes.
Es gibt aber Erwachsene, die Jungen oder Mädchen an intimen Körperstellen anfassen oder sich selbst anfassen lassen. Man sagt dazu, sie *missbrauchen* diese Kinder. Andere Erwachsene erzwingen sogar Geschlechtsverkehr mit ihnen. Das ist sehr schlimm für die betroffenen Mädchen oder Jungen.
Solche Personen fordern die Kinder auf, alles geheim zu halten. Sie sagen die „tollsten Dinge", verlangen aber immer höchste Geheimhaltung und Verschwiegenheit.
In seiner Angst wagt es ein Kind häufig nicht, seiner Mutter, seinem Vater oder einer anderen Vertrauensperson davon zu erzählen.
Doch solche Geheimnisse, die mit Angst und Lügen verbunden sind, muss ein Kind nicht bei sich behalten. Die darf es auf jeden Fall weitererzählen.
Ein Kind hat niemals Schuld, wenn es durch einen Erwachsenen zu solchen Handlungen gezwungen oder überredet wird.
Fast alle Kinder werden davor gewarnt, mit Fremden mitzugehen. Leider sind aber die Täter oft keine Fremden, sondern gut bekannte Personen aus der Nachbarschaft. Manche stammen sogar aus der eigenen Familie. Das hindert die missbrauchten Kinder noch mehr, diese Personen zu „verraten".
Aber die Taten, die solche Menschen verüben, sind unrecht! Sie müssen Vertrauenspersonen erzählt werden, damit sie endlich aufhören.

Man muss auch „Nein" sagen!
Achte auf deine Gefühle! Wenn du das Gefühl hast, dass du eine Berührung gerne magst, ist es wahrscheinlich in Ordnung. Wenn aber „deine innere Stimme" *Nein* sagt und dir die Berührung unangenehm ist, dann lass sie dir nicht gefallen! Sage *Nein* und zeige deine Ablehnung deutlich! Das gilt für dich jetzt – in jungen Jahren – und viel mehr noch, wenn du älter geworden bist.
Wenn du etwas erlebt hast, das dich beunruhigt, musst du auf jeden Fall mit einer Vertrauensperson darüber sprechen und sie um Hilfe bitten.

Zusammenleben **Zuwendung und Urvertrauen**

Unser ganzes Leben lang begleitet uns ein Wunsch: von Menschen umgeben zu sein, denen wir vertrauen können. Wir wollen Menschen ohne Angst betrachten können und auch den Körperkontakt mit ihnen genießen.

Das fängt im frühen Säuglingsalter an. |1–|3 Dieses Bedürfnis endet auch im Alter nicht.

Der erste Hautkontakt kommt unmittelbar nach der Geburt zustande: Dann liegt der Säugling im Arm der Mutter.

Die Berührung der mütterlichen Brust ist besonders wichtig. Wenige Minuten nach der Geburt ist nämlich der Saugreflex stark ausgeprägt *(Überlebensreflex)*.

Aus dieser engen Beziehung erwachsen für die Mutter Zuwendung und für das Neugeborene Geborgenheit. Das hält gewöhnlich ein Leben lang. Kinder, die früh mit dauernd wechselnden Personen zu tun haben, sind oft unruhig und Krankheiten gegenüber anfällig.

Der Blickkontakt zwischen Kind und Mutter ist ebenfalls von großer Bedeutung. Wenn das Kind beim Anblick des Gesichts der Mutter lächelt, lächelt die Mutter zurück. Das Lächeln des Kindes verstärkt sich und es entsteht eine tiefe innere Verbindung.

Sprache, Blicke und Berührungen bilden eine Einheit. In ihr entwickelt sich beim Kind ein *Urvertrauen*, das es ein Leben lang begleiten wird. Wenn in den ersten Entwicklungsjahren diese Kontaktmöglichkeiten gestört sind, wird auch dieses Urvertrauen ein ganzes Leben lang gestört sein.

Säuglinge und Kleinkinder brauchen den engen Kontakt zu vertrauten Menschen. Nur so können sie ein Urvertrauen aufbauen.

|1 Wenige Stunden nach der Geburt

|2 Enger Kontakt und Fürsorge sind lebenswichtig.

|3 Das Baby wird gestillt.

Vor der Pubertät
Sich zu mögen, sich anzufreunden, sich zu verkrachen und zu versöhnen – ganz einfach *Freundschaften* (auch mit „denen vom anderen Geschlecht“) sind vor der Pubertät selbstverständlich.
Auch die *Liebe* ist bekannt. Sie ist ein tiefes warmes Gefühl für die Eltern, die Geschwister, den Hund, den besten Freund oder die beste Freundin.
Mit der Pubertät kommt aber zur Freundschaft und Liebe ein neues Gefühl hinzu, das beim Verliebtsein eine Rolle spielt: die *Sexualität*.

Sich kennen lernen
Liebe äußert sich anfangs oft als Schwärmerei. In der Pubertät sind die Umschwärmten allerdings häufig „weit weg“: ein Lehrer, eine Lehrerin, der Bruder einer Freundin oder auch Sportler und Popstars. |4

|4 Lieben „aus der Ferne“

Irgendwann kann es aber passieren, dass man sich „bis über beide Ohren“ in jemanden verliebt, der für einen erreichbar ist. Dann ist oft das *Kennenlernen* das größte Problem. Je verliebter man ist, desto schwerer wird es nämlich, das zu zeigen. Oft warten beide darauf, dass der andere den ersten Schritt tut.
Mit etwas Mut und Fantasie klappt das Kennenlernen dann doch. Wenn es nun bei dem anderen „funkt“, hat man viel gewonnen.
Es kann aber sehr wehtun, wenn der andere nichts von einem wissen will. Das muss man jedoch akzeptieren – schließlich kann man niemanden zur Liebe überreden.

Verliebtsein
Dann will man am liebsten immer beieinander sein. Man will über alles reden, sich einander anvertrauen, sich berühren.
Mit der Zeit finden zwei, die „miteinander gehen“, über den anderen und über sich selbst immer mehr heraus. Auch gegensätzliche Gefühle gehören dazu: sich zu streiten und zu versöhnen, zusammen sein zu wollen und Abstand zu halten. Irgendwann wollen sie vielleicht auch miteinander schlafen.

Auseinandergehen
Es kann auch sein, dass man feststellt, nicht zusammenzupassen. Vielleicht trennt man sich dann als Freunde, die noch vieles gemeinsam haben. Vielleicht geht man sich aber lieber erst einmal aus dem Weg.

|5–8

A Sieh dir die Bilder dieser Seiten an. Erzähle dann, was dir zu Freundschaft und Liebe einfällt.

B Es gibt verschiedene Formen von „Liebe“. Beschreibe einige.

Liane, 10 Jahre

Melanie, 10 Jahre

Achim, 11 Jahre

Markus, 12 Jahre

|9 Und welcher Meinung bist du?

Kommt Sucht von Suchen?

1 Fernsehen kann süchtig machen!?

Tina ist 12 Jahre alt. Ihre Eltern sind beide beruflich stark beschäftigt und haben selten Zeit für das Mädchen. Dies wollen sie durch viele Geschenke ausgleichen. Tina hat in ihrem Zimmer ein Fernsehgerät, einen Computer, teures Spielzeug und eine übervolle Spardose. Doch wenn sie Fragen hat, ist häufig keiner da. Nur der Fernseher „spricht“ mit ihr. Sie sieht auch abends oft Filme. Am nächsten Morgen in der Schule ist sie dann übermüdet und unkonzentriert. Die Lehrerin macht sich Sorgen und spricht mit Tina über ihre „Fernsehsucht“. Empört wehrt sich das Mädchen gegen diese Bezeichnung, sie ist doch nicht süchtig! Sie nimmt doch keine Drogen.

Grundlagen **Was heißt „Sucht“?**

Wodurch kann man süchtig werden?
In Deutschland sind 1,5 Millionen Menschen tablettenabhängig. 2,5 Millionen sind alkoholkrank. Über ein Viertel der Jugendlichen rauchen. Etwa 100 000 Menschen sind von Rauschdrogen abhängig.
Für die Sucht ist nicht unbedingt ein Suchtmittel wie Nikotin oder Alkohol nötig. Auch Fernsehen, Einkaufen, Computer- oder Glücksspiele können zur Sucht führen.
Dem Süchtigen verschafft das Suchtmittel oder das Suchtverhalten ein angenehmes Lebensgefühl. Es hebt die Stimmung oder steigert scheinbar die Leistungsfähigkeit.

Der Süchtige verspürt einen übermächtigen Drang, sich die Befriedigung durch das Suchtverhalten immer wieder zu verschaffen.

Suchtverhalten
Schon alltägliches Verhalten kann zu ersten Suchterfahrungen führen. Für viele Menschen ist es der Fernseher, der allmählich zur Ersatzdroge geworden ist. Andere verzehren unkontrolliert Chips oder Süßigkeiten und ärgern sich, dass sie dick werden. Und weil sie sich ärgern, essen sie noch mehr.
Viele Jugendliche und Erwachsene lassen sich von Spielen fesseln und beschäftigen sich stundenlang z. B. mit Computerspielen. Manche Menschen sitzen auch vor Glücksspielautomaten, ohne Rücksicht auf Familie, Freunde, Zeit oder Einkommen.

Wer ist suchtgefährdet?
Jeder kennt Situationen oder Tage, an denen er sich einsam fühlt, Probleme hat oder mit der Welt nichts anzufangen weiß. Das Beste ist es, wenn man von sich aus an die Überwindung von Schwierigkeiten herangeht. Wer das nicht gelernt hat, wird Problemen gern ausweichen. Die Gefahr ist dann groß, von Suchtmitteln oder bestimmten Verhaltensweisen abhängig zu werden.

Wer aktiv an die Bewältigung von Problemen herangeht, ist kaum oder gar nicht suchtgefährdet. Suchtmittel lösen keine Probleme, sondern man wird von ihnen abhängig.

Sucht durch Suchtmittel	Süchtiges bzw. zwanghaftes Verhalten
Tabletten, Alkohol, Nikotin, Schnüffelstoffe, Drogen (Rauschgift)	Esssucht, Magersucht, Fernsehsucht, Spielsucht, Computerspielsucht, Kaufsucht, Machtsucht, Sexsucht, Putzsucht, Arbeitssucht

2 Verschiedene Arten von Sucht

Gesundheit **Der Sucht vorbeugen**

Sport und Spiel, bei denen du selbst Leistungen vollbringst, stärken dein Selbstbewusstsein und schaffen Freundschaften. |3 Ein selbstbewusster Mensch ist besser in der Lage, Probleme zu lösen und mit Konfliktsituationen zurechtzukommen. Er kann auch mit Misserfolgen umgehen.

Viele junge Menschen vermissen Verständnis und Aufgeschlossenheit für ihre Fragen und Probleme. Du selbst kannst daran durchaus einiges ändern: Bemühe dich, mit deinen Eltern und Geschwistern, mit Freunden, Lehrern oder anderen vertrauten Personen ins Gespräch zu kommen. Sprich mit ihnen über deine Ängste und über deine Wünsche. Teile deine Freuden und Erfolge mit ihnen.

|3 Aktive Jugendliche beim Sport

A Was könnt ihr in eurer Region in der Freizeit unternehmen? Informationen erhaltet ihr bei Vereinen, aus der Tageszeitung oder Jugend- und Sportämtern. Schreibt die Aktivitäten, Veranstaltungsorte, Termine und Kosten auf ein Blatt Papier. Gestaltet mit den Beschreibungen, mit Fotos, Prospekten und Lageplänen eine Pinnwand.

Gesundheit **Alkohol und seine Folgen**

|4 Die Droge Alkohol

Alkohol und Nikotin sind weit verbreitete Drogen. Sie werden als „Genussmittel" bezeichnet, obwohl der Körper von ihnen abhängig wird und Entzugserscheinungen zeigt, wenn sie abgesetzt werden.

Das Trinken von Alkohol wird bei uns häufig als „normal" angesehen. Wer nicht mittrinkt, gilt schon fast als Spielverderber. „Trinkfestigkeit" ist aber keine Tugend, sondern ein Zeichen von Alkoholgewöhnung und damit eine Vorstufe zur Alkoholabhängigkeit.

Unter Alkoholeinfluss benehmen sich Menschen anders als sonst. |4 Entweder sind sie reizbar oder von einer lauten Fröhlichkeit, gleichgültig oder aggressiv. Die Wirkung kann je nach Alkoholmenge sehr unterschiedlich sein und bis zu schweren Vergiftungserscheinungen reichen.

Alkohol erhöht die Unfallgefahr. Menschen, die Alkohol getrunken haben, überschätzen ihre Leistungen und reagieren wesentlich langsamer auf ihre Umwelt. Dies hat vor allem im Straßenverkehr oft tödliche Folgen.

Neben den akuten Gefahren muss man auch mit Langzeitschäden rechnen: Gehirnzellen werden allmählich abgetötet und die Gedächtnisleistung lässt nach. Bei Jugendlichen reagiert das Nervensystem wesentlich empfindlicher als bei Erwachsenen. Die Magenschleimhaut entzündet sich, es kommt zu Magengeschwüren. Leber, Nieren und Muskeln werden geschädigt. Auch das Herz und der Kreislauf werden stark belastet. Vorzeitiges Altern und Depressionen sind weitere Auswirkungen eines hohen Alkoholkonsums.

Alkoholmenge	Wirkung (bei Erwachsenen)
1 Glas Bier (0,3 l) oder 0,25 l Wein	Wärmegefühl, leichte Anheiterung, Wegfall von Hemmungen, Anzeichen von Plaudersucht, Euphorie – Verkehrsuntauglichkeit
6 bis 7 Glas Bier oder 1 l Wein	Erste Gleichgewichtsstörungen und vermindertes Reaktionsvermögen – deutliche Angetrunkenheit
10 Glas Bier oder 1,5 l Wein	Plaudersucht, Selbstgespräche, Stottern und deutliches Schwanken – starke Trunkenheit
12 Glas Bier oder 2 l Wein	Erbrechen, hilfloser Zustand, schwere Gleichgewichtsstörungen – schwerer Rausch
mehr	Bewegungsnerven versagen, Bewusstsein setzt aus – Lebensgefahr

|5 Wirkung von Alkohol auf das Nervensystem des Menschen

Stark sein: Nein sagen!

„Nimm schon eine, sei kein Feigling!“ Wie jeden Tag haben sich die Freunde am Nachmittag getroffen. Heute hat Tim von zu Hause eine Schachtel Zigaretten mitgebracht. Sie kreist in der Runde und fast alle haben schon eine genommen. Nun ist Marco an der Reihe – er zögert.

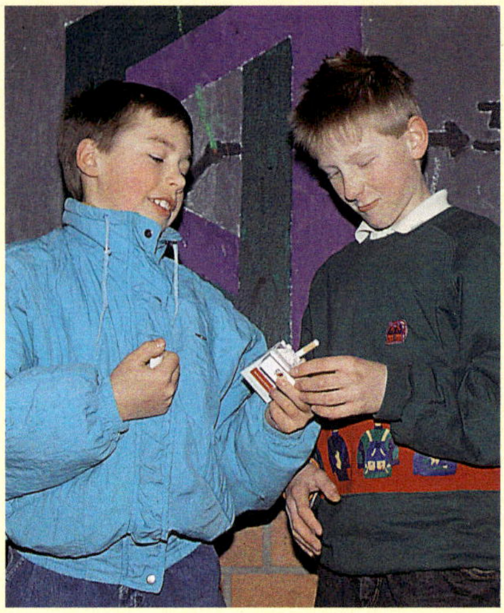
1

1 Werbung entlarven

Die Werbung zeigt uns eine schöne, heile Welt. Sport, Freizeit, Urlaub und Abenteuer stehen im Vordergrund. Unbewusst verbindet man die gezeigten Bilder mit dem angepriesenen Produkt. 2

Durch die ständige Berieselung mit Werbung bekommen wir falsche Vorstellungen vom Leben und entwickeln falsche Erwartungen an uns selbst.

Sammle verschiedene Anzeigen. Jede enthält versteckte Botschaften. Du kannst sie mit etwas Geduld erkennen. Beantworte dazu folgende Fragen:

- Wofür wird geworben?
- In welcher Umgebung wird die Ware gezeigt?
- Was erfährt man über die Eigenschaften der Ware? Was wird versprochen, was verschwiegen?
- Was hat das mit deinen eigenen Wünschen zu tun?

2 Typische Werbefotos

2 Umfrage zum Thema Rauchen

Führe unter Bekannten und Verwandten eine Umfrage durch. Erstelle einen Fragebogen zum Thema Rauchen. Denke an Beginn, Gründe, Menge, Kosten, Gefahren, Rücksichtnahme auf Nichtraucher usw.

3 Neinsagen lernen

Wer kennt nicht ähnliche Situationen: Da hat man sich überwunden, lernt endlich für die Klassenarbeit und plötzlich klingelt es. Ein Freund steht vor der Tür mit ein paar DVDs. Die Eltern sind nicht zu Hause … Na, was würdest du jetzt tun?

Es gibt viele ähnliche Situationen. Kleine oder große Verführer wollen einen daran hindern, das zu tun, was man eigentlich wollte.

Versucht solche Situationen in der Klasse nachzuspielen. Zwei Schülerinnen oder Schüler stellen sich dazu vor die Klasse. Einer der Spielpartner soll jeweils versuchen den anderen zu überreden. Der zweite muss sich mit passenden Argumenten wehren. Nach einigen Minuten kommt das nächste Spielerpaar an die Reihe.

- Welches Paar hat euch am besten gefallen?
- Welche Antworten haben euch überzeugt?

3 Rollenspiel

Zusammenfassung

Was man unter „Pubertät“ versteht

Die Pubertät ist die Zeit, in der sich ein Mädchen zur Frau und ein Junge zum Mann entwickelt.

Sie beginnt etwa im Alter zwischen 9 und 14 Jahren. Vieles am Körper verändert sich in dieser Zeit: Größe, Gewicht, Stimme, Behaarung.

Geschlechtsreife

Auch die Geschlechtsorgane reifen jetzt aus. |4–6
Beim Mädchen werden regelmäßig *Eizellen* reif und beim Jungen die *Samenzellen (Spermien)*.

Rein körperlich gesehen, können Mädchen jetzt schwanger werden und Jungen sind zeugungsfähig.

Weitere Veränderungen

Neben dem Körper verändern sich auch Gefühle, Träume und Interessen. Sie bringen eine Vielfalt an Eindrücken mit sich, die die Mädchen und Jungen ganz in Anspruch nehmen.
Es dauert mehrere Jahre, bis sich die Gestalt des Erwachsenen entwickelt hat. In dieser Zeit lernen sich die Jugendlichen selbst immer besser kennen; sie werden selbstständiger und verantwortungsbewusster.

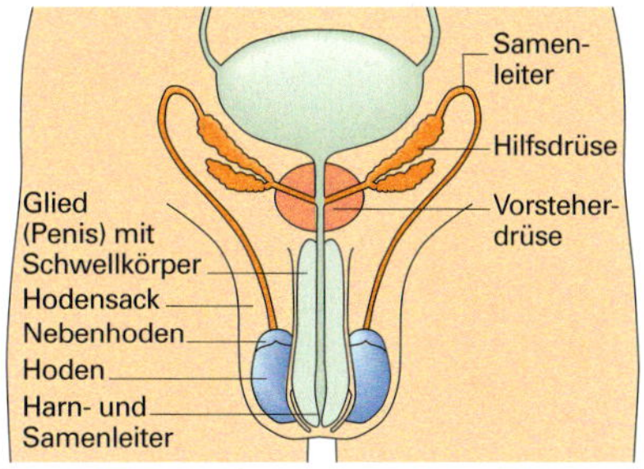

|4 Primäre Geschlechtsmerkmale (Mann)

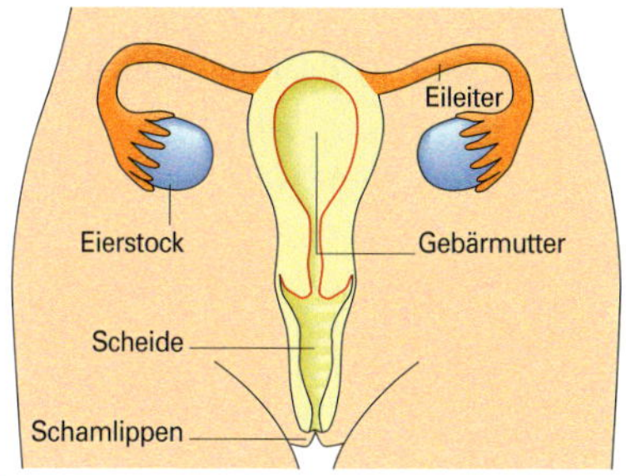

|5 Primäre Geschlechtsmerkmale (Frau)

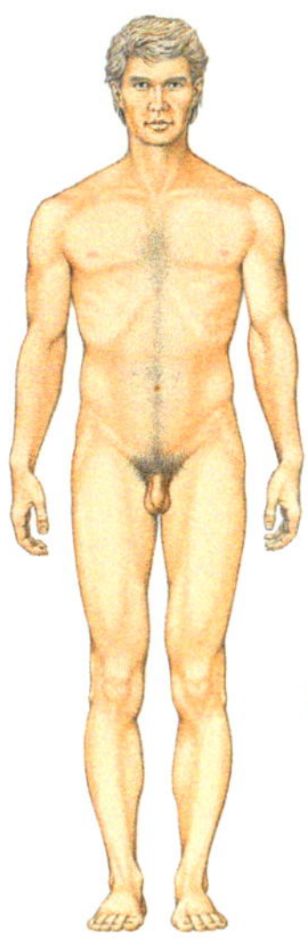

Mann	Frau
tiefere Stimme, ausgeprägter Kehlkopf	höhere Stimme
breite Schultern, Achselbehaarung	schmale Schultern, Achselbehaarung, Brüste,
stärkere Behaarung, vor allem an Brust, Armen und Beinen	weniger starke Körperbehaarung
schmales Becken, Schambehaarung	breites Becken, Schambehaarung

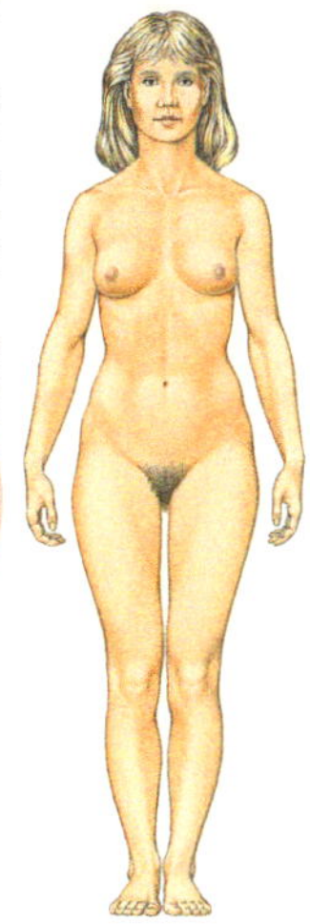

|6 Sekundäre Geschlechtsmerkmale

Alles klar?

A Während der Pubertät entwickeln sich Kinder zu Erwachsenen.
1 Was ändert sich am Körper, wenn ein Mädchen zur Frau wird und ein Junge zum Mann?
Wozu dienen diese Veränderungen?
2 Was ändert sich sonst noch?

B Benenne die primären Geschlechtsmerkmale von Frau und Mann.

C Könnte ein 12-jähriges Mädchen bereits Kinder bekommen? Begründe deine Antwort.

D Regelmäßige Körperpflege trägt zum Wohlbefinden bei.
1 Warum muss man in der Pubertät auch seine Körperpflege ändern?
2 Beschreibe, warum die Hygiene der Geschlechtsorgane besonders wichtig ist.

E Daniela ist elf. In letzter Zeit will sie manchmal alleine sein.
Kannst du dir vorstellen, welche Dinge sie beschäftigen? Beschreibe!

F Mit der Pubertät verändert sich auch der Umgang von Mädchen und Jungen untereinander.
1 Überlege, was du in deiner Klasse beobachtet hast. Gibt es Probleme, die früher nicht da waren?
2 Welche Regeln können helfen das Zusammenleben in der Klasse zu erleichtern?

G Aus den Medien hast du sicher von Fällen erfahren, in denen Kinder sexuell missbraucht wurden.
1 Was versteht man unter sexuellem Missbrauch?
2 Wo bekommen Jugendliche, die solche Erfahrungen gemacht haben, Hilfe?

Kontrolliere deinen Lernstand

A Man bezeichnet den Blutkreislauf des Menschen und der Säugetiere auch als *doppelten* Kreislauf.
1 Erkläre den Begriff des doppelten Blutkreislaufs.
2 Welche Herzkammer treibt welchen Kreislauf an?

B Früher sprach man von venösem Blut als sauerstoffarmem Blut und von arteriellem Blut als sauerstoffreichem Blut.
1 Begründe, weshalb die Begriffe venöses Blut und arterielles Blut heute nicht mehr gebräuchlich sind.
2 Wie lassen sich sauerstoffreiches und sauerstoffarmes Blut farblich voneinander unterscheiden?

C „Gut gekaut ist halb verdaut."
1 Erkläre das Sprichwort biologisch.
2 Nenne die Aufgaben der einzelnen Stationen der Verdauung.
3* Weshalb ist sauerstoffarmes Blut oft nährstoffreicher als sauerstoffreiches Blut?

D Früher sagte man: „Frühstücke wie ein König, iss zu Mittag wie ein Edelmann und zu Abend wie ein Bettler."
1 Vergleiche das Sprichwort mit den modernen Erkenntnissen zur Ernährung.
2 Seit es dieses Sprichwort gibt, haben sich die Lebensbedingungen stark verändert. Unter welchen Bedingungen besitzt es heute noch Gültigkeit?

E Während der Pubertät wird der Körper der Jugendlichen dem der Erwachsenen immer ähnlicher. Die Geschlechtsmerkmale prägen sich mehr und mehr aus.
1 Man bezeichnet einige Geschlechtsmerkmale als „primär" und einige als „sekundär". Erläutere die beiden Begriffe.
2 Erstelle je eine Tabelle
- mit den primären Geschlechtsmerkmalen der Frau und des Mannes,
- mit den sekundären Geschlechtsmerkmalen der Frau und des Mannes.

F Schwanger – ja oder nein? Diese Frage stellt sich irgendwann fast jedem Mädchen oder jeder Frau im gebärfähigen Alter. Was ist zu tun, damit eine Schwangerschaft mit hoher Wahrscheinlichkeit vermieden werden kann?
1 Nenne Methoden der Schwangerschaftsverhütung.
2 Was geschieht bei den einzelnen Formen der Verhütung?

G In der Zeit nach der Geburt wird der Grundstein für die Fähigkeit des Kindes gelegt, Vertrauen zu entwickeln.
1 Was ist außer der Versorgung mit Nahrung für den Säugling besonders wichtig?
2 Welche Formen der Freundschaft und Zuneigung kennst du?
3 Es gibt falsche Kinderfreunde. Was kannst du tun, wenn Menschen dir zu nahe kommen?

Schätze deine Kenntnisse und Fähigkeiten ein:

Aufgabe	Ich kann ...
A, B	den Blutkreislauf des Menschen beschreiben und kenne seine Aufgaben.
C	den Weg der Nahrung bei der Verdauung beschreiben und die Aufgaben der Verdauungsorgane angeben.
D	meine Kenntnisse über Ernährung anwenden, um Ratschläge zur Ernährung zu beurteilen.
E	primäre und sekundäre Geschlechtsmerkmale unterscheiden.
F	die verschiedenen Wirkungsweisen von Verhütungsmethoden unterscheiden.
G	erfassen, wie wichtig die Gefühle im Leben sind.

Einschätzung
Ordne deiner Aufgabenlösung im Heft ein Smiley zu:
☺ Ich habe die Aufgabe richtig lösen können.
😐 Ich habe die Aufgabe nicht komplett lösen können.
☹ Ich habe die Aufgabe nicht lösen können.

Warnzeichen

Gültig seit dem 01.12.2008:

GHS01
Gefahr
Explosionsgefährlich

GHS02
Gefahr
Leicht/Hoch-entzündlich

GHS03
Gefahr
Brandfördernd

GHS04
Achtung
Komprimierte Gase

GHS05
Gefahr
Ätzend

GHS06
Gefahr
Giftig / Sehr giftig

GHS07
Achtung
Gesundheits-gefährdend

GHS08
Gefahr
Gesundheits-schädlich

GHS09
Achtung
Umweltgefährdend

Die folgenden Symbole sind noch gültig bis 2010 für reine Chemikalien bzw. bis 2015 für Gemische.

T+: sehr giftig
T: giftig

Xn: gesundheits-schädlich

E: explosions-gefährlich

F+: hoch entzündlich
F: leicht entzündlich

C: ätzend

O: brandfördernd

N: umwelt-gefährlich

Sach- und Namenverzeichnis

Verzeichnis der Bild- und Textquellen

A1PIX Ltd./NTH: 71.8; Acaluso, Altensteig/Cramm: 128.2; Agrarfoto.com: 168.2+4, 169.7+10+13–14+ 16; Agrarpress, Bergisch-Gladbach: 169.15; Air Berlin: 141.11; Aker MTW, Wismar: 149.8; AKG, Berlin: 141.7, 149.4, 150.1, 151.5+ 6, 176.4, 378.3; **Angermayer, Holzkirchen:** 170.1 (unten), 188.6+ 8, Pfletschinger 129.7+ 192.2+ 207.6+ 210.1+ 211.6+ 252.2, Reinhard 232.3; Anthony, Eurasburg: 170.2 (oben); AOK, Bonn: 102.2; Archiv Hoyer/Hoyer, E.: 256.1, 257.3; **Arco Digital Images:** Barz 162.1, H.&M. Kuczka 259.7+ 8, LaTerraMagica 39.6, NPL 53.5, Steiner 160.1, Straesser 344.4, Sutter 59.10, Wothe 253.7 (Storch); argus/Frischmuth: 379.4; Astrofoto: 89.9, 90.1, 91.2+ 3; Avenue Images/Index Stock/Rogers: 276.6; azoom.ch/Scheel: 268.1; Baader Planetarium: 85.5; Bayerische Staatsgemäldesammlungen, München: 279.9; Bayerisches Zentrum für Angewandte Energieforschung e.V.: 315.10; Bildagentur Geduldig: 3.5, 229.1; Bildagentur-online: 259.10; **Blickwinkel:** fotototo 126.2, Hecker 147.4, Hecker/Sauer 53.6+ 55.10+ 192.5+ 211.7, Meul-Van Cauteren 33.6+ 192.1+ 192.8, König 188.7, S. Sailer/A. Sailer 241.7, Schmidbauer 12.6+ 187.9+ 230.5, Van Haan 197.2 (Amsel); Bresler: 81.4; Buff, Biberach: 62.3, 73.6+ 7, 80.3 (a) ,240.1–4; Buhtz, Heidelberg: 179.7, 219.14; Bundesanstalt für Arbeitsschutz und Arbeitsmedizin, Dortmund: 49.5; Busch, E.: 375.8+ 9; Busch & Müller KG, Meinerzhagen: 276.3, 280.6; Caro/Teich: 108.1; Casio: 280.5; Christann, Berlin: 223.5; Christiansen: 257.4; **Corbis:** 86.1, Arthur Thévenart 214.1, Giardino 368.2, Roy Morsch 4.3+ 353.1, Sean Sexton 151.9; Daimler AG, Stuttgart: 151.10; **Das Fotoarchiv:** 98.5, Dlouhy 368.3 (o. li.), Riedmiller 110.2; DB AG: 123.6; DEMAG: 309.11; Deutsche Rockwool Mineralwoll GmbH & Co. OHG: 258.2; Deutsches Museum, München: 29.6 (b), 139.8, 140.1, 151.4+ 7+ 11; Diamant: 336.2, 352.1; Direktfoto/Bambey: 230.4; Drägerwerk AG: 331.5; esa: 88.2; DLR/FU Berlin/Neukum: 95.10; Eurocopter: 33.5; F1 Online: 379.5; Andreas Koschate: 186.3; Filser, W.: 210.4; **Focus, Hamburg:** 102.5, 112.1+ 2; 277.12, 374.1, 375.7, Klingholz 68.1; **Fotolia.com:** Andre Auge 263.5 (Igel), Anette Linnea Rasmussen 243.7, Cheryl Casey 367.4, Hedda Gjerpen 270.2, Tudor Stanica 244.1; Gebr. Fleischmann GmbH und Co. KG, Nürnberg: 114.6; Gemballa electronics, Kaltenkirchen: 299.6; **Getty Images:** Allen 388.7, Dorling Kindersley 187.11, Gallo Images-shaen Adey 156.3, Harald Sund 271.7, Johner RF 335.11, Jonathan Nourok 2.2+ 61.1, Peter Dazeley 2.1+ 5.1, Solus/Veer 2.3+ 97.1, Visuals Unlimited 186.1, Visuals Unlimited/van Egmond 78.1; GNU: 81.6, 186.2; Greiner & Meyer: 231.6, 266.3; Hartmann, A., Braunschweig: 70.1+ 2, 71.5, 74.3, 80.3 (b); Heepmann, Herford: 234.1; Helga Lade Fotoagentur: 128.1, 300.6; Hella KGaA Hueck & Co., Lippstadt: 52.1; Historia Photo: 181.6; Holtz, Heidelberg: 13.10, 179.9, 232.5–9, 243.9, 388.3; IFA, München: 188.3, 243.8, 354.3, 355.10, 388.1, 390.2; IPP: 368.3 (u. re.); images.de/Alain Ernoult: 55.11; Internationales Baumwollinstitut, Frankfurt a.M.: 333.5; **iStockphoto.com:** *314* 157.8 (Rose), Achim Prill 99.9+ 138.4+ 350.2, acus 81.6 (a), akaplummer 244.2, Ales Veluscek 264.3 Allen Johnson 358.1, Andrey Konovalikov 144.1, Andrzej Burak 139.9, Angelika Schwarz 355.8, Anita Huszti 192.4, Anton Ferreira 161.7, Barbara Henry 4.2+ 313.1, Beverley Vycital 148.1, blackred 26.1+ 98.4, Brian Hogan 339.3, Camilla Wisbauer 355.9, Charles Babbitt 99.8, Christian Darkin 157.9, Christoph Ermel 156.5, Christopher Ewing 132.1, Craig Cozart 167.8, Darko-Art 168.6, David Claassen 168.5, David Lewis 167.7, Diane White Rosier 112.4, Dmitry Sunagatov 396.2 (Sonne), Don Bayley 98.3, Elena Elisseeva 200.3, Eric Isselée 187.6–8+ 10, Falk Kienas 266.1, Frank Boonstra 165.5, Gary Alvis 396.2 (Pferde), Gewolde 55.9, Helga Platonoff 184.3, jallfree 291.8, Jane Waddick 333.7, Jason Lugo 169.12, Jeannot Olivet 102.3, Jess Wiberg 334.4, José María Bouza 329.9, Judy Foldetta 169.9, Julien Grondin 326.4, Kary Nieuwenhuis 168.3, Kativ 350.1, Kevin Eaves 264.4, Kristian Sekulic 152.4, Kseniya Abramova 126.1, mabe123 270.3, Manfred Steinbach 150.3, Marcin Pawinski 127.5, Markanja 167.6, Martin Strmiska 147.9, Matt Staples 156.2, Michael Valdez 333.6, Mick Smith 241.9, Mikkel William Nielsen 112.5, Murat Koc 6.2+ 17.8 (b), Natallia Yaumenenka 334.2, Nick Schlax 291.9, Oleg Prikhodko 231.11, Olga Lyubkina 330.2, Oliver Anlauf 152.3, ooyoo 270.0, Paul Kline 7.10, Paul Tessier 98.1, raiwa 71.7 Randy Plett 396.2 (Gruppe), René Mansi 322.4, Richard Blake 164.3, Roman Milert 7.6, Ron Chapple Stock 200.1, Sergey Dubrovskiy 258.1, Simon Phipps 152.1, Stas Volik 396.2 (Brücke), Stephanie Phillips 200.2, Steve Byland 134.1, Steve Mcsweeny 169.11, Susan Daniels 329.6, Svetoslav Iliev 314.4, Thomas Pickard 184.1, TommL 277.11, Valeria Titova 126.3, Valerie Loiseleux 115.7, Vladimir Suponev 164.1, Windzepher 333.8; **JOKER:** Gerard 166.1, Gloger 376.2, Ruehmekorf 388.8; Jung, A.: 96.2; Juniors: 252.3; **Keystone:** Ecken 315.7, Schulz 355.11; Kleesattel, Schwäbisch Gmünd: 159.4, 168.1, 182.1, 185.5, 221.10, 223.7+ 9–10, 246.2; Kleinert: 396.3; Kühntopp, K., Essen: 12.3; Kuttig, S.: 232.1 (Freibad); Landesmedienzentrum Baden-Württemberg, Stuttgart (aus Videofilm „Die Ringelnatter"): 212.1–8; Landeszentralbank, Hamburg: 10.5; Lavendelfoto: 193.14–15+ 17, 218.4; Lessa, G., Rio de Janeiro, Brasilien: 330.1; Lieder, Ludwigsburg: 75.6; Limbrunner: 7.9, 41.4, 136.3, 138.1; LOOK/Werner: 243.6; **Mauritius, Mittenwald:** 22.2, 137.2, 172.2, 242.2, 354.4, 382.3+ 4, 388.4, 391.4, 395.4; age 10.4, Botha 136.2, Enzinger 368.3 (o. re.), Gebhardt 368.3 (mi. li.), Pokorski 12.4, Raith 368.3 (mi. re.); Rosenfeld 368.3 (u. li.), Schwarz 157.7 (Weizen); **mediacolors:** 255.6, Eigstler 32.2; Möckel: 188.5; MPI/Seufert: 114.3, 295.9; Muckenfuß, Ravensburg: 266.2; Mühr, Karlsruhe: 230.3, 238.2; Museo di Storia della Scienza, Florenz: 29.6 (a); Nagel: 41.5; NASA: 63.5–7, 87.5 (Sonne, Planeten), 88.1+ 3–4, 89.8, 94.1+ 2, 95.9+ 11–12, 150.2, 151.12, 262.3; esa: 89.6; esa/Karkoschka: 88.5+ 89.7; Nature&Science, Vaduz: 240.5 (Blüte); Neukamp, E. aus Dieter Walch: Wolken, Wetter. G+ U: 231.8; New Eyes: 390.1; Ökotekt/Bachmann: 198.1; Offermann, Arlesheim/Schweiz: 71.6; **Okapia:** 217.7, Danegger 158.1, Giel 203.18, Heblich 41.6, Hopf 188.4, Institut Pasteur/CNRI 79.10, Lämmel 202.4, Leach/OSF 55.8, Morell 218.5, NAS/Biophoto Associates 75.7+ 81.5, NAS/Faulkner 54.1, Nill 50.1, Penner 230.1+ 259.11, Pforr 253.7 (Laubfrosch), Pott 203.10+ 216.2; Raimund Cramm/SAVE 186.5, Reinhard 203.15+ 203.17+ 217.9; Schacke 203.13, Sierra/OSF 53.7, Tilford/OSF 136.1, Vock 192.3, Wendler 202.9, Wexler 12.1; Ostkreuz: 322.3; Paysan, K.: 147.8; Peters, Essen: 161.4; Petri: 248.1–3; Philips, Hamburg: 280.1; Photoobjects: 280.3, 331.7+ 14; photoplexus/Wessely: 240.5 (Zweig); PHYWE Systeme GmbH & Co. KG, Göttingen: 282.4 (Austaster); Picture Press: 254.2; **picture-alliance:** Hippocampus Bildarchiv 197.2 (Raupe), akg-images 301.7, ASA 115.8, Bildagentur Huber 301.8, CM/picture24 268.2, dpa 7.8+ 10.1+ 48.1+ 49.4 (b)+ 110.1+ 122.2+ 123.3+ 123.5+ 13.13+ 141.8+ 9+ 149.7+ 159.5+ 174.1+ 175.6+ 183.3+ 184.2+ 195.8+ 202.2+ 231.7+ 231.10+ 232.1 (Eislauf)+ 257.7+ 260.1+ 262.2+ 264.2+ 322.7+ 329.7+ 393.4, kpa 203.16, NHPA/photoshot 147.11+ 208.1 (u.)+ 208.3, Okapia 3.4+ 147.6+ 155.1+ 160.3+ 193.18+ 197.2 (Gras+ Prunella)+ 202.3 u. 5–6+ 204.1+ 208.1 (o.)+ 208.2+ 208.5–6+ 208.9+ 211.5+ 217.3+ 221.9+ 221.12+ 223.6+ 223.8+ 255.4+ 258.3, Picture Press/N 175.4, Rolf Kosecki 358.2, ZB: 6.1+ 13.12+ 102.1+ 208.4+ 208.8+ 211.9+ 264.1+ 271.5; **plainpicture:** KuS 76.1, Kuttig: 393.5, Wagner 16.1; Polizei Steinfurt: 324.1; Porcelain, Milwaukee: 58.6; Premium: 392.1; Preußischer Kulturbesitz: 329.8; project photo: 56.3, 114.4, 115.10, 231.9, 232.1 (Laub+ Wiese), 270.1, 271.6, 295.10, 328.1, 355.5; Redeker, Gütersloh: 188.2; 232.10; 393.7; 396.1; Rehbach, Kirchseeon: 10.2; Reinhard, Heiligkreuzsteinach: 12.5, 55.12, 127.6, 129.6, 147.3+ 5, 164.4, 166.2, 167.5, 170.1 (o.)+ 2 (u.), 174.2, 176.1–3, 192.7, 193.10–11+ 13+ 16, 195.7, 202.1+ 8, 203.12+ 14, 213.9, 214.2, 217.4+ 6+ 8, 218.3+ 6, 219.11–12, 221.11+ 13–14, 222.1, 251.5, 253.7 (Rehe), 254.1, 263.5 (Dachs); REUTERS/Deryk: 122.1; Sambraus: 172.1; Schacht, W.: 12.7, 193.12, 204.2+ 3; Schäfer, N.: 393.8; Schott, Mainz: 327.9, 335.10; Schrempp, Breisach: 179.8, 210.3; Schuster, Greifswald: 244.3; Siemens Pressebild: 310.1; Signalbau Huber AG, Bosch: 10.3; Silja Line, Lübeck: 149.6; **SPL / Focus:** 84.1, 92.1, 151.8, 333.9, 334.3, 388.5+ 6, Boddy 368.1; CLAUDE NURIDSANY & MARIE PERENNOU 242.1, MARK SYKES 4.1+ 275.1, McConnell 13.15 Nunuk 236.1, Sattlberger 7.7: Streble, H.: 96.1; Studio-tv-Film: 6.4, 56.1, 249.9+ 10; Superbild: 372.2, 382.2, 384.1; Telekom, Bonn: 300.5; testo AG, Lenzkirch: 13.11; Texas Instruments: 13.8; The Stock Market: 392.2; The Yorck Project/public domain: 314.5; Theuerkauf, H.: 79.7; Thienemanns Verlag, Stuttgart: 307.8; Thomas: 202.7; Thomas Willemsen: 376.1; Trekstor: 280.4; TV-yesterday: 300.2; Ullrich, Berlin: 273.9; **ullstein:** Caro/Riedmiller 115.9; ullstein bild/Haeckel-Archiv 300.3, Herrmann 300.1; vario images: 32.1; Verein deutsche Salzindustrie: 344.1; VISUM/Sobotta: 66.1; **Waterframe.de:** Borut Furlan 147.10, Dirscherl 50.2+ 354.1; Weber, U., Süßen: 179.10; Wegler, München: 164.2; Weiß, Neckarsteinach: 56.4; Widmann, P., Tutzing: 6.5; **WILDLIFE:** 257.5, Arndt 263.5 (Ringelnatter), Bogon 203.11+ 253.7 (Haselmaus), Cole 147.7, Harms 216.1+ 217.5+ 10, Hartmann 192.9, HPH 12.2+ 55.7, M.Lane 186.4, M.Varesvuo 208.7, Muller 393.6, Nagel 192.6, Stein 252.1; www.augustin.net/Watercone®: 341.8; www.garmin.de: 40.3; www.schulteleskope.de: 63.8, 86.3; www.tiptop.de: 322.1; Zoo Leipzig: 183.4+ 5;

Titelbild: Masterfile/Dale Wilson

Alle anderen Fotos: Cornelsen, Berlin (Auftragsfotos: Fotostudio Mahler, Berlin, und Volker Döring, Hohen Neuendorf)

Die drehbare Sternkarte entstand nach einer Vorlage von Thomas Knoblauch, Jona, Schweiz.

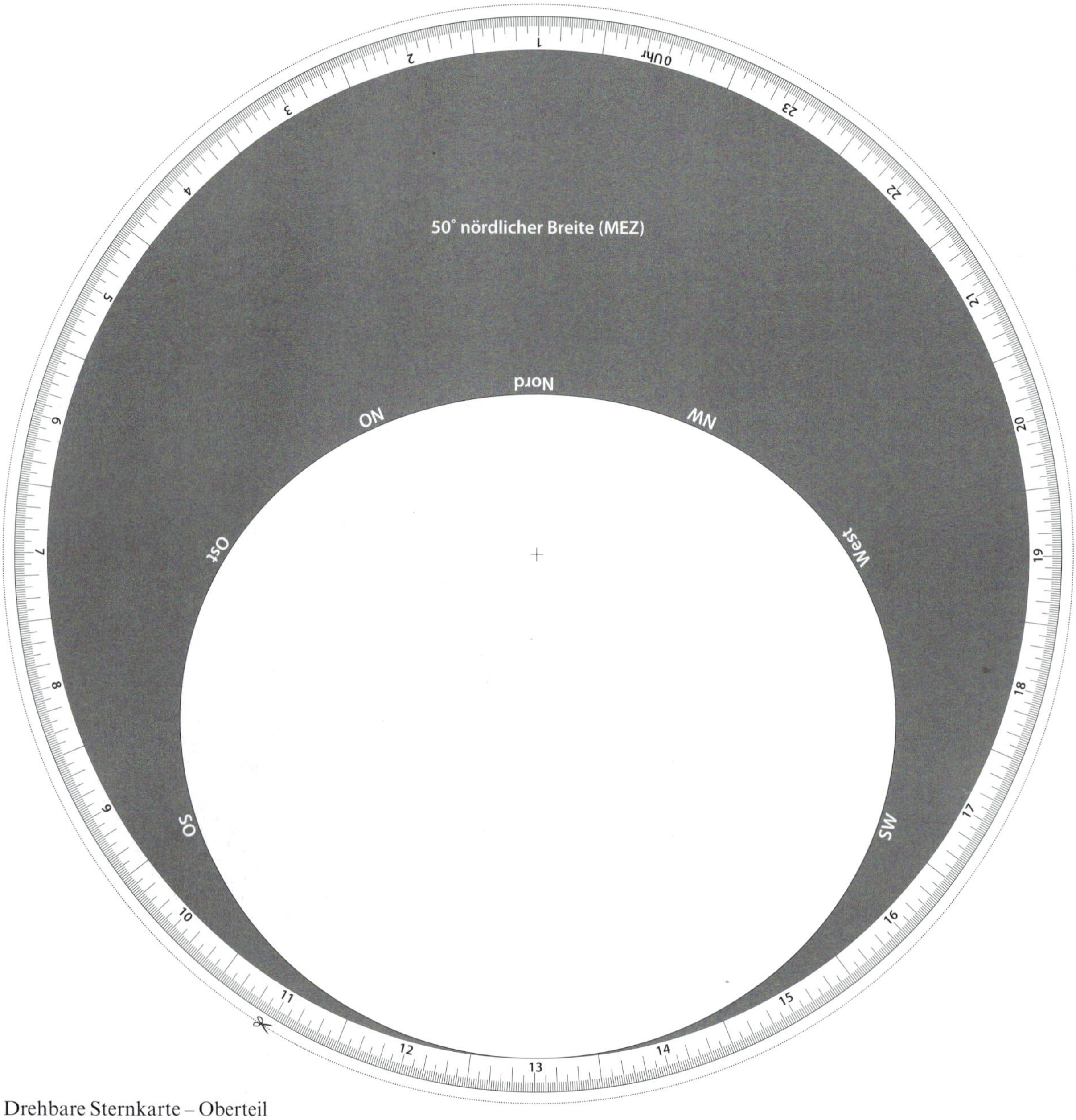

1 Drehbare Sternkarte – Oberteil

Bauanleitung
Kopiere das Oberteil der Sternkarte auf eine Folie für den Tageslichtprojektor. Schneide sie entlang der gepunkteten Linie zu.
Lege die Folie auf das Unterteil und verbinde beide in der Mitte mit einem Druckknopf oder einer Nadel.